"十二五"普通高等教育本科国家级规划教材

大学物理学

第二卷　近代物理基础

第6版

主　编　王建邦　张永梅
参　编　眭晓红　刘兴来　崔文丽
　　　　刘文元　高燕琴　颉　琦
　　　　齐晓霞　单石敏　胡俊丽　武少雄

机械工业出版社

本书为"十二五"普通高等教育本科国家级规划教材。

本书根据教育部世行贷款教学改革项目的成果和教育部高等学校大学物理课程教学指导委员会最新编制的《理工科类大学物理课程教学基本要求》编写而成。全套书共两卷，本书为第二卷，主要内容有相对论基础、量子物理、激光、固体物理基础和原子核物理。

本书的一大特色是，在叙述基本概念和基本物理规律的同时，强调物理思想与研究方法的学习。此外为了满足学生"自主学习，积极思考，敢于提问"的要求，在叙述上力求接近学生、概念准确，并以大量实例使内容更加生动、有趣。每章的"物理学方法简述"一节进一步介绍相关物理学的思想方法，学生通过学习、归纳、总结和应用这些思想方法，达到既掌握知识，又提高能力的教学目的。

本书为高等院校理工科非物理专业大学物理基础课教材，也可作为高校物理教师、学生和相关技术人员的参考书。

图书在版编目（CIP）数据

大学物理学. 第二卷, 近代物理基础 / 王建邦, 张永梅主编. -- 6版. -- 北京 : 机械工业出版社, 2025. 8. -- ("十二五"普通高等教育本科国家级规划教材).
ISBN 978-7-111-78295-7

I. O4

中国国家版本馆 CIP 数据核字第 202509SE27 号

机械工业出版社（北京市百万庄大街22号　邮政编码100037）
策划编辑：张金奎　　　　责任编辑：张金奎　汤　嘉
责任校对：曹若菲　刘雅娜　封面设计：王　旭
责任印制：单爱军
北京华宇信诺印刷有限公司印刷
2025年8月第6版第1次印刷
184mm×260mm・23.75印张・555千字
标准书号：ISBN 978-7-111-78295-7
定价：73.00元

电话服务　　　　　　　　网络服务
客服电话：010-88361066　机　工　官　网：www.cmpbook.com
　　　　　010-88379833　机　工　官　博：weibo.com/cmp1952
　　　　　010-68326294　金　书　网：www.golden-book.com
封底无防伪标均为盗版　机工教育服务网：www.cmpedu.com

前言 PREFACE

本书从第一次出版至今已经修订了数次，在修订过程中，我们不断融入教学改革过程中的成果。第4版中增加的物理学方法模块，比如模型法、类比法等体现了课程思政的融合，第5版中加入的"问号"和练习对于培养学生自主学习、主动思考的能力起到了积极的作用。

为了适应社会经济发展的需要和人的全面发展需求，根据国家对教材建设的指导思想和《理工科类大学物理课程教学基本要求》，我们在保持前几版特点的基础上进行了本次修订，重点做了以下几个方面的工作：

（1）每一章增加了典型例题和习题，以增强学生对知识点的理解。另外在"练习与思考"中设置了"思维拓展"栏目，一方面延伸了课堂内容，另一方面引导学生应用所学的物理学知识解决实际问题，拓展学生的思维，激发学生的学习兴趣。

（2）增加了"应用拓展"模块，将物理学知识向当今的科学前沿延伸，同时也是课程思政的切入点。例如陀螺仪、天眼等内容，既反映学校的军工特色，又可以激发学生的爱国主义情怀。

（3）在现有的基础上，继续强化近代物理知识，如引入电子的公有化运动等。

（4）以二维码的形式加入重难点内容和典型例习题的讲解。

感谢主编王建邦教授为我们留下的宝贵遗产！感谢各版次付出辛勤工作的同事们：

第5版

参加修订工作的有：赵瑞娟（第一~三章）、侯利洁（第四~六章）、王建邦（第七、八、二十四章）、闫仕农（第九、十章）、张永梅（第十一~十三章）、魏天杰（第十四、十五章）、刘兴来（第十六、十七章）、张旭峰（第十八、十九章）、黄启宇（第二十章）、杨艳（第二十一~二十三章）、胡俊丽（第二十五~二十七章）、崔文丽（第二十八~三十章）。

第4版

参加修订工作的有：张旭峰（第一、二、三、十八、十九章）、刘兴来（第四、五、六、三十章）、王建邦（第七、八、二十四章）、闫仕农（第九、十章）、杨军（第十一~十三、二十五~二十九章）、魏天杰（第十四~十七章）、黄启宇（第二十~二十三章）。

第3版

参加修订工作的有：张旭峰（第一、二、三、十八、十九章）、刘兴来（第四、五、

六、三十章）、王建邦（第七、八、二十四章）、闫仕农（第九、十章）、杨军（第十一~十三、二十五~二十九章）、魏天杰（第十四~十七章）、黄启宇（第二十~二十三章）。

第 2 版

参加修订工作的有：张旭峰（第一、二、三、十八、十九章）、刘兴来（第四、五、六、三十章）、王建邦（第七、八、十六、十七）、闫仕农（第九、十章）、杨军（第十一~十五、二十五~二十九章）、黄启宇（第二十一~二十四章），王建邦编写各章"物理学思想与方法"简述。

第 1 版

参加编写工作的有：张旭峰（第一~三章）、刘兴来（第四~六章）、王建邦（第七、八、十六、十七章）、闫仕农（第九、十章）、杨军（第十一~十五章）、张旭峰（第十八、十九章）、王建邦（第二十一~二十四章）、杨军（第二十五~二十九章）、刘兴来（第三十章）。

本次修订工作由中北大学大学物理课程组完成。参加本卷修订工作的有：眭晓红（第十六章）、刘兴来（第十七章）、崔文丽（第十八、十九章）、刘文元（第二十章）、高燕琴（第二十一章）、颉琦（第二十二章）、张永梅（第二十三、二十六章）、齐晓霞（第二十四章）、单石敏（第二十五章）、胡俊丽（第二十七章）、武少雄（第二十八章）。

编　者

目 录 CONTENTS

前言

第五部分　相对论基础

第十六章　狭义相对论 ……………………………………………………… 2
第一节　伽利略相对性原理　伽利略变换 ………………………………… 2
　　一、伽利略相对性原理 ……………………………………………… 3
　　二、伽利略变换 ……………………………………………………… 3
　　三、经典力学的绝对时空观（伽利略-牛顿时空观）……………… 6
第二节　狭义相对论的基本原理 …………………………………………… 7
　　一、电磁学向伽利略-牛顿相对性原理提出的挑战 ……………… 7
　　二、狭义相对论基本原理的内容 …………………………………… 14
第三节　洛伦兹变换 ………………………………………………………… 16
　　一、洛伦兹变换的内容 ……………………………………………… 16
　*二、洛伦兹坐标变换的推导 ………………………………………… 17
　　三、相对论速度变换公式 …………………………………………… 19
第四节　狭义相对论的时空观 ……………………………………………… 22
　　一、同时的相对性 …………………………………………………… 22
　　二、时间延缓效应 …………………………………………………… 25
　　三、长度收缩效应 …………………………………………………… 28
第五节　相对论质量、动量和能量 ………………………………………… 30
　　一、相对论质量 ……………………………………………………… 30
　　二、相对论动力学方程 ……………………………………………… 35
　　三、相对论动能 ……………………………………………………… 37
　　四、相对论质量与能量的关系 ……………………………………… 39
　　五、相对论动量与能量的关系 ……………………………………… 40
　　六、应用拓展——世界第一颗原子弹的诞生 ……………………… 42
第六节　物理学思想与方法简述 …………………………………………… 42
　　一、时间的测量 ……………………………………………………… 42

V

二、时间的本质 ·· 42
　　三、经典时空观的困难 ··· 43
　　四、狭义相对论中的时间 ·· 43
　练习与思考 ··· 43

*第十七章　广义相对论简介 ··· 46
　第一节　惯性质量与引力质量 ·· 47
　第二节　广义相对论的基本假设 ·· 49
　　一、爱因斯坦升降机的理想实验 ··· 49
　　二、直线加速参考系中的惯性力 ··· 50
　　三、等效原理 ··· 50
　　四、局域惯性系 ·· 51
　　五、广义相对性原理 ··· 52
　第三节　广义相对论的检验 ·· 53
　　一、行星近日点的进动 ··· 53
　　二、光线在引力场中的偏折 ·· 54
　　三、雷达回波延迟 ·· 54
　　四、应用拓展——引力波 ·· 55
　第四节　有引力场的空间与时间 ·· 55
　第五节　物理学思想与方法简述 ·· 56
　　一、牛顿引力理论 ·· 56
　　二、爱因斯坦引力理论 ··· 57

第六部分　量子物理

第十八章　光（辐射）的波粒二象性 ··· 61
　第一节　热辐射　普朗克的量子假设 ·· 61
　　一、热辐射的基本概念 ··· 62
　　二、基尔霍夫辐射定律 ··· 65
　　三、绝对黑体 ··· 65
　　四、绝对黑体的热辐射实验定律 ··· 67
　　五、经典理论的困难和普朗克的能量子假设 ·· 69
　　六、应用拓展——红外技术的军事应用 ··· 71
　第二节　光电效应 ··· 72
　　一、光电效应的实验规律 ·· 72
　　二、光电效应与光的波动学的剧烈冲突 ··· 74
　　三、爱因斯坦光量子论及其对光电效应的解释 ···································· 76
　*四、多光子光电效应 ·· 79
　*五、内光电效应 ··· 79
　第三节　康普顿效应 ·· 80

  一、实验规律 ··· 80
  二、X 射线实验结果的解释 ··· 81
  三、康普顿散射的历史回顾 ··· 84
 第四节 光的波粒二象性 ··· 85
  一、爱因斯坦光量子关系式 ··· 85
  二、单光子双缝干涉实验分析 ····································· 86
  三、光子的不确定性关系 ··· 88
  四、应用拓展——量子保密通信 ································· 90
 第五节 物理学思想与方法简述 ··· 91
  一、光的本性的历史争论 ··· 91
  二、对光的波粒二象性的认识 ····································· 91
 练习与思考 ·· 92

第十九章 电子的波粒二象性 ··· 93
 第一节 德布罗意假设 ··· 93
 *第二节 德布罗意波的实验证明 ··· 95
  一、戴维孙-革末电子衍射实验 ··································· 96
  二、应用拓展——电子显微镜 ····································· 99
 第三节 不确定性关系 ··· 100
  一、电子的单缝衍射 ··· 100
  二、不确定性关系的讨论 ··· 101
 第四节 波函数及其统计诠释 ··· 103
  一、德布罗意平面波波函数 ······································· 103
  二、波函数的统计诠释 ··· 104
  三、统计诠释对波函数提出的要求 ··························· 110
  四、应用拓展——量子计算机 ··································· 112
 第五节 物理学思想与方法简述 ······································· 112
  量子物理体系的建立 ··· 112
 练习与思考 ·· 113

第二十章 薛定谔方程 ··· 114
 第一节 自由粒子的薛定谔方程 ······································· 114
  一、方程的形式 ··· 115
  二、方程的讨论 ··· 115
 第二节 力场中粒子的薛定谔方程 ··································· 117
  一、方程的形式 ··· 118
  *二、算符与方程 ··· 119
 第三节 定态薛定谔方程 ··· 120
  一、分离变量法 ··· 120
  二、定态的基本特征 ··· 122
 第四节 一维无限深势阱中的粒子 ··································· 123

一、一维无限深势阱模型……123
　　二、薛定谔方程及其解……123
　　三、结果讨论——解的物理意义……126
＊第五节　势垒与隧道效应……129
　　一、薛定谔方程……130
　　二、方程解的讨论……131
　　三、应用拓展——隧道效应的应用……133
　第六节　物理学思想与方法简述……134
　　经验归纳与探索演绎……134
　练习与思考……134

第二十一章　氢原子中的电子……136
　第一节　氢原子的玻尔模型……136
　　一、提出玻尔模型的历史背景……136
　　二、玻尔氢原子结构模型要点……139
　第二节　用薛定谔方程解氢原子问题……142
　　一、玻尔模型的缺陷……142
　　二、氢原子中电子的薛定谔方程……142
　第三节　量子数的物理解释……149
　　一、主量子数和能量量子化……149
　　二、角量子数和角动量量子化……150
　　三、磁量子数和角动量空间量子化……152
　　四、电子自旋和自旋磁量子数……153
　　五、应用拓展——自旋电子器件……155
　第四节　氢原子的概率幅函数与概率密度函数……155
　　一、低量子数的氢原子概率幅函数……155
　　二、电子概率径向分布函数……157
　　三、电子概率角度分布函数……160
　第五节　物理学思想与方法简述……162
　　半经典半量子方法……162
　练习与思考……163

第七部分　激　光

第二十二章　激光原理……166
　第一节　激光概述……166
　　一、激光的诞生和展望……166
　　二、激光器的分类……168
　第二节　原子的能级、分布和跃迁……170
　　一、原子在能级上的分布……170

二、原子能级跃迁……………………………………………………………… 171
第三节　光的吸收与辐射………………………………………………………… 173
　　一、自发辐射……………………………………………………………… 173
　　二、受激吸收……………………………………………………………… 173
　　三、受激辐射……………………………………………………………… 174
第四节　爱因斯坦辐射理论……………………………………………………… 175
　　一、自发辐射系数 A_{21} ……………………………………………… 175
　　二、受激吸收系数 B_{12} ……………………………………………… 176
　　三、受激辐射系数 B_{21} ……………………………………………… 177
　　四、爱因斯坦系数 A_{21}、B_{12} 和 B_{21} 之间的关系 …………… 177
第五节　产生激光的基本物理条件……………………………………………… 180
　　一、两对基本矛盾………………………………………………………… 180
　　二、解决矛盾的方法……………………………………………………… 181
第六节　激光器的工作原理……………………………………………………… 183
　　一、工作物质粒子数反转的实现………………………………………… 183
　　二、谐振腔的振荡阈值条件……………………………………………… 185
　　三、谐振腔的选频………………………………………………………… 187
第七节　氦氖激光器……………………………………………………………… 188
　　一、氦氖激光器的结构图………………………………………………… 188
　　二、氦氖激光器的工作原理……………………………………………… 189
第八节　物理学思想与方法简述………………………………………………… 191
　　一、学科交叉与综合……………………………………………………… 191
　　二、激光产生与发展的启示……………………………………………… 191
练习与思考………………………………………………………………………… 192

第八部分　固体物理基础

第二十三章　晶体结构与结合力　　　　　　　　　　　　　　　196

第一节　晶体结构及其描述……………………………………………………… 197
　　一、晶体的性质…………………………………………………………… 197
　　*二、晶体结构的实验研究………………………………………………… 201
　　三、空间点阵……………………………………………………………… 204
第二节　布拉维格子……………………………………………………………… 207
　　一、7 种晶系……………………………………………………………… 208
　　二、14 种布拉维胞（空间格子）………………………………………… 208
第三节　晶体的结合力…………………………………………………………… 210
　　一、影响晶体结合力的若干因素………………………………………… 210
　　二、晶体中粒子的结合力………………………………………………… 213
　　三、应用拓展——光子晶体……………………………………………… 216

第四节 晶体的结合能 ································· 216
　一、定义 ··· 216
　二、经验原子对势 ···································· 218
第五节 离子晶体的结合能 ···························· 220
　一、离子晶体的点阵结构 ·························· 220
　二、离子晶体结合能的表示 ······················· 221
　三、离子晶体内势能的计算 ······················· 221
第六节 物理学思想与方法简述 ······················ 224
　一、价键理论的阶段性发展 ······················· 224
　二、对称性方法 ······································ 225
练习与思考 ·· 225

第二十四章　晶格振动 · **227**

第一节 晶体的热学性质 ································ 227
　一、晶体的摩尔热容 ································ 228
　二、固体的热传导 ··································· 229
　三、热膨胀 ·· 230
第二节 一维晶格振动 ··································· 231
　一、一维无限长弹簧振子链模型 ·················· 232
　二、原子振动的运动学描述 ······················· 232
　三、原子振动的动力学描述 ······················· 233
　四、耦合振动方程的解 ····························· 234
第三节 格波 ··· 237
　一、格波的物理意义 ································ 237
　二、q 的取值范围 ································· 238
　三、玻恩-冯·卡门边界条件 ······················· 238
　四、格波与原子振动 ································ 240
第四节 物理学思想与方法简述 ······················ 241
　一、数学方法 ··· 241
　二、研究晶格振动的近似假设 ···················· 241
练习与思考 ·· 242

第二十五章　物质的电磁性质 · **243**

第一节 电介质及其极化 ································ 243
　一、分子（原子）的电结构 ······················· 243
　二、电介质极化的微观机理 ······················· 245
　三、极化面电荷 ······································ 247
　四、电极化强度 ······································ 247
*第二节 电介质的特殊效应 ····························· 252
　一、压电效应 ··· 252
　二、铁电体 ·· 255

第三节	磁介质及其磁化	257
	一、物质磁性的起源	257
	二、磁介质磁化的微观机理	260
	三、磁化面电流	263
	四、磁化强度矢量	263
	五、磁场强度矢量	266
	六、磁介质的磁化规律	268
第四节	磁性材料	271
	一、磁性材料的分类	271
	二、铁磁性材料的磁化规律	272
	三、铁磁性材料的磁化机理	274
	四、应用拓展——潜艇的磁隐身	276
第五节	物理学思想与方法简述	276
	探索宏观性能的微观机理的方法	276
练习与思考		277

第二十六章　能带论基础　279

第一节	固体能带的形成	280
	一、固体中的价电子行为	280
	二、电子能带的形成	280
*第二节	固体中电子的波函数	282
	一、近似处理方法	282
	二、晶体中电子的波函数——布洛赫函数	283
第三节	固体的能带结构	286
	一、满带、导带和空带	286
	二、导体、绝缘体及半导体的能带	288
	三、应用拓展——超导体的主要特性及应用	290
*第四节	固体能带论基础	290
	一、克朗尼格-朋奈模型	290
	二、求解周期场中定态薛定谔方程的基本思路	291
	三、数学处理与结果讨论	292
第五节	物理学思想与方法简述	299
	能带论的建立与研究方法	299
练习与思考		300

第二十七章　半导体　302

第一节	本征半导体	303
	一、元素半导体	303
	二、化合物半导体	305
第二节	掺杂半导体	307
	一、施主型杂质与N型半导体	307

二、受主型杂质与 P 型半导体 ·············· 309
第三节　杂质能级的计算 ·············· 311
　　一、类氢模型 ·············· 311
　　二、类氢施主杂质能级的计算 ·············· 311
　*三、晶体中电子有效质量的物理意义 ·············· 312
第四节　PN 结 ·············· 314
　　一、PN 结的空间电荷区 ·············· 314
　　二、内建电场（自建电场） ·············· 315
　　三、接触势垒 ·············· 316
　　四、PN 结的整流效应 ·············· 316
　　五、应用拓展——半导体器件 ·············· 318
第五节　物理学思想与方法简述 ·············· 319
　　半导体结构、性能与应用研究 ·············· 319
练习与思考 ·············· 320

第九部分　原子核物理

第二十八章　原子核 ·············· 322
第一节　原子核的基本特征及其组成 ·············· 322
　　一、原子核的电荷和电荷数 ·············· 323
　　二、原子核的质量和质量数 ·············· 323
　　三、原子核的形状、大小与密度 ·············· 327
　　四、核力的基本性质 ·············· 329
第二节　原子核的结合能 ·············· 330
　　一、质量亏损 ·············· 330
　　二、核结合能 ·············· 331
　　三、比结合能 ·············· 333
第三节　原子核的衰变与放射性 ·············· 334
　　一、α 衰变 ·············· 335
　　二、β 衰变 ·············· 337
　　三、γ 衰变 ·············· 340
第四节　放射性衰变的一般规律 ·············· 341
　　一、指数衰变规律 ·············· 341
　　二、放射性衰变中的几个重要物理量 ·············· 343
第五节　原子核反应 ·············· 348
　　一、实验 ·············· 348
　　二、原子核反应的一般表示式 ·············· 349
　　三、原子核反应的类型 ·············· 349
　　四、原子核反应遵守的守恒定律 ·············· 350

第六节　重核的裂变及应用……………………………………………………… 351
　　一、获取原子能的物理基础………………………………………………… 352
　　二、原子核裂变……………………………………………………………… 353
　　三、链式反应和反应堆……………………………………………………… 356
第七节　轻核聚变………………………………………………………………… 358
　　一、基本的聚变反应过程…………………………………………………… 358
　　二、受控热核反应…………………………………………………………… 359
　　三、应用拓展——和平利用核能…………………………………………… 360
第八节　物理学思想与方法简述………………………………………………… 361
　　原子核的可分与不可分……………………………………………………… 361
练习与思考………………………………………………………………………… 361

参考文献 …………………………………………………………………………… **363**

第五部分
相对论基础

本套书把大学物理分为经典物理基础和近代物理基础两卷。

经典物理学是何时诞生的呢？爱因斯坦曾认为："伽利略的发现以及他所应用的科学推理方法，是人类思想史上最伟大的成就之一，标志着物理学的开端。"杨振宁则选择了牛顿发表《自然哲学的数学原理》的1687年。诗人蒲柏在西敏斯特大教堂著名的《拟牛顿墓志铭》中写道：

　　大自然及其法则深藏在黑夜里。

　　上帝说："派牛顿去吧！"

　　于是，一切就都在光明之中。

实际上，20世纪之前的200余年间，物理学在两大领域都取得了巨大成功：一是由牛顿建立的经典力学（1687年），包括热力学与经典统计力学；二是由麦克斯韦建立的经典电磁学（1864年），包括光学。它们能够解释宏观的力学和电磁学现象，并在历史上分别诱发了18世纪以蒸汽机和内燃机的应用为中心的"工业革命"，以及19世纪以电和电磁波应用为中心的"电气革命"。

20世纪初，物理学也发生了两次革命，深刻地改变了人们对物理世界的理解。爱因斯坦创建的相对论，以及始于普朗克的能量子假设的量子力学，已然成为近代物理学的两大支柱。当物体在高速运动时，其中牛顿力学的成功（如蒲柏诗句），用英国诗人斯夸尔爵士的诗来说：

　　但这并不久长。

　　魔鬼大喝一声："派爱因斯坦去！"

　　于是，一切恢复原样。

第十六章 狭义相对论

> **本章核心内容**
>
> 1. 真空中光速不变，光速最大。
> 2. 不同惯性系下分别测得时间、空间间隔的相互关系。
> 3. 质量与参考系、速度的关系。

动钟走慢了

相对论是关于时空和引力的基本理论，可分为狭义相对论和广义相对论。狭义相对论（区别于第十七章广义相对论，本章常简称为相对论）是爱因斯坦于 1905 年创建的，是 20 世纪重大物理学成果之一。爱因斯坦在狭义相对论中以"相对性原理"和"光速不变原理"为基础，提出了新的时空观和物质观，特别是从这两个原理派生出许多"相对论效应"，使初学者常常感到茫然却又饶有兴趣。因为，以人们直觉为基础的日常经验，仅局限于通常大小物体的低速运动，如地球卫星的轨道速率不到 $10^4 \mathrm{m \cdot s^{-1}}$，就比光速 $c=3\times10^8 \mathrm{m \cdot s^{-1}}$ 小很多。对于接近于光速的物体运动，人们往往没有任何经验可借鉴。因此，面对狭义相对论，"经验"将接受挑战。建议初学本章时，始终相信经过百余年实践检验的狭义相对论的两个基本原理是正确的，无论其把你引向何方，也要学会用这两个基本原理消除心中的疑惑。

第一节 伽利略相对性原理 伽利略变换

在第一卷第一章中曾指出过，一切对运动的描述（位置、速度）都是相对的。例如，当我们站在地面上时看到的树木和房屋是不动的，而坐在行驶的汽车里看到的树木和房屋却在运动；雨天，我们在窗前看到窗外雨丝如帘，在面前垂下，而坐在行驶的汽车里又会发现雨丝的帘幕似乎迎风飘起。所以，人们看到的各种物体的运动，或者对物体运动的描述，往往会随观测者的位置不同而不同；考察或描述任何一个物体的位置、速度、轨迹等，无一例外都是由相对于观测者所在或所选的参考系决定的。

一、伽利略相对性原理

基于以上分析，为了描述物体的机械运动，首先要做的是确定选择什么样的参考系。在这之后，才是如何将物体在相对选定参考系中的运动放在坐标系中描述。"经验之谈"说，在实验观测中，常选择一种最容易取得数据和进行分析的坐标系，如直角坐标系或球坐标系。那么，不同的观测者选择不同的参考系，对同一物体运动的观测结果有没有关系呢？会不会有人只强调自己看到的是真的，不承认还有其他可能性呢？会不会"公说公有理、婆说婆有理"，没有是非标准了呢？例如，人造地球卫星的运动，若以地球为参考系，运动轨道是圆或椭圆；若以太阳为参考系，运动轨道却是以地球公转轨道为轴线的螺旋线，两种描述是不同的。可是，有一个不言自明的道理是：自然界中客观存在的物理规律（定律）应当是与描述者无关的。早在1632年，伽利略在一个做匀速直线运动的封闭船舱里仔细地观察了力学现象，他并未发现在船舱中物体的运动规律和地面上有什么不同。

需要强调的是，伽利略做实验的船舱做匀速直线运动，是惯性参考系（以下简称惯性系）。物体在低速运动时遵守牛顿运动定律的参考系是惯性参考系。现在对伽利略当时所观察到船舱中的力学现象，可提升为如下两种表述：

1）在一个惯性系中做任何力学实验，都不能确定该惯性系是处于静止还是在做匀速直线运动。

2）一切彼此做匀速直线运动的惯性系，物体做机械运动所遵守的力学规律是完全相同的。

对以上两种表述还可抽象出一个原理：对于所有的惯性系，经典力学定律（牛顿运动定律、运动定理、守恒定律等）的数学表达形式都相同，这一表述称为伽利略相对性原理。

在物理学中，相对性原理很重要。因为相对性原理是自伽利略、牛顿以来直到爱因斯坦等物理学家经过长期探索、反复思考、仔细实践得到的一个基本结论，它已作为物理学家探索自然、构造物理量、建立新理论离不开的"管定律的定律"。作为人类认识自然界的一种理念，引导人们超越从不同角度（参考系）认识问题的局限性，注重寻求从不同参考系观测同一对象得到的不同结果之间的变换关系，以找到变换过程中保持不变的物理量（客观规律的绝对性）。这个变换中的不变量的存在决定了相对性原理的本质。

有时将伽利略相对性原理连同伽利略变换称为伽利略-牛顿相对论。

二、伽利略变换

一个参考系经数学抽象为一种坐标系。既然按相对性原理，力学规律在所有惯性系中是不变的，而运动的描述却因惯性参考系的不同而不同，那么两者能否统一起来呢？两者又如何统一起来呢？伽利略变换就是这样一种数学表达形式，既可描述不同惯性系中位矢、速度的不同，又可描述不同惯性系之间力学规律的等价。其具体的数学表述包括以下三个要点：

1. 时空坐标变换

以图16-1为例，在相对地面做匀速直线运动的车厢中，一乘客向着车头方向抛出小球。与此同时，地面上乘客的朋友看着火车在他面前开过。按运动描述的相对性，他俩观测到的小球的速度是不相同的。为了定量讨论这一差别，可以利用两参考系间的坐标变换。现采用图 16-2 中的两个坐标系，设图中两个坐标系分别命名为 S($Oxyz$) 系和 S′($O'x'y'z'$) 系，水平轴相互平行，且 S′系相对 S 系以速度 u 沿 Ox 轴的正方向运动。图中的 r 表示在 S 系中某时刻 t 质点 P 的位置矢量，r' 表示该质点在 S′系中的位置矢量。在相对论中，把在某一时刻在空间某一位置发生的事情泛指为一事件，并注明事件的三个空间坐标与一个时间坐标（称 4 维时空）。当涉及长度和时间的测量时，要求测量用尺和测量用钟在同一惯性系中校准。由于时间、空间的均匀性（详见本章第三节），图 16-2 参考系的原点和时间的起点都可任意选择。为了简单又不失普遍性，通常的方法是选择坐标原点 O 与 O′ 重合时作为计时起点，因为 t 和 t' 分别表示 S 系和 S′系观测同一事件发生的时间坐标，则起始时刻 $t=t'=0$。由于同一事件在不同参考系中有各自的时空坐标 (x,y,z,t) 和 (x',y',z',t')，**所以这两时空坐标之间的关系**就是伽利略变换的核心内容。

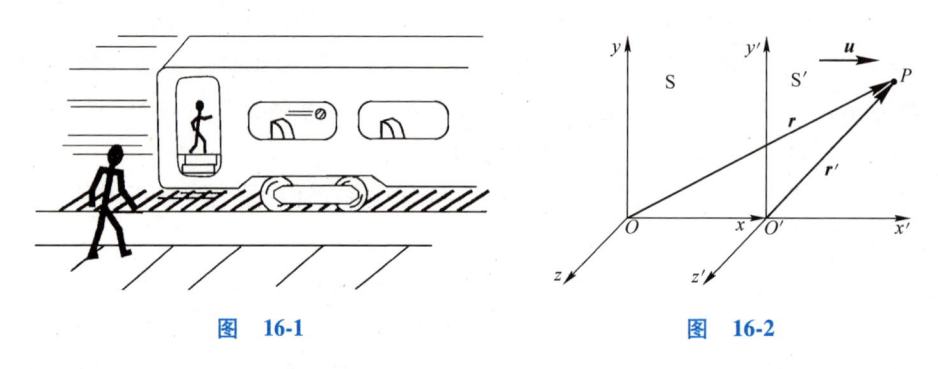

图 16-1

图 16-2

在经典力学中，无论在哪个参考系中，人们用来测量空间距离的尺子的相邻刻度间距都是不变的。因此，在时刻 t，图 16-2 中点 P 在 S′系中的位置坐标 (x',y',z') 可由它在 S 系中的位置坐标 (x,y,z) 按下式求出：

$$\begin{cases} x'=x-ut \\ y'=y \\ z'=z \end{cases} \quad (16\text{-}1)$$

此外，在经典力学中，不论在哪个惯性系中，时间都是与参考系的选择无关的，即 $t'=t$。这样，由 S 系变换到 S′系时，点 P 的时空坐标有如下关系：

练习 1

$$\begin{cases} x'=x-ut \\ y'=y \\ z'=z \\ t'=t \end{cases} \quad (16\text{-}2)$$

反过来，由 S′系变换到 S 系时，有

$$\begin{cases} x=x'+ut' \\ y=y' \\ z=z' \\ t=t' \end{cases} \quad (16\text{-}3)$$

式（16-2）与式（16-3）就称为伽利略（时空）变换。

2. 速度变换

运动描述的另一个基本问题是速度的变换。如何用式（16-2）或式（16-3）来分析运动并描述相对性之间的关系呢？按速度定义式，在图 16-2 中，运动质点 P 在 S' 系中的三个速度分量值为

$$v'_x = \frac{dx'}{dt'}, \quad v'_y = \frac{dy'}{dt'}, \quad v'_z = \frac{dz'}{dt'} \tag{16-4}$$

在 S 系中质点 P 的三个速度分量值为

$$v_x = \frac{dx}{dt}, \quad v_y = \frac{dy}{dt}, \quad v_z = \frac{dz}{dt} \tag{16-5}$$

通过将式（16-2）[或式（16-3）] 对时间求导，就可得到 S 系到 S' 系中三个速度分量值的变换关系

练习 2

$$\begin{cases} v'_x = v_x - u \\ v'_y = v_y \\ v'_z = v_z \end{cases} \tag{16-6}$$

将式（16-6）写成简洁的矢量形式

$$\boldsymbol{v}' = \boldsymbol{v} - \boldsymbol{u} \text{ 或 } \boldsymbol{v} = \boldsymbol{v}' + \boldsymbol{u} \tag{16-7}$$

不论是式（16-6），还是式（16-7），都表示在不同惯性系（如 S 系与 S' 系）中质点的速度不同，这就是由伽利略变换表达的运动描述的相对性，这可从以下一例看得更清楚。

以图 16-3a 为例。在静止于实验室（S' 系）的放射性样品中（有关放射性详见第二十八章），有两个电子 e_1、e_2 沿 x' 轴反方向射出。实验室观测到每个电子的速率均为 $0.67c$（c 为真空中光速）。有了式（16-6）就可以求其中一个电子（如 e_1）相对另一个电子（e_2）的速度了。如何用式（16-6）计算呢？因为是求相对速度：可先选两电子之一如电子 e_1 静止不动建立坐标系，且令其为 S 系，参看图 16-3b，标注电子 e_2 相对于 S' 系的速度值 $0.67c$ 为 v'_x，

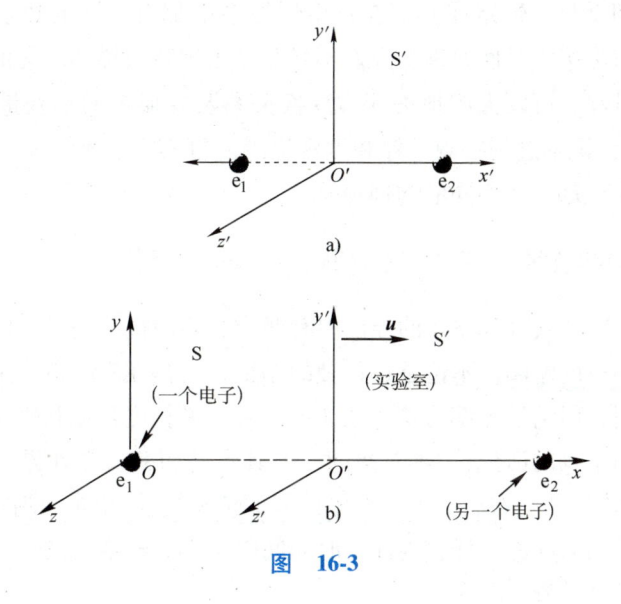

图 16-3

由于 S′ 系相对于 S 系的速度值 u 是 $0.67c$，也沿 x' 正方向运动。按式（16-6），电子 e_2 相对于电子 e_1（S 系）的速度是

$$v_x = v'_x + u = +0.67c + 0.67c = +1.34c$$

此结果已经超过光速，注意这一用伽利略变换得到的结果，爱因斯坦是不同意的。

3. 加速度变换

沿袭求速度及速度变换的思路，按加速度定义，将式（16-6）对时间求导数，得到两惯性系间（由 S 系→S′ 系）的加速度变换公式

$$\begin{cases} a'_x = a_x \\ a'_y = a_y \\ a'_z = a_z \end{cases} \quad (16\text{-}8)$$

其矢量形式为

$$\boldsymbol{a}' = \boldsymbol{a} \quad (16\text{-}9)$$

以上两式明确无误地表示，同一质点 P 在 S 系和 S′ 系中的加速度相同。换句话说，在伽利略时空坐标变换里，对于不同惯性系之间的变换，加速度是变换中的不变量。再加之在经典力学中，物体质量 m 也是与参考系无关的常量，因此，牛顿第二运动定律在 S 系和 S′ 系中有相同的数学形式，即 $\boldsymbol{F} = m\boldsymbol{a}$ 和 $\boldsymbol{F}' = m\boldsymbol{a}'$。可以证明，由牛顿第二定律经演绎方法导出的力学中其他基本规律经伽利略变换后，其数学形式也保持不变，式（16-9）就是对伽利略相对性原理的本质性表述。为什么这么说呢？

现代物理学将经过某种操作（如坐标变换）后物理规律数学形式保持不变的性质，称为变换不变性。<u>不变性的本质是</u>自然界中客观规律与观测者无关，泛称相对性原理。显然，相对性原理要求一个正确的物理定律，不能以任何方式表现出它只适合于某种特殊的参考系（详见第十七章第二节）。所以说，相对性原理是"管定律的定律"。

以动量守恒定律为例。在某一个惯性系中观测到的动量 $\boldsymbol{p}$ 也许不等于在另一个惯性系中观测到的动量 $\boldsymbol{p}'$，但动量守恒定律必定在每个惯性系中都有相同的数学形式。把握这一物理思想非常重要，因为按相对性原理，人们不必受限于观察或描述问题的某一特定参考系带来的运动描述的相对性，可以大胆地去探索变换关系及变换中的不变量（物理规律的不变性），从而把人们的认识推进到宇观世界和微观世界。事实上，不论是人造卫星的运动，还是月球、地球的运动，都遵守相同的物理规律。

三、经典力学的绝对时空观（伽利略-牛顿时空观）

注意到式（16-2）和式（16-3）的导出中有两个必要前提。一是可以<u>用统一的相邻刻度间距不变的尺子测量空间距离</u>。不论是在行驶的车里，还是在实验室，虽然量度长度的方法与使用尺子可以不同，但结果却都与参考系无关，可以说长度是伽利略变换的不变量，进而抽象出绝对空间。用牛顿的话说："绝对空间，就其本性而言，与外界任何事物无关，而永远是相同的和不动的。"二是<u>在所有参考系中的时间流逝完全相同</u>。即同一事件无论在哪个惯性系中观测，经过的时间都一样，因此，时间间隔是伽利略变换的另一个不变量。牛顿认

为：" 绝对的、真正的和数学的时间自己流逝着，并由于它的本性而均匀地与任何外界对象无关地流逝着。" 因此，伽利略变换式（16-2）与式（16-3）中的两个前提与结果就是经典力学的时空观：时间（测量）和空间（测量）均与参考系的运动状态无关，时间与空间也相互无关。

在牛顿所处的那个时代，绝对空间与绝对时间的概念与客观事实相符。选择绝对时空观，既是人们对空间和时间概念的理论总结，又与牛顿的力学体系相容。由于时间、空间是物理现象演出的大舞台，也是表述物理规律最基本的要素，它们当然是物理学深入研究的对象。绝对时空观用在物体或参考系的速度远小于光速的情况时还是高度准确的，从这个意义上讲，绝对时空观是伽利略、牛顿的一种明智的选择。我们今天也不是感同身受吗？但是，随着爱因斯坦狭义相对论的出现，这一切都被打破了。

第二节 狭义相对论的基本原理

爱因斯坦于 1905 年，在著名的《物理年鉴》的同一卷上发表了三篇划时代的论文。其中，第三篇论文《论运动物体的电动力学》被誉为狭义相对论的基石。

那么，著名的狭义相对论是在什么历史背景下产生的呢？

一、电磁学向伽利略-牛顿相对性原理提出的挑战

到 19 世纪末，在经典力学取得许许多多重大成就的同时，牛顿的绝对时空观也统治了物理学界 200 余年。但是，随着人们对光和电磁现象研究的深入与认识，大量的观察和实验结果却无法在绝对时空观的框架内得到圆满的解释，一场关于时空观念的变革势在必行。这就是当时狭义相对论产生的历史背景。

1. 麦克斯韦方程组所引起的问题

自从 1785 年库仑定律建立以后，人们对电磁相互作用做了大量的实验和理论研究。到了 19 世纪 40 年代，电磁学中静电场、稳恒磁场、交变电磁场各个局部的基本规律相继被发现。把这些局部的规律综合起来是物理学发展的必然趋势，这一任务落到了麦克斯韦身上。1865 年，麦克斯韦在《哲学报告》上发表《电磁场的动力学理论》一文，1873 年，他又出版了《电磁论》一书，建立了以他的名字命名的电磁场方程组，并证明电磁场的变化会以波的方式传播，这就是电磁波。麦克斯韦通过计算得到了电磁波在空气中的传播速度，这也与 1849 年菲佐测量地面空气中的光速非常接近，进而他断定光就是电磁波，从理论层面上统一了光学和电磁学。用麦克斯韦自己的话说："我们有充分理由得出结论，光本身（包括辐射热和其他辐射）是一种电磁干扰，它是波的形式，并按照电磁定律通过电磁场传播。" 由麦克斯韦方程组（微分形式）出发，可以得到在自由空间传播的电磁波波动方程（本书推导略），而且在电磁波波动方程中，真空中的光速 $c = 1/\sqrt{\varepsilon_0 \mu_0}$ 是一个普适常量，其中，ε_0 是真空中的介电常数（真空电容率），$\varepsilon_0 \approx 8.85 \times 10^{-12} \mathrm{F \cdot m^{-1}}$；$\mu_0$ 是真空中的磁导率，$\mu_0 = 12.56 \times 10^{-7} \mathrm{H \cdot m^{-1}}$，代入以上数据可计算出真空中的光速 c。实验物理学家赫兹在 1887—1890 年间进行了一系列实验，测出了电磁波的速率与光速相同，赫兹的工作直接验证了

麦克斯韦理论的正确性。至此，人类认识到了光的电磁本性。在人们心目中满以为光不就是一些具有特定波长的电磁波吗？不过，耐人寻味的是，无论是从理论上还是从实验上，在所有惯性系中真空中的光速都是同一个常量。果真这样的话，问题就出来了：在讨论速度的时候，总应与一个具体的惯性系联系起来，从伽利略速度变换公式（16-7）看，真空中的光速为常量似乎是绝对不可能的事。为突出这一对矛盾，注意看图16-4中观测者面对两个光源的表述情况：在图16-4a中静止于地面的光源与相对地面做匀速直线运动飞船上的激光器发光，如果按照伽利略速度变换公式（16-7）推算，两束光的传播速度会因为光源静止还是运动的不同而不同。但是，图中有相对论头脑的地面观测者却说，飞船上激光器发出的光的速率与地面灯光速率都是 c。在图 16-4b 中，如果按伽利略速度变换公式（16-7）推算，相对于左侧飞船，右侧激光器发出的光束的速率为 $c+2u$。但是，图中左侧飞船观测者的观测结果是：光速仍是 c。这与麦克斯韦电磁理论中光速与光源速度无关的结论是一致的。于是，物理学面临一种十分尴尬的局面：伽利略变换（绝对时空观）、伽利略相对性原理、麦克斯韦电磁场方程组三者竟然无法相容。我们很清楚，伽利略速度变换公式（16-7）不允许作为普适常量的速度（c）出现。进一步说，光速 c 也不是伽利略变换下的不变量，因此，麦克斯韦方程组描述的电磁规律就不具备对伽利略变换的不变性。也就是说，描述电磁现象的规律不满足伽利略相对性原理。从另一个角度看，也许是伽利略相对性原理只适用于经典力学，要是将其用来解释光的传播（电磁规律）则无能为力。于是人们自然会问：既然伽利略变换、伽利略相对性原理与麦克斯韦电磁场理论三者之间不相容，那么是不是它们之中至少会有一个是不正确的呢？

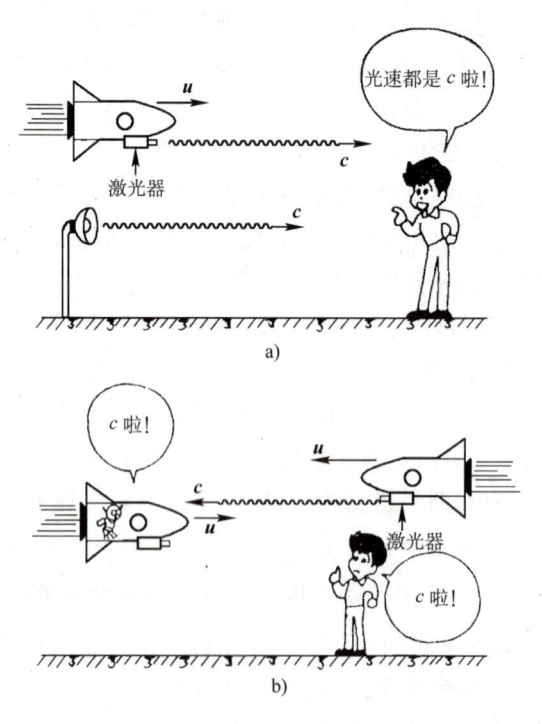

图 16-4

答案是什么？ 是伽利略变换正确，电磁学规律不符合相对性原理呢？还是电磁学规律符合相对性原理，而伽利略变换应当"退出"呢？是不是该对麦克斯韦方程组引入另一种与伽利略变换不同的全新的时空坐标变换，使它在该变换中保持数学形式不变呢？这一连串的问题又是怎么解决的呢？

2. 寻找绝对参考系的尝试

如果在伽利略变换、相对性原理与麦克斯韦方程组三者不相容的矛盾中，坚信相对性原理是物理学的基本原理的话，那么有一种解决矛盾的设想：保留伽利略变换，并使伽利略变换也适用于电磁规律，适用于光速 c 与光源速度无关的规律，这需要假想在自然界中存在一个特殊的惯性系，只有在这个独一无二的惯性系中，测量到的光速正好是 c，也就是说只有在这个惯性系中麦克斯韦方程组才成立，而在其他惯性系中麦克斯韦方程组就不成立了。这个参考系就称为绝对（静止）参考系，历史上，称之为以太系（简称以太）。在以太系中光的速度为 c；在其他惯性系中，如在地面惯性系中光速不再是 c，且其值与 c 之差，就是地球相对于以太系运动的速度。

那么，**以太究竟是什么？** 为回答这一问题，翻阅光学发展史：17 世纪中叶，胡克首先将光解释为在某种介质中传播的振动；后来，惠更斯明确地提出了光的波动学；进入 18 世纪后，许多学者都陆续用光的波动学，成功地解释了光的干涉、衍射和偏振现象。但是在那个年代，牛顿力学还在物理学界占据统治地位，比如它把一切振动都归于机械振动，把波也归于机械波。于是，光也就自然而然地被认为是某种机械振动在介质中的传播。然而，因为光不仅能在空气、水和玻璃等实物介质中传播，也能在诸如太阳和地球之间无实物的空间中传播，这就诱使人们假设存在着一种能传递光振动的介质，这种介质就称为光以太。其实，即使实验证实电磁波可以在真空中传播，当时的物理学家还是不能接受电磁波可以不需要介质就能传播的事实，而且麦克斯韦电磁场方程组原本就是利用以太理论，实际上是"场"推导出来的。在麦克斯韦看来："事实上，无论何时，只要能量在一段时间里从一物体传送到另一物体，那就必然有一种媒质或物质，使能量在离开一个物体之后而尚未到达另一物体之前能够保存在其中。"如此一来，以太便被赋予许多神秘的性质：它不具有质量，无所不在，不仅充满整个宇宙，还可渗透到一切物质内部传播电磁波，却对宏观物体的运动与性能没有丝毫影响。

既然在以太论中电磁场方程组仅对绝对静止的以太系成立，从提出之日起，寻找以太就成为当时物理学界的一项重要和有吸引力的使命。早在 1879 年，麦克斯韦曾写信给美国海上天文年鉴局局长托德，请求帮忙解决：如何测量在以太中运动的地球所引起的光速变化，换言之，如何测量地球相对以太运动的速度。当时，正在天文年鉴局服役、已能精确测光速的年轻海军教官迈克耳孙（还在柏林大学的亥姆霍兹实验室时就为此设计了著名的迈克耳孙干涉仪）获此消息后，他先是单独在德国（1881 年）做实验，后来在 1887 年回到美国后与比自己年长 14 岁的著名化学家和物理学家莫雷合作，更精确地重做了以太风中光的干涉实验。基本思路如图 16-5 所示：如果地球是在绝对静止的、充满空间的以太中运动的话，正如人们在静止的空气中跑步或骑自行车时感觉有风一样，地球上必然会刮"以太风"。如果确有以太风，既然以太在动，那么地球"感受"的光速与"无风"的情况就不同，测量方法如图 16-6 所示。图中，不论光束 A 还是光束 B，相对于以太都有一个速度 c，但因地球在以太中运动，按式（16-7），两束光相对地球上的观测者的光速就不相同了。如顺着地球公转方向的光束 B 相对于地球的光速为 $c-u$（u 为地球绕太阳的轨道速度 30km·s^{-1}），逆着地球公转方向的光束 A 相对于地球的光速为 $c+u$。图 16-7 拓展为用干涉法测量两种不同光速的迈克耳孙干涉仪。图中 S 为地面上光源，M 是一面相对图中两光路都倾斜 45°的半透明半反射的分束镜，M_1 和 M_2 为相互垂直的两个全反射镜，D 为探测器，整个装置被固定在一个稳定且可绕竖直轴旋转的底座上。实验时，从光源 S 射出的一束单色光由左向右到达分束镜 M 后被分为互相垂直的两束相干光（1）和（2）。其中透射光（2）经距离 l_2 到达镜面 M_2，被 M_2 反射后又沿原路返回到分束镜 M 时经分束向下由探测器收集；与此同时，与之垂直的反射光束（1）经距离 l_1 向上到达镜面 M_1，被 M_1 反射后沿原路返回分束镜 M 经分束透过 M 向下由探测器收集。在探测器中两束光叠加相干。

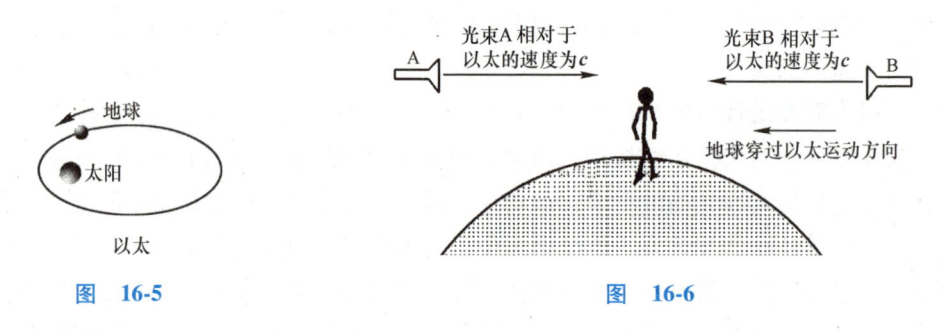

图 16-5

图 16-6

根据光的干涉原理，进入探测器的两束相干光（1）和（2）由光程差或相位差决定两者的干涉图像。如果两束光相位相同，发生相长干涉，在目镜中会看到亮条纹；若两束光反相，则产生相消干涉，在目镜中会看到暗条纹。由于实验用光束无论如何处理总有一定的发散角，进入目镜的不只是一条光线，因此从目镜中观测到的是图 16-8 所示的明暗相间的等倾干涉条纹（等倾薄膜干涉参看第一卷第九章第三节）。图 16-9 中给出了当 M_1 和 M_2 不严格相互垂直时，从望远镜中观察到的等厚干涉条纹（劈尖干涉）。

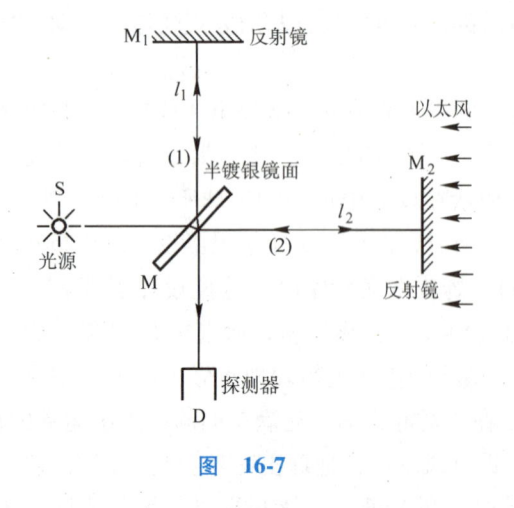

图 16-7

图 16-8

图 16-9

对条纹的简单计算如下：设想图 16-5 中以太存在并相对太阳静止，干涉仪光源 A 随地球以 $3\times10^4\text{m}\cdot\text{s}^{-1}$ 的速率相对以太运动到椭圆轨道下方（暂不考虑地球自转），设某时刻恰好出现图 16-6 所示状态，则因以太风以 $u=3\times10^4\text{m}\cdot\text{s}^{-1}$ 的速率相对于干涉仪运动，因为光相对以太运动的速率为 c，则光相对于地球的干涉仪速率不是 c，因此，相互垂直的光束（1）和光束（2）相对于干涉仪的速率也不相同。这十分像一位在江河中的游泳者（类比光）从同一出发点相对于水的横渡速率或逆流、顺流速率。设两光束行经的距离相等（$l_1=l_2=l$），但光束从 M 一分为二后又回到 M 合二为一，所需的时间却是不一样的。为计算光束（2）相对干涉仪"顺流"和"逆流"的时间，选仪器（类比河岸）作为参考系。令 T 为光"顺流"加上"逆流"往返一次的时间，则

$$T=\frac{l}{c-u}+\frac{l}{c+u}$$

利用近似公式 $(1-x)^{-1}=1+x(x\ll 1)$ 整理上式得

$$T=\frac{2l/c}{1-u^2/c^2}\approx\frac{2l}{c}\left(1+\frac{u^2}{c^2}\right) \tag{16-10}$$

计算光束（1）在垂直于以太风中"横渡"往返一次的时间时，选择以太（类比河水）作为参考系进行计算较为方便，因为时间在经典物理学中是绝对的，与参考系的选择无关。图 16-10 所示为静止在以太中的观察者看到的情况：此时干涉仪（类比河岸，以 M 代表）由左向右以速率 u 穿过以太，与此同时，虽然光束（1）仍以速率 c 在以太中运动，但按图中虚线从发出后到运动的镜面 M_1 反射之后又沿图中虚线到达 M，则光束（1）在这一段上传播的时间 t，按图 16-10 计算为

$$2\left[l^2+\left(\frac{ut}{2}\right)^2\right]^{\frac{1}{2}}=ct$$

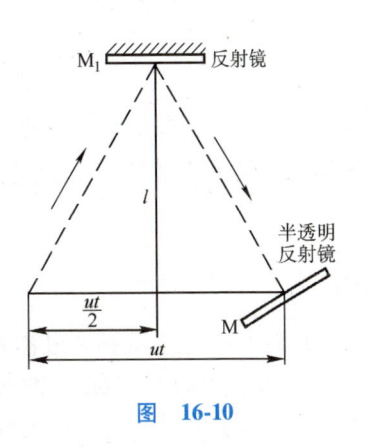

图 16-10

对上式等号两侧取平方，经整理得 $t=\dfrac{2l/c}{\sqrt{1-u^2/c^2}}$，利用处理式（16-10）时的近似公式得

$$t=\frac{2l/c}{\sqrt{1-u^2/c^2}}\approx\frac{2l}{c}\left(1+\frac{u^2}{2c^2}\right) \tag{16-11}$$

将式（16-10）中 T 与式（16-11）中 t 相减，得光束（2）与光束（1）从分束后到重新相遇叠加的时间差为

$$T-t=\frac{l}{c}\frac{u^2}{c^2} \tag{16-12}$$

式中，u^2/c^2 数量级约为 10^{-8}，因此 $T-t$ 是一个非常微小的量，迈克耳孙也曾意识到，当时他不可能直接测出这么微小的时间差值。但这个假设因地球相对以太运动而出现的时间差果真存在的话，与地球相对以太静止相比，应当能在干涉仪中干涉条纹的移动中显示出来。当然，地球不能随意停止和起动。如何才能观察到这种条纹有没有移动呢？迈克耳孙的创意就在于，他将整个装置（见图 16-7）在水平面上顺时针旋转 90°，从因光路变化看旋转前后有无干涉条纹的移动。这是因为，如果将图 16-7 中光束（2）和光束（1）的方向对调后，两条光路 MM_2M 和 MM_1M 交换的结果，光束（2）"横渡"和光束（1）"顺流逆流"进入探测器的时间差（或光程差）$T'-t'$ 也会随之发生变化，则有

$$T'-t'=\frac{2}{c}\frac{l}{\sqrt{1-u^2/c^2}}-\frac{2}{c}\frac{l}{(1-u^2/c^2)}\approx-\frac{l}{c}\frac{u^2}{c^2} \tag{16-13}$$

与式（16-12）相比，如果式（16-12）表示光束（2）超前光束（1），则式（16-13）表示光束（2）落后光束（1）。因仪器装置的转动而引起光束（2）与光束（1）时间差的改变量为

$$2\Delta t=\frac{2l}{c}\frac{u^2}{c^2} \tag{16-14}$$

由式（16-14）计算的两光束因干涉仪转动前后的时间差改变量，可换算出光束（2）与光束（1）的光程差改变了

$$c\cdot 2\Delta t=2l\frac{u^2}{c^2} \tag{16-15}$$

在波动光学中，如果两束光的光程差不同或发生变化，将表现在干涉场条纹位置的不同或条纹移动。设由式（16-14）或式（16-15）带来的条纹移动数为 ΔN，则

$$\Delta N=\frac{2l\dfrac{u^2}{c^2}}{\lambda}=\frac{2l}{\lambda}\frac{u^2}{c^2} \tag{16-16}$$

1881 年，迈克耳孙在最初的实验装置中，取 $l=1.2\text{m}$，$\lambda=5.7\times 10^{-7}\text{m}$，将这些数据代入式（16-16），可以计算出干涉条纹数目的移动数 $\Delta N=0.04$，但现实是测不到有效的条纹移动。他怀疑是不是实验装置不够精确？后来他不断地改进实验装置，在 1887 年，迈克耳孙和莫雷预计按式（16-16）将出现 0.4 个条纹移动，但出乎意料的是，他们只记录到 0.01 个条纹移动，以 0.01 相对 0.4，可认为干涉条纹根本就没动。不仅如此，不论是在白天还是

在夜晚（地球自转效应），以及在一年中各个季节（地球公转效应）进行的长期实验观察，均未发现条纹有丝毫的移动，寻找以太风存在的迈克耳孙-莫雷实验得出零结果。由于实验判决的重要性，加之人们不轻易放弃以太假设，这个实验后来又由许多人在不断提高精度的条件下无数次地重复进行达半个世纪之久。表 16-1 列出了部分重复实验的情况，无一例外都未观测到预期的条纹移动 0.4 的结果。20 世纪 60 年代，还有人分别利用微波和激光器以极高的精度做了类似的实验，美国哥伦比亚大学在 20 世纪 70 年代还重做了这一实验，但均以否定条纹移动的"零结果"告终。

表 16-1 迈克耳孙-莫雷实验

实验者	年份	地点	l/m	依据以太理论预言的条纹移动	观察到的条纹移动的上限
迈克耳孙	1881	波茨坦（德）	1.2	0.04	0.02
迈克耳孙和莫雷	1887	克利夫兰（美）	11.0	0.40	0.01
莫雷和密勒	1902—1904	克利夫兰（美）	32.2	1.13	0.015
密勒	1921	威尔逊峰（美）	32.2	1.12	0.08
密勒	1923—1924	克利夫兰（美）	32.2	1.12	0.030
密勒（太阳光）	1924	克利夫兰（美）	32.2	1.12	0.014
托马希克（星光）	1924	海德尔堡（德）	8.6	0.3	0.02
密勒	1925—1926	威尔逊峰（美）	32.0	1.12	0.08
肯尼迪	1926	巴瑟特拿和威尔逊峰（美）	2.0	0.07	0.002
依林伍斯	1927	巴瑟特拿（美）	2.0	0.07	0.000 4
毕卡和史推尔	1927	利吉峰（瑞士）	2.8	0.13	0.006
迈克耳孙等	1929	威尔逊峰（美）	25.9	0.9	0.010
朱斯	1930	耶拿（德）	21.0	0.75	0.002

值得思考的是，迈克耳孙-莫雷实验的零结果有什么深远意义呢？

3. 迈克耳孙-莫雷实验的解释

迈克耳孙-莫雷实验是 19 世纪最出色的实验之一，原本为验证以太参考系存在而设计进行的实验，却得出以太无法探测的结果。对迈克耳孙和莫雷来说，得到实验的零结果是令人扫兴的，但这个结果是可信的。它斩钉截铁地告诉笃信以太的人们，以太风不存在，地球相对于以太的运动不存在，不能以不存在的以太选作参考系，更不能以不存在的以太用作绝对静止的参考系。正如迈克耳孙本人所说："静止以太假说的结果就这样被证明为错误。"迈克耳孙-莫雷实验虽然对其初衷来说是一次失败的实验，但是两位科学家七年如一日地做着同一个实验，在一次次实验的失败中站起来，不断地改进实验装置，这种坚持不懈、锲而不舍的精神值得我们当代人去学习。1907 年迈克耳孙因创制了精密的光学仪器而获得了诺贝尔物理学奖。

虽然实验结果彻底否定了盛行一时的以太学说，却也严重地困扰着科学界。让人们放弃以太概念远非易事，"以太幽灵"引诱着好几位物理学家异想天开，仍试图用以太解释迈克耳孙-莫雷实验的零结果。这样做既能拯救以太，又能解释迈克耳孙-莫雷实验的结果，岂不两全其美？这些物理学家中最有名气的当属荷兰物理学家洛伦兹。他当时是世界上精通麦克斯韦电磁理论的最伟大的学者，也是经典电子论的创始人，是世纪之交物理学家们的精神领袖，在学术界享有很高的声誉。他所持的观点是：以太是存在的，地球穿过以太的运动也是真实的。为了能解释迈克耳孙-莫雷实验探寻以太的零结果，他假定物体沿其运动方向有一长度收缩。特别是，正在测量的尺子也会在它的运动方向上收缩，运动的钟会走得慢些。不仅如此，洛伦兹还找出被测量的距离和时间之间的联系，按他找到的这种联系，居然可以解释迈克耳孙-莫雷实验为什么检测不出以太运动的原因。现在来看，1904 年前后洛伦兹推导出的是两个参考系时空之间相互关联的、一个与伽利略变换不同的崭新的变换关系，这个变换后来称为洛伦兹变换（详见下一节）。麦克斯韦方程组以及真空光速不是在以太中而是在这个变换中保持不变，这个时空变换就是狭义相对论的基本内核。但洛伦兹本人并未意识到他的一只脚已跨进了相对论的大门，却依旧固守着以太参考系和绝对时间标度。时空观的错误决定了他看不到这组变换在物理上的"光明前景"，与相对论的创立失之交臂。

迈克耳孙-莫雷实验零结果的重要性还在于，如果放弃以太假设或否定以太绝对惯性系的存在，它就是真空中光速不变的实验验证，同时表明，伽利略相对性原理要修正后才能推广到电磁理论。因此，为解决伽利略变换、相对性原理和电磁理论三者不相容的矛盾，核心是要放弃以伽利略变换为代表的绝对时空观并建立新的时空观。物理学史表明，每当物理学发展中遇到巨大困难之时，往往就会出现新的突破，狭义相对论的"幼芽"正是在这种物理背景下"破土而出"的。

1905 年，爱因斯坦在《论运动物体的电动力学》一文中写道："引入以太是多余的，因为我这里提出的观念将不需要具有特殊性质的'绝对静止的空间'。"爱因斯坦之所以能完成这一新的突破，在于他大胆否定了人们头脑中根深蒂固的绝对时空观，并建立了崭新的相对论时空观。

二、狭义相对论基本原理的内容

崭新的相对论时空观建立在狭义相对论两个基本原理之上，两个基本原理的正确性不能用旧有的理论来证明，而只能看它的推论是否经得起实验的检验。

1895 年，16 岁的爱因斯坦在瑞士阿苏州中学补习，虽然对那所中学刻板的教学方式厌倦至极，但他却在先前阅读《自然科学通俗读本》中对光速问题的讨论留下了深刻的印象，设想"如果我能追上一束光，那将怎样？如果我同光束一起运动，那么光束看起来将是怎样的？"经过近 10 年断断续续的思考，在爱因斯坦看来，若以光速 c 运动来追随一束光线，这束光将显示为一个只在空间振荡却不传播的电磁波，如果出现这种情况，那么麦克斯韦方程组就失效了，这对爱因斯坦来说是不可思议的。因为爱因斯坦坚信，描述客观规律的麦克斯韦理论，像一切其他物理定律一样服从相对性原理。在爱因斯坦看来，相对性原理是物理学的基本假定。如果承认了光速 c 是麦克斯韦理论的结果，则不论观测者运动得多快，一束光永远以速度 c 相对于观测者传播。每一个观测者看到的每一束光都以速度 c 运动，那么就没有人能够追上一束光了。否则，对于一个以光速与一束光一起运动的观测者看来，这束光本身将是静止的。爱因斯坦认定出现违反相对性原理的事件是错误的，这也回答了为什么说追上一束光的想法是自相矛盾的。爱因斯坦从小勤于思考和善于思考的精神很值得我们去学习，也正如孔子所说：学而不思则罔。

既然没有绝对静止的惯性系，有的是各惯性系彼此等价，因此，爱因斯坦毅然决然地摒弃了以太假说和绝对参考系的想法，在前人各种实验及众说纷纭中力排众议，另辟蹊径，大胆采取保留麦克斯韦方程组而修改伽利略变换的方法。1905年9月，他在《论运动物体的电动力学》一文中首次提出两个假设：

1）物理体系的状态据以变化的定律，与描述这些状态变化时所参考的坐标系究竟是用两个在相互匀速移动着的坐标系中的哪一个并无关系。

2）任何光线在"静止的"坐标系中都以确定的速度 c 运动着，不管这束光线是由静止的还是由运动的物体发射出来的。

以上两个假设被称为相对性原理和光速不变原理，狭义相对论中的所有其他内容均由此导出。为此，换一种等价的简要表述：

1）狭义相对性原理：所有物理定律（万有引力定律除外，参看第十七章）在一切惯性系中都具有相同的数学表达形式。

2）光速不变原理：光在真空中各个方向的传播速度 c 在一切惯性系中都具有相同的值（光速不能分解，2006年推荐值 $c = 299\ 792\ 458\text{m}\cdot\text{s}^{-1}$，一般计算中取 $c = 3\times 10^8\text{m}\cdot\text{s}^{-1}$）。

学习这两个基本原理时，以下两点值得注意：

1）狭义相对性原理和光速不变原理是相互独立又相互联系的。例如，根据光速不变原理，只要提到真空中的光速时，就无须指明它相对哪个惯性参考系，因为它与光源相对于哪个参考系的运动无关。一方面，由于麦克斯韦方程组暗含光速 c，从这个意义上说，光速不变原理就是相对性原理的一个特例；另一方面，由于光速不变原理直截了当地否定了伽利略变换，就需要把只管束力学定律的伽利略相对性原理推广到电磁学以至于一切物理定律，表述为爱因斯坦相对性原理。

2）狭义相对性原理实质上指的是物理规律的绝对性。它彻底排斥绝对静止参考系（以太）。爱因斯坦单列原理2）表明，承认光速不变原理，不仅意味着必须放弃建立在日常经验基础上的伽利略变换，关键是要放弃支撑伽利略变换的绝对时空观。不破不立，突破绝对时空观，建立新时空观，是学习相对论各种推论时必须打开的一个"锦囊"。例如，设想从一点光源（取为坐标原点 O）向空间发出一光脉冲，从光源所在参考系中观测，波前是以光源为中心的球面；若从相对于光源做匀速直线运动的另一参考系的原点 O'（设 $t = t' = 0$ 时，两参考系原点重合）观测，波前仍是一个球面（见本章第三节图16-12）。

狭义相对论的建立告诉人们，日常经验往往带有局限性，常识并不等同于科学，实践才是检验真理的唯一标准。随着科学技术的发展，人们在天文观察和近代物理实验中找到了光速不变原理的许多有力证据和应用。例如，从1676年丹麦天文学家罗素开始，许多科学家对真空中的光速曾做过无数次测量，包括利用极长距离的天文方法，实验室中的齿轮法、转镜法、利用微波腔的驻波法及新颖的光拍法等。这些测量均没有发现光速与参考系有关的任何迹象，也没有发现光速与观测者的运动速度及光源的运动速度有什么关系。又如 1964—1966 年，欧洲核子中心在质子同步加速器中做了有关光速的精密实验测量。由同步加速器产生的、以 0.999 75c 的速度运动的中性 π 介子，在飞行中发生衰变时所辐射的 γ 射线（光子）沿运动方向的速度观测值为 $(2.997\,7\pm0.000\,4)\times10^8 \mathrm{m\cdot s^{-1}}$，与静止的辐射源所测得的最佳 c 值极其一致，更多的证据和应用读者可上网查询。

第三节　洛伦兹变换

前已介绍，在爱因斯坦论述相对论的重要文章发表前的 1904 年，洛伦兹曾推导出有关两个惯性系的时空变换关系式。虽然当时洛伦兹并不具有相对论的思想，但是他推导的时空变换关系式却是正确的。因为洛伦兹发现，如果采用他引进的时空变换关系，麦克斯韦方程组将保持形式不变。爱因斯坦进一步指出：所有的物理定律在洛伦兹变换下数学表达式都不变。同时，作为相对论重要组成部分的时空坐标变换关系，必须满足以下两个条件：

1) 支持狭义相对论的两条基本原理。
2) 当运动速率远小于真空中光速 c 时，该变换应该过渡到伽利略变换。

本节先给出洛伦兹时空坐标变换，然后介绍如何由狭义相对论两个基本原理推导出来。

一、洛伦兹变换的内容

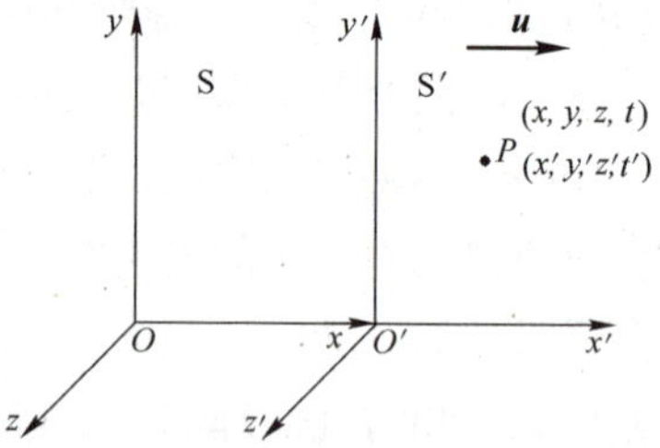

为简明起见，假设图 16-11 中，坐标系 S′（O′x′y′z′）以速度 **u** 相对于惯性坐标系 S（Oxyz）沿彼此重合的 x（和 x′）轴正方向运动，而 y 与 y′ 轴及 z 与 z′ 轴分别保持平行。取当原点 O 和 O′ 重合时作为计时零点（t = t′ = 0），则按狭义相对论，在图中描述在点 P 发生某一事件的不同时空坐标 (x,y,z,t) 和 (x′,y′,z′,t′) 之间遵守的变换关系与式（16-2）不同，为（S 系→S′系）

图 16-11

$$\begin{cases} x' = \dfrac{x-ut}{\sqrt{1-\left(\dfrac{u}{c}\right)^2}} = \dfrac{x-ut}{\sqrt{1-\beta^2}} = \gamma(x-ut) \\ y' = y \\ z' = z \\ t' = \dfrac{t-\dfrac{ux}{c^2}}{\sqrt{1-\left(\dfrac{u}{c}\right)^2}} = \dfrac{t-\dfrac{ux}{c^2}}{\sqrt{1-\beta^2}} = \gamma\left(t-\dfrac{ux}{c^2}\right) \end{cases} \qquad (16\text{-}17)$$

式中，$\beta = \dfrac{u}{c}$；$\gamma = \dfrac{1}{\sqrt{1-\beta^2}}$；c 为光速。由于式中 (x,y,z,t) 与相应 (x′,y′,z′,t′) 之间是线

性依存关系，从式（16-17）解出 x、y、z 和 t，即得逆变换（S′系→S系）

$$\begin{cases} x = \dfrac{x'+ut'}{\sqrt{1-\left(\dfrac{u}{c}\right)^2}} = \dfrac{x'+ut'}{\sqrt{1-\beta^2}} = \gamma(x'+ut') \\ y = y' \\ z = z' \\ t = \dfrac{t'+\dfrac{ux'}{c^2}}{\sqrt{1-\left(\dfrac{u}{c}\right)^2}} = \dfrac{t'+\dfrac{ux'}{c^2}}{\sqrt{1-\beta^2}} = \gamma\left(t'+\dfrac{ux'}{c^2}\right) \end{cases} \quad (16\text{-}18)$$

这两组时空坐标变换式（16-17）与式（16-18）就是洛伦兹变换，它的意义是什么？不妨从与伽利略变换式（16-2）与式（16-3）的比较中看：

1）注意与式（16-2）及式（16-3）迥然不同的是，式（16-17）与式（16-18）中 t'（或 t）是 x、t（或 x'、t'）的函数，并且时间都与两个惯性系之间的相对速度 u 有关。**这种函数关系意味着什么呢？** 与伽利略变换的不同就在于，洛伦兹变换揭示出时间、空间和物质运动之间有着紧密的联系，这正是新时空观的精髓所在。

2）如果将式（16-17）或式（16-18）与伽利略变换只进行数学形式上的比较，一个明显的区别是，在洛伦兹变换中多了两个因子：一是 $\dfrac{1}{\sqrt{1-\beta^2}} = \gamma$，这个因子称为收缩因子或时间膨胀因子；二是时间坐标变换式中的 ux/c^2，这个因子称为爱因斯坦同时性因子。可以猜想，也许正是这两点不同，保证了所有物理定律的数学表达式在洛伦兹变换下是不变的。

3）当两惯性系间的相对运动速度 u 远小于光速 c 时，即 $u \ll c$，$\beta \to 0$，容易发现洛伦兹变换 [式（16-17）或式（16-18）] 就过渡到了伽利略变换 [式（16-2）或式（16-3）]。这种过渡表明，伽利略变换是洛伦兹变换在低速（$u \ll c$）情形下的近似。

4）从式（16-17）或式（16-18）中还可以看到，因为 x' 和 t'，以及 x 和 t 都必须是实数，所以两惯性系间的相对速率 u 不仅不能大于 c，也不能等于 c，即

$$u < c \quad (16\text{-}19)$$

否则，洛伦兹变换将失去意义。于是在相对论中，任何物体的运动速率均不可能等于和超过真空中的光速，也就是说，在相对论中真空中的光速 c 是极限速度。现代物理实验中的许多事例都证实，高能粒子的速率是以 c 为极限的，这也指明了狭义相对论的适用范围。

*二、洛伦兹坐标变换的推导

前已指出，洛伦兹曾在爱因斯坦的重要文章发表前，推导出一种新的时空变换关系。从狭义相对论两个基本原理出发，完全可以推导出式（16-17）或式（16-18），以下对其推导过程做简要介绍。

仍采用图 16-11 所示的两个惯性系 S 和 S′。设 $t = t' = 0$ 时，S 系与 S′系原点 O 与 O' 彼此重合。S′系相对于 S 系以速度 **u** 沿 x 轴方向运动。在推导前，还需补充两个前提条件。

1) 空间和时间均匀且空间各向同性。爱因斯坦在论文中说道："我们给空间和时间赋予了均匀性的特性。"时空均匀要求 x、t 与 x'、t' 之间的变换关系无论是采用伽利略变换还是洛伦兹变换，必定都是线性变换。例如，一物体在 S 系中做匀速直线运动，则从 S'系观测（变换到 S'系中）也必定是匀速直线运动。也就是说，在 S 系中一条直线变换到 S'系中仍是一条直线。所以，代数学上的线性变换是指 x'、y'、z'、t' 中的每一个变量都可以表示为 x、y、z、t 中的每一个变量的线性组合（反之亦然）。否则，如果 x' 与 x 之间是非线性变换关系，如 $x'=kx^2$，则在 S 系中两点 x_1、x_2 的距离变换到 S'系中是 $x_2'-x_1'=k(x_2^2-x_1^2)$。如果这样，设想有一根单位长度的直杆在 S 系中测量，其端点落在 $x_2=2\text{m}$ 和 $x_1=1\text{m}$ 处，则在 S'系中测量时却有 $x_2'-x_1'=3k\text{ m}$。还是同一根单位长的直杆，若在 S 系中其端点落在 $x_2=5\text{m}$ 和 $x_1=4\text{m}$ 处，则在 S'系中就得 $x_2'-x_1'=9k\text{ m}$。两组不同的结果（k 相同）表示，对同一根直杆长度的测量，将随它在 S 系中位置的不同而不同。推而广之，一物体在 S 系中做匀速直线运动，在 S'系中就不会是匀速直线运动了。所以，在推导 S 系与 S'系间的时空坐标变换时，必须假设对两个事件的空间间隔与时间间隔的测量结果，与两事件在参考系（S）中何处何时发生无关（但并不排除空间坐标和时间坐标相互依赖的可能性）。所以，**什么是时空均匀假设？** 那就是所有在空间和时间中的点都是等价的。举例来说，对空间-时间坐标系原点（或某些其他的点）的某种选择，除为了计算方便之外，较之于对其他各点的选择没有任何物理意义上的优越性。时空坐标变换必须是线性的，这也是相对性原理的要求。

2) 当 S 系与 S'系之间相对运动速度远小于真空光速时，新变换应该能过渡到伽利略变换。因为在这种情况下，伽利略变换已被实践证实是正确的。

既然如此，从伽利略变换［式（16-2）或式（16-3）］看，它们也是一次代数方程，而且只在相对运动的方向上空间坐标与时间坐标出现在同一方程式中，即

$$x'=x-ut$$
$$x=x'+ut'$$

以上两式满足时空均匀且空间各向同性条件 1），根据条件 2）的要求，作为新变换，在伽利略变换基础上，一种最简单的假设是在新变换中

$$x'=k'(x-ut)$$
$$x=k(x'+ut')$$

式中，作为比例系数，k 与 k' 与 x 和 t 都无关。按照相对性原理要求，S 系与 S'系除了做相对匀速直线运动外别无差异，二者是等价的。因此，以上两式中，除相对运动方向相反外（u 前面的正负号），比例系数 k 与 k' 应该相等，与相对运动的方向无关，则有

$$k=k'$$

可统一用 k 表示比例系数得

$$x'=k(x-ut) \tag{16-20}$$
$$x=k(x'+ut') \tag{16-21}$$

此外，按照伽利略变换，另外两个空间坐标间的变换关系不变：

$$y'=y \tag{16-22}$$
$$z'=z \tag{16-23}$$

接下来还需要寻求 t 和 t' 的变换。将式（16-20）中的 x' 代入式（16-21）中，解出 t'，即

$$t' = kt + \left(\frac{1-k^2}{ku}\right)x \quad (16\text{-}24)$$

至此，除 k 尚未确定外，由式（16-20）、式（16-22）、式（16-23）和式（16-24）四式已组成了满足狭义相对性原理的一组坐标变换式（由 S 系→S′系），如果令 $k=1$，就得到伽利略变换。

现在的问题是，在新变换中 k 不能等于 1，必须求出比例系数 k，才能得到确定的时空变换关系。**如何求 k 呢？** 在用狭义相对论的两个基本原理推导新变换的过程中光速不变原理还未"登场"，必须尝试一下。如何利用光速不变原理来确定 k？前已介绍，在图 16-12 中，设 S 系与 S′系相对做匀速直线运动，在两坐标系的原点 O 与 O' 重合的瞬时（$t=t'=0$），在原点处有一点光源发出光信号。根据光速不变原理，下一时刻，在 S 系和 S′系都观测到的光信号均以速率 c 向各方向传播球面波。对于任一瞬时（S 系为 t，S′系为 t'），光信号到达点的坐标（水平轴），在 S 系中为

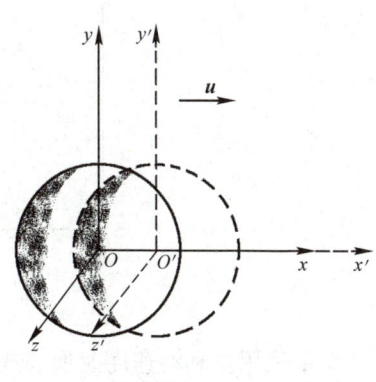

$$x = ct \quad (16\text{-}25)$$

图 16-12

在 S′系中为

$$x' = ct' \quad (16\text{-}26)$$

将式（16-25）和式（16-26）代入式（16-20），得

$$ct' = kt(c-u) \quad (16\text{-}27)$$

又将式（16-25）和式（16-26）代入式（16-21），得

$$ct = kt'(c+u) \quad (16\text{-}28)$$

为求 k，可从以上两式中消去 t 和 t'，解得

$$k = \sqrt{\frac{1}{1-\dfrac{u^2}{c^2}}} = \frac{1}{\sqrt{1-\beta^2}} = \gamma > 1 \quad (16\text{-}29)$$

将式（16-29）分别代入式（16-20）和式（16-24），得

$$x' = \gamma(x-ut)$$
$$t' = \gamma\left(t - \frac{ux}{c^2}\right) \quad (16\text{-}30)$$

从以上推导过程中可以看出，从狭义相对论的两个基本原理出发，并利用空间均匀性假设及新的时空变换与伽利略变换的关系，得到形如式（16-17）与式（16-18）的新的时空变换关系式。

三、相对论速度变换公式

本章第一节曾根据伽利略变换导出过速度变换公式（16-7），且在用它求解图 16-3 所述

19

问题时，得出了超光速的结果。同理，利用洛伦兹时空坐标变换也可以导出速度变换公式。在具体推导前，先分析下面一个例子。

在图 16-13 中，设在地面上观测到两艘飞船 A、B 分别以 $0.9c$ 的速率沿 x 轴两相反方向飞行，问：从飞船 B 观测到飞船 A 相对于它的速率是多少呢？

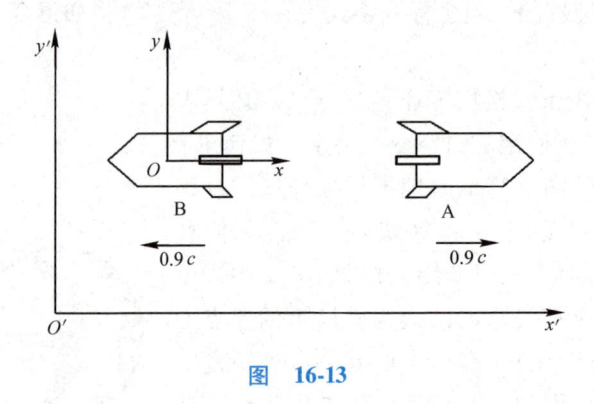

图 16-13

如果采用伽利略速度变换公式（16-7），很容易得出飞船 A 相对于 B 的速率要超过光速 c。但根据光速不变原理，物体运动的速率根本不可能超过光速 c。因此，采用伽利略速度变换公式对图 16-13 进行计算所得结果一定是错误的。为此，正确的做法是采用**从洛伦兹坐标变换导出一个运动质点在 S 系和 S′系之间的速度变换式**。方法是这样的：

1）速度定义式（16-4）可用在相对论中，则在 S′系中，质点运动速度的三个坐标分量值为

$$v'_x = \frac{dx'}{dt'}, \quad v'_y = \frac{dy'}{dt'}, \quad v'_z = \frac{dz'}{dt'} \tag{16-31}$$

而在 S 系中，按式（16-5）同一质点运动速度的三个坐标分量值为

$$v_x = \frac{dx}{dt}, \quad v_y = \frac{dy}{dt}, \quad v_z = \frac{dz}{dt} \tag{16-32}$$

2）数学上，以上各式均是位置坐标对时间坐标的一阶微商，即各位置坐标变量的微分与时间变量微分之商。因此，首先对式（16-17）及式（16-18）等号两侧分别取微分，有

$$\begin{cases} dx' = \gamma(dx - u\,dt) \\ dy' = dy \\ dz' = dz \\ dt' = \gamma\left(dt - \dfrac{u}{c^2}dx\right) \end{cases} \tag{16-33}$$

$$\begin{cases} dx = \gamma(dx' + u\,dt') \\ dy = dy' \\ dz = dz' \\ dt = \gamma\left(dt' + \dfrac{u}{c^2}dx'\right) \end{cases} \tag{16-34}$$

然后，将以上所得各坐标的微分式代入式（16-31）与式（16-32），求得的一阶微商，就是两坐标系之间的速度变换公式。整理后的结果如下：

$$\begin{cases} v'_x = \dfrac{v_x - u}{1 - \dfrac{u}{c^2} v_x} \\[2ex] v'_y = \dfrac{v_y}{\gamma\left(1 - \dfrac{u}{c^2} v_x\right)} \\[2ex] v'_z = \dfrac{v_z}{\gamma\left(1 - \dfrac{u}{c^2} v_x\right)} \end{cases} \tag{16-35}$$

式（16-35）的逆变换式为

$$\begin{cases} v_x = \dfrac{v'_x + u}{1 + \dfrac{u}{c^2} v'_x} \\[2ex] v_y = \dfrac{v'_y}{\gamma\left(1 + \dfrac{u}{c^2} v'_x\right)} \\[2ex] v_z = \dfrac{v'_z}{\gamma\left(1 + \dfrac{u}{c^2} v'_x\right)} \end{cases} \tag{16-36}$$

有了上述速度变换公式，再来看上面的例子。设地面为 S′系，飞船 B 为 S 系，S′系相对于 S 系的相对速度 $u = 0.9c$，飞船 A 相对于 S′系的运动速度为 $0.9c$，则利用速度的逆变换式（16-36），得飞船 A 相对于 S 系的运动速度

$$v_x = \frac{v'_x + u}{1 + \dfrac{u}{c^2} v'_x} = \frac{0.9c + 0.9c}{1 + \dfrac{0.9c}{c^2} 0.9c} = 0.994c$$

结果没有超过光速。

仔细分析式（16-35）与式（16-36），看出以下几点是很重要的：

1) 只要把式（16-35）中带撇的量换成不带撇的量，并以 $-u$ 取代 u，即得式（16-36）。

2) 尽管 $y = y'$，$z = z'$，但 $v_y \neq v'_y$，$v_z \neq v'_z$，这是因为 $\mathrm{d}t \neq \mathrm{d}t'$。

3) 当速度 u、v 远小于光速 c 时，上述变换式过渡到伽利略变换下的式（16-7）的分量式，这表明，伽利略变换只在低速（$v \ll c$）情况下适用，一般称之为非相对论性情况。当 u 或 v（u 不是 v）接近光速时，考虑相对论效应，必须使用式（16-35）或式（16-36）。

4) 由于 S 系与 S′系相对运动速度 u 是任意的，如果有相对运动速度 $u = c$ 的极端情况，从 S′系的坐标原点 O' 沿 x' 方向发射一光信号，在 S′系中观察者测得光速 $v' = c$，在 S 系中的观察者按式（16-36），得该光信号的速度仍为 c，即

$$v = \frac{v' + u}{1 + \dfrac{v'u}{c^2}} = c$$

21

5）推导速度公式时，绝不能采用 $v'_x = \dfrac{\mathrm{d}x'}{\mathrm{d}t}$ 或 $v_x = \dfrac{\mathrm{d}x}{\mathrm{d}t'}$ 之类的导数公式，你知道为什么吗？

第四节　狭义相对论的时空观

狭义相对论的时空观，已在洛伦兹变换［式（16-17）与式（16-18）］中初见端倪：空间坐标和时间坐标都是相对的。具体则表现在本节即将讨论的"同时的相对性""运动长度收缩"和"运动时间延缓"等新的时空属性。这些新的时空属性是如何在物理学中应用爱因斯坦狭义相对论的两个基本假设导出的？可不可以从数学上应用洛伦兹变换得到证明？虽然推导与计算并不复杂，但时空属性的物理含义却耐人寻味，如果在学习本节内容时遇到困惑，建议先检查时空观是否还停留在伽利略变换，其中以时间观念的再认识当属变化最深远。只有从绝对时空观的桎梏中摆脱出来才会"豁然开朗"。注意：是光速不变原理与洛伦兹变换直接揭示出新的时空属性。

一、同时的相对性

▶ 同时的相对性

有人曾说："如果你不问我什么是时间，我对它倒还能意会；你一问起我，我就不知道怎么言传了。"（参看本章第六节）读者是不是也有这样的体会呢？爱因斯坦曾说："如果我们希望具体描述一个质点的运动，就要给出该质点作为时间函数的坐标值。我们必须谨慎地牢记于心，除非我们对时间的含义有清晰的理解，否则这种类型的数学描述是没有什么物理意义的。"在爱因斯坦看来，时间是物理世界的一部分。正像能够测量一块石头或一束光的性质一样，人们也能够测量时间本身的性质。那么，如何来测量时间的性质呢？显然，应当用时钟。我国古代曾用"刻漏"计时；从伽利略发现摆的周期性后，几经改进，人们用钟摆计时；20 世纪初，人们又发现可以利用石英晶体的压电效应计时；现代人们利用原子跃迁频率的稳定性制成铯钟计时。也可以说，时间是人们在时钟上观测到的可测量量。

按照爱因斯坦的观点，凡是与时间有关的一切判断，总是与"同时"相联系。因此，"……在判断中仅仅有时间是不够的"。比如人们说"火车 7 点钟到站"，是指表的短针指向"7"同火车到站是同时发生的两个事件。

光速不变原理为在不同参考系中对时间和空间的测量提供了一种客观且现实的测量方法。不过，在这种测量中，由于做相对运动的两个观测者面对的光速相同，他们对时间和长度的测量结果会不会相同呢？下面介绍一个理想实验，它将说明"同时"究竟是相对的还是绝对的。

在图 16-14 中，设想有一车厢（取为 S' 系）以速度 u 沿水平方向做匀速直线运动，站台为 S 系。车厢 S' 系的中部有一闪光灯，在车厢前后端 A' 和 B' 处各安放一个闪光接收器。某时刻闪光灯发出一闪光，在车厢中观测时，由于闪光向各个方向的光速是一样的，所以闪光同时到达 A' 端与 B' 端两个接收器。也就是说，在 S' 系中观测，闪光到达 A' 端和到达 B' 端的两个事件是同时发生的。那么，对于在 S 系中的观测者来说，**他会同意这样的观测结果吗？**由于光速不变，在 S 系中观测，闪光向前和向后的速率都是 c。但由于车厢以速度 u 向前运动，闪光从发出至到达 A' 端这一段时间内，A' 端以速度 u 顺光移动了一段距离（图 16-14 中双点画线所示）。而 B' 端却以速度 u 向闪光靠近，或者说 B' 端迎着光线移动了同样一段距离。这样，传到车尾（B' 端）的闪光比传到车头（A' 端）的闪光少走了一段距离，因而闪光先到达车尾（B' 端）后到达车头（A' 端）。也就是说，在 S 系中观测，闪光到达 B' 和 A' 的时间一先一后，并不是同时发生的。因此，这个理想实验表明，如果认可不同惯性系中信号以光速传递，且光速不变，则"同时"的概念就不是绝对的，而是相对的。是不是"同时"，取决于所在参考系的观测者，这就是同时的相对性。

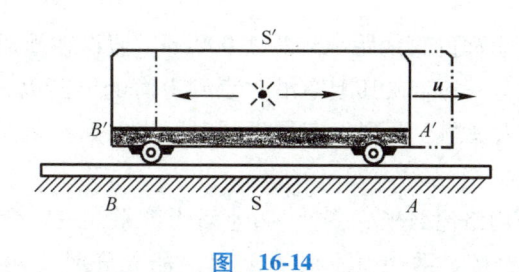

图 16-14

同时的相对性是不是可以用洛伦兹变换加以证明呢？**如何用洛伦兹变换来证明同时的相对性呢？**初学者应用洛伦兹变换时注意以下步骤。首先，表示出同一事件（接收光信号）分别在 S 系和 S′ 系中的时空坐标 (x,y,z,t) 及 (x',y',z',t')。然后，按由"已知"求"未知"的惯例，判断是选用式（16-17）还是式（16-18）。分析图 16-14，在 S′ 系中，不同地点 B' 端与 A' 端同时发生了接收光信号的两个事件，两个同时事件的时空坐标由左到右分别取为 $B'(x'_1,y'_1,z'_1,t'_1)$ 和 $A'(x'_2,y'_2,z'_2,t'_2)$。因为在洛伦兹变换中 $y'=y$，$z'=z$，因此，通常将以上两事件的时空坐标简写为 (x'_1,t'_1) 和 (x'_2,t'_2) 即可。现在已知 $t'_1=t'_2$ 或 $\Delta t'=t'_2-t'_1=0$。在 S 系中两事件的时空坐标为 (x_1,t_1) 和 (x_2,t_2)，现要解决的是 S 系中两地接收闪光的时间间隔 Δt 等于多少。选 S′ 系→S 系的变换式（16-18），经计算，得 S 系中闪光到达车厢 B' 端的时间

$$t_1 = \gamma\left(t'_1 + \frac{u}{c^2}x'_1\right)$$

到达前端的时间

$$t_2 = \gamma\left(t'_2 + \frac{u}{c^2}x'_2\right)$$

则这两个事件的时间间隔 Δt 为

> **练习 4**

$$\Delta t = t_2 - t_1 = \gamma\left(\Delta t' + \frac{u}{c^2}\Delta x'\right) \tag{16-37}$$

因为在 S′ 系中 $\Delta t'=0$，但 $\Delta x'\neq 0$（不同地），所以上式 $\Delta t\neq 0$（如前所述，$\dfrac{ux}{c^2}$ 称为同时性因子）。式（16-37）中还存在一种情况，那就是，当在 S′ 系中两个事件同时发生在同一地点

（$\Delta x'=0$）时，如闪光灯同时向前或向后发出闪光，才有 $\Delta t = \Delta t' = 0$。也就是同地（$\Delta x'=0$）的同时才有绝对意义，而异地（$\Delta x' \neq 0$）的同时是相对的。

依照上述光速不变原理或洛伦兹变换证明，在 S 系不同地点同时发生的两个事件，在 S′系也是不同时发生的。即：根据光速不变原理或洛伦兹变换，异地同时是相对的。不同的惯性系都有各自的"同时"，从这个意义上讲，所有的惯性系是"平等"的，这种"平等"稍加引申就是相对性原理的一种表述。同时的相对性否定了各个惯性系具有统一时间的可能性；若不自觉摆脱经典力学的绝对时空观或仅仅依据人们的"常识"，接受同时的相对性是根本无法想象的。然而，这正是爱因斯坦建立狭义相对论的一个重要突破口，或者说，同时的相对性是新时空观的核心。简言之光速不变或洛伦兹变换已展示，时间、空间与运动相关联。

【例 16-1】 北京到上海的直线距离约为 1 000km，假设在地面参考系中两地同时各开出一列火车，此时恰有一飞船在其上空沿北京到上海的方向以 $u=0.6c$ 的速度相对地面飞过，问在飞船上的人观测，两列火车是否同时开出？如不是同时开出，哪列火车先开出？先开始多长时间？

【分析与解答】 采用洛伦兹坐标变换，选地面为 S 系，飞船为 S′系，把两地各开出一列火车作为两个事件，按 S 系（地面）、S′系（飞船）分别以两组时空坐标表示。

北京列车开出作为事件 1，时空坐标为 (x_1, t_1) 与 (x_1', t_1')，上海列车开出作为事件 2，时空坐标为 (x_2, t_2) 与 (x_2', t_2')。

按题意，在地面参考系中两事件同时发生，即 $\Delta t = t_2 - t_1 = 0$，而两事件发生在不同的地点，$\Delta x = x_2 - x_1 = 10^6$ m，为了求出两事件在 S′系中的时间间隔，利用 S 系 → S′系的洛伦兹正变换

$$t' = \frac{t - \frac{u}{c^2}x}{\sqrt{1 - \frac{u^2}{c^2}}}$$

为求 S′系 $\Delta t'$，将 t_1、t_2 分别代入上式，两式相减，得

$$\Delta t' = t_2' - t_1' = \frac{\Delta t - \frac{u}{c^2}\Delta x}{\sqrt{1 - \frac{u^2}{c^2}}}$$

将 $\Delta t = 0$，$\Delta x = 10^6$ m，$u = 0.6c$ 代入上式得

$$\Delta t' = \frac{-\frac{0.6 \times 3 \times 10^8}{(3 \times 10^8)^2} \times 10^6}{\sqrt{1 - \frac{0.6^2 \times (3 \times 10^8)^2}{(3 \times 10^8)^2}}} \text{s} = -2.5 \times 10^{-3} \text{s}$$

可知：飞船上的人观测两列火车不同时开出，上海列车早于北京列车 2.5×10^{-3}s 开出。

二、时间延缓效应

为帮助初学者理解狭义相对论，下面介绍爱因斯坦设计的一种理想化的"光钟"。理想化是指如图 16-15 所示，两面镜子相隔 $1.5×10^8$ m 正对面摆放着，一束光在它们之间来回传播，往返一次的时间正好是 1s。好比普通钟表那样，光在每次来回末了光钟会滴答响一次，这光钟用在哪呢？

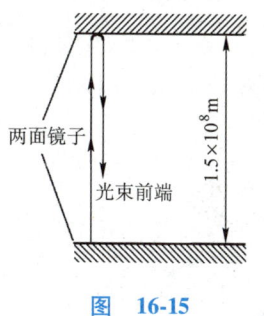

图 16-15

时间延缓效应

想象在图 16-16 中一艘向东（向右）做直线运动的飞行器，一位观测者（图中未画出）位于飞行器中，另一位观测者位于地面实验室。在飞行器和地面实验室中各安装有光钟。某时刻，在飞行器中的观测者打开光源（见图 16-16a 左图）。在他面前，光束直上直下来回传播。当光束上下来回一次时，光钟就滴答一声。对此，在地面的观测者观测到的却不是同一番景象，当飞行器从他面前向东做直线运动时，由于光束向各个方向传播的速度都是 c，与图 16-16a 左图不同，他观测到光束沿图 16-16a 右图所示的等腰三角形的两条边传播，所经过的路程大于 $2×1.5×10^8$ m。按光速不变原理，光束在光钟内来回一次的时间就大于 1s。两个事件（飞行器上的光钟中光束的一次来回）的时间间隔在不同参考系下不同了。这意味着什么呢？那就是相对于不同惯性系中的观察者观测的时间长短不同，进一步说，时间在狭义相对论看来是相对量，不是绝对量。推而广之，在狭义相对论中，宇宙中没有"普适时间"，只有被不同观测者观测到的时间。读者都同意这种看法吗？照此分析，若地面实验室光钟中光束来回 1 次，飞行器中的观测者会得出什么结论呢？从图 16-16 中看，这个结论就是运动的时钟走慢。或者说，观测者观测到运动时钟变慢。真是这样的吗？继续分析图 16-16，当飞行器中的观测者测得光钟时间为 1s（滴答 1 次）时，地面观测者测得该光钟滴答 1 次的时间大于 1s，从地面观测者看来，这不是飞行器上的钟走慢了吗？反之，飞行器中的观测者测得地面实验室的钟也走慢了。用专业术语说，运动惯性系中时间"膨胀"了。"变慢""膨胀"与时间延缓效应是一个意思。实际上，既然在图 16-14 的不同惯性系中，已论证"同时"是一个相对的概念（如 S′系中 $\Delta t'=0$，而 S 系中 $\Delta t \neq 0$），那么两个事件的时间间隔或一个过程的持续时间也不是绝对的，必然与参考系有关。这一结论是不是也可以用洛伦兹变换来论证呢？

设图 16-16a 中的飞行器为 S′系，地面为 S 系。在 S′系的某点 x_0' 处光钟的光源先后发生发出光、接收光这两个事件。S′系中静止的光钟记录这两个事件发生的时空坐标为 (x_0', t_1') 和 (x_0', t_2')，时间间隔为 $\Delta t' = t_2' - t_1'$。在光钟静止的参考系（S′系）中定义 $\Delta t'$ 为"固有时"。而在 S 系中观测这两个事件的时空坐标为 (x_1, t_1) 和 (x_2, t_2)，时间间隔为 $\Delta t = t_2 - t_1$。已知 $\Delta t' = 1\text{s}$，为求 Δt，应利用 S′系→S 系的变换式，即式 (16-18)，因图 16-16 中 $\Delta x' = 0$，则

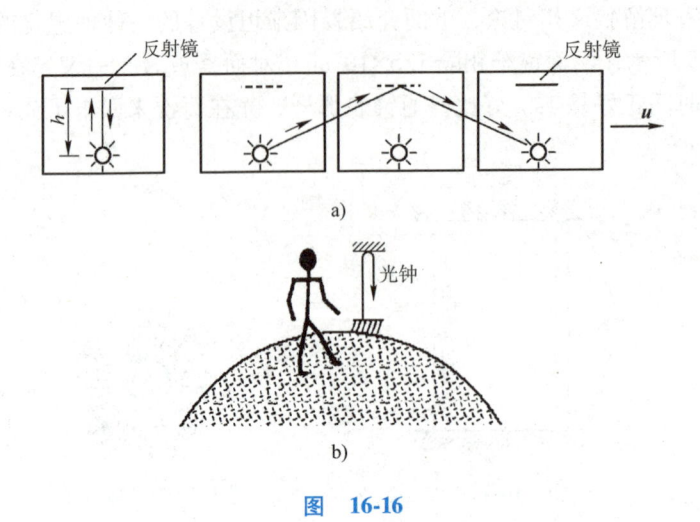

图 16-16

练习 5

$$\Delta t = t_2 - t_1 = \gamma(t_2' - t_1') = \gamma \Delta t' = \frac{\Delta t'}{\sqrt{1-\beta^2}} = \frac{\Delta t'}{\sqrt{1-u^2/c^2}} > \Delta t' \tag{16-38}$$

如上所述，式中，$\Delta t'$ 是 S′系中同一地点相继发生两个事件的时间间隔（固有时），而 Δt 是 S 系中测得同样两个事件的时间间隔，称为"运动时"。从式 (16-38) 看，$\Delta t > \Delta t'$，表明"运动时"大于"固有时"，这就由洛伦兹变换证明了在惯性系 S 中观测到运动时钟变慢、时间延缓或时间膨胀。当然，由于运动是相对的，时间延缓效应也是相对的，即也有 $\Delta t' = \gamma \Delta t > \Delta t$。如前所述，通常把式 (16-38) 中引入的 γ 称为时间膨胀因子，它的大小体现了相对论效应的显著程度。如果 S 系与 S′系之间的相对运动速度 u 比光速小很多（见图 16-17），则 γ 很小，时间延缓效应也很小，在人们日常接触的速度范围内，这种效应小到无法感知。表 16-2 给出了各种相对速度下相对论效应大小的定量描述。表中 $0.3\text{km} \cdot \text{s}^{-1}$ 相当于喷气式飞机的速度，$3\text{km} \cdot \text{s}^{-1}$ 大致相当于枪弹速度的两倍。在以上这些情况下，不必考虑相对论效应。到 1992 年，实验室中电子最快的速度已达到 $0.999\,999\,999\,4c$，这时相对论效应就不能忽略了。

表 16-2 时间的相对性

相对速度/km·s^{-1}	相对速度和光速 c 之比	观测者测量得到的相对于他运动的时钟一次滴答声的时间长度/s
0.3	10^{-6}	1.000 000 000 000 5
3	10^{-5}	1.000 000 000 05
30	10^{-4}	1.000 000 005
300	0.001	1.000 000 5

(续)

相对速度/km·s^{-1}	相对速度和光速 c 之比	观测者测量得到的相对于他运动的时钟一次滴答声的时间长度/s
3 000	0.01	1.000 05
30 000	0.1	1.005
75 000	0.25	1.03
150 000	0.5	1.15
225 000	0.75	1.5
270 000	0.9	2.3
297 000	0.99	7.1
299 700	0.999	22.4

图 16-17 是根据式（16-38）画出的 $\Delta t\text{-}u$ 的函数曲线。图中横坐标是静止于 S′ 系的光钟相对于 S 系的运动速度（u）与光速之比，纵坐标表示从 S 系观测静止于 S′ 系的光钟滴答声之间（$\Delta t' = 1\text{s}$）的时间间隔（$\Delta t = \gamma \Delta t'$）。从式（16-38）、表 16-2 与图 16-17 这些不同方面来了解时间延缓效应，可以加深对相对论效应的印象。

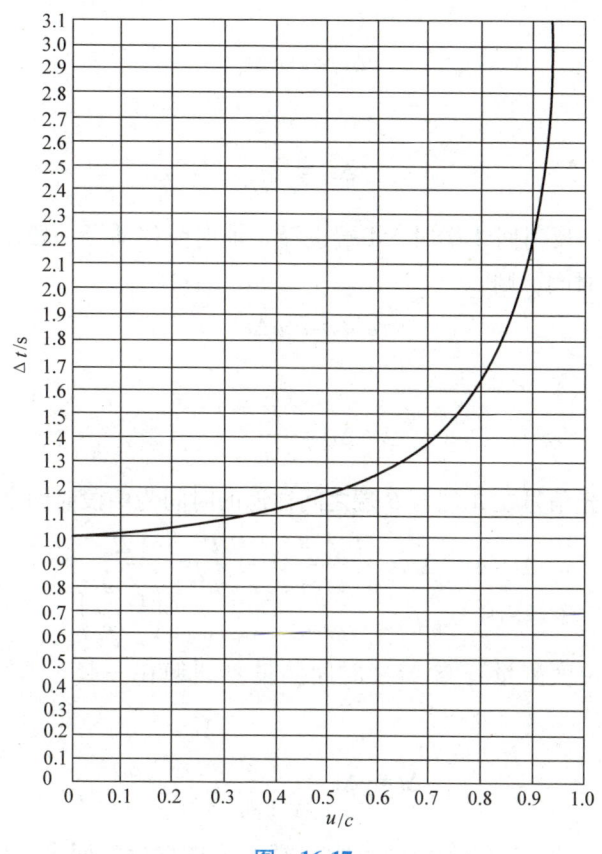

图 16-17

三、长度收缩效应

以上根据光速不变原理及采用理想实验的逻辑推理方法,揭示了同时的相对性与时间延缓效应,还利用洛伦兹变换导出了相应的计算公式。接下来介绍另一个相对论效应。众所周知,经典力学中的空间间隔在伽利略变换下是不变的,但在狭义相对论中还会是这样吗?因为在相对论中,时空坐标服从洛伦兹变换[式(16-17)或式(16-18)],**既然时间具有相对性,长度也应该具有相对性。那么,什么是长度的相对性呢?**

为了揭示长度的相对性,设计图 16-18 所示的一个理想实验。S' 系相对于 S 系沿 x 轴正向运动,速度为 u。一直杆在 S' 系中沿图中 x 轴放置,A 端有光源,B 端有镜子。在 S' 系中一种测杆长的方法是,从直杆 A 端发出一光信号,到达 B 端后经镜子反射回到 A 端。测出光信号从发出到返回的时间 $\Delta t'$,就可由光速定出杆长 l_0,即

$$2l_0 = c\Delta t' \tag{16-39}$$

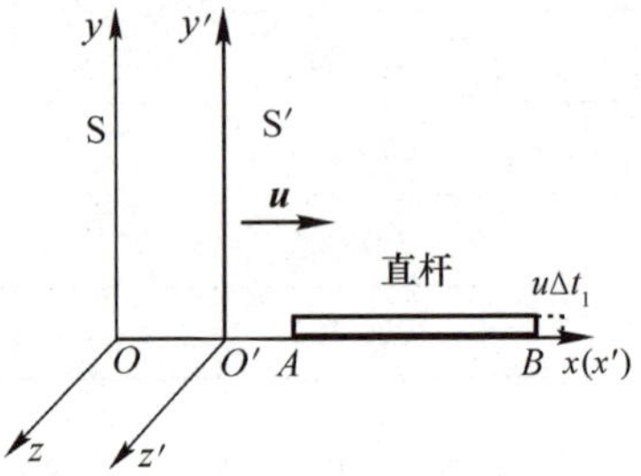

图 16-18

位于 S 系中的观测者对 S' 系中杆长 l_0 的测量是如何分析的呢?他认为 S' 系中光信号从 A 端发出到达 B 端之前,B 端已在 x 方向向前移动了一段距离 $u\Delta t_1$。其中 Δt_1 是 S 系中信号从 A 端传到 B 端的时间。若 S 系中观测直杆长为 l,因为光速不变,则有

$$c\Delta t_1 = l + u\Delta t_1$$

解得

$$\Delta t_1 = \frac{l}{c-u}$$

信号从 B 端沿 x 轴负向反射回 A 端时,A 端也沿 x 轴向前移动了一段距离 $u\Delta t_2$。Δt_2 是信号从 B 端返回到 A 端的时间,则

$$c\Delta t_2 = l - u\Delta t_2$$

解得

$$\Delta t_2 = \frac{l}{c+u}$$

在 S 系中观测 S' 系中光信号在 A 端与 B 端之间往返的时间为两段时间之和,即

$$\Delta t = \Delta t_1 + \Delta t_2 = \frac{l}{c-u} + \frac{l}{c+u} = \frac{2cl}{c^2-u^2} = \frac{2l}{c\left(1-\dfrac{u^2}{c^2}\right)} \tag{16-40}$$

不出所料,式中 l(长度测量)与 Δt(时间测量)纠缠在一起。既然时间是相对的,如式(16-38)给出

$$\Delta t = \gamma \Delta t' = \frac{\Delta t'}{\sqrt{1-u^2/c^2}}$$

式中,$\Delta t'$ 是 S' 系中同一地点(见图 16-18 中 A 端)相继发生的两个事件(发出光信号、接

收光信号）的时间间隔（固有时）；Δt 是在 S 系中测得同样两个事件但非同一地点的时间间隔（运动时）。式（16-40）中的 Δt 和由式（16-39）得到的 $\Delta t'$ 满足式（16-38），可得 l 与 l_0 的关系

练习 6
$$l = l_0\sqrt{1 - u^2/c^2} < l_0 \tag{16-41}$$

式（16-41）表明，从 S 系测得直杆沿运动方向的长度 l，要比从静止于 S′ 系中直杆的长度 l_0 缩短 $\sqrt{1-u^2/c^2} = \sqrt{1-\beta^2}$ 倍。直杆（物体）的这种<u>沿运动方向发生的长度收缩现象称</u>为洛伦兹收缩或<u>运动长度收缩</u>效应。对于该效应的意义，补充说明以下两点：

1）从式（16-41）的导出过程看，它是时间延缓效应或光速不变原理引出的必然结果。或者说，空间距离具有相对性，并非直杆的材料真的收缩了，只是一种相对论效应。

2）运动长度收缩与运动时间延缓一样，都是相对参考系而言的。例如，由 S 系观测 S′ 系中的直杆在运动方向收缩，在 S′ 系观测放置在 S 系中的直杆也在运动方向收缩。长度与参考系有关，进而说明了空间的相对性。

如何利用洛伦兹变换导出式（16-41）呢？在推导之前，先要了解对长度测量的一种习惯性规定：如在图 16-19 中，待测的一根直杆沿 x 轴放置，当直杆相对

图 16-19

于观测者（S′系）静止时，直杆的长度是所测得其两端点位置坐标之差。这种测量简单，只需用米尺从它的一端量到另一端。很显然，观测者对其两个端点坐标的测量，不论是同时进行还是不同时进行，都不会影响测量的结果。静止长度称为<u>固有长度</u>（或原长、静长）。然而，当图 16-19 中待测直杆相对于观测者（S 系）运动时，由于直杆在动，观测者必须对直杆两端的位置坐标进行同时测量（如何同时测量？）。否则，若在两次测量之间有时间差，则由于直杆运动所测结果就不是直杆长度。以图 16-20 为例，<u>如何测量正在匀速行进中汽车的长度不就一目了然了吗？</u>具体方法是，在某一时刻同时记下车头和车尾经过的位置坐标 x_2 和 x_1，然后，用米尺丈量两坐标之间的距离就是待测汽车的长度。所以，测量运动物体的长度，必须<u>同时</u>进行。下面仍以图 16-18 为例，利用洛伦兹变换进行计算：

1）在 S′ 系中测出直杆两端坐标，得固有长度 $l_0 = x_2' - x_1' = \Delta x'$。

2）在 S 系中同时测直杆两端坐标，得运动长度 $l = x_2 - x_1 = \Delta x$。

3）利用在 S 系测长度的同时性条件 $\Delta t = t_2 - t_1 = 0$。

4）选 S 系→S′系的变换式，求 $\Delta x'$。

5）由 $\Delta x'$ 与 Δx 的关系，求 $\Delta x(l)$。

作为应用洛伦兹变换的一次练习，读者要不要尝试自行完成上述推导呢？

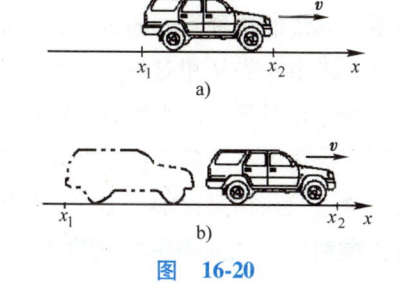

图 16-20

图 16-21 表示 1m 长（原长）的直杆平行放在 S'系的 x'轴上，当 S'系相对于 S 系运动速度为 u（横坐标表示）且方向沿 x 轴时，由式（16-41）所预言的长度随运动速度收缩（纵坐标表示）的函数曲线。从曲线的形状及走向看，像时间延缓效应一样，当相对速度 u 低于 0.1c 时（对比表 16-2 中 0.1c 速度有多大？），长度缩短效应几乎显示不出来，随着 u 的增大，长度缩短效应就会越来越明显。

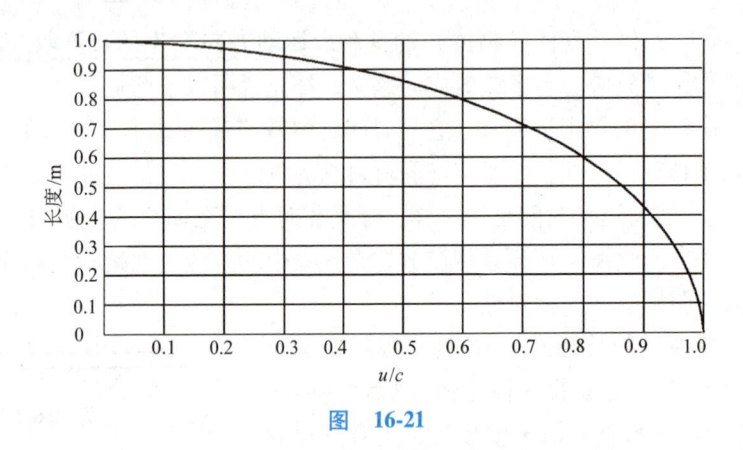

图 16-21

在相对论时空中，运动的描述、时空的量度都是相对的，但是两个有因果关系的事件发生的顺序，在任何惯性系中观察，都是相同的，这是物质运动和时空绝对性的一面。

第五节　相对论质量、动量和能量

以上两节已经明确，按光速不变原理，在一切惯性系之间，时空坐标 (x,y,z,t) 与 (x',y',z',t') 之间遵守洛伦兹变换。而按照狭义相对性原理，动量守恒定律、能量守恒定律与质量守恒定律在一切惯性系中具有的数学表达形式保持不变。这就是本节中即将讨论相对论质量、动量和能量的表示式及它们之间相互关系的基本前提。

一、相对论质量

人们最初接触的质量概念，也许是从化学中判断物体包含多少原子、多少物质的量开始的。随后又从牛顿运动定律中知道质量是惯性大小的量度，这时，质量又称为惯性质量。在牛顿力学中，一个物体的惯性质量精确地与物质的量相等。不过，化学中物质的量的多少和物理学中惯性大小的量度还是不可混淆的两种不同的定义，特别是在狭义相对论中，质量概念将要发生重大变化。为了解其中缘由，先从相对论中的静止质量概念入手。什么是静止质量？用运动学语言说，由一个与物体相对静止的观测者所测得的这个物体的质量，称为该物体的静止质量。但在经典物理学中，物体不论静止还是运动，即使速度接近光速，质量与参考系仍然无关。质量是绝对的恒量。但在相对论中，当一个物体运动时，描述惯性特征的质量还会是一个恒量吗？它与静止质量是什么关系呢？还相等吗？为了回答这一连串的问题，

分析图 16-22 给出的一个理想实验。图中有两个惯性系 S 和 S′，S′系相对 S 系以速率 u 沿 x

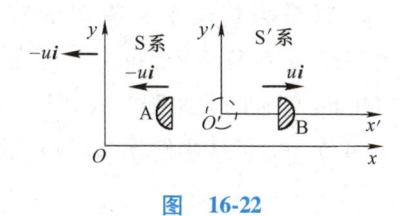

图 16-22

方向运动。实验时在 S′系中观测一个静止于原点 O'、质量为 m' 的粒子，在某一时刻此粒子在与外界未发生任何相互作用的情况下，突然自行裂变为质量相等的（分别为 m'_A，m'_B）A 和 B 两块，如图所示两块分别沿 x' 轴的正、反两个方向运动，它们相对 S′系的速度大小都是 u，且

$$m'_A + m'_B = m' \tag{16-42}$$

在 S 系中的观测者观测这一过程，他分别以 m_A 与 m_B 表示 A、B 两块的质量。那么，在 S 系中 m_A 还等于 m_B 吗？为求解这一问题，从两块的质量、速度与动量的关系切入。为此，设以 v_A 和 v_B 分别表示 A、B 两块的速度。首先，按 S′系→S 系的洛伦兹速度变换式（16-36），在 S 系中，A 块的速度大小为

$$v_A = \frac{v'_A + u}{1 + \frac{uv'_A}{c^2}} = 0 \tag{16-43}$$

B 块的速度大小为

$$v_B = \frac{v'_B + u}{1 + \frac{uv'_B}{c^2}} = \frac{2u}{1 + \left(\frac{u}{c}\right)^2} \tag{16-44}$$

v_B 方向沿 x 正向。在 S 系中 A（块）的速度为零，A（块）相对于 S 系是静止的。在相对论中动量表示为 $\boldsymbol{p} = m\boldsymbol{v}$，由于粒子（系统）分裂前后与外界无相互作用，在 S 系中该粒子分裂前后动量守恒，即

$$m_B v_B = mu \tag{16-45}$$

式中，m 为粒子分裂前在 S 系中观测的质量，根据粒子分裂前后遵守质量守恒定律

$$m_A + m_B = m \quad \text{或} \quad m_0 + m_B = m$$

式中，$m_0 = m_A$ 表示在 S 系中 A（块）$v_A = 0$ 时的静止质量，则由式（16-45）解出

$$v_B = \frac{m_0 + m_B}{m_B} u \tag{16-46}$$

将两个独立表示 v_B 的式（16-44）与式（16-46）联立消去 v_B，可得

$$m_B = \frac{1 + \frac{u^2}{c^2}}{1 - \frac{u^2}{c^2}} m_0 \tag{16-47}$$

式（16-47）得到的 $m_B \neq m_0$ 是按动量守恒定律、质量守恒定律和洛伦兹变换导出的结果，毋庸置疑。既然 m_0 是静止质量，m_B 就是与其速率 v_B 有关的质量，m_B 与 v_B 是什么关系呢？式（16-47）并未给出答案。因为在式（16-47）中，u 是 S 系与 S′系相对运动的速率，并非 B 块相对 S 系运动的速率。如何找 m_B 与 v_B 的关系呢？式（16-44）是 v_B 与 u 的关系式，只需将 u 用 v_B 表示出来，代入式（16-47），即可从中解出 m_B 与 v_B 的关系。其中的求解过程属于初等数学范畴。

① 由式（16-44）可得一元二次方程

$$u^2 - \frac{2c^2}{v_B}u + c^2 = 0$$

② 此方程的根可表示为

$$u = \frac{c^2}{v_B}\left(1 \pm \sqrt{1-\left(\frac{v_B}{c}\right)^2}\right)$$

③ 考虑 $v_B \ll c$ 取近似 $\left[\text{利用}\ (1-x)^{\frac{1}{2}} \approx 1-\frac{1}{2}x\right]$

$$\sqrt{1-\left(\frac{v_B}{c}\right)^2} \approx 1-\frac{v_B^2}{2c^2}$$

则

$$u = \frac{c^2}{v_B}\left[1 \pm \left(1-\frac{v_B^2}{2c^2}\right)\right]$$

④ 当 $v_B \ll c$ 时，上式必须回到经典力学中的伽利略速度变换，即 $v_B = 2u$。所以，限定了上式的中括号中只能取负号，则

$$u = \frac{c^2}{v_B}\left(1 - \sqrt{1-\frac{v_B^2}{c^2}}\right)$$

⑤ 下面将此式代入式（16-47）中，有

$$m_B = \frac{1+\dfrac{u^2}{c^2}}{1-\dfrac{u^2}{c^2}}m_0 = \frac{1+\dfrac{c^2}{v_B^2}\left(1-2\sqrt{1-\dfrac{v_B^2}{c^2}}+1-\dfrac{v_B^2}{c^2}\right)}{1-\dfrac{c^2}{v_B^2}\left(1-2\sqrt{1-\dfrac{v_B^2}{c^2}}+1-\dfrac{v_B^2}{c^2}\right)}m_0$$

$$= \frac{\left(1-\sqrt{1-\dfrac{v_B^2}{c^2}}\right)m_0}{\dfrac{v_B^2}{c^2}-1+\sqrt{1-\dfrac{v_B^2}{c^2}}} = \frac{1-\sqrt{1-\dfrac{v_B^2}{c^2}}}{\sqrt{\dfrac{v_B^2}{c^2}\left(1-\sqrt{1-\dfrac{v_B^2}{c^2}}\right)}}m_0$$

$$= \frac{m_0}{\sqrt{1-\dfrac{v_B^2}{c^2}}} \tag{16-48}$$

式中，v_B 是 B 块在 S 系中的速率。如果把 m_B 与 v_B 的下角标同时删去，得到的是相对 S 系速率为 v 的物体的质量 m 为

练习7

$$m = \frac{m_0}{\sqrt{1-\frac{v^2}{c^2}}} \quad (16\text{-}49)$$

式中，m_0 为静止质量；m 为动质量，也称为<u>相对论质量</u>。式（16-49）为<u>相对论质速关系式</u>，揭示质量与速度有关，相对论给人们对质量概念增加了一个新的"看点"。为什么这么说呢？因为：

1）在相对论中，式（16-49）给出速率为 v 时物体的质量 m，称为相对论质量。至此，可以把它与牛顿力学中的质量进行比较。在牛顿力学中，无论质量 m 是物体包含物质的量，还是惯性大小的量度，与参考系的选择是没有任何关系的；每一物体（无质量交换的孤立系）的质量是绝对的恒量。但相对论的式（16-49）却指出，随着物体速度的变化，它的质量 m 是要跟着变化（见图 16-23）的。也就是说，<u>质量和时间、空间一样是相对的，与它的运动状态有关，</u>或者说与观察它的参考系有关。以上讨论还可简要分为以下三种情况：

① 当 $v=0$ 时，物体相对参考系静止，$m=m_0$，质量为静质量。

② 当 $v \ll c$ 时，$m \approx m_0$，动质量可近似认为等于静质量，即牛顿力学只考虑了静质量的情况。

③ 当 v 不断向光速接近时，质量的相对论效应显示在式（16-49）与图 16-23 中。因此，在自然界涉及质量的各种变化中，质量是一个遵守守恒定律的守恒量，但却是一个与参考系有关的相对量。

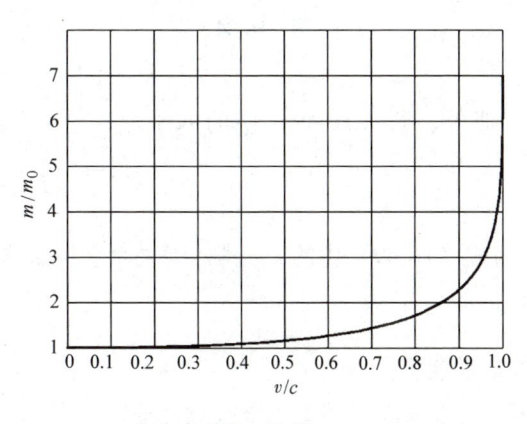

图 16-23

在一般工程技术问题中，宏观物体所能达到的速度范围相对于光速 c 小很多，质量随速率变化的效果也非常小，因而可以忽略不计。注意图 16-23 中，$v<0.1c$ 就是这种情况。

由于式（16-49）仅仅是一种经过理论分析而导出的结果，如果就此收手，似乎充其量还只是一种猜测或预言，重要的是一切猜测与预言是需要进行实验验证的。好在现代多种高能物理学的实验中，质量的相对论效应已是司空见惯了，其中检验式（16-49）的办法之一是，利用运动的带电粒子在磁场中受力（洛伦兹力）可间接测量质量 m。例如，当电子以

速率 v 垂直进入匀强磁场 $\boldsymbol{B}$ 时，读者知道，其轨道是半径为 R 的圆，有

$$R = \frac{mv}{eB}$$

式中，e 是电子的电量；B 是磁感应强度的大小；m 是电子的质量。在已知 B 的磁场中，只需测出 v 和 R 就可算出 m。

早在 1909 年，布歇勒曾按这一原理将放射性 β 衰变（第二十八章第四节）放出的电子引入匀强磁场 $\boldsymbol{B}$ 中，测出电子的速率 v 和回旋半径 R，计算出了电子质量。实验结果由图 16-24 中给出的实验点表示，与式（16-49）给出的理论曲线基本相符。到 1915 年，已测出速率达 $0.95c$ 的电子质量，实验在很高的精度上与式（16-49）符合。近年来，高能质子加速器已在 m/m_0 高达 200 的比值下工作；电子加速器可使电子达到 $0.999\,999\,999\,7c$ 的高速，m/m_0 已达到 40 000，这些加速器的设计与成功运转，保证了式（16-49）的正确性。

图 16-24

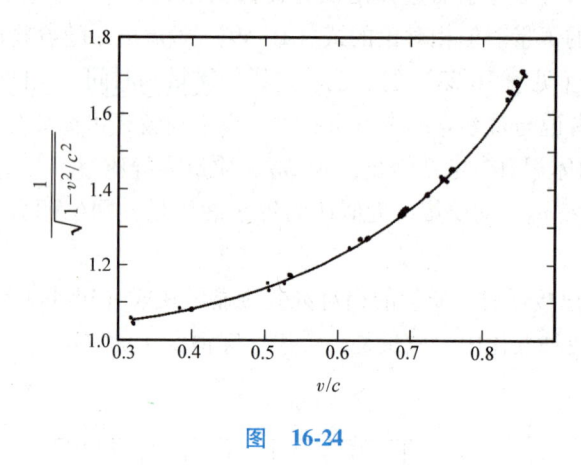

2) 除了在形式上相似外，式（16-49）中的因子 $\dfrac{1}{\sqrt{1-\left(\dfrac{v}{c}\right)^2}}$ 与洛伦兹变换中的因子 $\dfrac{1}{\sqrt{1-\left(\dfrac{u}{c}\right)^2}}$ 并不相同。因为式（16-49）中的 v 一般不是两个坐标系之间的相对速度，而是粒子在一个给定坐标系中的运动速度。

3) 从式（16-49）看，当物体的速度 v 无限接近光速时，其相对论质量 m 将无限增大。所以，用任何手段都无法获得超过光速的运动。如果速度超过光速，则 m 成为虚数，失去意义。这也从另一个角度说明了，在相对论中光速是物体运动的极限速度。

4) 式（16-49）还暗含着速度等于光速的粒子是可以存在的，比如光子就是这种粒子（详见第十八章）。由于光子质量不能是无穷大，所以，当 $v=c$ 时，数学上，式（16-49）中的分子 m_0 必须等于零才有意义，这意味着光子的静止质量为零，在所有惯性系里光子没有静质量，光子不会静止，总是以光速运动，这等于说，光子只能具有确定的动质量。光子的质量问题下面还会讨论。

【例16-2】 一静止质量为 m_0、体积为 V_0 的正方体木块放置在地面上,一飞船以 $0.8c$ 的速度沿木块的一条边运动。求:

(1) 从飞船上测得木块的质量为多少?
(2) 从飞船上测得木块的密度是多少?

【分析与解答】 (1) 根据质速关系式,从飞船上测得木块的质量为

$$m = \frac{m_0}{\sqrt{1-\frac{v^2}{c^2}}} = \frac{5}{3}m_0$$

(2) 长度收缩只发生在运动的方向,因此只有平行于相对运动方向的边发生收缩。根据长度收缩的公式,该边的长度为

$$l = l_0\sqrt{1-\frac{u^2}{c^2}} = \frac{3}{5}l_0$$

从飞船上测得木块的体积为

$$V = \frac{3}{5}V_0$$

从飞船上测得木块的密度为

$$\rho = \frac{m}{V} = \frac{25}{9}\frac{m_0}{V_0}$$

式(16-49)只是揭示相对论质量与速度有关的第一式,下面通过讨论相对论动量、相对论能量等概念,进一步了解相对论质量概念的方方面面。

二、相对论动力学方程

前已指出,在相对论中,物体的动量仍可以采用下式表述(实验间接证明):

$$p = mv$$

有了质速关系式(16-49),<u>相对论动量</u>可表示为

练习 8

$$p = mv = \frac{m_0 v}{\sqrt{1-v^2/c^2}} \tag{16-50}$$

式中,v 为物体的速率。从以上定义看,在相对论中动量值并不与速率 v 成正比,而是随着如图 16-25 [即式(16-50)] 给出的函数曲线变化。与之对比,图中直线表示在牛顿力学中质量是常数,当速率 v 超过 $0.1c$ 后,两线分开,曲线逐渐偏离直线并向上弯曲。这意味着,只有当推动一个物体的作用使其速度越来越快时,它的动量才会按图中曲线显示的趋势那样增大。

如果回到牛顿第二定律,作用于物体的力 $\boldsymbol{F}$ 与物体动量 $\boldsymbol{p}$ 对时间的变化率有以下关系:

$$\boldsymbol{F} = \frac{d\boldsymbol{p}}{dt} = \frac{d}{dt}(m_0 \boldsymbol{v}) = m_0 \frac{d\boldsymbol{v}}{dt} \tag{16-51}$$

图 16-25

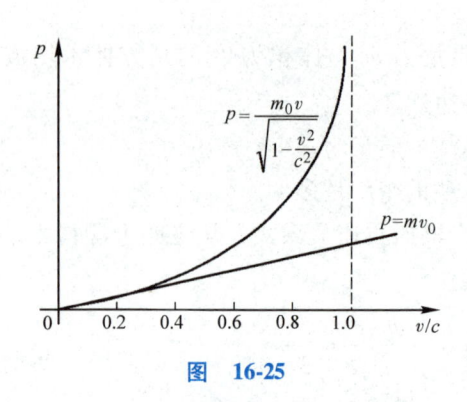

由于在经典力学中 m_0 为常数，所以 $m_0\dfrac{\mathrm{d}\boldsymbol{v}}{\mathrm{d}t}$ 的形式与 $\dfrac{\mathrm{d}\boldsymbol{p}}{\mathrm{d}t}$ 的形式等价。但在狭义相对论中，因为质量是速度的函数及 $\boldsymbol{p}=m\boldsymbol{v}$，所以，式（16-51）中的 $\dfrac{\mathrm{d}\boldsymbol{p}}{\mathrm{d}t}$ 与 $m_0\dfrac{\mathrm{d}\boldsymbol{v}}{\mathrm{d}t}$ 不再相等，式（16-51）将由下式替代：

练习 9
$$F=\frac{\mathrm{d}\boldsymbol{p}}{\mathrm{d}t}=m\frac{\mathrm{d}\boldsymbol{v}}{\mathrm{d}t}+\boldsymbol{v}\frac{\mathrm{d}m}{\mathrm{d}t}=m\boldsymbol{a}+\boldsymbol{v}\frac{\mathrm{d}m}{\mathrm{d}t} \tag{16-52}$$

也就是说，在经典力学中力等于动量对时间的变化率，可以直接推广到相对论中，但 $\boldsymbol{F}=m\boldsymbol{a}$ 不行。故将式（16-52）称为 相对论动力学方程。可以证明，式（16-52）满足洛伦兹变换（证明略）。同时，当质点的运动速率 $v\ll c$ 时 $m=m_0$，$\dfrac{\mathrm{d}m}{\mathrm{d}t}=0$，式（16-52）又回到经典的牛顿第二运动定律 $\boldsymbol{F}=m\boldsymbol{a}$。所以，牛顿第二运动定律是物体在低速运动情况下（$v\ll c$）相对论动力学方程（16-52）的近似。

对牛顿第二定律式（16-51）可以这样解读，物体的速度将随力或加速度的不断增加而增加。如果物体一直受力且持续加速下去，牛顿力学并不排除物体的速率可以超过光速。显然，这在爱因斯坦的狭义相对论中是不能出现的。相反，式（16-52）却可以保证即使在恒力持续作用下，物体的速率也不会超过光速，因为物体质量将随速度不断接近光速而趋于无穷。这一论断证明如下：先将式（16-50）代入式（16-52）得

$$F=\frac{\mathrm{d}\boldsymbol{p}}{\mathrm{d}t}=\frac{\mathrm{d}}{\mathrm{d}t}\left(\frac{m_0\boldsymbol{v}}{\sqrt{1-v^2/c^2}}\right)$$

然后，设物体在某一恒力 $\boldsymbol{F}_0$ 的作用下，从 $t=0$ 时刻（$v=0$）开始做直线运动，到 t 时刻速率为 v，因直线运动且恒力沿运动方向，则

$$F_0=\frac{\mathrm{d}}{\mathrm{d}t}\left(\frac{m_0 v}{\sqrt{1-v^2/c^2}}\right)$$

将上式中的 $\mathrm{d}t$ 移至等号左边后，对等号两边求定积分（动量定理的积分形式）

$$\int_0^t F_0\,\mathrm{d}t=\int_0^v \mathrm{d}\left(\frac{m_0 v}{\sqrt{1-v^2/c^2}}\right)$$

得

$$F_0 t = m_0 v \Big/ \sqrt{1 - v^2/c^2}$$

将上式平方后解出 v：

$$v = c \frac{(F_0/m_0 c) t}{\sqrt{1 + (F_0/m_0 c)^2 t^2}}$$

这样来分析上式，如果力的作用时间 t 极短，即根号中 $(F_0/m_0 c)^2 t^2 \ll 1$ 时，有 $v \approx \dfrac{F_0}{m_0} t$，把 m_0 移至等号左边就是经典力学中的动量定理；当力的作用时间极长以致 $t \to \infty$ 时，根号中 $(F_0/m_0 c)^2 t^2 \gg 1$，则分母略去 1，开方后，得 $v \to c$。即物体在恒力作用下，在质量随速度的增大而增大的过程中，物体的速度并不能无限地增大，所能达到的极限值就是光速。

这里又一次回答了为什么物体的速度不能达到光速，更不能超过光速。

三、相对论动能

在牛顿力学中，如果力 $\boldsymbol{F}$ 将一个质点由点 A 移动到点 B（未画图），则按动能定理，这个力所做功的结果是

$$E_{kB} - E_{kA} = \int_A^B \boldsymbol{F} \cdot \mathrm{d}\boldsymbol{r} \tag{16-53}$$

式中，$E_{kB} - E_{kA}$ 是质点动能的增量。

在相对论中，动能定理的数学公式（16-53）可继续使用。不过，在计算时需要注意两点：一是式（16-53）中作用力 $\boldsymbol{F}$ 只能表示为 $\boldsymbol{F} = \dfrac{\mathrm{d}\boldsymbol{p}}{\mathrm{d}t}$；二是质量 m 是速率 v 的函数，即 $m = m(v)$。为使以下计算简单而又不失一般性，设一质点在沿 x 轴正向的一维变力作用下，由静止开始沿 x 轴运动。当质点速率达到 v 时，它所具有的动能等于该变力 F 所做的功，即

$$E_k = \int_0^x F \mathrm{d}x = \int_0^x \frac{\mathrm{d}p}{\mathrm{d}t} \mathrm{d}x = \int_0^x \mathrm{d}p \frac{\mathrm{d}x}{\mathrm{d}t}$$

$$= \int_0^v v \mathrm{d}(mv) = \int_0^v v \mathrm{d}\left(\frac{m_0 v}{\sqrt{1 - v^2/c^2}} \right)$$

为了完成上述积分，需要采用分部积分法 $\left(\int \Psi \mathrm{d}\varphi = \Psi\varphi - \int \varphi \mathrm{d}\Psi, \text{其中 } \varphi = \dfrac{m_0 v}{\sqrt{1 - v^2/c^2}} \right)$，有

$$E_k = \frac{m_0 v^2}{\sqrt{1 - v^2/c^2}} - \int_0^v \frac{m_0 v \mathrm{d}v}{\sqrt{1 - v^2/c^2}}$$

$$= \frac{m_0 v^2}{\sqrt{1 - v^2/c^2}} + m_0 c^2 \sqrt{1 - v^2/c^2} \Big|_0^v$$

$$= \frac{m_0 v^2}{\sqrt{1 - v^2/c^2}} + m_0 c^2 \sqrt{1 - v^2/c^2} - m_0 c^2$$

最终得

练习 10

$$E_k = mc^2 - m_0 c^2 \tag{16-54}$$

这一结果给出了狭义相对论的动能公式。式（16-54）强调了在相对论中动能不再是 $\frac{1}{2}mv^2$，而是 mc^2 与 m_0c^2 之差，m 是相对论质量，m_0 是静止质量。图 16-26 表示质点动能 E_k 与速率 v 关系的两条函数曲线②和③，以及总能曲线①。再结合式（16-54）分析图中两条动能曲线时抓住要点：

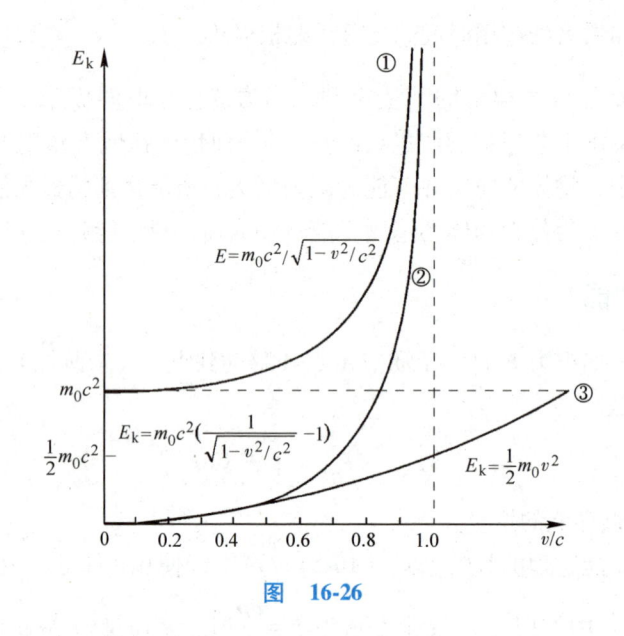

图 16-26

1）式（16-54）表征的相对论动能表达式（图中曲线②），形式上与经典力学中的动能表达式 $\frac{1}{2}m_0v^2$（图中曲线③）毫无相似之处。在经典力学中，动能表达式 $\frac{1}{2}m_0v^2$ 的应用广泛，但在相对论中，若仍旧采用 $\frac{1}{2}mv^2$（图中曲线③）来表示质点动能就犯了大忌，是错误的。

2）当 $v \ll c$（$v = 0.1c$）时，无法区分曲线②与③。式（16-54）将回到经典的动能的表示式 $\frac{1}{2}m_0v^2$。下面可以做一简单的证明。

当 $v \ll c$ 时，令 $\frac{v^2}{c^2} = x$，将下式用幂级数展开并取近似 $\left[利用 (1-x)^{-\frac{1}{2}} \approx 1 + \frac{1}{2}x \right]$，则

$$\left(1 - \frac{v^2}{c^2}\right)^{-\frac{1}{2}} = 1 + \frac{1}{2}\frac{v^2}{c^2} + \cdots \approx 1 + \frac{1}{2}\frac{v^2}{c^2}$$

将上述结果代入式（16-54）中，得

$$E_k = m_0c^2\left(1 - \frac{v^2}{c^2}\right)^{-\frac{1}{2}} - m_0c^2 \approx m_0c^2\left(1 + \frac{v^2}{2c^2} - 1\right) = \frac{1}{2}m_0v^2$$

这个结果又一次证明，经典力学仅在低速情况下才是正确的。

四、相对论质量与能量的关系

在以上相对论动能的数学表达式（16-54）中，mc^2 和 m_0c^2 两项都应该是表示能量，但物理意义却不相同，把式（16-54）改写为

$$mc^2 = E_k + m_0c^2 \quad (16\text{-}55)$$

爱因斯坦以其敏锐的洞察力对式中出现的 m_0c^2 项提出了一个独创性的假设，一个在经典力学中从未出现过的概念，即 m_0c^2 是物体相对参考系静止时的能量，叫作物体的静止能量（或静能），E_k 是动能，则 mc^2 是物体相对参考系以速度 v 运动时的总能量，也就是物体除动能外，还具有静能与总能：

$$E_0 = m_0c^2 \quad (16\text{-}56)$$

练习 11

$$E = mc^2 = \frac{m_0c^2}{\sqrt{1-v^2/c^2}} \quad (16\text{-}57)$$

式（16-56）所表示的静能形态来源于物体静止时，内部各部分相对运动的动能、相互作用势能、分子、原子、原子核中包含的动能和相互作用势能，以及电子、质子和中子的静能等。例如，粗略计算 1g 物质蕴藏的静能大约为 9×10^{13}J，它相当于 1kg 的 TNT 炸药爆炸所释放的断开化学键的能量（详见第二十八章第二节）。式（16-57）与式（16-55）表示物质的总能量中 E_k 作为相对论动能，它来自外界所做的功；m_0c^2 就是已讨论过的静能。式（16-57）就是著名的<u>质能关系式</u>，它是狭义相对论的一个重要结论，具有极其重要的意义与影响。为什么这样评价呢？

1）式（16-57）揭示了质量 m 和能量 E 之间内在的密切联系。只要有质量 m，必有能量 $E=mc^2$；反之，只要有能量 E，必有质量 E/c^2。质量是物质存在的表征，在经典力学中是通过惯性和万有引力显示出来的。能量则是物质运动形态的一种描述，它可以通过系统状态变化对外做功、传热等显示出来。因此，质量与能量的联系表明，<u>没有不具有能量的物质（质量）；也没有与物质（质量）脱离的能量</u>，进而无论从哲学上还是从物理学上讲，<u>不存在没有运动的物质，也不存在没有物质的运动</u>。

2）由于在相对论中不仅能量可以变化，质量也可以变化。于是对式（16-57）求微分可得增量关系式

$$\Delta E = \Delta mc^2 \quad (16\text{-}58)$$

式中，ΔE 表示能量变化；Δm 表示质量变化。质量和能量的变化总是相伴发生的，如果一个物体或系统的能量变化 ΔE，则无论是何种形式的能量变化，其质量必按式（16-58）改变，即 $\Delta m = \Delta E/c^2$。也可以这样理解，<u>能量的传递 ΔE 一定伴随着质量的迁移 Δm</u>。按照能量守恒与转换规律，能量可以从一种形态转化为另一种形态。按式（16-58），质量要随运动形态的转化而变化。也就是说，质量也可以从一种形态（如静质量或动质量）转化为另一种形态（如动质量或静质量），而不是质量与能量之间发生按式（16-58）的互相转换。大量的近代物理实验给质量与能量的并存关系提供了丰富的证据，其中一类实验是核反应过程中的质量亏损现象（详见第二十八章）。例如：^{235}U 经一种裂变反应后，质量亏损 0.215u（u 为原子质量单位），亏损的质量转化为释放出 γ 射线的动质量，这些电磁波的能量为 Δmc^2，实验测量

的结果很好地与爱因斯坦的理论符合。

在日常宏观物理现象中，能量变化伴存质量变化的数量关系难以直接验证。因为观测系统能量的变化并不难，但其相应的质量变化却极其微小，难以观测。

例如，把 1kg 水由 0℃ 加热到 100℃ 时所增加的能量为

$$\Delta E = (4.18 \times 10^3 \times 100) \text{J} = 4.18 \times 10^5 \text{J}$$

而质量相应地增加了多少呢？由式（16-58）可知

$$\Delta m = \frac{\Delta E}{c^2} = \frac{4.18 \times 10^5}{(3 \times 10^8)^2} \text{kg} = 4.7 \times 10^{-12} \text{kg}$$

这和 1kg 相比是微不足道的，如此小的质量改变宏观上也无法测出。

3）**质量守恒定律与能量守恒定律**：在相对论建立以前，由于牛顿第二定律中质量是恒量，质量变化和能量变化是互相独立的，在经典物理中人们将历史上分别发现的质量守恒定律和能量守恒定律看作是两个互相独立的自然规律。现在相对论建立了，式（16-57）与式（16-58）把经典力学中两条孤立的守恒定律完全联系了起来。

4）由式（16-58）还看到，若在某种过程中粒子的静质量因减小而转化为动质量，它将会同时释放出巨大的能量。例如，若含有 3.0kg 裂变物质的原子弹在爆炸时减少了 1% 的静止质量，则它放出的能量可高达 2.7×10^{15} J，这些能量可在一个标准大气压下将 640 万吨 0℃ 的水烧至沸腾。而在碳的燃烧过程中，一个碳原子和两个氧原子结合成二氧化碳时因静质量减少大约只释放出 1eV 的能量，可见，核裂变（与核聚变）反应所释放的能量是巨大的。人们在 1943 年建成世界上第一座链式裂变反应堆，1945 年制造出第一颗原子弹（详见本节内容最后的应用拓展），1954 年建成第一座核电站。可以说，人类历史上的原子能时代是随同式（16-57）的发现而到来的，所以人们常把这一简短公式看作是爱因斯坦对人类的一个具有划时代意义的贡献。如前所述的"动钟走慢"和"动长缩短"等理论结果，一直和人们的直觉相抵触，但今天核能的应用，不得不使人们接受相对论的成就给我们的日常经验所带来的巨大冲击。

五、相对论动量与能量的关系

在经典力学中，动能和动量有如下的简单关系：

$$E_k = \frac{1}{2} m v^2 = \frac{p^2}{2m}$$

但在相对论中，动能 E_k 已不能用上式表述，而是 $E_k = E - E_0$。那么，在相对论中，**动能和动量是什么关系呢？进而能量 E 和动量 p 又是什么关系呢？** 找到这一关系的方法之一是从动量表达式（16-50）中先解出 v^2：

$$v^2 = \frac{p^2 c^2}{p^2 + m_0^2 c^2}$$

然后，将上式代入质能关系式（16-57）的平方表示式中，消去 v^2，整理得

$$E^2 = p^2 c^2 + E_0^2 \tag{16-59}$$

式（16-59）叫作<u>相对论动量和能量关系式</u>。它不仅揭示了能量 E 与动量 p 间的关系，而且还揭示了能量与动量的不可分割性与统一性。例如，对于静止质量为零（$m_0=0$）的光子，按式（16-59）有 $E=pc$，光子的能量还可表示为 $E=h\nu$（详见第十八章），ν 为频率，h 为普朗克常量。于是，光子的动量和质量（动质量）分别为

$$p = \frac{E}{c} = \frac{h\nu}{c} = \frac{h}{\lambda} \tag{16-60}$$

$$m = \frac{E}{c^2} = \frac{h\nu}{c^2} = \frac{p}{c} \tag{16-61}$$

以上光子的动量和动质量表达式，是应用相对论的能量-动量关系式（16-59）得到的结果，因为式（16-59）指出了存在"无静止质量"粒子的可能性。在经典力学中，静止质量是物质存在的象征，没有静质量就没有动量和能量。但在相对论中，无静质量的粒子可以具有动质量、能量和动量。

由式（16-57）与式（16-59）解出

$$v = \frac{pc^2}{E} \tag{16-62}$$

将 $E=pc$ 代入式（16-62），可得：一个静质量为零的粒子在任何惯性系中都只能以光速运动，永远不会停止，它就是光子。这就是不能取光子为参考系的原因（如追光的设想）。

由式（16-54）与式（16-59）还可以解得

$$E_k = \frac{p^2 c^2}{E+E_0} = \frac{p^2}{m+m_0} \tag{16-63}$$

式（16-63）是相对论中质点的<u>动能与动量的关系</u>，当 $v \ll c$ 时，有 $m=m_0$，故回到经典力学的动能-动量关系

$$E_k = \frac{p^2}{2m}$$

图 16-27 给出了 E 与 p 之间的三条函数曲线。它们分别表示低速（经典力学的）、高速（相对论的），以及静质量为零的粒子的情形。

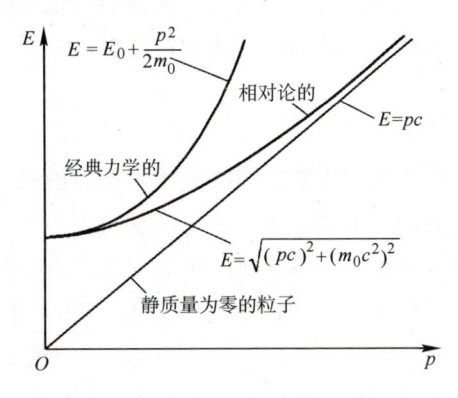

图 16-27

六、应用拓展——世界第一颗原子弹的诞生

原子弹的发展可以追溯到 1905 年，著名物理学家爱因斯坦发表了划时代的论文《论运动物体的电动力学》，提出了狭义相对论以及质能关系式 $E=mc^2$，为原子能的发现和利用奠定了理论基础。1938 年，意大利物理学家费米和德国物理学家哈恩、施特劳斯通过实验发现，用中子轰击原子核就会产生核反应。理论计算表明，1g 铀裂变释放的能量相当于燃烧 3t 煤释放的能量，况且这么多的能量要在非常短的时间里集中释放出来，所以它具有十分强大的爆炸能力，其威力相当于 20t TNT 炸药。以爱因斯坦为首的科学家们集体给当时的美国总统罗斯福写了一封信，详细阐述了原子弹的威力。1941 年 12 月 6 日，美国总统罗斯福根据爱因斯坦的思想，批准了代号"曼哈顿工程"的研究项目。由奥本海默领导了一批世界著名的物理、化学、数学、气象学家和工程专家，进行原子弹的研究。1945 年 7 月 16 日，美国的第一颗原子弹爆炸。

科学是把双刃剑，我们可以把爱因斯坦的质能关系式用于核电站电能的开发，解决能源危机的问题，为人类创造更美好的家园，而不是毁灭我们自己居住的这颗行星——地球。

第六节 物理学思想与方法简述

一、时间的测量

爱因斯坦经过十年探索，放弃了许多次无效的尝试，提出狭义相对论，"直到最后，我终于醒悟到时间是可疑的！"爱因斯坦在这里所说的"时间是可疑的"，指的是绝对时间概念是应该被怀疑的。美国物理学家、诺贝尔奖获得者费曼曾经说过："我们这些物理学家每天都和时间打交道。但是，可别问我时间是什么，它简直太难理解了。"既然时间是最重要、最常用到的概念，那么，读者又对时间明白了些什么呢？

时间是人类文明发展过程中最早能加以定量描述的概念，是第一个具有公认统一标准的可测量量。比如，任何经历规律性变化的自然现象都可以用来测量时间。从古至今，神秘的天体运动、太阳的升起降落以及月亮的望朔圆缺，为我们提供了既简便又精确的量度时间的方法。我们今天用时钟的指针在 24h 的周期内所扫过的钟面来量度时间。

二、时间的本质

在牛顿力学中，运动被定义为位置随时间的变化，可以说物理学起源于对运动本性的理解。但在牛顿力学中，时间虽是一个基本量，本身却没有定义，而是牛顿为了以数学方式描述运动而引入的。按照牛顿运动定律，系统在未来的一切行为，都是由该系统内部所有物体在某一给定初始时刻的"初始位置""初始速度"以及"作用于该系统上的力"完全精确地决定着。推而广之，斗转星移，寒来暑往，自然界总是永不停息地运动变化着，一件事接一件事，一个过程跟着一个过程，绵延不断，这些都无不反映出物质运动变化的序列和持续的性质，这也就是时间的本质吧。

三、经典时空观的困难

牛顿认为,"绝对的、真正的和数学的时间自己流逝着,并由于它的本性而均匀地与任何外界对象无关地流逝着"。牛顿的意思是,时间流逝与参考系无关,而且,万有引力的传播(信号)速度为"无穷大",同时也是绝对的。在此,牛顿并未认识到一个极为重要的客观事实,那就是"力"的传递速度是有限的(等于真空中的光速)。因而,经典时空观的困难就出现在高速运动物体的运动规律中,出现在对电磁现象的研究中(特别是光速)。

四、狭义相对论中的时间

学习了本章内容后读者知道,由于真空中光具有确定的速度 c,处在不同运动状态下的观测者,他们测量的时间不再彼此相同,相对于一个不动的观测者,一座钟所显示的时间取决于它的速度(如果还要考虑引力的话,那么这个时间还会与钟在空间中的位置有关)。绝对时间不能成立,宇宙中没有一个统一的"时钟",时间也不具有"绝对同时性"。

爱因斯坦从本质上改变了人们对时间和空间的看法。与此同时,任何对时间和空间概念的改变,都要求对物理学做出重大的调整,这种调整比自然科学的任何其他领域都要大,因为时间和空间是物理过程借以描述的框架。本章中那些看似违反常识以致高深莫测的概念和结论,正是人们通过实践更深刻地认识时间和空间的必然结果。

总之,人类能把握对时间的利用及时间对人类的影响,时间的概念首先取决于我们怎样来理解它。注意:时间没有绝对的定义。

练习与思考

一、填空

1-1 爱因斯坦提出的狭义相对论的两个基本原理是_____和_____。

1-2 如图 16-28 所示,坐标系 S′相对于 S 系以速度 u 沿 x 轴正方向匀速运动。设两坐标系原点在 $t'=t=0$ 重合时从 S 系原点发出一球面光波,在 S′系中观测该光波的波面为_____。

1-3 如图 16-29 所示,车厢以速度 u 沿水平方向做匀速运动,某时刻车厢中部一闪光灯发出闪光。在车厢中观测,闪光同时到达车厢前、后端;问在地面观测,该闪光是否同时到达车厢前、后端?_____。

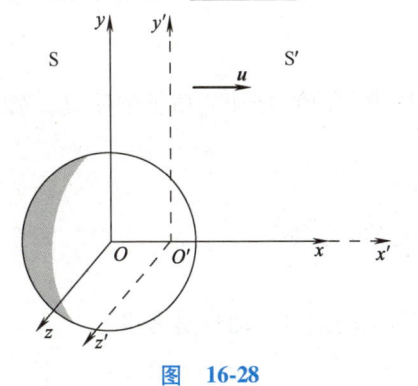

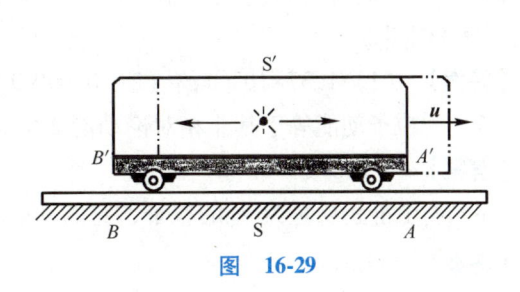

图 16-28

图 16-29

1-4 如图 16-30 所示，S′系相对 S 系以速度 u 沿 x 轴正方向匀速运动。某时刻静止于 S′系原点 O' 处的一粒子自发分裂为以速率 u 向相反方向运动且质量相等的 A、B 两块，在 S 系中观测，A、B 两块质量是否相等？_____。

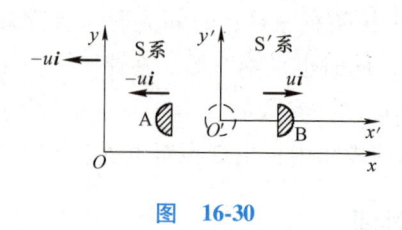

图 16-30

二、计算

2-1 火车上的观察者测得一列火车长 0.30km，以 100km·h^{-1} 的速度直线行驶。地面上的观察者测得两闪电同时击中火车的前后两端，问火车上的观察者测得两闪电击中火车前后两端的时间间隔是多少？

【答案】 9.26×10^{-14}s

2-2 一静止长度为 l_0 的火箭以恒定速度 u 相对于参考系 S 运动，从火箭头部 A 发出一光信号，问光信号从火箭头部到达火箭尾部 B 需经过多长时间？（1）对火箭上的观察者；（2）对 S 系中的观察者。

【答案】 （1）$\dfrac{l_0}{c}$；（2）$\dfrac{l_0}{c}\sqrt{\dfrac{c-u}{c+u}}$

2-3 S 系中有一直杆沿 x 轴方向放置且以 $0.98c$ 的速度沿 x 轴正方向运动，S 系中的观察者测得杆长 10m，另有一观察者以 $0.8c$ 的速度沿 x 轴反方向运动，问该观察者测得的杆长是多少？

【答案】 3.363m

2-4 在惯性系 S 中同一地点发生两事件 A 和 B，B 晚于 A 4s；在另一惯性系 S′中观察，B 晚于 A 5s 发生，问 S′系中 A 和 B 两事件发生的地点在相对运动方向上相距多远？

【答案】 9×10^8m

2-5 静长 1m、静质量 1kg 的直杆沿杆的方向相对于观察者以 $v=0.8c$ 的速度运动，问该观察者测得的杆的密度是多少？

【答案】 2.78kg·m^{-1}

2-6 有一加速器将质子加速到 76GeV 的动能，试求：（1）加速后质子的质量；（2）加速后质子的速率。

【答案】 （1）1.37×10^{-25}kg；（2）$0.9999257c$

2-7 一粒子动能等于其非相对论动能 2 倍时，其速度为多少？

【答案】 $0.786c$

2-8 一个静止质量为 m_0 的粒子，它的动能等于静止能量时，动量是多少？

【答案】 $\sqrt{3}m_0c$

三、思维拓展

3-1　人能追上一束光吗？为什么？

3-2　一飞行器相对地面以 u 的速度沿 x 轴正方向做匀速直线运动，根据时间延缓效应，相对地面静止的观测者发现飞行器中的时钟变慢了；那么反过来问：飞行器中的观测者发现地面上的时钟是变快还是变慢呢？为什么？

习题 2-8

*第十七章
广义相对论简介

本章核心内容

1. 惯性质量与引力质量。
2. 广义相对论的基本假设。
3. 广义相对论的检验。

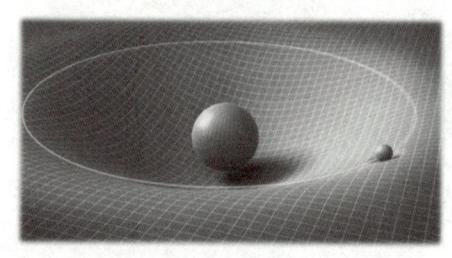

弯曲的时空

上一章介绍了爱因斯坦于1905年创立的狭义相对论的一些基本内容。虽然狭义相对论取得了巨大成就，但是，爱因斯坦很清楚自己的理论中还遗留了两个问题没有回答。第一，狭义相对论的建立彻底地否定了绝对静止惯性系的存在。可是，地球有自转，地球绕太阳公转，太阳又在银河系里转动，而银河系在宇宙中也在做加速运动。因此，在现实中使用的惯性系全是近似的惯性系。那么，自然界中什么样的参考系才是惯性系？在自然界中存在真正的惯性系吗？既然惯性系本身存在着这些问题，而不论牛顿运动定律还是狭义相对论，却都仅适用于惯性系，为什么惯性系在描述物理规律中会居于如此特殊的地位呢？正如爱因斯坦所说："为什么要认定某些参考物体（或它们的运动状态）比其他参考物体（或它们的运动状态）优越呢？这种偏爱的理由何在？"第二，牛顿引力理论在历史上曾取得过辉煌成就，在天文学上得到了广泛的支持，但它却并不能说明水星近日点的反常进动。如在图17-1中，水星椭圆轨道长轴的方向在空间不是固定的，在一个世纪内会转动5 601″（[角]秒）。用牛顿引力理论计算出所有行星对它的影响后，还差43″，与观测数据不符。更为严重的是，以前曾认为引力和库仑力都是相距一定距离（宏观距离）的物质间的超距作用力（无传播时间的瞬时作用）。后来证明，库仑力是和电荷伴存的电场与场点电荷的近距作用，并不是超距作用，因而电磁力可以被纳入狭义相对论的体系。狭义相对论的基本思想之一是，物质或能量不可能以超过光速的速度传递，否定一切超越时空的相互作用。而在牛顿引力理论中，引力的变化在地球上可以即时发现，也就是说，引力效应以无穷大的速度传播，它是一种瞬时的超距作用。这样一来，适用于库仑力的洛伦兹变换对引力还适用吗？尽管物理学家已把引力作用的空间称为引力场，但正如爱因斯坦所说："但是，牛顿引力定律我们无论如何费尽心机也无法将其简化并用到狭义相对论的范畴中去。"他发现，狭义相对论与牛顿引力理论是互相矛盾的，在狭义相对论基础上是无法建立引力场理论的。因此，必须对万有引力定律加以修正。怎样才能建立一个相对论性的引力理论？

粗略地看，第一、第二这两个问题似乎没有联系。爱因斯坦对解决第一个问题的基本想法是：一切参考系（惯性系和非惯性系）在描述物理规律上都应该是平等的，非惯性系也应被包括在相对论之中。为了使这一想法能够成立，他发现必须推广引力的概念，于是这两个问题（惯性系问题和引力问题）就联系起来了。沿着这条思路发展下去，经历了"在黑暗中焦急地探索的年代里，怀着热烈的向往，时而充满自信，时而精疲力竭，而最后终于看到了光明"。在建立狭义相对论（1905 年）后又经过 10 年的艰苦努力，直到 1915 年爱因斯坦终于在一系列论文中论述了他的引力理论，从而建立了广义相对论。广义相对论是在狭义相对论"尺缩时延"的时空观基础

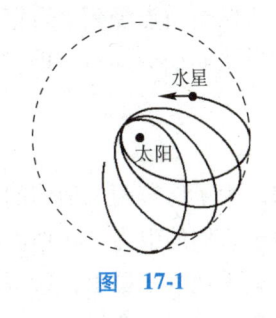

图 17-1

上研究引力的理论，引力的大小用曲率表示，引力使时空（例如光线）弯曲。广义相对论揭示的宇宙奥秘，把哲学的深奥、物理学的直观和数学的优美结合在一起。广义相对论提供了可供实验验证的推论和三个由引力场方程推导出的预言：黑洞、引力波、暗物质。一百年后的今天，黑洞、引力波已经得到了实验的证实，证明了爱因斯坦相对论的正确。本书只在大学本科非物理专业层面上定性介绍一些基础知识，回避大量复杂、高深的数学演绎。

第一节 惯性质量与引力质量

质量源于人们对物质的认识，与质量直接有关的基本力学定律是万有引力定律与牛顿运动定律。在上一章中，曾详细讨论过质量的相对论效应。为了介绍广义相对论的一些基础知识，本章从惯性质量与引力质量的等同性切入。什么是惯性质量？什么是引力质量？历史上，牛顿曾把物体的质量定义为物质含量多寡的量度。这种定义在比较同一种特定物质的几个样品中所含质量的多少时是有用的。如质量为定数的一块糖，必然含有一定个数的糖的分子，糖的分子数目加倍，则所含分子数目也将加倍。但是，由于经常需要比较不同种类物体的质量，如一块糖、一个电子以及月球之间的质量，所以必须通过它们的共同性质来定义质量，这种性质不能只为某种物体所固有而永恒不变。所有的宏观物质都具有两种力学性质：惯性和引力。因此，在经典力学中，曾引入过两个质量的概念，现在简要分述如下：

根据牛顿第二运动定律，由于惯性，物体只会在有力作用于它时才产生加速度。物体的惯性越大，则一定的作用力所能够产生的加速度越小。依据牛顿第二运动定律，在同样大小的力的作用下，两物体的质量与其加速度成反比，即

$$\frac{m_1}{m_2}=\frac{a_2}{a_1}$$

上式仅给出了质量的比值。若选定其中一物体的质量（如 m_1）为一个质量单位（如一个铂铱合金圆柱：1kg），则只要测定 a_1 和 a_2 就可确定另一物体（如 m_2）的质量。以牛顿第二运动定律为依据定义的质量叫作**惯性质量**，即下式中的 $m_惯$，故有

$$F = m_\text{惯} a \tag{17-1}$$

定义惯性质量的前提，应是以确认运动定律是精确的为前提。

通过引力的性质来定义质量也是可行的。当两质点与第三个质点（物体）的距离相等时，这两个质点受到来自第三个质点的引力大小与它们的质量成正比。依据万有引力定律定义的质量叫**引力质量**，即在下式中出现的 $m_\text{引}$，故有

$$F = -\frac{Gmm_\text{引}}{r^2} e_r \tag{17-2}$$

例如，为了比较两个物体的引力质量，可以在这两个物体处于地面上任何一点时，比较地球作用于它们的引力。在地面附近的条件下，地球作用于物体的引力一般称为物体的重力。因此，只需把重量称出，就可以比较各个物体的引力质量。常见的用天平称量物体的质量，实际上测的是引力质量。

以上由两条独立的定律引入两个质量概念——惯性质量 $m_\text{惯}$（描述物体的惯性）和引力质量 $m_\text{引}$［反映物体产生和接受（响应）引力的能力］。从概念上讲，惯性和引力是物质的不同属性。从这个意义上看，这两种质量是本质上不同的物理量，并没有逻辑关系。从测量的角度来说，称重比测量加速度容易操作。但有一个问题，如果对两种质量都做实验测量，同一物体的两种质量会相等吗？

传说最早做这种实验的是伽利略的比萨斜塔实验。把重力的大小表示为 $m_\text{引} g$，则

$$m_\text{惯} a = m_\text{引} g$$

自由落体加速度的大小为

$$a = \frac{m_\text{引}}{m_\text{惯}} g \tag{17-3}$$

实验表明，从比萨斜塔上自由下落的不同物体，不论其大小（大球和小球）、材料性质（铜球和铁球）如何，从塔上落下的时间都相等。这表明，它们有相同的加速度 g，从而证明：引力质量和惯性质量之比是与球的大小、材料都无关的常数。当然，伽利略并没有这样想过。

牛顿注意到了这个问题。第一个明确地想检验两种质量是否相等的是牛顿。他做了两个等长的、形状相同的单摆，一个摆锤是金的，另一个摆锤分别选用等重的银、铅、玻璃、沙等不同的材料制作。单摆的周期为

$$T = 2\pi \sqrt{\frac{m_\text{惯} l}{m_\text{引} g}}$$

从上式看出，只有当 $m_\text{惯}$ 与 $m_\text{引}$ 之比与材料无关时，两摆的周期才会相同。牛顿做了许多次实验都没能观测到周期的差异，从而证明（精度在 10^{-3} 量级内）两种质量相等，即

$$\frac{m_\text{引}}{m_\text{惯}} = 1 \pm 10^{-3} \tag{17-4}$$

1830 年，贝塞耳还是用单摆做实验，精度达到 10^{-5}。从 1890 年开始，厄阜用一个很精巧的扭摆装置，去测量式（17-4）中比值对 1 的可能偏差。他持续做了 25 年的实验，当测量精度提高到 10^{-8} 量级时，也没有发现其可能的偏差。到 1964 年，迪克将精度提高到 10^{-11}，后来布拉金斯基又将实验精度提高到 10^{-12}，也没有发现两种质量的差异。

此外，人们还用实验测定了原子结合能和原子核结合能（见第二十八章第二节）所对应的惯性质量与相应引力质量之比，虽然精确度还没有那么高，但也没有发现比值与 1 的偏离。天文观测也证实了这一结果。

总之，所有以上提到的这些实验都表明，物质的惯性质量和引力质量相等。发现这一实验事实之时，在理论物理学中却找不到有说服力的理论解释。爱因斯坦回忆道："在引力场中一切物体都具有同一加速度。这条定律也可以表述为惯性质量与引力质量相等的定律，它当时就使我认识到它的全部重要性，我以它的存在感到极为惊奇，并猜想其中必定有一把可以更加深入了解惯性和引力的钥匙……"爱因斯坦在他对引力理论的探讨中，并不试图能简单解释为什么这两种质量等效，而是把它提高到作为一条物理学的基本原理。

下面简要介绍爱因斯坦从惯性质量与引力质量相等中悟出的物理学原理。

第二节 广义相对论的基本假设

一、爱因斯坦升降机的理想实验

以图 17-2 为例。按照爱因斯坦的设计，图中示出站在地球（引力场中）的一个观察者和另一个在自由空间（远离引力场）相对于太空（惯性系）有加速度（g）的升降机（或火箭密封舱）中的观察者。若两人都使一个试验物体自由下落，则他们都会观察到这个物体相对于地板在做加速运动。根据经典理论，左图地球上的观察者把这一现象归因于万有引力。读者想想，如果你是右图中处在密封舱里的观察者，应如何解释你看到在舱内发生的自由落体现象呢？由于在密封舱内观察不到外界的运动，而根据牛顿力学知识，可能的解释只有两种：一是类比比萨斜塔上的伽利略实验，推断密封舱是一个惯性系，或是被停放在地球上（见图 17-3a），舱内物体之所以自由下落，是由舱下面的地球引力场所造成的；二是舱并没有停放在地球上，舱下面也没有引力场（重力场），舱内物体的自由下落是密封舱在无引力的太空中向上加速飞行造成的（见图 17-3b）。此时，密封舱应是一个非惯性系。对同一现象出现两种可能的解释意味着，舱内观测者无法通过任何力学实验来判明密封舱究竟是停在地面上、还是在无引力的太空中加速飞行。

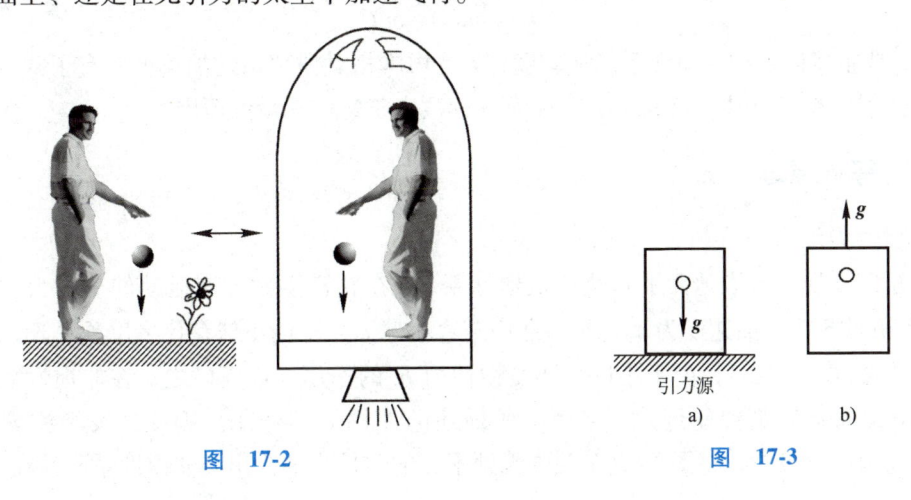

图 17-2

图 17-3

万有引力的普遍存在，使任何一个物质的参考系都具有加速度，它们都不是严格意义下的惯性系，而加速飞行的密封舱是一个非惯性系。在非惯性系中牛顿运动定律不成立，若仍采取在牛顿运动定律框架下来处理问题的方式，则需要引入惯性力的概念。

二、直线加速参考系中的惯性力

若某参考系相对于惯性系做加速直线运动，则该参考系就是直线加速参考系。图 17-4 所示为升降机，设在升降机里的一个弹簧秤上放着质量为 m 的物体，当升降机静止在地面上时，弹簧秤的读数为 mg；当升降机以加速度 a_0 由静止开始上升时，弹簧秤上的读数变大，而且增加到 $mg+ma_0$。在升降机中的观察者看来，物体只受向下的重力 mg，而所受向上的作用力是弹簧秤对物体施加的反作用，即向上的支承力 F_N。既然物体是静止在弹簧秤上的，则作用在物体上向下的重力应也与作用在物体上向上的支承力 F_N 平衡，但观测者看到的实际结果却是 $F_N > mg$，这显然与牛顿运动定律相违背。为了在直线加速参考系中，仍在牛顿运动定律框架内来处理问题，设想在升降机加速上升时，物体还受到一个虚拟力 F_a 的作用，且

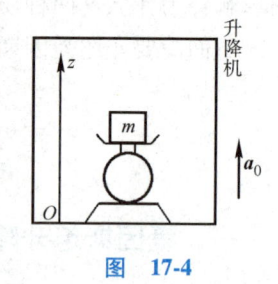

$$F_a = -ma_0 \tag{17-5}$$

图 17-4

式中，F_a 称为惯性力，它的方向与非惯性系的加速度 a_0 的方向相反，大小等于质点的质量 m 与非惯性系加速度大小 a_0 的乘积。之所以说惯性力是一种虚拟的力，因为它不是物体间的相互作用，没有施力物体，也没有反作用力。如人们乘坐汽车时都会有一种体验，当汽车突然制动、加速或急转弯（运动状态变化）时，一定会感到好像受了某种"力"的作用。根据式（17-5），这种"力"就是惯性力。由于惯性力能够起到把非惯性系与惯性系的差异虚拟为一种力的作用，因此，在非惯性系内仍用牛顿运动定律研究问题时，必须考虑质点所受惯性力。正如人们乘坐汽车遇到变速时的感受一样，惯性力效应是可以观测的。特别是引入惯性力后，质点在非惯性系内所遵循的动力学方程与惯性系内牛顿第二定律具有相同的数学形式

$$F + F_a = ma \tag{17-6}$$

或

$$F - (ma_0) = ma$$

式中，a_0 是非惯性系相对惯性系的加速度；a 是物体相对惯性系的加速度。有了式（17-6），就可以解释在图 17-4 中升降机上升时弹簧秤读数大于物体重量的原因了。

三、等效原理

1. 惯性力场

如图 17-5 所示，设地面平直轨道是惯性系 S，在轨道上做加速运动的车厢为非惯性系 S'，S' 系相对 S 系的加速度为 a_0。在车厢中观察小球 m，不论小球在什么位置（不一定用线悬挂），根据式（17-5），由于小球总要受惯性力 F_a 的作用。推而广之，在非惯性系中，处于任何位置的物体都要受到式（17-5）所描述的惯性力的作用。因此，按场物理学观点（见第一卷第二部分），将图 17-5 车厢中无处不在的惯性力抽象出与非惯性系联系在一起的、

分布于空间的力场称为惯性力场。

2. 弱等效原理

如前所述，在爱因斯坦设计的密封舱中，物体自由下落实验结果有两种可能的解释。由于引力正比于引力质量，惯性力正比于惯性质量，而这两种质量又是严格相等的，因而，观测者在不与外部世界通信联络、也不知道舱外的情况下，他在密封舱内做任何力学实验（如上抛物体、平抛物体等），都不可能区分他的舱是在自由空间相对于恒星做加速运动出现惯性力的效果，还是静止在引力场中的引力效果。因此，在处于均匀恒定引力场的惯性系中所发生的力学现象，和一个不受引力场影响，但以恒定加速度运动的非惯性系内的力学现象完全相同。这就是说，当人们乘坐的高速行驶汽车突然制动时，你可以用惯性力解释，也可以认为受到一股巨大的引力把你吸向前方；又如乘坐电梯向上加速时，使人受到一种下压感，一种十分沉重的感觉，就像有比平常更大的重力作用在身上似的。这种感受也可按以上两种情况来解释。因此以任何力学实验都无法区分（密封舱中）引力和惯性力的效果表明，引力和惯性力（对应参考系的加速运动）存在某种等效性。这种等效性通常称为弱等效原理。这里的"弱"是指仅限于力学现象。也就是说只涉及力学的等效性，称为弱等效原理。

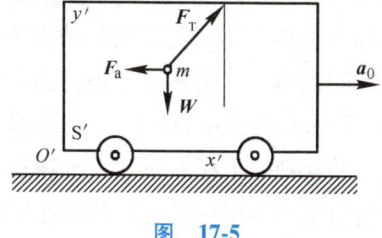

图 17-5

爱因斯坦善于从平凡的常见现象中通过思考而得到重大的发现。他从惯性质量和引力质量相等这一几乎人人皆知的事实入手，采用理想实验的推理方法发现了惯性力和引力的等效性，即一个物体在引力场和惯性力场中引起的加速度跟它本身固有性质（如质量）无关，惯性力场和引力场是等价的。也可以说，弱等效原理是对惯性质量和引力质量严格相等这一实验事实的一个理论化抽象。

3. 强等效原理

按上述弱等效原理，在爱因斯坦密封舱中通过任何力学实验都无法区分引力和惯性力的效果，那么，是否可能用其他的实验，例如光学或电磁学的实验来判断密封舱是否在做加速运动呢？强等效原理假设，任何物理实验（力学的、电磁学的、光学的……）都不能区分引力和惯性力的效果。比如，在密封舱中的电磁实验将证实，原本只对引力场中的惯性系才适用的麦克斯韦方程，对密封舱完全有效。因而，也没有理由断言，密封舱是否是在不受引力的作用下做加速运动。因此，强等效原理认为，引力和惯性力在一切物理效果（包括力学效果）上完全没有区别。

综合上述分析，爱因斯坦提出的等效原理可以表述为：在一个相当小的时空局域范围内，引力场中惯性系的物理效应和一个不受引力的加速坐标系的物理效应是不能加以区别的。简言之，引力和惯性力是等效的。正如1911年爱因斯坦所说："至少在一个有限的区域内，一个引力场和一个参考系的普遍加速度之间，是没有任何物理上的区别可言的。"

四、局域惯性系

为什么上述等效原理中要强调"相当小的时空局域范围"呢？这是因为，实际引力源产生的引力场在大尺度上并不均匀。以地球引力场为例，在充分大的空间区域中，引力线呈辐射状，在场中各点的引力场强度（即质点在该处自由下落的加速度 g）是不同的。如果在地球引力场中做密封舱实验，若实验区域不是相当小，或者实验时间不是相当短（密封舱在运动），或是密封舱本身的空间体积不是足够小的话，就会发现引力加速度 g 的大小和方向都会随地点和时间而改变的现象，而匀加速参考系中的惯性力却是常矢量。所以，对于大的空间区域，一般不存在惯性力场与引力场的等效性。但在引力场（或重力场）空间的任何一个局部小范围内，总可以把它当作均匀的，并找到一个相对于它有加速运动（自由下落）的参考系，在其中引力刚好与相对于引力源加速的惯性力相抵消。所以，将<u>在引力场中自由下落的、在局部空间范围内可消去引力场效应的参考系，称为局域惯性参考系</u>，简称局域惯性系。图 17-6 表示局域惯性系。

由于惯性参考系是牛顿力学的基础，按照狭义相对性原理，各惯性系也完全等价。自然就引出一个问题，自然界中哪一个或哪一些参考系是惯性系呢？实践表明，地面上的实验室参考系常取作惯性系，但地球自转的加速度大小为

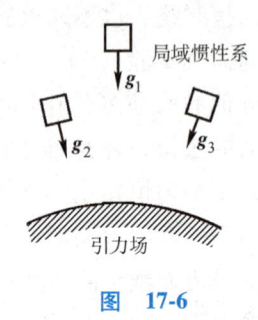

$$a = \omega^2 R = 3.4 \times 10^{-2} \mathrm{m \cdot s^{-2}}$$

且地球还在太阳系（参考系）中转动，显然，它不能作为严格的惯性系。太阳又在银河系中转动，银河系只是宇宙中一个中等大小的普通星系，各星系间有引力，它必然也在做加速运动。由于引力作用的普遍存在，任何一个物质的参考系总有加速度，因而，有引力场的参考系都不是惯性参考系。只不过空间尺度越大（地球→太阳→银河系→……），物质越稀疏，相应的引力越弱，实用上找到的是相当好的近似。现在，局域惯性系是<u>引力与惯性力相抵消</u>的参考系。也就是说，一个静止在地球（或恒星）表面的参考系不是惯性系（有引力），而<u>在引力场中自由下落的实验室</u>才是一个<u>局域惯性系</u>。

关于局域惯性系的概念，补充以下几点：

1) 在经典力学中，惯性系的原定义是：参考系中物体不受外力将保持其惯性运动。广义相对论中的局域惯性系，已经不同于经典力学中的惯性系，因为，从地球（或恒星）表面上静止的观察者看来，它是一个加速的参考系。如绕地球轨道运动的天宫二号空间站，它具有加速度 g，其中物体都处于完全失重状态，好像没有受到重力一样，因为在飞船中，重力的影响被惯性力平衡了。在飞船中的宇航员看来，不受外力作用时，静止的物体保持静止，运动的物体将保持匀速直线运动，这难道不与发生在惯性系中的情况一样吗？

2) 由于全空间的引力场是不均匀的，所以无法找到一个参考系，使它的惯性力处处与引力相消。从这个意义上讲，引力场中自由下落的局域惯性系也只是一个近似的惯性系。

五、广义相对性原理

如上所述，现实中常用的参考系都不是惯性系，只有在引力场中做自由运动的参考系，至少可成为能够局域实现的惯性参考系。这促使爱因斯坦产生了一个想法：任一参考系（惯性系或非惯性系）在表达物理规律上都应该是等价的，都是平等的，不必强调惯性参考

系的优越地位。因为，在爱因斯坦设计的密封舱中，引力和惯性力无法区分，表明惯性系和非惯性系无法用物理实验来区分。因此，可以把只适用于惯性系的狭义相对性原理推广为：在一切参考系中，物理规律的数学表述形式相同；或者说，对所有物理规律，一切参考系都是等价的，这就是广义相对性原理。

归纳上述讨论，广义相对论的基本假设有两个：
1) 等效原理。
2) 广义相对性原理。

第三节　广义相对论的检验

任何一个物理理论都要接受实验的检验，广义相对论当然也不例外。建立在等效原理和广义相对性原理之上的广义相对论，其本质就是包含了引力场的相对论，只是引力太弱，有关引力现象的观测检验很困难。所以，广义相对论只适用于大尺度的时空，广义相对论的成果要在宇观世界（大于 10^8 光年）里才能显现出来。

一、行星近日点的进动

前已指出，牛顿万有引力理论无法解释水星近日点的进动。原来，水星是距太阳最近的一颗行星。按照牛顿引力理论，在太阳引力的作用下，水星绕太阳做封闭的椭圆轨道运动，太阳位于椭圆的一个焦点上，水星离太阳最近的位置称为近日点，它的位置应是固定不变的。但在 1859 年，法国天文学家勒维列探测到水星在近日点的运动速度比用牛顿力学计算的值要大得多，水星的轨道也并不是严格的椭圆，而是每转一圈后又回到近日点时，近日点角位置将比上一圈的角位置移动 Δ（进动角），且椭圆的长轴略有转动（见图 17-1），这个现象称为水星近日点的进动，它是广义相对论中非常精细的可观测效应之一。因为，广义相对论指出，由于引力场的存在会使空间发生弯曲（见下一节），由此可得水星及其他行星近日点进动的修正值。表 17-1 列出了行星近日点进动的若干数据，表中 N 是行星在 100 个地球年中转过的圈数；e 是椭圆偏心率；r_m 是近日点距离；$N\Delta$ 表示每 100 个地球年的进动角。从表 17-1 看到，在观测误差范围内，广义相对论的计算值都与观测值相符，对水星的观测精度最高，相对误差仅为 1%。

表 17-1　行星近日点的进动

行星	N	e	$r_m/10^6$ km	$(N\Delta)_{理论}$	$(N\Delta)_{观测}$
水星	415.2	0.206	46.0	43.0″	(43.1±0.5)″
金星	162.5	0.006 8	107.5	8.6″	(8.4±4.8)″
地球	100.0	0.017	147.1	3.8″	(5.0±1.2)″
火星	53.2	0.093	206.7	1.4″	—
木星	8.43	0.048	740.9	0.06″	—
Icarus	89.3	0.827	27.9	10.0″	(9.8±0.8)″

有趣的是，虽然广义相对论并不是专门为研究这个问题而发展起来的，但它却在这里取得了第一次成功。爱因斯坦在信中说："方程给出了水星近日点进动的正确数字，你可以想象我有多高兴！有好些天，我高兴得不知怎样才好。"

二、光线在引力场中的偏折

由狭义相对论可知，光子的静止质量为零，但它有以光速运动的动质量 $m = \dfrac{E}{c^2}$。按照等效原理，动质量与静止质量有相同的引力效应。1907 年，普朗克首先提出，光子经过一个质量巨大的恒星附近时，必然会受到引力场的作用，将不再按直线运动，而是在引力的作用下沿一条曲线运动。爱因斯坦在 1911 年对普朗克的表述进行了计算，之后在 1916 年，他又用引力场方程进行了较严格的计算。

以图 17-7 为例，设想在地球上观察被太阳挡住的一颗恒星。如果光线按直线行进，在地球上就观测不到这颗恒星的星光；如果星光受太阳的引力作用而偏折，就有可能观测到它发出的星光。对这个效应的首次测量是 1919 年，英国天文学家爱丁顿和戴森分别前往西非和巴西，观测当年 5 月 29 日发生的日全食。这时在太阳的背后正是毕宿星群。将观测结果与太阳不在这个天区时的星座照片比较，求出光线偏折了 1.98″±0.16″，与理论值 1.75″ 十分接近。为什么要在日全食时进行观测呢？因为太阳光是如此之强，想要在阳光中检测出微弱的星光是不可能的。而在日全食发生时太阳被月球挡住，就可以检测到被太阳挡住恒星的星光。此后，只要有便于观测的日全食发生，各国的天文学家几乎都要进行这种观测，这也使爱因斯坦和他的引力论名声大震。

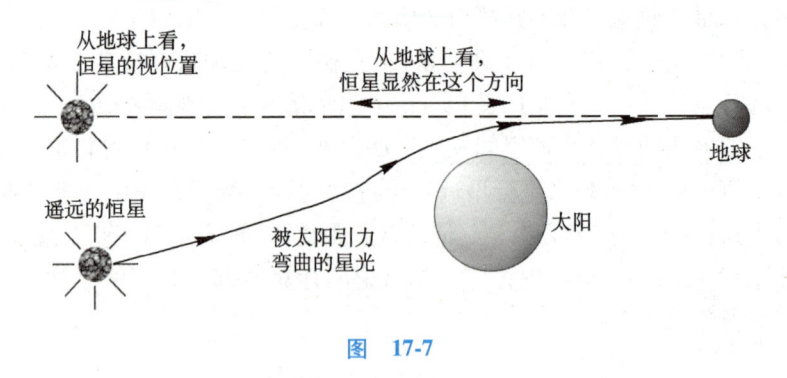

图 17-7

三、雷达回波延迟

1964 年，夏皮洛等人提出了一个新的、可以检验广义相对论的效应，那就是从地球上利用雷达发射一束电磁波脉冲，当其到达其他行星后将发生反射，然后再回到地球被雷达所接收。如果在电磁波传播路径上有一个大质量天体，那么其引力场将使信号的传播时间延长。1967 年到 1971 年间，他们完成了行星的雷达回波实验：利用雷达向金星和水星发射电磁脉冲。测量结果证明，当太阳位于地球与金星之间时，脉冲来回约 25s，回波延迟约 200μs，而当太阳位于地球与水星之间时，回波延迟约 240μs。几年中夏皮洛等人对水星、金星等进行了持续的观测，实验结果在百分之几的误差范围内，并与广义相对论的理论计算符合。

四、应用拓展——引力波

1915年爱因斯坦提出广义相对论，次年发表论文阐述引力波的存在。引力波是来自宇宙天体，以光速传播能量或质量的一种波，是时空振荡的涟漪（小波浪）。引力波与电磁波不同，引力波频率低（$10^{-18} \sim 10^4$ Hz），穿透力强，传播需要载体；电磁波频率高（$10^7 \sim 10^{24}$ Hz），穿透力弱，传播不需要载体。

双星系统相互运动是产生引力波的波源，并释放引力波。例如地球绕太阳公转就会辐射引力波，辐射功率大约只有几瓦，这么微弱的引力波很难探测得到。2015年9月14日LIGO（激光干涉引力波天文台）首次探测到来自两个黑洞合并时辐射出来的引力波信号。再次证明爱因斯坦广义相对论预言的正确。2017年诺贝尔物理学奖授予雷纳·韦斯教授、吉普·索恩教授、巴里·巴瑞希教授三位对引力波发现研究做出贡献的科学家。

2023年6月29日，中国科学院国家天文台等单位科研人员组成的中国脉冲星测时阵列（CPTA）研究团队利用中国天眼FAST，探测到纳赫兹引力波存在的关键性证据，表明我国纳赫兹引力波研究已与国际同步达到领先水平。

第四节　有引力场的空间与时间

按照经典力学的惯性定律，不受外力作用的质点做匀速直线运动，这里所指的直线是欧几里得几何中两点之间的最短路径。正像时间可以用光钟定义一样，直线也可以用光束所经过的路径来定义。例如，在某些测量中，常用激光光束决定直线，射击瞄准时用光束决定直线等。既然光束本身可作为直线的定义，那么上一节中所介绍的星光在太阳引力场中改变它的直线路径而发生偏折的现象又意味着什么呢？

下面分析一个理想实验。如图17-8所示，想象在一部正在外层空间（无引力作用）、以$1g$的加速度向图示方向做加速运动的火箭舱内，沿舱中水平方向打开一个闪光灯，光束会怎样行进呢？火箭舱中观察者看到光束横跨火箭舱传播。但由于火箭舱以$1g$的加速度穿越太空，在观测火箭以$1g$加速的参考系中，当光束以速率c行进L时，火箭舱向上运动的距离是

$$\frac{1}{2}gt^2 = \frac{1}{2}g\left(\frac{L}{c}\right)^2$$

式中，L是火箭舱的宽度；t是光束跨越火箭舱的时间，光速c与火箭速度无关。因此，从火箭舱中的观察者看来，光束到达比它出发时要低一段距离的地方，也就是说光束相对于观察者向下弯曲。这一理想实验以及星光经过太阳时的偏折现象（见图17-7）表明：

1) 根据等效原理，在密封火箭舱中不能做任何物理实验来确定火箭舱是在做加速运动，还是受引力的作用。因此，在一有重力作用的、静止的密封舱内做上述实验，应当也有同样的结果。也就是说，引力场将使光束弯曲，即静止在地球上的密封舱里（理想化它足

够大）也一定能看到同样的结果，这是爱因斯坦广义相对论的一个预言。

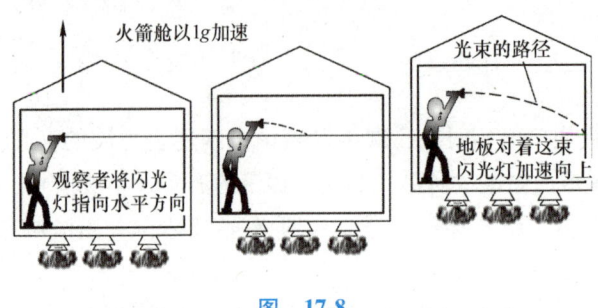

图 17-8

2）如果火箭舱在地面附近自由降落，上述理想实验结果又会如何呢？如前所述，在地面附近自由降落的火箭舱是引力与惯性力相抵消的参考系，或者说是没有引力存在的局域惯性系。在这种惯性系中，光将沿直线传播，就好像一个平抛质点将做直线运动一样。在欧几里得几何中，直线是三维空间中两点之间的最短路径，叫作短程线。在球面上，两点间的最短距离不是沿一条直线，而是两点间的圆弧，也就是短程线是圆弧。

3）根据等效原理，在局域惯性系中，狭义相对论所肯定的物理规律都成立。比如说，真空中光的速率是不变的，光速不受引力影响。那么如何解释星光经过太阳附近发生的偏折现象呢？爱因斯坦认为，太阳的引力使"空间弯曲"，星光在太阳附近，以不变的速率在局部被太阳弯曲了的空间里，沿一条短程线运动，或者说，星光的弯曲，证明空间本身被引力弯曲。

因此，在广义相对论中，不把引力看作通常意义上所说的外力，而把引力的作用归结为"空间弯曲"。比如说，可以把地球的运动描述为在由于太阳的存在而造成的局部时空中，不受外力而凭惯性沿着短程线（椭圆）的运动。空间和时间是相互纠缠的，所以，在广义相对论中，认为引力的唯一效果是引起背景时空的弯曲。

由于在广义相对论中，物理规律也是要用数学语言描述的，但是在大学物理层面不能对那些复杂而又高深的数学予以介绍了。

第五节 物理学思想与方法简述

一、牛顿引力理论

世界上最容易被人们体验到的力，就是地球的引力，即地球吸引着地面附近的所有物体使之落向地球。天体在浩瀚的宇宙中运动，它们既不受地面的摩擦，也不受空气的阻碍，相距很大的距离却又相互作用着。因此，人们很早就有兴趣研究这种力的性质。牛顿的引力理论之所以称为万有引力，"万有"二字即在于强调这种力在宇宙万物之间的普适性，并且牛顿给出了引力相互作用的一般定量表达式。万有引力定律使人们能够了解天体在空间运动的轨道，同时又能以很高的精度预言天体的运动，并在解释太阳系中行星和卫星轨道的性质方面取得最令人信服的成功。但两物体之间的万有引力却完全是由"同一时刻"它们之间的相对距离决定的，而与它们是相对静止或运动无关。因而，人们将牛顿对引力相互作用的描述称为"超距作用"。

但是，由于时间和空间的相对性，以及它们在相对论中对观察者的依赖关系，牛顿万有引力定律所面临的困难出现了。爱因斯坦在 1905 年建立的狭义相对论中指出，任何正确的物理规律必须满足相对性原理，而牛顿的万有引力理论却恰恰不满足相对性原理，这说明它不再是严格的引力理论。

二、爱因斯坦引力理论

为了避免上述困难，在爱因斯坦以前，许多物理学家都曾提出过各种修改方案，其中有 Zeeliger 在 1906 年、Abraham 在 1912 年、Mie 在 1913 年，以及 Nordstrom 在 1915 年提出的各种引力理论。爱因斯坦建立的广义相对论就是引力理论，但即使在爱因斯坦广义相对论建立以后，也出现了几十种不同的引力理论，向爱因斯坦的引力理论发起挑战。事实上，物理学家是最不迷信权威的一群人，他们不断地探讨着各种理论的基础，并努力寻求修改它们的可能性。但爱因斯坦的引力理论，无论是从它与实验的一致，还是从逻辑上的简单和数学上的严谨上来说，都是其他一切引力理论所无法匹敌的，它也是到目前为止最经得起实验检验的理论。但广义相对论建立的方法同样是从对一些简单而又基本的问题的思考开始的，其实验基础是伽利略在比萨斜塔中所进行的自由落体实验。按照这个实验，惯性质量和引力质量具有完全的等效性。当然，正如爱因斯坦所说，理论物理的公理基础不可能从经验中抽出来，而必须是由自由想象创造出来。

美国物理学家戴逊曾赞叹地说："广义相对论是由于数学的创造性飞跃而建立的物理学理论的一个主要例子和最壮观的例子。"狄拉克则说："相对论以前所未有的程度把数学美引入对自然界的描述。"可以说，"广义相对论是产生于数学的创造性的飞跃"。

第六部分
量子物理

望着茫茫大海和巍巍山峦，从古到今，有多少人在思考：世界万物是由什么构成的？它们有最小结构吗？事实上，人们在分析各种物体的性质时，总是先从"不大不小"的熟悉物体入手，然后一步步进入其内部结构，以寻求人类肉眼所看不到的物质性质的最终根源。随着人类对自然认识的深化，以物质的结构层次、运动形式和演化机制为研究对象的物理学获得了巨大发展。目前，利用精密的实验设备和先进的分析手段，人们已经可以对小到空间尺度为 10^{-17}m 的亚核世界，大到150亿光年（1.439×10^{27}m）左右的宇宙万物进行研究。下表列出了物理学的研究领域及主要学科。

物理学的研究领域及主要学科

研究领域	空间范围/m	主要学科
?	↑	物理学前沿
目前观测所及宇宙	$10^{26} \sim 10^{27}$	宇宙学
超星系团星系团	$10^{23} \sim 10^{24}$	天体物理学
星系（银河系）	$10^{18} \sim 10^{22}$	空间科学
恒星（太阳）	$10^{4} \sim 10^{12}$	—
地球	10^{7}	地球科学
宏观物体	$10^{-3} \sim 10^{6}$	经典物理学
介观物质	$10^{-8} \sim 10^{-6}$	介观物理学
分子	$10^{-10} \sim 10^{-8}$	分子物理学 原子物理学
原子	10^{-10}	凝聚态物理学
强子（中子、质子等）	10^{-15}	—
夸克、轻子	$<10^{-16}$	粒子物理学
中间波色子	—	—
?	↓	物理学前沿

当代技术发展的重要前沿,如微电子与计算机技术、信息时代的通信技术、生物技术、新材料技术、激光技术及航天技术等,无一不与物理学的发展息息相关。不仅如此,物理学的成就和发展正在直接或间接地推动我国传统产业的现代化。举例来说,这些传统产业有:自动化技术与制造业新技术、能源新技术、交通运输、农业新技术、医药新技术等。可以说,物理学是整个自然科学和现代工程技术的基础。

量子力学与相对论的提出,是 20 世纪物理学的两个划时代的成就,不仅开拓了物理学的一系列新的研究领域,同时也开创了人类应用高新技术的新时代。毫不夸张地说,量子力学与相对论的建立,奠定了人类现今的物质文明。

量子力学是关于原子、亚原子水平上的物质结构及其属性的基本理论。若从 1900 年普朗克提出量子假设开始算起,虽经过百余年的发展,其研究成果和研究方法已经深入到现代科学与技术的各个领域。本书仅通过介绍一些量子现象及相关的物理学方法、工作语言、概念及物理图像,使读者对量子物理学有一个初步了解,并不会涉及被称为量子物理学的基本数学理论的量子力学的大部分内容。

第十八章
光（辐射）的波粒二象性

本章核心内容

1. 能量量子化的创新性假设。
2. 光（波）显示粒子性的物理效应。
3. 光的波动性与粒子性的相互关联。

光电效应

从牛顿和惠更斯开始，关于光是微粒还是波动的争论，持续了近 300 年之久。由微粒而波动，由波动而微粒的循环，一直延续到 1905 年爱因斯坦引入光量子概念、并成功解释了光电效应后，人们才第一次认识到原来光（辐射）既具有波动性又具有粒子性，现称"波粒二象性"。

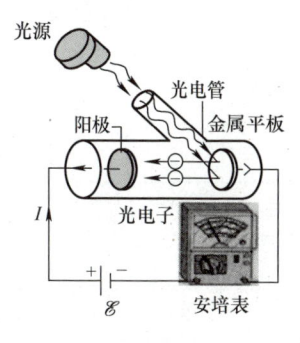

第一节 热辐射 普朗克的量子假设

在人们的日常经验里，似乎从恒星到蜡烛，差不多所有发光的物体都同时发热。我们将固体、液体和气体因具有一定的温度而辐射能量的现象称为热辐射。由于一切物体中进行热运动的分子都包含带电粒子，在一定温度下处于加速运动中的带电粒子将不停地发射电磁波，能量随波逐流，所以，热辐射的载体就是电磁波（见表 18-1）。地球上大多数热辐射物体所发出的辐射能主要来自红外区域，其波长范围一般为 $1\mu m \sim 1mm$。热辐射不一定需要高温，但荧光灯、激光器的发光过程，并非源于带电粒子的无规则热运动，还不属于热辐射的物理过程。荧光灯具、激光器具因具有一定温度而辐射能量的现象才是热辐射。

表 18-1 电磁波谱

频率/Hz	波长/m	名称	典型辐射源
10^{23}	3×10^{-15}	宇宙线光子	天体
10^{22}	3×10^{-14}	γ 射线	放射性核子
10^{21}	3×10^{-13}	γ 射线、X 射线	—
10^{20}	3×10^{-12}	X 射线	原子内壳

(续)

频率/Hz	波长/m	名称	典型辐射源
—	—	正负电子湮没	—
10^{19}	3×10^{-11}	软 X 射线	电子轰击固体
10^{18}	3×10^{-10}	紫外线、X 射线	电火花中的原子
10^{17}	3×10^{-9}	紫外线	电火花与电弧中的原子
10^{16}	3×10^{-8}	紫外线	电火花与电弧中的原子
10^{15}	3×10^{-7}	可见光谱	原子、热物体、分子
10^{14}	3×10^{-6}	红外线	热物体、分子
10^{13}	3×10^{-5}	红外线	热物体、分子
10^{12}	3×10^{-4}	远红外线	热物体、分子
10^{11}	3×10^{-3}	微波	电子器件
10^{10}	3×10^{-2}	微波、雷达	电子器件
10^{9}	3×10^{-1}	雷达	电子器件
—	—	星际氢	—
10^{8}	3	电视、调频无线电	电子器件
10^{7}	30	短波无线电	电子器件
10^{6}	300	调幅无线电	电子器件
10^{5}	3 000	长波无线电	电子器件
10^{4}	3×10^{4}	感应加热	电子器件
10^{3}	3×10^{5}	—	电子器件
10^{2}	3×10^{6}	电力	旋转机器
10	3×10^{7}	电力	旋转机器
1	3×10^{8}	—	换向电流
0	无限长	直流电	电池

一、热辐射的基本概念

1. 平衡辐射

我们周围的任何一个物体,在任何温度下辐射能量的同时,也会吸收由其他物体辐射来的能量。因此,可以想见当电磁波辐射至某一不透明物体的表面时,一部分能量被物体表面反射,另一部分能量将被物体吸收,进而转化为物体的能量。实验发现,反射能量与吸收能量各自多少，不仅与物体温度有关，还与入射电磁波波长有关［详见式（18-5）］。设想物体在某温度下经热辐射出去的能量恰好等于在同一时间内从外界吸收的能量，则热辐射出去的能量与从外界吸收能量的平衡不影响物体的温度。物理学把物体处于温度不变状态下的热辐射称为平衡辐射。本书只讨论平衡辐射。值得想一想的是，在实际物体的辐射过程中温度是很容易发生变化的（人体保持体温不变不在此讨论之列），为什么要先讨论平衡辐射呢？

2. 描述辐射源的物理量

（1）总辐出度 $M(T)$　所有能向外辐射能量的物体被统称为辐射源。1879 年，斯洛文尼亚的物理学家约瑟福·斯特藩通过对热辐射实验数据的分析发现，温度为 T、表面积为 S 的物体在单位时间所辐射的能量（辐射功率或辐射能通量）E 正比于表面面积 S 及温度 T 的 4 次方，并提出了一个经验公式

$$E = \varepsilon\sigma ST^4 \tag{18-1}$$

五年后，奥地利物理学家鲁德维格·玻尔兹曼也从理论上导出了式（18-1），后人为纪念两位学者的工作，称式（18-1）为斯特藩-玻尔兹曼定律。式中，ε 是表征辐射源表面辐射性质（如粗糙程度等，$0 \leq \varepsilon \leq 1$）的辐射系数。因为只涉及表面，它与物体的材质无关，若 $\varepsilon = 1$，对应于一种理想化的辐射体（若 $\varepsilon = 0$ 呢？）。另一个比例系数 σ 称为斯特藩-玻尔兹曼常数，已测出 $\sigma = 5.670\,51 \times 10^{-8}\,\text{W} \cdot \text{m}^{-2} \cdot \text{K}^{-4}$，是一个也可由理论导出且对所有物体不论表面如何都适用的常数。

有了式（18-1）后，为了进一步探索热辐射何以与 T^4 成正比的原因，需要排除因辐射源面积 S 大小不一带来的不确定性，人们提出用总辐出度 $M(T)$ 来描述辐射源单位面积的辐射功率。其定义为

$$M(T) = \lim_{\Delta S \to 0} \frac{\Delta E}{\Delta S} \tag{18-2}$$

式（18-2）中为什么要取极限呢？ 这是因为需要考虑同一辐射源不同表面辐射性质的差异，故总辐出度 $M(T)$ 的物理意义也可以这样表述：在单位时间内从辐射源单位面积向空间各方向所辐射的所有波长电磁波能量的总和。从式（18-1）看，$M(T)$ 仍然是辐射源温度 T 的函数。例如，白炽灯中 1cm^2 的钨丝，在 2 800K 时所辐射出的功率为 112W，而同样表面积的钨丝，在室温下仅辐射出 0.001 5W，作为比较，太阳辐射到地球表面上 1cm^2 的辐射功率约为 1/7W。

（2）单色辐出度 $M(\lambda, T)$　实验发现，在一定温度下，辐射源辐射的电磁波中因为波长不同辐射的能量也不同（见图 18-1）。即，辐射源对不同波长电磁波（波谱）有不同的辐射能力。图 18-1a、b、c 记录了不同的 3 个辐射源在一定温度下所辐射的能量与各种波长的关系。要定量描述辐射源的这一性质，物理量单色辐出度 $M(\lambda, T)$（又称辐射本领）"应运而生"，定义为

$$M(\lambda, T) = \frac{\mathrm{d}M'(\lambda, T)}{\mathrm{d}\lambda} \tag{18-3}$$

式（18-3）物理意义的文字叙述为：从辐射源表面单位面积上发射出波长在 λ 到 $\lambda + \mathrm{d}\lambda$ 范围内单位波长的辐射功率称为单色辐出度。$M(\lambda, T)$ 不仅是波长 λ 和温度 T 的函数，从

图 18-1 及式 (18-2) 看,它还与物体本身的性质以及表面状态有关(源于带电粒子的热运动)。式 (18-3) 中 $dM'(\lambda, T)$ 表示温度为 T 的物体在单位时间内由单位面积辐射的波长从 λ 到 $\lambda+d\lambda$ 区间内的电磁波能量,并不能用波长正好为 λ 的能量表示(为什么?)。

图 18-1

a) 氙高压放电 b) 钨 c) 典型陶瓷

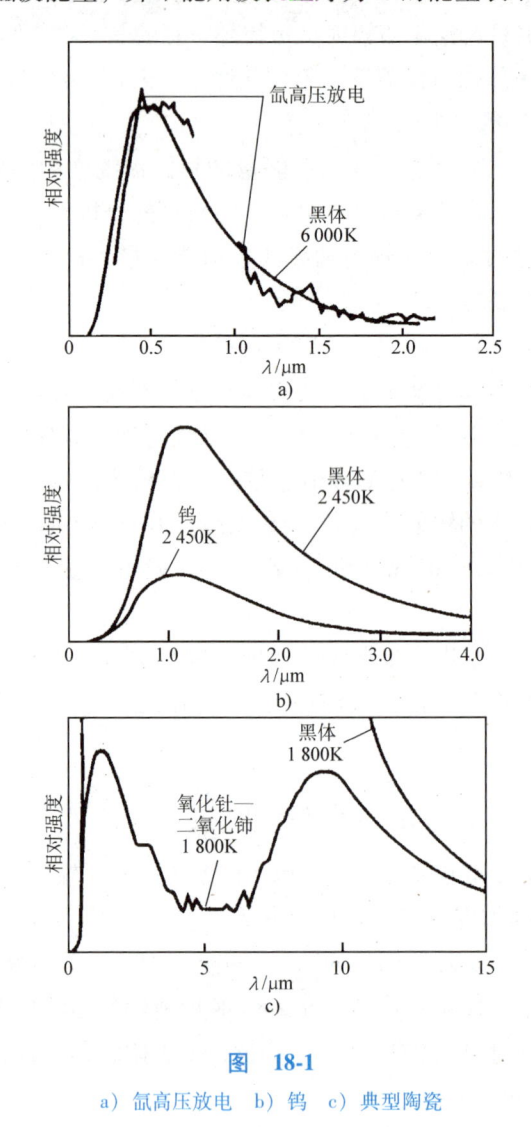

3. 描述物体对外来辐射的吸收和反射程度的物理量

一般来说,照射到物体上的辐射能量的转换方式有散射、反射、透射或吸收等几种。例如,当光照射到不透明物体的表面上时,人们通过散(反)射光"看"到了物体。而且人眼对不同颜色的识别,就是对被物体散(反)射的、某种波长光的感觉结果。如果一个物体的表面可以反射白光中的大部分蓝光而大量地吸收红光,则当白光入射到其表面时,人们就看到这个物体呈现出暗蓝色。

任何物质都会对不同波长的电磁(光)波有不同程度的吸收能力。作为这种性质的描述需要,引入一个称为单色吸收率 $\alpha(\lambda, T)$ 的物理量。这个单色吸收率的物理意义是什么呢？先假设在一定时间内，照射到温度为 T 的某不透明物体表面、波长在 λ 附近单位波长间隔内的能量为 $\mathrm{d}M(\lambda)$，该物体在同一时间内对入射能量 $\mathrm{d}M(\lambda)$ 不能全吸收，设吸收的入射能为 $\mathrm{d}M''(\lambda,T)$，则物体的单色吸收率（又称吸收本领）$\alpha(\lambda,T)$ 用下式表示：

$$\alpha(\lambda,T)=\frac{\mathrm{d}M''(\lambda,T)}{\mathrm{d}M(\lambda)} \tag{18-4}$$

α 括号中的因子 λ、T 意味着物体的单色吸收率不是常数，而是随入射波长和物体温度的变化而变化，不同的物体或同类物体表面状况不同，单色吸收率也会不同。对于物体的反射也按式（18-4）的形式定义一个单色反射率 $\rho(\lambda,T)$。当只研究不透明物体时，入射能量（取为 1）、吸收能量与反射能量三者之间的关系满足

$$\alpha(\lambda,T)+\rho(\lambda,T)=1 \tag{18-5}$$

式（18-5）暗含了未曾明述的单色反射率的物理意义。

二、基尔霍夫辐射定律

早在 1859 年，德国物理学家基尔霍夫在总结实验数据的基础上，曾得到一切物体热辐射都遵守的普遍规律，后人称其为基尔霍夫定律。作为了解该定律内容的一个理想实验如图 18-2 所示。图中，分别将温度、单色辐出度与单色吸收率不同的三个辐射源 A_1、A_2、A_3 放在一个与外界隔离的真空容器 C 中（孤立系统），在系统 C 内，各辐射源之间，以及各辐射源与容器壁之间只能通过辐射来相互交换能量。开始实验并经过一段时间后，整个系统将达到热平衡，即各辐射源和容器壁都将具有相同的温度，且温度保持不变。处在这种热平衡辐射状态下，A_1、A_2、A_3 中单色辐出度 $M(\lambda,T)$ 大者必定具有较大的单色吸收率 $\alpha(\lambda,T)$，反之亦然。基尔霍夫将这种关系抽象为：<u>在相同的温度下，辐射源（i）的单色辐出度 $M_i(\lambda,T)$ 与单色吸收率 $\alpha_i(\lambda,T)$ 成正比</u>，且其比值对所有辐射源（$i=1,2,\cdots$）都一样，并且是一个与波长 λ 和温度 T 有关的普适函数而不是一个数值。此规律称为**基尔霍夫辐射定律**。

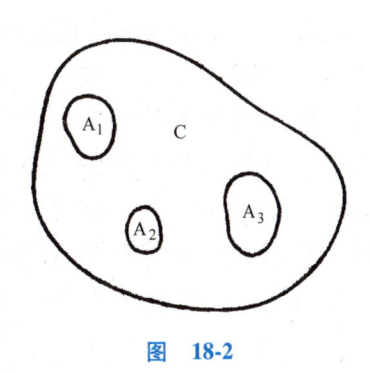

图 18-2

基尔霍夫辐射定律的数学形式为

$$\frac{M_i(\lambda,T)}{\alpha_i(\lambda,T)}=f(\lambda,T) \quad (i=1,2,\cdots) \tag{18-6}$$

式中，f 无下标 i（为什么？），是波长和温度的函数。物理学史上确定出现在式（18-6）中的普适函数 $f(\lambda,T)$ 的具体形式是一件极富吸引力的研究工作。以图 18-1 为例，人们发现一般物体热辐射特性是很复杂的，要从图 18-1 中寻找 $f(\lambda,T)$ 的具体形式谈何容易。好在物理学家抽象出了一个绝对黑体模型。那么，什么是绝对黑体呢？

三、绝对黑体

从基尔霍夫辐射定律式（18-6）观察，如果一个物体是良好的吸收体，即 $\alpha_i(\lambda,T)$ 较

大，则它必定也是一个良好的辐射体。实际生活中作为黑色物体的铁器吸收性能好，把它加热到高温，它会发光而变得明亮耀眼，表现出一个良好辐射体（常温下铁器的辐射需用仪器检测）。推到极端（理想化），如果有一种辐射体，对任何波长入射能量的单色吸收率都等于 1，即 $\alpha_0(\lambda,T) = 1$，则式（18-6）分母等于 1，可表示为

$$M_0(\lambda,T) = f(\lambda,T) \tag{18-7}$$

式中的这个特殊符号 $M_0(\lambda,T)$ 不就是基尔霍夫辐射定律中的那个普适函数 $f(\lambda,T)$ 吗？基尔霍夫把 $\alpha_0(\lambda,T)=1$ 的理想物体定义为绝对黑体，简称黑体。

黑体是一种理想模型。即使将物体表面涂上一层乌黑的煤烟，对太阳光的吸收率也不超过 99%。因此，人们想方设法制作一种十分接近绝对黑体的模拟物（模型）来进行实验研究。历史上，从英国物理学家丁铎尔 1864 年用加热空腔当作黑体，测定单位表面积、单位时间内辐射总能量与温度的关系开始，许多物理学家对黑体辐射规律进行了持续不断的实验和理论研究。以图 18-3 为例，有一个用不透明（例如耐火砖）材料制成并且开有小孔的空腔容器，其小孔的孔面就是一个黑体。这是因为，当光（辐射）进入小孔后，就在空腔粗糙内壁上反复反射。每次反射，腔壁都要吸收一部分能量。因此，进入小孔的光再从小孔射出来（即反射）就微乎其微（与入射光频率无关）。

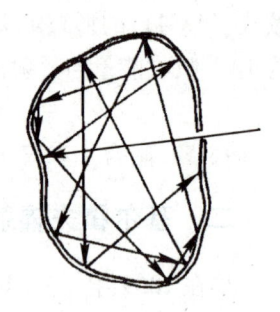

图 18-3

对此，可做一个估算：设入射总能量为 1，内腔壁的吸收率为 α_i。根据式（18-5），经内腔壁的一次反射之后，剩下的能量为 $(1-\alpha_i)$，这份能量再经第二次反射后剩下 $[(1-\alpha_i)-(1-\alpha_i)\alpha_i]=(1-\alpha_i)^2$，依次类推，经 n 次反射后剩下的能量为 $(1-\alpha_i)^n$。如果小孔的面积远小于容器内腔壁的面积（如只有 5%），则反射次数 n 非常大。所以，射入小孔的光很难再从小孔逸出。如果把空腔内腔壁再涂黑，这样一个小孔实际上就能完全吸收各种波长的入射而非常接近于一个绝对黑体，单色吸收率近似等于 1。例如，白天从较远处看未经粉刷的建筑物的窗口，窗口总显得很黑，就是因为进入窗口里的光线大部分已被吸收的缘故。倘若窗口只是一个小孔，这种效应将更为显著。

如果有幸到炼钢炉旁去观察出钢水的炉口（一个小孔）时，工人师傅会告诉你炉内的温度，这是什么道理呢？这是因为，根据基尔霍夫定律，好的吸收体也是好的辐射源。当加热如图 18-3 所示的空腔时，小孔会向外的辐射非常接近于绝对黑体的辐射。此时，按式（18-7），式（18-6）可以改写为

$$\frac{M_i(\lambda,T)}{\alpha_i(\lambda,T)} = M_0(\lambda,T) \tag{18-8}$$

式（18-8）也称为基尔霍夫定律的一种表示式，用文字叙述是，任何物体的单色辐出度 $M_i(\lambda,T)$ 与单色吸收率 $\alpha_i(\lambda,T)$ 之比，等于同一温度下绝对黑体的单色辐出度。由于这个原因，上述寻找式（18-6）中 $f(\lambda,T)$ 的函数形式变成确定绝对黑体的单色辐出度 $M_0(\lambda,T)$，这一工作曾一度成为 20 世纪初物理学一个主要课题之一。果然，1899 年，两位德国物理学家通过实验获得了形如图 18-5 中漂亮的实验曲线。那么，图中实验曲线是如何获得的？它又提供了哪些黑体辐射的信息呢？

四、绝对黑体的热辐射实验定律

1. 实验装置

利用图 18-4 所示的实验装置,测定如图 18-3 所示黑体模型的单色辐出度与波长的关系。在图 18-4 中,以温度保持为 T 的空腔 A 开有的小孔 S 代表黑体,从小孔(类比第一卷第十四章分子束技术)辐射出来各种波长的电磁波(包括可见光)经透镜 L_1 和平行光管 B_1 后,投射到起分光作用的三棱镜 P 上。由于不同波长的电磁波在棱镜内的折射率不同(色散),它们通过棱镜后有不同的出射方向。若将可绕垂直于纸面的轴转动的平行光管 B_2 转动到某一方向(可在 0°~180° 内旋转),则可以将接收到的相应波长的电磁波聚焦到热检测器 C 上(包括可见光)。现今,在许多场合都需要进行热辐射检测(如遥感),也有多种热检测器可供选用。表 18-2 列出三种热检测器及其特性。

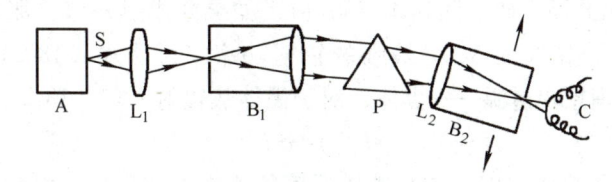

图 18-4

表 18-2 三种热检测器及其特性

类型	热电偶	辐射热测量计	戈利气动辐射测量计
材料	铋-锑与铋-锡	铂	充气
时间常数/s	0.036	0.016	0.015
面积/mm²	0.5	1.6	8.0
测量频率/Hz	0.5	10	10
电阻/Ω	5	40	—
噪声等功率/W	0.5×10^{-10}	1.7×10^{-10}	0.5×10^{-10}

2. 实验曲线

在进行如图 18-4 所示实验时,小孔面积已设置,同时要保持空腔温度稳定(为什么?)。不断移动、调节平行光管 B_2 的方向,在热检测器 C 上测出相应波长的功率,将所得数据绘制于图 18-5 上,稍加处理便可得到绝对黑体单色辐出度和波长的关系。改变空腔的温度,还可得到不同温度下的实验曲线。图 18-5 中有两条不同温度下绝对黑体单色辐出度 $M_0(\lambda,T)$ 与波长的关系曲线,都称为绝对黑体能量分布曲线。实验曲线是展示客观规律的窗口,那么,图中曲线都揭示了哪些黑

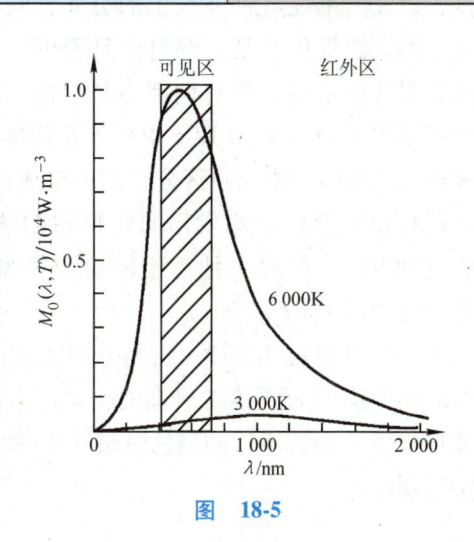

图 18-5

体辐射规律呢？

1）图中的连续曲线表示，在任何确定的温度下热辐射具有连续谱，连续谱是指不只是一个波长，也不是分立分布的波长，而是黑体对不同波长的单色辐出度是不同的，这与热辐射源于粒子无规则热运动不无关系。从式（18-3）结合图 18-5 看，图中曲线下的面积值（求定积分）表示总辐出度 $M(T)$。

2）在某一波长 λ_m 处对应函数有极大值（曲线峰值），说明黑体辐射在该波长附近具有最大的单色辐出度。

3）当温度升高时（如图中从 3 000K 升高到 6 000K），曲线极大值位置 λ_m 向短波方向移动，同时，曲线向上抬高并变得更为尖锐。

3. 黑体辐射实验定律

历史上已由几位物理学家，采用归纳法将实验曲线展示的特点概括为两条定律：

（1）斯特藩-玻尔兹曼定律 回到式（18-1），如果令式中 $\varepsilon=1$，那么，当 S、T 不变时意味着什么呢？意味着相同的 S、T 最强的辐射功率。再从式（18-2）和式（18-8）看，$\varepsilon=1$ 描述的是最强的理想辐射源——黑体，对于黑体热辐射，式（18-2）改写为

$$M(T)=\sigma T^4 \qquad (18\text{-}9)$$

式中，$M(T)$ 是黑体的总辐出度，它与黑体温度的 4 次方成正比。由此可以解释图 18-5 中曲线下的面积（黑体的总辐出度）随黑体温度的升高而急剧增大的原因。式（18-9）也称为黑体的斯特藩-玻尔兹曼定律，它只能用于黑体。

式（18-9）有什么价值呢？由于热辐射谱强烈依赖于黑体的温度，实际上，通过测量与分析热辐射谱，可以粗略估计诸如恒星或炉中钢水等一类炽热物体（近似为黑体）的辐射功率与温度的关系。图 18-6 表示出了三种不同辐射源的辐射谱。这些谱线表示物质在一定温度下所辐射的能量，以及能量在各种波长上的分布，它在一定程度上给人们提供了某一辐射体是否可用作光源或热辐射源的依据，但它们都不是黑体。如果有必要可以把图 18-1 或图 18-6 中所涉及物体都近似看成理想的黑体，则无须区分它们的组成成分如何，它们在相同温度下均发出同样形式的热辐射谱，式（18-9）就起到一种理想辐射源模型的作用，那就是 $M(T) \propto T^4$。

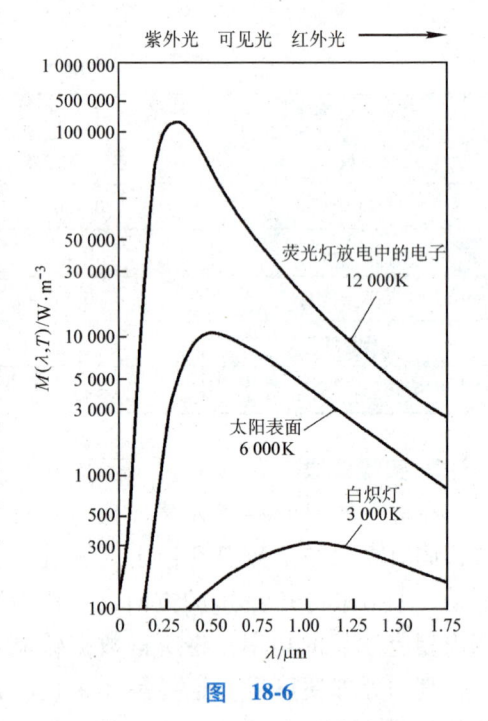

图 18-6

（2）维恩位移定律 在图 18-5 上温度为 T 的 $M_0(\lambda,T)$-λ 曲线上有一辐射最强的峰，它对应的波长 λ_m 随温度 T 升高而变短，由红色向蓝紫色光移动。在生活与生产实践中，与被加热物体（如铁器）的颜色由暗红逐渐变为蓝白的事实是一致的。从数学上可以描述这一实验规律：

$$\frac{1}{\lambda_m} \propto T \tag{18-10}$$

历史上，德国物理学家维恩于 1893 年以等式形式确定了 λ_m 与 T 之间的关系，即

$$\lambda_m T = b \tag{18-11}$$

后人将式（18-11）称为**维恩位移定律**（位移指什么？）。式中，常数 $b = 2.898 \times 10^{-3}$ m·K，称为维恩常数。

以上两定律将图 18-5 中显示的黑体辐射的实验规律，简洁而又定量地用数学形式表示了出来。虽然，实际物体都不是黑体，但变化趋势与此类似，因此，两定律很有实用价值。例如，根据斯特藩-玻尔兹曼定律，热辐射能量随温度迅速增大。如果温度加倍，例如，从 273K 增到 546K，辐射能量就增大 16 倍。因此，要使物体达到非常高的温度，如果不作为辐射源就必须要多提供能量以克服热辐射所造成的能量损失。反之，在氢弹爆炸中可以出现 3×10^7K 以上的温度，在这么高的温度下，**一种物质 1cm² 表面所辐射的能量将是该物质在室温下所辐射能量的多少倍呢？**

又如，利用维恩位移定律可以测定辐射体的温度，即先测 λ_m，然后根据式（18-11）计算温度。例如，太阳表面发出的辐射在 $0.5\mu m$ 附近有一个极大值，由式（18-11）可估算出太阳的表面温度在 6 000K 左右。利用式（18-11）还可以比较辐射体表面不同区域的颜色变化情况，来确定辐射体表面的温度分布。这种以图形表示出的热力学温度的分布称为热象图。热象图技术已在宇航、医学、军事等方面广为应用。利用遥感技术测量热象图可以监测森林火警，也可以利用热象图监测人体某些部位的病变等。20 世纪 70 年代，人们发现了相当于 2.7K 的宇宙微波辐射，从而支持了宇宙"大爆炸"学说。

【例 18-1】 宇宙大爆炸遗留在宇宙空间的均匀背景辐射相当于 3K 黑体辐射。求：

（1）此辐射的单色辐射强度在什么波长下有极大值？

（2）地球表面接收此辐射的功率是多少？

【分析与解答】 （1）写出绝对黑体辐射的维恩位移定律 $\lambda_m T = b$，式中 $T = 3$K，由该式计算得到单色辐射强度有极大值的波长为

$$\lambda_m = \frac{b}{T} = \frac{2.898 \times 10^{-3} \text{m} \cdot \text{K}}{3\text{K}} = 9.66 \times 10^{-4} \text{m}$$

（2）由斯特藩-玻尔兹曼定律 $M(T) = \sigma T^4$，可算出地球表面接收此辐射的功率为

$$E = \sigma S T^4 = 5.67 \times 10^{-8} \text{W} \cdot \text{m}^{-2} \cdot \text{K}^{-4} \times 4\pi \times (6.37 \times 10^6 \text{m})^2 \times (3\text{K})^4 = 2.34 \times 10^9 \text{W}$$

五、经典理论的困难和普朗克的能量子假设

在实验测得黑体单色辐出度随波长分布曲线（即能量分布曲线）之后，摆在人们面前的一个饶有兴趣的问题是：**怎样从理论上解释实验中测得 $M_0(\lambda, T)$-λ 曲线呢？或者说如何从物理上导出这条曲线的数学表达式？**这是因为，它与一切具体材料及空腔细节均无关，应该是平衡态电磁辐射的一种普遍规律的表现。为此，在 19 世纪末，许多物理学家参与进来

并做出了巨大的努力，他们依据深厚的经典物理学造诣，采用经典热力学、统计物理学和电磁学的理论和方法，从不同角度多方苦苦寻求函数 $M_0(\lambda,T)$ 的具体表达式，但遗憾的是，始终没有取得成功。其中集经典物理概念之大成而最具代表性的工作是维恩于 1896 年根据经典热力学导出的公式，以及瑞利和金斯于 1900 年根据统计物理学和经典电磁理论得到的另一个公式。在大学物理层面并不要求导出这两组公式，本课程只介绍根据两组公式作出的 $M_0(\lambda,T)$-λ 曲线。图 18-7 就给出了同一温度（1 600K）下的实验曲线以及与维恩公式曲线和瑞利-金斯公式曲线同图比较，维恩公式曲线只在短波波段与实验曲线部分相近，而在长波波段发生明显的偏离；瑞利-金斯公式曲线的走势似乎在波长很长时与实验曲线相同，但在短波段则分道扬镳，完全不符合实验结果，特别是看样子在波长比实验曲线的 λ_m 更短时，辐射能量将趋于无穷大，这显然是不可思议的结果。这在物理学史上被埃伦菲斯特称为紫外灾难。这个"灾难"非同小可，因为它是整个经典物理学遇到的"灾难"，也是会致人非命的短波辐射灾难（如果存在的话）。虽说一种理论与实验不符，但从负面效果看，并不等于说它就毫无价值了，如上述依托经典理论的"紫外灾难"，被喻为 19 世纪末经典物理学大厦上空飞来的两朵乌云之一（另一朵呢？）。因为，若实验结果不能被现有理论说明，那就表明现有理论在新的实验事实面前过时了，理论必须在新的基础上重建，这是"紫外灾难"对物理学发展的贡献。

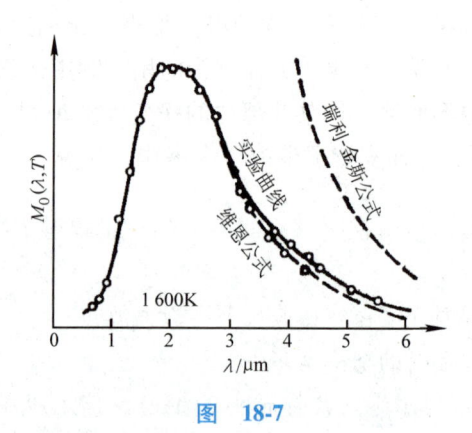

图 18-7

1900 年 10 月，对热力学有过长期潜心研究的德国物理学家普朗克，经反复思索和认真分析，综合了维恩公式和瑞利-金斯公式各自的成功之处，先采用内插法（拟合方法），将适用于短波的维恩公式和适用于长波的瑞利-金斯公式衔接起来，得到了一个与实验结果精确相符的半经验公式

$$M_0(\lambda,T)=\frac{2\pi hc^2}{\lambda^5}\frac{1}{e^{hc/(\lambda kT)}-1} \quad \text{或} \quad M_0(\nu,T)=\frac{2\pi h\nu^3}{c^2}\frac{1}{e^{h\nu/(kT)}-1} \tag{18-12}$$

式中，c 是光速；k 是玻尔兹曼常量；h 为一新的普适常数，称为普朗克常量，现在的公认值为

$$h=6.626\ 068\ 96(33)\times 10^{-34} \text{J}\cdot\text{s}$$

一般计算时，取 $h=6.63\times 10^{-34}$ J·s，这个数值尽管非常小，但在量子物理学中类似在相对论中的光速 c，可谓"价值连城"，式（18-12）中 $e^{h\nu/(kT)}\neq 1$。

虽然式（18-12）与实验结果符合得很好，但用内插法的"衔接"得到的结果有凑数之嫌，作为物理学家是不会善罢甘休而就此收手的。他们的思维习惯是式（18-12）在理论上究竟意味着是什么？说白了，能不能从一个基本假定推出这个公式？普朗克注意到在经典理论中，空腔器壁上发射电磁波的分子、原子可以看作带电"振子"，这本是经典物理学最基本的前提之一，且"振子"能量可以连续变化，也就是说，振子和电磁波之间的能量交换，只可以连续变化。维恩、瑞利-金斯由这种概念出发推导出的公式却与实验不符，也就是说式（18-12）不能从经典定律中推导出来，但它却又奇迹般地与实验数据吻合。普朗克坚信，解决黑体辐射问题的关键在于，要抛弃经典理论中关于"能量连续辐射"的传统观念。

于是，普朗克大胆假设：振子在发射或吸收频率为 ν 的电磁辐射时，只能以 $\varepsilon = h\nu$ 为能量单元不连续地进行，其中 h 就是一个普适常量（即普朗克常量）。换句话说，腔壁与电磁场交换能量时，只能以 $h\nu$ 的整数倍来进行（见图18-8），即

$$E = n\varepsilon = nh\nu \quad (n = 1, 2, \cdots) \tag{18-13}$$

后人称上述假设为普朗克能量子假设。最小的能量单位称为能量子。能量子这个词从拉丁文 quantum 而来，它的意思就是数量。随后在式（18-13）假设基础上普朗克"神奇"般地导出了式（18-12），其中能量子是个极其重要的角色。但能量子作为一个划时代的全新概念与传统观念是这样格格不入，连普朗克本人在一段时间内也想不透为什么会是这样（这也是初学者必须面对与接受的）。与此同时，当1900年12月普朗克在柏林科学院提出他的报告时，科学界并没有对量子化表示出很大的热情，但没过多久能量子概念最终还是横扫了整个物理学界。科学家也是人，他们需要时间来消化那些不合常规的新概念、新思想。因此，普朗克直到1918年才获得诺贝尔物理学奖。以上事实表明，人类认识世界的过程是一反复、无限的过程，在我们面对实验结果与理论冲突时，要有破旧立新的勇气与意识。

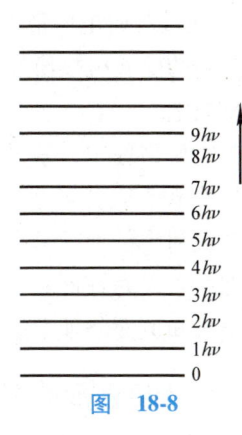

图 18-8

六、应用拓展——红外技术的军事应用

自然界中，任何物体都向外辐射红外线，物体的温度越高，其辐射红外线的强度也越大。根据各类目标和背景辐射温度特性的差异，即可利用红外技术（在白天和黑夜）对目标进行探测、跟踪和识别，以获取目标信息。例如：

1）利用红外技术装备发出的大量红外辐射对军事目标进行侦察、监视与跟踪。如侦察卫星依靠红外成像设备和多光谱仪可以不分白天黑夜地获取大量军事情报；装有红外探测器的导弹预警卫星可以监视他国弹道导弹发射，为本国及其军事指挥部门提供警报。

2）利用目标自身的红外辐射引导导弹和其他武器装备自动接近目标，提高命中率。空空、空地、地空和反坦克导弹等都采用红外制导技术。

3）利用红外辐射进行国防边界哨所与哨所间的保密通信。

4）利用军用夜视仪进行夜间战场的侦察与观测，对目标进行精确定位、跟踪与射击等。

5）利用探测隐身飞行器将红外成像设备安装在空间平台上，精确提供目标的角位置信息，探测距离达数百千米。

6）将红外探测器安装在舰艇和飞机等平台上，用以对来袭导弹和其他红外威胁进行告警，或自动发出对抗指令、起动红外干扰设备进行自卫。

7）利用红外对抗消除目标与背景间红外辐射的差别，使敌方红外探测设备失灵，达到保护目标的作用。

第二节 光 电 效 应

光是电磁波，当一定频率的光入射到某些固体、液体、气体上而释放出可经实验检测到电荷的现象，统称光电效应。历史上，在1886—1887年间，赫兹在想方设法证实电磁波存在的实验中一次偶然机会发现，当实验用的两个电极之一受到紫外线照射时，两电极之间的放电就比较容易，这是最早的光电效应。直到1897年汤姆孙发现电子后，赫兹的助手勒纳德于1900年通过对放电中带电粒子的（电）荷质（量）比的测定，证明了当年赫兹实验中被紫外线照射的金属电极所发射的是电子。这才解释了在实验中，为什么紫外线照射后两电极比较容易放电。

在经典物理中，紫外线（电磁辐射）中的交变电场对金属表面内的电子施加一个力，造成某些电子从表面逸出，这个现象本身似乎平淡无奇。但是，在1899—1902年的三年间，勒纳德在利用各种频率和强度的光对光电效应进行了系统的实验研究后，发现的实验规律却使物理学家大为惊讶。

要想知道使物理学家大为惊讶的现象与原因是什么，先来了解光电效应的实验规律吧。

一、光电效应的实验规律

1. 实验装置

在如图18-9所示的线路中，上部有一个已抽成高真空的玻璃管，管内装有喷涂上感光金属层的阴极K和金属丝网做成的阳极A，这种玻璃管称为光电管（记为GD）。图中，电位器R用来调节加在光电管两端的电压U的大小，换向开关S用来改变加在光电管两端的电压的极性，伏特计V和电流计G分别用来测量加在光电管上的电压与电路中的电流。在光电管的A、K两极加上实验电压后，如果光阴极K不受光照射，因A与K之间为高真空绝缘，所以管中没有电流通过。当用某种特定频率的单色光，通过光电管的石英窗口照射到阴极K上时，线路中立刻出现可经G检测的电流，这种电流称为光电流，这就是典型的光电效应。

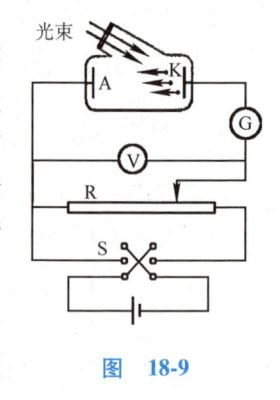

图 18-9

2. 实验规律

勒纳德在实验中发现，光电效应实验中，入射光光强和频率与电路中电流、电压之间有着令物理学家大为惊讶的关系：

(1) <u>光电效应是"瞬时发生的"</u> 经测定，只要入射光频率 $\nu \geqslant \nu_0$，无论入射光的光强大小如何（如光强减弱到 $10^{-10}\mathrm{W}\cdot\mathrm{m}^{-2}$），一旦有光照射到阴极，不超过 $10^{-9}\mathrm{s}$ 就有光电流产生，这段时间（也称弛豫时间）如此之短只有经仪器才能检测，所以说光电流是光照射的瞬时发生的。

(2) <u>饱和光电流与入射光强成正比</u> 实验时，先取频率和光强一定的单色光照射 K，并陆续改变 A、K 两极间的电压 U，与此同时记录相应的光电流值 I。实验结束后以 I 为纵坐标，以 U 为横坐标，将实验数据描点于 I-U 图上，如图 18-10 所示曲线 1，命名为光电流特性曲线。从图 18-10 看，曲线有如下几个特点：

1）与一段电路欧姆定律不同，电压 U 和光电流 I 的关系是非线性的。

2）当电压 U 取到一定值后继续增大，光电流 I 达到值 I_H 后不再增加，称 I_H 为饱和光电流。

3）当以同一波长的单色光照射时，改变（增大）入射光的光强，饱和光电流值 I_H 随之发生变化（出现第 2 条曲线）。

(3) <u>光电流的遏止电压与入射光强无关，但随入射光频率的增加而增加</u> 从图 18-10 坐标原点看，虽然在 A、K 两极间没有加电压（$U=0$），光电流 I 却不等于零。因此，在光电效应中要控制线路中光电流为零，只好在光电管两极间加一反向电压 $-U_0$（实验时操作换向开关 S），称 U_0 为遏止电压（也称截止电压）。

实验时，控制入射光强使饱和光电流大小不变，同时改变入射光的频率 ν（如取 ν_1、ν_2、ν_3），得到如图 18-11 所示的光电流曲线 1、2 和 3，三条曲线分别对应 3 个不同的遏止电压 U_{01}、U_{02}、U_{03}，而且当 $\nu_3>\nu_2>\nu_1$ 时，有 $U_{03}>U_{02}>U_{01}$（绝对值）。实验发现的遏止电压 U_0 与入射光频 ν 之间的这种关系，换一种描述方法更有意思。方法是：以入射光频 ν 为横坐标，以遏止电压（绝对值）U_0 为纵坐标，将实验数据描点画 U_0-ν 曲线，如图 18-12a 所示，U_0 与 ν 之间的关系竟是一条直线（线性函数）。这种几何特征用代数式表示为

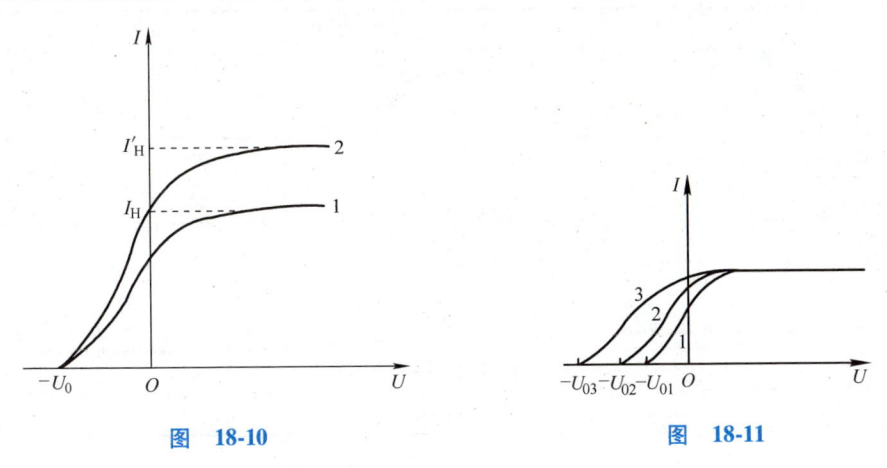

图 18-10　　　　　　　　图 18-11

练习 13
$$U_0 = k\nu - U_i \tag{18-14}$$

式中，k 为直线斜率；$-U_i$ 是直线在纵轴上的截距。注意图中直线与横轴的交点 ν_0，它显然是在用 ν 与 U_0 的实验数据作图时出现的。如果用式（18-14）分析，显然当 $U_0=0$ 时（横

轴），得 $\nu_0 = \dfrac{U_i}{k}$。将它代回式（18-14）消去 U_i，得

$$U_0 = k(\nu - \nu_0) \tag{18-15}$$

实验发现，如图 18-12b 所示的 3 条直线表明，对于各种不同金属，式（18-15）中 k 是一个普适的恒量。只是 ν_0（和 U_i）却因金属材料的不同而不同。这个 ν_0 意味着什么呢？

（4）能否发生光电效应取决于频率 ν_0　就从图 18-12 中由右向左看，随着入射光频率 ν 的减小，U_0 也逐渐减小。当入射光频率不大于频率 ν_0，即

$$\nu \leq \nu_0 \tag{18-16}$$

时，$U_0 = 0$，表示线路中没有电流。对于不同的金属材料（光阴极），图 18-12b 表示这个频率 ν_0 不同。ν_0 称为光电效应的红限频率（对应的波长称为红限波长）。表 18-3 只列出几种金属的红限。一般来说，碱金属及其合金的红限波长较长，所以常用碱金属作为光阴极材料（未包含现代用作光阴极材料的硫化锌、硒化银的数据）。

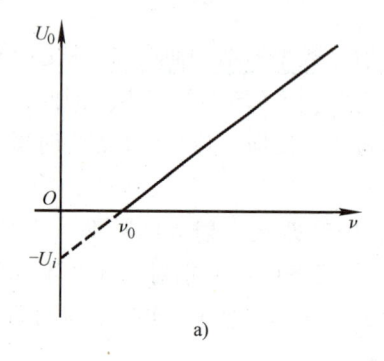

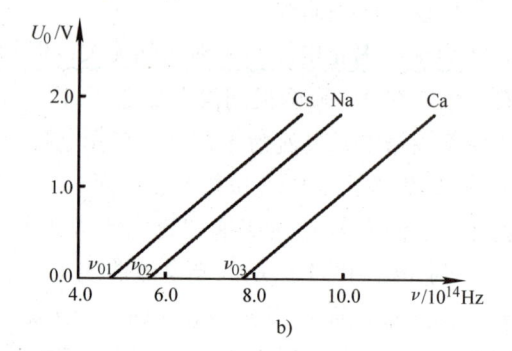

图 18-12

表 18-3　几种金属的逸出功和红限

金属	逸出功/eV	红限 $\nu/10^{14}$ Hz	红限 $\lambda/\text{Å}$	波段
铯（Cs）	1.94	4.69	6 390	红
铷（Rb）	2.13	5.15	5 820	黄
钾（K）	2.25	5.44	5 510	绿
钠（Na）	2.29	5.53	5 410	绿
钙（Ca）	3.20	7.73	3 870	近紫外
铍（Be）	3.90	9.40	3 190	近紫外
汞（Hg）	4.53	10.95	2 730	远紫外
金（Au）	4.80	11.60	2 580	远紫外

二、光电效应与光的波动学的剧烈冲突

以上介绍的实验规律为什么会使当时的物理学家大为惊讶，以致强烈吸引了爱因斯坦的

眼球呢？这是因为，人们已有共识，光是电磁波。按电磁波观点，当光照射光阴极时，光阴极中的电子就会受到电磁波中交变电场的作用，发生强迫振动而获得能量，能量积聚到一定大小，就有可能摆脱材料对它的束缚而逸出光阴极（称逸出的电子为光电子）。但是，这种一面之词却遇到了难以克服的困难，困难在哪呢？

1. 光电效应的"瞬时性"与光的波动学矛盾

首先，在前面介绍的实验规律中，从光照射到电子逸出的时间间隔不足 10^{-9}s。按光是电磁波的观点看，虽然光阴极内的电子连续不断地从入射光波中获取能量，但能量要聚积到能使电子从金属表面逸出却需要一定的时间（弛豫时间）。在光的波动理论中这段弛豫时间由下式表示（不做证明）：

$$\tau = \frac{And}{p} \tag{18-17}$$

式中，p 为光波在单位时间内入射阴极单位面积上的平均能量；A 为电子从阴极逸出所需能量；d 为光能进入光阴极材料的深度；n 为光阴极内自由电子数密度。

做一近似估算。设 $p=10^{-3}$J·m^{-2}·s^{-1}，A 为几个电子伏特量级（见表 18-3），n 约为 3×10^{28}m^{-3}，则当 d 取入射光的波长量级时，$\tau \approx 10^6$s；当 d 取一层原子厚度量级（约 5×10^{-10}m）时，仍得 $\tau \approx 10^3$s。这一估算结果足以使波动论在光电效应的瞬时性事实前"无颜以对"。

2. 光电子最大初始动能与光的波动学矛盾

在图 18-10 所示光电流特性曲线 1 与 2 中，U_0 与光强无关，意味着逸出光阴极的光电子的最大初动能也与光强无关。这对于光的波动学也是无法接受的。因为光波中交变电场使电子做受迫振动，光强越高，电子获得的能量越大，在挣脱束缚后的剩余动能（即光电子的初动能）也就越大。因此，光电子的最大初动能及 U_0 随入射光强的增加而增加是天经地义的事，但不幸的是，实验却给出 U_0 也即光电子最大初动能与光强无关。

不仅如此，图 18-11 中的 3 个 U_0 表明，光电子的最大初动能不仅与入射光波频率有关，而且图 18-12a 指出，U_0 也就是光电子最大初动能随入射光频率的增加而线性增加。从波动论看，由于电子受到电磁波中交变电场作用而做受迫振动，只有当入射光频率与金属中电子的固有频率接近时才发生共振。这时，由光波传输给电子的能量最大（能量共振转移），电子逸出后的初始动能也应该最大。但对于其他非共振频率，电子受迫振动振幅较小，从入射光波中获得的能量也较小，因而，光电子的初始动能也较小，这种解释似乎可将光电子的最大初动能与光频联系起来，但明眼人一看，这种关系没有一点如图 18-12 所示的线性关系的影子。所以，光的波动论对图 18-12a 所描述的实验规律的解释无所作为。

3. 光电效应存在截止（红限）频率与光的波动说矛盾

在图 18-12b 的实验规律中，不论何种金属，只有当入射光频 ν 不小于图中红限频率 ν_0 时，才会产生光电效应（以实验中 U_0 为代表）。按光的波动论分析，即使入射光频 ν 较低（$\nu<\nu_0$），总可以用增加光强与延长照射时间的方法，使金属中的自由电子在连续不断地吸收中积累足够的能量而逸出金属表面，产生光电效应。因此，光的波动论在解释红限的存在时也是一筹莫展，因为实践是检验真理的唯一标准嘛。

三、爱因斯坦光量子论及其对光电效应的解释

20世纪的最初几年（1900—1904）引发物理学家惊讶的实验接踵而至，但当时人们对普朗克提出的能量子假设一开始并未予以足够重视，表现在发表的相关论文屈指可数。但是，在用光的波动论解释光电效应实验规律时却遇到了特别大的困难。普朗克在导出黑体辐射公式（18-12）时，曾假设能量是量子化的，提出能量在被带电谐振子发射或吸收时是不连续的，并未涉及在空中传播的电磁波的能量是连续还是分立，而爱因斯坦在普朗克能量量子化的启示下敏锐地意识到光电效应可能是光（电磁波）具有粒子性的一种表现。在忙忙碌碌地连续发表了狭义相对论和关于布朗运动的论文的1905年，他又提出了光量子假说。

1. 爱因斯坦光量子假说

爱因斯坦在1905年春发表的《关于光的产生与转换的一个启发性观点》一文中这样写道："在我看来，如果假定光的能量不连续地分布于空间的话，那么，我们就可以更好地理解黑体辐射、光致发光、紫外线产生阴极射线以及其他涉及光的发射与转换现象的各种观测结果。根据这种假设，从一点发出的光线在传播时，在不断扩大的空间范围内能量是不连续的，而是由数目有限地局限于空间中的能量量子所组成，它们在运动中并不瓦解，并且只能整个地被吸收或发射。"简单地说，光不仅以能量量子 $h\nu$ 的形式不连续地发射或吸收，而且以 $h\nu$ 的形式在空间以速度 c 传播时能量也是不连续的。

爱因斯坦把这些能量子称为光量子，1926年，美国化学家刘易斯将光量子称为光子（从那以后，光子概念沿用至今）。在读懂爱因斯坦的光量子假说时，注意以下几点是必不可少的：

1）延伸普朗克能量子假设。一个带电振子的能量变化从一个允许的能量状态瞬时地跃迁到另一个允许的能量状态时，是无中间停顿地一步到位的。振子能量状态跃迁的同时，按能量守恒定律，发射（或吸收）的能量必然也是以一个一个 $h\nu$ 的形式在空间出现和传播。

2）光不仅在发射或吸收时表现出粒子性（普朗克语），在空间传播过程中也具有粒子性（爱因斯坦语）。具有粒子性的光子不同于电子、质子和中子等实物粒子，而其本质则是电磁辐射的载体，是辐射场的能量单元［还具有由式（16-60）及式（16-61）表示的动量和质量］，在真空中它们永远以光速 c 运动，静止质量为零，每个光子的能量为

$$E = h\nu \tag{18-18}$$

式中，ν 是光的频率；h 是普朗克常量。频率的高低决定一个光子能量的大小，而光子数量决定光的强弱。

3）光在空间传播时的粒子性不易想象，只有当一群以光速 c 运动的光子流照射到光电管的阴极上"打"出电子时，才由爱因斯坦揭开光子流"神秘的面纱"。由于普朗克与爱因斯坦的工作，1905年人类终于第一次真正认识了光（电磁波）具有"波粒二象性"，爱因斯坦因此获得1921年的诺贝尔物理学奖（他的相对论却未获诺贝尔奖）。

2. 光量子假说对光电效应的解释

（1）爱因斯坦光电效应方程（公式） 设图18-9中被光阴极（K）金属束缚的电子从表面逸出时克服阻力所需做的功为 A，照射到金属表面频率为 ν、能量为 $h\nu$ 的单色光光子（可

见光不超过 3.2eV）被电子吸收（光子消失在电子的能量-质量中）。用 能量守恒定律 分析这一过程，有

练习 14

$$\frac{1}{2}mv^2 = h\nu - A \qquad (18\text{-}19)$$

式（18-19）指出，金属表面束缚较弱的一个电子，因为从入射光中吸收了一个光子 $h\nu$ 后能量大增，就能以一部分能量来克服金属表面（原子）阻碍它逸出而做功（A）。若有剩余能量则转变为逸出金属后光电子的初动能（非相对论性）。式（18-19）被称为 爱因斯坦光电效应方程（公式）。由于金属表层内的电子一般不会处于相同的能量状态（详见第二十章第四节），所以本身能量状态不同的电子从金属逸出时所需消耗能量的多少（A）也各不相同。通常，把 A 的最小值 A_0 称为逸出功（见表 18-3）。当 $h\nu$ 一定时，对于 $A=A_0$ 的光电子来说，逸出后的初动能最大，而其余 $A>A_0$ 逸出的光电子的初动能则均小于它。所以，将式（18-19）用于逸出功最小的电子，有

$$\frac{1}{2}mv_m^2 = h\nu - A_0 \qquad (18\text{-}20)$$

此式源于式（18-19），但它的作用在于由式中的最大初动能可以决定式（18-15）中的遏止电压，即 $eU_0 = \frac{1}{2}mv_m^2$（为什么？）。将这一关系代入式（18-20）中后，再与式（18-15）对比，会看到

$$k = \frac{h}{e} \qquad (18\text{-}21)$$

$$A_0 = h\nu_0 \qquad (18\text{-}22)$$

由式（18-21）证明了图 18-12 中直线的斜率 k 确实是与物质性质无关的普适恒量，而式（18-22）指出光电效应的红限频率 ν_0 由光阴极材料的逸出功 A_0 唯一决定。

（2）对光电效应实验规律的解释

1）当频率超过红限的光照射到光阴极上时，光阴极中束缚较弱的电子，要么完全吸收不到光子的能量（一定的概率），要么整个地吸收一个光子（光子不可分）而逸出。这种吸收是一次性瞬时完成的，不需要累积能量的时间，宏观上表现为光电效应的"瞬时性"（10^{-9}s）。

2）单个光子的能量 $h\nu$ 只与频率有关，而光强高低是由光子数多少决定的。光强越强，单位时间内打到光阴极 K 单位面积上的光子数目越多，单位时间内吸收光子而逸出金属表面的电子也就越多。随着光强（光子数）的增加，单位时间内吸收光子而逸出金属的电子数也增多，光电流增大，这就解释了饱和光电流与光强成正比的实验结果。

3）式（18-20）描述一个电子只吸收一个光子。其最大初动能只取决于 $h\nu$ 和 A_0，与入射光子数（光强）无关。因而，光电子的最大初动能 $\frac{1}{2}mv_m^2$ 与入射光的频率 ν 呈线性关系。

由式（18-15）联立式（18-20）给出

$$U_0 = \frac{h}{e}\nu - \frac{A_0}{e} \qquad (18\text{-}23)$$

式中，A_0与e是常数。这一结果也显示，遏止电压U_0与入射光频率ν之间必呈线性关系。

假说是否正确，需经实验检验。历史上，自爱因斯坦提出光子理论以后的大约10年中，特别是密立根在1910—1916年间，对一些金属做了很多次光电效应的实验，经过精密测量，得出了光电子的最大初动能和入射光频率之间的严格线性关系（见图18-12），特别是由直线斜率测定了普朗克常量h。他的工作与用其他方法测出的h值相符，完全证实了爱因斯坦方程的正确性。今天，测定h的实验已进入了高等学校的大学物理实验教学中。由于密立根在测定电子电荷和普朗克常量方面的贡献，他于1923年获得诺贝尔物理学奖。

4）式（18-20）还表明，当入射光子的频率为ν_0时，电子的初动能等于零，电子刚好能逸出金属表面。ν_0即是产生光电效应的阈频率（红限频率），式（18-22）给出红限频率与金属逸出功的关系。当入射光频小于红限频率ν_0时，不论光子数有多少，光子的能量都不足以使电子逸出，所以，线路中不出现光电流。

至此，用经典理论不能解释的光电效应实验规律，在爱因斯坦的光量子假设面前都一一得到化解。

一种物理效应的发现必将导致工程技术上的应用与发展，具有极高灵敏度、响应速度极快的光电倍增管即是应用实例之一。它由光电发射阴极（光阴极）、电子倍增极、电子收集极（阳极）等组成。使用时不但要在阴极、阳极之间加上电压，各倍增电极也要加上电压，使阴极电势最低，各个倍增电极的电势依次升高，阳极电势最高。这样，相邻两个电极之间都有加速电场。当阴极受到光的照射时，就发射光电子，并在加速电场的作用下，以较大的动能撞击到第一个倍增电极上，光电子能从这个倍增电极上激发出较多的电子，这些电子在加速电场作用下，又撞击到第二个倍增电极上，从而激发出更多的电子，如此继续下去，最后阳极收集到的电子数可达光阴极最初发射电子数的$10^5 \sim 10^8$倍。因此，这种管子只要受到很微弱的光照，就能产生很大电流，可广泛应用于光子计数、极微弱光探测、化学发光、生物发光研究、极低能量射线探测、分光光度计、旋光仪、色度计、照度计、尘埃计、浊度计、光密度计、辐射量热计、扫描电镜、生化分析仪等仪器设备中。

【例 18-2】 铝表面电子的逸出功为6.72×10^{-19}J，现以波长为$\lambda = 2.0 \times 10^{-7}$m的光照射到铝表面。试求：

(1) 由此产生的光电子的最大初动能。

(2) 遏止电压。

(3) 铝的红限波长。

【分析与解答】 (1) 写出爱因斯坦光电效应方程

$$h\nu = \frac{1}{2}mv_m^2 + A_0$$

按题意，将上式中的频率换算成波长，$\nu = c/\lambda$，得

$$\frac{1}{2}mv_m^2 = h\frac{c}{\lambda} - A_0$$

代入已知数据，计算光电子的最大初动能为

$$\frac{1}{2}mv_m^2 = 3.23\times10^{-19}\text{J}$$

(2) 遏止电压与最大初动能的关系为

$$\frac{1}{2}mv_m^2 = eU_0$$

由此解得遏止电压

$$U_0 = \frac{1}{e}\left(\frac{1}{2}mv_m^2\right) = 2.0\text{V}$$

式中，e 为电子电荷量。

(3) 根据红限频率与逸出功的关系

$$A_0 = h\nu_0$$

式中，$\nu_0 = A/h$ 为红限频率，则红限波长为

$$\lambda_0 = \frac{c}{\nu_0} = \frac{hc}{A_0}$$

代入已知数据，计算出铝的红限波长

$$\lambda_0 = \frac{hc}{A_0} = 2.96\times10^{-7}\text{m}$$

*四、多光子光电效应

按以上介绍，爱因斯坦的光子假说和爱因斯坦方程成功地解释了光电效应实验。但是，在这种效应中，电子仅吸收一个光子，所以严格地说，应称为单光子效应。随着强度大、单色性好的激光的问世，新的情况又出现了。

例如，1968 年泰赫等用 GaAs 激光器发射的 $h\nu = 1.48\text{eV}$ 的光子照射逸出功 $A_0 = 2.3\text{eV}$ 的金属钠时，发现虽然光频处于钠的红限以下，却不仅产生了光电效应，而且光电流与光强的平方成正比。对此，人们设想光子间进行了"合作"，使两个光子同时被电子吸收以克服逸出功的约束，逸出金属表面，称为双光子光电现象。后来，进一步的实验发现，还可以出现 3 个、多个、甚至 40 个光子（等效光子）同时被电子吸收而发射光电子的现象，称为多光子光电效应。在电子吸收 n 个光子的情况下，爱因斯坦方程应修改为

$$nh\nu = \frac{1}{2}mv_m^2 + A_0 \tag{18-24}$$

多光子光电效应的研究涉及光的本质、光子与光子的相互合作及光与物质的相互作用等理论问题，它对红外探测、光化反应探测及受控热核反应等领域都有重要价值。

*五、内光电效应

前面介绍的光电效应，是受光物质向真空发射电子的现象，称为外光电效应。也有些物质，被光照射后，使原子释放电子，但电子仍留在物质内，无电子发射出来，却使该物质电

导率发生变化或产生电动势。这类现象称为内光电效应。内光电效应又可分为光电导效应和光生伏特效应两种。

1）对于低电导率的半导体，如硫化镉（CdS）、碲化铅（PbTe）等，可利用光电导效应制成光敏电阻、红外光电导探测器等，已用于光电导摄像管、高速光开关、静电复印机等。

2）半导体受光照射产生电动势的现象又称为光生伏特效应。其中，1919 年已被观测到，至 1931 年由丹倍加以解释的丹倍效应，已用于制作二维定位器件；1934 年由契柯依等发现的光磁电效应已用于制作半导体红外探测器；1839 年由贝克勒发现的光生伏特效应，于 1876 年由阿德门斯等制成了硒光电池。目前由 PN 结制作的硅光电池板已在卫星、航天器上使用。通过硅光电池板利用太阳能驱动汽车，为进一步解决能源及环境污染问题提供了一种现实可行的方案。

第三节 康普顿效应

在光电效应中，光子与电子的作用形式表现为光子被电子吸收，电子获得光子能量后逸出金属表面。而本节将要介绍的康普顿效应是另一类型的光与电子的相互作用形式。

一、实验规律

1. 实验装置原理图

图 18-13 为观察康普顿效应的实验装置原理图。图中分为三大部分：X 射线源、散射物质和探测系统。实验时，由 X 射线源发出一束波长为 λ_0（如 0.071nm）的准单色 X 射线（波长极短的电磁波），经光阑（准直系统）S_1、S_2 形成一束发散角很小的射线束，投射到研究用散射物质（如石墨、金属等）上之后，会在右侧各个方向上观测到一束束不同波长的 X 射线，这种现象称为 X 射线散射。散射 X 光的波长和光强，利用由晶体衍射装置和探测器组成的探测系统（X 射线谱仪）进行测量。实验时散射角 θ 是按测量需要选取的。

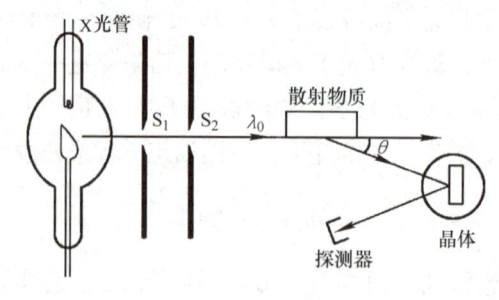

图 18-13

2. 实验结果

1）图 18-14 中曲线给出了选择不同散射角 θ 测得的散射 X 光的相对光强（纵坐标）随波长（横坐标）变化的实验结果。

图 18-14 中，当 $\theta=0°$ 时，散射光与入射光波长 λ_0 相同且相对光强最大。在 $\theta\neq 0°$ 的其他情况下（以 3 种 θ 角为例），除在横坐标为 λ_0 处出现散射峰外，还有在横坐标 λ 大于 λ_0 的散射峰出现，且强度比 λ_0 的光强还要大（如 $\theta=90°$）。图中 $\theta\neq 0°$ 时出现波长 λ_0 的散射峰称为正常散射（或称汤姆孙散射），而出现不同波长（$\lambda>\lambda_0$）的散射峰则称为康普顿散射。

2）图 18-14 中对应某 θ 角的两散射峰所对应的波长改变量 $\Delta\lambda=\lambda-\lambda_0$ 称为康普顿偏移。实验发现 $\Delta\lambda$ 随散射角 θ 的增加而增加，它们的关系为

$$\Delta\lambda = \frac{h}{m_0 c}(1-\cos\theta) \tag{18-25}$$

同时还可以看到，散射光中波长为 λ_0 的散射峰随 θ 的增加而降低，而波长为 λ 的散射峰则随 θ 的增加而增高。

3）图 18-15 是用三种不同散射物质 Be、K、Cu 做的散射实验，当散射角 θ 相同时，康普顿偏移 $\Delta\lambda$ 确与散射物质无关。

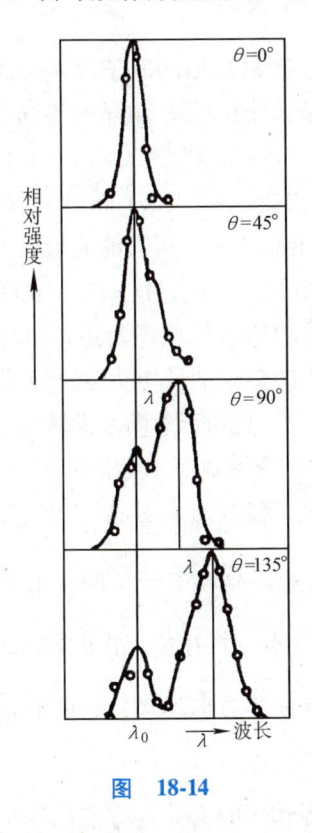

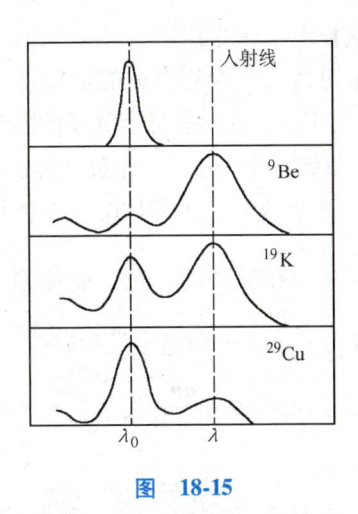

图 18-14

图 18-15

4）与上述结果不同的是，散射峰高度却与散射物质有关。以图 18-15 为例，波长为 λ_0 的散射峰高度随散射物质原子序数的增加而升高；波长为 λ 的散射峰高度则随物质原子序数的增加而下降。

二、X 射线实验结果的解释

如果要用一句话说清楚什么是康普顿效应的话，那就是：散射 X 射线波长与它的散射方

向有关的现象 $\left[\Delta\lambda = \dfrac{h}{m_0 c}(1-\cos\theta)\right]$。因这一效应的发现，康普顿获 1927 年诺贝尔物理学奖。

1. 光的波动学说遇到的困难

从光是电磁波的观点来看，X 射线和可见光一样也是电磁波，只不过 X 射线波长比可见光短很多。当它入射到晶体上时，X 射线中的交变电场作用于散射体原子外层约束较弱的电子上，电子按交变电场频率做受迫振动。这些做受迫振动的电子，类似于无线电天线上的振荡电荷，它们将会以受迫振动频率 ν 向各个方向辐射电磁波，形成散射 X 射线。因此，经典理论认为散射 X 光中出现正常散射（汤姆孙散射）是没有疑问的，但是如何解释出现波长为 λ 的散射光却无能为力了，更不用说还有实验结果式（18-25）呢。

2. 康普顿用光子学说的解释

1）在爱因斯坦的光子假说中，X 射线也是光子流，每个光子不仅具有能量 $h\nu$，而且按式（16-60）还具有动量 $h\dfrac{\nu}{c}$。以这种图像如何解释散射结果呢？

设想在散射过程开始，当波长为 λ_0 的 X 光子与构成散射晶体的原子发生碰撞时，碰撞中光子与原子间进行动量和能量的交换。由于构成不同晶体的原子的电结构不同，光子与它们的碰撞也就产生了不同的结果。

2）光子与原子外层电子碰撞：由于入射 X 光子波长短（如 0.071 nm）、频率高，且能量约为 10^4 eV 量级。而使组成晶体的原子的外层电子逸出晶体表面所需的能量仅为几个电子伏（相当于逸出功），与 X 光子的能量相比小了几个数量级。因此，这一差别意味着当 X 射线光子与这种电子相互作用（碰撞）时，这些电子所受的约束就微不足道，可以按不受约束的电子束对待（一个很合适的近似）。又由于这些电子的热运动平均动能为 kT 的量级（约百分之一电子伏），也无法与 X 光子的能量相提并论。所以，也可以忽略它而认为它们是静止的。下面，就按一个光子与一个静止自由电子做完全弹性碰撞模型来计算康普顿偏移 $\Delta\lambda$。

先采用图 18-16a。设图中有一频率为 ν_0 的 X 光子沿 x 轴方向入射晶体。与静止的自由电子发生完全弹性碰撞前，光子能量为 $h\nu_0$，动量为 $\dfrac{h\nu_0}{c}\boldsymbol{e}_x$，晶体中一个静止电子的静能为 $m_0 c^2$，动量为零。光子与电子发生碰撞后，分别按图 18-16b，散射光子沿 θ 角方向运动，其能量和动量分别以 $h\nu$ 和 $\dfrac{h\nu}{c}\boldsymbol{e}_\theta$ 表示。电子（反冲电子）沿 φ 角方向运动，它的能量和动量分别为 mc^2 和 mv。

其次，图 18-16 中光子与电子碰撞的全过程，无外界作用时必定遵守能量守恒和动量守恒定律。这里提到的全过程，暗含光子总是"以完整的单元产生或被吸收"参与所谓"先吸后放"或"先放后吸"的过程，而不是以机械运动图像的形式就能解释的（本书对此细节不再展开）。

接下来写出碰撞前后能量守恒定律的表达式

练习 15 $$h\nu_0 + m_0 c^2 = h\nu + mc^2 \tag{18-26}$$

写出碰撞前后动量守恒定律的表达式

$$\frac{h\nu_0}{c}e_0 = \frac{h\nu}{c}e_\theta + mve_\varphi \tag{18-27}$$

从以上两式看，只有 ν_0、m_0 已知，而散射光子质量 m 及频率 ν 与碰后电子速度 v 未知。三个未知数需要三个方程（条件）联立求解。其中求解技巧之一是先对图 18-17 中的动量三角形应用余弦定律，即

$$(mv)^2 = \left(\frac{h\nu_0}{c}\right)^2 + \left(\frac{h\nu}{c}\right)^2 - 2\left(\frac{h\nu_0}{c}\frac{h\nu}{c}\cos\theta\right) \tag{18-28}$$

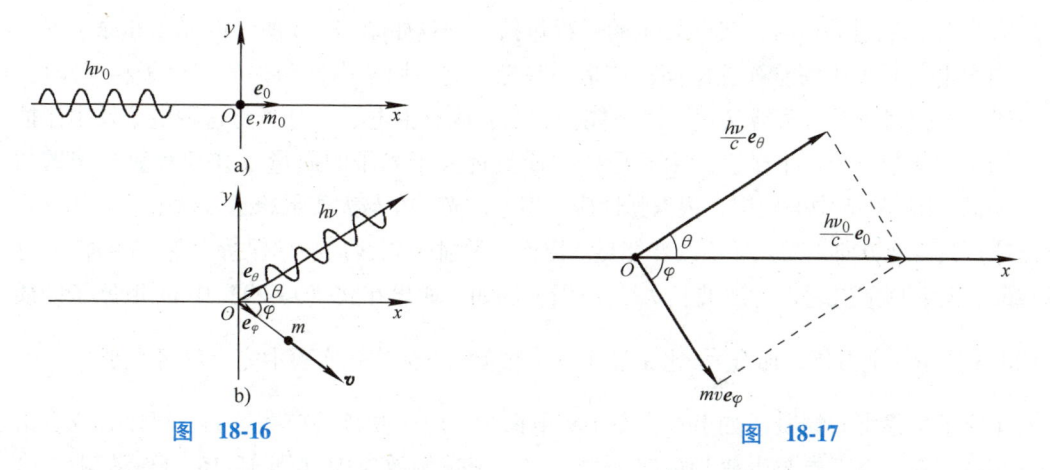

图 18-16

图 18-17

求解技巧之二，因式（18-28）中出现二次项，故将与之联立求解的式（18-26）等号两边也取二次方，之后将所得结果与式（18-28）相减，将所得结果按各量幂次整理，得

$$m^2c^4\left(1 - \frac{v^2}{c^2}\right) = m_0^2c^4 - 2h^2\nu_0\nu(1-\cos\theta) + 2m_0c^2h(\nu_0 - \nu)$$

求解此式还得用一个条件，那就是质速关系 $m = m_0\left(1 - \frac{v^2}{c^2}\right)^{-1/2}$，将它取平方后代入上式，经化简，得

$$\frac{c}{\nu} - \frac{c}{\nu_0} = \frac{h}{m_0 c}(1-\cos\theta)$$

最后，按波长 λ 和频率 ν 之间的关系 $\lambda = \frac{c}{\nu}$，得到如下公式：

$$\Delta\lambda = \lambda - \lambda_0 = \frac{h}{m_0 c}(1-\cos\theta) = \frac{2h}{m_0 c}\sin^2\frac{\theta}{2} \tag{18-29}$$

式（18-29）就是康普顿效应中波长偏移的理论计算结果，它与实验结果式（18-25）如此完美吻合实属不易。由于式中的 h、m_0、c 均为常量，故将波长项 $\lambda_c = \frac{h}{m_0 c}$ 称为电子的康普顿波长，它只出现在康普顿效应中，用之可简化式（18-29）的计算，如将 h、m_0、c 各值代入，得 $\lambda_c = 0.00243\text{nm}$。再来看图 18-14 与图 18-15 及式（18-29），可做出以下分析：

① 康普顿效应中散射 X 射线的波长改变量 $\Delta\lambda$ 的理论计算与实验测量结果完美吻合，说明光子与电子碰撞及双守恒模型与理论都是正确的。

② 由于康普顿波长的量级小到 10^{-12}m，因此，只有在入射光的波长与电子的康普顿波长 $\dfrac{h}{m_0 c}$ 可以相比拟时，才有可能观察到这一效应。例如，若在 $\theta = \pi$ 的方向观测，用 $\lambda_0 = 10$cm 的微波入射时，$\Delta\lambda/\lambda = 2.43 \times 10^{-11}$，这么小的变化只能认定没有变化，而以 $\lambda_0 = 10^{-10}$m 的 X 射线入射时，$\Delta\lambda/\lambda = 2.43 \times 10^{-2}$，这是可以用仪器检测的实验效应。换句话说，只有波长短、能量高的 X 射线与物质作用时，才显示出粒子性（X 光子）。

3）在散射波中还出现了与入射波波长（λ_0）相同的成分（汤姆孙散射），这能否解释呢？原来当 X 光照射晶体时，实际发生的过程包括：一是如图 18-16 所示的光子和原子外层电子（自由电子）发生完全弹性碰撞；二是一些光子进入原子内部与内壳层电子相互作用。内层电子由于数目较多、束缚又紧，就不能把它们看成自由电子。光子与这种电子发生碰撞时，相当于和整个原子发生碰撞。由于原子的质量远大于光子的质量（<u>如何计算光子的质量</u>?），不同于图 18-16 中的模型，根据弹性碰撞理论，光子在与大质量原子碰撞中（好比乒乓球碰篮球）只改变方向，而几乎不改变能量。因而，散射 X 射线的频率保持不变（$\nu = \nu_0$），这就是在散射光中总是出现入射波波长 λ_0 的原因。例如，如果在式（18-29）中 m_0 取原子的质量，比电子质量大上万倍，那么 $\dfrac{h}{m_0 c}$ 比 λ 还小三个数量级，而这在实验中完全观察不到。

对于原子量很小的物质（如 Be），原子核电荷少，电子受核的束缚较弱，可以看成自由电子数相对较多。因而参与康普顿散射的电子多，康普顿效应中（图 18-15 中）散射（λ）峰比正常散射（λ_0）峰高；反之，对于较重的元素，如 Cr、Fe、Ni、Cu 等，则因原子核电荷多，受原子核强烈束缚的电子较多，或者说内层电子的数目随原子序数的增加而增加，正常散射（λ_0）较康普顿散射（λ）强，这就是图 18-15 中波长为 λ_0 的散射峰随原子序数的增加而增高，而波长为 λ 的散射峰随之而降低的原因。

4）图 18-14 中，散射光强按波长的分布曲线，实际上是包括两个峰值（λ_0 和 λ）的连续曲线。上述讨论只解释了两个峰值出现的原因，<u>为什么强度-波长曲线是连续曲线呢？</u> 原因是在上述讨论中，假定了电子在碰撞前都是静止的，实际上，电子处于各种可能的运动状态，碰撞前的动量并不一定就等于零。这就导致了散射光中包括各种可能的波长。

三、康普顿散射的历史回顾

大量的历史事实说明，现代物理学的产生和发展经历了不平坦的历程，康普顿效应的正确理论解释也不例外。

从式（18-29）看，入射射线的波长越短，则波长变化的相对值越大，实验效应越显著。比 X 射线波长更短的辐射是 γ 射线。历史上，早在 1904 年，英国物理学家伊夫在研究 γ 射线的吸收和散射性质时，首先发现了康普顿效应的迹象。1919 年以后，康普顿相继研究了 γ 射线和 X 射线的散射。在 1922—1923 年间，研究了 X 射线经金属、石墨等物质散射后的光谱成分，与此同时，德拜、杜安等人也在做 X 射线散射实验。杜安是当时美国物理学界一个委员会的主席，他对康普顿的工作持反对态度，认为其实验结果不可靠。我国赴美留学的吴有训（回国后曾担任中国科学院副院长），从 1921 年起协助导师康普顿进行 X 射线散射光谱的研究，他对康普顿效应最突出的贡献是测定了 X 射线散射中变线（λ）、不变线（λ_0）的强度比随散射物原子序数变化的曲线。他从实验中得到的关于 15 种不同元素的 X 射线散射图谱，是证实康普顿量子散射理论的主要数据。吴有训作为中国近代物理学研究的开拓者和奠基人之一，除了对近代物理学做出了重要贡献外，也为我国培养了大批优秀科学人才，钱三强、钱伟长、杨振宁、邓稼先、李政道等学者都曾是他的学生。

康普顿实验和理论解释的成功，后来也得到了爱因斯坦的肯定和赞扬。康普顿效应不仅进一步增强了人们对光量子学说的信心，也证实了在微观过程中，能量守恒定律和动量守恒定律是成立的。

【例 18-3】 波长为 1.0×10^{-10} m 的 X 射线光子被自由电子散射。在与入射 X 射线成 60°角的方向上，散射光子的波长是多少？散射后电子的动能是多少？

【分析与解答】 写出康普顿散射公式为

$$\Delta\lambda = \lambda - \lambda_0 = 2\frac{h}{m_0 c}\sin^2\frac{\theta}{2} = 2\lambda_c \sin^2\frac{\theta}{2}$$

将上式中 λ_0 移项得散射光子波长

$$\lambda = \lambda_0 + 2\lambda_c \sin^2\frac{\theta}{2} = 1.012 \times 10^{-10} \text{m}$$

根据能量守恒定律，光子与电子散射中反冲电子获得的能量等于入射光子与散射光子能量之差，即

$$\Delta E_k = \frac{hc}{\lambda_0} - \frac{hc}{\lambda} = \frac{hc\Delta\lambda}{\lambda_0 \lambda}$$

式中各量均为已知量，代入数据得

$$\Delta E_k = \frac{hc\Delta\lambda}{\lambda_0 \lambda} = 0.24 \times 10^{-16} \text{J}$$

第四节　光的波粒二象性

至此，人们对光的本性是什么的认识，已经有了两种完全不同的理论及实验支撑：一个是波动论，另一个是粒子论。它们之中任何一个既然都已被实验证实，则都是可信的。其中人们通过光的干涉和衍射现象认识了光的波动性，而通过本章的黑体辐射、光电效应和康普顿效应实验，特别是按式（16-59）~式（16-61）展示的光具有动质量、能量和动量而认识到光具有粒子性。因此，各种不同的光学现象是用光具有波动性还是用光具有粒子性进行解释，考验着人们的智慧，说到底是因为客观上光具有波动和微粒的双重性质。

一、爱因斯坦光量子关系式

本章第二节已介绍，1905 年爱因斯坦在解释光电效应实验的结果时，在普朗克能量子

假设基础上提出光辐射由光量子组成的假设，其中每一个光量子的能量与光频的关系是

练习 16

$$E = h\nu$$

不仅如此，按狭义相对论中式（16-60），光子具有动量，其值 p 为

$$p = \frac{E}{c} = \frac{h}{\lambda}$$

在波动学中有 $2\pi\nu = \omega$ 及 $k = \frac{2\pi}{\lambda}$ 的关系，如果用 ω 与 k 改写，则以上两式有十分对称的表示式

$$E = \hbar\omega$$
$$p = \hbar k \qquad (18\text{-}30)$$

式中，命名 $\hbar = \frac{h}{2\pi}$ 为约化普朗克常量，与 h "平起平坐"。式（18-30）被称为<u>爱因斯坦光量子关系式</u>。它的物理意义非同凡响，表现为如下几点：

1）两式左边的 E、p 表示光子具有能量和动量，这是一切粒子都具有的性质。不过光子作为光场的能量与质量单元，既不同于实物粒子（如分子、原子、电子），更不同于经典的微粒（如尘埃），它的静质量为零且在真空中光速不变，不服从牛顿运动定律等。两等式右边的 ω、k 表示光子具有波动性，光子也能发生干涉、衍射现象，但光子能量与动量的量子化，对于宏观意义上的经典光波是无须考虑的。

2）虽然式（18-30）已将光子能量 E 和动量 p 与光波的频率 ω 和波数 k 不可分割地联系在一起，但是，光的双重性质在实验中只能凸显某一方面。例如，<u>在干涉和衍射实验中，光只表现出波动性；而光在与物质相互作用的过程中，它只表现出粒子性</u>。解释实验现象时，正确选择波动性还是粒子性是一大考验，特别是有时还会遇到选择半经典半量子理论的情况（详见第二十一章第五节）。

3）普朗克常量和光速一样，也是自然界的一个基本常数，可由实验测定。式（18-30）描述的光的粒子性与波动性的两种关系中，都是通过约化普朗克常量 $\hbar$ 将它们定量地联系起来，因此怎样评价 $\hbar$ 的这种作用都不过分。

二、单光子双缝干涉实验分析

为了进一步探究光的波粒二象性，不妨重温显示光的波动性的双缝干涉实验。以图 18-18a 为例，从光源发出的光经过两个狭缝后形成两束相干光，振幅分别为 A_1 和 A_2，光强为 I_1 和 I_2。按第一卷第九章的式（9-7），若分别遮盖一条缝时发生光的单缝衍射，那么 A 与 I 的关系可简单表示为

▶ 单光子过双缝

练习 17

$$I_1 = A_1^2, \quad I_2 = A_2^2 \qquad (18\text{-}31)$$

由于是单缝衍射，式（18-31）中 A_1、A_2 都不是常数，按第一卷中图 10-13，图 18-18b 表示式（18-31）中暗含的光强分布的函数曲线，而图 18-18c 显示的是同时打开双缝时，观察屏上的光强分布曲线。奇怪的现象发生了：图 18-18c 中光强分布曲线不是图 18-18b 中两条光强分布曲线的相加，而且式（18-32）也印证了这一点。两束光相

干叠加以后的光强为

$$I = |A_1+A_2|^2 = I_1+I_2+2\sqrt{I_1 I_2}\cos\Delta\varphi \tag{18-32}$$

式中，I_1 与 I_2 如同图 18-18b 中强度分布，但新出现第三项称为干涉项，$\Delta\varphi$ 是两束相干光到达屏上某点的相位差。

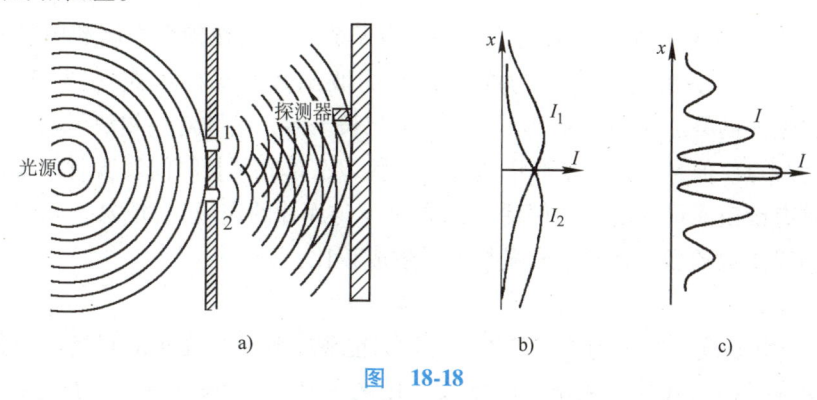

图 18-18

现代实验技术可以实现以极其微弱（弱到单光子）的光长时间连续做双缝实验，接收屏上用感光底片（如溴化银）记录光子与原子相互作用的结果。实验一开始，底片上只随机出现单个小光点，随着实验的持续进行，底片上逐渐显现出双缝干涉模样。图 18-19a~c 是用计算机模拟的结果。其中，图 18-19a 表示一张短暂曝光的底片，显示 14 个光子产生的小光斑；图 18-19b 中曝光时间加长了，大约有 150 个光子打在底片上；图 18-19c 中有几百个光子出现。

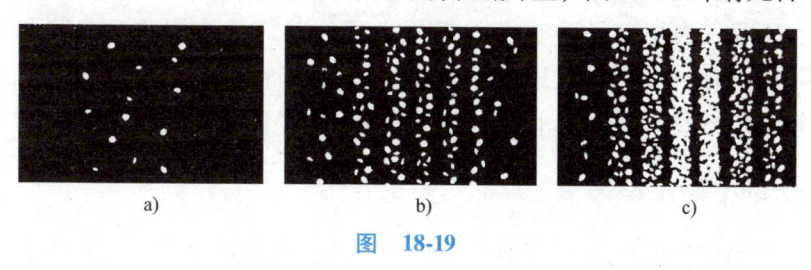

图 18-19

实际上，单光子实验早在 1909 年就有人开始做了。那一年，泰勒用单光子照射一根细长缝衣针做衍射实验，曝光时间持续了约 3 个月。20 世纪 60 年代，人们用两台独立的氦氖激光器（详见第二十二章第七节）进行单光子干涉实验时，单光子在光源与探测器之间的渡越时间为 3ns，而两光子相继渡越的时间差约为 150ns。实验进行一次所用观察的时间约为 20μs，平均接收到 10 个光子。近代天文学家利用"哈勃"空间望远镜，在银河系中观察到了最古老的白矮星。白矮星是宇宙中早期恒星燃尽后的产物，它会随着"年龄"的增长而逐渐冷却。这些白矮星光线极其微弱，亮度不及人的肉眼所能看到的最暗星体的十亿分之一。"哈勃"望远镜上的照相机已拍摄到迄今最暗淡、温度最低的白矮星照片，是在 67 天中累计用了 8 天的曝光时间才得到的。这些数字背后所隐含的科学家求真探索、坚持不懈的精神值得我们崇拜与学习。通过这些实验事例，发现这样一个问题：当光源十分微弱，使得底片上每次曝光只能记录到一个光子时，底片上某处光强的含义又是怎么理解的？

要回答这个问题并非易事，本书采用一种电磁波的统计诠释新概念。什么是统计诠释呢？为此，从改写平面简谐光波波动表达式入手：

$$A(x,t) = A_0 \cos\omega\left(t - \frac{x}{c}\right)$$

$$= A_0 e^{-i(\omega t - kx)}$$

$$= A_0 e^{-\frac{i}{\hbar}(Et - px)} \quad (18\text{-}33)$$

细心观察，在式（18-33）中一是采用了 e 的指数函数，二是在指数中已利用了爱因斯坦光量子表达式（18-30），称 $A(x,t)$ 为描述光波的波函数。现在将式（18-33）用于解释图 18-18c，根据波的叠加原理，屏上亮纹对应于相长干涉，暗纹对应相消干涉，这就是再典型不过的波动观点。但是，别忘了光还具有粒子性，在单光子长时间实验时，底片上记录的却是一个个具有确定能量和动量"鲜活"的光子（与底片的作用），记录到光的强或弱与单位时间到达的光子数的多少有关。光强与光子数成正比：

$$I = nh\nu \quad (18\text{-}34)$$

式中，n 是光子数密度。在单光子实验中，开始只能观察到少量光子的曝光。随着照射时间的延续，大量光子撞击底片累积出亮暗条纹。按式（18-34）来处理，底片上某处的光强，一定正比于在该处记录到的光子数。但若论单个光子撞击底片某个地点，它属随机事件，所到何处不可预见。而由大量单次随机撞击事件累积起来的干涉图样，就是一种具有统计分布性质的干涉图样，这种统计图样有模有样，有规律可循。那就是底片上任意一点附近记录到一个光子出现的概率与光强（光波波函数模的平方 $|A(r,t)|^2$）成正比。这一结论就是电磁波的统计诠释，也是光的波粒二象性的本质描述。

有了以上诠释，当用光子的观点分析单光子的双缝干涉实验时，问光子究竟是从图 18-18 中 S_1 或 S_2 哪一个狭缝通过这样的问题是耐人寻味的。这类问题本书将在随后对单电子双缝干涉实验的分析中继续深入讨论（详见第十九章第四节）。

三、光子的不确定性关系

无论来自实验还是理论分析，光具有波粒二象性已毫无疑问了。以下通过分析图 18-20 所示光的单缝衍射实验，进一步展示光子波粒二象性丰富的物理内涵。

在图中，以一束波长为 λ 的单色光沿 z 轴垂直入射到 x 轴方向宽度为 Δx 的单狭缝上。由于光通过狭缝要发生衍射，在接收屏 E 上出现用光强分布曲线表示的单缝衍射图样。根据第一卷第十章第二节中的分析，衍射图样中央明条纹边缘的第 1 级暗条纹的衍射角 θ_1 满足

练习 18

$$\sin\theta_1 = \frac{\lambda}{\Delta x} \quad (18\text{-}35)$$

现在，以单光子长时间做单缝衍射实验，同样也会出现图 18-20 的结果。此时应如何理解式（18-35）呢？从光子观点看，当一个动量值 $p_z = \frac{h}{\lambda}$ 的光子垂直入射到狭缝上，在进入狭缝的瞬间，其动量方向就可能偏离 z 轴，之后出现在屏上的某个地点。也就是说，单光子长时间进行的单缝衍射现象，源于光子在狭缝中发生动量方向沿 x 轴向弥散性偏转 Δp_x，某个光子动量方向弥散性偏转程度是随机事件，其不确定性由光子落于 E 的不可预知的位置

表现出来。先暂且局限于分析图 18-20 的中央明纹范围，光子在缝中发生的动量方向弥散性偏转程度可表示为

$$\Delta p_x \approx p_z \sin\theta_1 \tag{18-36}$$

式中，p_z 为入射电子动量值，除方向变化外，它的大小不随衍射角变化 $\left(p=\dfrac{E}{c}\right)$。式（18-36）中 $\sin\theta_1$ 已由与缝宽 Δx 有关的式（18-35）表示，将两式联立，得

$$\Delta p_x \geq p_z \dfrac{\lambda}{\Delta x} \tag{18-37}$$

式（18-35）与式（18-36）都不是不等式，为什么会出现式（18-37）这种不等式呢？这是因为在图 18-20 中光子不仅出现在中央明纹内，还可能落到中央明纹以外的其他地方的缘故。现在把恒为正的 $p_z=\dfrac{h}{\lambda}$ 代入式（18-37）中并整理为以下形式：

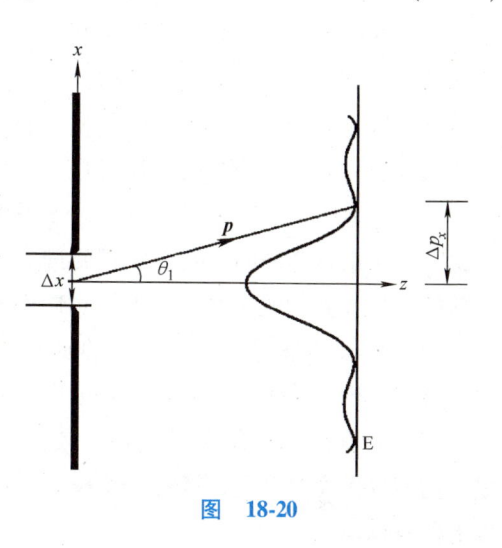

图 18-20

$$\Delta x \Delta p_x \geq h \tag{18-38}$$

如何解读式（18-38）的物理意义呢？先分别看 Δx 与 Δp_x。想象将狭缝看成一个测量光子在 x 方向位置的装置。虽然无法确定当一个光子通过狭缝时它是从缝中哪一点通过的，但可以肯定地说，狭缝宽度 Δx 越小，光子在 x 方向的位置越准确。因此 Δx 的大小可以作为光子通过狭缝时在 x 方向位置的不确定程度，或说，Δx 表示光子在 x 方向位置的不确定量。而根据上述对衍射现象的分析，光子通过狭缝瞬间，其动量在 x 方向已不能完全确定，物理学上已用 Δp_x 表示动量方向在 x 方向的弥散性偏转程度，与 Δx 对应称之为 x 方向动量的不确定量。这样，式（18-38）Δx 与 Δp_x 的乘积不小于 h 表示测量光子在 x 方向的位置越准确（$\Delta x \to 0$），则动量方向在 x 方向的弥散性偏转程度就越大（$\Delta p_x \to \infty$），反之亦然。因此，式（18-38）指出，测量时若测光子在 x 方向的位置越准确，则它的动量方向在 x 方向上的不确定量就越大，动量越不确定。严格的理论分析表明，不能同时准确测量光子的位置与动量，其表示式为

$$\begin{cases} \Delta x \Delta p_x \geq \dfrac{\hbar}{2} \\ \Delta y \Delta p_y \geq \dfrac{\hbar}{2} \\ \Delta z \Delta p_z \geq \dfrac{\hbar}{2} \end{cases} \tag{18-39}$$

式（18-38）与式（18-39）都称为光子位置和动量的不确定性关系，在大学物理层面两式通用。在图 18-20 的实验中，不论缝前、缝中或缝后，光子都满足不确定关系。这是因为光子具有波粒二象性。

89

至此，本节已从不同侧面介绍了光的波粒二象性，现如今物理学的研究还在继续。下面简要介绍两点：

1) 在单光子双缝干涉实验的统计诠释中，对测量结果只能做统计性的预言。这种统计规律性不同于大数系统的统计规律性，是单光子就遵守统计规律性。这样一来，描述光子的波函数式（18-33）就与光子出现的概率有联系了。因此，在单光子双缝实验中，干涉现象已不是光波叠加的结果，而是单个光子自己与自己发生干涉（注意从单个光子具有波粒二象性来理解）。不过，在激光诞生以后，已成功实现了用两台独立的氦氖激光器进行弱光干涉实验。它表明，不同激光器发出的光子也是可以相干的。也就是说，不论光子来自同一发射源，还是来自不同的发射源，只要进入同一量子态后［如式（18-33）］，就是相干的，这一新的论断称为"同态光子干涉"（本书不再展开）。

2) 量子理论诞生于黑体辐射的研究。但在激光诞生之后，尤其是在非线性光学的发展中，人们发现了许多有趣的新的光学现象。如激光冷却原子技术、飞秒脉冲与光孤子的产生与应用、光学混沌、单光子通信等，这些现象只有用量子光学理论描述光场时才能解释。对以上内容仅做简要介绍，读者若希望了解更多，可以去涉猎有关的非线性与量子光学的专著或上网查询。

四、应用拓展——量子保密通信

量子通信是以量子态为信息载体，通过量子态的传送实现量子信息或经典信息传送的技术。量子通信包括量子密钥分发（Quantum Key Distribution，QKD）、量子隐形传态、量子安全直接通信、量子秘密共享、量子数字签名等多种应用形式。其中，QKD 是通信双方通过传送量子态实现共同生成一组随机数（可以作为对称密钥）的方法，是目前实用化和工程化程度最高的量子通信技术。

量子保密通信不等于量子通信，也不是量子通信的子集。量子保密通信是基于量子通信，利用量子不可分割、量子态不可克隆和量子纠缠等特性保护秘密消息，进而保证信息传送安全的通信方法。比较典型的量子保密通信实现方案是结合 QKD 和对称密码技术的加密通信，这是目前试点部署和示范应用最多的方案，也是业内研讨和标准化推进的重点方向。

海森伯测不准原理指出了粒子的动能和位置不可能同时被确定，这为判断通信过程是否存在窃听行为提供了理论基础。在量子保密通信过程中，如果存在窃听者对传输的量子态进行篡改和窃听，这样的非法操作都会使得光量子的状态发生改变。因此，接收的一方只需在收到量子信息后，对量子态进行检测，通过与原来的量子状态作对比，很容易能检测到是否存在窃听。如果有则丢弃掉量子信息，重新发送。目前，量子保密通信已在通信、电力、金融、政务等领域开展了大量探索和试验。我国从 2013 年规划的"京沪干线"项目，干线全长 2 000 余千米，依次连接北京、济南、合肥、上海，已成为世界最长的量子保密通信保密干线；2016 年我国发射的墨子号量子科学试验卫星构筑的天地链路，已成功实现洲际量子保密通信。

第五节　物理学思想与方法简述

一、光的本性的历史争论

世界上没有比光更为被人们所熟悉的了，那么什么是光？它是由什么组成的？它有重量吗？人们能看见太阳，能看见鸟，能看见周围的环境，但看见的并不是光本身！光是一种存在于运动之中的"物质"。如果一旦运动静止，甚至只是一会儿，光就会消失。

光的本性是什么？物理学史上很早就出现了不同的看法。直到17世纪的1672年，牛顿提出的"微粒说"与1678年惠更斯提出"波动说"之争，才逐渐明确形成了关于光的本性的两种学说。人类在经过三百余年的有关光的"微粒说"和"波动说"争论后，运用分析方法掌握了光的各方面的属性，并获得了大量的经验材料。在整个18世纪中叶，光的"微粒说"在光学中占优势，19世纪上半叶是"波动说"重新崛起并通过实验走向胜利的时期。1860年，麦克斯韦在理论研究中提出光是电磁波的假说；1887年，德国物理学家赫兹用实验证明了电磁波的存在，从此奠定了光的电磁理论。至此，可以说"波动说"已达到尽善尽美的境界。但是，在20世纪初，当人们的研究已深入到光与物质的相互作用这一领域时，却发现许多问题无法用"波动说"加以解释。即在干涉、衍射等问题上，光具有波动性，光是电磁波；而在光的辐射和光的吸收等问题上，光却表现出粒子性，光是光子。在此基础上，在20世纪二三十年代，物理学家才得以对光的各种属性进行综合，从整体和内部联系上揭示出光的波粒二象性的本质和运动规律，并得到了共识。

二、对光的波粒二象性的认识

在经典物理学中，波和粒子，一个是连续的，一个是分立的，两者是截然不同的概念。那么，如何从"连续"与"分立"这一角度理解光的波粒二象性呢？

从物质简单的位置移动角度看，连续性表明运动是无时不在、无处不在的；间断性（分立）则表示了物质运动的相对静止状态，表明运动在一定条件下可以暂时静止。连续性与间断性是有区别、对立的，但二者之间又是相互联系、密不可分的。在光的本性问题的争论中，牛顿的"微粒说"强调了光的间断性特征，而惠更斯的"波动说"则强调了光的连续性特征。20世纪自然科学的新发现证明，两种观点各有其片面性，光既不仅仅是间断的，又不仅仅是连续的，而是具有"波粒二象性"。也就是说，连续性与间断性，两者都各自反映了光的本质的两个侧面。光的本性是连续性与间断性的对立统一。这种统一不仅表现为二者之间的相互依存，更重要的是表现为在一定条件下，二者之间只能单独显示。"思维既把相互联系的要素联合为一个统一体，同样也把认识的对象分解为它们的要素。没有分析就没有综合。"

光的波粒二象性导致了物质波概念的产生以及量子物理的建立。但是，人类对于光的本性的认识是否已经达到终点了呢？答案应该是否定的，至少有些问题还未彻底解决。例如，光子还能再分吗？光子还有没有内部结构？这些问题都有待于进一步深入探索。

练习与思考

一、填空

1-1 一切物体在一定温度下以_____形式辐射能量,这种辐射叫热辐射。

1-2 已知地球跟金星的大小差不多,金星的平均温度为773K,地球平均温度为293K,若把它们都看作理想气体,这两个星体向空间辐射的能量之比为_____。

1-3 波长为 $\lambda=600$nm 的光,其光子的能量 E 为_____,动量 p 为_____。

1-4 在康普顿效应实验中,最后测量实验结果时,X 射线显示的是粒子的_____特征。

二、计算

2-1 在地球大气层外的飞船上对太阳光谱照相后,测得太阳单色辐出度的峰值在465nm 附近,假定太阳是一黑体,试计算太阳表面的温度和单位面积所辐射的功率。

【答案】 6 232K,8.55×10^7 W·m^{-2}

2-2 金属钾的红限波长为558nm,求它的逸出功。若用波长为400nm 的入射光照射,遏止电压是多少?

【答案】 2.23eV,0.88V

2-3 康普顿散射中入射 X 射线的波长为 $\lambda=0.70\times 10^{-10}$m,如果散射的 X 射线与入射的 X 射线垂直。求:(1) 散射 X 射线的波长;(2) 反冲电子的动能 E_k;(3) 反冲电子的运动方向与入射 X 射线间的夹角 θ。

【答案】 (1) 0.724×10^{-10}m;(2) 9.52×10^{-17}J;(3) $\theta=44°3'$

三、设计与应用

普朗克常量在量子力学中具有重要的意义,请设计一个实验,测量普朗克常量,给出测量的理论依据,可用图、公式、文字表述。

四、思维拓展

4-1 估算人体热辐射最强的波长。若人眼对此波长的灵敏度与对绿光差不多,会发生怎样的情况?

4-2 为什么光电测量对光电极的表面性质非常敏感?

4-3 可以用可见光来做康普顿散射实验吗?为什么?

第十九章
电子的波粒二象性

本章核心内容

1. 电子具有波动性的假设与描述。
2. 单电子过双缝实验与解释。

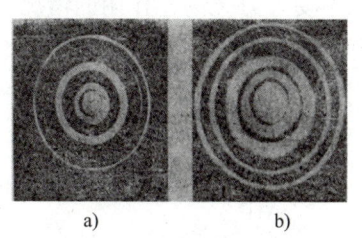

电子衍射环

电子是最早被发现的基本粒子之一。自 1897 年汤姆孙发现电子后，人们可以在电子射线管的荧光屏上看到被电子击中处产生的点状荧光；利用云雾室可以观察到电子的运动径迹……种种实验表明：电子是一个微小（线度为 10^{-15} m）的粒子。高中物理与化学中多处（如氢原子模型）展示过电子的粒子图像。

上一章已指出，在 1905—1924 年间，光具有波粒二象性已开始为人们所认识和接受。在光具有波粒二象性的启示下，进行类比思考，人们自然会问：既然作为"微粒"的光子具有波动性质，那么对实物微粒，如电子、质子和中子等是否也具有波动性呢？

第一节 德布罗意假设

上述将实物粒子和波相联系的猜想，初看起来似乎问得很唐突，也让人摸不着头脑。而且，即使要提出这类想法，按物理学研究问题的常规，也应当先捕捉到相关实验中的蛛丝马迹再说。然而，在 1923 年，法国巴黎大学的博士研究生路易·德布罗意却出人意料地在他的博士论文中提出，实物粒子也具有波粒二象性，在他看来："整个世纪以来，在光学中，比起波动的研究方法来，如果说是过于忽略了粒子的研究方法的话，那么在实物理论上，是不是也犯了相似的错误呢？是不是我们把粒子的图像想得太多，而过分忽略了波的图像？"因此，通过一番论证，他提出：波粒二象性是"遍及整个物理世界的一种绝对普遍的现象"。并将这个大胆想法写进了 1924 年 11 月 25 日的博士学位答辩论文中。后人评价德布罗意的独到之处在于，他大胆地把光子质能关系式 $E=mc^2$（光的粒子观点）和普朗克关于热辐射的能量公式 $E=h\nu$（光的波动观点）之间的联系 $h\nu=mc^2$ 这一等式用于实物粒子，并揭示了狭义相对论和量子论在本质上存在着深刻的联系。当时，爱因斯坦被德布罗意的博士论文深深打动了。他后来评论说："它是照在这个最难解的物理学之谜上的第一缕微弱的光线。"

在德布罗意的假设中，一个质量为 m、以速率 v 做匀速运动的粒子，既可以用能量 E 和动量 p 来描述它，也可以用频率 ν 和波长 λ 来描述它。而在这两种不同描述之间，也同样遵守类似描述光的波粒二象性的爱因斯坦光量子关系式（18-30），即

练习 19

$$E = h\nu = \hbar\omega$$
$$p = \frac{h}{\lambda} = \hbar k \tag{19-1}$$

与式（18-30）不同之处是，以上两式是相互独立的，而源于式（16-59）及光子静质量为零的式（18-30）中的两式则不是相互独立的。因此，式（19-1）中 p 与 λ 的关系特别称为德布罗意关系，并且由 λ 表征的、与实物粒子相伴随的波称为**物质波**或**德布罗意波**。例如，在不受外力（场）作用的情况下，有一质量为 m 的粒子以速度 v 运动时，则该粒子德布罗意波长是

$$\lambda = \frac{h}{p} = \frac{h}{mv} = \frac{h}{m_0 v}\sqrt{1-\frac{v^2}{c^2}} \tag{19-2}$$

式（19-2）（是用于计算波长的公式）也称为德布罗意公式。

对于 $v \ll c$ 的非相对论粒子，德布罗意波长式（19-2）可由下式计算：

$$\lambda = \frac{h}{m_0 v} \tag{19-3}$$

德布罗意波长的计算

式（19-2）与式（19-3）相互联系又相互区别。以电子为例，电子由静止经加速电压为 U 的电场加速提供动能，在非相对论情况下，静质量为 m_0 的电子获得的速度由下式决定：

$$\frac{1}{2}m_0 v^2 = eU \quad 即 \quad v = \sqrt{\frac{2eU}{m_0}}$$

将上式中的速度表示式代入式（19-3），得

$$\lambda = \frac{h}{\sqrt{2em_0}}\frac{1}{\sqrt{U}} = \frac{1.225}{\sqrt{U}}(\text{nm}) = \sqrt{\frac{1.5}{U}}(\text{nm}) \tag{19-4}$$

在一般实验室所用电压范围内（$<10^4$ V）这个波长很短，与 X 射线波长相当。

表 19-1 将一些"粒子"的德布罗意波长与粒子近似直径进行了纯形式上的比较。从表中看（一种并不严谨的比较），如果德布罗意波长大于微粒本身直径，表示粒子（性质）掩盖在波动性之中，则波动性显著，实验观察到波动性。如果德布罗意波长小于微粒直径，则波动性难以用实验观察到，此时可以忽略粒子的波动性。

表 19-1　一些"粒子"的德布罗意波长

粒子	质量/kg	速度/m·s^{-1}	德布罗意波长/m	粒子近似直径/m	波动性
电子	9×10^{-31}	10^6	7×10^{-10}	10^{-15}	显著
电子	9×10^{-31}	10^8	7×10^{-12}	10^{-15}	显著

(续)

粒子	质量/kg	速度/m·s^{-1}	德布罗意波长/m	粒子近似直径/m	波动性
氢原子	1.6×10^{-27}	10^3	4×10^{-10}	10^{-10}	较显著
氢原子	1.6×10^{-27}	10^5	4×10^{-12}	10^{-10}	不显著
尘埃	10^{-13}	10^{-2}	10^{-19}	$\sim 10^{-5}$	无
枪弹	2×10^{-2}	5×10^2	$\sim \times 10^{-34}$	10^{-2}	无

如果加速电压 U 很高，则提供给电子的能量 eU 也会很大，而在必须考虑相对论效应的情况下，动能仍来自电场加速（eU），但此时不能用 $m_0v^2/2$ 来表示它。为此，先将 $\lambda = h/p$ 的分子、分母同乘以 c，然后用从式（16-59）中解出的 pc 替换其分母，接着按 E、E_0、E_k 及 eU 的相互关系求得关于 λ 的下述计算公式：

练习 20

$$\lambda = \frac{h}{\sqrt{2m_0 eU\left(1+\dfrac{eU}{2m_0 c^2}\right)}} \qquad (19\text{-}5)$$

式中，eU 等于电子的动能（E_k）；$m_0 c^2$ 是电子的静能 E_0（约 0.51MeV），两者之比可以用于大致判断什么情况下要用相对论修正式（19-5），什么情况下用非相对论公式（19-4）计算波长。例如，当 $U=10^5$V 时，该修正也只有 5%，可采用式（19-4）计算波长，当 U 超过 10^6V 时，就要考虑用式（19-5）了。

【例 19-1】 电子与光子的波长均为 0.2nm，它们的动量和能量各为多少？

【分析与解答】 因为电子与光子都具有波粒二象性，电子和光子的动量均满足

$$p = \frac{h}{\lambda} = 3.32\times 10^{-24}\,\text{kg}\cdot\text{m}\cdot\text{s}^{-1}$$

由 $p=mv$ 及上式中数据可粗略估计波长为 0.2nm 的电子速度为 10^6m·s^{-1} 量级，远小于光速，可按非相对论性电子处理，非相对论性电子的能量即为动能

$$E_{ke} = \frac{p^2}{2m} = 6.04\times 10^{-18}\,\text{J} = 37.8\,\text{eV}$$

而光子的能量为

$$E_p = h\nu = pc = 9.96\times 10^{-16}\,\text{J} = 6.23\times 10^3\,\text{eV}$$

*第二节　德布罗意波的实验证明

实践是认识的基础，物理学的任何一个假设要得到公认，一定要经多次反复的实验（直接或间接）证实，即使是实验观测结果本身也是如此。例如，1989 年，美国犹他州立大学的科学家曾声称，在室温下利用钯铂电极电解重水，在实验室实现了核聚变，即所谓冷核聚变。但是，随后全球数百个实验室相继进行的重复实验都无果而终，所以，该冷核聚变并

不可信就是佐证（类似事例还有许多）。

表 19-1 列出的电子德布罗意波长数据，例如当 $v(10^6 \mathrm{m\cdot s^{-1}}) \ll c$ 时，可由式（19-1）算出

练习 21

$$\lambda = \frac{h}{p} = \frac{h}{m_0 v} = \frac{6.63 \times 10^{-34}}{9.1 \times 10^{-31} v} = \frac{7.3 \times 10^{-4}}{v}$$

依照上式及表 19-1，当电子速度量级为 $10^6 \mathrm{m\cdot s^{-1}}$ 时，其德布罗意波长的数量级就和一类 X 射线波长的数量级相同（10^{-10}m），也与晶体中原子间距的数量级相同。如果电子果真具有波动性，根据波的衍射原理，当以这种波长的电子束照射晶体时，就能观察到电子束晶体衍射现象，其表现为电子束在各个衍射方向上形成特定的衍射图样（条纹）。因此，早期为证实电子波动性的最好办法就是利用晶体做电子衍射实验。当年，德布罗意也曾建议用电子束（也称电子波）照射到晶体上，观测是否会发生衍射来证明他的假设。否则，人们是很难接受一个既新颖又奇特的想法的，德布罗意的建议很快得到了响应。

一、戴维孙-革末电子衍射实验

电子束晶体衍射实验首先于 1927 年由 C. J. 戴维孙和 L. H. 革末两人合作完成。他们的实验装置原理如图 19-1 所示。图中，从通电加热的电子枪发射出来的电子束经电压 U 加速后（低能电子）投射到镍单晶体（单晶与多晶体参看第二十三章）上，为考察从晶体表面反射出来的电子束，将它们引入探测器 B，电子束流 I（相当于电流）可由电流计 P 读出。

实验发现，当加速电压为 54V［用式（19-4）计算得电子的 $\lambda = 0.167$nm］时，只在沿图中 $\theta = 50°$ 的出射方向检测到很强的电流（见图 19-2）。实验中若保持这个 θ 值不变，以入射电子束为轴转动晶体时，发现晶体每转过 $120°$，图中衍射峰有规律地重复出现一次。同时，若继续保持 θ 角不变，改变加速电压 U，电子束 λ 变则束流也变。为显示 I 随 U 变化规律，取横轴为 $\sqrt{U}$、纵轴为 I，将观测数据描点于图 19-3 上。当加速电压 U 单调增加时，束流 I 并未单调变化，而是有多个峰值相继出现。

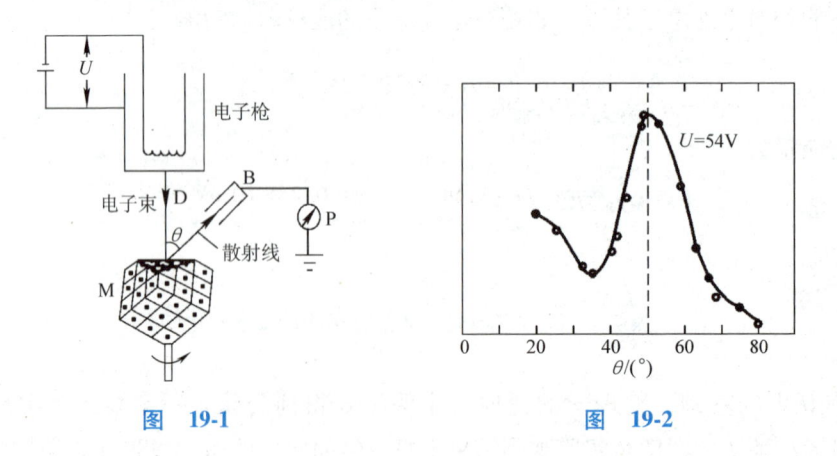

图 19-1

图 19-2

为什么会这样？如果电子只是单纯的"粒子"，则不论入射电子的速度如何，在反射方向（$\theta = 50°$）总会出现粒子的反弹，而且，随着加速电压 U 的单调增加，入射电子束流单

调增强,反弹电子束流也应单调增强。但实验结果却并不尽如人意。看来问题出在电子的粒子图像上,要正确解释实验事实,非承认电子具有波动性莫属。

为什么这么说呢?**怎样通过电子的波动性来解释上述实验现象呢?** 以图 19-4 为例。首先,实验用单晶体是由一层层彼此平行的原子(或分子、离子)层(见图中水平线)所组成,晶体学把这些平行原子层称为晶面簇(图中表示层间距 a、d 是常数)。当电子束照射到晶面上时,根据经典光学中的惠更斯-菲涅耳原理(见第一卷第十章第一节),晶面上的每一个原子(见图中黑点)都是一个个能向各个方向发出衍射线的子波波源(又称衍射中心)。当电子束照射晶体时,一部分被表层原子所衍射,还有一部分则进入晶体内被内层相应原子面衍射。因此,由内、外各层原子发出的衍射线的叠加干涉大体可以分为两类:一类是由同一晶面(如表层)内各原子(衍射中心)所发出子波间的叠加,另一类则是由彼此平行的不同晶面(如表层与内层)上所发出子波间的叠加。下面分别对两种情况进行简要分析。

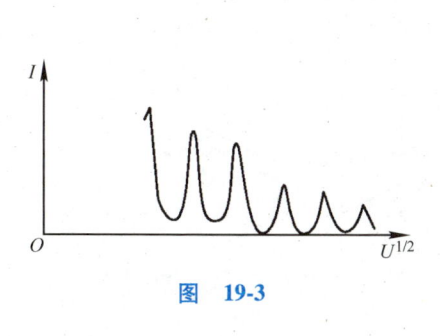

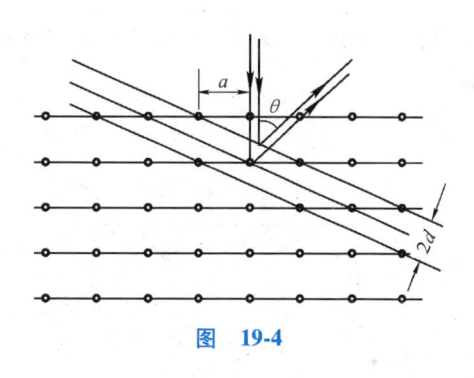

图 19-3

图 19-4

1)首先讨论由单一晶面(以表层为例)内各原子所发出子波间的叠加干涉。如在图 19-5 中,晶面上原子等间隔排列(详见第二十三章第一节),一个点(如 A 或 B)代表垂直于图面的一行原子,入射电子束(a 或 b)被该行上每个原子衍射。以 θ' 表示满足反射定律的某一方向,在该方向上,来自所有原子的衍射彼此加强(相长干涉),而其他方向上将趋于抵消(相消干涉)。根据相长干涉的条件:要求从各原子发出的子波到达观察点的光程差等于波长的整数倍。在图 19-5 中,在满足反射定律的 θ' 方向上,只有同一晶面上相邻原子间衍射波(a' 与 b')的波程差 $\delta = AD - CB = 0$(虚线与两组平行线垂直)时,才满足相干加强条件。结果是:在晶面的镜反射方向必具有最大的衍射强度。

2)其次讨论由相互平行晶面间反射波的干涉。再看图 19-6,沿用分析图 19-5 的方法。对入射线而言,由于各平行原子层都是反射面,沿镜面反射方向 θ' 的反射线都满足相长干涉条件,自然形成相长干涉,从而出现一束相长干涉的衍射线。此时,以图中上下相邻两原子层的反射线的波程差 δ 为例,δ 满足

$$\delta = AC + CB = k\lambda$$

即
$$2d\sin\theta' = k\lambda \quad (k=1,2,\cdots) \tag{19-6}$$

式(19-6)称为晶体衍射<u>布拉格公式</u>(θ' 称为掠射角)。

图 19-5

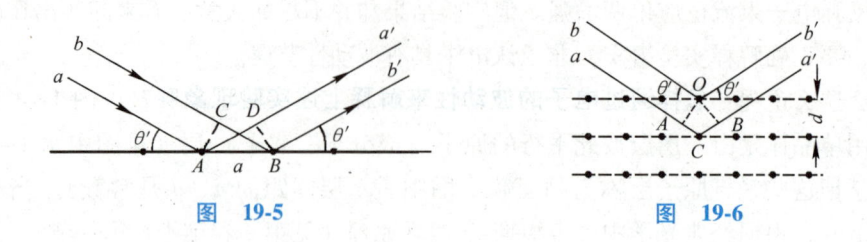

图 19-6

根据布拉格公式（19-6），就可以分析戴维孙-革末实验中电子晶体衍射规律了。首先，按晶体结构的特点，满足式（19-6）的晶面簇不限于图 19-6 中所示的一个，如图 19-4 中平行斜线所示的晶面簇（改画在图 19-7 中）也满足式（19-6）。在图 19-7 中 $\theta' + \dfrac{\theta}{2} = \dfrac{\pi}{2}$，$\theta'$ 为掠射角，$\dfrac{\theta}{2}$ 为入射角，利用三角函数关系 $\sin\left(90° - \dfrac{\theta}{2}\right) = \cos\dfrac{\theta}{2}$ 及 $\sin\theta' = \sin\left(90° - \dfrac{\theta}{2}\right)$，将式（19-6）中的 d 与掠射角 θ' 正弦的乘积改用 a 与入射角 $\dfrac{\theta}{2}$ 表示，则有

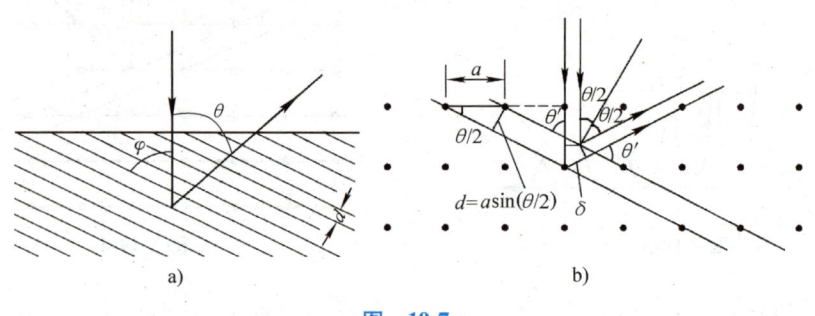

图 19-7

练习 22

$$2d\sin\theta' = 2a\sin\dfrac{\theta}{2}\cos\dfrac{\theta}{2} = k\lambda$$

利用德布罗意波长公式（19-4），上式可写成

$$a\sin\theta = kh\sqrt{\dfrac{1}{2em_0U}} \tag{19-7}$$

满足式（19-7）的反射电子束相干加强，以图 19-1 中用的镍单晶为例，已知式中镍单晶原子间距 $a = 0.215\,\text{nm}$，把 e、m_0、h 和加速电压 $U = 54\,\text{V}$ 诸值代入上式，得

$$\sin\theta = 0.777k$$

上式明显表示，只有当 $k = 1$ 时，才能满足 $\sin\theta < 1$。且当 $k = 1$ 时满足反射电子束相干加强的角度 θ 值为

$$\theta = \arcsin 0.777 = 50.9°$$

实验中得出的 $\theta = 50°$ 与上述用波动理论得到的计算值 $50.9°$ 之间仅有微小差别，证明了电子确实具有波动性，也就证明了德布罗意假设实物粒子具有波动性是正确的。

图 19-8 给出了在图 19-1 中 $\theta = 50°$ 时衍射强度（由电流 I 表示）随入射波长（以 U 表

示）变化的规律。它表明，只有在加速电压 U = 54V 且 θ = 50°时，探测器中电流才有极大值。图中，观察到的峰宽可以这样解释：因为低能电子穿入晶体不深，以致只有少数几层原子平面对衍射波有贡献，所以，衍射峰并不尖锐。不过，所有实验结果都定性和定量地与德布罗意的预言符合得很好。戴维孙等人由于发现电子在晶体中的衍射现象而分享了 1937 年的诺贝尔物理学奖。

电子束不仅在单晶体上反射时产生衍射现象，1927 年，英国物理学家 G. P. 汤姆孙独立地用几万伏电压加速的高速电子穿过多晶金箔和铝箔时也观察到了衍射现象，这一结果同样证明了德布罗意关系式（19-1）的正确性（实验介绍从略）。汤姆孙也因此分享了 1937 年的诺贝尔物理学奖。读者也许不知道，1897 年 G. P. 汤姆孙的父亲 J. J. 汤姆孙，正是因证实电子是粒子而获得了 1906 年的诺贝尔物理学奖。父子两人一个发现了电子，一个证实了电子的波动性，并都获得诺贝尔物理学奖，这一有趣的巧合，会给读者带来什么启示呢？

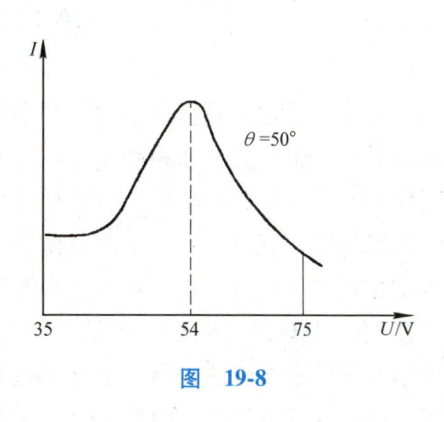

图 19-8

二、应用拓展——电子显微镜

电子显微镜是现代科学仪器中应用微观粒子波动性的一个生动的实例。1932 年，由德国人鲁斯卡研制成功世界上第一台电子显微镜。现在的电子显微镜不仅能直接看到如蛋白质一类的大型分子，而且还能分辨单个原子的尺寸，它在研究物质结构、观察微小物体方面也具有显著的功能，是电子具有波动性强有力的写照。物理原理已固化在商品之中，毋庸置疑。通过图 19-9 可了解基本光路（电子光学）。

普通光学显微镜由于受可见光波长的限制，仪器的分辨率与波长成反比（见第一卷第十章第四节）。即使使用紫外光，能观察到的最小物体也不能小于 $0.2\mu m$，最大放大倍数也只有 1 000 倍左右。而电子的德布罗意波长比可见光要短得多，由式（19-4）可知，当加速电压仅为几百伏特时，电子的波长和 X 射线相近。如果加速电压增大到几十万伏以上，则电子的波长更短，从而大大提高了电子显微镜的分辨率。如我国自制的可放大 80 万倍的电子显微镜，其分辨率已达 0.144nm。目前，世界上使用的超高压电子显微镜其加速电压已达 1 000kV。电子显微镜的原理与光学显微镜相似。图 19-9 显示出光学显微镜与电子显微镜成像光路对比。图中，电子显微镜所使用的电子束由磁透镜聚焦后照射样品形成衍射图像（关于磁聚焦的基本原理，可参看第一卷第

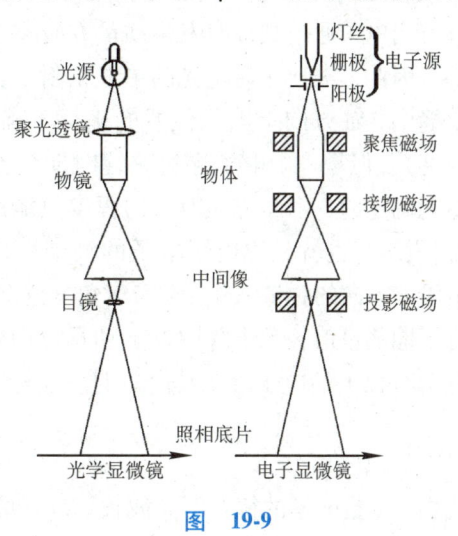

图 19-9

五章图 5-8 及相关叙述）。电子显微镜用磁透镜来代替可见光显微镜中所用的玻璃透镜，从而使与电子相联系的波弯曲和聚焦，生成微观结构的电子像。由于电子波的波长可以小于单个原子的线度，所以电子显微镜能够生成原子像，这是可见光光学显微镜所望尘莫及的。

第三节 不确定性关系

波和粒子是经典物理中的两个截然不同的研究对象。在经典物理中，粒子（质点）的运动状态是用位置坐标和动量来描述的。由于粒子有确定的运动轨迹，在某一瞬间，可以同时精确测量其坐标和动量。而且如果当 $t=0$ 时粒子的位置和动量（初始条件）已确定，且当力已知时，就可由动力学运动微分方程（牛顿第二定律）用积分方法求解粒子在任一时刻的位置和动量。但是，对于具有波粒二象性的微观粒子，它在某一瞬时的坐标和动量还能不能同时准确测定呢？经典粒子概念在什么条件下还可近似用于微观世界呢？1927 年，德国物理学家海森伯提出了坐标和动量不确定性关系（也称测不准关系或测不准原理，但现在已不这样称呼了，因为这会给人以误解，以为本来客观上是准确的，只是"测不准"而已），回答了这一问题。什么是微观粒子坐标和动量的不确定性关系呢？下面类比图 18-20，以电子通过单缝衍射为例做一说明（不是证明）。

一、电子的单缝衍射

在图 19-10 中，设有一束电子以速度 v 沿 y 轴垂直射向宽度为 Δx 的单缝 AB。在置于 CD 处的接收屏（如照相底片）上观察由电子引发的光点的分布。由于电子具有波动性，电子通过单缝时要发生衍射，在屏上会出现如同光的单缝衍射的衍射图样。如果还采用位置坐标 x 和动量 p 同时确定电子在狭缝中的运动状态，则会遇到难以自圆其说的困难。例如，当电子束通过狭缝的瞬间时，对一个电子来说，人们无法准确回答它是从缝中哪一点通过。另外，由于出现电子衍射，只有当电子通过狭缝时发生动量方向改变才能解释。

因此，类比于讨论光的单缝衍射的分析方法，认为在单缝中 x 轴方向上电子位置的坐标不确定量为 Δx（不确定度）。但是一个电子穿过狭缝时动量方向改变的程度是不能确定的，动量方向改变的程度只能用在沿 x 轴方向的 Δp_x 表示，也就是说由于电子的波动性，电子动量 p 出现了沿 x 方向的弥散 Δp_x。在衍射角 θ 范围内，Δp_x 之所以具有不同的量值，源于缝中电子动量方向偏转程度是不确定的。在只考虑图中中央明纹（约有 75% 以上的电子落在其内）时，坐标的不确定范围

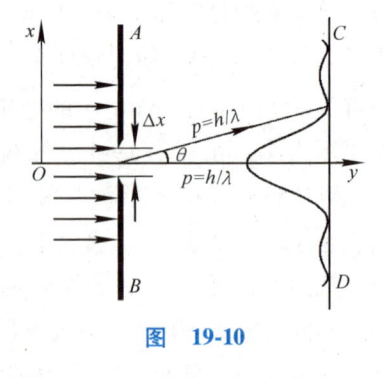

图 19-10

$$\Delta x = \frac{\lambda}{\sin\theta}$$

式中，λ 是电子的德布罗意波长。动量的最大不确定范围可估计如下：

$$\Delta p_x \approx p\sin\theta = p\frac{\lambda}{\Delta x} = \frac{h}{\Delta x}$$

考虑到电子还可能落到中央明纹以外的其他地方，得

$$\Delta x \Delta p_x \geq h \tag{19-8}$$

式（19-8）被粗略地称为电子位置坐标与动量的不确定性关系（或不确定原理）。

以上是通过特例介绍的不确定性关系。不确定性关系的实质是：微观客体的运动状态不能同时用确定的位置和动量来描述，或者说，不能同时准确测量微观客体的位置和动量。这是 1927 年海森伯在分析云室（一种实验装置）中电子的径迹时首先提出来的，1929 年罗伯逊证明了位置与动量两者不确定量间的严格关系式如下式：

$$\begin{cases} \Delta x \Delta p_x \geq \dfrac{\hbar}{2} \\ \Delta y \Delta p_y \geq \dfrac{\hbar}{2} \\ \Delta z \Delta p_z \geq \dfrac{\hbar}{2} \end{cases} \tag{19-9}$$

同式（18-39）。

二、不确定性关系的讨论

1. 量子物理的一条重要规律

不确定性关系式 $\Delta x \Delta p_x \geq h$ 与严格的理论分析式（19-9）是微观客体具有波粒二象性的必然结果。为什么这么说呢？在德布罗意关系式（$p = h/\lambda$）中，波长是描述波具有空间周期性的一个物理量，是描述波随空间周期性变化快慢的一个物理量。例如波长短，则波的空间周期性变化快，反之亦然。因此，对于具有波粒二象性的微观粒子，说"它在空间某一点 x 的波长"与说"在某一时刻 t 的周期"同样是没有意义的。因而，"微观客体在空间某点 x 的动量"的提法也同样没有意义。因为德布罗意把动量 p 和波长 λ 用 $p = h/\lambda$ 联系起来，除非能准确地确定波长，否则，也就不能准确地确定动量。例如，图 19-11a 中是具有空间（x 轴）周期性的一列正弦波，在图示相当大的空间范围内，它具有确定的波长，按 $p = h/\lambda$ 想象，也就相当于具有确定的动量，推而广之，对于广延于全空间的德布罗意波，有 $\Delta p_x = 0$。按式 $\Delta x \Delta p_x \geq h$，"广延于全空间"意味着其位置不确定量 $\Delta x \to \infty$。

再从图 19-11d 看，按波粒二象性，要准确确定微观客体的位置坐标，就要求波列极短。图 19-11d 与图 19-11a 的图像完全相反。对照电子单缝衍射实验图 19-10，如果初时刻能将电子的位置局限在一个极小区域（单缝特别窄小），则电子位置测量的不确定度很小（见图 19-11d）。此时，按频谱分析对应图 19-11d 的这个"脉冲"它是由具有各种可能波长的

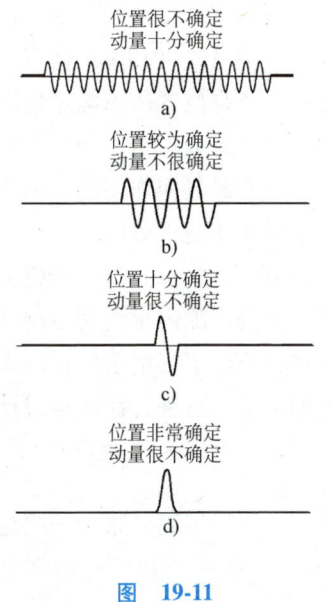

图 19-11

波组成的，不同的波长对应各种可能的动量，则电子动量的不确定度会大得惊人，想精确测量动量的可能性趋于零。

按以上分析，测量微观客体运动状态时，出现两种不确定量 Δx 和 Δp_x。虽然，这两个不确定量中的任意一个都没有限制取值大小，但式（19-9）给出了一条规则，对任何一个微观客体，这两个不确定量的乘积不变，且必大于或等于 $\hbar/2$（或 h，下同）。这意味着一种不确定量（如 Δx）的减小（准确度提高），必定使另一不确定量（如 Δp_x）增大（准确度下降），规则源于规律，那就是微观客体不可能在同一仪器的同一种测量中同时呈现波粒二象性。突出了其中一种性质，就必然会限制了另一种性质的表现。1927 年，由海森伯发现了微观世界这样的一种固有（内禀）的、可以量化的不确定性。费曼把它称为"<u>自然界的根本属性</u>"，并且还说"现在我们用来描述原子以及电子，实际上，所有物质的量子力学的全部理论都有赖于不确定性原理的正确性"。这是因为，从根本上说，由于微观客体具有波粒二象性，无论测量与否，微观客体原本就不存在坐标和动量同时完全确定的状态，现时人们称式 $\Delta x \Delta p_x \geq h$ 和式（19-9）为海森伯不确定性关系式。

2. 使用经典概念的限度

在上述对由式 $\Delta x \Delta p_x \geq h$ 及式（19-9）表述的不确定性关系的评价中，暗含着以约化普朗克常量 $\hbar$ 表征的、人们使用经典概念（粒子与波）的限度。这是为什么呢？

这是因为，在经典力学中，一个粒子的位置和动量是可以同时精确确定的。而且，一旦知道了某一时刻粒子的位置和动量，则在一般情况下，任意时刻粒子的位置和动量原则上都可以精确地预言、计算或测量。因此，对于一个经典粒子，可以不受任何约束地假设 Δx 和 Δp_x 同时为零，自然 $\Delta x \Delta p_x$ 的乘积等于零，也可以说在式 $\Delta x \Delta p_x \geq h$ 或式（19-9）中的 h 或 $\hbar$ 可以近似取为零。因此，严格地说，对于原子或亚原子领域的微观客体，经典粒子的概念应当放弃。

现在来看一个实例。一发质量为 10g 的子弹，以 $v=2\times 10^2 \text{m} \cdot \text{s}^{-1}$ 的速率运动，$p=2 \text{kg} \cdot \text{m} \cdot \text{s}^{-1}$。假定测量其动量值的不确定范围只是动量的 0.01%，这在宏观范围是非常精确了。若按不确定性关系式（19-9）计算，由于 $\hbar$ 值极小，给出子弹位置坐标的不确定范围 $\Delta x \approx 10^{-30}$ m。显然，子弹位置的不确定性已小到没有实际意义而可认定 $\Delta x = 0$。在这里，$\Delta x = 0$ 也可以认为是式（19-9）中 $\hbar \to 0$ 的结果。由于 $\hbar \to 0$，不确定性关系式（19-9）对宏观粒子来说，实际上是不起任何作用的。因为宏观粒子本来就不具有波粒二象性。

反观微观世界则不然。例如，当一个电子具有 $200 \text{m} \cdot \text{s}^{-1}$ 的速率时，则电子的动量 $p=1.8\times 10^{-28} \text{kg} \cdot \text{m} \cdot \text{s}^{-1}$。若仍取动量的不确定量为动量的 0.01%，则由式（19-9）可以算出，其位置的不确定量约为 $\Delta x \approx 10^{-2}$ m。已知原子大小的数量为 10^{-10} m，电子则更小（10^{-15} m）。在这种情况下，电子位置的不确定量比原子的大小大 10^8 倍，可见，电子的位置就不可能精确确定了。看来，在实验或计算中，是否需要考虑 $\hbar$ 等于零还是不等于零，即式（19-9）是否成立，就成为"微观"与"宏观"的分水岭。

【**例 19-2**】 原子的线度为 10^{-10} m，求原子中电子速度的不确定量。

【**分析与解答**】 说"电子在原子中"就意味着电子位置的不确定量为 $\Delta x = 10^{-10}$ m，又

$\Delta p_x = m\Delta v_x$，所以由不确定性关系式 $\Delta x \Delta p_x \geq \dfrac{\hbar}{2}$ 可得 $\Delta x \cdot m\Delta v_x \geq \dfrac{\hbar}{2}$，取等号计算得

$$\Delta v_x = \frac{\hbar}{2m\Delta x} = \frac{1.05\times10^{-34}\text{J}\cdot\text{s}}{2\times9.11\times10^{-31}\text{kg}\times10^{-10}\text{m}} = 0.6\times10^6\text{m}\cdot\text{s}^{-1}$$

按照牛顿力学计算氢原子中电子的轨道运动速度约为 $10^6\text{m}\cdot\text{s}^{-1}$，这与刚计算的速度不确定量具有相同的数量级。由此可见，对原子范围内的电子，谈论其速度是没有什么实际意义的，这时电子的波动性是表现得十分显著的。描述它的运动必须抛弃轨道概念而代之以说明电子在空间的概率分布的电子云图像（第二十一章会提及）。

第四节　波函数及其统计诠释

如上节所述，对于微观客体，根据海森伯不确定性关系式 $\Delta x \Delta p_x \geq h$ 或式（19-8），电子的位置和动量不可能同时准确确定。所以，就不能仍沿用经典物理中的位置、动量、静止以及轨道等概念描述它的运动状态。

之所以这样说，是由于电子、中子、质子等都具有波粒二象性，它们"既不是经典粒子，也不是经典的波"。说它们不是经典粒子，是因为它们还具有波动性的另一面；说它们不是经典的波，是因为这种波还具有粒子性特征。如何面对微观客体所呈现出来的粒子性呢？可以采用经典粒子概念中的"颗粒性"，颗粒性是指微观客体结构上的整体性，例如电子、中子、质子等所具有的质量、能量和动量是集中的，相互作用也是定域集中的。如何面对微观客体所呈现的波动性呢？这可从波具有相干叠加性来观察。因此，量子物理学特别把未测量前微观客体的运动状态称为量子态。如何描述量子态？能不能找到一种能够统一描述波粒二象性的方法，使粒子性与波动性统一在一个和谐（自洽）的图像之中？解决这些问题要靠物理学家的敢于创新，来统一两个在经典物理中相互矛盾的波与粒子的物理图像。物理学家是怎么做的呢？

一、德布罗意平面波波函数

值得思考的是，量子物理面对的研究对象与经典物理迥然不同。它所涉及的基本概念、原理和公式不可能来自经典物理，只能诉诸一个个的假设。这些假设以及由它们导出的推论与公式，需要（也已经）经过实践的检验。波函数就是量子物理基本假设之一，用它可以描述微观客体的量子态。

在物理学中，不受任何外部作用的粒子称为自由粒子。以自由电子为例，因它不受外部力作用，就具有确定的动量 p 和能量 E，从德布罗意假设式（19-1）分析，与这样的一束自由电子流相伴存的是一列频率为 ν 和波长为 λ 的平面波。

经典物理学也曾用波函数 $y(x,t)=y_0\cos(\omega t-kx)$ 来表示平面简谐波（第一卷第八章），式（18-33）中也曾用余弦函数形式描写平面单色光波。看上去，在物理学中，数学形式相同的波函数可以描述本质不同的平面机械波和平面单色光波。

103

无独有偶，德布罗意假设，与一个沿 x 轴运动的、能量为 E、动量为 p 的自由粒子相伴存的单色平面波也可以表示为

练习 23

$$\Psi(x,t) = \Psi_0 e^{-i(\omega t - kx)} \quad (19\text{-}10)$$
$$= \Psi_0 e^{-\frac{i}{\hbar}(Et - px)}$$

式（19-10）中已包含了式（19-1）。现进一步解读式（19-10），看看可以得出哪些结论：

1) 式中振幅 Ψ_0 在空间各点不变，因此，它描述的是一列理想的、最简单的德布罗意简谐平面波。

2) 从数学形式上将式（19-10）与一列经典平面波波函数 $y(x,t) = y_0 e^{-i(\omega t - kx)}$ 对比的话，首先看到在式（19-10）中用 $\Psi(x,t)$ 替代 $y(x,t)$ 表示德布罗意波波函数。这一替代表明，德布罗意波本质上绝不同于经典波。进而注意在经典波波函数 y 中也可以采用复函数表示法，但表示方法的变化纯属为了运算方便，而且在运算的结果中只能取它的实部。因为实数才是可测量量。换句话说，作为一种只具有运算意义的数学工具，虚数单位 i 在经典波动中可有可无，用不用 i 无损于经典波的本质。

但对于具有波粒二象性的自由电子，与经典物理截然不同的是，式（19-10）的描写本质上不是实函数而必须是复函数。虚数 i 不是为了计算方便，而是为了描述波粒二象性而保留在量子物理中的。原因是"i"既看不见，又摸不着，作为假设而用于描述量子态的 Ψ 是不能直接观测的。也就是说，单个粒子的量子态（波函数 Ψ）是不可测量的（这就有些奇怪了）。

3) 虽然 $\Psi(x,t)$ 不可测量，但既然用它描述量子态，式（19-10）就应当包含微观客体（物理系统）所有的信息。例如，如果用式（19-10）的 $-i$ 描写沿 x 轴正方向的一列波，那就不可以在式（19-10）中随意改用 $\left[\Psi_0 e^{\frac{i}{\hbar}(Et - px)}\right]$ 的表达式来描述同一列波了，因为传播方向正好相反。

4) 自由粒子只是量子物理最简单的特殊情况，其 E、p 和相应的 ω 及 k 均不随时间和位置而变。如果微观客体受到随时间或位置变化的势场作用，或是在其他复杂条件下运动，其 E、p、ω、k 不再是确定不变的，则此时的德布罗意波不再是平面波，可能需要用另一个复杂的波函数 $\Psi(r,t)$ 来描述。因此，不同的场合，描写微观客体量子态波函数的具体形式也就不一样。如阴极射线、反应堆中中子束和加速器中质子束等，可以用德布罗意平面波式（19-10）来描述，而对于原子中受原子核作用的电子、金属晶体中公有化电子等，就要用不同的波函数 $\Psi(r,t)$ 来描述了，此是后话。

二、波函数的统计诠释

在通过实验证实了德布罗意波确实存在之后，人们自然要继续追究：**德布罗意波究竟是一种什么性质的波？无法由实验测量的波函数在物理上的确切含义是什么？** 为解开谜团，下面还是求助于实验分析光子的方法，分析单电子双缝干涉实验，实验结果会使初学者"吓一大跳"，从出人意料之中看到"柳暗花明又一村"。

1. 单电子双缝干涉实验

光的波动性是由杨氏双缝等实验证明过了的（见第十八章第四节）。回顾双缝实验，观

察屏上的光强分布是穿过双缝的光波干涉的结果。另一方面，由上一章第四节介绍的用微弱光（单光子）长时间做双缝实验（见图 18-18），屏上（底片）记录的光强，是单光子与原子相互作用产生荧光的累积，光子在这种过程中显示了粒子性特征。不论是用一束光波还是用单光子长时间做实验，干涉条纹的明暗都正比于光波的光强，也就是正比于光波振幅的平方。但是在上一章第四节所介绍的单光子实验中底片上依次只记录到一个一个的光子。因此，底片上某点长时间积累记录的光强就正比于光子出现在该点的概率。此时，由光强引出光波振幅的平方与光子出现的概率成正比。

现在用单电子入射到双缝系统上，长时间实验会出现什么样的图样呢？ 在量子物理建立之初，1927 年，玻尔与爱因斯坦还只把双缝干涉作为一种理想实验来讨论问题。1961 年，C. 琼森终于实现了这种实验。图 19-12 是描述单电子双缝干涉实验的原理图。实验中，以电子源代替光源，电子加速电压为 50kV，其波长 $\lambda = 0.00548\text{nm}$。用铜箔做的双缝（以及单、3、4、5 缝），缝宽 $0.3\mu\text{m}$（紫外光波长量级），相邻缝的间隔为 $1\mu\text{m}$，缝屏与接收屏相距 35cm。控制入射电子束的强度，使其弱至电子是一个接一个地间断地入射（曾使间隙时间等于电子从电子枪到屏的渡越时间的 1 万倍）到双缝。这时，接收屏上依次出现一个一个点状闪光，它们记录了一个个电子出现的痕迹。实验开始后时间不长，如图 19-13a 所示，闪光点的分布看不出有什么规律，当实验记录时间逐渐加长，有了足够多电子打到屏上的结果是：有些地方闪光点很密，有些地方则几乎没有闪光点出现。最终，荧光屏上闪光点的积累呈现出一幅有规律的、类似于光的双缝干涉图样。以图 19-13 为例，四幅图所用曝光时间不同，所记录的电子数不同，呈现的干涉图样也不一样。仔细分析图 19-13（亮暗条纹处理手法不同）：

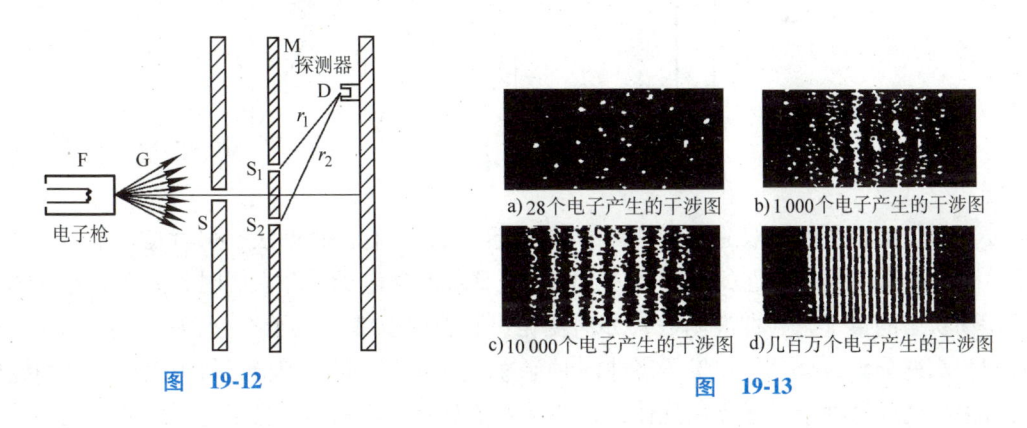

图 19-12

图 19-13
a) 28 个电子产生的干涉图
b) 1 000 个电子产生的干涉图
c) 10 000 个电子产生的干涉图
d) 几百万个电子产生的干涉图

1) 一个个闪光说明一个电子是"整体"到达接收屏上，而不是部分到达或弥散分布在屏上，表明了电子的颗粒性（粒子性）。

2) 图 19-13a 显示为什么说电子过双缝后到达屏上某处是随机事件，是单电子通过双缝后到达观测屏不同位置的实验结果。随着实验延续，屏上各处大量电子累积的结果（见图 19-13b、c、d），出现衍射图样，条纹强弱正比于电子的数目。因此，实验中虽然电子究竟到达哪一点是完全无法预料的随机事件，但可以肯定的是，亮条纹处比暗条纹处电子到达的概率大。

3）实验表明，不论是强电子束一次入射双缝，还是单电子长时间间隙地入射双缝，屏上干涉条纹分布都是相同的。由此使人联想，是不是电子的波动性并非电子间相互作用的结果，而是单个电子本身的僻性。狄拉克曾有一句名言："电子的干涉只能是电子自己与自己的干涉。"对这个论断又该如何理解呢？请看下述实验与分析。

图 19-14 是单电子双缝干涉实验示意图。假定实验时先打开一条缝 S_1，关闭另一缝 S_2，长时间实验测得电子单缝衍射强度分布曲线（P_1 所示）。然后，把 S_1 关闭，只打开 S_2，测得屏上电子单缝衍射强度分布曲线（P_2 所示）。当把 S_1 和 S_2 同时打开时，奇怪的现象出现了，屏上电子分布曲线竟然不是两条曲线 P_1 和 P_2 的直接叠加。令人奇怪之处在于，当双缝都打开时，只有单个电子通过仪器，长时间的实验后出现了只有单个电子同时过双缝才能形成的双缝干涉图样。但电子具有"颗粒性"，实验结果给人们对电子的认识提出了一个不小的难题——单个电子如何穿过双缝？因为人们对电子的认识是，它是半径可能小于 10^{-15} m 的粒子。在单电子双缝实验中，似乎一个能够打在屏上的电子要么穿过 S_1，要么穿过 S_2，两者必居其一。而且，穿过 S_1 时似乎不在乎另一条相距很远（相对于电子的大小）的 S_2 是开还是关的影响；而穿过 S_2 时，也不应受 S_1 是开或关的影响。基于这种"粒子"观念，一时人们很难想象一个电子怎么能同时穿过两个缝的实验结果。

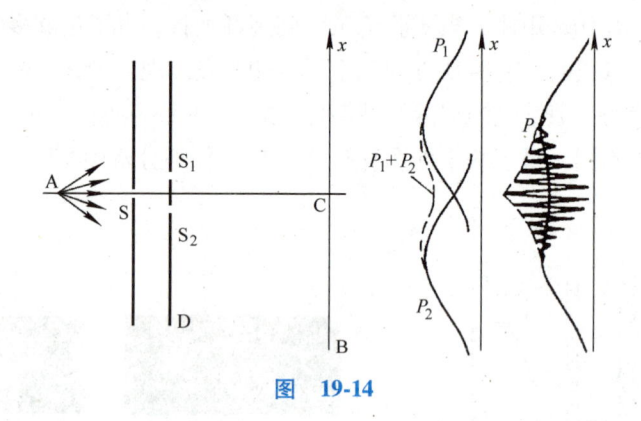

图 19-14

要从如何解释单电子双缝干涉图样的困境走出来，只有一个办法，那就是电子不是经典粒子，它是具有波粒二象性的微观客体。当两条缝都对单电子敞开大门时，要考查作为描述电子运动状态的量子态（即波函数）如何变化？开着的双缝对量子态（波函数）不存在何种限制，双缝分割每个电子的量子态并同时穿过两条缝，因而，相当于每个电子都从两缝中同时过去。要问这种量子态究竟是什么，和单光子双缝干涉一样，缘于电子的波动性会发生干涉。但如前所述，电子的波动性绝不能用经典波描述。因为经典波不具有粒子性，它就是式（19-9）表示的波函数，它能同时"过"双缝。

如此看来，电子在遇到双缝时不表现粒子性，而凭借波动性穿过双缝。除前述 1961 年琼森实验及 1976 年施尔里等人的实验外，1989 年，日本物理学家外村等人报道了一个非常漂亮的电子双缝干涉实验，详细地显示了电子双缝实验中，怎样从单个电子撞击接收屏逐渐建立起一幅波干涉图样的。实验事实毋庸置疑！

4）微观客体的波动性并不是电子独有的。实验已经证实了，中子、质子等微观客体都具有波动性。例如，兹因于 1947 年做了热中子在单晶上的衍射实验；蔡林格等人于 1988 年做了中子单缝与双缝实验；密尔尼克和卡尔内 1991 年还成功地进行了原子的双缝干涉实验。这类事例都表明，被测微观客体在测量之前具有波粒二象性与因测量的作用所表现出的状态并不相同。

对于实物粒子（电子、中子、质子、原子和分子）的双缝干涉实验结果，著名物理学家费曼曾说："这种现象是用任何经典方式都不能解释的，绝对不能，它包含着量子力学的核心。事实上，它包含着唯一的奥秘。我们不能靠仅仅说明这是怎样工作的就排除了这种奥秘。"这种奥秘是什么？

总之，实物粒子双缝干涉也是德布罗意波假设强有力的证据。德布罗意波的发现是物理学史上一次划时代的创新之举，是物理思想的一次飞跃，对近代人类文明已产生了深远影响。2002 年，美国《物理世界》杂志将电子双缝实验列为物理学十大经典实验之首就不无道理。

电子双缝干涉图样表明，电子既有粒子性，又有波动性，但它既不是经典的粒子，又不是经典的波。那么，如何进一步探究电子双缝干涉实验的奥秘呢？

2. 波函数的物理意义

为了进一步探究微观客体双缝干涉实验的物理内涵，还是以描述微观客体量子态的波函数 Ψ 作为切入点。历史上也曾有一个时期，物理学家都不知道如何去解释波函数（量子态）。只好星期一、三、五讨论电子的粒子性，星期二、四、六讨论电子的波动性。以下挑选曾经有过的几种不同观点简要回顾一下，以求对初学者的思考有所帮助。

1）有人曾认为，微观客体本来就是粒子，之所以具有波动性是因为它的运动路径像波。显然，这是不正确的，因为路径概念与不确定关系是水火不相容的。

2）另一派人认为，粒子是由波组成的，用波动学术语说，电子是德布罗意波在空间有限区域一个有限的波包（见图 19-11d）。波包的大小就是粒子的大小，波包的速度（称为群速）就是粒子的运动速度，因而能呈现出干涉与衍射等现象。这种解释也是站不住脚的。因为在波动学中，一个自由传播中的波包不能保持原状，传播中会越来越"胖"。实际观测到电子双缝实验中，到达观测屏上的电子总是一个一个地打在屏幕上的。夸大波动性的一面而抹杀了粒子性的一面的观点是片面的。

3）还有一派则认为，微观客体的粒子性是它的基本面，之所以出现波动性是由于它类似于空气中传播的声波，由大量微观粒子在空间形成疏密波。这种解释也是不能成立的，因为在极弱电子束的双缝实验中，电子是一个一个地通过仪器的。只是当时间足够长时，观测屏上才出现干涉图样，说明每个电子都具有波动性，单个电子具有的衍射本领，并不是源于大量电子的集体行为。

以上几种观点都不对，实质都是试图将出人意料的量子现象放到经典物理学框架中来解释。不客气地说，种种不能自圆其说的疑难，正是由于人们习以为常的经典概念在作怪。不论经典概念如何"振振有词"，终因为数学上或实验上遇到的不可逾越的障碍而被后人摒弃，这值得初学者"警觉"。

4）玻恩的统计诠释：目前为人们所普遍接受的是由玻恩提出的统计诠释。什么是统计诠释呢？为此，回到单电子双缝干涉实验，实验中微观客体是按它们自身的本性行事的。单次实验电子落到屏上何处的不确定性就是一种表现，在微观世界中，这种不确定性称为量子不确定性。不确定性意味着可能性，描述可能性大小的数学模型是概率。早在1926年，马克斯·玻恩在题为《量子力学和碰撞过程》一文中，对于这种量子不确定性首先提出，电子双缝干涉图样就是每个电子以多大概率出现于屏上某处的概率图样。沿着这条思路，玻恩进而得出一个惊人的结论：伴随每个粒子的德布罗意波 $\Psi(r,t)$，不是经典波而是描述该粒子在空间出现的概率波。也就是说，波函数 $\Psi(r,t)$ 不代表任何实在物理量的波动，而是刻画粒子量子态在空间分布的不确定性。这一解释赋予了量子物理中微观客体波粒二象性一个明确的界定。前已指出，微观粒子不是经典概念中的粒子，虽然具有能量、动量和质量等粒子的属性，但却不具有确定的运动轨道，不遵守牛顿运动定律。例如，如果问电子是通过"哪条轨道"从一处运动到另一处，这种命题本身在量子物理中是不成立的，因为本来就无轨道可言，或者说"一处湮灭，另一处产生""有无穷多轨道"等。因此，如果说经典物理中的粒子与波在量子物理中还有某种传承的话，则更重要的是本质区别。如何理解玻恩的概率波的概念呢？

3. 概率波

概率这一概念在量子理论之前很早就出现了。第一卷第十四章曾提到，19世纪中叶，在克朗尼希、麦克斯韦、玻尔兹曼等人的提倡下，把统计方法和概率概念引进到对大量分子热运动的研究。如麦克斯韦于1859年就在概率论基础上导出了气体分子按速率分布的统计规律。一般来说，凡是对一次特定实验结果不能预先确定，而经大量多次重复实验的、总的统计结果是可以预言的，这种预言就用概率语言表述。

现在，仍通过电子双缝干涉实验解读有关概率波的物理意义。

在电子双缝干涉实验中，单电子过双缝后落在屏上何处的命题，以明确的方式表达了单次实验结果的不确定性，只是在相同条件下，观察大量长时间重复实验的结果，才得到一幅确定的干涉图样（见图19-13d）。按玻恩的观点，实验给出的是伴随有波动性而到达屏上某处的电子，其不确定性受概率波 $\Psi(r,t)$ 的控制。

(1) **概率波振幅** 概率波有振幅吗？什么是概率波振幅呢？由于电子双缝干涉图样显示了大量电子击中屏幕各处的分布情况，按以上分析，电子分布图样就是电子概率分布图样。与光的双缝干涉类比，波强度与振幅平方成正比，在式（19-10）中，Ψ_0 就是概率波振幅，干涉图样的强度分布也用波函数 $\Psi(r,t)$ 的复振幅 $\Psi(r)$ 的模方 $|\Psi(r)|^2$ 描述（模符号不是绝对值，$|\Psi|^2 = \Psi^* \Psi$）。$|\Psi(r)|^2$ 就作为刻画电子出现在位置 r 处附近（德布罗意波长范围内）概率大小的一个量。这样，得知了波函数的振幅 $\Psi(r)$，就可以立即求得电子出现在空间某处的概率，因而把 $\Psi(r)$ 也称为概率波幅，简称概率幅。量子物理假设，概率波可以叠加并产生干涉，一旦 $|\Psi(r)|^2$ 在 r 处被观察到，意味着出现了粒子图像。以这样的图像理解概率波，以微观客体的"颗粒性"与波的"叠加性"为标志的波粒二象性就逐渐明朗了。

(2) **对电子双缝干涉的解释** 对初学者来说虽已有上述定性分析，但概率波仍是一个相当抽象的概念。为此，尝试追踪单电子通过双缝的概率波。图19-15给出了这一过程并不严格也非确切的波动图像（为什么？）。设想离开灯丝的概率波延伸到两条狭缝A、B，概率波穿过双狭缝后，在到达屏上过程中两波幅叠加干涉并在屏上生成干涉图样。

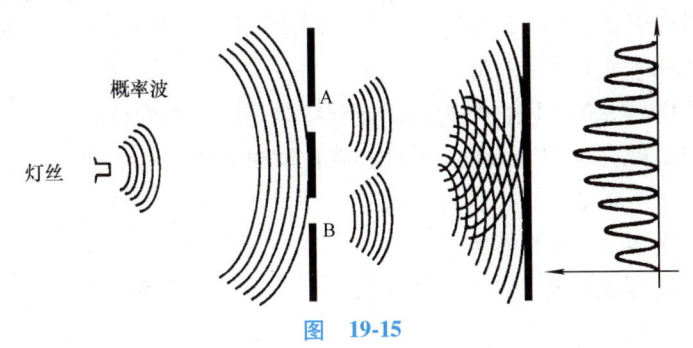

图 19-15

为了凸显定量表述以上<u>概率波幅的叠加</u>干涉图像，以图 19-15 结合图 19-16 分析。令 $\Psi_1(r,t)$ 表示当双缝中下面的单狭缝（B）关闭，电子通过上面的单狭缝（A）射向屏幕的波函数，图 19-16a 描述了电子仅穿过上面单狭缝（A）的单缝衍射图样 $|\Psi_1(r)|^2$。与此类似，令 $\Psi_2(r,t)$ 表示双缝中上面的单狭缝（A）关闭，电子从下面的单狭缝（B）射向屏幕的波函数，图 19-16b 也描述了电子穿过下面单狭缝的单缝衍射图样 $|\Psi_2(r)|^2$。如果双缝同时打开，电子不是只穿过一条缝，而是同时穿过两个狭缝时，设过双缝后射向屏幕的电子波函数为 $\Psi(r,t)$，则按概率波叠加原理的假设，波函数 $\Psi(r,t)$ 满足：

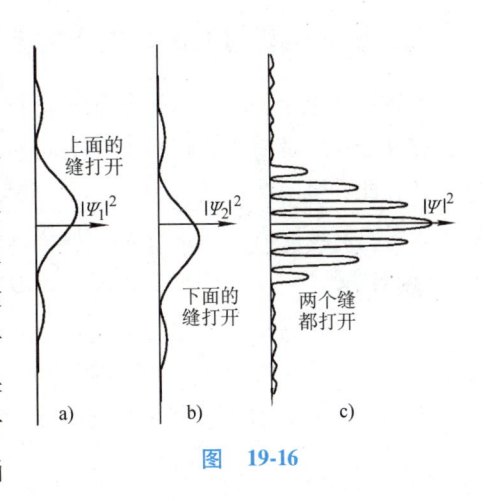

图 19-16

练习 24
$$\Psi(r,t)=\Psi_1(r,t)+\Psi_2(r,t) \tag{19-11}$$

式（19-11）表示电子自己与自己干涉，由于电子概率波穿过双缝射到屏上一点附近的强度（概率）要用波函数 $\Psi(r,t)$ 振幅 $\Psi(r)$ 的模方 $|\Psi(r)|^2$ 表示，对式（19-11）等号两侧取波函数的模方计算，简写为

$$\begin{aligned}|\Psi|^2 &= |\Psi_1+\Psi_2|^2 = (\Psi_1+\Psi_2)^*(\Psi_1+\Psi_2) \\ &= (\Psi_1^*+\Psi_2^*)(\Psi_1+\Psi_2) \\ &= |\Psi_1|^2+|\Psi_2|^2+\Psi_1^*\Psi_2+\Psi_1\Psi_2^* \\ &\neq |\Psi_1|^2+|\Psi_2|^2 \end{aligned} \tag{19-12}$$

其中 $\Psi=\Psi(r)$，$\Psi_1=\Psi_1(r)$，$\Psi_2=\Psi_2(r)$，不等号示意等式中的最后两项（称为干涉项）决定着双缝干涉效应。因为，双缝干涉图样不是两个单缝（单独）衍射图样的叠加（$|\Psi_1(r)|^2+|\Psi_2(r)|^2$）。换句话说，如果实验中关闭一条缝或者试图探测电子过哪条缝，立即会破坏由式（19-12）表示的双缝干涉图样。可以得出这种结论：出现<u>干涉项完全是概率幅叠加的效果，而不是概率相加的结果</u>。

如果非要说，在双缝实验中，"电子实际上是只穿过某一条缝的，但是因为我们不知道它究竟通过哪一条缝,所以就用以一定的概率穿过两条缝的办法来描述",这种说法已与实验事实不符,并且已由式(19-12)中的不等号证明。概率波叠加表明,微观客体以它本身"独特"的方式"同时"穿过了双缝。

上述讨论还可以换一角度说,微观客体过双缝时呈现了不可观测量子态的波动性,落到屏上被探测显示出不可观测量子态的粒子性。要让微观客体显示何种图像依赖于人们如何观测与观测什么,但量子态是什么,也许永远不需要、也难识庐山真面貌,因为量子态是什么这个问题人们至今尚未找到明确答案。

总之,如何解读单电子过双缝实验,除紧紧抓住概率波叠加原理式(19-11)外恐怕别无他法。

三、统计诠释对波函数提出的要求

玻恩对单电子何以过双缝并显示奇特性质做出了统计性诠释。统计性诠释第一层意思指波函数 $\Psi(\mathbf{r},t)$ 是描述伴随粒子在空间的概率波,统计诠释第二层意思指概率波强度的计算与意义,即:<u>概率波在某一时刻、空间某点附近的强度(概率幅模的平方)与该时刻、该点微观客体呈现的概率成正比</u>,写成等式表述为

练习 25

$$dP(\mathbf{r},t) = |\Psi(\mathbf{r},t)|^2 d\tau \quad (19\text{-}13)$$
$$= \Psi^*(\mathbf{r},t)\Psi(\mathbf{r},t) d\tau$$

式中,dP 表示概率;$d\tau$ 表示在空间某点 (x,y,z) 附近 $x\to x+dx, y\to y+dy, z\to z+dz$ 范围内的小体积元。作为概率波强度的 $|\Psi(\mathbf{r},t)|^2$ 又具有概率密度 $w(\mathbf{r},t)$ 的意义:

$$w(\mathbf{r},t) = \frac{dP(\mathbf{r},t)}{d\tau} = |\Psi(\mathbf{r},t)|^2 \quad (19\text{-}14)$$
$$= \Psi^*(\mathbf{r},t)\Psi(\mathbf{r},t)$$

式中,$\Psi^*(\mathbf{r},t)$ 是 $\Psi(\mathbf{r},t)$ 的共轭复数(或称复共轭)。式(19-14)表示了玻恩统计诠释第三层意思是波函数(概率波)模方的物理意义:<u>波函数 $\Psi(\mathbf{r},t)$ 模的平方表示 t 时刻在 $\mathbf{r}$ 处附近测量到微观客体的概率密度</u>。所以,由于单个微观客体的波函数是用来计算测量概率的数学量,从这个意义上说,物理学对波函数提出了要求,或者说它具有下列性质:

1. 单值性

因为波函数模的平方给出确定位置的概率,即 $|\Psi(\mathbf{r},t)|^2$ 必须单值,一般则要求 Ψ 为单值函数。

2. 连续性

波函数随时空的变化应反映微观粒子的运动变化,要求波函数必须是连续函数,其一阶微商也是连续函数。

3. 有限性

既然 $|\Psi(\mathbf{r},t)|^2$ 给出概率,必有一确定值。

4. 归一性

由于 $|\Psi|^2 d\tau$ 表示微观客体出现在体积元 $d\tau$ 内的概率,则微观客体出现在全空间的全部概率之和应该等于1。即 $|\Psi|^2$ 在全空间的积分等于1,有

$$\int_V |\Psi|^2 d\tau = \int_V \Psi^* \Psi d\tau = 1 \qquad (19\text{-}15)$$

式（19-15）称为波函数的归一性（或归一化条件）。它不能与式（19-12）的不等号混淆。后者描述的是概率波发生干涉时干涉条纹的计算需加入干涉项。

上述 1、2、3 性质又称为波函数的标准化条件。作为判据，不满足标准化条件的函数是不能随意用来描述微观粒子状态的。

【例 19-3】 设粒子在一维空间运动，它的状态可以用下述波函数描述：

$$\Psi(x,t) = \begin{cases} 0 & (x \leq -b/2, x \geq b/2) \\ A\exp\left(-\dfrac{i}{\hbar}Et\right)\cos\left(\dfrac{\pi x}{b}\right) & (-b/2 \leq x \leq b/2) \end{cases}$$

式中，A 为任意常数；E 和 b 均为确定的常数。试求：
(1) 归一化的波函数。
(2) 概率密度 w。
(3) 粒子出现在何处概率最大。

【分析与解答】 (1) 首先写出波函数的规一化条件

$$\int_{-\infty}^{+\infty} |\psi(x,t)|^2 dx = 1$$

根据本题中粒子出现的范围，将上式按分割积分法改写为

$$\int_{-\infty}^{-b/2} |\Psi(x,t)|^2 dx + \int_{-b/2}^{b/2} |\Psi(x,t)|^2 dx + \int_{b/2}^{+\infty} |\Psi(x,t)|^2 dx = 1$$

将题示条件中的波函数代入后得

$$A^2 \int_{-b/2}^{b/2} \exp\left(-\dfrac{i}{\hbar}Et\right)\cos\left(\dfrac{\pi x}{b}\right)\exp\left(\dfrac{i}{\hbar}Et\right)\cos\left(\dfrac{\pi x}{b}\right) dx = 1$$

即

$$A^2 \int_{-b/2}^{b/2} \cos^2\left(\dfrac{\pi x}{b}\right) dx = 1$$

利用积分公式

$$\int \cos^2 ax\, dx = \dfrac{x}{2} + \dfrac{1}{4a}\sin 2ax + C \quad (C\text{ 为常数})$$

可得规一化系数为

$$A = \sqrt{\dfrac{2}{b}}$$

则归一化波函数为

$$\Psi(x,t) = \begin{cases} 0 & (x \leq -b/2, x \geq b/2) \\ \sqrt{\dfrac{2}{b}}\exp\left(-\dfrac{i}{\hbar}Et\right)\cos\left(\dfrac{\pi x}{b}\right) & (-b/2 \leq x \leq b/2) \end{cases}$$

(2) 按概率密度 w 定义计算

$$w(x,t)=|\Psi(x,t)|^2=\begin{cases}0 & (x\leqslant -b/2, x\geqslant b/2)\\ \dfrac{2}{b}\cos^2\left(\dfrac{\pi x}{b}\right) & (-b/2\leqslant x\leqslant b/2)\end{cases}$$

(3) 粒子出现概率最大的地方必满足

$$\frac{\mathrm{d}}{\mathrm{d}x}\left(\frac{2}{b}\cos^2\frac{\pi x}{b}\right)=0$$

在 $x=0$ 处找到粒子的概率最大。

四、应用拓展——量子计算机

量子计算机是一种利用波粒二象性特性来进行计算的新型计算模型，其核心技术是态叠加原理，计算基础是量子比特（也称量子位）。与经典计算机（笔记本电脑、台式机甚至超级计算机等）相比，量子计算机并不通过 0 和 1 的二进制位来表示信息，而是利用量子比特来处理、存储信息。量子比特的特殊之处在于：其不仅可以表示 0 或 1，并且还可以表示同时含有 0 和 1 成分的叠加状态，即：$\Phi=\alpha|0\rangle+\beta|1\rangle$。其中 α、β 均为复数且 $|\alpha|^2+|\beta|^2=1$。根据海森伯不确定性原理，粒子的位置与动量不可同时被确定，位置的不确定性越小，则动量的不确定性越大，反之亦然。观测所引起的物理作用，会使得该叠加态会塌缩到与观测行为有关的一组确定状态，经过多次观测可以确定 0 的概率是 $|\alpha^2|$，1 的概率是 $|\beta^2|$。这样在处理量子比特时可以同时对 0 和 1 进行并行操作，加快运算速度，并且 n 个量子比特可以保存 2^n 个状态，这使得量子计算机能在计算效率和存储空间上指数倍优于经典计算机。正是由于量子计算机能具有比传统计算机更快的计算速度与超强的计算能力，因此它可以为解决某些经典计算机难以处理的复杂问题提供新的可能性，比如可为密码分析、气象预报、石油勘探、药物设计等所需的大规模计算难题提供解决方案，并且量子计算机也可揭示高温超导、量子霍尔效应等复杂物理机制，为先进材料制造和新能源开发等奠定一定的科学基础。

第五节 物理学思想与方法简述

量子物理体系的建立

1924 年 11 月 25 日，在巴黎大学科学系德布罗意通过了以《关于量子论的研究》为题的博士论文答辩。这一天是"物质波"正式公布于世的日子。由于量子物理的研究对象是微观客体的物理性质与规律，一般条件下不能被我们的感官所直接感知，因而在有限的实验显示的某些微观粒子运动特征的基础上，透过抽象而复杂的数学演算，采用类比的方式提炼出包含有物理内容的基本假设，建立起量子物理体系。因此，在量子物理形式体系的建构初期，波函数不可能预先被赋予明确的物理意义。虽然，关于波函数的意义曾经有过各种解释，都试图将量子物理的形式体系同经典物理学的某一特定分支的形式体系等同或近似等同起来，以便将量子理论还原为经典物理学，给予波函数以实在波的解释，但它们均因为数学上或实验上的矛盾而没有成功。

玻恩于1926年10月提出的概率波诠释，既与形式理论逻辑相容，又得到1928年伽莫夫等人完成的衰变理论，以及广泛的实验材料的支持，因此它成为后来几乎所有解释的基础。爱因斯坦指出："是理论决定了我们能观察到的东西"。

从量子物理形式体系的建立过程看，量子物理学是一门形式体系超前于物理意义诠释的物理学理论，这在基础物理理论中是空前的。如前所述，量子物理学具有显著的数学与逻辑的建构特征。因此，如何透过抽象而复杂的数学演算，理解其中有物理内容的基本概念，是我们接下来学习量子物理学时应当注意的问题。

练习与思考

一、填空

1-1 一电子经10V电压加速后的德布罗意波长为_____。

1-2 原子中电子的不确定范围为原子的直径d，电子（质量为m）速度的不确定范围为_____。

1-3 设电子的波长为0.2nm，不考虑相对论效应，则电子的动量为_____，电子的能量为_____。

1-4 描述微观粒子的波函数满足规一化条件，因为在全空间找到粒子的概率等于_____。

二、计算

2-1 试求动能等于静止能量的电子的德布罗意波长。

【答案】 $\dfrac{h}{\sqrt{3}\,m_e c}$

2-2 一维运动的粒子处于如下波函数所描述的状态：

$$\psi(x)=\begin{cases} 2\lambda^{\frac{3}{2}}xe^{-\lambda x} & x\geq 0 \\ 0 & x<0 \end{cases}$$

式中，$\lambda>0$。

（1）求粒子的概率密度分布函数；（2）在何处发现粒子的概率最大？

【答案】 （1）$\begin{cases} 4\lambda^3 x^2 e^{-2\lambda x} & (x\geq 0) \\ 0 & (x<0) \end{cases}$； （2）$x=\dfrac{1}{\lambda}$

习题2-2

三、思维拓展

3-1 如果电子与质子具有相同的动能，比较它们的德布罗意波长？

3-2 在日常生活中，为什么察觉不到粒子的波动性和电磁辐射的粒子性呢？

3-3 经典力学的确定论认为，如果已知粒子在某一时刻的位置和速度，那么就可以预言粒子未来的运动状态。在量子力学看来，这是否是可能的？请解释。

第二十章　薛定谔方程

本章核心内容

1. 波函数随时间和空间变化所满足的方程。
2. 一维无限深势阱模型，以及其薛定谔方程的解。

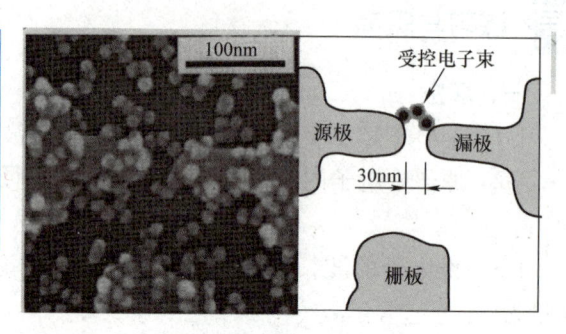

单电子晶体管

波函数是量子力学的基本概念，而波函数满足的薛定谔方程是量子力学的核心表述。

上一章介绍了微观客体具有波粒二象性及其运动特征的描述方法，由于微观客体的量子态需要用波函数 $\Psi=\Psi(x,y,z,t)$ 描述，随之而来要问：波函数 $\Psi=\Psi(x,y,z,t)$ 满足什么方程才能描述微观客体量子态随时间演化的规律呢？如果已知某时刻（t_0）微观客体的量子态，如何求出其后任意时刻（t）微观客体的量子态呢？如何由给定的物理边界条件来确定微观客体的量子态？这些都是量子物理中的核心问题。

历史上，奥地利物理学家薛定谔受德布罗意波假设和爱因斯坦关于理想气体量子理论文章的启发，同时在德拜的指导下，于1926年1月到6月，连续发表了6篇论文提出波动方程的假设，成功解决了上述问题。他提出的波动方程即称薛定谔方程。虽然，薛定谔的工作得益于他对统计力学和连续介质物理中的研究功底，也借助了几何光学和波动光学的知识，但薛定谔方程实际上是量子物理的一个基本假设，因为这一方程并不能由其他理论推导得到，或者从根本的原理去证明它，而是在"推导中猜测"，在"猜测中推导"，与一切基本物理定律一样，它的正确性只能用实践来检验。当年，薛定谔方程一经公布于世，欧洲物理学界简直可以说是欢声雷动，赞誉之声不绝于耳。不过，本章无须还原历史原貌，而是直接给出几种条件下薛定谔方程的具体形式，面对"初次会面"的印象分别介绍，从而进一步去认识它，理解它。

第一节　自由粒子的薛定谔方程

物理学研究中总是遵从由易到难、循序渐进的方法。量子物理中最简单的研究对象是不受外场作用的微观客体，简称自由粒子。我们研究薛定谔方程就从自由粒子开始。

一、方程的形式

上一章的式（19-10）给出了沿 x 方向运动、能量为 E、动量为 p 的自由粒子波函数具有如下形式：

$$\Psi(x,t) = \Psi_0 \exp\left(-i\frac{Et-px}{\hbar}\right)$$

在量子物理中微观客体量子态所满足的薛定谔方程可以直接表示为

$$i\hbar\frac{\partial \Psi(x,t)}{\partial t} = -\frac{\hbar^2}{2m}\frac{\partial^2 \Psi(x,t)}{\partial x^2} \tag{20-1}$$

式（20-1）全称为一维自由粒子含时薛定谔方程，左边是波函数 $\Psi(x,t)$ 对时间部分求一阶偏导数，右边是波函数对位置部分求二阶偏导数。

由一维自由粒子含时薛定谔方程可以拓展到三维自由粒子的含时薛定谔方程（过程略）：

$$i\hbar\frac{\partial \Psi(x,y,z,t)}{\partial t} = -\frac{\hbar^2}{2m}\left(\frac{\partial^2}{\partial x^2} + \frac{\partial^2}{\partial y^2} + \frac{\partial^2}{\partial z^2}\right)\Psi(x,y,z,t)$$

或简写为

$$i\hbar\frac{\partial \Psi}{\partial t} = -\frac{\hbar^2}{2m}\nabla^2 \Psi \tag{20-2}$$

式中，$\nabla^2 = \frac{\partial^2}{\partial x^2} + \frac{\partial^2}{\partial y^2} + \frac{\partial^2}{\partial z^2}$ 为拉普拉斯算符，或称为拉普拉斯算子。

从以上方程形式可以看出，除 i、Ψ 及偏导运算符号外，均只含约化普朗克常量 $\hbar = \frac{h}{2\pi}$ 和微观客体质量 m。方程中既不出现 Ψ 的高次项（如 Ψ^2 等），也不含 Ψ 的常数项；却含有不可捉摸的虚数单位 i，但不含状态参量（如 E、p 等）。对于初学者从未见过这种方程的形式，真令人百思不得其解。

二、方程的讨论

针对薛定谔方程特殊的形式，人们自然会把目光聚焦到薛定谔方程是如何建立的？

前已提到，量子物理中的薛定谔方程相当于经典力学中牛顿运动定律的地位，不能从更原始的理论中推导出来。因此，大学物理层面的第一要务，是了解式（20-1）与式（20-2）的意义与应用，而不必把精力耗费在方程是如何建立的。当然，查一查那一时期薛定谔的 6 篇论文，也许不无裨益。

为更多了解两式的意义，补充以下几点。

1) 对于初学者，不妨尝试着对比平面简谐光波的波函数（18-33）

$$A(x,t) = A_0 e^{-i(\omega t - kx)}$$

它所满足的波动方程可以表示为（参看第一卷第三章第二节）

$$\frac{1}{c^2}\frac{\partial^2 A}{\partial t^2}=\frac{\partial^2 A}{\partial x^2} \tag{20-3}$$

从数学上看，式（20-3）是光波波函数 A 对时间和空间的二阶偏微分方程。用作类比时，式（20-3）给我们的启示是，量子物理描述微观客体波函数 $\Psi(x,t)$ 随时间和空间变化的方程，也可能是一个含有 $\Psi(x,t)$ 对时间和空间求偏导的微分方程。但它除了以 Ψ 替代 A 以外，是否在数学形式上和式（20-3）完全一模一样呢？在类比式（20-3）时不妨尝试将式（19-10）表示的一维自由粒子波函数 Ψ 对 t 和对 x 逐一求两次偏导数，看看会得到什么样的结果？求两次偏导会出现以下 4 式：

练习 26

对时间 t 求两次偏导：

$$\frac{\partial \Psi}{\partial t}=-\frac{\mathrm{i}}{\hbar}E\Psi \tag{20-4}$$

$$\frac{\partial^2 \Psi}{\partial^2 t}=-\frac{1}{\hbar^2}E^2\Psi \tag{20-5}$$

对位置 x 求两次偏导：

$$\frac{\partial \Psi}{\partial x}=\frac{\mathrm{i}}{\hbar}p_x\Psi \tag{20-6}$$

$$\frac{\partial^2 \Psi}{\partial x^2}=-\frac{1}{\hbar^2}p_x^2\Psi \tag{20-7}$$

将以上各式分别与公式（20-1）做对比，其中式（20-4）中含有 Ψ 对时间的一阶偏导数，**为什么不能将它作为波函数 Ψ 所满足的通用方程呢？** 这是因为在方程（20-4）的系数中含有状态参量 E。**为什么在方程中含有系数 E 就不是所要求的方程呢？** 这是因为作为微观客体波函数所满足的波动方程，应该是不可测量子态变化规律的普遍描述，即方程中只出现微观客体量子态 Ψ，以及 $\hbar$ 一类的普适常数和 m 等具有微观客体共同属性所组成的系数。方程（20-4）中出现能量 E，或方程（20-6）中出现动量 p 等描述特定运动状态的参量，这些方程均不适用于描述一般量子态的变化，何况式（20-4）与式（20-6）都未能揭示 Ψ 在空间中是如何传播的，这也是不足之处。

为此，我们从另一个角度看：联立式（20-5）和式（20-7），利用自由电子的相对论能量和动量关系式（16-59），尝试构造出一个 Ψ 所满足不含 E 与 p 的偏微分方程。具体步骤是将下式的 E^2 代入式（20-5）：

$$E^2=p^2c^2+m_0^2c^4 \tag{20-8}$$

将所得结果中等号两侧同除以 c^2，得

$$\frac{1}{c^2}\frac{\partial^2 \Psi}{\partial t^2}=\frac{\partial^2 \Psi}{\partial x^2}-\left(\frac{m_0 c}{\hbar}\right)^2\Psi \tag{20-9}$$

式（20-9）中含有 Ψ 对时间与空间的偏微分，同时又不含 E、p 等特定状态参量，但与式（20-1）还是不同。问题出在哪里呢？我们现在知道这个方程并非一无是处，它就是描述自由粒子在相对论框架下鼎鼎有名的克莱因-戈登方程。在三维情况下，式（20-9）还可改写为

$$\frac{1}{c^2}\frac{\partial^2 \Psi}{\partial t^2} = \nabla^2 \Psi - \left(\frac{m_0 c}{\hbar}\right)^2 \Psi \tag{20-10}$$

更进一步，如果将式（20-9）用于光子，由于光子静止质量为零，即 $m_0 = 0$ 代入方程，并以 A 替代 Ψ，则由式（20-9）"摇身一变"成为式（20-3），即由克莱因-戈登方程过渡到光子的波动方程。

既然式（20-9）与式（20-1）的形式如此不同，插入这一段关于式（20-9）与式（20-10）的讨论是不是多此一举呢？不急，历史上式（20-10）曾是薛定谔最初用来描述氢原子中电子的波动方程。但当薛定谔用它来计算氢原子中电子的能级时，却得出了与实验不符的结果。这当然是物理学的大忌，但失败是成功之母，**问题出在哪里？**

2）在推导式（20-9）和式（20-10）的过程中，关键一步是利用了相对论的能量-动量关系式（20-8）。问题就在于氢原子中的电子速度相对较小（$10^6 \text{m} \cdot \text{s}^{-1}$），不属于相对论性粒子讨论范畴。所以，薛定谔用公式（20-10）进行解氢原子的尝试，自然会以失败告终。好在薛定谔善于修正错误，立即做出修正，他转而去考察非相对论性自由粒子。针对非相对论性自由粒子来讲，其能量-动量关系为

$$E = \frac{p^2}{2m} \tag{20-11}$$

随后仍采用得到克莱因-戈登方程（20-9）的步骤，将式（20-11）代入式（20-4），然后代入式（20-7）中的 p_x^2 并利用 $i^2 = -1$，如此辗转替换，就可以得到 Ψ 所满足的偏微分方程（20-1）：

$$i\hbar \frac{\partial \Psi}{\partial t} = -\frac{\hbar^2}{2m}\frac{\partial^2 \Psi}{\partial x^2}$$

至此，表明式（20-1）确实是非相对论性自由粒子量子态的运动变化规律。

3）式（20-1）还有哪些值得注意的特征呢？

a）式（20-1）需要取 $\Psi(x, t)$ 对时间的一阶偏微商、取 $\Psi(x, t)$ 对空间的二阶偏微商。方程中，波函数对时间、对空间取偏微商阶次似乎与式（20-11）中能量 E 及动量 p 的幂次有某种对应关系（详见下一节）。

b）在前面的讨论中曾指出，虚数单位 i 出现在式（19-10）中，描述电子一维运动状态的波函数 $\Psi(x, t)$ 是不可探测的复函数。可以证明，如果在式（19-10）中 Ψ 取实函数，将它代入式（20-1）中会得到 Ψ 恒为零这样没有意义的结果。反之，如果波函数 $\Psi(x, t)$ 不是复数形式［如 $A\cos(\omega t - kr)$］，则不可能出现薛定谔方程（20-1）。这一结论也曾困扰过当时的物理学界与今天的初学者。

c）在以上讨论中，用粒子的能量-动量关系式（20-8）得式（20-9）；用式（20-11）得式（20-1）。这是一种巧合吗？还是一种权宜之计？值得注意。

第二节　力场中粒子的薛定谔方程

从能量角度观察，不受外界（场）作用的单个微观客体只具有动能，受外界（场）作用的单个微观客体既具有动能，又具有势能。本节在一维自由粒子含时薛定谔方程（20-1）

的基础上，继续利用非相对论能量-动量关系分析并讨论外界（力场）作用下微观客体满足的薛定谔方程。

一、方程的形式

一般情况下把微观客体在所处环境中受到的外来作用以力场的形式来描述。例如，原子中的电子受到原子核的库仑力作用就以库仑力场来描述，又如组成金属晶体的原子外层价电子会受到周期性力场作用（详见第二十五章）等。**在已知力场作用下，微观客体的量子态（波函数）又将怎样运动或随时间演化呢？**

当作用于微观客体的力场是保守力场时，粒子的势能（函数）与位置有关可以表示为 $V(\boldsymbol{r})$。在非相对论情况下，运动粒子的能量（平均值）应是动能（平均值）与势能（平均值）之和，即

$$E = \frac{p^2}{2m} + V(\boldsymbol{r}) \tag{20-12}$$

对式（20-12）等号两边分别右乘 Ψ，得

> 练习 27

$$E\Psi = \left[\frac{p^2}{2m} + V(\boldsymbol{r})\right]\Psi$$

将上式中的 $E\Psi$ 用式（20-4）中的 $i\hbar\dfrac{\partial \Psi}{\partial t}$ 替换，并将它改写为

$$i\hbar\frac{\partial \Psi}{\partial t} = \frac{p^2}{2m}\Psi + V(\boldsymbol{r})\Psi$$

此式与自由粒子式（20-2）比较，多出 $V(\boldsymbol{r})\Psi$ 项，则

$$i\hbar\frac{\partial \Psi}{\partial t} = -\frac{\hbar^2}{2m}\nabla^2\Psi + V(\boldsymbol{r})\Psi \tag{20-13}$$

式（20-13）就是处在以 $V(\boldsymbol{r})$ 表征的保守力场中微观客体的三维含时薛定谔方程。它描述了一个质量为 m 的微观客体量子态在保守力场 $V(\boldsymbol{r})$ 中随时间和空间运动变化所遵守的规律。

在随后讨论算符方程之前，将波动方程与经典粒子能量-动量之间的对应关系罗列一下，会给初学者学习各类波动方程增加一个额外的观察角度：

1）相对论性粒子的能量-动量关系为

$$E^2 = p^2c^2 + m_0^2c^4$$

它们满足的波动方程形如：

$$\frac{1}{c^2}\frac{\partial^2 \Psi}{\partial t^2} = \nabla^2\Psi - \left(\frac{m_0 c}{\hbar}\right)^2\Psi$$

2）光子的能量-动量关系为

$$E^2 = p^2c^2$$

光子满足的波动方程为

$$\frac{\partial^2 A}{\partial t^2} = c^2\frac{\partial^2 A}{\partial x^2}$$

3）一维非相对论性自由电子的能量-动量关系为

$$E = \frac{p^2}{2m}$$

电子的波动方程（即薛定谔方程）为

$$i\hbar \frac{\partial \Psi}{\partial t} = -\frac{\hbar^2}{2m} \frac{\partial^2 \Psi}{\partial x^2}$$

4）三维保守力场中非相对论性电子的能量-动量关系为

$$E = \frac{p^2}{2m} + V(\boldsymbol{r})$$

它所满足的波动方程（即薛定谔方程）为

$$i\hbar \frac{\partial \Psi}{\partial t} = -\frac{\hbar^2}{2m} \nabla^2 \Psi + V(\boldsymbol{r}) \Psi$$

*二、算符与方程

综合以上各种对应关系，似乎暗含一个形式上的变换，即如果在各种已知的能量-动量关系中，将力学量 E、$\boldsymbol{p}$ 分别替换为对应的微分运算符号，例如：

练习 28

$$i\hbar \frac{\partial}{\partial t} \leftrightarrow E, \quad -\hbar^2 \frac{\partial^2}{\partial t^2} \leftrightarrow E^2 \tag{20-14}$$

$$-i\hbar \frac{\partial}{\partial x} \leftrightarrow p_x, \quad -i\hbar \left(\frac{\partial}{\partial x} \boldsymbol{i} + \frac{\partial}{\partial y} \boldsymbol{j} + \frac{\partial}{\partial z} \boldsymbol{k} \right) \leftrightarrow \boldsymbol{p}, \quad \left(\frac{\partial}{\partial x} \boldsymbol{i} + \frac{\partial}{\partial y} \boldsymbol{j} + \frac{\partial}{\partial z} \boldsymbol{k} \right) = \nabla, \quad -\hbar^2 \nabla^2 \leftrightarrow \boldsymbol{p}^2 \tag{20-15}$$

然后将能量-动量方程改写成算符之间的方程并作用于波函数 Ψ（方程两边右乘 Ψ），就奇迹般地出现了波函数所满足的方程。以某势场 $V(\boldsymbol{r})$ 中运动的粒子为例，按照非相对论性粒子的能量-动量关系

$$E = \frac{p^2}{2m} + V(\boldsymbol{r})$$

按式（20-14）和式（20-15）中的相应变换，将上式中各量换成相应算符（简称算符化），之后将各算符都右乘 Ψ [相当于作用在波函数 $\Psi(\boldsymbol{r},t)$]，立刻出现式（20-13）。注意变换中 $V(\boldsymbol{r})$ 形式不变（与 $\boldsymbol{r}$ 对应的算符就是 $\boldsymbol{r}$）。

在量子物理中，命名式（20-15）中的 $(-i\hbar \nabla)$ 或 $\left(-i\hbar \dfrac{\partial}{\partial x}\right)$ 为动量算符，而式（20-2）中的 $\left(-\dfrac{\hbar^2}{2m} \nabla^2\right)$ 或式（20-1）中的 $\left(-\dfrac{\hbar^2}{2m} \dfrac{\partial^2}{\partial x^2}\right)$ 称为动能算符，$V(\boldsymbol{r})$ 是保守力场（或称势场）的势能算符，也可以推广到非保守力场（如外加磁场）的势函数，视粒子所处外部环境而定。引入另一个运算符号，可简化粒子所受作用，如

$$\hat{H} = -\frac{\hbar^2}{2m} \nabla^2 + V(\boldsymbol{r}) \tag{20-16}$$

称它为哈密顿算符。注意 H 上加符号"^"意思为算符，应用式（20-16）将式（20-13）改写为

$$i\hbar \frac{\partial \Psi}{\partial t} = \hat{H}\Psi \tag{20-17}$$

式（20-17）是一种简洁的、具有更普遍意义的薛定谔方程。将它应用于一个微观客体量子态时，能否写出哈密顿算符 $\hat{H}$ 的具体形式是求解方程的关键，这有点类似于经典力学中的受力分析，因为在量子物理中的哈密顿算符并不局限于动能算符加势能算符一种形式。

由于光子能量 E 与动量 p 之间满足关系

$$\frac{E^2}{c^2} = p^2$$

将它按式（20-14）与式（20-15）变换成算符，就得到如下关于算符的方程：

$$\frac{1}{c^2} \frac{\partial^2}{\partial t^2} = \nabla^2 \tag{20-18}$$

再把等号两边的算符都作用在 $A(\boldsymbol{r},t)$ 上（c^2 是常数，不需要处理），就得到光波的波动方程（20-3）。以上程序只作为对初学者增加一个观察点，并没有进行严格的逻辑论证，也只触及量子物理"冰山的一角"。不过，它已展示了从经典物理如何过渡到量子物理。

第三节 定态薛定谔方程

形如式（20-17）的薛定谔方程是一个含时偏微分方程。**如何求解这类偏微分方程呢？** 当然要借助于数学了，特别是当方程中势函数 $V(\boldsymbol{r},t)$ 随时间演化时，从初态 $\Psi(\boldsymbol{r},0)$ 通过薛定谔方程去求解末态 $\Psi(\boldsymbol{r},t)$ 是有困难的。好在大学物理层面上我们只讨论粒子在恒定势场中的运动，即粒子势能不随时间变化（如原子中的电子）的问题。

一、分离变量法

首先，恒定势场中粒子的势能与时间无关，可以表示为

$$V = V(\boldsymbol{r}) \quad \text{或} \quad \frac{\partial V}{\partial t} = 0 \tag{20-19}$$

从最简单的一维势场开始，一维势场是指势能函数为 $V = V(x)$。用它替代一维含时薛定谔方程式（20-13）中的 $V(\boldsymbol{r})$，有

练习 29
$$i\hbar \frac{\partial}{\partial t} \Psi(x,t) = \left[-\frac{\hbar^2}{2m} \frac{\partial^2}{\partial x^2} + V(x) \right] \Psi(x,t) \tag{20-20}$$

数学上，求解这类偏微分方程经常采用分离变量法。分离变量法的前提是方程中的 $\Psi(x,t)$ 可以表示为两个函数 $\psi(x)$ 与 $f(t)$ 的乘积，其中每个函数中只含一个独立变量（x 或 t）。将分离变量后的 $\Psi(x,t)$ 代入式（20-20），得到两个常微分方程，最后在高等数学层面上求解常微分方程。

物理学史上，德布罗意在 1924 年提出：与经典力学中的驻波类比，原子中的电子在原子核库仑势场中的运动表现出驻波特征。因为，在经典物理学中，波长具有量子化特征的只有驻波［参看第一卷第八章式（8-42）］。将这一物理思想进一步推广：所有微观客体束缚

在恒定势场中都具有驻波的特征。薛定谔于 1926 年也假定过，实物微粒具有一定能量的状态——定态，应该与驻波有联系，即定态具有能量量子化的特征。薛定谔的重大贡献之一就是把德布罗意波用于定态，得到更普遍、实用的定态薛定谔方程。

在经典波动论中，驻波是两列振幅相同的相干波，在同一直线上沿相反方向传播时叠加而成的特殊振动状态。约束在一定空间范围内的振动，满足一定条件都可能产生驻波。如琴弦的振动产生一维驻波，鼓面的振动产生二维驻波等。第一卷第八章中给出的一类驻波方程，其波函数 $y(x,t)$ 形式如下：

$$y(x,t) = 2A\cos kx \cos\omega t$$

式中，波函数 $y(x,t)$ 为独立变量 x 与 t 两个函数的乘积，也就是说波函数 $y(x,t)$ 可以分离变量。波函数 $y(x,t)$ 这一特征可以表示为

$$y(x,t) = u(x)f(t)$$

式中，$u(x) = 2A\cos kx$，称为驻波的振幅方程，它表示驻波的振幅 $u(x)$ 与时间 t 无关，只随坐标 x 变化；而 $f(t) = \cos\omega t$ 与坐标 x 无关，它随时间 t 按余弦函数规律变化，描述每一质点以不同振幅 $u(x)$ 做简谐振动。

经典驻波是这样，回到式（20-20）中，若 $\Psi(x,t)$ 可以分离变量的话，则第一步将 $\Psi(x,t)$ 按 $y(x,t) = u(x)f(t)$ 的形式分离变量，这里是分别以 $\Psi(x,t)$、$\psi(x)$ 替代 $y(x,t)$ 与 $u(x)$，得

练习 30
$$\Psi(x,t) = \psi(x)f(t) \tag{20-21}$$

第二步，将式（20-21）代入式（20-20），并在等式两边同除以 $\psi(x)f(t)$，得

$$\frac{i\hbar}{f(t)}\frac{df(t)}{dt} = \frac{1}{\psi(x)}\left[-\frac{\hbar^2}{2m}\frac{d^2}{dx^2} + V(x)\right]\psi(x) \tag{20-22}$$

第三步，观察方程左边 $f(t)$ 只是有关时间的函数，与坐标 x 完全无关；而方程右边 $\psi(x)$ 及 $V(x)$ 仅仅是坐标 x 的函数，与时间无关。用等号将两边连接意味着不论右边自变量 x 与左边 t 各自如何变化，方程左右两边始终相等的关系不变。这种与 x、t 无关的"相等"只可能是方程左右两边都等于一个与时间和坐标均无关的常数。这个常数是什么？暂令它为 E（随后会看到 E 是能量）。正是这个常数 E 将式（20-22）分解成两个方程：由等式左侧可得

$$i\hbar\frac{df(t)}{f(t)dt} = E \tag{20-23}$$

是一个常微分方程，将 $i\hbar$ 移至等号右侧后，经过积分，方程的解可表示为

$$f(t) = f(0)\exp\left(\frac{-iEt}{\hbar}\right) = f(0)e^{-\frac{i}{\hbar}Et} = f(0)\left(\cos\frac{Et}{\hbar} - i\sin\frac{Et}{\hbar}\right) \tag{20-24}$$

式中，$f(0)$ 表示当 $t=0$ 时的常数。由等式（20-22）右侧得到的方程为

$$-\frac{\hbar^2}{2m}\frac{d^2}{dx^2}\psi(x) + V(x)\psi(x) = E\psi(x) \tag{20-25}$$

上式称为<u>一维力场（或势场）定态薛定谔方程</u>。利用式（20-16），在一维情况下它还可以简化为

$$\hat{H}\psi = E\psi \tag{20-26}$$

式中，$\hat{H} = -\dfrac{\hbar^2}{2m}\dfrac{\mathrm{d}^2}{\mathrm{d}x^2} + V(x)$，称为一维势场中粒子运动的哈密顿算符。

第四步，如何通过式（20-25）或式（20-26）求解实际问题中的 $\psi(x)$ 及 E 呢？从两式中看，关键是需要清楚（要找到）实际问题中势能函数 $V(x)$ 的具体形式，用算符语言说，也就是需要知道哈密顿算符具体形式。接下来需用到解常微分方程的知识（详见下一节）。将式（20-24）及求解式（20-25）得到的 $\psi(x)$ 代入式（20-21），得下式［常数 $f(0)$ 并入 $\psi(x)$］：

$$\Psi(x,t) = \psi(x)\mathrm{e}^{-\frac{\mathrm{i}}{\hbar}Et} \tag{20-27}$$

式（20-27）还提供了微观客体哪些信息呢？

二、定态的基本特征

式（20-27）的重要价值在于：当一个由微观客体组成系统的势能 $V(x)$ 不随时间变化时，由式（20-27）表述的波函数所描述微观客体的各种可能量子态称为<u>定态</u>。也就是由定态薛定谔方程（20-25）解得的波函数式（20-27）称为定态波函数。由定态波函数描述的微观客体量子态具有哪些特征呢？

1. 定态是稳定的态

经典物理中驻波本质上是一种稳定的振动状态，具有驻波形式的波函数式（20-27）所描述微观客体处于定态的概率密度 $w(x,t)$ 可计算如下：

练习31
$$w(x,t) = |\Psi(x,t)|^2 = \Psi^*\Psi = \psi^*(x)\mathrm{e}^{\frac{\mathrm{i}}{\hbar}Et}\psi(x)\mathrm{e}^{-\frac{\mathrm{i}}{\hbar}Et} = |\psi(x)|^2 \tag{20-28}$$

以上结果明确了概率密度 $w(x,t)$ 只取决于概率幅 $\psi(x)$，它只与空间位置坐标有关而与时间无关。

2. 定态系统具有确定的总能量

式（20-27）所描述的波函数 $\Psi(x,t)$ 与时间的关系 $f(t)$ 由 $\mathrm{e}^{-\frac{\mathrm{i}Et}{\hbar}}$ 表征，$\mathrm{e}^{-\frac{\mathrm{i}Et}{\hbar}}$ 是一个随时间做简谐振荡的指数函数。振荡频率由 $\omega = \dfrac{E}{\hbar}$ 表明，微观客体的德布罗意波频率是由总能量 E 决定的。分离变量法求解式（20-20）的运算过程中引入的常数 E，即为微观客体处于由式（20-27）所示波函数所描述定态时的总能量。在分析式（20-22）时强调 E 是常数，这说明处于定态的微观客体总能量是确定的，不随时间变化。

不过，虽然从数学上看，似乎式（20-25）应该对任意常数 E 值都有解。但是，从物理上讲，它只能对一系列特定的 E 值才能够有解。这是因为，解得的 E 值，一方面需要满足波函数的统计诠释，另一方面还要受具体物理条件（势场）所给出的限制（详见下一节）。

求解式（20-25）时，满足方程的一系列特定 E 值的大小，通常用形如图 18-8 中几何上分立的横线（能级）来形象表示，线条排列由 E_n 大小标识（$n = 1, 2, \cdots$），E_n 又称为体系的能量本征值。与 E_n 相对应的波函数 $\Psi(x,t)$ 改用 $\Psi_n(x,t)$ 表示，$\Psi_n(x,t)$ 是对应本征能量为 E_n 的本征波函数。从这个意义上说，不含时间的薛定谔方程［式（20-25）和式（20-26）］又称粒子在势场 $V(x)$ 中的能量本征方程。

物质微观体系结构与性能的研究（如分子、原子、原子核和基本粒子），主要是通过研究它们的能谱和散射来进行的。一个微观体系（量子系统）能量本征值 E_n 就是该系统的能谱。所以，能谱和散射都属于定态问题，这就是研究定态的价值所在。

下一节介绍量子物理中一个典型的、相对简单一点的定态问题求解，如何用薛定谔方程求解微观粒子定态问题的具体方法可窥一斑而知全豹。

第四节 一维无限深势阱中的粒子

以上几节介绍的各类型薛定谔方程在量子物理中还属于基本假设。进一步要做的是，如何能通过求解微观客体的定态薛定谔方程，得到描述微观客体量子态的波函数和能谱并加以实验验证，这是本节的任务。

一、一维无限深势阱模型

原子、分子和各种材料中运动的电子，虽然所处势场不同，但共同之处是都被约束在一个很小的空间范围内运动。

以金属中原子的价电子为例，它所遵循的规律是固体理论的基本问题之一。但由于实际金属的微观结构复杂，要严格用量子物理原理求解的话，无论在物理上还是数学上都很困难。因此，按物理学的研究方法要做模型化处理。其基本设想是：假定在金属内部价电子势能为常数并令其为零，而在金属边界上突然受到一堵无限高势能"墙"的阻拦而不能逾越，即使德布罗意波也难以渗透出无限高势垒区。这种约束金属中价电子的模型称为势阱模型（类似于密封容器中的理想气体分子）。

如何用数学方法描述这一模型？由于一个粒子在两个无限高势垒之间的运动，与一个粒子在无限深势阱中的运动属于同一类型，本节就讨论一维无限深势阱的理想情形。在这一模型中，粒子在阱内势能为零，阱壁上与阱外势能无限大，粒子被束缚在阱内运动。其势能曲线的几何图像如图 20-1 所示。图中，位于 $x=0$ 及 $x=a$ 两处升高至无穷的势能曲线就是阱壁。这种几何图像的数学表达式为

$$V=\begin{cases} 0 & 0<x<a \\ \infty & x\leq 0, x\geq a \end{cases} \quad (20\text{-}29)$$

表示势阱内 $V=0$，而阱壁及阱外本身 $V=\infty$。

二、薛定谔方程及其解

如果在经典力学中，粒子在图 20-1 这样的势场中运动时，除阱壁外，由于阱内势能为零，则它在各处受力为零（势阱内不存在摩擦一说），粒子动量大小保持不变。只是在阱壁处，粒子的运动方向要突然改变，同时粒子可以具有任何大于零的、非无限大的动能。

▶ 一维无限深势阱的求解

在量子物理中，微观客体具有波粒二象性，描述阱中粒子运动规律的是定态薛定谔方程［式（20-25）或式（20-26）］。一维无限深势阱中，由于 x 不同对

应势能 $V(x)$ 不同，需要按图 20-1 或式（20-29），针对"势阱内"（Ⅰ区）和"势阱外"（Ⅱ、Ⅲ区）两区分别进行讨论。

求解步骤如下：

1. 式（20-25）在本问题的形式

对于图 20-1，因为在阱内（Ⅰ区）中 $V(x)=0$，将式（20-25）用于在阱内运动的粒子，有

练习 32
$$\frac{d^2\psi}{dx^2}+\frac{2mE}{\hbar^2}\psi=0 \tag{20-30}$$

阱外（Ⅱ、Ⅲ区），由于 $V(x)=\infty$，微观客体不可能具有无限大势能，不能出现在Ⅱ、Ⅲ区，根据波函数需满足的标准化条件，势能突变为无穷，但 $\psi(x)$ 不能突变为无穷，它一定要在 x 的全部区域有限和连续，并使方程有意义，因此有边界条件：

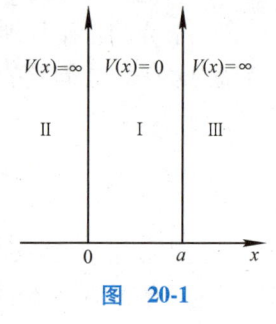

$$\psi_{\text{Ⅱ}}(x)=0，\quad \psi_{\text{Ⅲ}}(x)=0 \tag{20-31}$$

2. 求解式（20-30）的方法

在式（20-30）中 ψ 前的系数 m、E、$\hbar$ 均为正值，可简化为

$$k^2=\frac{2mE}{\hbar^2} \tag{20-32}$$

这是由于 $\frac{2mE}{\hbar^2}$ 恒为正，一定可以用某参量（如 k）的平方表示。而从物理上看，因 $E=\frac{p^2}{2m}$，但 $p=\hbar k$，将 p 代入 $\frac{2mE}{\hbar^2}$ 中就得 $k\left(k=\frac{p}{\hbar}=\frac{2\pi}{\lambda}\text{，即波数}\right)$。用 k^2 替代式（20-30）中 ψ 前的系数得到一个典型的微分方程：

$$\frac{d^2\psi}{dx^2}+k^2\psi=0 \tag{20-33}$$

在量子物理中，求解上述微分方程通常分两个步骤：

1）先找到式（20-33）的通解。

数学上，形如式（20-33）这类微分方程的通解有几种等价形式，本书采用其中之一，即

$$\psi(x)=A\sin kx+B\cos kx \tag{20-34}$$

式中，A、B 为待定系数（即积分常数），加之 k 也须确定。

2）求方程的特解。

由于式（20-34）含有两个待定系数（A、B）与一个待定参数（k）。求特解就是确定 A、B 与 k，这需要根据具体的边界条件计算出 A、B 与 k 后代入式（20-34）。本例中是**什么物理条件呢？** 它暗含在一维无限深势阱模型中。

粒子不可能穿越阱壁到达阱外去，阱壁和阱外波函数必定为零，即式（20-31）即为边值条件。将式（20-34）分别代入 $x=0$ 与 $x=a$，可得

$$\psi(0)=B=0 \tag{20-35}$$

练习33
$$\psi(a) = A\sin ka = 0 \tag{20-36}$$

其中，式（20-36）要求 $A=0$，或者 $\sin ka = 0$。如果 $A=0$ 及 $B=0$，则方程的通解式（20-34）中 $\psi(x)=0$，这不符合波函数 $\Psi(x,t)$ 描述概率波的诠释。如果势阱中 $\Psi(x,t)$ 处处等于零，那么势阱中也就没有粒子存在了。用数学语言说，解是一个无意义的平庸解，需要舍去。因此，在式（20-36）中只可以取

$$\sin ka = 0 \tag{20-37}$$

按正弦函数的性质，式（20-37）限制了式中参数 k 只能取为

$$ka = n\pi \quad (n = \pm 1, \pm 2, \pm 3, \cdots)$$

对于上式中 n 的正负值，将 $\sin(\pm kx) = \pm \sin kx$ 代入式（20-34）中得到只差正负号的两个 $\psi(x)$。如果取负号行不行呢？按用式（20-28）计算波函数的模方来看，$\pm A$ 并不影响计算结果（属同一个量子态）。因此，n 只取正值不影响解的普遍物理意义，则

$$k_n = \frac{n\pi}{a} \quad (n=1,2,3,\cdots) \tag{20-38}$$

若将此式代入式（20-34）的概率幅中，并对 $\psi(x)$ 加下标 n，即用 $\psi_n(x)$ 表示不同的 k_n 对应的概率幅，则

$$\psi_n(x) = A\sin k_n x = A\sin\frac{n\pi}{a}x \tag{20-39}$$

不仅如此，式（20-38）的重要价值还表现在将波数 k_n 的取值代入式（20-32）中可解得对应能量（本征值）为

$$E_n = \frac{1}{2m}k_n^2 \hbar^2 = \frac{\pi^2 \hbar^2}{2ma^2}n^2 \quad (n=1,2,3,\cdots) \tag{20-40}$$

至此，虽用了式（20-31）表示的边值条件，但还没有确定式（20-34）中的常数 A。为确定 A 需要第三个已知条件，那就是概率幅必须满足归一化条件式（19-15），得

$$\int_0^a A^2 \sin^2(kx)\,\mathrm{d}x = A^2\frac{a}{2} = 1$$

$$A^2 = \frac{2}{a}$$

与获得式（20-38）同样的理由，只对上式取正实根：$A = \sqrt{\dfrac{2}{a}}$。于是，一维无限深势阱中微观客体的归一化概率幅 $\psi(x)$ 为

练习34
$$\psi(x) = \psi_n(x) = \begin{cases} 0 & x \leq 0, x \geq a \\ \sqrt{\dfrac{2}{a}}\sin\left(\dfrac{n\pi}{a}x\right) & 0 < x < a \end{cases} \tag{20-41}$$

按式（20-27），一维无限深势阱中微观客体定态波函数为

$$\Psi(x,t) = \psi_n(x)\mathrm{e}^{-\frac{i}{\hbar}E_n t} = \sqrt{\frac{2}{a}}\sin\left(\frac{n\pi}{a}x\right)\mathrm{e}^{-\frac{i}{\hbar}E_n t} \tag{20-42}$$

式中，概率幅 $\sqrt{\dfrac{2}{a}}\sin\left(\dfrac{n\pi}{a}x\right)$ 也称为振幅波函数，指数函数表示量子态随时间演化规律。在量子

物理的无限深势阱中，一维束缚态的概率幅［如式（20-41）］总可以取成实函数（证明略）。

三、结果讨论——解的物理意义

1. 能量量子化

按式（20-40）计算，一维无限深势阱中粒子的能量只能取分立的（离散）值 E_n，这一现象称为 能量量子化。与第十八章第一节中普朗克作为一种强行假设不同，粒子能量量子化是在解定态薛定谔方程时，由波函数必须满足物理模型所给定的边值条件与归一化条件自然而然得到的结果。也可以这样理解，由于势阱限制了粒子的波动性（像弦驻波那样），出于波的干涉本性导致频率离散化（不能连续变化）——能量量子化。式（20-40）给出的一系列分立的能量值，它的大小可以用前已提到的分立能级（类似图18-8）描述。能级高低的序号 n 称为量子数。图20-2 画出一维无限深势阱中体现粒子能量量子化的能级示意图（n 只是数，不是位置坐标的函数，阱中也并不存在一条条水平线）。能量最低的量子态（$n=1$）称为 基态，其他能级的能量随 n^2 增加，称为 激发态，并呈现上疏下密的分布。由下往上相邻能级间距越来越大，这也可通过式（20-40）计算能级间隔 ΔE_n 看出来，即

$$\Delta E_n = E_{n+1} - E_n = \frac{\hbar^2 \pi^2 (2n+1)}{2ma^2} \qquad (20\text{-}43)$$

如果将这里的 ΔE_n 与式（20-40）的 E_n 相比，且当 $n \to \infty$ 时得 $\frac{\Delta E_n}{E_n} \approx \frac{2}{n} \to 0$。这一结果意味着什么呢？当 $n \to \infty$ 时，与能量 E_n 相比，相邻能级差 ΔE_n 已可以忽略不计了，也就是实验中观察不到量子化效应，能量变化回到经典可连续取值的图像。这种情况下，粒子已不再受势阱约束，量子图像被经典图像取代，表明自由粒子的经典图像（能量连续）可以看成是量子数 $n \to \infty$ 时量子图像（能量不连续）的极限情况。玻尔将此极限的存在上升到一条原理，称为对应性原理。

再由能级公式（20-40）看，阱中粒子最低能量（E_1）不能为零。由于 n 最小值 $n \neq 0$，就把 $n=1$ 时的能量 $E_1 = \frac{\hbar^2 \pi^2}{2ma^2}$ 称为 零点能。

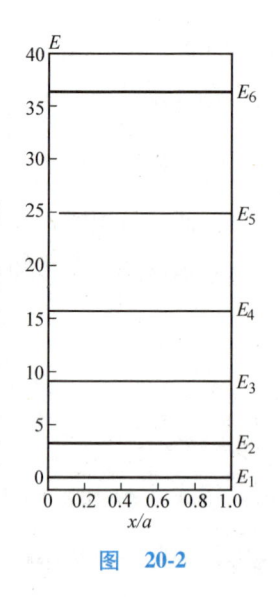

图 20-2

量子系统具有零点能，就必定存在零点运动，这一结果在经典物理学中是无法解释的。因为，在经典物理学中，$E_{\min}$ 一定为零，$E_{\min}$ 为零时粒子静止。

在量子物理中，由于粒子具有波粒二象性，按不确定性关系式（19-9）$\Delta x \Delta p \geq \hbar/2$，在势阱内，粒子的位置不确定度为势阱宽度 $\Delta x \approx a$，因此，$\Delta p_x \geq \hbar/2a$，不可能出现 $p_x = 0$。也就是说，"静止的波"是不存在的。由式（20-40）可以得到，$n=1$ 时，若势阱的宽度 a 很小，在小到原子尺度范围（0.1nm）以内时，不仅能级之间的间隔 ΔE_n 很大，能量量子化特

别显著，而且 a 越小，E_1 就越大，粒子运动越剧烈。

因此，可以断言，在阱内就不可能有静止的粒子（这是被限制在有限区域内粒子的共同特点）。反之，若势阱的宽度 a 大到在普通宏观尺度范围以内，不仅能级之间的间隔 ΔE_n 很小，能量量子化特征也不明显，就可以把粒子的能量看作是连续变化的。而且，E_1 也可以趋近于零，说明 a 的大小掌握着是量子图像还是经典图像的"决定权"（当然离不开 $\hbar$）。

不仅如此，还可解释有机染料不同颜色的起源，有机染料分子（多烯烃）是线性分子。设分子线度为 a，且分子中电子可近似看成在一维无限深势阱中运动。按式（20-43），能级差［参看式（21-4）］$\Delta E = h\nu \propto 1/a^2$。当分子线度 a 较大时，染料吸收频率 ν 较低的光，反射频率 ν 较高的光，有机染料呈蓝紫色；而对 a 较小的分子，则吸收频率 ν 高、而反射频率 ν 低的光，有机染料呈红色。

从以上讨论可以得到一种方法论的启示：当需要计算一个量子体系的能级结构（能谱）时，去求解形如式（20-25）或式（20-26）的定态薛定谔方程吧！当然，势能函数 $V(x)$ 形式不同，能量离散的形式也不同（对比图 20-2 与图 21-1）。

2. 粒子的波函数与概率密度 $w(x,t)$ 分布

利用欧拉公式之一，$\sin\theta = \dfrac{1}{2i}(e^{i\theta} - e^{-i\theta})$ 可将定态波函数式（20-42）改写成如下形式：

练习36

$$\begin{aligned}
\varPsi_n(x,t) &= \sqrt{\dfrac{2}{a}} \sin(kx) e^{-\frac{i}{\hbar}Et} \\
&= \dfrac{1}{2i}\sqrt{\dfrac{2}{a}}(e^{ikx} - e^{-ikx}) e^{-\frac{i}{\hbar}Et} \\
&= \dfrac{1}{2i}\sqrt{\dfrac{2}{a}} e^{-\frac{i}{\hbar}(Et-px)} - \dfrac{1}{2i}\sqrt{\dfrac{2}{a}} e^{-\frac{i}{\hbar}(Et+px)}
\end{aligned} \tag{20-44}$$

注意式（20-44）最终结果中两项指数小括号中符号的差别，它表明在式（20-44）中，粒子的定态波函数 $\varPsi_n(x,t)$ 是分别由沿 x 轴正向传播的单色平面波波函数（式中第一项）与沿 x 轴负向传播的单色平面波波函数（式中第二项）相叠加而成的驻波波函数。但严格推敲的话，这一描述还并不十分严密，因为在有限区间内，两列相向传播的行波并非严格单色。不过，对于束缚态，只要在有限空间内限制微观客体的运动，概率波将以实数形式概率幅的驻波形式存在［式（20-44）中两行波的概率幅是复数］。将 $k = 2\pi/\lambda$ 代入式（20-38）可解得

$$a = n\dfrac{\lambda}{2} \quad (n = 1, 2, 3, \cdots) \tag{20-45}$$

式中，a 表示取决于量子体系结构的势阱宽度；λ 表示在这种势阱中允许存在的概率波波长，也就是概率波半波长 $\lambda/2$ 能被 a 整除（见图 20-3a）。而且，在阱壁处，$\psi_n(0) = 0$，$\psi_n(a) = 0$ 表示对不同能量的粒子均对应波节位置，粒子出现的概率为零（见图 20-3b）。

图 20-3 中还有几个细节值得注意：

首先，除阱壁外，在阱内也有概率幅与概率为零的点，称为节点。但随着由下往上能量逐级增加，频率增加，波长缩短，节点数依次增加一个。从图中看，阱内节点数与 n 的关系

满足通式 n-1，这可延伸为波动方程驻波解的普遍性质。节点（粒子不出现）的存在是经典物理学百思不得其解的一种量子效应。因为在经典物理学看来，势阱内不受力的粒子在两势阱壁间将做匀速运动，能量 E 和动量 p 均要保持不变，粒子在阱内各点都可以出现。不仅如此，粒子出现于各处的可能性应该相同。

其次，从图 20-3b 中概率分布曲线看，概率分布曲线是一条随坐标 x 呈振荡式变化的曲线。振荡意味着在 $0<x<a$ 区域内，不同 x 附近概率密度不相同，而且 n 越大，这种振荡频数也就越大。如当 $n=1$ 时，在 $x=a/2$ 处附近粒子出现的概率最大；当 $n=2$ 时，变成在 $x=a/4$ 和 $3a/4$ 处附近出现的概率最大。概率密度峰值的个数和量子数 n 相等。

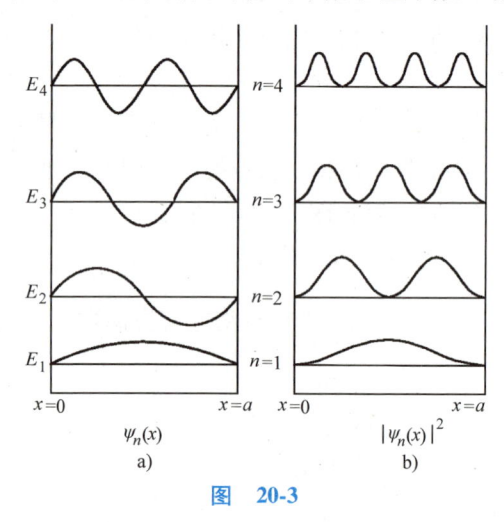

图 20-3

总之，对于 n 比较小的低量子态（低能量状态），经典物理与量子物理的描述差异特别显著。只有当 $n\to\infty$ 时，由图中曲线峰值出现的态可以推断，振荡峰可以密集到无法分辨的程度。此时，各处概率分布"不分彼此"，量子物理规律淡出，一切又回归到经典近似，这与前述讨论不谋而合。

【例 20-1】 一微观粒子在阱宽为 a 的一维无限深势阱中运动，设粒子处于基态，求：

（1）粒子在区间 $0\sim a/2$ 内的概率是多少？
（2）在何处附近发现粒子的概率最大？

【分析与解答】 （1）当粒子处于 $n=1$ 的状态，概率密度 $w(x)$ 可以表示为

$$w(x)=\psi(x)\psi^*(x)=\frac{2}{a}\sin^2\left(\frac{\pi}{a}x\right)$$

粒子处于区间 $0\sim a/2$ 内的概率 P 可以表示为

$$P\left(0\to\frac{a}{2}\right)=\int_0^{\frac{a}{2}}\frac{2}{a}\sin^2\frac{\pi x}{a}\mathrm{d}x=\int_0^{\frac{a}{2}}\frac{2}{a}\left(\frac{1-\cos\frac{2\pi x}{a}}{2}\right)\mathrm{d}x=\frac{2}{a}\left(\frac{x}{2}-\frac{a}{4\pi}\sin\frac{2\pi x}{a}\right)\bigg|_0^{\frac{a}{2}}=\frac{1}{2}$$

（2）处于基态粒子概率密度 $w(x)$ 可以表示为

$$w(x)=\psi(x)\psi^*(x)=\frac{2}{a}\sin^2\left(\frac{\pi}{a}x\right)\quad(0<x<a)$$

对概率密度 $w(x)$ 求一阶偏导数，

$$\frac{\mathrm{d}w}{\mathrm{d}x}=\frac{2}{a}\cdot 2\cdot\frac{\pi}{a}\cdot\sin\left(\frac{\pi}{a}x\right)\cdot\cos\left(\frac{\pi}{a}x\right)=\frac{2\pi}{a^2}\sin\left(\frac{2\pi}{a}x\right)$$

令 $\dfrac{\mathrm{d}w}{\mathrm{d}x}=0$，可得

$$\sin\left(\frac{2\pi}{a}x\right)=0\to x=n\frac{a}{2}(0<x<a)\to x=\frac{a}{2}$$

思考：阱里电子的动量可以为零吗？为什么？

3. 势阱模型的拓展与应用简介

一维势阱是研究二维或三维势阱的基础。近来，人们设计制作了一种称为超晶格的、具有"量子阱"的半导体器件，阱宽在 10nm 上下。处在超晶格的一维量子阱和二维量子阱中的电子就属于一维和二维势阱中的粒子。这种材料具有若干特性，已用于制作半导体激光器、光电检测器、双稳态器件等。例如，采用分子束外延法（MBE）和金属有机化学气相淀积法（MOCVD）为主要制备手段的超薄层生长技术，可以制备几十乃至几个原子层的超薄结构。由 GaAs 和 GaAlAs 两种单晶薄膜交替生长可制成多层结构，称为超晶格。当薄膜的厚度小于电子的德布罗意波长时，电子的运动受到限制，而表现出强烈的量子化效应，故而得名量子阱。其中 GaAs 形成势阱，GaAlAs 形成势垒。对此，本书不再详述。有关势阱模型的其他应用，有兴趣的读者可浏览下一节。

*第五节　势垒与隧道效应

从上面无限深势阱的理想模型看，无限高的势垒可以把粒子完全束缚在阱区之内，这样的边界条件使得体系的能量量子化。如果在 $x=0$ 到 $x=a$ 之间有一个有限高的一维势垒 $V=V_0$（见图 20-5），这种有限高的势垒是否也能把粒子束缚住呢？这类问题的实际例子是，有两块金属（或半导体、超导体）之间夹一厚约 0.1nm 的很薄的绝缘层，构成一个叫作"结"的元件。由于电子不易通过绝缘层，故绝缘层就像一个势垒。半导体 PN 结材料的电子或空穴通过空间电荷区（见第二十七章）的运动模型，就是这样的一种一维势垒。

在图 20-4 中，一维方形势垒的势能分布（势能曲线）为

$$V(x)=\begin{cases}V_0 & 0<x<a\\ 0 & x\leqslant 0, x\geqslant a\end{cases} \tag{20-46}$$

设图 20-4 中具有一定能量 E 的一束粒子，沿 x 轴正方向由负无穷远射向势垒。为分析方便，图中已将势垒及其左右分为三个区域，分别命名为 Ⅰ 区、Ⅱ 区、Ⅲ 区。

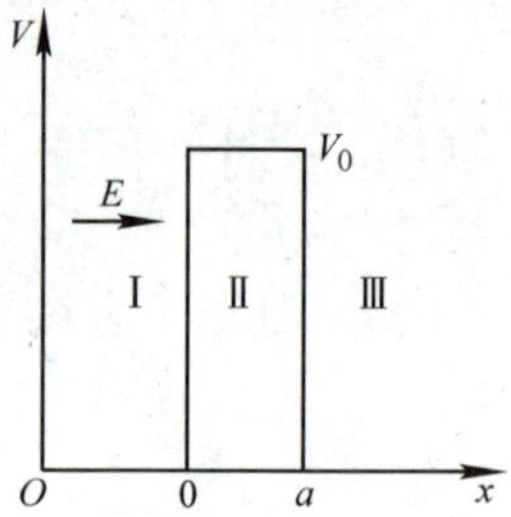

在经典力学中，只要粒子的动能 $E>V_0$，粒子从 Ⅰ 区射向 Ⅱ 区时就能越过势垒（Ⅱ 区），运动到 $x>a$ 的区域Ⅲ，粒子经势垒区 Ⅱ 时，其动量会发生变化。但当其动能 $E<V_0$ 时，粒子运动到 $x=0$ 处遇势垒，由于粒子动能不够，它决不能越过势垒，只能"乖乖地"被反射而折回。如果出现了粒子越过势垒而到达 $x>a$ 处的情况，那么粒子剩余动能为

$$\frac{p^2}{2m}=E-V(x)=E-V_0<0$$

按上式，p 必须为虚数，这显然是不可能的。同样，一个能量 $E<V_0$ 的粒子由右向左运动，从 Ⅲ 区射向势垒，也会在 $x=a$ 处被折回，而不能到达 $x<0$ 的 Ⅰ 区。但在微观世界里，情况如何呢？由于微观客体具有<u>波粒二象性</u>，其结果与经典物理大相径庭。当 $E<V_0$ 时，伴随微观客体的德布罗意波就有部分穿过势垒的可能，这种现象叫作隧道现象（或隧穿）。它已为大量实验所证实，隧穿现象已在许多领域广为应用。如 α 蜕变、热电子发射、场电子发射等现象的解释；金属半导体整流、隧道二极管等实际技术的应用；化学光合作用中光能的转移和传递机理的解释等。**对于隧道现象，量子物理做何解释呢？** 由于计算复杂，下面只做半定性半定量的简要介绍。

一、薛定谔方程

根据式（20-46）提供的模型，$V(x)$ 不随时间变化表明，研究隧道现象也是一个定态问题，也就是一个求解定态薛定谔方程的问题。如在图 20-5 中，当能量为 E 的粒子沿 x 轴方向射向右方用虚线示意的势垒时，伴随粒子的波碰到一层厚度为 a 的介质。结果有可能出现，一部分波被反射，一部分波被透过。特别是无论粒子能量 $E>V_0$ 还是 $E<V_0$，都有一定的概率穿透势垒，这种情况与经典力学不同。因此为了进一步研究这种现象，首先设粒子在 Ⅰ、Ⅱ、Ⅲ 区中的概率幅用 $\psi_1(x)$、$\psi_2(x)$、$\psi_3(x)$ 表示。

然后，仿照式（20-30）的形式直接列出 Ⅰ、Ⅱ、Ⅲ 区中概率幅所满足的定态薛定谔方程，它们分别是

$$\frac{d^2\psi_1(x)}{dx^2}+\frac{2mE}{\hbar^2}\psi_1(x)=0 \quad Ⅰ区$$

$$\frac{d^2\psi_2(x)}{dx^2}+\frac{2m}{\hbar^2}(E-V_0)\psi_2(x)=0 \quad Ⅱ区$$

$$\frac{d^2\psi_3(x)}{dx^2}+\frac{2mE}{\hbar^2}\psi_3(x)=0 \quad Ⅲ区$$

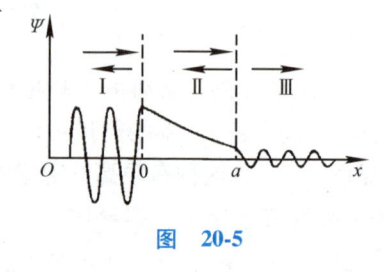

接下来只考虑 $E<V_0$ 的情形。令

$$k_1^2=\frac{2mE}{\hbar^2} \tag{20-47}$$

$$k_2^2 = \frac{2m}{\hbar^2}(V_0 - E) \tag{20-48}$$

则区域Ⅰ、Ⅱ、Ⅲ中粒子满足的定态薛定谔方程是两种典型的微分方程，即

$$\frac{d^2\psi_1(x)}{dx^2} + k_1^2\psi_1(x) = 0 \tag{20-49}$$

$$\frac{d^2\psi_2(x)}{dx^2} - k_2^2\psi_2(x) = 0 \tag{20-50}$$

$$\frac{d^2\psi_3(x)}{dx^2} + k_1^2\psi_3(x) = 0 \tag{20-51}$$

数学上，式（20-49）与式（20-51）两方程的通解相同，均为

$$\psi_1(x) = Ae^{ik_1x} + Be^{-ik_1x} \tag{20-52}$$

$$\psi_3(x) = Ce^{ik_1x} + De^{-ik_1x} \tag{20-53}$$

而式（20-50）的通解不同，它是

$$\psi_2(x) = Fe^{k_2x} + Ge^{-k_2x} \tag{20-54}$$

二、方程解的讨论

将式（20-52）和式（20-54）中概率幅 $\psi_1(x)$、$\psi_2(x)$、$\psi_3(x)$ 都乘上一个时间因子 $e^{-\frac{i}{\hbar}Et}$ 后，得 $\Psi_j(x,t) = \psi_j(x)e^{-\frac{i}{\hbar}Et}$（$j = 1, 2, 3, \cdots$）。对照式（20-44）看，式（20-52）和式（20-53）两式的右边第一项表示由左向右传播的平面波，第二项是由右向左传播的平面波。因此，取式（20-52）中第一项表示入射波，第二项表示反射波。在 $x > a$ 的Ⅲ区中，由于没有由右向左运动的粒子，也就是无反射波，这在物理上相应于在 $x = \infty$ 处有一接收装置，故可以令式（20-53）中 $D \equiv 0$。区域Ⅱ的概率幅式（20-54）包括的两项有点特殊，第一项随 x 的增大而指数上升，第二项随 x 的增大而减小。

如何求出通解 $\psi_1(x)$、$\psi_2(x)$、$\psi_3(x)$ 中的 5 个待定系数是确定特解的关键。首先，要应用概率幅满足的边值条件，即在 $x = 0$、$x = a$ 的边界处概率幅及其一阶微商连续（包含 4 个条件），再加上概率幅都满足的归一化条件，就可确定 A、B、C、F、G 这 5 个待定系数。为什么要涉及概率幅的一阶微商？这是因为，对于二阶定态薛定谔方程（20-25）来说，若势场 $V(x)$ 是 x 的连续函数，则 $\psi''(x)$ 存在。因此，$\psi(x)$ 和 $\psi'(x)$ 必为 x 的连续函数。

由于计算复杂，大学物理层次上要回避确定式（20-52）和式（20-54）中 5 个系数的计算过程，但可突出描述透射波系数 C 与入射波系数 A 的关系

$$C = \frac{2ik_1k_2e^{-ik_1a}}{(k_1^2 - k_2^2)^2 \mathrm{sh}ak_2 + 2ik_1k_2\mathrm{ch}ak_2}A \tag{20-55}$$

式中，符号 sh 和 ch 分别表示双曲正弦函数和双曲余弦函数。其值为

$$\mathrm{sh}x = \frac{e^x - e^{-x}}{2}, \quad \mathrm{ch}x = \frac{e^x + e^{-x}}{2} \tag{20-56}$$

为什么在 5 个系数中要突出式（20-55）呢？ 这是因为，对于面前的势垒穿透问题，人们感兴趣的是，在粒子能量 $E < V_0$ 的情况下，是不是真有粒子能够穿透势垒到达Ⅲ区。

式（20-55）中 A 表示入射波 $A\mathrm{e}^{\mathrm{i}k_1x}$ 的振幅，即动量为 $k_1\hbar$ 入射粒子的概率密度为 A^2；C 是透射波 $C\mathrm{e}^{\mathrm{i}k_1x}$ 的振幅，即动量为 $k_1\hbar$ 的透射粒子的概率密度为 C^2。依此，定义势垒的透射系数 T 与反射系数 R：

透射系数
$$T=\frac{|C|^2}{|A|^2} \tag{20-57}$$

反射系数
$$R=\frac{|B|^2}{|A|^2} \tag{20-58}$$

透射系数 T 代表粒子穿透势垒的概率；反射系数 R 代表粒子被势垒反射回去的概率。显然 $T+R=1$，而透射系数的数学表达式为

$$T=\frac{4k_1^2k_2^2}{(k_1^2+k_2^2)^2\,\mathrm{sh}^2ak_2+4k_1^2k_2^2} \tag{20-59}$$

从式（20-59）看，即使 $E<V_0$，在一般情况下，透射系数 T 并不为零，描述了粒子能穿透比其动能更高的势垒（见图 20-6）。

如果势垒很高（k_2 比较大）和很宽（a 比较大），则式（20-59）中 $ak_2\gg1$，因此 $\mathrm{e}^{ak_2}\gg\mathrm{e}^{-ak_2}$。按式（20-56），$\mathrm{sh}^2ak_2$ 可近似表示为

$$\mathrm{sh}^2ak_2=\left(\frac{\mathrm{e}^{ak_2}-\mathrm{e}^{-ak_2}}{2}\right)^2\approx\frac{1}{4}\mathrm{e}^{2ak_2}$$

同时考虑到在此条件下，$\mathrm{e}^{2ak_2}\gg4$。与 e^{2ak_2} 项相比，可略去分母中的 $4k_1^2k_2^2$ 项，于是式（20-59）可简化为

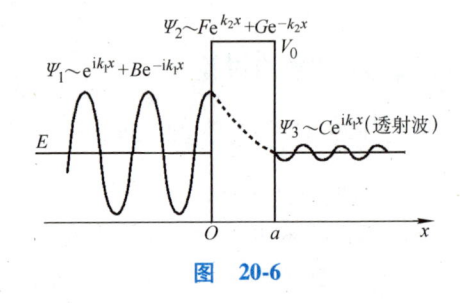

图 20-6

$$\begin{aligned}T&\approx\frac{4k_1^2k_2^2}{(k_1^2+k_2^2)\frac{1}{4}\mathrm{e}^{2ak_2}}=\frac{16k_1^2k_2^2}{(k_1^2+k_2^2)^2}\mathrm{e}^{-2ak_2}\\ &=\frac{16}{\left(\frac{k_1}{k_2}+\frac{k_2}{k_1}\right)^2}\mathrm{e}^{-2ak_2}=T_0\mathrm{e}^{-2ak_2}\\ &=T_0\mathrm{e}^{\left[-\frac{2a}{\hbar}\sqrt{2m(V_0-E)}\right]}\end{aligned} \tag{20-60}$$

式中，$T_0=\dfrac{16E(V_0-E)}{V_0}$。由以上对 $ak_2\gg1$ 近似处理的式（20-60）可得到，由于有指数因子 e^{-2ak_2}，一般来说透射概率是很小的。但是，T 不为零却表示微观粒子与经典粒子有截然不同的性质。读者可能已注意到，势垒穿透正是粒子波动性的表现。

从式（20-60）还可以看出，透射系数取决于势垒宽度 a、粒子质量 m，以及 V_0-E 之值。例如对于电子，设 $E=1\mathrm{eV}$，$V_0=2\mathrm{eV}$，$a=0.2\mathrm{nm}$，可以估算出 $T\approx0.51$，若 E、V_0 不变，$a=0.5\mathrm{nm}$，则 $T\approx0.024$，T 随 a 增加而迅速变小。所以，对于宏观物体，隧道效应实际上已经没有意义，量子概念过渡到了经典概念。

三、应用拓展——隧道效应的应用

如前所述，隧道效应是由粒子的波动性所引起的。但只在一定条件下这种现象才能显著表现出来和应用，这已为许多实验所证实。如原子核 α 衰变时（参看第二十八章第三节），α 粒子的发射就可以用隧道效应做如下解释：核内的 α 粒子处在球壳形势垒中，势垒高于 20MeV，而 α 粒子的能量小于 10MeV，但它仍有一定的概率逸出原子核。又如，在核聚变时，当两个氢核彼此近到核力发生作用之前要受到库仑排斥力的强烈作用，两核间出现一库仑势垒，核聚变能否发生取决于两个氘核穿过这一势垒的能力（参看第二十八章第七节）。所以，没有隧道效应，核聚变也就难以产生。

在现代检测技术中，隧道效应已应用于隧道二极管、扫描隧道显微镜等。这两种应用的主持人先后获得了诺贝尔奖。

1. 扫描隧道显微镜

如图 20-7 所示，在一个极细的导体针尖顶端用腐蚀法制备一个由少量原子组成的小针尖，称之为探针，此探针尖端的尖锐程度接近于单个原子的线度。以探针作为一个电极，以待测材料表面作为另一个电极。在探针和样品间加一小电压后，当探针与试样表面间距为纳米级或更小时，在探测电路中就会出现由隧道效应而形成的电流。读者需注意，形成隧道电流时，探针并未与试样表面接触。这是为什么呢？我们知道，在一般情况下，金属中的电子不能逸出表面，因为它的动能低于表面外空间的势垒。而现在针尖与试样表面距离极近，这空隙就相当于一个高度有限、而宽度很小的势垒。电子要从探针尖到达试样表面必须要穿过这一势垒。从前述式（20-60）的讨论可知，针尖电子穿过这一势垒的透射概率 T 不等于零。因此，在两极所加电压的电场作用下，电子有一定概率穿透这一势垒而形成电流。从式（20-60）可知，隧道电流的大小对势垒宽度 a 的变化（即探针尖到试样表面的距离）非常敏感。当针尖沿试样表面扫描时，通过隧道电流的变化，便能描绘出试样表面高低（a）的轮廓。实验时，探针在试样表面上方的扫描可以采用两种方法：一种方法是<u>控制隧道电流恒定</u>，即保持针尖与试样表面间距不变，则探针将在试样表面上方起伏变化，通过探针的高低变化描绘试样表面的起伏；另一种方法是对于表面起伏不大的样品，可<u>控制针尖高度恒定</u>，则隧道电流将发生大小变化，通过记录隧道电流的变化来得到表面原子排布的信息。

2. 隧道二极管

当增加 PN 结两端电压时电流反而减少，这种反常负电阻现象也归结为隧道效应。可以利用这一效应制作隧道二极管。针对普通 PN 结，当外加电压超过势垒时，电子才能通过耗尽层形成电流。硅材料的势垒一般为 0.7V，锗材料的势垒一般为 0.15～0.3V。按照一维无限深方势阱模型，如果 PN 结非常薄，厚度在 3～100Å，同时半导体材料的掺杂浓度又特别高，在此情况下，并不需要施加与势垒

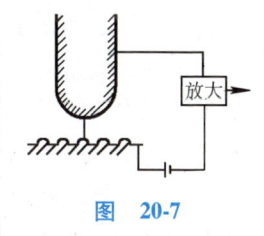

图 20-7

等高的偏压，电子就会穿过势垒从而形成隧道电流。由于隧道二极管具有负电阻区域，而且隧道效应发生速度很快，可用于高频振荡、放大和开关等电路元件，可以用来提高计算机的运算速度。此外，由于功耗小，同样广泛适用于卫星设备。

第六节　物理学思想与方法简述

经验归纳与探索演绎

在物理学研究中，无论是观测实验还是理论研究，也无论是从感性认识上升到理性认识，数学方法的应用都是不可忽视的重要环节，其作用可以概括为：提供简洁精确的形式化语言；提供数量分析和计算方法；提供推理工具和抽象能力。爱因斯坦曾明确指出 20 世纪理论物理的主要特征："适用于科学幼年时代的以归纳法为主的方法，正在让位给探索性的演绎法。"具体意思是指物理学家有两种工作方法。

1) 在实验基础上工作。通常，物理学中的新理论或旧理论的新发展均起因于与实验发生了明显冲突。于是，物理学家的任务是把与已知事实冲突的那些事实合并成一个和谐的整体，并从中提炼出新理论的思想，这就是经验归纳法。

2) 在数学基础上工作。现代物理学发展的历史充分表明，谁要想在物理学领域取得突破性进展，他就必须掌握新的、鲜为人知的数学方法。当今物理理论离我们熟悉的宏观世界越来越远，在这些领域里想要像经典物理那样靠经验来归纳出理论，已经越来越不可能。尤其是在微观领域里，经验资料本身都与测量的手段、环境、方法有关，在这种情形下，即便不说是全部，那么至少在绝大部分理论物理工作中，用归纳法是行不通的，它们已经缺乏能力来描绘微观现象的本质规律了。爱因斯坦曾明确指出，"理论物理学中的创造性原理存在于数学之中""理论物理的公理基础不可能从经验中抽出来而必须是由自由想象创造出来""经验告诉我们，经验可以启示我们用哪一种恰当的数学概念，但数学的想法绝不可能从经验里头推演出来"。

现代物理理论中的数学不是直接而是间接地反映现实的量的关系和空间形式，好像它脱离了物质世界。实际上，数学概念只是一种现实中数量、空间、结构、变化形式的反映。物理学家采用上述哪一种方法，在很大程度上取决于研究的课题。曾经有人半开玩笑但也多少带有惊讶心情地说："薛定谔呀，最可庆幸的是别人比你更相信你的方程。"还有人取笑说"薛定谔的方程比薛定谔本人还聪明"，意思是薛定谔本人想不到的问题，方程竟能奇迹般地提出并加以解决。

在经典物理学中，物理系统的状态演化总是通过系统中的一些物理量之间所满足的确定关系来描写的。而在量子物理中，薛定谔方程中量子系统的状态，不是由物理量之间的关系直接确定的，而是通过波函数随时间的变化关系间接地、概率式地体现的。正如玻恩所言，在微观领域内，粒子运动遵循统计规律。因此，与经典统计物理相比，在量子领域内，概率的概念具有特别重要的地位。从量子物理形式理论看，只要一个量子系统不与宏观客体发生相互作用，其运动就由含时薛定谔方程描述，那么，它就将是一个只有演化的潜在可能性而没有真实物理事件的世界。

练习与思考

一、填空和简答

1-1 求解一维无限深势阱中电子的状态过程中，由通解得到特解时，用到了波函数的

_____特征。

1-2 什么是定态？定态有什么特征？

1-3 波函数 ψ 与 $k\psi$ 和 $e^{i\beta}\psi$ 是否描述同一态？为什么？

1-4 归一化波函数是否可以含有一个任意的相因子？

1-5 将描述体系量子态波函数乘以一个常数后，所描写的体系量子状态是否改变？

二、计算

2-1 原子核内的质子和中子可以粗略地当成处于无限深势阱中而不能逸出，它们在核中可以认为是自由的。按一维无限深势阱模型估算，质子从第一激发态（$n=2$）跃迁到基态（$n=1$）时，所释放的能量是多少兆电子伏？所辐射的光子的波长是多少？原子核的线度取为 $a\approx 1.0\times 10^{-14}$m，质子的质量为 $m_p=1.673\times 10^{-27}$kg。

【答案】 $\Delta E=6.2$MeV，$\lambda=2\times 10^{-4}$nm

2-2 一个细胞的典型线度为 $a=10\mu$m，其中一个蛋白质分子的质量为 $m=10^{-14}$g。按一维无限深势阱模型估算，该分子的 $n=100$ 激发态以及 $n=101$ 激发态的能量各是多少？它们之间的能量间隔是多少？

【答案】 $E_{100}=5.4\times 10^{-37}$J，$E_{101}=5.5\times 10^{-37}$J，$\Delta E=0.11\times 10^{-37}$J

三、思维拓展

3-1 薛定谔方程作为基本假设在量子力学中提出来，需不需要满足一定的条件？

3-2 举例量子隧穿效应，说明其应用，思考在什么情况下隧道效应就不明显了。

第二十一章 氢原子中的电子

本章核心内容

1. 玻尔对氢原子结构的猜想、应用与验证。
2. 球坐标系中三维定态薛定谔方程形式与求解思路。
3. 四个量子数 n、l、m_l、m_s 的来历、意义与作用。
4. 氢原子中电子出现在空间某区间概率的计算。

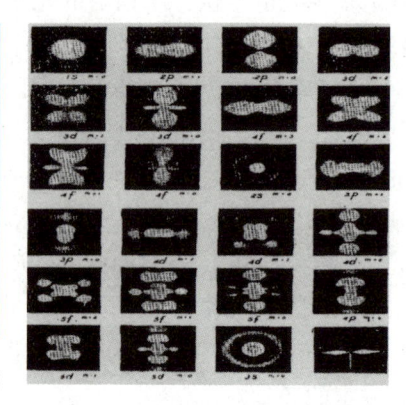

电子云分布

氢原子是原子结构最简单的一种原子，也是组成宇宙的 100 多种元素中的"霸主"（组成恒星、星云的主要成分），是量子物理中唯一能够通过严格求解薛定谔方程求得电子的波函数与能量的原子。本章将简要介绍处理氢原子问题的两种不同方法，其中，由于求解三维定态薛定谔方程的数学运算相当复杂，超出了大学物理的教学要求，因此，本章只在厘清求解三维薛定谔方程的基础上，适时讨论有关结果的物理意义。

先简要介绍用玻尔模型处理氢原子问题的方法与主要结论。

第一节 氢原子的玻尔模型

玻尔提出的氢原子模型是在人们认识微观世界的历史进程中一个阶段性的成果，它的一些主要物理图像、某些核心思想至今仍然具有启发性与应用价值。

一、提出玻尔模型的历史背景

在物理学中，原子结构一直是人们长期感兴趣的课题。例如，原子发光是典型的源于原子能量发生变化的现象之一。又因为从原子中发出来的光谱线，其规律取决于原子结构，提供给了人们研究原子结构的宝贵信息。因而，对原子光谱的实验规律的研究与解释，促使各种原子结构模型的提出。因为实验发现，不同元素的原子发出各自不同的特征光谱。其中氢原子光谱（简称氢光谱）规律最为简单，自然成为人们首选的研究目标。

1. 氢原子线状光谱的频率分布

光谱分析的历史可追溯到 1802 年，沃莱斯顿用分光计发现了在火焰中的钠黄线。随后，许多研究者相继进行光谱学的实验与理论研究。从 19 世纪 80 年代到 20 世纪初，巴尔末、莱曼、帕邢、布拉开和普丰德等先后发现了氢光谱的 5 个线系（不同的频率分布集合）（见图 21-1），后来，人们意识到这些早期对氢光谱的实验研究奠定了整个光谱学的实验基础。研究发现，以上各谱线系的所有频率无一例外地可以用一个公式计算，即

$$\nu = cR\left(\frac{1}{m^2} - \frac{1}{n^2}\right)$$
$$= cT(m) - cT(n) \tag{21-1}$$

式中，c 为真空中光速；R 为里德伯常量，它的实验值为

$$R = 1.096\,776 \times 10^7\,\mathrm{m}^{-1}$$

光谱学中将 $T(m)$ 与 $T(n)$ 称为光谱项，其中 m 与 n 按以下规律取值：

$$m = 1, 2, 3, \cdots;\ n = m+1, m+2, m+3, \cdots\ （不是无限制的）$$

以氢原子光谱为例，式（21-1）中 m 从 1 开始，取值不同，代表不同的谱线系。例如，取 $m=1$ 及 n 代入式（21-1）计算出的谱线频率分布称莱曼系，以此类推：取 $m=2$ 称巴尔末系，$m=3$ 称帕邢系，$m=4$ 称布拉开系，$m=5$ 称普丰德系（见图 21-1）。

作为对式（21-1）的几何描述，图 21-1 直观形象地展示了氢光谱的特点：

1）与热辐射即图 18-6 中的连续谱不同，氢原子光谱是分立的线状光谱。图中，由一条条离散的水平谱线表示某一确定的波长（或频率）。

2）图中不同的谱线系示意式（21-1）中 m 与 n 的取值不同，其他原子的光谱比氢原子光谱复杂，但也可用式（21-1）的两光谱项之差表示，只是光谱项 $T(n)$ 形式的复杂程度不同。例如，有的原子其谱项的分母可能不是整数，而是 $(n-\delta)^2$（δ 为量子数亏损）等。

总体来说，氢原子光谱（频率）可用简洁的数学关系式（21-1）计算，计算结果与实验符合得很好，不仅成为光谱学中整理各种原子光谱实验数据的样板，同时也为建立氢原子结构模型提供了极有价值的依据。遗憾的是，经典物理学却无法解释氢原子光谱的规律。为什么这么说呢？

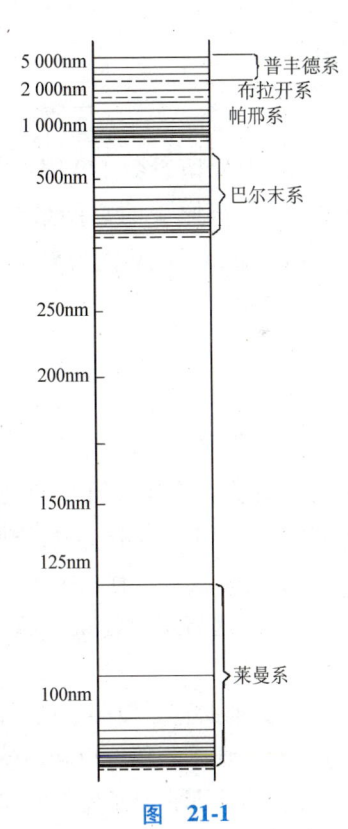

图 21-1

2. 原子结构的卢瑟福模型

在经典电磁理论中，某一种频率的电磁波的发射源于带电振子以同一频率振荡（如 LC 振荡电路）。如果用经典电磁理论来解释图 21-1 中如此之多的线状谱系，岂不是连最简单的氢原子中的电子也存在着几十种不同的振动方式？

是不是这样呢？历史上曾有许多学者为原子结构设计模型。按今天的认识，原子结构意指原子核外电子如何排布。1911 年，卢瑟福通过分析 α 粒子（氦核）穿过金属薄片被散射的上万张实验照片，提出了原子的核型结构模型（即行星模型）。相比其他学者提出的其他原子模型，有实验基础的模型无疑有它的合理性。但是，令人们不解的是，这一模型却触犯了经典电磁理论维护的信条，具体来说：

1) 在卢瑟福模型中，原子是由原子核和绕核旋转的电子组成。问题出在按经典理论，电子所做的圆周运动是一种加速运动（振荡）。任何振荡着（加速运动）的电子都不断辐射电磁波（原子发光）。电磁波带走能量，作为辐射源的电子能量必将逐渐减少，如果不能补充能量，最终会出现什么结果呢？以图 21-2 所示的氢原子为例，经典理论认为，电子因受原子核对它作用的库仑力而做圆周运动。对电子运动应用牛顿第二运动定律，则有

练习 37

$$\frac{mv^2}{r} = \frac{1}{4\pi\varepsilon_0} \frac{e^2}{r^2}$$

式中，r 是电子与原子核之间的距离；m 是电子的质量（非相对论）。按动能定义式，从上式可以导出电子做圆周运动时的动能表示式

$$\frac{1}{2}mv^2 = \frac{1}{2}\frac{1}{4\pi\varepsilon_0}\frac{e^2}{r} \quad (21\text{-}2)$$

式中为何要保留系数 1/2 呢？在氢原子核的参考系（近似处理方法）中，氢原子的总能量等于电子的动能和系统势能之和（取 $r\to\infty$ 时，系统势能为零），则

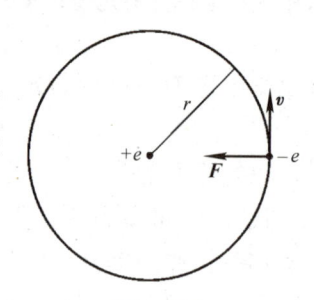

图 21-2

$$E = \frac{1}{2}mv^2 - \frac{e^2}{4\pi\varepsilon_0 r}$$

$$= -\frac{1}{2}\frac{1}{4\pi\varepsilon_0}\frac{e^2}{r} \quad (21\text{-}3)$$

（式中势能为什么取负值？）当氢原子中因电子做加速运动产生辐射而总能量 E 不断减小时，式（21-3）中电子绕核运动的轨道半径 r 将不断减小。不难想象最终结果是，"电子要落到原子核上"（这是只有在中子星才出现的现象），整个氢原子将坍缩到只有原子核那样的大小。但是，这与实际情况不符，因为氢原子是稳定的，这是经典电磁理论第一个不能容忍的。

2) 如前所述，按照经典电磁理论，电子绕核运动辐射电磁波的频率，等于电子绕核做加速运动的频率。随着卢瑟福模型中电子因辐射而连续消耗能量，它所辐射电磁波的频率也将连续变化，那么原子发射的光谱应该是连续谱而不应该是分立谱。但实验事实却是氢原子光谱是线状光谱，确定且分立的频率也是对经典电磁理论的"背叛"。

总之，在经典理论框架内，卢瑟福原子核型模型与氢光谱实验结果之间有着深刻的矛盾。为此，许多物理学家包括卢瑟福本人都曾积极地进行过多方探索。

1912 年，年轻的丹麦物理学家玻尔来到卢瑟福的实验室做访问学者，他马上被原子结构模型及其稳定性问题所吸引。正当他的老师卢瑟福冥思苦想而不得其解的时候，他以年轻

人特有的敏锐眼光，综合 1900 年普朗克关于黑体辐射的量子论和爱因斯坦 1905 年为解释光电效应而提出的光量子概念，在友人的提醒下，针对氢原子线状光谱的式（21-1）的量子化特征，找到了解决问题的突破口。1913 年，他以"原子构造和分子构造"为题，一年中在《哲学杂志》上连续发表了 3 篇划时代的论文，提出了著名的氢原子结构模型，不仅成功解释了氢原子光谱规律式（21-1），还解救了陷入困境的原子的核型结构模型（行星模型）。

二、玻尔氢原子结构模型要点

1. 定态假设

玻尔在保留卢瑟福的原子核型结构模型基础上，突破经典物理学的"框框"，增加了三条假设。首先，他大胆假定：电子在一些半径不连续变化的特定的圆轨道上绕核做加速运动时，既不辐射也不吸收电磁波，而是处于能量一定的状态，并称这种状态为定态，此即定态假设。

借鉴普朗克的能量子概念，玻尔认为原子处于定态（特定圆轨道）的能量的变化只能取某些不同的、分立的值 $E_1, E_2, E_3, \cdots$（$E_1 < E_2 < E_3 < \cdots$）。这些分立的（量子化）定态能量用类似于图 18-8 的能级描述。能量最低的能级称为基态，能量较高的能级称为激发态。

2. 频率假设（条件）

由于某种原因，当原子中的电子从某一能级 E_n 跃迁到另一能级 E_m 时（量子跃迁），相应于电子从一个轨道过渡到另一轨道，借鉴爱因斯坦光量子概念，原子发射（$E_n > E_m$）或吸收（$E_n < E_m$）频率为 ν 的光子，且

$$h\nu = |E_n - E_m| \tag{21-4}$$

式中，h 为普朗克常量。式（21-4）称为频率假设（或频率条件）。

以上玻尔关于原子中的电子处于不连续的定态和两种定态之间发生量子跃迁的概念及频率条件，是玻尔提出氢原子结构模型的核心思想，并在量子物理中沿用至今。爱因斯坦曾对玻尔的量子跃迁概念和频率假设给予极高的评价，认为这是玻尔假设中了不起的创见。

3. 角动量量子化条件

如何将原子中电子的量子化能级定量地表征出来，仅仅根据以上两条基本假设还看不出头绪。如果利用式（21-3），也只能得到氢原子的总能量与电子绕核运动的圆轨道半径的关系，如果能找到计算半径的方法，就可以确定能量了。怎么办？为此，玻尔依据对应原理，即在大量子数（$n \to \infty$）极限情况下，量子体系的行为将趋向与经典力学体系相同，提出圆轨道角动量量子化条件（假设）：做圆轨道运动电子的角动量 L 的数值，只能等于 $\hbar$ 的整数倍，即

$$L = mvr = n\hbar \quad (n = 1, 2, 3, \cdots) \tag{21-5}$$

式中，n 称为主量子数，它是表征电子绕核运动的圆轨道半径量子化的一个特征数值 [与式（21-1）中 n 的取值有别]。

有了式（21-5），就可以找到计算轨道半径的方法了。先由式（21-5）得与 n 对应的 r_n，即

练习38
$$r_n = \frac{n\hbar}{mv} \quad (n=1,2,3,\cdots) \tag{21-6}$$

将式（21-2）等号两边同乘 m，再联立式（21-6）取平方的结果，可解得

$$r_n = \frac{4\pi\varepsilon_0 \hbar^2}{me^2} n^2 = a_0 n^2 \quad (n=1,2,3,\cdots) \tag{21-7}$$

式中，n^2 前的系数是一个常数，用 a_0 表示，而 a_0 表示 $n=1$ 的轨道半径，$a_0 \approx 0.053\text{nm}$ 称为玻尔半径，它常用于表示不同原子的半径是多少个 a_0；m 是电子的静止质量。利用式（21-7），由式（21-3）并对 E 添加下标 n（为什么要加 n?），可以得定态能量如下：

$$\begin{aligned}
E_n &= -\frac{1}{2}\frac{1}{4\pi\varepsilon_0}\frac{e^2}{r_n} \\
&= -\frac{1}{2}\frac{me^4}{(4\pi\varepsilon_0 \hbar)^2}\frac{1}{n^2} \\
&= -\frac{me^4}{8\varepsilon_0^2 h^2 n^2} \quad (n=1,2,3,\cdots)
\end{aligned} \tag{21-8}$$

式（21-8）除来自角动量量子化的 n 之外都是常数，不同的 n 给出了氢原子定态能量量子化图像。式中，当 $n=1$ 时，氢原子处于能量最低状态（基态），$E_1 = -13.6\text{eV}$（最低能量不为零，为什么?）。由于前已假设当 $r \to \infty$ 时原子系统电势能为零，又因为电子为核吸引，所有能量 $E_n < 0$，表示电子或原子处于总能量为负值的态（束缚态）。若要将电子从基态或其他激发态原子中击出去（电离），外界最多需提供 13.6eV 的能量。远离核的电子（$r_n \to \infty$，$E_n \to 0$）就是自由电子。13.6eV 就是氢原子的电离能或结合能。

图 21-3 示意氢原子能级图。随着 n 值的增大，能量迅速增加，能级间隔也越来越小，而在 $n \to \infty$ 的极限条件下，能量量子化特征消失，能量可以连续变化，而回归经典图像。通常所说的氢原子大多指处在基态的氢原子。当原子受到光激发、电激发或热激发时，原子从外界吸收能量，在符合式（21-4）时从基态跃迁到较高能量的激发态（有人会问：处于激

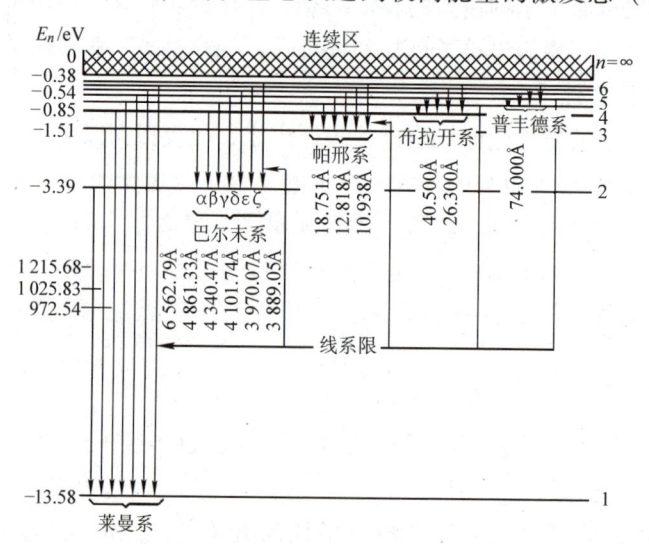

图 21-3

发态的氢原子 n 可取到多大呢？）。而处于受激态的原子，由于能量较高不稳定，能够自发地跃迁到能量较低的受激状态或基态。在一次跃迁过程中，一个原子辐射一个频率一定的光子。这就是实验观测到的一条谱线（带箭头的竖直线）的基元过程，按频率条件式（21-4）计算，谱线频率为

练习 39

$$\nu = \frac{|E_n - E_m|}{h} \tag{21-9}$$

式中，E_n、E_m 分别代表跃迁前和跃迁后原子所处能级的能量（$n \neq m$，由 1, 2, … 区分）。如果 $E_n > E_m$，即电子由高能级 E_n 跃迁至低能级 E_m，将式（21-8）代入式（21-9），得光谱线频率计算公式

$$\nu = \frac{me^4}{8\varepsilon_0^2 h^3}\left(\frac{1}{m^2} - \frac{1}{n^2}\right) \tag{21-10}$$

现在有一个光谱线频率 ν 的理论计算式（21-10）和一个归纳实验结果的式（21-1），先将两式从数学形式上进行比较，两式中的括号部分惊人地相似。接下来刻不容缓的是，需要分析两式中括号前的系数了。式（21-1）括号前的系数 cR 是对实验规律的总结，是可靠的，而式（21-10）中括号前的系数却是玻尔模型的产物。两系数是否相等？相等又意味着什么？将式（21-10）中括号前的系数分子分母同乘以 c，并以当时测得的 m、e、ε_0、h 和 c 值代入，得 R 的理论计算值［2006 年推荐值为：10 973 731.568 527（73） m^{-1}］

$$\frac{me^4}{8\varepsilon_0^2 h^3 c} = 1.097\,373 \times 10^7\,\mathrm{m}^{-1}$$

这个计算值与由光谱分析测定的里德伯常量实验值 $1.096\,776 \times 10^7\,\mathrm{m}^{-1}$ 符合得很好。也就是说，用玻尔模型可以计算出里德伯常量，这就是玻尔模型的一大成功。成功的模型首次打开了人们认识原子结构的大门，不仅促进了量子理论的发展，也开创了原子结构光谱学的新纪元。1922 年，玻尔获得了诺贝尔物理学奖。图 21-4 示意玻尔模型中氢原子的轨道、能级和光谱之间的相互关系，简单、直观、生动。关键点是：氢原子中电子状态的量子化性质。

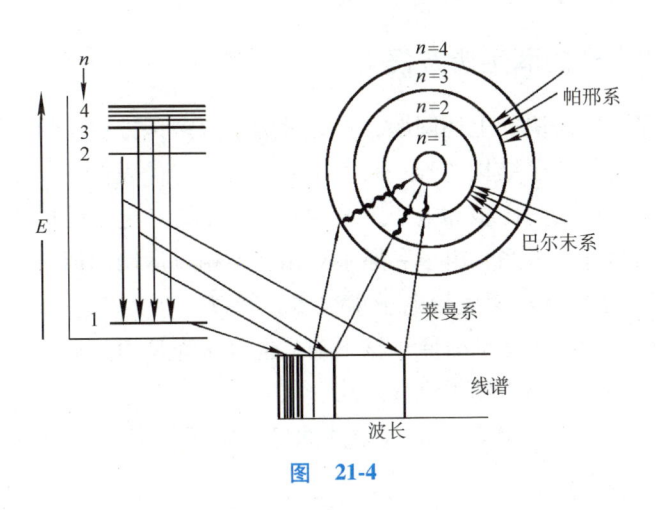

图 21-4

第二节 用薛定谔方程解氢原子问题

薛定谔方程最初和最成功的应用，就是它能精确地求解氢原子的能级及其电子定态概率幅函数。不过，在大学物理层面上，本节要删去严密的数学推证，作为补救措施，就是粗线条地介绍求解的基本思路和处理步骤。

一、玻尔模型的缺陷

图 21-4 集中表述了用玻尔模型对氢原子光谱的解释。1914 年，弗兰克和赫兹做实验，用一束电子束轰击氢原子，当电子束能量恰好使原子跃迁时，原子随即发出谱线，也证实了定态与跃迁的概念。

然而，连玻尔本人也清楚地意识到，他的模型还存在严重不足，归纳如下几点：

1. 模型本身存在内在矛盾

1）采用经典力学中电子做圆形轨道运动图像与角动量量子化概念有矛盾。

2）电子与核的相互作用遵守库仑定律，与绕核转动的电子处于定态不辐射电磁波有矛盾。

现在来评价玻尔模型，可以说它并不构成一个完整的量子理论体系，充其量只是半经典（含量子概念）与半量子（含经典概念）的模型。

2. 在处理实际问题中的困难

尽管玻尔模型解开了世纪之交近三十年之久的"巴尔末公式之谜"，也能解释天文观测中，船樯座 ξ 星光谱中的匹克林线系、类氢离子的光谱、氢光谱的同位素位移、肯定氖的存在（1931 年的发现）等，但还是困难重重：

1）不能解释复杂原子光谱规律中的双重线、多重线规律。

2）无法处理光谱线强度、宽度、禁戒跃迁及偏振等问题，更不能解释在外磁场中发生的谱线的分裂和移动等诸多问题（详情本书略）。

二、氢原子中电子的薛定谔方程

要解决玻尔模型不能解决的上述问题，只有求助于薛定谔方程。恰好用薛定谔方程求解氢原子结构已成为了解氢原子结构的唯一必由之路，很具有代表性。

从粒子观点看，氢原子是由核和电子组成的两粒子系统。电子受原子核库仑场的束缚在核周围运动，相对实验室参考系，电子和原子核相互做相对运动。但是，由于氢核的质量是电子质量的 1836 倍，核的运动速度较电子小很多。所以，在实验室参考系中，核与电子的相对运动可以近似处理为电子运动时原子核不动，也可认为是为凸显核与电子的粒子性，电子处在由原子核所提供的有心力场中绕核运动。

在量子物理中如何用式（20-26）处理上述图像中电子的运动规律呢？ 远离复杂数学运算的大致思路与步骤如下：

1）按静电学写出氢原子（核-电子）系统的势能函数 $V(r)$。

2）为了用式（20-16），利用1）中势能算符，写出系统的哈密顿算符 $\hat{H}$。

3）将2）中所得 $\hat{H}$ 代入式（20-26），列出三维定态薛定谔方程。

4）将直角坐标系变到球极坐标系（含算符与方程变换）。

5）对球坐标系中的三维薛定谔方程采用分离变量法。

6）简介3个常微分方程的求解。

7）讨论得到满足标准化条件的解，如波函数、能级、角动量以及解中所含三个量子数的物理意义。

下面先对1）~6）各点稍做详细介绍，第三、第四节专门讨论第7）点。

1. 氢原子系统的势能 $V(r)$

先取核为坐标系原点（未画出）。设电子到核的距离为 r，电子的电荷量为 $-e$，且取 $r \to \infty$ 时系统的电势能为零，则由核与电子组成的系统电势能为

练习40

$$V(r) = -\frac{e^2}{4\pi\varepsilon_0 r} \tag{21-11}$$

因式（21-11）中势能与时间无关，故本问题属于典型的定态问题。

2. 系统的哈密顿算符 $\hat{H}$

按式（20-16），氢原子系统的哈密顿算符为

$$\hat{H} = -\frac{\hbar^2}{2m}\nabla^2 - \frac{e^2}{4\pi\varepsilon_0 r} \tag{21-12}$$

数学上在直角坐标系中，第二十章曾给出式（20-2）中的拉普拉斯算符 ∇^2 为

$$\nabla^2 = \frac{\partial^2}{\partial x^2} + \frac{\partial^2}{\partial y^2} + \frac{\partial^2}{\partial z^2} \tag{21-13}$$

将式（21-13）中给出的拉普拉斯算符代入式（21-12），得

$$\hat{H} = -\frac{\hbar^2}{2m}\left(\frac{\partial^2}{\partial x^2} + \frac{\partial^2}{\partial y^2} + \frac{\partial^2}{\partial z^2}\right) - \frac{e^2}{4\pi\varepsilon_0\sqrt{x^2+y^2+z^2}} \tag{21-14}$$

3. 列出三维定态薛定谔方程

将式（21-14）的 $\hat{H}$ 代入式（20-26）中，则在笛卡儿直角坐标系中描述氢原子中电子的定态薛定谔方程为

$$\left[-\frac{\hbar^2}{2m}\left(\frac{\partial^2}{\partial x^2} + \frac{\partial^2}{\partial y^2} + \frac{\partial^2}{\partial z^2}\right) - \frac{e^2}{4\pi\varepsilon_0\sqrt{x^2+y^2+z^2}}\right]\psi(x,y,z) = E\psi(x,y,z) \tag{21-15}$$

4. 坐标变换

从数学形式上看，初学者遇到的式（21-15）是含有3个独立变量 x、y、z 及其概率幅函数 ψ 的二阶偏微分方程。数学上对式（21-15）的处理方法之一是将式中 $\psi(x,y,z)$ 经分离变量将它分解为3个单变量的常微分方程后求解。可是，式中含有的 $r = \sqrt{x^2+y^2+z^2}$ 无法分离 x、y、z，怎么办？好在数学上可进行坐标变换，即将直角坐标 x、y、z 变换成球坐标 r、θ、φ。也就是将式（21-15）变换为用球坐标系表示。因为在球坐标系中，系统的势能 $V = V(r)$ 只是电子到力心（核）距离 r 的单变量函数，且由于 $V(r)$ 具有球对称性而与方向无关（即

与 θ、φ 无关），因而，在球坐标系中就可采用分离变量法求解三维薛定谔方程了。两坐标系之间的变换示意如图 21-5 所示，图中表示两种坐标的变换关系为

$$x = r\sin\theta\cos\varphi$$
$$y = r\sin\theta\sin\varphi$$
$$z = r\cos\theta$$

在上式的两角坐标中，θ 称天顶角（或极角，$0 \leq \theta \leq \pi$）；φ 称为方位角（$0 \leq \varphi \leq 2\pi$）。坐标系变了，在球坐标系中，整个式（21-15）"旧貌换新颜"，不仅概率幅换了坐标变量，就连式中的算符也要表示成对 r、θ、φ 的运算。经过冗长而繁杂的运算可以证明，在球坐标系中拉普拉斯算符仍是三项，但运算法则如下：

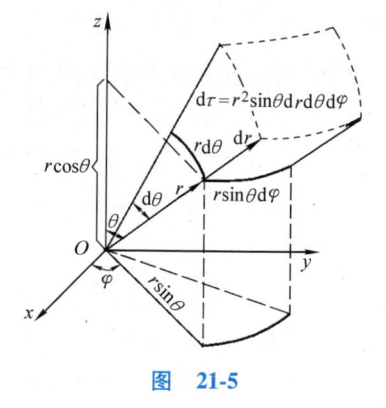

$$\nabla^2_{r,\theta,\varphi} = \nabla^2_r + \frac{1}{r^2}\left(\nabla^2_\theta + \frac{1}{\sin^2\theta}\nabla^2_\varphi\right) \tag{21-16}$$

式中，

$$\nabla^2_r = \frac{1}{r^2}\frac{\partial}{\partial r}\left(r^2\frac{\partial}{\partial r}\right) \tag{21-17}$$

$$\nabla^2_\theta = \frac{1}{\sin\theta}\frac{\partial}{\partial\theta}\left(\sin\theta\frac{\partial}{\partial\theta}\right) \tag{21-18}$$

$$\nabla^2_\varphi = \frac{\partial^2}{\partial\varphi^2} \tag{21-19}$$

图 21-5

既然算符形式变了，三维定态薛定谔方程（21-15）在球坐标系中的"新颜"是

$$\left(-\frac{\hbar^2}{2m}\nabla^2_{r,\theta,\varphi} - \frac{e^2}{4\pi\varepsilon_0 r}\right)\psi(r,\theta,\varphi) = E\psi(r,\theta,\varphi)$$

为方便求解，常将上式改写为纯数学形式，即

$$\left[\nabla^2_r + \frac{1}{r^2}\left(\nabla^2_\theta + \frac{1}{\sin^2\theta}\nabla^2_\varphi\right)\right]\psi(r,\theta,\varphi) + \frac{2m}{\hbar^2}\left(E + \frac{e^2}{4\pi\varepsilon_0 r}\right)\psi(r,\theta,\varphi) = 0 \tag{21-20}$$

至此，以上球坐标系中三维二阶偏微分方程的求解，可以放心采用分离变量法了。

5. 分离变量法的基本步骤

（1）将 $\psi(r,\theta,\varphi)$ 分离变量　延伸式（20-21）对 $\psi(x,t)$ 分离变量的思路，先将式（21-20）中概率幅分解为两个函数的乘积，其中一个函数仅是径向变量 r 的函数，另一个函数与 r 无关，是角量 θ 和 φ 的函数，即

练习 41
$$\psi(r,\theta,\varphi) = R(r)Y(\theta,\varphi) \tag{21-21}$$

也称式中 $R(r)$ 为径向概率幅函数，$Y(\theta,\varphi)$ 为角向概率幅函数。然后按以下步骤可将式（21-20）分为两个方程：

1）用式（21-21）中的 $R(r)Y(\theta,\varphi)$ 取代式（21-20）中的 $\psi(r,\theta,\varphi)$。

2）之后，将经上述运算后的方程乘以 $\dfrac{r^2}{R(r)Y(\theta,\varphi)}$。

3）完成上述步骤后，把所得方程中与 r 有关的算符与函数，以及与 θ、φ 有关的算符与函数分列在等号两边，等号左边只是关于矢径 r 的算符与函数，右边只是关于角度 (θ,φ) 的算符与函数。

4）由于所得方程左、右两边独立变量不同，不论 r 或 θ、φ 如何变化，要使方程成立，要求等式两边都等于同一常数，令该常数为 λ。

5）完成步骤 4）后，可分别得到两个方程。其中，径向概率幅 $R(r)$ 满足的方程是 $[\nabla_r^2$ 算符参看式（21-17）$]$

$$\nabla_r^2 R(r) + \left[\frac{2m}{\hbar^2}\left(E+\frac{e^2}{4\pi\varepsilon_0 r}\right) - \frac{\lambda}{r^2}\right] R(r) = 0 \tag{21-22}$$

角向概率幅 $Y(\theta,\varphi)$ 满足的方程为 $[\nabla_\theta^2$ 算符与 ∇_φ^2 算符分别参看式（21-18）与式（21-19）$]$

$$\left(\nabla_\theta^2 + \frac{1}{\sin^2\theta}\nabla_\varphi^2\right) Y(\theta,\varphi) + \lambda Y(\theta,\varphi) = 0 \tag{21-23}$$

（2）式（21-23）中 $Y(\theta,\varphi)$ 满足的二维偏微分方程仍有两个变量 θ 与 φ，求解它还需对 $Y(\theta,\varphi)$ 再做一次分离变量，方法为

练习 42

1）先设角向概率幅 $Y(\theta,\varphi)$ 可分解为两独立变量 θ 及 φ 的函数的乘积：

$$Y(\theta,\varphi) = \Theta(\theta)\Phi(\varphi) \tag{21-24}$$

2）用式（21-24）中的 $\Theta(\theta)\Phi(\varphi)$ 替代式（21-23）中的 $Y(\theta,\varphi)$。

3）之后，将经以上运算后所得结果乘以 $\dfrac{\sin^2\theta}{\Theta(\theta)\Phi(\varphi)}$。

4）把所得结果中与独立变量 θ 有关的算符及函数，以及与独立变量 φ 有关的算符及函数分列于等式两边。

5）要使等号两边变量不同的等式成立，数学上要求两边必须等于同一常数，令此常数为 m_l^2。

6）按以上步骤 5），可得以下两个方程：

$$\nabla_\theta^2 \Theta(\theta) + \left(\lambda - \frac{m_l^2}{\sin^2\theta}\right)\Theta(\theta) = 0 \tag{21-25}$$

$$\nabla_\varphi^2 \Phi(\varphi) + m_l^2 \Phi(\varphi) = 0 \tag{21-26}$$

以上两式分别简称为 $\Theta(\theta)$ 方程和 $\Phi(\varphi)$ 方程。至此，经过以上两次分离变量后，终于把解一个含有三个变量的二阶偏微分方程（21-20）的问题分解为解三个常微分方程，即式（21-22）、式（21-25）和式（21-26），用以分别求 $R(r)$、$\Theta(\theta)$ 和 $\Phi(\varphi)$ 的问题，最后将所解得的 $R(r)$、$\Theta(\theta)$ 和 $\Phi(\varphi)$ 代入式（21-24）与式（21-21），得 $\psi(r,\theta,\varphi) = R(r)\Theta(\theta)\Phi(\varphi)$ 的具体解析形式。

6. 求解三个常微分方程

经以上两次分离变量获得的式（21-22）、式（21-25）和式（21-26）都是只含一个变量的方程，可改用全微分符号代替偏微分符号表示。下面只介绍一个初学者容易接受的方程的求解。

(1) 方位角概率幅 $\Phi(\varphi)$ 方程的求解 将式（21-26）改用全微分符号后得

$$\frac{d^2\Phi(\varphi)}{d\varphi^2}+m_l^2\Phi(\varphi)=0 \tag{21-27}$$

练习 43

方位角方程的求解

除自变量（$x\to\varphi$）不同外，式（21-27）与式（20-33）是数学形式完全相同的常系数二阶齐次线性微分方程，它们有数学形式相同的通解。不过，它的通解却有多种表示形式，本书取如下形式（求解过程略）：

$$\Phi_{m_l}(\varphi)=Ae^{im_l\varphi} \tag{21-28}$$

式中，A、m_l是由具体物理模型确定的两个待定常数（即积分常数）。

1) m_l的确定：在第十九章已指出，按玻恩统计诠释，波函数必须满足标准化条件，作为$\psi(r,\theta,\varphi)=R(r)\Theta(\theta)\Phi(\varphi)$中的方位角概率幅，$\Phi(\varphi)$也不例外，它必须在空间各点都是单值、连续、有限的。特别是当图 21-5 中方位角φ变化一周（2π）后，电子应仍以相同的概率出现在空间同一位置附近，这就是对$\Phi(\varphi)$单值性的要求，数学上单值性可表示为

$$\Phi(\varphi)=\Phi(\varphi+2\pi) \tag{21-29}$$

式中，φ增加2π函数不变，意指$\Phi(\varphi)$是一个以2π为周期的周期函数。按式（21-29）提供的条件，式（21-28）中的m_l被约束而不能随意取值了。如

$$Ae^{im_l\varphi}=Ae^{im_l(\varphi+2\pi)}=Ae^{im_l\varphi}e^{im_l(2\pi)} \tag{21-30}$$

利用复变函数中的欧拉公式

$$e^{im_l(2\pi)}=\cos(m_l2\pi)+i\sin(m_l2\pi)=1 \tag{21-31}$$

只有当$m_l=0,\pm1,\pm2,\cdots$时，式（21-31）才成立，这一结果的意义非同小可（为什么?）。它表明出现在式（21-27）中，受式（21-29）约束的m_l **的取值是量子化** 的。这一结论本身不是假设而是规律的反映。将整数m_l称为 **磁量子数**（第三节会讨论它的物理意义）。

2) 如何确定式（21-28）中的另一个积分常数A呢？作为描述电子概率幅$\psi(r,\theta,\varphi)$的独立因子之一的$\Phi(\varphi)$，也必然满足归一化条件。拓展式（19-16）的内涵，方位角概率幅$\Phi(\varphi)$满足

$$\int_0^{2\pi}\Phi_{m_l}^*(\varphi)\Phi_{m_l}(\varphi)d\varphi=\int_0^{2\pi}A^2e^{-im_l\varphi}e^{im_l\varphi}d\varphi=A^2\int_0^{2\pi}d\varphi=2\pi A^2=1$$

解得

$$A=\frac{1}{\sqrt{2\pi}}$$

用归一化条件约束的A又称归一化系数。因此，归一化方位角概率幅式（21-28）可以表示为

$$\Phi_{m_l}(\varphi)=\frac{1}{\sqrt{2\pi}}e^{im_l\varphi} \quad (m_l=0,\pm1,\pm2,\cdots,\text{参看图 21-8}) \tag{21-32}$$

(2) 极角概率幅函数 $\Theta(\theta)$ 方程的求解 与求解式（21-26）相同，首先将方程（21-25）中算符用全微分符号表示后，方程变为（等价形式）

$$\frac{1}{\sin\theta}\frac{d}{d\theta}\left(\sin\theta\frac{d\Theta}{d\theta}\right)+\left(\lambda-\frac{m_l^2}{\sin^2\theta}\right)\Theta=0 \tag{21-33}$$

数学上，这类方程称为连属勒让德微分方程。式中参数 m_l 就是式（21-26）中的 m_l，参数 λ 待定。初学者已看出，相比式（21-27），求解式（21-33）就有点"丈二金刚摸不着头脑"了。虽说极角概率幅 $\Theta(\theta)$ 一定能从式（21-33）求出，但求解过程想必对缺乏数学知识的初学者已"无能为力"了。很遗憾，本书只得搬出一些对探究氢原子中运动规律有意义的结果。

例如从物理学上看，极角概率幅 $\Theta(\theta)$ 也必须满足标准化条件单值、连续、有限，也就是在 $0 \leq \theta \leq \pi$ 的范围内，方程（21-33）只能有唯一的有限解 Θ。对解 Θ 的约束表现为参数 λ 不能随意取值，这一点与对式（21-27）中 m_l 的约束是相通的。也就是说，如果在 $\theta=0$ 和 $\theta=\pi$ 的两个方向上，电子出现的概率是无穷大的解必须舍弃。因此，λ 必须满足下列条件：

$$\lambda = l(l+1) \quad (l = 0, 1, 2, \cdots 且 l \geq |m_l|) \tag{21-34}$$

式中出现了一个新的参数 l，l 的取值是量子化的，称**角量子数**，且 m_l 和 l 还有如下关系（m_l 只能取 $2l+1$ 个值）：

$$m_l = 0, \pm 1, \pm 2, \cdots, \pm l$$

由于历史原因，物理学也采用光谱学符号，即用小写正体英文字母表示各 l 值。其对应关系是

$$l = 0, 1, 2, 3, 4, \cdots$$
$$s, p, d, f, g, \cdots$$

数学上求解式（21-33）的结果得 $\Theta(\theta)$ 的函数形式为

$$\Theta_{lm_l}(\theta) = B p_l^{m_l}(\cos\theta) \quad (l = 0, 1, 2, \cdots; m_l = l, l-1, \cdots, -l) \tag{21-35}$$

作为讨论式（21-35）的替代方案，只用表 21-1 列出 $l = 0$、1、2 时几个最简单的 $\Theta_{lm_l}(\theta)$ 函数的具体表示式。

表 21-1 $\Theta_{lm_l}(\theta)$ 函数的具体表示式（$l = 0$、1、2）

l	m_l	$\Theta_{lm_l}(\theta)$
0	0	$\Theta_{00} = \dfrac{1}{\sqrt{2}}$
1	0	$\Theta_{10} = \dfrac{\sqrt{6}}{2}\cos\theta$
1	±1	$\Theta_{1\pm 1} = \dfrac{\sqrt{3}}{2}\sin\theta$
2	0	$\Theta_{20} = \dfrac{\sqrt{10}}{4}(3\cos^2\theta - 1)$
2	±1	$\Theta_{2\pm 1} = \dfrac{\sqrt{15}}{2}\sin\theta\cos\theta$
2	±2	$\Theta_{2\pm 2} = \dfrac{\sqrt{15}}{4}\sin^2\theta$

如果将式（21-35）表示的 $\Theta_{lm_l}(\theta)$ 和由式（21-32）表示的 $\Phi_{m_l}(\varphi)$ 一并代入式（21-24），得到的 $Y_{lm_l}(\theta,\varphi) = \Theta_{lm_l}(\theta)\Phi_{m_l}(\varphi)$ 被称为球谐函数，它也就是式（21-23）的解。作为对球谐函数的初步印象，表 21-2 中第 5 列列出了一些低量子数的球谐函数的具体形式。

表 21-2 低量子数的径向波函数 R_{nl} 和球谐函数 Y_{lm_l}

n	l	m_l	$R_{nl}(r)$	$Y_{lm_l}(\theta,\varphi)$
1	0	0	$\dfrac{2}{a_0^{3/2}}e^{-r/a_0}$	$\dfrac{1}{\sqrt{4\pi}}$
2	0	0	$\dfrac{1}{\sqrt{2}\,a_0^{3/2}}\left(1-\dfrac{r}{2a_0}\right)e^{-r/2a_0}$	$\dfrac{1}{\sqrt{4\pi}}$
2	1	0	$\dfrac{1}{2\sqrt{6}\,a_0^{3/2}}\dfrac{r}{a_0}e^{-r/2a_0}$	$\sqrt{\dfrac{3}{4\pi}}\cos\theta$
2	1	± 1	$\dfrac{1}{2\sqrt{6}\,a_0^{3/2}}\dfrac{r}{a_0}e^{-r/2a_0}$	$\mp\sqrt{\dfrac{3}{8\pi}}\sin\theta e^{\pm i\varphi}$
3	0	0	$\dfrac{2}{3\sqrt{3}\,a_0^{3/2}}\left[1-\dfrac{2r}{3a_0}+\dfrac{2}{27}\left(\dfrac{r}{a_0}\right)^2\right]e^{-r/3a_0}$	$\dfrac{1}{\sqrt{4\pi}}$
3	1	0	$\dfrac{8}{27\sqrt{6}\,a_0^{3/2}}\dfrac{r}{a_0}\left(1-\dfrac{r}{6a_0}\right)e^{-r/3a_0}$	$\sqrt{\dfrac{3}{4\pi}}\cos\theta$
3	1	± 1	$\dfrac{8}{27\sqrt{6}\,a_0^{3/2}}\dfrac{r}{a_0}\left(1-\dfrac{r}{6a_0}\right)e^{-r/3a_0}$	$\mp\sqrt{\dfrac{3}{8\pi}}\sin\theta e^{\pm i\varphi}$
3	2	0	$\dfrac{4}{81\sqrt{30}\,a_0^{3/2}}\left(\dfrac{r}{a_0}\right)^2 e^{-r/3a_0}$	$\sqrt{\dfrac{5}{16\pi}}(3\cos^2\theta-1)$
3	2	± 1	$\dfrac{4}{81\sqrt{30}\,a_0^{3/2}}\left(\dfrac{r}{a_0}\right)^2 e^{-r/3a_0}$	$\mp\sqrt{\dfrac{15}{8\pi}}\sin\theta\cos\theta e^{\pm i\varphi}$
3	2	± 2	$\dfrac{4}{81\sqrt{30}\,a_0^{3/2}}\left(\dfrac{r}{a_0}\right)^2 e^{-r/3a_0}$	$\sqrt{\dfrac{15}{32\pi}}\sin^2\theta e^{\pm 2i\varphi}$

(3) 径向波函数 $R(r)$ 方程的求解　表 21-2 中第 4 列介绍了部分径向波函数 $R_{nl}(r)$，是求解式（21-22）的结果。基本过程是将式（21-17）及 $\lambda=l(l+1)$ 代入式（21-22），经整理得如下形式的微分方程：

$$\frac{1}{r^2}\frac{\mathrm{d}}{\mathrm{d}r}\left(r^2\frac{\mathrm{d}R}{\mathrm{d}r}\right)+\left[\frac{2m}{\hbar^2}\left(E+\frac{e^2}{4\pi\varepsilon_0 r}\right)-\frac{l(l+1)}{r^2}\right]R=0 \tag{21-36}$$

式（21-36）称为连属拉盖尔方程。此方程求解过程的复杂程度不亚于解式（21-33），本书也不做详细介绍。求解结果是，对于电子能量 $E<0$，即电子被束缚在原子内时，方程要有满足波函数标准化条件的解，E 只能取分立值：

$$E_n=-\frac{me^4}{8\varepsilon_0^2 h^2}\frac{1}{n^2}\quad(n=1,2,3,\cdots) \tag{21-37}$$

而且

$$n\geqslant l+1,\text{即 }l=0,1,2,\cdots,n-1 \tag{21-38}$$

细心的读者会发现，式（21-37）不就是玻尔模型能量表达式（21-8）的重现吗？"重现"的背后有什么"玄机"呢？用式（21-8）及式（21-4）解释氢光谱与实验结果一致，是令人满意的。但是在玻尔模型中,式(21-8)是人为假设角动量量子化条件而得到的,而式(21-37)不是假设,它是在求解薛定谔方程时要求概率幅满足标准化条件得到的。"重现"是对薛定谔方程正确性的一次检验。

由式(21-36)解出的径向波函数$R(r)$与量子数n和l有关,故用$R_{nl}(r)$表示。表21-2中第4列列出的就是低量子数$n=1$、2、3时的具体表示式。

第三节 量子数的物理解释

用一句话综合上一节的介绍:按波函数标准化条件经分离变量求解式(21-20),得到的三个方程出现了三个量子数n、l、m_l。这三个量子数的相应符号及取值法则见表21-3。

表21-3 三个量子数的符号和取值法则

主量子数	$n=1, 2, 3, 4, 5, 6, \cdots$
(相应符号)	K, L, M, N, O, P, …
角量子数	$l=0, 1, 2, 3, 4, 5, \cdots$
(相应符号)	s, p, d, f, g, h, …
磁量子数	$m_l=0, \pm1, \pm2, \cdots, \pm l$

氢原子中电子的每一个定态的概率幅与这三个量子数是"形影不离"的。它们各自的物理意义是什么对把握氢原子中电子的运动规律至关重要。下面,以主量子数n作为首先讨论的对象。

一、主量子数和能量量子化

n出现在上一节求解径向方程(21-36)得到的电子能量E的表示式(21-37)中,称为主量子数。n只能取分立的整数值揭示:只要电子约束在势阱(氢原子是库仑势阱)中处于"束缚态",能量就一定是量子化的。

▶ 四个量子数

在氢原子中,仅由主量子数n确定电子的能量。不过,从表21-3第三行看,对于一个主量子数n,角量子数l有从0到$n-1$的n个可能值;而从第5行看,对角量子数l,磁量子数m_l可从$-l$到$+l$取$2l+1$个可能值,而式(21-37)却与l、m_l无关,这么多的l、m_l表征的量子态具有同一个能量,因此,对应某个n值究竟有多少个量子态f_n占据同一个能级E_n呢?这个f_n可以采用数列求和方法算出:

$$f_n = \sum_{l=0}^{n-1}(2l+1) = n^2 \tag{21-39}$$

式(21-39)表示n^2个不同的量子态(l, m_l)具有相同的能量E_n。量子物理中,将这种现象称为能级简并,或者说氢原子的能量对量子数l和m_l是简并的,把处于某一能级(n)的量子态数f_n称为该能级的简并度,或者说对应于每一个能量E_n有n^2个简并态。既然不同的简并态仅指能量相同，其他力学量并没有说一定相同，这就需要在讨论量子数 l、m_l 的物理意义时给予说明。图 21-6 示出一简单特殊情况，同一能级对量子数 l 的简并（折线），上、下量子态间连线表示可能的跃迁，相关细节将在下一章讨论。

图 21-6 没有示意氢原子能级对 m_l 的简并，这是为什么呢？这与电子处在呈球对称的势场中的方位角概率幅函数 $\Phi(\varphi)$ 有关，而对 l 的简并则与体系的势能是"库仑势"时电子的极角概率幅函数 $\Theta(\theta)$ 有关（见图 21-5）。但是，多电子原子结构复杂，原子的能量将由 n 和 l 两个量子数决定，不再对量子数 l 简并，这一情况会在第二十六章的能带理论中遇到。

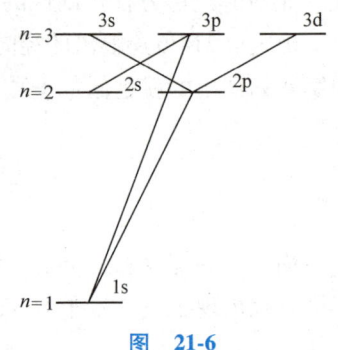

图 21-6

二、角量子数和角动量量子化

角动量也是原子物理中一个不亚于能量的重要力学量。由于氢原子中绕核运动的电子和原子核间的相互作用势能 $V(r)$（只与 r 有关）是球对称的，或说 $V(r)$ 具有旋转不变对称性。因而，不仅电子的量子态具有旋转不变性，就连描述旋转运动的角动量也具有旋转不变性。另一方面，在求解方程（21-33）时之所以称 l 为角量子数，是因为该方程的量子数 m_l 暗含电子绕核运动的角动量，它表示为

$$L = \sqrt{l(l+1)}\,\hbar \tag{21-40}$$

式中，L 是电子绕核运动轨道角动量的大小；<u>l 取值的量子化表征轨道角动量大小是量子化的</u>。将式（21-40）与玻尔模型中硬性假设的量子化条件式（21-5）比较看到，式（21-40）比硬性假设前进了一大步。

为什么说求解式（21-33）得出式（21-40）这样的结果是前进了一大步呢？本书借此机会给初学者简要介绍一点量子物理如何用力学量算符作用于概率幅来求得力学量的方法。首先，经典物理中质点的角动量表示为

$$\boldsymbol{L} = \boldsymbol{r} \times m\boldsymbol{v} = \boldsymbol{r} \times \boldsymbol{p}$$

由于微观客体具有波粒二象性，遵守不确定性原理，不能同时用坐标和动量描述它的量子态，而必须采用波函数描述。但波函数不可直接测量，于是，量子物理假设，采用对概率幅进行某种运算求粒子的力学量，如能量、动量、角动量等取什么值，以及取值概率的方法。在第二十章第二节中曾提到，承担这种运算的符号称为算符，实施运算称为算符作用于概率幅。不过力学量不同、概率幅不同，算符也就不同。这就是说，量子物理中的算符是一种表示力学量的数学工具。

设计什么样的算符表示某个力学量，这是涉及理论原则与观察结果的综合考量的学科大事，一两句话恐怕说不清楚（虽然本书第二十章第二节已有简要介绍）。对于初学者来说，暂且先了解从力学量的经典表示式构造力学量算符的方法（假设）。方法是：如果某力学量以 F 表示，它在经典力学中可表示为位矢与动量的函数 $F(\boldsymbol{r},\boldsymbol{p})$，则量子物理在假设基本算符 $\hat{\boldsymbol{r}}$、$\hat{\boldsymbol{p}}$ 的基础上，在该力学量 F 上冠以符号 ^ 表示算符 $\hat{F}$（算符化），过程示意如下：

$$F(\boldsymbol{r},\boldsymbol{p}) \rightarrow \hat{F}(\hat{\boldsymbol{r}},\hat{\boldsymbol{p}}) \rightarrow \hat{F}(\hat{\boldsymbol{r}},-\mathrm{i}\hbar\nabla) \tag{21-41}$$

量子物理中，规定坐标 x、r 基本算符及其函数 $f(r)$ 对应的算符形式是

$$\hat{x}=x, \quad \hat{r}=r, \quad \hat{f}(\hat{r})=f(r) \tag{21-42}$$

而另一基本算符是动量算符，已在上一章第二节由式（20-15）中规定（假设）。按照式（21-41），既然在经典力学中选取的力学量 F 是角动量 L，它的表示式 $F(r,p)$ 是 $L=r\times p$。那么，按以上构造力学量算符化法则，轨道角动量 L 的算符 $\hat{L}$ 就是

$$\hat{L}=\hat{r}\times\hat{p}=-\mathrm{i}\hbar r\times\nabla \tag{21-43}$$

换一个话题，可以证明，在直角坐标系中，轨道角动量乘方算符 $\hat{L}^2$ 变换到球坐标系中的形式如下（与当下讨论的问题有关）：

$$\hat{L}^2=-\hbar^2\left(\nabla_\theta^2+\frac{1}{\sin^2\theta}\cdot\nabla_\varphi^2\right) \tag{21-44}$$

式中，∇_θ^2、∇_φ^2 的具体形式已在式（21-18）和式（21-19）中见过了。

为什么关注 $\hat{L}^2$ 算符呢？将它作用于球谐函数 $Y(\theta,\varphi)$ 上，这一操作就是将式（21-44）等号两边同时作用于 $Y(\theta,\varphi)$（不是相乘）的数学表述为

$$\hat{L}^2 Y(\theta,\varphi)=-\hbar^2\left(\nabla_\theta^2+\frac{1}{\sin^2\theta}\nabla_\varphi^2\right)Y(\theta,\varphi) \tag{21-45}$$

接下来为采用对比方法，需要从数学上以 $\hbar^2$ 乘式（21-23）等号两边并把第二项 $\hbar^2\lambda Y(\theta,\varphi)$ 移至等号右边，写成

$$\lambda\hbar^2 Y(\theta,\varphi)=-\hbar^2\left(\nabla_\theta^2+\frac{1}{\sin^2\theta}\nabla_\varphi^2\right)Y(\theta,\varphi) \tag{21-46}$$

细心的读者已发现这些运算的目的了，那就是式（21-45）与式（21-46）中等号右边相同，它的左边必然相等，即

$$\hat{L}^2 Y(\theta,\varphi)=\lambda\hbar^2 Y(\theta,\varphi)=l(l+1)\hbar^2 Y(\theta,\varphi) \tag{21-47}$$

这里用到了式（21-34），问题是如何解读**式（21-47）的物理意义呢**？它与解开式（21-40）来历的悬念有关。不过，话又说回来，要解开式（21-40）带来的悬念，还需绕到上一章第三节的式（20-26），即

$$\hat{H}\psi=E\psi$$

该式的物理意义是，哈密顿算符 $\hat{H}$ 是能量算符，它作用在概率幅 ψ 上，等于能量 E 乘以概率幅 ψ。

在量子物理中，凡某一力学量（如能量 E）有确定数值的量子态称为该力学量 E 的本征态（一定存在的态），对应的概率幅叫作本征函数，该力学量各种可能的取值叫作该力学量（如 E）的本征值。

如以式（20-26）为例，ψ 是算符 $\hat{H}$ 的本征函数，E 就是算符 $\hat{H}$ 的本征值。量子物理把表达 $\hat{H}$、ψ 与 E 相互关系的式（20-26）称为算符 $\hat{H}$ 的本征方程。一般情况下，如果算符 $\hat{F}$ 在对应本征态 ψ_F 态有数值 F，或者算符 $\hat{F}$ 作用在本征函数 ψ_F 上，就由下述本征方程表述这一

规律

$$\hat{F}\psi_F = F\psi_F \tag{21-48}$$

顺便说一句，本征方程就是由力学算符$\hat{F}$对其本征函数ψ_F运算，得到算符本征值F乘以ψ_F的方程。

有了以上对本征方程的了解，如果式（21-48）中$\hat{F}$是角动量平方算符$\hat{L}^2$，可以得角动量平方算符的本征方程

$$\hat{L}^2 Y(\theta,\varphi) = L^2 Y(\theta,\varphi) \tag{21-49}$$

式（21-49）的价值在哪？将它与式（21-47）对照就一目了然了。原来式（21-47）中等号右侧的数值$l(l+1)\hbar^2$应当是$\hat{L}^2$算符的本征值，即

$$L^2 = l(l+1)\hbar^2 \tag{21-50}$$

开方，得

$$L = \sqrt{l(l+1)}\,\hbar \quad (l=0,1,2,\cdots,n-1)$$

这不就是式（21-40）给出的结果吗？不仅如此，角量子数l的物理意义已露出端倪：它的作用是计算氢原子中电子轨道角动量数值（量子化）的大小。此处用"轨道"一词，已从玻尔模型中"脱胎换骨"了，它现在的作用是区分电子的空间运动与自旋运动（将在本节"四、电子自旋和自旋磁量子数"中介绍）。"轨道"一词已成为描写氢原子中电子空间运动量子态的代名词，千万不要被"电子沿轨道运动"的陈旧概念搞糊涂了。

三、磁量子数和角动量空间量子化

轨道角动量是矢量，有大小和方向，但式（21-40）只给出了角动量的大小。**角动量方向的变化遵守什么规律呢**？在经典力学中，角动量方向是可以连续变化的，如陀螺旋转就是一例。在量子物理中，角动量的取向是不是量子化的呢？求解式（21-27）时回答了这一问题。曾记否，在解$\Phi(\varphi)$方程（21-27）时，出现的$m_l = 0, \pm 1, \pm 2, \cdots, \pm l$所描述的轨道角动量的指向是分立的。为了形象地介绍这一规律，通常画出像图21-7那样的**角动量矢量模型图**。图中，一个长为$\sqrt{l(l+1)}\,\hbar$的矢量代表角动量矢量$\boldsymbol{L}$，当l一定时，以z轴为对称轴的圆锥面的母线都是用$\boldsymbol{L}$描述的量子态（即旋转不变性）。图21-8中$\boldsymbol{L}$在z轴上的投影等于$m_l\hbar$。当$\boldsymbol{L}$取值不同，如$l=1$和$l=2$时，电子轨道角动量空间取向量子化也不同。如何理解角动量矢量模型图，需要补充两点：

1) 在式（21-34）中，由于m_l最大只能取$m_l = l$，因此，$m_l\hbar$总是小于$\sqrt{l(l+1)}\,\hbar$。$m_l\hbar$是图21-8中角动量在z轴上的投影值，$\sqrt{l(l+1)}\,\hbar$是图中角动量矢量的大小。从几何上看，$m_l\hbar < \sqrt{l(l+1)}\,\hbar$，轨道角动量矢量$\boldsymbol{L}$不可能与$z$轴完全重合（平行或反平行都不行），因为一般以$z$轴代表外磁场方向，出现这种情况意味着，角动量矢量恰好指向外磁场方向是不可能的（原因略）。例如$l=2$、$L = \sqrt{l(l+1)}\,\hbar = \sqrt{6}\,\hbar$，而$m_l\hbar = -2\hbar、-\hbar、0、+\hbar、+2\hbar$。

2) 由于微观客体的波粒二象性，并不能用任何几何图像描述（为什么？），形如图21-8介绍的角动量矢量"模型"图，并不能如实地体现角动量本征值。图像形象化，有利于初

学者了解，仅此而已（见本章第四节图 21-16）。

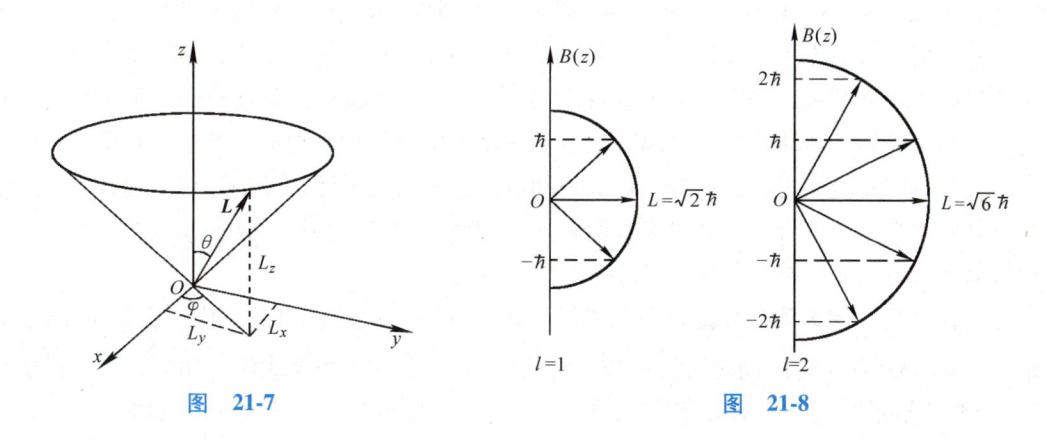

图 21-7

图 21-8

角动量的空间取向量子化这一现象于 1921 年就已经观察到，而且成功地解释了许多物理现象，如正常塞曼效应。

【例 21-1】 氢原子中的电子处于由 $n=4$ 与 $l=3$ 所描述的状态。问：
（1）电子轨道角动量 L 的数值为多少？
（2）该角动量 L 在 z 轴上的分量有哪些可能值？
（3）角动量 L 与 z 轴的夹角有哪些可能值？

【分析与解答】 该题考察量子数的取值法则及物理解释，主要应用轨道角动量量子化公式与角动量空间量子化公式。

（1）根据氢原子中电子绕核运动角动量的取值公式
$$L=\sqrt{l(l+1)}\,\hbar$$
将 $l=3$ 代入，可得电子轨道角动量 $L=\sqrt{12}\,\hbar$。

（2）根据轨道角动量在 z 轴分量的取值公式 $L_z=m_l\hbar$
$$m_l=0,\pm 1,\pm 2,\cdots,\pm l$$
因 $|m_l|\leq l$，则按题意，对 $l=3$，角动量 L 在 z 轴上的分量 L_z 可能的取值为 0、$\pm\hbar$、$\pm 2\hbar$、$\pm 3\hbar$。

（3）参见图 21-9，角动量 L 与 z 轴的夹角 θ 为
$$\theta=\arccos\frac{m_l}{\sqrt{l(l+1)}}$$
将 $m_l=0$、± 1、± 2、± 3 及 $l=3$ 代入计算得 θ 的可能值为：$30°$、$55°$、$73°$、$90°$、$107°$、$125°$、$150°$，如图 21-9 所示。

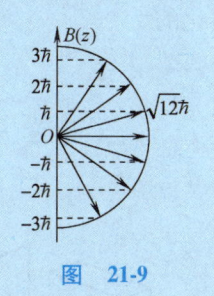

图 21-9

四、电子自旋和自旋磁量子数

原子中电子的状态，除了与以上三个量子数有关外，还与电子的自旋相关。不过电子自

旋并非本章第二节求解薛定谔方程的结果,而是先由碱金属原子光谱实验中有很靠近的双线结构(比如钠光谱 589.3nm 谱线可分为 589.0nm 和 589.6nm 两条)与斯特恩-盖拉赫实验发现,然后由狄拉克方程从理论中导出。1925 年,G. E. 乌伦贝克和 S. A. 古兹密特通过分析原子光谱的实验结果,提出了电子具有内禀运动-自旋(spin),并且给出了对应的自旋角动量 S 与自旋磁矩。1928 年,P. A. M. 狄拉克得出了电子的相对论波动方程,其中包括了电子自旋和自旋磁矩。从经典观点看,自旋角动量好像是由电子绕自身轴旋转引起,但实际情况并非如此,自旋角动量无经典对应,而是一种相对论效应,从量子物理角度看,电子自旋就像质量 m、电荷 e 一样,是电子的另一个内禀属性。

电子自旋角动量 S 和其分量 S_z 与电子绕核运动轨道角动量 L 和 L_z 一样,也是量子化的,但是 S(S 的大小)只有一个取值 $\sqrt{3}\hbar/2$,S_z 只有 $+\hbar/2$ 和 $-\hbar/2$ 两个取值,如果设自旋量子数为 s,自旋磁量子数为 m_s,那么 S 与 s、S_z 与 m_s 之间关系和 L 与 l、L_z 与 m_l 关系相同,即

$$S=\sqrt{s(s+1)}\,\hbar, \quad s=\frac{1}{2} \tag{21-51}$$

$$S_z=m_s\hbar, \quad m_s=-\frac{1}{2}、+\frac{1}{2} \tag{21-52}$$

只是式(21-51)中 s 的取值只有 1 个,式(21-52)中 m_s 的取值共有 $2s+1=2$ 个,反映了电子自旋角动量的空间量子化,如图 21-10 所示。

[附] 斯特恩-盖拉赫实验

该实验于 1921 年由斯特恩(O. Stern)和盖拉赫(W. Gerlach)在德国法兰克福完成,实验装置简图如图 21-11a 所示,经高温炉加热形成的银原子束,通过图中开有孔的准直器,进入抽成真空的非均匀磁场(由图中尖锐的 N 极与相对平缓的 S 极提供),最后打到底板 P 上沉积下来,呈现上下对称的两条沉积(图 21-11b 从剖视图再次展示两条沉积),而经典物理则预测是一个连续的银的沉积。将银换作锂、钠、钾、铜、金及氢原子分别进行实验,也都观测到了类似现象,这一现象表明原子在磁场中不能任意取向,原子角动量的空间取向是量子化的。

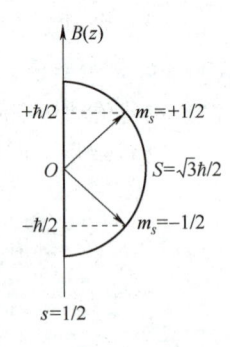

图 21-10

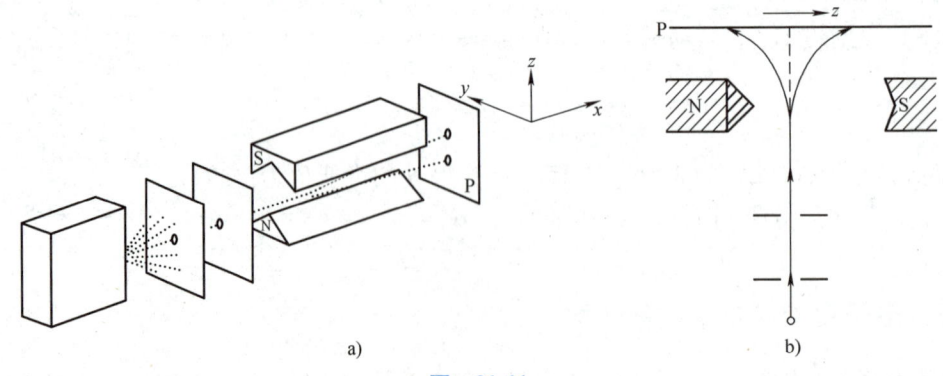

图 21-11

碱金属原子光谱的双线结构和斯特恩-盖拉赫实验结果的解释，都离不开电子的自旋，详细解释还涉及电子的自旋磁矩、自旋与轨道运动之间的耦合，本书不详细介绍，感兴趣同学自行查阅相关资料。

五、应用拓展——自旋电子器件

原子中的电子除了具有电荷属性外，还具有自旋属性，在外磁场中，既受洛伦兹力作用，还会通过自身的自旋磁矩与外磁场耦合。电子自旋器件是将自旋属性引入半导体器件，用电子电荷和自旋共同作为信息的载体发展出的新一代电子器件。自旋电子器件依靠电子的本征自旋来编码和处理信息，与传统电子器件相比，具有数据存储密度大、处理速度快、可永久保存、能耗低等诸多优点，被认为是后摩尔时代存储和逻辑器件最有前景的解决方案之一。

目前基于铁磁金属已研制成功的自旋电子器件有巨磁电阻、自旋阀、磁隧道结和磁性随机存取存储器、自旋晶体管、自旋滤波器、太赫兹发射器与传感器等。自旋电子器件在硬盘驱动器和固态驱动器等数据存储技术中发挥着至关重要的作用，提供了高速数据访问和非易失性存储功能。自旋电子器件还有助于开发用于通信系统精确时钟的自旋振荡器和用于下一代计算架构的自旋逻辑器件，有望在计算效率和性能方面取得重大进步。在生物医学领域，基于自旋电子器件的生物传感器已被用作诊断工具，以极高的精度检测生物分子以及分析DNA序列。

第四节　氢原子的概率幅函数与概率密度函数

通过学习本章第二、三节可知，氢原子中电子的量子态与一组量子数 n、l、m_l、m_s 形影不离，可以说，求解薛定谔方程所得的量子数 n、l、m_l 与自旋磁量子数 m_s 是量子态的"标签"。对同一组量子数 n、l、m_l，自旋磁量子数 m_s 只有 2 个取值，下面跳出电子自旋，继续来探讨求解薛定谔方程所得的氢原子中电子的概率幅函数与反映电子分布的概率密度函数。对不同量子数的概率幅 $\psi(r,\theta,\varphi)$，用量子数 n、l、m_l 作为下标来区分 $\psi_{nlm_l}(r,\theta,\varphi)$。

一、低量子数的氢原子概率幅函数

在本章第二节中对三维定态薛定谔方程（21-20）经两次分离变量后，求解式（21-27）、式（21-33）与式（21-36），得氢原子中电子的概率幅为

$$\psi_{nlm_l}(r,\theta,\varphi) = R_{nl}(r)\Theta_{lm_l}(\theta)\Phi_{m_l}(\varphi)$$

n、l、m_l 值不同，概率幅的函数形式也不同。表 21-4 列出了氢原子中电子的几个概率幅 $\psi_{nlm_l}(r,\theta,\varphi)$，以供参考。

表 21-4　氢原子的概率幅

n	l	m_l	$\psi_{nlm_l}(r, \theta, \varphi)$
1	0	0	$\dfrac{1}{\sqrt{\pi}}\left(\dfrac{1}{a_0}\right)^{3/2}\exp\left(-\dfrac{r}{a_0}\right)$
2	0	0	$\dfrac{1}{4\sqrt{2\pi}}\left(\dfrac{1}{a_0}\right)^{3/2}\left(2-\dfrac{r}{a_0}\right)\exp\left(-\dfrac{r}{2a_0}\right)$
2	1	0	$\dfrac{1}{4\sqrt{\pi}}\left(\dfrac{1}{a_0}\right)^{3/2}\dfrac{r}{a_0}\cos\theta\exp\left(-\dfrac{r}{2a_0}\right)$
2	1	± 1	$\dfrac{1}{8\sqrt{\pi}}\left(\dfrac{1}{a_0}\right)^{3/2}\dfrac{r}{a_0}\sin\theta\exp\left(-\dfrac{r}{2a_0}\right)e^{\pm i\varphi}$
3	0	0	$\dfrac{1}{81\sqrt{3\pi}}\left(\dfrac{1}{a_0}\right)^{3/2}\left(27-18\dfrac{r}{a_0}+2\dfrac{r^2}{a_0^2}\right)\exp\left(-\dfrac{r}{3a_0}\right)$
3	1	0	$\dfrac{\sqrt{2}}{81\sqrt{\pi}}\left(\dfrac{1}{a_0}\right)^{3/2}\left(6-\dfrac{r}{a_0}\right)\dfrac{r}{a_0}\cos\theta\exp\left(-\dfrac{r}{3a_0}\right)$
3	1	± 1	$\dfrac{1}{81\sqrt{\pi}}\left(\dfrac{1}{a_0}\right)^{3/2}\left(6-\dfrac{r}{a_0}\right)\dfrac{r}{a_0}\sin\theta\exp\left(-\dfrac{r}{3a_0}\right)e^{\pm i\varphi}$
3	2	0	$\dfrac{1}{81\sqrt{6\pi}}\left(\dfrac{1}{a_0}\right)^{3/2}\left(\dfrac{r}{a_0}\right)^2(3\cos^2\theta-1)\exp\left(-\dfrac{r}{3a_0}\right)$
3	2	± 1	$\dfrac{1}{81\sqrt{\pi}}\left(\dfrac{1}{a_0}\right)^{3/2}\left(\dfrac{r}{a_0}\right)^2\sin\theta\cos\theta\exp\left(-\dfrac{r}{3a_0}\right)e^{\pm i\varphi}$
3	2	± 2	$\dfrac{1}{162\sqrt{\pi}}\left(\dfrac{1}{a_0}\right)^{3/2}\left(\dfrac{r}{a_0}\right)^2\sin^2\theta\exp\left(-\dfrac{r}{3a_0}\right)e^{\pm 2i\varphi}$

按照玻恩对波函数的统计诠释，在原子核周围处于 $\psi_{nlm_l}(r,\theta,\varphi)$ 态运动的电子概率密度为

$$|\psi_{nlm_l}(r,\theta,\varphi)|^2 = |R_{nl}(r)\Theta_{lm_l}(\theta)\Phi_{m_l}(\varphi)|^2 \tag{21-53}$$

在球坐标系中，三维空间的体积元为 $d\tau = r^2\sin\theta dr d\theta d\varphi$（见图 21-5），依式 (21-53)，电子出现在体积元 $d\tau$ 中的概率用下式计算（作为简化，已删去下标）：

练习 44
$$|\psi|^2 d\tau = |R|^2|\Theta|^2|\Phi|^2 r^2\sin\theta dr d\theta d\varphi \tag{21-54}$$

式（21-54）是量子物理中预言氢原子中电子处于 $\psi_{nlm_l}(r,\theta,\varphi)$ 态时出现在空间 (r,θ,φ) 附近 $r\sim(r+dr)$、$\theta\sim(\theta+d\theta)$ 及 $\varphi\sim(\varphi+d\varphi)$ 范围的体积元 $d\tau$ 内的概率，并且需要满足式（19-15），即

$$\int_V |\psi|^2 d\tau = \int_V |R|^2|\Theta|^2|\Phi|^2 r^2\sin\theta dr d\theta d\varphi = 1$$

或从数学上分解为对三个独立坐标 r、θ、φ 的积分：

$$\int_0^\infty |R|^2 r^2 dr \int_0^\pi |\Theta|^2 \sin\theta d\theta \int_0^{2\pi} |\Phi|^2 d\varphi = 1 \tag{21-55}$$

从量子物理看，式（21-55）对三个独立坐标的积分中，电子出现于空间某处附近时，各概

率幅是相互独立的。这就意味着，在电子出现的全空间内，从不同坐标观察，不论是在全部 r 范围，或是全部 θ 范围，或是全部 φ 范围内都有可能发现电子。所以，在式（21-55）中，由每一个概率幅计算的概率分别满足归一化条件：

$$\int_0^\infty |R|^2 r^2 dr = 1, \quad \int_0^\pi |\Theta|^2 \sin\theta d\theta = 1, \quad \int_0^{2\pi} |\Phi|^2 d\varphi = 1 \tag{21-56}$$

二、电子概率径向分布函数

为了解氢原子中电子的量子态沿径向变化规律，分别画出几条函数曲线，从比较中了解它们的联系与区别。

1. $R_{nl}(r)$-r 曲线

取表 21-2 中与第 4 列所列出的低量子数（$n=1$、2、3；$l=0$、1、2）对应的 $R_{nl}(r)$ 对 r 作图，得 $R_{nl}(r)$-r 曲线（见图 21-12）。图中 $R_{nl}(r)=0$ 的点称为节点，以原点为圆心，以节点到原点距离为半径所作的球面称为节面（图中未画出）。由于 $R_{nl}(r)$ 值与 θ、φ 无关，所以可将图 21-12 绕纵轴旋转一周，它是球对称的。

2. $|R_{nl}(r)|^2$-r 曲线

图 21-13 是 $|R_{nl}(r)|^2$-r 曲线。图中节点或节面数为 $(n-l-1)$。例如，图中 3s 态有 3-0-1=2 个节点，3p 态有 3-1-1=1 个节点。峰值数为 $(n-l)$ 个，图 21-13 中没有负值。

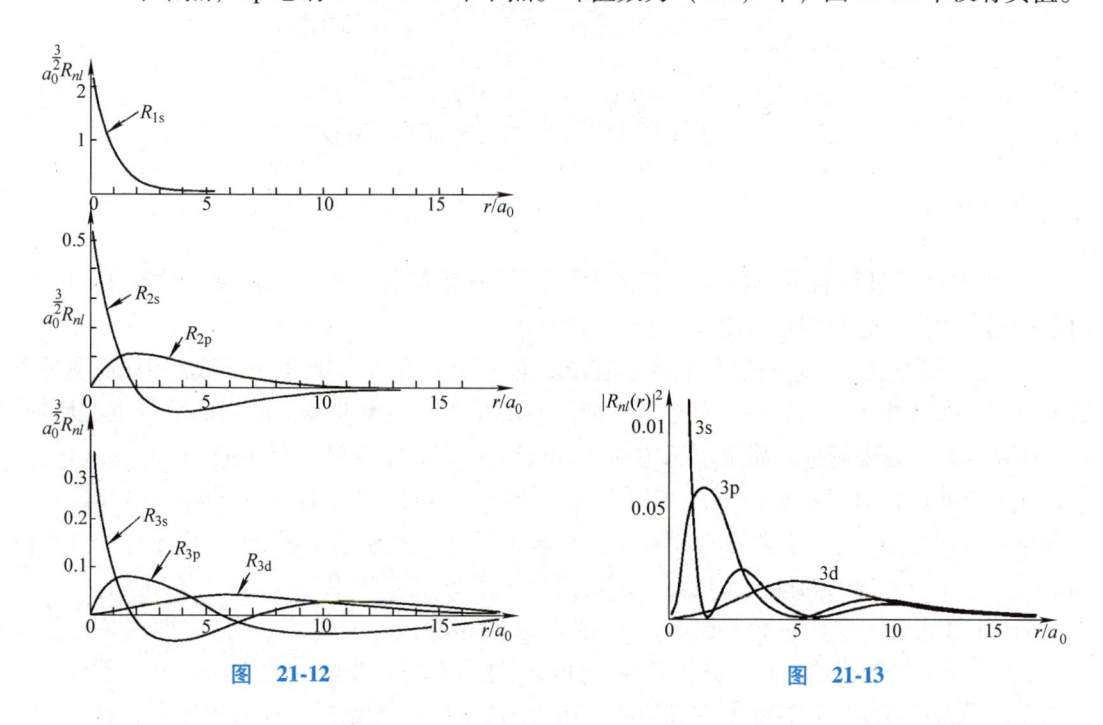

图 21-12

图 21-13

3. $|R_{nl}^2(r)|r^2$-r 曲线

式（21-54）描述了在球坐标系中，电子处于空间坐标 (r,θ,φ) 附近 dτ 体积元内的概率。为计算电子概率径向分布函数，想象将电子可能出现的空间分成许多以核为球心、半径不同的球面。设在半径 r 到 $r+dr$ 的球壳内发现电子的概率为 $w_{nl}(r)dr$。在这一球壳内另两个变量角度的取值范围是 θ 从 0→π，φ 从 0→2π，根据这一分析：为求电子出现在这一球壳内的概率，需分别利用式（21-56）后两式做如下积分（为什么？）：

$$w_{nl}(r)\mathrm{d}r = \int_{\varphi=0}^{2\pi}\int_{\theta=0}^{\pi}|R_{nl}(r)|^2 r^2 \mathrm{d}r |\Theta|^2 |\Phi|^2 \sin\theta \mathrm{d}\theta \mathrm{d}\varphi$$

$$= |R_{nl}(r)|^2 r^2 \mathrm{d}r \tag{21-57}$$

式中，$|R_{nl}(r)|^2 r^2$ 就是在半径为 r 的球面附近单位厚度球壳内发现电子的概率 $w_{nl}(r)$，也称为电子概率<u>径向分布函数</u>。在图 21-14 中，用实线描述了一些低量子数的电子概率径向分布函数 $w_{nl}(r)$ 随 r 变化的大致情况。图中纵坐标表示 w_{nl} 与 $|R_{nl}|$（以虚线表示），横坐标表示半径 r（以玻尔半径 a_0 为单位）。从图中的函数曲线看：

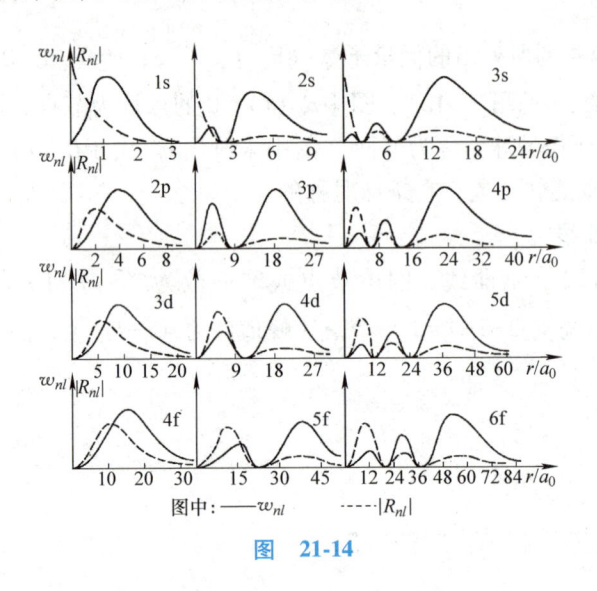

图中：——w_{nl} ----$|R_{nl}|$

图 21-14

1）与玻尔模型圆轨道不同，在相当大的范围内都有发现电子的概率。曲线上的峰值（概率峰）表明在该处附近发现电子的概率最大。

2）电子概率径向分布函数与主量子数 n 及角量子数 l 有关。当角量子数 l 相同而主量子数 n 不同（如图中每一行）时，随着 n（能量）的增加，概率曲线上的峰的数目也在增加，且主概率峰离核越来越远，如第一行中的 1s,2s,3s,…态，以及第二行中的 2p,3p,4p,…态。如果 n（能量）相同（例如 $n=3$），而 l（角量子数）不同，则 l 越小（d→p→s）峰越多，主概率峰离核越来越远，其最小概率峰则离核越来越近。诸多现象意味着，由于电子具有波动性，主量子数 n 很大的量子态也有一定的概率 w_{nl} 出现在离核很近（$r<a_0$）的区域。

3）凡角动量（数值）量子数 $l=n-1$ 的定态，如 2p,3d,…（第一列），即在某一能级（E_n 态）上角动量的值最大时，其概率径向分布函数只有一个峰值（含 1s 态）。可不可以计算出现这种概率峰值的位置呢？在高等数学中求函数的一阶导数后，令其等于零，有

练习 45

$$\frac{\mathrm{d}}{\mathrm{d}r}w_{nl}(r) = \frac{\mathrm{d}}{\mathrm{d}r}[r^2|R_{nl}(r)|^2] = 0$$

将表 21-2 中第四列给出的（1s,2p,3d,…）的函数代入上式求峰值出现的位置时可归纳一通式

$$r_n = n^2 a_0 \quad (n=1,2,3,\cdots) \tag{21-58}$$

这与玻尔模型中 $n=1,2,3,\cdots$ 各能级所对应的圆形轨道半径公式（21-7）完全吻合。在量子物理中，$1s,2p,3d,\cdots$ 的定态称为圆态，但图 21-14 中各实线说明圆态不是唯一出现的态（各峰值坐标不同说明原子半径是变化的）。由此可以评价，玻尔模型在一定程度上反映了实际，对于粗浅地了解原子结构并非一无是处。注意图 21-15 是一个新的氢原子结构模型，图中黑点示意电子位置分布概率。经典的"轨道"违反不确定性关系，是没有意义的。一般使用"电子云"或"概率云"等概念较为贴切。不过用图 21-15 中小黑点表示电子的概率分布，或称这些小黑点的分布为"电子云"，充其量只是与轨道图像"划清界线"，小心小黑点只能画成离散的，而定态波函数在空间则是"连续、单值、有限"的。

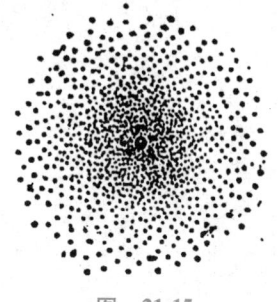

图 21-15

【例 21-2】 基态氢原子的径向波函数为 $R_{10}=\dfrac{2}{a_0^{3/2}}\mathrm{e}^{-\frac{r}{a_0}}$，其中 a_0 为玻尔半径。问：

（1）基态氢原子中 r 为何值时电子的径向概率密度最大？

（2）基态氢原子中电子出现在玻尔轨道半径 a_0 内的概率为多大？

【分析与解答】 该题的难点是写出氢原子的概率密度的径向分布函数 $r^2 R_{10}^2$，对电子概率密度的径向分布函数求一阶导数，并让它等于零可得极值对应的 r 取值；对电子概率密度径向分布函数在求解范围进行积分可得该范围内电子出现的概率。

（1）基态氢原子中电子概率密度的径向分布函数为

$$w = r^2 R_{10}^2 = \frac{4}{a_0^3} r^2 \mathrm{e}^{-\frac{2r}{a_0}}$$

计算概率密度的极值需对 w 求一阶导数为零的情况，即

$$\frac{\mathrm{d}w}{\mathrm{d}r} = \frac{4}{a_0^3}\left(2r - \frac{2r^2}{a_0}\right)\mathrm{e}^{-\frac{2r}{a_0}} = \frac{4}{a_0^3} 2r\left(1 - \frac{r}{a_0}\right)\mathrm{e}^{-\frac{2r}{a_0}} = 0$$

解得极值的位置坐标为 $r=0、a_0、\infty$，而在 $r=0、\infty$ 处，$w|_{r=0,\infty}=0$，即电子概率密度的径向分布函数出现极小值。在 $r=a_0$ 处，$\left.\dfrac{\mathrm{d}^2 w}{\mathrm{d}r^2}\right|_{r=a_0}<0$，故 $r=a_0$ 时 w 达到极大值。

同样的思路，可以计算电子在 $2s,2p,3s,\cdots$ 各态时概率密度极值出现的位置，验证 $(1s,2p,3d,\cdots)$ 态时电子概率密度极大值出现的位置正是公式（21-58）。

（2）基态氢原子中电子在玻尔轨道半径 a_0 内出现的概率为

$$\int_0^{a_0} w \mathrm{d}r = \int_0^{a_0} r^2 R_{10}^2 \mathrm{d}r = \int_0^{a_0} \frac{4}{a_0^3} r^2 \mathrm{e}^{-\frac{2r}{a_0}} \mathrm{d}r$$

设 $y = -\dfrac{2r}{a_0}$，$\mathrm{d}y = -\dfrac{2}{a_0}\mathrm{d}r$，代入上式，得

$$\int_0^{a_0} w\,\mathrm{d}r = -\frac{1}{2}\int_0^{-2} y^2 \mathrm{e}^y \mathrm{d}y = -\frac{1}{2}\int_0^{-2} y^2 \mathrm{d}\mathrm{e}^y$$

$$= -\frac{1}{2}\left[(y^2 \mathrm{e}^y)\Big|_0^{-2} - \int_0^{-2} \mathrm{e}^y \mathrm{d}y^2\right]$$

$$= -\frac{1}{2}\left[4\mathrm{e}^{-2} - 2\int_0^{-2} y\mathrm{e}^y \mathrm{d}y\right]$$

$$= -\frac{1}{2}\left[4\mathrm{e}^{-2} - 2\int_0^{-2} y\,\mathrm{d}\mathrm{e}^y\right]$$

$$= -\frac{1}{2}\left\{4\mathrm{e}^{-2} - 2\left[(y\mathrm{e}^y)\Big|_0^{-2} - \mathrm{e}^y\Big|_0^{-2}\right]\right\}$$

$$= -\frac{1}{2}\left\{4\mathrm{e}^{-2} + 4\mathrm{e}^{-2} + 2[\mathrm{e}^{-2} - 1]\right\}$$

$$= 1 - 5\mathrm{e}^{-2}$$

$$= 32\%$$

可得，基态情况下氢原子中电子出现在波尔轨道半径 a_0 内的概率为 32%。

三、电子概率角度分布函数

式（21-57）与图 21-14 只给出了电子径向分布。能不能计算电子在整个空间的概率分布，例如，概率是如何按角度 φ 和 θ 分布呢？为计算电子概率随角度的分布，可借鉴研究电子径向概率分布的式（21-57）。

1. 概率分布与 φ 角的关系

为仿照式（21-57），可将式（21-54）对 r 和 θ（r 从 $0\to\infty$，θ 从 $0\to\pi$）积分，并利用式（21-56）中第一式与第二式，可得电子出现在 $\varphi\sim(\varphi+\mathrm{d}\varphi)$ 角度范围内的概率为

练习 46
$$w_{m_l}(\varphi)\mathrm{d}\varphi = \Phi_{m_l}(\varphi)\Phi^*_{m_l}(\varphi)\mathrm{d}\varphi \int_0^\infty |R_{nl}(r)|^2 r^2 \mathrm{d}r \int_0^\pi |\Theta_{lm_l}|^2 \sin\theta \mathrm{d}\theta$$

$$= \Phi_{m_l}(\varphi)\Phi^*_{m_l}(\varphi)\mathrm{d}\varphi \tag{21-59}$$

式中，$\Phi_{m_l}(\varphi)$ 已通过求解式（21-27）得出结果为式（21-32），代入式（21-59）得

$$w_{m_l}(\varphi)\mathrm{d}\varphi = \frac{1}{\sqrt{2\pi}}\mathrm{e}^{-\mathrm{i}m_l\varphi}\frac{1}{\sqrt{2\pi}}\mathrm{e}^{\mathrm{i}m_l\varphi}\mathrm{d}\varphi = \frac{1}{2\pi}\mathrm{d}\varphi \tag{21-60}$$

式中，电子概率方位角定态分布函数 $w_{m_l}(\varphi) = 1/(2\pi)$，具有旋转不变性（见图 21-7），它是一个与 φ 角无关的常数。这一结果意味什么呢？原来，在不同 φ 角（$0\leqslant\varphi\leqslant 2\pi$）附近，单位角度范围内发现电子的概率是相同的。

2. 概率分布与 θ 角的关系

概率密度随 θ 的分布是由 $\Theta_{lm_l}(\theta)$ 来确定的。仍沿用上述方法，在 $\theta\sim(\theta+\mathrm{d}\theta)$ 范围内找到电子的概率为

$$\begin{aligned}
w_{lm_l}(\theta)\mathrm{d}\theta &= \Theta_{lm_l}^*(\theta)\,\Theta_{lm_l}(\theta)\sin\theta\mathrm{d}\theta \int_0^\infty R_{nl}^* R_{nl} r^2 \mathrm{d}r \int_0^{2\pi} \Phi_{m_l}^* \Phi_{m_l}\mathrm{d}\varphi \\
&= \Theta_{lm_l}^*(\theta)\,\Theta_{lm_l}(\theta)\sin\theta\mathrm{d}\theta \\
&= \frac{1}{2\pi}\Theta_{lm_l}^*(\theta)\,\Theta_{lm_l}(\theta)\cdot 2\pi\sin\theta\mathrm{d}\theta \\
&= \frac{1}{2\pi}\Theta_{lm_l}^*(\theta)\,\Theta_{lm_l}(\theta)\mathrm{d}\Omega
\end{aligned} \tag{21-61}$$

式中，$\mathrm{d}\Omega$ 表示什么？回到图 21-5。在以原点为球心、r 为半径的球面上（未画出），找到 r、$r\mathrm{d}\theta$ 与 $r\sin\theta\mathrm{d}\varphi$，则球面面元 $\mathrm{d}S$ 对球心点 O 所张的立体角定义为 $\dfrac{\mathrm{d}S}{r^2} = \dfrac{r^2\sin\theta\mathrm{d}\theta\mathrm{d}\varphi}{r^2} = \sin\theta\mathrm{d}\theta\mathrm{d}\varphi$（类比圆心角等于弧长除于半径）。因此，在 φ 由 $0\to 2\pi$ 旋转一周的整个区间，$\theta\sim(\theta+\mathrm{d}\theta)$ 之间对球心点 O 所张的立体角以 2π 替换 $\mathrm{d}\varphi$ 后，得 $\mathrm{d}\Omega = 2\pi\sin\theta\mathrm{d}\theta$。所以在式（21-61）中，随 θ 而变的概率极角分布函数为

$$w_{lm_l}(\theta) = \frac{1}{2\pi}\Theta_{lm_l}^*(\theta)\,\Theta_{lm_l}(\theta) \tag{21-62}$$

表 21-5 列出了几个低量子数 $l=0$、1、2 时，各定态 $w_{lm_l}(\theta)$ 函数的具体表示式。

表 21-5 $w_{lm_l}(\theta)$ 函数的具体表示式（$l=0, 1, 2$）

l	m_l	$w_{lm_l}(\theta)$
0	0	$\dfrac{1}{4\pi}$
1	± 1	$\dfrac{3}{8\pi}\sin^2\theta$
1	0	$\dfrac{3}{4\pi}\cos^2\theta$
2	± 2	$\dfrac{15}{32\pi}\sin^4\theta$
2	± 1	$\dfrac{15}{8\pi}\sin^2\theta\cos^2\theta$
2	0	$\dfrac{5}{16\pi}(3\cos^2\theta-1)^2$

图 21-16 是表 21-5 中所列概率分布函数随 θ 而变的函数图形（平面图），图中从原点到曲线上某点连线（仅有圆态图画出）的长度表示 $|\Theta|^2$ 值的大小，连线和 z 轴的夹角则表示该处的极角 θ，图中 m 是磁量子数 m_l。从图 21-16 看出：

1) 概率密度对 θ 角分布相对 z 轴对称，而 s 态电子的分布是球对称的（圆态）。此结论可推广到 ns 态，其中 n 是主量子数。

2) 由于球谐函数 $Y_{lm_l}(\theta,\varphi) = \Theta_{lm_l}(\theta)\Phi_{m_l}(\varphi)$ 与主量子数无关，所以，只要 l、m_l 相同，w_{lm_l} 的函数曲线就相同。但 l（角动量大小）相同而 m_l（角动量方向）不同时，随着 $|m_l|$ 增大（$m_l=0,\pm 1,\cdots,\pm l$），概率密度较大的方向逐步向垂直 z 轴的方向移动。

概率最大的方向是分析原子与原子结合成键的基础（如共价键）。

3) 按式（21-60），由于概率密度 $w_{m_l}(\varphi)$ 对 z 轴具有旋转对称性，因而将图 21-16 绕 z 轴旋转一周就得到电子概率空间的角度分布 $|Y(\theta,\varphi)|^2$。

最后，必须指出，电子在空间中真实的分布情况，需要把径向分布 $|R|^2$、角向分布 $|Y|^2$ 结合在一起考虑。本书不便介绍电子云的空间分布图的具体作法，但必须注意，原子中的电子不是沿着一定轨道运动，而是按一定的概率 $|\psi_{nlm_l}(r,\theta,\varphi)|^2 dr$ 分布在原子核周围，但不能理解为电子像云一样弥散在原子核周围而失去颗粒性。

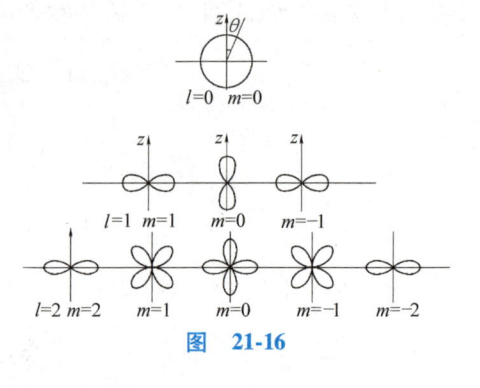

图 21-16

至此，通过学习氢原子中电子的运动规律，再一次看到了微观客体的波粒二象性呈现出微观世界的三个基本特征：量子态的概率特征、力学量的量子化特征、坐标与动量不确定性关系。

第五节 物理学思想与方法简述

半经典半量子方法

从本章的讨论可以看出，玻尔模型是在光谱的实验规律和原子的核式模型基础上，引入了角动量量子化而构成的。玻尔并没有完全抛弃经典物理的框架，仍然把原子、电子这些微观客体看成是经典力学中的质点。一方面使用坐标、轨道概念，并用牛顿定律来计算轨道，另一方面又加上硬性假设的角动量量子化条件来限制稳定运动状态的轨道，在推导能量量子化条件时，仍然以经典物理规律（牛顿定律和库仑定律等）为基础。从方法论角度看，可以说玻尔模型采用了属于半经典半量子的方法，或者说玻尔模型是经典理论与量子条件的混合物。严格来说，半经典半量子不是一种物理理论，但采用这种方法不仅能成功地解释氢光谱规律，揭示了微观体系所应遵循的量子化规律，把普朗克的能量子假说、爱因斯坦的光量子理论又向前推进了一大步，而且使人们更进一步认识到量子化是微观世界的特有规律。玻尔模型启发了当时原子物理的研究，推动了新的实验和理论工作，承前启后，是原子物理学发展史上的一个里程碑。

这种把经典物理的概念和规律用到微观世界中去的半经典半量子方法，不可避免地导致了理论的缺陷。但在解决某些物理问题（如氢原子光谱）时，却能得到与实验相同的结果。这一矛盾现象表明，物理方法也在"与时俱进"，出现了新特征。第一，随着物理学的发展，科学认识也进入前所未及的微观现象及其规律，因而无论是获取感性材料还是做出理性结论，均需要物理方法论的突破。第二，一些曾经取得过极大成就的成熟的物理理论，经受过以往实践的长期检验，在人们心目中它们几乎是天经地义的，要想变革它们，所采用的科学方法也就得违反"常规"。

实际上，由于微观粒子具有波粒二象性，需要用薛定谔方程处理。玻尔模型所遇到的困难在后来诞生的量子物理中才逐步得到解决，玻尔模型只是由经典物理向量子物理过渡的跳板。

在玻尔模型提出之前，半经典半量子方法就已出现。如在普朗克理论中表现为只考虑了器壁上"振子"能量的量子化,但对空腔内电磁辐射的处理,还是用了麦克斯韦理论,就是说电磁场在本质上还是连续的,只是当它们与器壁振子发生能量交换时,电磁能量才显示出量子性。又如在解释光电效应和康普顿效应时,分别采取了束缚电子和自由电子的模型,认为光子与物质中的电子直接作用。从更进一步的量子电动力学看,如同用量子力学观点看玻尔模型的缺陷相类似,这样做也是不恰当的。

再比如在光学领域内存在着三种基本的理论体系,即全经典理论、半经典理论(即半经典半量子)和全量子理论。全经典理论的主要特点是,将光场看成是满足麦克斯韦方程组的经典电磁波场,而将物质体系(原子、分子等)看成是一些简单的经典的带电谐振子的集合。这种理论在单纯描述普通光辐射在真空或一般介质中的传播行为时,是非常成功与成熟的,但在描述光与物质相互作用方面,则在原则上是不成功的,并基本已被人们所抛弃。半经典半量子理论的主要特点是,仍将光场看成经典的电磁波场,但对物质体系却加以量子物理式的完整描述。这种半经典理论的主要成功之处是,能够对大多数人们已知的、涉及光以及与物质相互作用有关的光学现象,给出解析的或半定量的解释。在下一章介绍激光原理时,就是采用这种半经典半量子方法。其不足之处是,对一些个别的、但又十分重要的光学过程(如自发辐射等),不能给出自然而又合理的描述。全量子理论实质上为量子电动力学理论,它把光场与物质作为一个整体再加以量子物理式处理,从而把光与物质的相互作用归结为量子化电磁场与量子化物质体系(原子或分子集合)之间的相互作用。这种理论体系的优点是,对所有涉及光与物质相互作用的现象,既能从理论上给出简单明了的定性描述,又能在一定的条件下给出严格的定量描述;其不足之处是,它所采用的数学处理过程相当复杂,很难得到简单的解析结果。除下一章即将学习的激光原理外,读者在其他后续章节中不妨留意这种半经典半量子方法的应用。

练习与思考

一、填空

1-1 玻尔的氢原子理论的三个基本假设是:
(1) _____,
(2) _____,
(3) _____。

1-2 要使处于基态的氢原子受激发后能发射赖曼系(由激发态跃迁到基态发射的各谱线组成的谱线系)的波长最长的谱线,至少应向基态氢原子提供的能量是_____。

1-3 设大量氢原子处于 $n=4$ 的激发态,它们跃迁时发射出一簇光谱线。这簇光谱线最多可能有_____条,其中最短的波长是_____Å。(普朗克常量 $h=6.63\times10^{-34}$ J·s)

1-4 玻尔的氢原子理论中提出的关于_____和_____的假设在现代的量子力学理论中仍然是两个重要的基本概念。

1-5 氢原子中处于 2p 状态的电子,描述其量子态的三个量子数 $n=$ _____,$l=$ _____,$m_l=$ _____。

1-6 若氢原子处于主量子数 $n=4$ 的状态,则其轨道角动量(动量矩)可能取的值(用 $\hbar$ 表示)分别为_____;对应于 $l=3$ 的状态,氢原子的角动量在外磁场方向的投影可能取的值有_____。

1-7 氢原子的波函数为 $\psi_{3,2,-1}$ 的量子态的能量 $E_n=$ _____，角动量大小 $L=$ _____，角动量 z 分量的值 $L_z=$ _____。

二、计算

2-1 氢介子原子由一个质子和一绕质子旋转的介子组成，求介子处于第一轨道（$n=1$）时离质子的距离（介子电荷量等于电子电荷量，质量为电子的 210 倍）。

【答案】 2.5×10^{-13} m

2-2 用一群能量分别为 $h\nu_1=\frac{1}{2}Rhc$、$h\nu_2=\frac{3}{4}Rhc$、$h\nu_3=Rhc$ 的光子来照射处于基态的氢原子，试问哪些光子能被吸收？

【答案】 $h\nu_2$，$h\nu_3$

2-3 根据玻尔理论：（1）计算氢原子中电子在量子数为 n 的轨道上做圆周运动的频率；（2）计算当该电子跃迁到（$n-1$）的轨道上时所发出的光子的频率；（3）证明当 n 很大时，上述（1）和（2）结果近似相等。

【答案】 （1）$\nu_n=\dfrac{me^4}{4\varepsilon_0^2 h^3}\cdot\dfrac{1}{n^3}$；（2）$\nu'=cR\left[\dfrac{1}{(n-1)^2}-\dfrac{1}{n^2}\right]=\dfrac{me^4}{8\varepsilon_0^2 h^3}\cdot\dfrac{2n-1}{n^2(n-1)^2}$；（3）略

2-4 氢原子中的电子若处于：（1）$n=5$ 的状态时，l 的可能值是多少？（2）$l=5$ 的状态时，m_l 的可能值是多少？（3）$l=4$ 的状态时，n 的最小可能值是多少？（4）$n=3$ 的状态时，电子可能状态数有多少个？

【答案】 （1）0、1、2、3、4；（2）0、±1、±2、±3、±4、±5；（3）5；（4）18

2-5 当电子的轨道角量子数为 $l=2$ 时，求：（1）轨道角动量的大小；（2）轨道角动量的 z 分量；（3）各轨道角动量 L 与 z 轴的夹角。

【答案】 （1）$\sqrt{6}\hbar$；（2）0、$\pm\hbar$、$\pm 2\hbar$；（3）0、$\pm\arccos\dfrac{1}{\sqrt{6}}$、$\pm\arccos\dfrac{2}{\sqrt{6}}$

2-6 在球坐标系中，粒子的波函数用 $\psi(r,\theta,\varphi)$ 表示，求：（1）粒子出现在 $r\to r+\mathrm{d}r$ 球壳中的概率；（2）粒子出现在立体角 $\mathrm{d}\Omega=\sin\theta\mathrm{d}\theta\mathrm{d}\varphi$ 中的概率。

【答案】 （1）$\int_0^\pi\int_0^{2\pi}|\psi(r,\theta,\varphi)|^2 r^2\sin\theta\mathrm{d}r\mathrm{d}\theta\mathrm{d}\varphi$；（2）$\int_0^\infty|\psi(r,\theta,\varphi)|^2 r^2\mathrm{d}r\sin\theta\mathrm{d}\theta\mathrm{d}\varphi$

三、思维拓展

3-1 氢原子中电子的运动状态可用四个量子数 n、l、m_l、m_s 表征，简述四个量子数的含义，在此基础上思考多电子原子的原子结构如何描述。

3-2 为什么氢原子中的电子不能按相对论粒子处理？

3-3 概率密度 $|\psi_{nlm_l}|^2=|R_{nl}\Theta_{lm_l}\Phi_{m_l}|^2$ 是三个函数的乘积，这是否说明三个函数表示的事件是相互独立的？

第七部分
激光

  激光器是 20 世纪与原子能、半导体、计算机齐名的四项重大发明之一。激光器是一种新型的相干光源，特点是具有高度单色性、高指向性和高强度，人们也正是从这几个特点发展出一系列的重要应用。从第一台激光器问世至今，激光技术已广泛应用到工农业生产、能源动力、通信及信息处理、医疗卫生、军事、文化艺术及科学技术研究等各个领域。有关激光的理论和技术已经形成一门新兴学科，它不但引起了现代光学应用技术的巨大变革，还促进了傅里叶光学、激光光谱学、非线性光学、量子光学、激光化学、激光生物学等新兴学科分支的发展。但在大学物理基础层面上，只介绍激光产生的物理原理和常规激光器的工作原理。

第二十二章 激光原理

本章核心内容

1. 从原子跃迁过程分析原子发光与吸收光。
2. 原子系统三种跃迁过程共存,激光光源为何能发激光。
3. 常规激光器发出激光要解决的两大矛盾。
4. 常规激光器如何解决两大矛盾从而发出激光。
5. 氦氖激光器中的氦和氖各起的作用。

我国的激光武器

光学是一门历史悠久的学科,在距今已有两千多年的我国战国时代的《墨经》中已有几何光学成像的较完整描述。西方学术界围绕着"光的本质究竟是什么"这个根本性问题争论了几百年。本书第十八章曾介绍过,光的波粒二象性对物理学乃至整个自然科学产生了深刻影响。但是,在1960年以前,光学仍然在经典理论的框架内缓慢地发展,主流仍然是光的电磁理论,仅在为数不多的现象中应用了光量子概念。人们使用的光源主要还是产生热辐射的炽热物体和气体放电管。1960年激光问世以后,整个光学领域的面貌焕然一新。短短几十年间,激光给近代光学领域带来的新现象、新概念、新技术层出不穷,许多高端新技术领域的进展都和近代光学紧密相连,它始终处于前沿学科的地位。目前,我国在这一领域的工作已处于世界领先地位,发射的世界首个量子通信卫星(墨子号)就是一例。

第一节 激光概述

历史上,激光在光学与无线电电子学两门学科的交叉和渗透中产生,激光的应用已经遍及科技、经济、军事和社会发展的许多领域。它的作用远远超出了人们原有的预想,成为构建现代科技文明最重要的光源,所以在学习激光之前回顾一下它的发展历史并展望未来是一件有意义的事情。

一、激光的诞生和展望

激光的产生涉及了光与物质相互作用的机制。早在1917年,爱因斯坦就提出了一个新的概念：在物质与辐射场的相互作用中，构成物质的原子或分子可以在光子的激励下产生光子的受激发射或吸收。从这一理论出发可以发现：如果能使组成物质的原子或分子数目不按能级的热平衡（玻尔兹曼）分布而出现反转，就有可能利用受激辐射实现光放大（Light Amplification by Stimulated Emission of Radiation），而他的英文首字母缩写就成了激光（laser）这一名字的来历。后来理论物理学家又证明受激辐射的光子和激励光子具有相同的频率、方向、相位和偏振，这些都为激光器（一种光波振荡器）的出现奠定了理论基础。在此基础上，1927年，狄拉克利用薛定谔方程结合爱因斯坦的光量子概念，创立了辐射量子理论。但当时科学技术和生产力的发展还没有基于这一理论的应用需求，所以可见光波波段的激光器也不可能凭空发展出来，那个年代研究者将更多的精力放在了无线电的波段。

在无线电电子学的发展历史中，19世纪末赫兹证实无线电波的存在，20世纪初出现电子管，电磁波可用电子振荡器产生，并使发射单一频率成为可能，持续时间任意长的完整正弦波有很好的相干性。为此，人们还研制出了能产生封闭电磁波的谐振腔。它是一个中空的金属腔，其形状及尺寸经过精心设计，使得某种频率的电磁波能在腔中形成驻波。特别是谐振腔的尺寸对电磁振荡的波长起着关键作用，如果要求产生厘米波相干辐射，则谐振腔的尺寸必须是厘米量级。在第二次世界大战期间，出于提高雷达探测精度的需要，需要进一步缩短电磁振荡的工作波长。但是，如果沿袭微波振荡器的老路——在一个尺度和波长可比拟的封闭谐振腔中利用自由电子与电磁场相互作用实现电磁波的放大和振荡，当波长继续缩短到毫米波以下时，相应谐振腔的尺寸也要小到1mm的几分之一，以当时的制造工艺是相当困难的［表18-1曾列出电磁辐射波长（频率）与典型辐射源的关系］。1951年，美国科学家汤斯，以及苏联科学家巴索夫、普罗霍洛夫等人创造性地继承和发展了爱因斯坦的理论，提出了利用原子或分子的受激辐射来放大电磁波的新概念。随后在1953年左右，汤斯和普罗霍洛夫等人分别独立构思、设计、发明了一种极低噪声的微波放大器。这是一个装有氨分子的小金属盒子，设法使氨分子处于激发态后，将相应频率约为 2.4×10^4 MHz 的微波引入盒内，就得到放大了的、高度相干的受激辐射微波束。该系统全称为辐射受激发射微波放大器，故以其英文每个词的第一个字母缩写MASER命名。它抛弃了利用自由电子与电磁场相互作用实现电磁波放大和振荡的传统概念，而是创新型地利用原子、分子或离子中的束缚电子与电磁场的相互作用来放大电磁波，由此诞生了一个新的学科——量子电子学。

随着新道路的打开，在1958年，美国的汤斯和肖洛不满足制作微波激射器的成果，又提出将辐射微波束原理推广至光频，实现光放大。其时，汤斯、肖洛和普罗霍洛夫几乎同时提出，如果抛弃尺度必须和波长可比拟的封闭式谐振腔这一老思路，而是利用尺度远大于波长的开放式光谐振腔，则是有可能制成受激发射光波放大器的，即采用平行平面镜作为光的谐振腔，用镜面反射实现光的反馈。1964年，汤斯、普罗霍洛夫和巴索夫因此分享诺贝尔奖。随着布隆伯根提出利用光泵浦（抽运）三能级原子系统实现原子数反转分布的新构思，物理学中"是什么、为什么"的问题是解决了，"做什么、怎么做"的问题就成为当时工程技术科学家们需要解决的关键。之后全世界许多研究小组参加了研制第一个激光器的竞赛。

此时机遇落到了美国休斯公司实验室一位从事红宝石荧光研究的年轻人梅曼身上。在1960年7月，梅曼宣布第一台红宝石激光器诞生了，继而全世界许多研究小组很快地重复了他的实验证实，激光确实具有理论预期的完全不同于普通光（自发辐射）的性质：单色性、方向性和相干性。这些独特性质加上由此而来的超高亮度、超短脉冲等性质使它已经而且必将深刻地影响当代科学、技术、经济和社会发展的变革，这无疑是光学史上的重大里程碑。随后几年各种激光器呈现"井喷式"的发展，1961 年贾文等人制成了氦氖激光器；1962 年，霍尔等人制成了半导体（砷化镓）激光器。至今短短不过数十年，常规激光器已近千种之多。

激光的发明不仅是一部典型的学科交叉的创造发明史，而且生动地体现了知识和技术创新活动是如何推动经济社会发展进而造福人类生活的。随着不同种类激光器和激光控制技术的发明，多个学科和技术领域纷纷应用激光并形成了一系列新的交叉学科和发展前沿，包括信息光电子技术、医疗与光子生物学、激光加工、激光检测与计量、激光全息技术、激光光谱分析技术、非线性光学、超快光子学、激光化学、量子光学，在具体的工业应用上诞生了包括激光雷达、激光制导、激光同位素分离、激光可控核聚变、激光武器等，不胜枚举。展望未来，激光在科学发展与技术应用两方面还有着巨大的机遇挑战和创新空间。在技术方面，以半导体量子阱激光器和光纤激光器为基础的信息光电子技术，将继续成为未来信息技术的基础之一，宽带光纤传输将组成全球信息基础设施骨干网络，光纤接入网将作为信息高速公路的神经末梢，为人们提供高清音视频、远程教育、远程医疗等信息服务。光盘、全息乃至更新型的信息存储技术将为此提供丰富的信息资源。光子技术将和微电子技术、微机械技术交叉融合，形成微光机电技术、激光医疗与光子生物，在 21 世纪的发展前景和重要性不亚于信息光电子技术。激光和光纤技术可能帮助找到攻克心血管疾病和癌症等危害人类疾病的新方法，包括激光诊断、手术和治疗。激光光谱分析和激光雷达技术将对军工发展、污染检测和微观结构分析提供有力手段。工业激光加工与计量将激光和工业机器人结合，为未来的制造业提供先进、精密、灵巧的生产和检测技术。光纤传感技术和材料工程的交叉，正在创造未来的灵巧结构材料，它能感知并自动控制自己的应力、温度等状态，从而为未来交通工具、城市管网和建筑的结构提供安全保障。

二、激光器的分类

当前激光在各个技术领域中的广泛应用，依据的是激光束两方面（也可细分为 4 点）的优异性能：一是激光束是定向性好的强光光束；二是激光束是单色性好的相干光束。时至今日，人们已发现了数万种材料可以用于制造常规激光器，这些能产生激光的材料统称为激光工作物质（简称工质）。因而，由于采用的工作物质不同及工作方式不同，激光器的类型也多种多样。

1. 按工作物质分类

（1）气体激光器　工作物质是充入激光管中的气体原子、分子、离子或金属蒸气。气体激光器有氦氖激光器、氩离子激光器、氦镉激光器、二氧化碳激光器、氮分子激光器、准分子（KrF）激光器等。由于其功率可以做得比较高，早期的激光武器多用此类激光器。通过激光束对目标进行连续照射，使其表面温度急剧升高，引发爆炸或燃烧，从而摧毁目标。它的优点是响应速度快、发射成本低、噪声小、隐蔽性强、且不受电磁干扰，由于光速远大于目标移动速度,因此几乎不需要计算目标运动的提前量,尤其适合攻击各类飞行器。

(2) **固体激光器**　工作物质为掺入少量稀土元素或其他元素的晶体、玻璃等。如第一台红宝石激光器的工作物质是人造红宝石,它是在 Al_2O_3 中掺杂 0.05% 的 Cr_2O_3 拉制而成。常用固体激光器还有钇铝石榴石激光器、钕玻璃激光器、金绿宝石激光器、蓝宝石激光器、光纤激光器等。当前各种新型的激光武器较多使用了固体激光器,它的体积更小、重量更轻、能效比更高,因此可以在更广泛的平台上进行安装。

(3) **半导体激光器**　在第一台红宝石激光器问世两年后,半导体激光器就已发光。今天,半导体激光器已进入了人们的日常学习、工作与生活中,如激光教鞭、激光演播机(DVD、VCD)、激光唱机(CD)、激光扫描、激光印刷等。根据半导体材料的不同,半导体激光器又可分为:由同种半导体材料制成的同质结构激光器、由两种不同材料构成的双异质结构激光器。

(4) **染料激光器**　1966 年研制成的染料激光器,其工作物质为有机染料的溶液。染料溶液的能带结构中的允带(见第二十六章)不是分离的能级(含许多振动、转动能态),而是连续分布的能带,它的输出波长在一较宽的范围内连续可调。而且利用不同的染料,激光波长可覆盖从近紫外到近红外的波段范围。例如,蓝绿光波段的染料主要是香豆素和荧光染料;黄光波段主要是罗丹明;红光波段则是恶嗪类染料等。

2. 按工作方式分类

(1) **连续激光器**　如染料激光器,输出波长在一较宽的范围内连续可调,可发出连续输出的激光。目前用于机械加工的 CO_2 激光器,其最大功率为 10kW。

(2) **脉冲式激光器**　以脉冲工作的方式输出激光。脉冲激光器最大能量已达 10^5 J,瞬时功率为 10^{14} W,目前这类激光器"家族"还在壮大中。

(3) **调 Q 激光器**　将激光能量压缩在很短的时间(10^{-7}~10^{-9}s)内发射的激光器。

(4) **超短脉冲激光器**　最短的光脉冲已达飞秒(10^{-15}s)至阿秒(10^{-18}s)不等的激光器,它是实现单光子传输的关键器件之一。我国"大连光源"超强紫外激光已能给分子过程"拍电影"。

表 22-1 简要地列出了各类型部分激光器的特性。

表 22-1　各类型部分激光器的特性

工作物质	类型	峰值功率	脉冲持续期	波长
HeNe	气体	1mW	连续波	633nm
Ar	气体	10W	连续波	488nm
CO_2	气体	200W	连续波	10.6μm
CO_2(TEA)	气体	5mW	20ns	10.6μm
GaAs	半导体	10mW	连续波	840nm
红宝石(QS)	固体	100mW	10ns	694nm
Nd:YAG	固体	50W	连续	1.06μm
Nd:YAG(QS)	固体	50MW	20ns	1.06μm

(续)

工作物质	类型	峰值功率	脉冲持续期	波长
Nd:YAG(ML)	固体	2kW	60ps	1.06μm
Nd:玻璃	固体	10TW	11ps	1.06μm
Rh6G(ML)	染料（dye）	10kW	30fs	570~650nm
HF	化学	50MW	50ns	3μm
ArF	准分子	10MW	20ns	193nm

第二节 原子的能级、分布和跃迁

宏观物体是由大量微观粒子（分子、原子）组成的。作为量子物理的研究成果，发现这些粒子的能量只可以取一系列分立的值，不同的能量值如 E_1，E_2，$\cdots$，E_n，用如图 22-1 所示能级描述（它是图 18-8、图 20-2、图 21-3 和图 21-4 的延续）。

一、原子在能级上的分布

宏观物体与外界不停地交换能量，物体中原子、分子也在不停地做热运动，原子间频繁碰撞，因此，每个原子的能量也在不断变化。除了原子本身空间位置的变化外，这种能量的高低也会影响原子中电子的能态，而能量的变化自然也可以用低能态 E_i 与高能态 $E_j(j>i)$ 之间的跃迁进行描述。一般而言，当温度较高时，处于高能级的原子数目就多；当温度较低时，处于高能级的原子数目就少。特别是物体（系统）处于温度不变的平衡态时，虽说每个原子个体是随机地分布在各个能级上，但从统计的角度，各个原子分布在不同级上的数目则有着一定的规律（稳定的统计

图 22-1

平衡分布），这种原子按能量的统计分布称为玻尔兹曼分布（见第一卷第十四章第五节）。作为玻尔兹曼分布律的简单表述，设以 N_2 和 N_1 分别表示单位体积中处于上、下能级 E_2 和 E_1 上的原子数，称为原子数密度或布居数。当系统处在温度为 T 的平衡态时，玻尔兹曼分布律可表示为下式

$$\frac{N_2}{N_1}=e^{-\frac{E_2-E_1}{kT}} \tag{22-1}$$

式中，k 是玻尔兹曼常量，计算时可取 $k=1.38\times10^{-23}$ J·K^{-1}；T 是系统的热力学温度（或绝对温度）。在式（22-1）中，按照指数函数特点，e 指数上的负号表示在平衡状态下，高能级上的原子数密度总是要小于低能级上的原子数密度。高、低能级之间的能量差 E_2-E_1 越大，或者系统的温度越低，高能级上的原子数密度就越小。例如，对于氢原子系统，令 E_1 为基态，E_2 为第一激发态，当 $T=300$K 时，则由式（21-37）与式（22-1）得

练习 47

$$\frac{N_2}{N_1}=\exp\left(-\frac{E_2-E_1}{kT}\right)=e^{-395}\approx 10^{-171}$$

这么小的一个比值还有意义吗？它至少使人们放心，在常温下，我们面对的绝大多数氢原子都处于稳定的基态。若温度提高到 $T=6\ 000\mathrm{K}$，则有

$$\frac{N_2}{N_1}=e^{-19.8}\approx 2.5\times 10^{-9}$$

按上式计算，如果取 $N_1\approx 10^{22}$，则 $N_2\approx 10^{13}$，玻尔兹曼分布提供的信息是：相比于 300K 时的情况，6 000K 下处在第一激发态上原子数的占比有着相当明显的提升。

二、原子能级跃迁

按照以上计算推论，对于常温下处于热平衡状态中的系统，它的绝大部分原子都将处于基态。但如果外界以辐射、高速电子碰撞、化学反应等激发方式给系统提供能量，那么系统的温度就会升高。按照玻尔兹曼分布律，在微观层次上的表现为原子在能级图上会频繁发生高、低能级之间的跃迁，这种现象就称为原子能级跃迁。

1. 受激原子的寿命

虽说在外界激发下原子可以从低能级跃迁到较高能级的激发态，但由于能量较高的激发态不稳定，所以原子在激发态停留不长时间就要释放能量而跃迁至低能级。虽然从单个原子看，处在激发态电子向低能级跃迁这一事件是随机的，但若针对大量原子进行统计，可以给出电子停留在激发态的一个平均时间，称为原子处于该能态的平均寿命（简称寿命）。一般而言，受激态的平均寿命大约为 10^{-8} s。但也有些激发态的平均寿命可以出人意料地长到 $10^{-3} \sim 1$ s 的量级，这种受激态常称为亚稳态（亚稳态的判断需经过理论计算与实验观测）。它们可是决定物质能否发出激光的必要条件。

2. 跃迁选择定则

本书第二十一章已经介绍了氢原子的能级跃迁，说原子从高能级 E_2 向低能级 E_1 跃迁时，释放出能量 ΔE，即

$$\Delta E=E_2-E_1 \tag{22-2}$$

如果这种跃迁以发出光子的形式释放能量，则称之为辐射跃迁，有 $\Delta E=h\nu$。

不过，无论理论研究还是实验测量都发现，原子的能级跃迁并不唯一地取决于式（22-2）。也许满足式（22-2），但在 E_2 与 E_1 能级间并不发生跃迁，用数学语言说，式（22-2）是必要条件，但不是充要条件。这是由于原子能否发生能级跃迁还受制于跃迁选择定则，它涉及原子物理较为复杂的部分，这里举一个简单的例子加以说明。

以氢原子能级跃迁为例，图 22-2 画出了氢原子几个由 n 与 l 标定的能级及选择跃迁定则的特例。回顾上一章第三节中的主要内容：氢原子中电子的每一个定态都由三个量子数 n、l、m_l 表征，其中由主量子数 n 确定能量 E_n，对应每一个能量 E_n 值有 n^2 个简并态。如在图 22-2 中，已把主量子数（$n=2,3$）、角动量量子数 l 为 s、p、d 的简并态以短线形式分开画出（暂不考虑 m_l）。研究表明，氢原子能级跃迁的"选择定则"是指：电子在能级间的跃迁受量子数 l、m_l 的改变量大小的限制。例如，图 22-2 已用上、下水平线之间的连线表示

了对电子跃迁的这种限制，即 l 和 m_l 的改变量 Δl 与 Δm_l 满足如下条件（原子跃迁遵守守恒定律的要求）：

$$\Delta l = \pm 1 \tag{22-3}$$

$$\Delta m_l = 0, \pm 1 \tag{22-4}$$

以上两式就称为氢原子能级跃迁的<u>跃迁选择定则</u>。考虑到量子数 l 与 m_l 是对原子中电子角动量的描述，如果把式（22-2）理解为电子跃迁必须满足能量守恒，那么跃迁选择定则反映的就是跃迁过程中的角动量守恒。（深入的讨论涉及跃迁概率计算，已超过了本书要求。由于物理机制的不同，此定则不适用于碰撞激发。）在以上两式中，先学会用式（22-3）是当务之急。如用它读图 22-2 时，当量子数 l 的变化 Δl 不满足式（22-3）时，电子在相应能级间的跃迁就不会产生（禁戒跃迁）。例如，将式（22-3）用于氢原子，当它通过碰撞由 1s 态激发到 2s 态时，则按式（22-3）它不能跃迁回到 1s 态，原子将滞留在 2s 态上一段较长的时间（相对于激发态平均寿命而言），这种态就是前述的亚稳态。

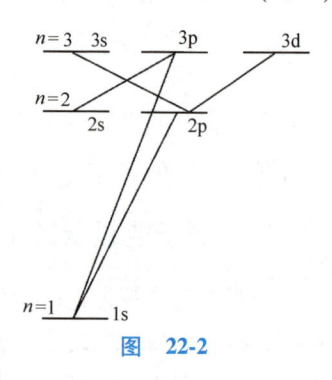

图 22-2

3. 无辐射跃迁

再回头看式（22-2），如果 ΔE 不是描述发出光子的，辐射跃迁会有可能吗？也就是说，**ΔE 就一定会以光能形式辐射吗？一定发出光子吗？** 不一定！这就是无辐射跃迁，即 ΔE 不是以光能而是其他形式的能量出现。那么，什么情况下会出现无辐射跃迁呢？前面曾提到，激发原子有多种方式，如辐照、碰撞、化学反应等。下面以气体中粒子间的碰撞为例，简要分析其中的一种碰撞过程，而且只讨论非弹性碰撞问题。

在微观世界的理论与实验研究中，碰撞（或散射）的物理过程是指：具有一定能量的入射粒子射向（不断接近）处于气、液、固态物质中的"靶"粒子上，之后，入射粒子、靶粒子或新产生的粒子又相互离开的过程。若入射粒子或靶粒子本身量子态在碰撞中发生变化，例如，在氦氖激光器中（本章第七节），处于 1s 态的氦原子受电子碰撞被激发到 2s 态（或电离），则这类碰撞称为<u>非弹性碰撞</u>。实际发生的非弹性碰撞过程是多种多样的。如处在激发态 2s 的氦原子也可经非弹性碰撞回到 1s 态（无辐射跃迁）。无辐射跃迁的一般规律可这样表述：如果有两种原子，它们处于基态时用 A、B 表示，当它们处于激发态时，分别用 A*、B* 表示。如在图 22-3 中，设处于激发态的原子 A*（左图）的能量为 E_A，B 原子处于基态（右图），能量为 E_0，但 B 原子有一激发态的能量 E_B 与 E_A 接近。当两原子发生碰撞时（设 A* 为入射粒子，B 为靶粒子），则可能发生如下过程：

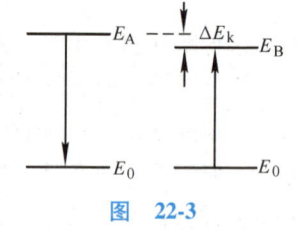

$$A^* + B \rightarrow A + B^* \tag{22-5}$$

图 22-3

式（22-5）表示，经碰撞后，A* 原子由 E_A 跃迁回基态（A），而 B 原子由基态跃迁到激发态（B*）。ΔE_k 是为了保证碰撞前后能量守恒的动能余量，其值可正可负。式（22-5）表示的碰撞过程就是非弹性碰撞。注意，在非弹性碰撞过程中，A* 原子由激发态跃迁回到基态满足式（22-2），但能量变化 ΔE 并不是以光能的形式出现。所以，称 A^* 原子的能量变化为无辐射跃迁。其他形式的无辐射跃迁还有：在气体放电管中，激发态原子可以与管壁碰撞而交出能量；在晶体中激发态离子可以与晶格（见第二十四章）碰撞交换能量等，这里就不一一细说了。

第三节　光的吸收与辐射

在第二十一章式（21-4）中曾指出，当原子的能量变化是从低能级跃迁到高能级时，这一过程称为吸收；若原子从高能级跃迁到低能级、并以辐射电磁波的形式释放能量，则称为辐射跃迁（发光）。这种仅从原子能级跃迁角度分析原子吸收和发光的问题，本质上属于光（场）与原子（系统）相互作用（通过吸收或辐射交换能量）的问题。如前所述，爱因斯坦早在1917年就曾指出，光（场）与原子（系统）相互作用应该有三个基本过程：自发辐射、受激吸收和受激辐射。本书在随后的叙述中对物质中的原子、电子采用量子物理处理方法，但涉及光场（能量密度）时，仍保留经典电磁波描述。这种半经典半量子方法在解释部分实验现象时能够给出与实验结果相符的解释（与玻尔模型类似）。

一、自发辐射

图 22-4 描述自发辐射过程。图中，设某种原子可以在高能级 E_2 和低能级 E_1 之间满足跃迁选择定则发生跃迁。自发辐射是指，在无外光场作用时，一个处在高能级 E_2 的原子（左图中黑点），总会自发地跃迁到低能级 E_1（右图中黑点），同时释放出一个频率为 ν 的光子，且 $\nu=(E_2-E_1)/h$。

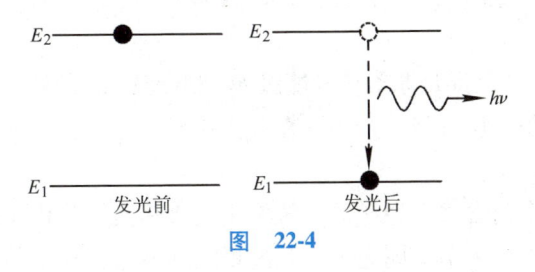

图 22-4

不论何种原子自发辐射都是一种随机过程，每个原子"各自为战"，辐射的光子之间没有可预先判断的相位关系，而且偏振方向、传播方向也不相同。更不用说，不同能级间自发辐射的频率也不相同。在我们的日常生活中，普通白炽灯、荧光灯、LED 灯、高压汞灯等光源的发光过程，都可归结为大量原子的自发辐射过程。所以，普通光源的单色性、方向性和相干性都很差。这时发光系统的光强可以理解为每个光子光强的求和：$I_总=I_1+I_2+I_3+\cdots$。

二、受激吸收

假定原子能在两个能级 E_1 和 E_2（$E_2>E_1$）间满足跃迁选择定则发生跃迁，当有频率为 $\nu=(E_2-E_1)/h$ 的外来光场照射原子时，处于低能级 E_1 的原子有可能吸收入射光子的能量，并从低能级跃迁到高能级，这种跃迁称为受激吸收或称共振吸收。当外来光场频率 ν 增加而不满足式（21-4）的条件时，光子被吸收的可能性迅速减小（详情略）。受激吸收过程减弱外来光场的同时，也可理解为利用原子保存了一个光子（能量单元），当今在研究单光子通信的单光子源技术中，这是原理之一。图 22-5 描述了受激吸收过程。

三、受激辐射

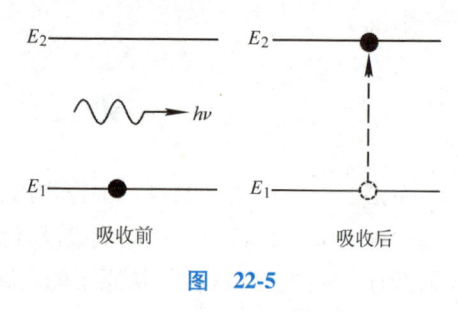

当原子被外来光场照射且光场频率满足 $\nu = (E_2 - E_1)/h$ 时，爱因斯坦 1917 年预言，光（场）与原子（系统）之间相互作用有两种形式：一是处于低能级 E_1 的原子因受激而吸收能量为 $h\nu$ 的光子跃迁到 E_2 态；另一是对高能级 E_2 的原子受激辐射。这一过程是指<u>处在高能级 E_2 上的原子受外来光子诱导跃迁到低能级 E_1，并释放出一个光子</u>（又称感应辐射）。以图 22-6 介绍受激辐射的特点：

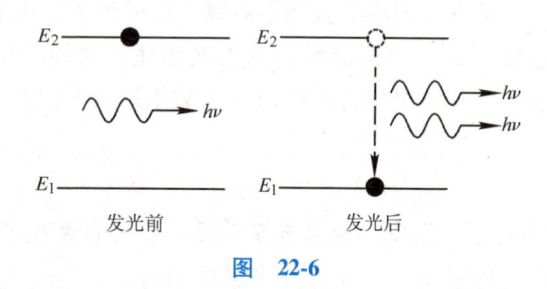

图 22-5

图 22-6

1）实验表明，外来光子诱导受激辐射产生的光子与外来诱导光子完全相同、无法分辨两者的频率、相位、偏振方向以及传播方向，以致哪一个是诱导者，哪一个是原子受激辐射者都全然不知。

2）自发辐射和受激辐射都是原子从高能级 E_2 到低能级 E_1 跃迁，但是过程发生的条件不同，受激辐射的发生受制于诱导光子是否存在并作用于目标原子，而自发辐射的光子则直接受到高能级寿命的影响。

具体表现是，当一个包含多个原子的系统发生受激辐射时，由 1 个诱导光子可得到两个全同光子，由 2 个光子可得 4 个全同光子，此过程继续下去，结果是入射光子的数量将按等比级数增加，我们将其称为光的相干放大。倘若在放大过程中超过可能出现的衰减，就可以产生一束单色性和相干性都很好的高强度光束。这就是激光！如果我们把光子简化看成一个个经典的正弦波，由于它们具有同频率、同相位、同传播方向，故它们的振幅相干叠加后得到的总光强远远超过自发辐射。激光的高亮度就是这么来的。由于光子的波粒二象性，实际上我们也经常把系统所发出的光称为光场。

以上讨论基于光与一个原子或几个原子间的相互作用，实际发生的过程当然是光场与原子系统相互作用，因此，上述三个过程同时存在，互相关联与制约。比如说，当频率适当的光子入射原子系统时，处于低能级的原子可能发生受激吸收，而与此同时处于高能级的原子则有可能发生受激辐射，而那些处于高能级的原子也可能发生自发辐射。不过，对于普通光源来说，受激辐射微乎其微，占压倒优势的是自发辐射，普通光源的相干性差正是由此导致。如何有效地增强受激辐射，正是激光器制造的关键因素。

第四节　爱因斯坦辐射理论

上一节定性地介绍了光与原子相互作用的三个基本过程，本节在对自发辐射过程、受激吸收过程与受激辐射过程进行定量分析，以及在引入三个跃迁概率及其相互关系的基础上，了解产生激光的物理条件。

一、自发辐射系数 A_{21}

在原子能级中取如图22-4所示的高、低两能级为例。设某时刻处于高能级 E_2 的原子数密度为 $N_2(t)$，因为跃迁，它随时间变化，设在 dt 时间内从高能级 E_2 自发跃迁到低能级 E_1 的原子数密度为 dN_{21}（下标的次序表示由 E_2 到 E_1 的跃迁），dN_{21} 也表示在 dt 时间内 E_2 能级上原子数密度的减少数。由于原子自发跃迁是随机事件，$N_2(t)$ 数量越大，dN_{21} 也越大，同时观测时间 dt 越长，dN_{21} 值也越大。在两条件同时叠加的作用下，dN_{21} 可表示为

练习48
$$dN_{21} = -A_{21} N_2(t) dt \tag{22-6}$$

式中，负号虽在 A_{21} 前，但它表示自发辐射中 E_2 能级原子数密度 $N_2(t)$ 在减少；比例系数 A_{21} 称为自发辐射系数，也称爱因斯坦 A 系数。对某种原子某一对高低能级之间，A_{21} 是与 $N_2(t)$ 及 dt 无关的恒量。例如，设 $A_{21} = 10^7 \text{s}^{-1}$（每秒一千万次），$N_2 = 10^6 \text{m}^{-3}$，则按式（22-6），在极短的时间 $dt = 10^{-9}\text{s}$ 中，每立方米中将有 10^4 个原子会跃迁到 E_1 能级。至于在 10^6m^{-3} 个原子中，在 10^{-9}s 内究竟是哪个原子先发生跃迁，哪个原子后发生跃迁，哪个原子不发生跃迁，都是谁也无法预先确定的随机事件，但每个原子在 E_2 与 E_1 间发生自发跃迁的可能性却不分彼此。

对式（22-6）做一数学处理。先将 $N_2(t)$ 移至等号左边，得

$$\frac{dN_{21}}{N_2(t)} = d\ln N_2(t) = -A_{21} dt$$

然后对等号两边取定积分，得

$$N_2(t) = N_2(0) e^{-A_{21} t} \tag{22-7}$$

式中，$N_2(0)$ 是 $t=0$ 时刻 E_2 能级上的原子数密度。式（22-7）只是单纯考虑发生自发辐射时 $N_2(t)$ 随时间按指数迅速衰减的规律。在此过程中，每个原子每次跃迁都将放出能量为 $h\nu$ 的光子，dN_{21} 个跃迁的原子释放能量 $dN_{21}h\nu$，所以，单位体积原子辐射功率 P 是

$$P = h\nu \left| \frac{dN_{21}(t)}{dt} \right| = h\nu A_{21} N_2(0) e^{-A_{21} t} \tag{22-8}$$

由于光强（I）[参看第一卷第八章式（8-23）]正比于辐射功率（P），故自发辐射光强也按式（22-8）随时间按指数迅速衰减。图22-7画出了自发辐射光强按指数规律随时间变化曲线，与实验曲线完全一致，统一表示为

$$I = I_0 e^{-A_{21} t} \tag{22-9}$$

将式（22-9）两边同除以 I_0 后，取自然对数，得

$$\ln\left(\frac{I_0}{I}\right) = A_{21} t \tag{22-10}$$

按式（22-10）以 $\ln\dfrac{I_0}{I}$ 为纵坐标、t 为横坐标，则直线斜率就是 A_{21}。实验时，观察、记录后，先作如图 22-7 所示的 $I\text{-}t$ 曲线，然后按式（22-10），可求得自发辐射系数。

前已指出，单个原子自发辐射是一个随机过程。在大数（量）原子系统中，哪个原子何时发生跃迁，都带有偶然性。以致有的原子处在能级 E_2 的时间长一点，有的短一些。如果设某原子处在 E_2 能级上直至发生跃迁前的这一段时间称为寿命，则对 $N_2(t)$ 个原子可定义一个平均寿命 τ：

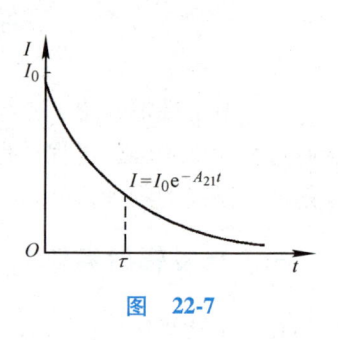

$$\tau = \frac{1}{N_2(0)} \int_0^\infty t [-\mathrm{d}N_{21}(t)]$$

图 22-7

式中，$-\mathrm{d}N_{21}(t) = N_2(0) A_{21} \mathrm{e}^{-A_{21}t} \mathrm{d}t$ 是寿命为 t 的原子数密度，与 t 相乘表示 $\mathrm{d}N_{21}(t)$ 个原子寿命之和，但 t 可长可短（$0 \rightarrow \infty$），代入式（22-6）与式（22-7），得

$$\tau = \frac{1}{N_2(0)} \int_0^\infty t N_2(0) A_{21} \mathrm{e}^{-A_{21}t} \mathrm{d}t = \frac{1}{A_{21}} \tag{22-11}$$

A_{21} 可由实验求得。常见的自发辐射跃迁的 A 值在 $10^6 \sim 10^9 \mathrm{s}^{-1}$ 之间（不同原子、不同能级，A_{21} 不同，τ 也不同），原子停留在激发态的平均寿命为 $10^{-6} \sim 10^{-9}\mathrm{s}$ 就是这样得来的。

如果改写式（22-6），求爱因斯坦系数 A_{21}，得

$$A_{21} = \frac{|\mathrm{d}N_{21}|}{N_2(t)\mathrm{d}t} \tag{22-12}$$

式（22-12）给出了<u>自发辐射系数</u> A_{21} 的<u>物理意义</u>，何以见得呢？首先看 $\dfrac{|\mathrm{d}N_{21}|}{N_2(t)\mathrm{d}t}$ 是 $\mathrm{d}t$ 时间内 E_2 能级自发辐射原子数密度（$\mathrm{d}N_{21}$）与 E_2 能级原子数密度（N_2）之比，在自发辐射的随机事件中，比值 $|\mathrm{d}N_{21}|/N_2(t)$ 可用作表示在 $\mathrm{d}t$ 时间内，每一个处于能级 E_2 上的原子发生自发辐射的概率，A_{21} 的物理意义就是<u>每一个处于能级 E_2 的原子在单位时间内发生自发辐射的概率</u>。式（22-11）已指出，A_{21} 越大则平均寿命越短，反之亦然，两者相互衬托各自的物理意义。[这种数学关系在第二十八章的式（28-34）中还会出现。]

二、受激吸收系数 B_{12}

如果如图 22-5 中所讨论的原子其两个能级 E_1 和 E_2 之间满足跃迁选择定则，则在光（场）作用下，处于低能级 E_1 的原子会受激吸收一个能量为 $h\nu = E_2 - E_1$ 的光子而跃迁到 E_2 能级。与自发辐射过程的差别很明显，那就是原子发生受激吸收这种随机过程的概率，除了与 E_1 能级上的原子数密度 $N_1(t)$ 有关外，还和引起受激吸收的外来光场单色能量密度 $\rho(\nu)$ 有关。设单位体积中在 $\mathrm{d}t$ 时间内从 E_1 跃迁到 E_2 的原子数为 $\mathrm{d}N_{12}$（下标的次序表示由 E_1 到

E_2 的跃迁）。它不仅与 $N_1(t)$ 数目的大小及观测时间 dt 的长短有关，还与引发受激吸收的入射光强的强弱有关［即 $\rho(\nu)$ 的大小］，拓展式（22-6）的思路，dN_{12} 值的大小可表示为

练习 49
$$dN_{12} = -B_{12}\rho(\nu)N_1(t)dt \tag{22-13}$$

式中，负号表示处于 E_1 能级的原子数密度 $N_1(t)$ 减少。比例系数 B_{12} 被称为<u>受激吸收系数</u>（又称爱因斯坦 B 系数），它也是只与原子能级系统特征有关的参量，与 $\rho(\nu)$、$N_1(t)$ 及 dt 无关。与式（22-12）的处理方式类似，取 dN_{12} 的绝对值后，将式（22-13）等号两边同除以 $N_1(t)$，令 $W_{12} = B_{12}\rho(\nu)$，则有

$$W_{12} = B_{12}\rho(\nu) = \frac{|dN_{12}|}{N_1(t)dt} \tag{22-14}$$

对照式（22-12）可以看到，等号右侧数学形式相同，W_{12} 是处于低能级 E_1 的原子在单色能量密度为 $\rho(\nu)$ 的光场作用下，<u>在单位时间内发生受激吸收的概率</u>。注意这一受激吸收概率取决于入射单色光能量密度 $\rho(\nu)$ 并与之成正比。前已指出，对确定的两个能级，自发辐射概率 A_{21} 是一常数。而对于受激吸收过程，虽然式（22-13）中受激吸收系数 B_{12} 为一常数，但在式（22-14）中，受激吸收概率 W_{12} 与入射光强 $\rho(\nu)$ 成正比。

三、受激辐射系数 B_{21}

以上从原子自发辐射与吸收过程的随机性介绍了爱因斯坦自发辐射系数 A_{21} 及受激吸收系数 B_{12}，并采用跃迁原子数与所在能级原子数之比引入跃迁过程的概率描述，因为在光场与原子系统相互作用时，自发辐射、受激吸收与受激辐射三个过程是同时存在又相互制约的，对于受激辐射过程，同样也需要引入受激辐射系数（即爱因斯坦 B 系数）与受激辐射概率的概念。通过将图 22-5 与图 22-6 相比较看出，受激吸收与受激辐射是一对可以同时发生的相反的跃迁过程。采用类比法，在式（22-13）与式（22-14）基础上，如何引入描述受激辐射过程的两个参量 B_{21} 与 W_{21}？读者可尝试进行一次探究式学习实践，为此本书只给出结果：

练习 50
$$W_{21} = B_{21}\rho(\nu) = \frac{dN'_{21}}{N_2(t)dt} \tag{22-15}$$

式中，dN'_{21} 右上角的撇号表示受激辐射，以区别于自发辐射；B_{21} 为受激辐射系数；W_{21} 为<u>受激辐射概率</u>。

四、爱因斯坦系数 A_{21}、B_{12} 和 B_{21} 之间的关系

1. 定性分析

在分别了解了什么是描述自发辐射、受激吸收与受激辐射这三个过程的爱因斯坦系数 A_{21}、B_{12} 和 B_{21} 之后，由于光场与原子系统相互作用的三个过程可以同时发生，也就是说，在光场与原子系统的相互作用中，原子系统状态发生了什么变化、光场状态发生了什么变化，取决于三种跃迁过程的共同贡献。这里所说的原子系统状态变化，是指处于 E_1 能级上和 E_2 能级上原子数密度的变化，即由 dN_{21}、dN_{12} 及 dN'_{21}（并不局限于一个原子）所描述的变化，

而光场状态的变化则是指光场单色能量密度 $\rho(\nu)$ 的变化。大学物理只讨论理想过程，即发生三种跃迁过程时，光场与原子系统的能量交换达到**热平衡**，这种热平衡状态是指，原子在高、低能级上的布居数遵守玻尔兹曼分布，而光场单色能量密度 $\rho(\nu)$ 保持为常数。物理学先在这种平衡态下，寻找三系数 A_{21}、B_{12}、B_{21} 之间的关系。

按 1917 年爱因斯坦的研究思路，三系数的相互关系还要借助平衡辐射下普朗克黑体辐射公式导出，为此，还需做出两点假设。

2. 两点假设

借用第十八章第一节中图 18-3 的绝对黑体模型，假设：

1) 当黑体空腔温度为 T 时，设空腔内存在频率 $\nu=\dfrac{E_2-E_1}{h}$ 的单色辐射场（光场），其能量密度为 $\rho(\nu)$。在热平衡条件下，该辐射场 (ν) 在空间中的分布不随时间变化，换句话说，在单位体积内频率为 ν 的光子数相同且保持不变。

2) 如果空腔中充有某种原子气体系统，该种原子具有能级 E_1 和 E_2，且可以在两能级间发生自发辐射、受激吸收和受激辐射。在热平衡条件下，占有 E_1、E_2 能级的原子数密度 N_1、N_2 遵守玻尔兹曼分布。

以上两点假设只是为构造一个模型，为的是描述在模型中发生的能级跃迁。如图 22-8 所示，处在辐射场 $\rho(\nu)$ 中的一个二能级原子系统可发生三种跃迁（含跃迁概率）。按上述两点假设，在光场与原子系统处于热平衡时，光（辐射）场 $\rho(\nu)$ 不变要求原子系统吸收的光子数等于系统发射的光子数。而此时原子系统要维持 E_1、E_2 能级原子数密度不变，那就是要求：

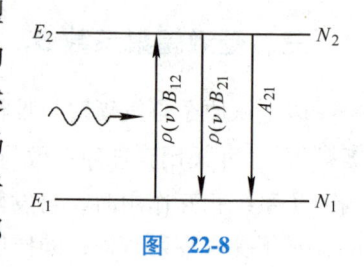

图 22-8

练习 51
$$\mathrm{d}N_{21}+\mathrm{d}N'_{21}=\mathrm{d}N_{12} \tag{22-16}$$

一旦式（22-16）得到满足，也就表示辐射场单色能量密度 $\rho(\nu)$（单位体积中光子数）不变了。将前已得到的式（22-6）、式（22-13）及式（22-15）分别代入式（22-16），经整理，可得

$$[A_{21}+B_{21}\rho(\nu)]N_2=B_{12}\rho(\nu)N_1 \tag{22-17}$$

或

$$\frac{N_2}{N_1}=\frac{B_{12}\rho(\nu)}{A_{21}+B_{21}\rho(\nu)} \tag{22-18}$$

从获得式（22-18）的过程看，它就是对光场与原子系统处于平衡态的一种描述。由于在平衡态下，原子系统占有上、下能级的原子数密度还要遵守玻尔兹曼分布式（22-1），式（22-1）与式（22-18）左、右两边相等，可导出

$$\rho(\nu)=\frac{A_{21}}{B_{12}\mathrm{e}^{\frac{h\nu}{kT}}-B_{21}}=\frac{\dfrac{A_{21}}{B_{21}}}{\dfrac{B_{12}}{B_{21}}\mathrm{e}^{\frac{h\nu}{kT}}-1} \tag{22-19}$$

式（22-19）中的 $\rho(\nu)$ 是假设 1）中温度为 T 时空腔中处于热平衡状态下辐射场单色（ν）能量密度。

另一方面，由于 1917 年爱因斯坦是在解释普朗克黑体辐射公式时提出受激辐射概念的，而著名的黑体辐射公式（18-12）描述的则是黑体在平衡辐射条件下的单色辐出度 $M_0(\nu, T)$，就是与腔中原子系统交换能量的光场单色能量密度 $\rho(\nu)$，将式（18-12）用 $\rho(\nu)$ 表示：

$$\rho(\nu) = \frac{8\pi h\nu^3}{c^3} \frac{1}{e^{\frac{h\nu}{kT}} - 1} \tag{22-20}$$

式（22-20）中的 $\rho(\nu)$ 与式（22-19）中的 $\rho(\nu)$ 完全等价。将两式等号右侧写成等式，即有

$$\frac{8\pi h\nu^3}{c^3} \frac{1}{e^{\frac{h\nu}{kT}} - 1} = \frac{\frac{A_{21}}{B_{21}}}{\frac{B_{12}}{B_{21}} e^{\frac{h\nu}{kT}} - 1}$$

在上式等号的左右，两分母对任何 $\frac{h\nu}{kT}$ 都成立，则对应等号左侧 $e^{\frac{h\nu}{kT}}$ 前的系数与等号右侧 $e^{\frac{h\nu}{kT}}$ 前的系数分别相等，加之等号两侧分式中的分子相等，从而得到三系数间的关系为

$$\frac{B_{12}}{B_{21}} = 1 \tag{22-21}$$

$$\frac{A_{21}}{B_{21}} = \frac{8\pi h\nu^3}{c^3} \tag{22-22}$$

以上两式合称为爱因斯坦关系，是由爱因斯坦于 1917 年首先得到的。

3. 讨论

1）式（22-21）与（22-22）给出的是爱因斯坦三系数 A_{21}、B_{12}、B_{21} 之间的比值关系，通过三个系数之间这种相互关联关系，若知道三者之一，就可求出其余两个。

2）源于能级跃迁的三系数是原子能级特征的表征之一，由原子自身性质决定。虽然式（22-21）与式（22-22）是在理想的热平衡条件下导出的，但理论和实验证明了所得结果也适用于不遵守玻尔兹曼分布律的非热平衡状态，与原子按能级的分布 $N_1(t)$ 和 $N_2(t)$ 是否变化无关。

3）只要原子处于高能级 E_2，就有可能发生自发辐射。而这种自发辐射的光子对于其他原子来说就属于外来光子。这种外来光子就会引起其他原子的受激辐射（或受激吸收）。由式（22-22）看，自发辐射系数 A_{21} 与受激辐射系数 B_{21} 之比，正比于 ν^3。这就是说，原子两能级间能量差越大，ν 越大，两系数之比越大。这有什么意义吗？

4）如果将式（22-22）中两边分母同乘 $\rho(\nu)$，等号左边分母可用式（22-15）表为受激跃迁概率，等号右边分母中 $\rho(\nu)$ 可用式（22-20）表示，可得自发辐射概率与受激辐射概率之比

$$\frac{A_{21}}{W_{21}} = e^{\frac{h\nu}{kT}} - 1 \tag{22-23}$$

式中，h 是普朗克常量，计算时取 $h = 6.63 \times 10^{-34}$ J·s；k 是玻尔兹曼常量，取 $k = 1.38 \times 10^{-23}$ J·k^{-1}。当 $T = 300$K 时，取光频 $\nu = 5 \times 10^{14}$ Hz（$\lambda = 600$nm）代入式（22-23），得 $\frac{A_{21}}{W_{21}} \approx 10^3$，相比之下说明此时受激辐射概率微乎其微，自发辐射占压倒性优势。推而广之，在 $h\nu > kT$ 的情况下，原子系统在热平衡条件下的自发辐射概率远大于受激辐射概率。此时，占绝对优势的自发辐射过程主宰着一般光源的发光。

如果 $h\nu \ll kT$ 情况又如何呢？为此，可利用数学方法，先令 $\frac{h\nu}{kT} = x$ 后，将式（22-23）按 e^x 的泰勒级数 $\left(e^x = 1 + \frac{1}{1!}x + \frac{1}{2!}x^2 + \cdots \right)$ 展开，并略去二阶以后的高阶小量，得

$$\frac{A_{21}}{W_{21}} = \frac{h\nu}{kT} \ll 1 \tag{22-24}$$

这种在 $h\nu \ll kT$ 条件下的近似处理结果表明，当 $h\nu \ll kT$ 时，原子体系在热平衡条件下，其受激辐射有可能上升为占统治地位。

以微波辐射为例。设 $e^{\frac{h\nu}{kT}}$ 中微波辐射温度 $T = 2\,000$K，频率 $\nu = 6 \times 10^{10}$ Hz，$h\nu \approx 4 \times 10^{-23}$ J，$kT \approx 3 \times 10^{-20}$ J，得

$$\frac{A_{21}}{W_{21}} = 1.3 \times 10^{-3}$$

上式表明，当 $h\nu \ll kT$ 时，微波的受激辐射概率比自发辐射概率大得多。说明微波辐射源产生辐射的主要过程是受激辐射，但可见光光源（$\lambda = 600$nm）发光的主要过程是自发辐射。制造微波受激辐射放大器要比制造可见光受激辐射放大器容易得多，这也许是历史上微波受激辐射放大器比激光器早诞生 6 年的原因吧。

总之，爱因斯坦辐射理论中提出受激辐射是激光器工作原理的核心，为激光的诞生奠定了理论基础。历史上，在爱因斯坦辐射理论提出之初（1917 年），并没有受到学术界的重视，甚至还遭到玻尔的反对。直到 36 年后的 1953 年，才被美国科学家肖洛和汤斯应用于微波放大。可见，一种基础理论的创新，从提出到应用，不可能立竿见影，也不可能是一帆风顺的。

第五节 产生激光的基本物理条件

普通光源不能发出激光，这是为什么？激光器能发出激光，又是为什么呢？

一、两对基本矛盾

上一节的讨论展现了一幅光（场）与原子系统相互作用的物理图像：自发辐射、受激吸收与受激辐射三个过程同时存在。普通光源之所以不发出激光，是由于自然状态下自发辐射占了绝对优势。而研发的激光器必须将这种关系"翻转过来"，要让受激辐射在这三个过程中占主导地位。那么该如何实现？为此，就得从式（22-21）与式（22-22）展示的三个过

程的相互制约关系入手寻找突破口，仔细分析可以发现，这里存在两对矛盾。

1. 受激辐射与受激吸收的矛盾

当光进入原子系统时，由于受激辐射和受激吸收的存在，处于低能态的原子受激吸收使光变弱，而高能态原子受激辐射使光相干放大。但对于普通光源来说，想让受激辐射光占主导几乎是不可能的，这是为什么呢？式（22-21）中已经给出，受激吸收系数 B_{12} 与受激辐射系数 B_{21} 相等，联系式（22-14）与式（22-15）来看，也就是受激吸收概率与受激辐射概率相等。这里虽然看上去好像两种跃迁概率"平起平坐"，但千万不要忘了，这两个事件的发生还和另一个重要的因素相关——能够发生相应过程的原子数，即发生受激辐射的高能级原子数和发生受激吸收的低能级原子数目是不一样的！对于热平衡状态下的原子系统，在各能级上原子数密度服从玻尔兹曼分布律［式（22-1）］，即处于高能级 E_2 的原子数 N_2 总是远远小于处于低能级 E_1 的原子数 N_1。由式（22-14）与式（22-15）相等看，有

$$\frac{|\mathrm{d}N'_{21}|}{|\mathrm{d}N_{12}|}=\frac{N_2}{N_1} \tag{22-25}$$

由于 $N_1>N_2$，在热平衡条件下，当光进入原子系统时，受激吸收必然比受激辐射占优。如此看来，在受激吸收与受激辐射这一对矛盾处于相互制约的"竞争"中，无不以受激吸收为主导告终，这正是一般光源难以产生激光的原因之一。

2. 自发辐射与受激辐射的矛盾

我们已经知道，处于高能级 E_2 的原子既可以通过自发辐射，也可以通过受激辐射回到低能级。但是，处于热平衡状态下，当普通光源工作频率在红外、可见光、紫外波段时，参考式（22-23）下方的计算，可以发现在一般环境中，自发辐射的概率远高于受激辐射的概率，而且只与高能级的原子数目有关，与处于低能级的原子数无关。这时系统发生自发辐射的占比远远超过受激辐射，这是普通光源难以产生激光的原因之二。不过，值得注意的是，式（22-15）给出受激辐射概率与光场单色辐射能量密度 $\rho(\nu)$ 成正比，但自发辐射却与 $\rho(\nu)$ 无关。所以，两者之比将也会随光场强弱的变化而变化。

二、解决矛盾的方法

通过以上分析可知，在光（场）与原子系统相互作用的三种基本过程中存在着两对基本矛盾。要产生激光，就是要在两对矛盾中突出受激辐射，怎么办？

1. 粒子数反转

回到式（22-25），它指出在热平衡条件下，由于总有 $N_2<N_1$，受激辐射不可能占优。但是，若违反常规大胆设想，如果能使式（22-25）中处于高能级 E_2 的原子数 N_2 多于低能级 E_1 的原子数 N_1 的话，那么在相同的时间内，受激辐射产生的光子数就会超过受激吸收的消耗，这样，进入原子系统到光就可以利用受激辐射获得放大。

粒子数翻转

要想实现以上设想，要求粒子数从平衡态下的 $N_2<N_1$ 变为 $N_2>N_1$，即上下能级的粒子数分布发生了翻转，变成了非平衡态，激光物理学把它称为粒子（原子、分子）数反转。很显然，粒子数反转是实现光放大的必要条件。要发生 $N_2>N_1$ 的反转，技术

上就需要一个额外的"设备",将原子中大量的处于低能级的电子"运输"到高能级。将在高、低两个能级间实现粒子数反转分布的介质称为激活介质,关于这一点我们将在第六节中介绍。图 22-9 形象地画出了受激吸收与受激辐射此长彼消的两个过程。作为比较,图中能级上的黑点数示意处于相应能级上粒子(原子或分子)数的多少。

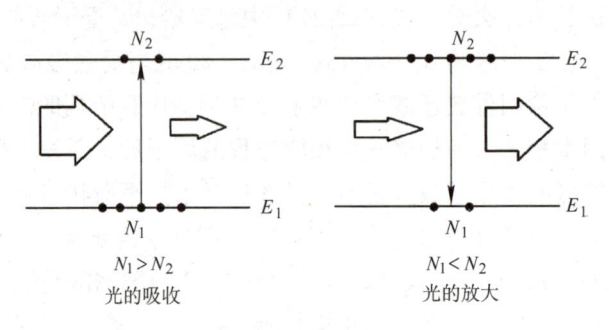

$N_1 > N_2$
光的吸收

$N_1 < N_2$
光的放大

图 22-9

在图 22-9 的右图中,处于高能级的粒子数密度 N_2 大于处于低能级上的粒子数密度 N_1,系统处于布居数反转分布的非平衡状态,如果强行用玻尔兹曼平衡态分布的数学表示式(22-1)的话,会发生什么呢?现将式(22-1)的 $N_2<N_1$ 改为 $N_2>N_1$,则 $e^{\frac{E_2-E_1}{kT}}>1$,显然原子能级分布 $E_2>E_1$ 不变,所以将出现 $T<0$,即出现了负温度!粒子数反转的非平衡态也称为负温度分布。回想热学中对于温度的表征,不论上下能级粒子数的分布发生怎样的改变,粒子无时无刻不在热运动,此时原子系统的实际温度自然不可能为负。这里的负温度仅仅是由于粒子数反转打破了自然状态下玻尔兹曼分布,强行套用公式得到的一个数学上的反常结果,但这一非平衡态下的反常特性,在现在的量子热力学中依然有着重要的研究价值。因此,这里的负温度不是低于绝对零度。

2. 光学谐振腔

光学谐振腔

有了实现粒子数反转分布的激活介质,是不是一定能产生激光呢?否!因为处在高能级 E_2 上的粒子,既可以发生受激辐射,也可以发生自发辐射。所以它是产生激光的必要条件,但还不是充分条件。其次,在原子在系统发光的起始过程中,引起某个原子受激辐射的光子通常来自其他原子的自发辐射,而其他原子自发辐射产生的光子相互之间在相位、偏振方向、传播方向等各方面都毫无关联、杂乱无章。可以想象,由这些光子诱导的相应受激辐射光子相互之间也是杂乱无章的。相对于方向性好、单色性与相干性好的激光来说,这些光子常被称为噪声光子。若不采取措施加以消除,这些噪声光子会大大破坏总光场的相干性,让激光的产生变得相当困难。为了解决上述问题,研究者借鉴微波激射器原理,设计、制造了光学谐振腔。

经过了长期的发展,现今激光器所采用的光学谐振腔有各种各样的构型。我们来我们先来看一种最简单的,即 20 世纪 50 年代末汤斯、肖洛和普罗霍洛夫的设计思路,图 22-10 就是光学谐振腔的一种示意图。图中以含黑点、圆圈的矩形框表示工作物质,其两端分别放置相互平行并与工作物质的轴线垂直的两块平面反射镜(两反射镜也可以是凹面甚至凸面反射镜），两镜间的空间（腔体）就称为光学谐振腔。它的工作原理是什么？它是如何解决自发辐射与受激辐射的矛盾的呢？

在图 22-10a 中，黑点代表处在激发态的原子，圆圈代表未激发或已经完成了辐射跃迁的原子。黑点数多于圆圈数，示意发光物质已实现了粒子数反转。一开始处于粒子数反转的激活介质中会有一部分原子首先发生自发辐射，向各方向发射的光子，在传播过程中会引起处于激发态的其他原子发生受激辐射。但那些不沿腔轴方向运动的受激辐射光子，均会很快从腔体侧面逃逸，自然不会引发更多的受激辐射。光学谐振腔两端的反射镜却可以从杂乱无章传播的光子中遴选出沿腔轴方向传播，并在腔中反复反射的光子。不仅如此，它们在腔内反复运行时，又不断诱导处于激发态的原子发生受激辐射。参见图 22-10b，如果没有衰减，沿腔轴方向运动的光子数将成等比级数增殖、放大，随着光场能量密度 $\rho(\nu)$ 的不断增强，同时频率、相位不符合的其他光子也会被逐渐地消耗和压制，最终导致受激辐射的占比超过自发辐射，这时在谐振腔内就会形成了沿轴线方向、相位完全相同的强光束，这就是激光！激光光束具有很高的方向性也就源于此。为了将激光引出，可以将一端面反射镜（如右端）做成部分透射镜（如2%）、部分反射（98%），就可以从系统右侧射出激光，剩余部分则留在腔内维持增殖光子与输出光子的平衡［参看式（22-33）］。

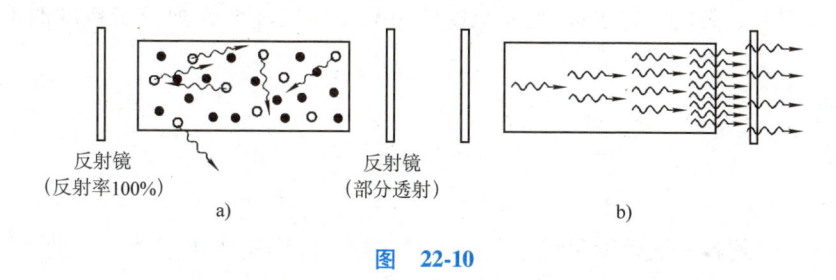

图 22-10

综上所述，粒子数反转和光学谐振腔解决了三个跃迁过程中的两对矛盾，为产生激光准备了必要的基本物理条件。**但是，如何实现这两个条件以产生激光呢？** 物理学只是解决了"是什么，为什么"，之后，要靠工程技术科学去实现"做什么，怎么做"了。这就是物理学与工程技术科学之间相辅相成的关系。

第六节　激光器的工作原理

工程上，大多数激光器都由工作物质（激活介质）、激励系统（能源）和光学谐振腔三个主要部分组成。

一、工作物质粒子数反转的实现

如上节所述，粒子数反转是实现光放大产生激光的必要条件，但是不是任何一种物质都可用于发激光，因为对用作发激光的工作物质具备两个条件。

1. 光泵

为了让受激辐射主导光子的发射过程，需要维持 E_2 能级对 E_1 能级的粒子数反转，外界必须不断向工作物质提供能量，将原子从低能级激发到高能级，类比水泵抽水，将这一过程称为抽运。以激发原子跃迁而"抽运"能量的方式称为泵浦或激励。可以采用气体放电、化学反应或者强光照射等不同方法实现。这是由于目前投入应用的激光器种类繁多，种类、结构、功能和工作方式千变万化，对于不同的原子、分子，甚至其他粒子体系，需要根据增益材料的特性、能级分布以及设计的具体要求选择合适的泵浦源，尽可能高效地激发处于低能态的粒子。激光器的本质就是将输入的能量转化为高指向性、高亮度、高相干性光束的一种设备，选择合理的激发方式，还能有效地提高激光器的能量转化效率。

2. 亚稳态能级

有了抽运方案，是不是只要提供能量就可以在原子任意两能级间都能实现粒子数反转呢？也不是。下面来看一个具体例子。

假设有一种物质，我们希望只采用它的两个能级能参与发出激光，称其为二能级系统。设在发光前的起始时刻，处在低能级 E_1 的原子数密度为 N_1，处在高能级 E_2 的原子数密度为 N_2。现用单色能量密度为 $\rho(\nu)$ 的光连续照射。由于系统发生自发辐射、受激吸收和受激辐射三个过程的可能性同时存在，定性地看，当两能级上粒子数密度发生变化时，若低能级上粒子数 N_1 增加 $\mathrm{d}N_1$，高能级粒子数 N_2 就会减少 $\mathrm{d}N_2$，反之亦然，则粒子数随时间变化率相等，即

练习 52

$$\frac{\mathrm{d}N_1}{\mathrm{d}t} = -\frac{\mathrm{d}N_2}{\mathrm{d}t} \tag{22-26}$$

在平衡状态下，系统粒子数密度呈稳定分布，粒子数随时间的变化率为零（动态平衡），即

$$\frac{\mathrm{d}N_1}{\mathrm{d}t} + \frac{\mathrm{d}N_2}{\mathrm{d}t} = 0 \tag{22-27}$$

式（24-27）用速率方程表示了由式（22-18）描述的平衡态。将式（22-18）分子、分母同时除以 $B\rho(\nu)$ 后，得

$$\frac{N_2}{N_1} = \frac{B\rho(\nu)}{B\rho(\nu) + A_{21}} = \frac{1}{1 + \frac{A_{21}}{B}\frac{1}{\rho(\nu)}}$$

其中 A_{21}/B 表示自发辐射概率与受激辐射概率之比。可以发现，使入射光能量密度 $\rho(\nu)$ 很大很大，即 $B\rho(\nu) \gg A_{21}$，但遗憾的总是 $N_2/N_1 \approx 1$。由上下能级粒子数密度接近相等可以判定：二能级系统不可能实现粒子数反转（$N_2 > N_1$）。

由此可以发现，即使可以通过实施抽运不断给工作物质提供能量，能否实现粒子数反转，还要看该种物质的能级结构。除了二等级系统的限制之外，自发辐射也有着很大影响。一般物质的原子被激发到高能级后，由于平均寿命极其短暂，会很快从高能级自发地跃迁到低能级，不可能在高能级停留并积攒足够多的原子以出现粒子数反转的情形。但是还有的物质原子结构特殊，某些激发态由于受跃迁选择定则的限制，平均寿命较长（可达 $10^{-3} \sim 1\mathrm{s}$），如本章第二节所述，这种激发态称为亚稳态（又称亚稳能级）。那么亚稳能级在激光产生过

程中起什么作用呢？以图 22-11 所示红宝石三能级工作系统为例。设其中 E_2 为亚稳能级。当泵浦源（氙灯）将粒子从 E_1 抽运到高能级 E_3 上后，因粒子在 E_3 能级的寿命极短，通过无辐射跃迁至亚稳能级 E_2。理论已证明，在此过程中，自发辐射概率 $A_{32} > A_{31}$。即从 E_3 跃迁至 E_1 的粒子少。当外界源源不断给红宝石提供抽运能量时，处于 E_1 能级上的粒子数会因粒子不断地跃迁到 E_3 能级而减少。而 E_2 能级由于是亚稳能级，粒子平均寿命较长。所以，处于 E_2 能级上的粒子数逐渐增加，最后可以超过处于 E_1 能级上的粒子数，即 $N_2 > N_1$，这就实现了 E_1 和 E_2 能级间的粒子数反转，使 E_2 与 E_1 两能级间具备了产生激光的条件。图中带箭头的粗线表示以上几个主要过程。

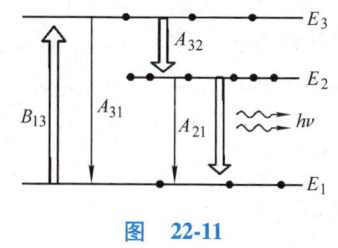

图 22-11

由本例可以得出结论，原子是否存在亚稳能级（亚稳态）是实现粒子数反转的先决条件，只有经理论计算或光谱分析确定存在亚稳态的物质，才能被选作激光器的工作物质。事实上，激光器的工作往往需要三能级系统（如红宝石）、四能级系统（如氦氖激光器）或更多的能级参与，它往往取决于工作物质的亚稳态能级结构。

二、谐振腔的振荡阈值条件

本章第五节介绍了产生激光的特殊措施之一是采用光学谐振控。在常规的激光器中（与自由电子激光器区分），光学谐振腔中发生光放大（或称增益）过程是我们需要的，而工作物质对光的受激吸收、散射及反射镜的吸收、散射和透射等各种损耗则使光强衰减，但这也是不可能避免的（为什么？）。只有当激光束在谐振腔内来回一次所得到的激光增益（放大）不小于同一过程中的衰减损耗时，光放大才能真正实现，才能发出激光。这一过程该如何描述呢？

1. 激光在激活介质中的增益

以图 22-12a 为例，设一束光强为 I_0 的光自激活介质的左端面（取作 $z=0$）处沿 z 轴方向入射介质，在坐标 z 处，介质中光强为 $I(z)$，而入射光经过 dz 距离后，在 $z+dz$ 处光强增强为 $I(z+dz) = I(z) + dI(z)$。由于激活介质是实现了粒子数反转分布的工作物质，光在其中传播时，光强将随距离的增加而增加，则 $dI(z)$ 的大小除了与 $I(z)$ 的大小有关外，还与 dz 的长短有关，即

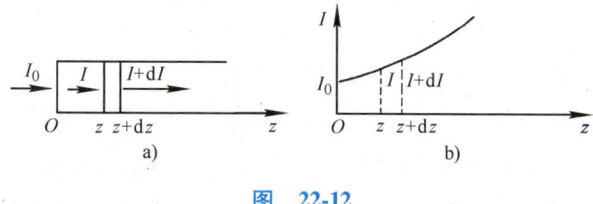

图 22-12

练习 53

$$dI(z) \propto I(z)dz$$

数学上，要想将上式改写为等式，需要引入一个比例系数：
$$dI(z) = \alpha I(z) dz \tag{22-28}$$
式中，比例系数 α 无疑与材料有关，另外还与光频 ν 有关，称为增益系数。它表示某种频率的光通过单位长度激活介质后光强的增长率。它不是一个定值，而是随着反转布局数越大，受激辐射的占比就越高，α 越大。式（22-28）作为微分关系，描述了激光增益的本质规律。

为了获得光强 $I(z)$ 随传播距离 z 增大的函数关系，先将式（22-28）改写为
$$\frac{dI(z)}{I(z)} = \alpha dz$$
又可表示为
$$d\ln I(z) = \alpha dz \tag{22-29}$$
对式（22-29）两边求定积分，并利用条件 $I(z=0) = I_0$，得
$$I(z) = I_0 e^{\alpha z} \tag{22-30}$$
式（22-30）给出了在激活介质中光强 $I(z)$ 随传播距离 z 增加而以指数规律增强的函数关系。图 22-12b 是按式（22-30）绘制的 $I\text{-}z$ 曲线，它形象地描述了激光增益规律。

2. 激光振荡的阈值条件

上面讨论了激活介质放大激光所遵循的规律。不言而喻，激光增益（放大）是能不能发出激光的关键条件，但是这还不是全部。因为有增益就会有衰减，光在谐振腔内传播会因吸收、色散等多种机制导致损耗。显而易见，<u>在谐振腔内来回一次激光的增益大于衰减的才能实现光的相干放大</u>。从这一定性判据中可提炼出激光器激光振荡阈值条件，也称为激光振荡振幅条件。为此，由图 22-13 已定性示出的谐振腔内的光束由光腔两端镜面反射，形成相向传播的、相干光叠加干涉的驻波场，驻波场的形成过程见图 22-14。

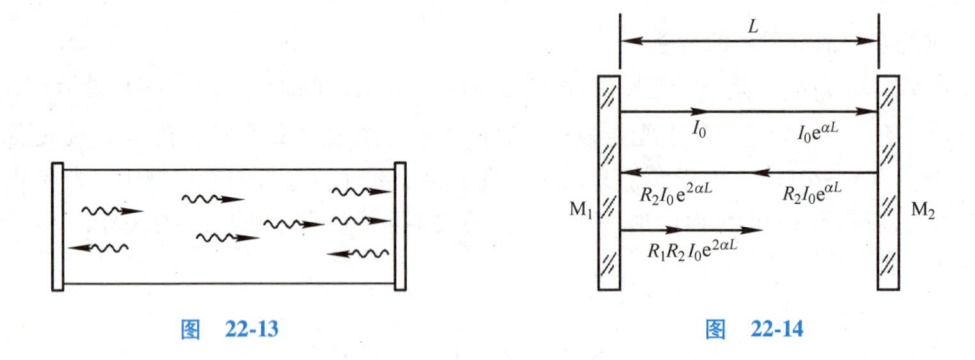

图 22-13

图 22-14

设在图 22-14 中，两平行反射镜 M_1 和 M_2 中是长为 L、增益系数为 $\alpha(\nu)$ 的激活介质，并以 M_1 与 M_2 的反射率 R_1 及 R_2 囊括激活介质与谐振腔中所有的衰减。选图中从镜面 M_1 处 ($z=0$)，沿腔轴方向一束以光强 I_0 代表的出射光束，当该出射光束经过激活介质到达右端镜面 M_2 ($z=L$) 处时，按式（22-30）给出的增益规律，光强 I_0 增加到 $I_1 = I_0 e^{\alpha L}$。到达端面的光束 I_1，经反射率为 R_2 的镜面 M_2 反射衰减后，反射光强减弱到 $I_2 = R_2 I_1 = R_2 I_0 e^{\alpha L}$。经镜面 M_2 反射的光束 I_2，由镜面 M_2 沿腔轴向 M_1 方向传播，当它回到左端镜面 M_1 处 ($z=0$) 时，光强经介质又增益到 $I_3 = I_2 e^{\alpha L} = R_2 I_0 e^{2\alpha L}$。之后，光束 I_3 经左方反射镜 M_1 反射衰减后，光强减弱到

$I_4 = R_1 I_3 = R_1 R_2 I_0 e^{2\alpha L}$。这时，由出射光束 I_0 到回输光束 I_4，光束正好在增益介质中来回一次，有增益有衰减。如果光在介质中来回一次的增益不小于衰减，也就是回输光 I_4 与出射光 I_0 满足下式：

$$I_4 \geqslant I_0 \tag{22-31}$$

称式（22-31）为激光振荡振幅条件（即激光振荡阈值条件）。

将 I_4 的计算式代入式（22-31），经整理，得

练习 54

$$\alpha(\nu) \geqslant \frac{1}{2L} \ln \frac{1}{R_1 R_2} \tag{22-32}$$

如前所述，式（22-32）中 R_1 与 R_2 已囊括谐振腔及激活介质的各种衰减。因此，作为一种等效处理方法，式（22-32）已指出了维持激光器稳定振荡与输出的阈值条件。既然式（22-32）右端有表示损耗之意，不妨将其定义为损耗系数 D。这样，由式（22-32）给出的阈值条件可以简明地写为

$$\alpha(\nu) \geqslant D \tag{22-33}$$

在激光逐渐形成的过程中，$\alpha(\nu)$ 应当大于 D 以实现光的放大，增益 $\alpha(\nu)$ 会因为受激辐射的消耗反转布局数，逐步减少直到等于 D，这时激光器实现稳定输出。

三、谐振腔的选频

前已分析过激光的高单色性源于光学谐振腔选频作用。为什么它有选频作用呢？所谓选频应该是谐振腔只允许某些特定频率（波长）的光波振荡与输出。从图 22-14 看，这是由于腔镜的反射，入射与反射的激光束相向传输时会发生叠加，叠加后会不会发生干涉而形成驻波呢？这就需要用相干光三条件来判断了。设 n 表示介质的折射率，则要看腔内振荡的光波波长是否满足下式（参看第一卷第八章第五节）：

练习 55

$$2nL = k\lambda_k \quad (k = 1, 2, 3, \cdots) \tag{22-34}$$

或利用 $\nu = \dfrac{c}{\lambda}$，看激光频率是否满足

$$\nu_k = k \frac{c}{2nL} \quad (k = 1, 2, 3, \cdots) \tag{22-35}$$

在激光物理中，式（22-34）与式（22-35）称为谐振控的共振条件，或称相角条件。也就是说，只有那些在腔中满足上述两条件之一的激光才能在腔内振荡（共振），而其他不满足式（22-34）或式（22-35）条件的激光则被谐振腔淘汰了。不同腔长 L 选择的频率 ν_k 不同（$k = 1, 2, 3, \cdots$），这是腔长的选频作用。

从式（22-34）或式（22-35）看，k 可取不同的值，不同的 k 值对应不同的 λ（或 ν）都满足共振条件（每个频率称为一个纵模）。可是，实际输出的激光单色性却很好（即单模输出），其中缘由不再详述，有兴趣的读者可参阅专门的激光教材。

【例22-1】 设氦氖激光器中,氖原子发出的谱线中心频率(基模)为 $\nu = 4.7 \times 10^{14}$ Hz,基模的频率范围(频谱宽度)为 $\Delta\nu = 1.5 \times 10^9$ Hz,若激光器谐振腔的长度 $l = 0.1$ m,折射率 $n = 1.0$,则相邻的两个纵模频率差为多少?输出光束中含有几个纵模?

【分析与解答】 由谐振频率、腔长及折射率的关系

$$\nu_k = k\frac{c}{2nL} \quad (k = 1, 2, 3, \cdots)$$

两个相邻纵模的频率差 $\Delta\nu_k$ 为

$$\Delta\nu_k = \nu_{k+1} - \nu_k = \frac{c}{2nL} = 1.5 \times 10^9 \text{ Hz}$$

则基模频率范围内的纵模数为

$$N = \frac{\Delta\nu}{\Delta\nu_k} = 1$$

归纳以上所述内容,研制的激光器必须满足的条件是:
1) 有实现粒子数反转的激活介质并处于激活状态。
2) 处于激活状态的介质必须满足振幅条件(即阈值条件)。
3) 光学谐振腔腔长 L 与输出波长(或频率)必须满足相角条件(即共振条件)。

常规激光器三大组成部分的功能是:
1) 激活介质——形成光放大。
2) 光学谐振腔——维持光振荡,获得同步放大(一个新的探索领域是:光纤维中使用的超长激光腔有可能是一种新型传送介质)。
3) 激励能源——提供能量,并能输入激活介质。

第七节　氦氖激光器

自从1960年梅曼研制出了第一台红宝石激光器以来,激光器的研制、应用已发展到种类繁多、性能各异、各取所需、继续研发的阶段。同时,激光器已成为当今高等院校、科学技术界、工程界极其重要的相干光源与强光光源。本节只侧重介绍在高校实验室中曾广泛使用过的一种以原子为激活介质的气体激光器——氦氖激光器。虽然目前在科研上已经较少使用,但从它的工作原理的学习中,可以很好地反映出如何利用原子能级构建并维持粒子数反转,进而实现受激辐射。

氦氖激光器

一、氦氖激光器的结构图

图22-15a、b是氦氖激光器典型的结构示意图。关键部件是放电管与谐振腔镜片,按放电管与谐振腔镜片不同的连接方式,可分为由图22-15a、b表示的内腔式和外腔式。内腔式特征是谐振腔两端面上的反射镜是放电管的一部分,结构紧凑,使用方便,但镜片易受热变

形；外腔式特征是在放电管的两端用两玻璃片按布儒斯特角（见第一卷第十一章第三节）方向封装，使只有振动面平行于入射面偏振的激光能无损耗地输出。外腔式腔形较稳定，可选择腔长、镜片形式和内插元件。两种结构的激光管中均用毛细管作为放电管（图中细管），它是管径为 1~3mm 的石英管或硬质玻璃管。管内气体与储气管（图中有虚线的矩形框）气体相通，以稳定激光管工作。管的长度从几厘米到一米多不等，管越长，输出的激光功率越高（为什么？）。例如，当腔长 $L<20cm$ 时，输出功率为 1~2mW，而一只长 1m 的激光管输出功率约 20mW。氦氖激光器谐振腔大多用平凹腔，即构成谐振腔的两个反射镜可以是凹面反射镜，通常是镀在光学玻片上的多层介质膜，它们的曲率半径大于两反射镜之间的距离。相对所输出激光的波长，一端反射镜的反射率接近 100%，另一端作为输出端，反射镜的反射率一般在 95%~98% 之间不等。

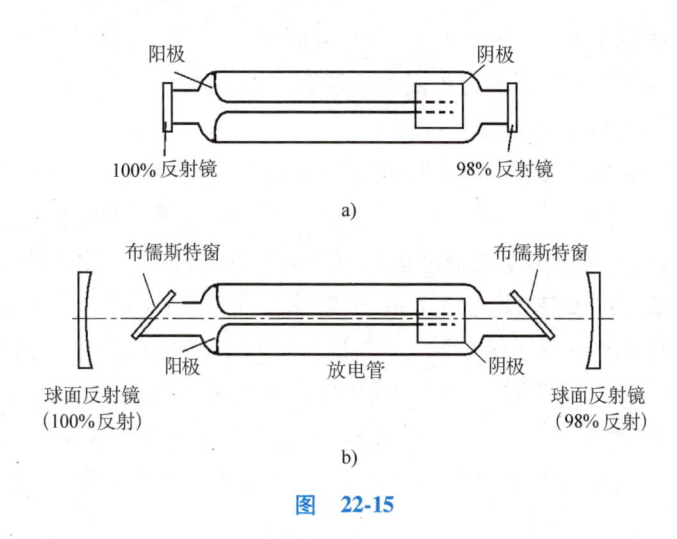

图 22-15

二、氦氖激光器的工作原理

氦氖激光器的工作介质是按一定比例（如 10:1）封装在放电管中的氦与氖的混合气体。混合气体的气压为 130~400Pa（1 大气压为 1.01×10^5Pa）。问题是，**为什么氦氖激光器需要充以氦与氖的混合气体呢？仅充氦或氖一种气体行不行呢？不同气体是如何协同工作的呢？** 为回答这些问题，首先简要了解一般气体放电管中发生的两类激发（非弹性碰撞）过程。

1. 气体放电中的两类非弹性碰撞

在人们日常生活和工作中，已普遍采用了气体放电光源，如荧光灯、紫外线灯、高压汞灯等。气体本是良好的绝缘体，为什么会发生放电现象呢？

原来，空气在太阳紫外线、宇宙射线及来自地球内部辐射线的作用下会发生电离。不过，通常每立方厘米空气中只有 500~1 000 对正、负离子，所以，空气导电能力很差，绝缘性能良好。但是，气体分子在强电场作用下会发生电离，随着电离后离子数目的迅速增加，气体中便有电流流过，这就是气体放电现象（如雷雨中的闪电）。本书只讨论气体放电中的非弹性碰撞激发（电离）。这种激发发生时，电离后气体中的电子和离子被电场加速获得足够的动能，通过与其他粒子（如原子、分子）碰撞而使被碰粒子跃迁到激发态，这种激发

分为两种非弹性碰撞过程:

1) 第一类非弹性碰撞:以由单一原子(或分子)组成的气体为例,激发是通过下述电子-原子碰撞产生的,即

$$e+A \rightarrow A^* +e \tag{22-36}$$

式中,e 表示碰撞前后动能发生变化的电子;A 和 A^* 分别代表气体中处于基态和激发态的原子(或分子)。

2) 第二类非弹性碰撞:如果气体由 A、B 两种原子构成,则除了由式(22-36)表示的第一类碰撞外,A、B 原子间也能通过相互碰撞而激发。本章第二节在解释无辐射跃迁时曾用式(22-5)描述过这种过程:

$$A^* +B \rightarrow A+B^*$$

式中,处于受激态的粒子 B^*,可以通过多种不同的跃迁过程回到低能态(或基态),参照图 22-16,B^* 原子可能通过哪几种过程回到低能态(或基态)呢?

2. 氦、氖原子的部分有关能级

图 22-16 中同时画出了氦原子与氖原子的部分能级(即激光工作能级)。图中左边是氦原子的部分能级图。从图中看,当氦原子处于基态 1s 时,氦原子的两个电子均在 1s 态,其第 1 激发态是图中的 2s 态。由于受跃迁选择定则的限制,处于 2s 能级的氦原子不能通过自发辐射返回基态,故原子处在此能级上的寿命较长($10^{-6} \sim 10^{-4}$ s),是氦原子的亚稳态。图 22-16 中右图是氖原子的部分有关能级。氖原子中有 10 个电子,电子组态(按能级分布)是 $1s^2 2s^2 2p^6$,两壳层都是满壳层。所以,图中氖原子的基态只用 2p 表示,它最外层的一个 2p 电子可以被激发到的 3s、3p、4s、4p 和 5s 等能级,相应地形成由 $1s^2 2s^2 2p^5 3s^1$、$1s^2 2s^2 2p^5 3p^1$、$1s^2 2s^2 2p^5 4s^1$、$1s^2 2s^2 2p^5 4p^1$ 和 $1s^2 2s^2 2p^5 5s^1$ 等描述的电子组态。

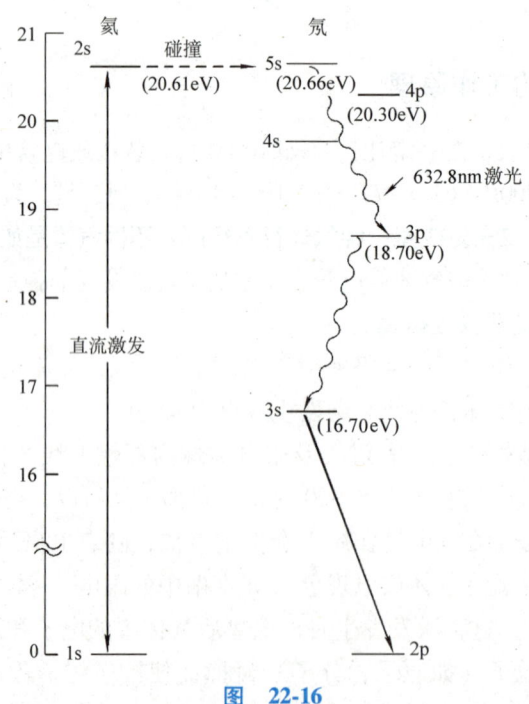

图 22-16

3. 氦、氖原子的激发机理

当图 22-15 中放电管两极间加上数千伏的高压后，管中加压前因气体电离而存在的电子受电场加速，在飞向阳极的过程中，以很高的概率不断与氦原子发生如式（22-36）表示的第一类非弹性碰撞。氦原子被高速电子碰撞激发到 2s 态（向下辐射跃迁受选择定则限制），能量为 20.61eV。而图 22-16 中氖原子的激发态 5s 能级恰为 20.66eV，数值上与氦原子的 2s 能级虽有差别但非常接近。因此，处于亚稳态 2s 的氦原子有很大概率和氖原子通过由式（22-5）所描述的第二类非弹性碰撞，将能量转移给基态氖原子，氖原子由基态激发直达 5s，与此同时，氦原子交出能量后由激发态返回基态。氦原子 2s 与氖原子 5s 因能量接近而发生的能量转移概率大，称为共振转移。当然，气体中的高速电子也能直接与氖原子碰撞，激发一部分氖原子到能级 5s（概率很小）。图中氖原子处于激发能级 3p 上的寿命极短，因而处在 3p 能级的氖原子数很少。通过两类非弹性碰撞后，氖原子占据 5s 能级（亚稳态）的原子数迅速增加。这样，在 5s 与 3p 能级之间发生粒子数反转，为从能级 5s 到能级 3p 之间发生受激辐射创造了条件，并产生波长为 632.8nm 的激光。这就是实验室应用的橘红色激光束。

归纳以上所述，氦氖激光器发激光既依赖氖原子，氦原子的作用也功不可没，正是因为氦吸收气体放电的能量并转移给氖原子才实现了粒子数的反转，氦氖激光器的这种能量输入系统是必不可少的。许多教材中介绍了氦氖激光器，还可以发出其他颜色的激光（如绿、黄等）与两种不可见波长的激光。其原理相同，本书不再细说。实用的激光器可以通过前述选频措施（设计腔的参数或改变腔的结构）输出单一波长的激光。

氦氖激光器虽然具有可连续工作、结构简单、使用寿命长、造价低廉等优点，但其缺点是效率很低，约为千分之一，而且要继续提高输出功率（目前输出从几毫瓦到几十毫瓦之间）也还需要克服很多困难，实验室已逐步采用固体激光器。

第八节　物理学思想与方法简述

一、学科交叉与综合

在本章一开始曾简要介绍了一段激光发展史，图 22-17 又描述了导致激光诞生与发展的关键性概念、观点和实验发展的历史顺序。很清楚，激光并非是直接通过发展粒子数反转、介质中的光放大等概念而发明的。从图 22-17 可以看出，通过光学与无线电两门学科的交叉与融合，激光的诞生仍然是新学科沿着逻辑道路的发展，这种道路是作为整体的科学和技术发展过程必然要经历的。

二、激光产生与发展的启示

历史上，在赫兹实验证实麦克斯韦所预言的、与光有相同性质的电磁波确实存在之后，物理学家即着手征服无线电领域。由于雷达的需要开发了厘米波，无线电频谱又类似于原子、分子光谱，进而在 1954—1955 年间，提出并研制了分子振荡器。分子振荡器是在无线

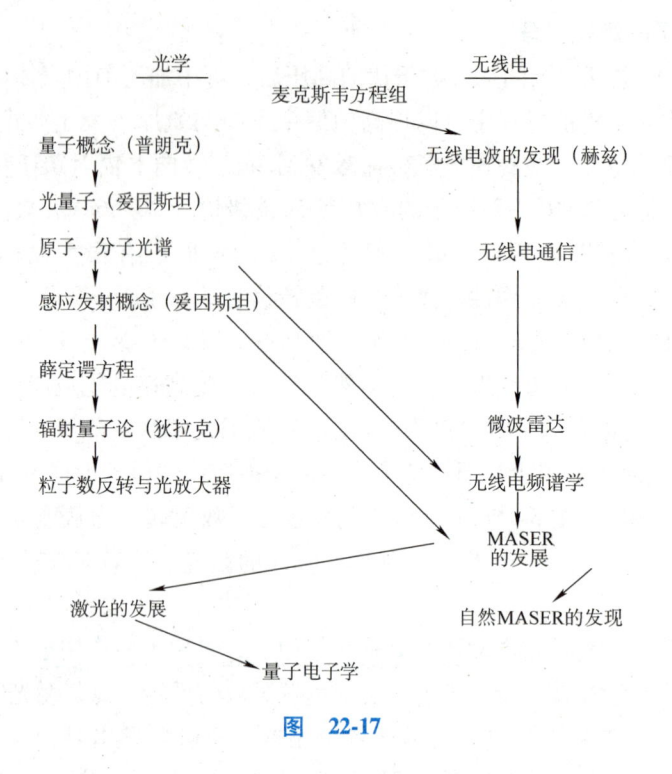

电领域中系统研究分子光谱的有力工具，它可以极好地说明分子的微波谱。由于在无线电领域内，无线电波与分子相互作用是由受激辐射（即感应发射）支配的，因而，吸收跃迁与受激跃迁同时被观察到，这是量子物理学与实验无线电工学成果的综合。对激光而言，最早是爱因斯坦的工作，从理论上明确了受激辐射的存在，然后，先是在无线电实验技术领域发明了 MASER，继之激光器（Laser）随后诞生，这是激光合乎逻辑的发展。更有趣的是，1965 年在对银河系中射电波谱线的观测中，天文学家发现了一种异常强烈、极窄的射电谱线信号，其亮度远远超出热辐射源应有的强度。通过分析确认这是由于 OH 分子发生受激辐射放大导致的，即所谓的"自然 MASER"现象。

一个历史因素是，在 20 世纪 30 年代初与 40 年代，由于核物理与雷达的兴旺，大多数活跃的物理学研究者都涉足于核物理与工程学，这不可避免地从物理的其他分支引起"智力外流"，特别是在原子和分子物理与光学方面更为突出。很显然，这是图中激光经历"之字形"发展道路的一支重要插曲。

练习与思考

一、填空

1-1 常见的激光器的基本结构主要包括三个部分，分别是＿＿＿＿＿、＿＿＿＿＿和＿＿＿＿＿。

1-2 光和物质相互作用产生受激辐射时，辐射光和照射光具有完全相同的特性，这些特性是指＿＿＿＿＿、＿＿＿＿＿、＿＿＿＿＿和＿＿＿＿＿。

二、计算

2-1 设有一个两能级系统，E_1 和 E_2 的能级差为 0.1eV，试分别求在 $T = 5.0×10^2$K、$5.0×10^3$K、$5.0×10^5$K 时，处于两能级上的原子数之比 N_2/N_1。

【答案】 0.098 4；0.793；0.998

2-2 设氩离子激光器输出的基模光场的波长为 488nm，其频率范围是 $4.0×10^9$Hz，当腔长为 1m，折射率 $n = 1.0$ 时，相邻的两个纵模频率差为多少？光束中含有几个纵模？

【答案】 $1.5×10^8$Hz；26

2-3 常用的氦氖激光器发出 632.8nm 波长的激光（红光），（1）求此波长相应的能级差；（2）如果此激光器工作时，Ne 原子在高能级上的数目比相应低能级上的数目多 1%，求对应此粒子数反转的负温度。

【答案】 （1）1.96eV；（2）$-2.29×10^6$K

三、思维拓展

3-1 从辐射的机理来看，普通光源和常规激光光源的发光有什么区别？

3-2 相比于三能级的红宝石激光器（参见图 22-11），氦氖激光器则是一种典型的四能级激光器，它的能级构成在哪些方面发生了变化，这种改变有何优势？

3-3 举例说明物理学与技术科学交叉发展的关系。

第八部分
固体物理基础

人类社会发展的历史证明，材料是人类生存和发展、征服自然和改造自然的物质基础，也是当代人类物质文明的三大支柱（材料、能源与信息）之一。

目前世界上传统材料已有几十万种，而新材料的品种正以每年大约5%的速度在增长，材料科学成为当今人类进步的强大"引擎"。

在通常的温度和压强条件下，大多数材料都是固体，因此固体的物理本质和性能已成为物理学研究的重要对象。通过半个多世纪的迅速发展，广义的固体物理学已经成为当今物理学中最庞大，也是最重要的分支学科。当今几乎半数以上的物理学家从理论和实验两方面对固体进行的卓有成效的研究工作，推动了新材料、新器件和新科技的迅速发展，因为固体物理学的发展与材料的技术应用从来就是相互促进的。

固体物理学的传统研究对象是近完整的晶态材料，后继的发展包括了对非晶态物质、高分子聚合物以及固体表面的研究。随着学科的发展，一些极端条件下的物理性质也越来越受到重视，如高压、强磁场、高温和低温、强辐照、超导现象等。

通过本部分的学习，读者将在大学物理层面涉猎关于晶体结构与结合力、晶格热振动、物质的电磁性质、电子能带理论及半导体等基础内容。

第二十三章
晶体结构与结合力

本章核心内容

1. 由晶体 5 种宏观性质推测晶体微观结构特征。
2. 如何分析不同晶体具有千差万别的性能。

在通常温度和压强条件下，人们大都使用固体材料。因此，固体材料的成分、制备工艺、结构与性能的关系，已成为物理学研究的重要分支之一。固体是由大量相互作用的原子（分子或离子）以一定的方式排列组成的，每立方厘米体积中有 $10^{22} \sim 10^{23}$ 个原子。现在人们已知道，如此巨大数目的原子都按一定方式聚集，由于原子排列方式

天然晶体

不同，一般将固体分为晶体和非晶体两大类。其中将原子（离子或分子）在空间做周期性规则排列的固体称为晶体。晶体可以是天然形成的矿物，也可以由人工培育。经常使用的金属及合金材料，许多无机材料和某些高分子材料等，在固态下一般都是晶体，如盐、糖一类的日用品等也是晶体。与晶体不同，如果固体内原子排列不规则，则称为非晶体。玻璃、塑料、橡胶等是人们日常遇到的非晶体。无论是晶体还是非晶体，在许多边缘学科领域都有很强的生命力。例如，基于晶体结构分析的蛋白质结构和 DNA 双螺旋结构研究在分子生物学上具有划时代的意义；非晶态金属以其高的强度和硬度，以及优异的韧性、耐腐蚀性等优点在很多方面取代了晶态金属。1984 年，人们从实验中发现了一类既不是晶体又不同于非晶体的固体材料，称为准晶体。所以，也可以把它归为晶体和非晶体之外的第三类。图 23-1 是区分晶体、非晶体和准晶体中原子排列的示意图，图 23-1a 是晶体，图 23-1b 是非晶体，图 23-1c 是准晶体。

本书只介绍晶体中的单晶体。什么是单晶体呢？它是组成实际晶体的"晶粒"，其特点是在整个晶体内部是清一色的原子排列方式（如天然或人造水晶、人造红宝石等），单晶体是没有任何杂质和缺陷的理想晶体模型。如无说明，本书随后提到的晶体都是指单晶体模型。

a)   b)   c)

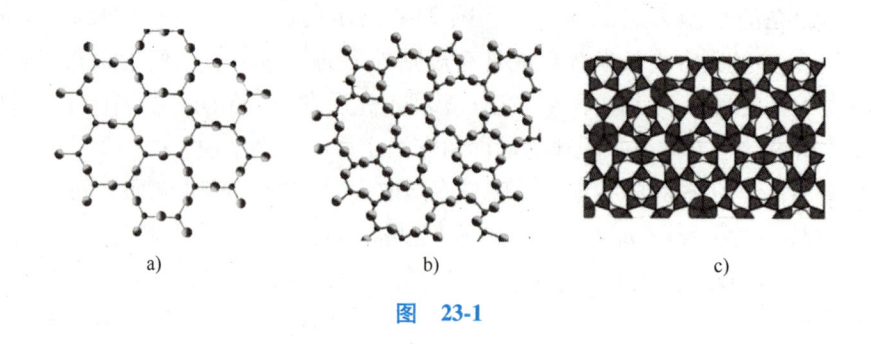

图 23-1

第一节　晶体结构及其描述

无论何种单晶，在微观层次上组成的晶体都有最小结构单元。晶体最小结构单元在空间的周期性排列方式称为晶体结构，周期性是晶体结构的最大特点，微观结构的周期性与晶体的宏观性质是什么关系？这就是学习本章的一个重要观察点。

一、晶体的性质

晶体最主要的性质源于组成晶体的大量原子、离子或分子在空间的排列方式。图 23-2 所示为硅晶体原子排列平面高分辨电子显微像，照片中（白斑）显示出硅原子排列的特征，可以看出原子排列方式具有很好的周期性。晶体的这种结构特征表现在很多与非晶体不同的宏观性质上。作为晶体的共同特性（暂不考虑不同晶体的其他性能差异），分为如下 5 个方面介绍：

1. 规则的几何外形

人类最早在开矿的过程中就发现了具有规则的多面体几何外形的天然矿石。当时人们曾把这种矿石称为晶体。当然，这种只从表观特征来定义晶体的做法是粗浅的。但是，若从图 23-3 所表示的组成花岗岩主要成分的石英（SiO_2）、

图 23-2

长石（含钙、钠、钾的铝硅酸盐）等晶体的显微照片来看，似乎看不出石英、长石具有多么规则的几何外形。这是为什么呢？原因是，矿石（晶体）在自然形成过程中不可避免地要受各种外界条件的限制和干扰，并不是都有机会生长成规则多面体外形的，所以组成地壳的岩石和土壤中的矿物看上去大都是由许多外形不规整的、不同尺寸的晶体颗粒或小晶体所组成的（图 23-3 是多晶体）。不过，人们通过观察与实验发现，单晶体在不受空间阻碍（或限制）的情况下生长时，必然会呈现多姿多彩的规则多面体的外形，表明晶体在生长过程中确实是具有一种自发地形成晶面、晶棱（晶面相交）、顶点（晶棱会聚）的"本能"，这种本能被称为晶体的自限性。我国曾发现过一个巨大的矿石（天然晶体），长约 100m，直径约 10m。墨西哥"巨晶洞"中发现的亚硒酸盐石膏晶体，大多数晶体的长度都可以达到 6m，目前发现的最大的晶体长度约 12m、直径约 4m，重量可达 55t！现在，在一些珠宝商店的展

厅里可以看到漂亮的小型天然晶体展品。图 23-4 展示的就是一个巨大的水晶单晶体（矿石）。历史上，这种经正常生长发育形成具有规则外形的晶体早为人们所注意和研究。早在 1669 年，丹麦学者史丹森、法国学者罗迈·德利尔先后发现，在同一类晶体中，对应晶面之间的夹角居然相等，后人称这一规律为晶面角守恒定律。举例来说，在图 23-5 中，在 3 块形状不同的 α-石英晶体（多面体）上，发现与不同取向对应的 r 面和 m 面之间的夹角（二面角）均为 $38°13'$（表示为 $r\wedge m=38°13'$）。人们从晶面角守恒定律推测：这是不是与同类晶体内部结构遵守相同规律有关呢？或者说，晶面角守恒是由内部结构相同所决定的，不随晶体形状的不同而改变。随后人们又发现，任何晶体的晶面数（F）、晶棱数（E）和顶点数（V）之间满足一个简单的数量关系，即

$$F+V-E=2$$

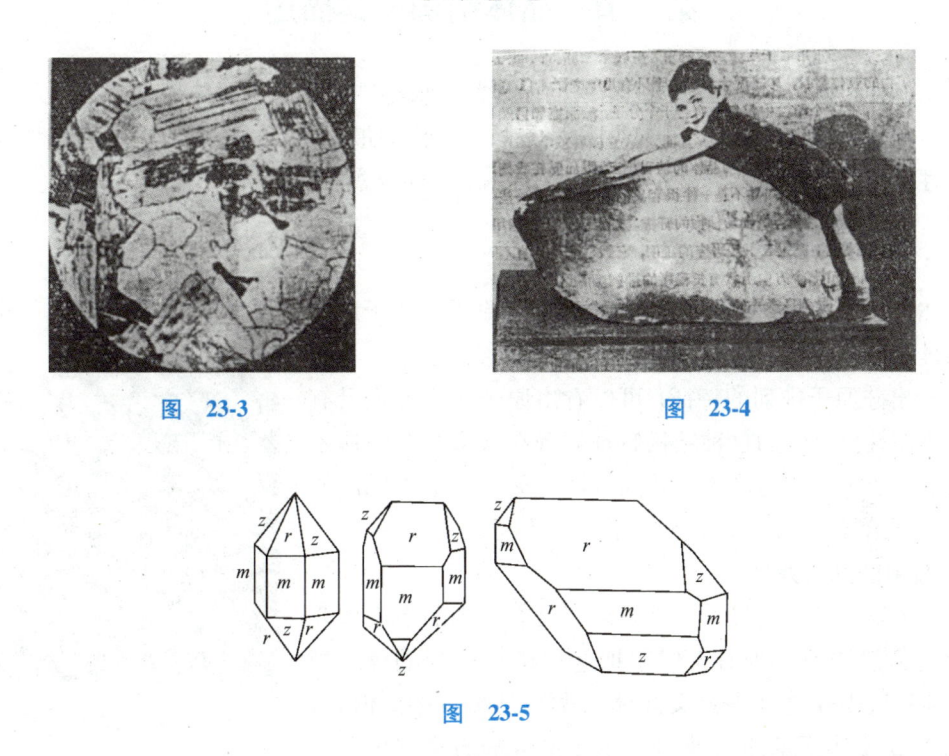

图 23-3

图 23-4

图 23-5

晶体的平滑表面（晶面）、细直棱边（晶棱）以及尖锐角顶，这些形貌的表征及规律，本是几何晶体学研究的范畴，但同时也是启迪人们窥探组成晶体的原子如何排布的窗口。因为，人们自然要问：**矿石（晶体）为什么会有平整的晶面呢？为什么两晶面间会有笔直的晶棱呢？**

2. 单晶物质的均匀性

如果从图 23-5 中一单晶体任一部位，按同一方式切割下体积足以进行实验观测的几块，人们发现，它们的各种晶体学性质都是相同的。例如，各块都有相同的密度、相同的化学组成等。这种性质称为单晶体的均匀性。如果追问，这种宏观均匀性的根本原因是什么？这要按照"组成晶体的最小单元在空间排布的某种规律性"的思路去寻找。不过，似乎晶体宏观性质的均匀性与原子微观排布的某种不连续性是一对矛盾。其实，由于晶体中原子空间排布

的间距很小（纳米级），宏观均匀性（毫米级）允许人们把晶体看成连续物质，这种处理方法与思路在晶体学中很重要。因为在描述晶体的许多物理性质时，不需要考虑原子微观排布的不连续性。进一步的研究表明，晶体无论在宏观性质上抑或在某些微观性质上都是均匀的。因此，晶态物质的均匀性也称为结晶的均匀性。

3. 单晶物质的各向异性

虽然单晶体具有均匀性，但沿不同方向观测单晶体的弹性模量、传热系数、热膨胀系数、电阻率、介电系数、磁导率、光折射率等物理性质时，发现晶体在不同方向上显示出不同数值，将这一现象称为晶体的**各向异性**。这一现象可以从图 23-6 看出（B2 结构 CuZr 合金的弹性模量）。

晶体宏观性质的各向异性也要追溯到晶体内部结构中原子（离子或分子）的性质及排列方式。有些晶体在外形上就已表现出来各向异性，如有的晶体（云母、石墨等）呈层片状或尖状，这也为探究其微观结构提供了一个窗口。

图 23-7 表示 NaCl 晶体结构中的某一平面层中局部离子的排布情况。图中大圆（球）表示氯离子，小圆（球）表示钠离子。从图中沿 OA、OB、OC 三个方向上看，离子的种类及排列方式均不相同，因此，在这三个不同的宏观方向上，晶体的成分和微观结构均不相同。所以，虽然外界条件相同，但沿三个方向的宏观性质必然不同。

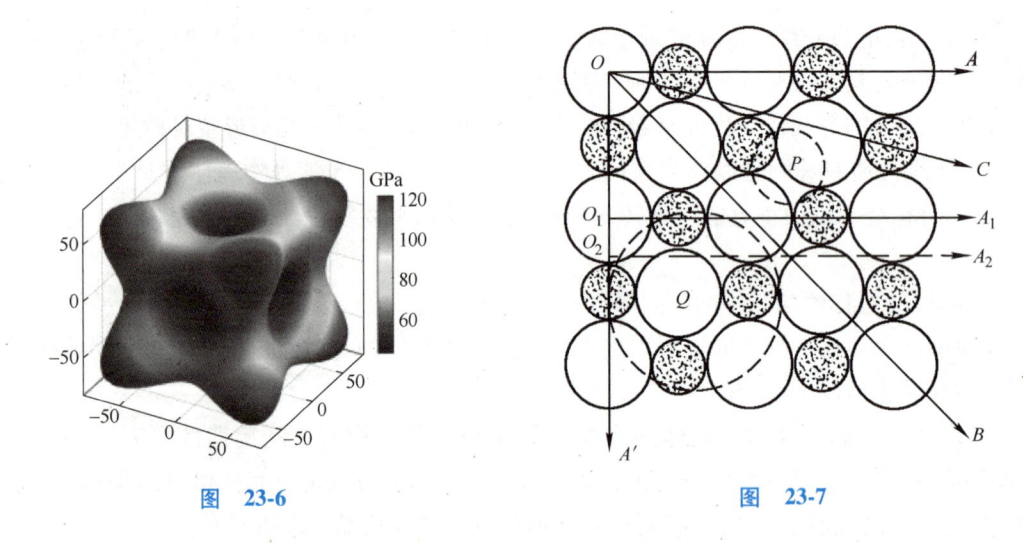

图 23-6

图 23-7

值得注意的是，与单晶体不同，由大量极微小的单晶体（晶粒）杂乱地聚集而组成的多晶体，平均来看，各向异性相互抵消，宏观上表现出各向同性的特征。所以，在讨论晶体性质时，要注意所涉及对象是多晶体还是单晶体。

对于像玻璃、塑料等非晶物质以及液体和气体，由于微观结构上原子、分子杂乱无章地分布，从统计平均看，它们的宏观性质不呈现各向异性就称之为各向同性。

4. 对称性

自然界中广泛存在着对称性。因此，对称性就是物理学和其他自然科学的重点研究对象之一，它已渗透在整个晶体学中，也是揭开晶体学神秘面纱的工具。什么是晶体宏观性质的

对称性呢？这里又细分为晶体形貌几何对称性和晶体物理性质对称性。

什么是几何对称性呢？在自然界中，几何学意义上的对称现象随处可见。例如，树叶、花朵、各种动物的形体，以及人工建筑物等，无处不显示几何对称性。几何对称性的共同特点是：对物体采用某种动作（如平移、旋转等操作），物体的几何形貌在操作后和操作前（形状、大小）重合。明明进行了一种操作，但实际上什么也没有改变，这就是对称性。例如，在图 23-8 中画出的雪花图案中（有学者在阿尔卑斯山上空实拍到的），当雪花绕与纸面垂直的轴旋转 60°的操作前后，除图中加入标识操作的黑点外，其几何形貌完全一样。由于对称性分析的重要性，在对晶体进行对称性分析时，有必要补充以下三点：

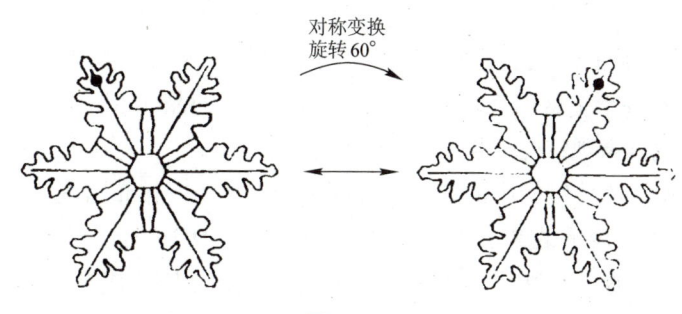

图 23-8

1）虽然目前只介绍了晶体宏观形貌的几何对称性，但在研究对称性时，要注意所讨论的是宏观对称还是微观对称、是几何形貌对称还是物理性质的对称。物理性质的对称性与蝴蝶、花朵、建筑物等几何对称性有着本质上的区别。因为晶体的几何形貌对称是晶体的外在表现，而物理性质对称则是晶体内在的力学、热学、电学、光学等物理性质具有的对称性，图 23-8 中雪花绕与纸面垂直的轴旋转 60°前后，雪花的上述物理性质有无变化呢？这还不能一概而论。

2）晶体的对称性与晶体的各向异性有没有矛盾呢？应该说没有矛盾。因为晶体性质的各向异性是指晶体在不同方向上表现出不同性质。而晶体的对称性是指晶体在不同方向上的物理性质在对称操作下不变。

3）现在，人们已经清楚晶体的宏观对称性与晶体结构的空间周期性之间的关系。从图 23-7 可以看出，在某些特定方向上，离子的性质与排列方式可以完全相同，因而晶体在这些方向上具有完全相同的性质，经对称操作回到这个方向后晶体性质不变。

5. 晶体具有明显确定的熔点

图 23-9a、b 分别表示晶体与非晶体的加热曲线（温度-时间曲线）。图中，纵坐标表示温度，横坐标表示加热时间。当均匀地加热一块晶体时，在图 23-9a 中，曲线的 *AB* 段表示晶体处于固态，*CD* 段表示晶体已液化了。在这两个阶段中，晶体的温度均随着加热时间延长而均匀地上升。但曲线中出现的水平线段 *BC* 十分蹊跷，它描述晶体从固态开始熔化到全部熔化为液态的过程中，随着加热时间的延长，固液共存下的温度并不上升，直至完全熔化为止。这表明，在 *BC* 段，晶体内部各个部分熔化所需的温度相同。因此，晶体的熔化称等温熔化，*BC* 表明晶体有确定的熔点。但非晶体不具备这种性质。图 23-9b 表示非晶体（如玻璃）在

熔融过程中的温度-时间曲线。曲线上并没有出现确定熔点的水平线。从玻璃的加热曲线分析，玻璃在受热过程中逐渐变软（不是固液共存），黏度减小的同时流动性在增加，最后变成可以完全流动的液体。它的加热曲线是一条没有如水平虚线所示的"等温平台"转折的光滑曲线，其间只有一个属于软化间隔的拐曲，在"软化"（点 E）与"流动"（点 F）两个温度之间同时存在液态和固态，很难判断哪一个温度是它的熔点。这个熔化温度区间称非等温熔化，它表明，非晶态物质无熔点可言。

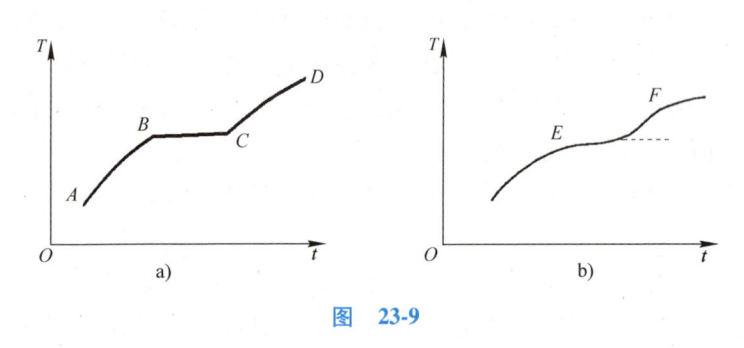

图 23-9

历史上，晶体学家主要从以上几方面的宏观特征推测：晶体的微观结构可能是微观粒子的三维周期性堆积，这种推测已得到实验支持。

*二、晶体结构的实验研究

1. 人类对晶体结构认识过程的回顾

早在古代，人类就对晶体结构产生了兴趣。如前所述，西方晶体学的发展始于早期对矿石外形的研究。晶体学的发生和发展在相当长的时间内与矿物学密切相关，晶体学作为一门独立的学科，大概形成于 17—18 世纪。

17 世纪，实验科学刚刚兴起，自然科学的现代研究方法也才刚刚建立，人们就开始了对晶体的认真观察与思考。胡克、惠更斯等人就曾试图用球状或椭球状粒子有规则的堆积模型，解释晶体有规则的外形，说明双折射的光学现象。在他们看来，晶体外表所呈现的规则多面体形态，应该是晶体内部结构的一种外在表现，而晶体的各种宏观性质也是受晶体内部结构支配的。当然，胡克、惠更斯等人的观点也只是一种推测，但却是一种具有启迪性的推测。

1784 年，法国地质学家哈里在不断揣摩方解石（一种透明的碳酸钙晶体）碎裂前后大小晶体外形相似的现象后，他猜想：如果方解石晶体一直这样碎裂下去，最后会得到最小的晶体单元；反之，由这些最小单元填满空间，就会形成面前的方解石晶体。从而哈里假定，这些最小的晶体单元是构成晶体的"分子"，而且这些分子是一些微观的平行六面体。

在原子学说建立以后，人们便放弃了哈里有关多面体形状"分子"的见解，代之以微粒在空间做周期性排列的假说。19 世纪，数学方法渗透进晶体学。经过许多科学家的艰苦努力，终于建立了晶体微观结构的空间群理论，简要回顾如下：19 世纪中叶，哈塞推导出 32 种晶体学点群，布拉维推导出 14 种空间点阵；1890 年，费多洛夫和熊夫利分别独立地从理

论上得出晶体原子结构可能有的对称群是 230 个空间群，从而全面奠定了晶体微观对称的基础。在本课程中，不对晶体学点群、空间群等进行深入介绍，因为它涉及数学中一门重要的课程"群论"。只有具备了"群论"的基础知识，才能理解点群、空间群的实质。虽然如此，晶体微观结构的周期性却是通过实验验证的。

2. 实验验证

按上述介绍，晶体的微观结构在实验观测以前只是一种推测和数学描述。直到 1912 年劳厄、弗雷德里奇和克尼平首次发现 X 射线可以被晶体衍射，证实了这一推测。因此，作为组成晶体的粒子（原子、离子或分子）在空间呈周期性规则排列规律的第一次实验发现，劳厄获得了 1914 年的诺贝尔物理学奖。继劳厄的发现之后，仅仅过去了 4 个月，布拉格父子在利用 X 射线对晶体进行结构分析的过程中提出了著名的布拉格公式，父子俩也因这一工作获得了 1915 年的诺贝尔物理学奖。由于 X 射线衍射在晶体学研究中如此重要，下面简要介绍一些有关 X 射线的知识。

（1）X 射线的产生　X 射线是 1895 年由伦琴发现的，它是波长从数十纳米到零点几纳米的电磁波。这一发现的重要性不仅仅在于有关晶体结构的实验知识从此可以通过 X 射线衍射获得，而且在许多学科领域中，X 射线都有重要应用（如医院检查身体常要用 X 射线）。为此，伦琴获得了 1901 年的诺贝尔物理学奖。问题是，**为什么用 X 射线可以探知物质结构呢？** 为回答这一问题，先从 X 射线的产生来了解它的性质。

图 23-10 表示一 X 射线管（高真空管）。由图中央小方框中灯丝组成的热阴极（通电的钨灯丝）发出的电子，经静电场加速到高速。高速运动的电子沿图中箭头撞击靶阳极时便产生 X 射线。这种 X 射线可以分为两种类型：一是当管压为 15kV 左右时，发出连续 X 射线谱或"白色"谱称为轫致辐射[○]，如图 23-11 所示；二是当管压提高到 25kV 时，出现标识（特征）X 射线谱或单色谱，标识 X 射线谱叠加在连续谱上，如图 23-12 所示（两条标识 X 射线谱）。

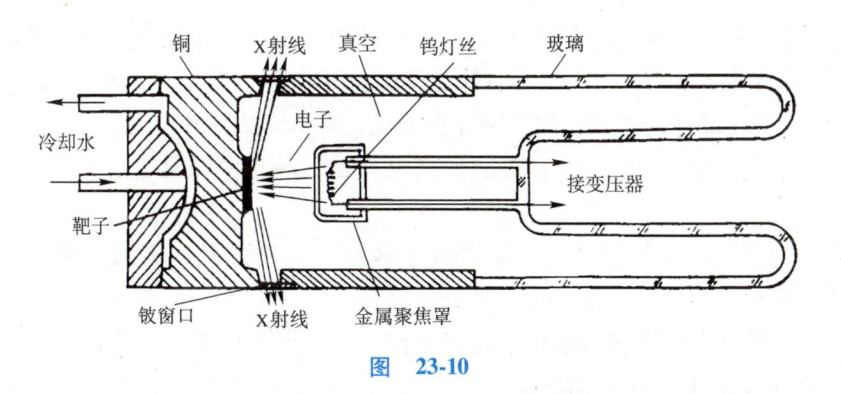

图 23-10

X 射线是怎样产生的呢？ 根据量子理论，当高速运动的电子撞击靶阳极原子时，电子与原子碰撞后被减速而交出部分能量。其中一部分电子能量使靶阳极发热，另一部分电子能量使原子跃迁后又以光子（$h\nu$）的形式辐射出来，这种光子流即为 X 射线。由于高速电子数

[○] "轫"是旧式大车上制动用的木头，轫致辐射是光电效应的逆过程，类比第十八章图 18-9。

目极多（每秒 10^{17} 个），进入靶内不同深度又经多次碰撞，按式（21-4）及跃迁选择定则，碰撞辐射的光子能量大不相同，所以出现了连续 X 射线谱。

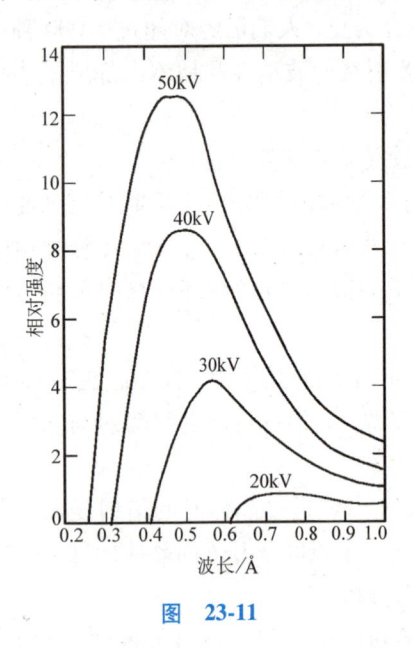

图 23-11

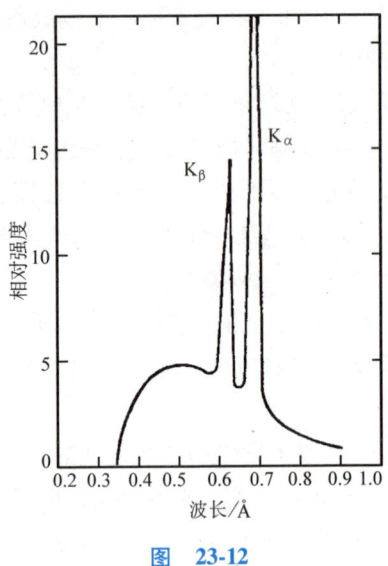

图 23-12

标识 X 射线为什么是在连续谱上产生的呢？运用量子物理基础知识，可以从图 23-13 中了解标识 X 射线谱大致的激发和辐射过程。图 23-13 中的 X 射线能级图与常规原子能级图（能量高低）相反，图中 K 态（或 K 壳层，下同），L 态，M 态，…分别从上到下、由低到高代表靶原子的能级，K 态最靠近原子核，能量最低（能级位置最高）。当某个电子能量大到将靶原子的 K 态电子击出去后，在 K 态能级上空缺一个电子，被击离的 K 态能级电子到新的激发态代表整个原子处于激发态。此时，原子要恢复至稳定的基态，于是处于邻近高能级 L 态的电子跃迁至 K 态填补空位，同时以发射 X 射线光子的方式释放能量（K_α 辐射），也有一定概率由 M 态电子填充 K 态空位产生 K_β 辐射（要满足选择定则）。由于 K 态空位被 L 态电子填充的概率大大超过被 M 态电子填充的概率，尽管 K_β 光子的能量比 K_α 高，但 K_α 光子的数目却大大超过 K_β 光子数。所以在图 23-12 中，K_α 的强度（光子数）约为 K_β 的 5 倍。以上就是标识 X 射线产生的简要过程。

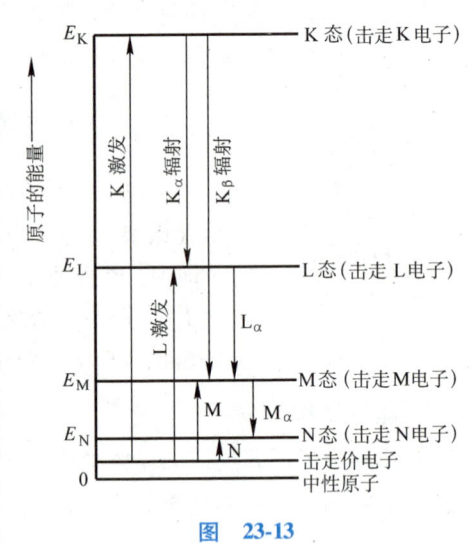

图 23-13

（2）X 射线的晶体衍射　第十九章第二节曾介绍过德布罗意波的验证性实验，如果把图 19-5 与图 19-6 中的入射电子束换成相应波长的 X 射线，会出现什么现象呢？事实是，历史上 X 射线晶体衍射实验在前（1912 年），电子晶体衍射实验在后（1927 年），只不过在第十

九章中提到晶体结构的知识，到本章才给予详细介绍。由于晶体有单晶体与多晶体之分，在用 X 射线分析晶体结构时（物相分析），一般采用单色标识 X 射线分析多晶体（德拜-谢乐法），而用连续 X 射线分析单晶试样（劳厄法）。迄今为止，人们已经对超过 5 000 种晶体进行过 X 射线研究（相关参数已汇编成册），证实了 X 射线的波动性及晶体内部原子均按周期性排列的规律。

参看第十九章第二节，有关 X 射线晶体衍射实验简要归纳如下：

1）X 射线晶体衍射实际上是组成晶体的原子对 X 射线的散射。当 X 射线打到晶体的原子上时，散射分为两类：一类是康普顿散射（见第十八章第三节），它与原入射 X 射线是不相干的；另一类是波长不变的、与原入射 X 射线相干的散射（汤姆孙散射）。分析方法及结论同第十九章第二节类似。

2）对于相干散射，在由大量原子（离子或分子）组成的晶体中，根据惠更斯-菲涅耳原理，每个原子可看成一个新的、发出 X 射线的子波波源，它们各自向空间辐射与入射波相同频率的 X 射线。

3）大量原子发出的子波之间的干涉结果，构成 X 射线通过晶体时的衍射现象。每种晶体所产生的衍射花样（或衍射斑、衍射谱）差别很大，足以区分开不同晶体内部原子分布的不同规律，但在许多结构分析中还需辅之以电子衍射分析。

现在，计算机技术在晶体 X 射线衍射研究中得到广泛应用，衍射数据的收集和处理、运算，直至结果的显示，已可全部由计算机完成。X 射线衍射不仅可以分析晶体结构，还可以鉴定晶体物相，测定晶粒尺寸、晶格缺陷等，它们广泛地涉及物理、化学、地质、生物、化工、冶金、建材、陶瓷、医药等领域。

三、空间点阵

按以上简要介绍，用 X 射线衍射实验证明了晶体在微观上是由原子（或离子或分子）在三维空间周期性重复排列构成的。可以毫不夸张地说，掌握原子（或离子或分子）在晶体中具体的排列规律（晶体结构），对于固体物理学、化学、冶金学、材料科学、矿物学、地球化学和其他相关学科领域的研究具有头等重要的意义。

1. 晶体结构

如果进一步探究具体的晶体结构，大致要涉及两方面的内容：一是区分在空间周期性排列的最小单元（又称结构单元）是什么（原子？离子？分子？），以及它们的数量多少；二是最小单元在空间以哪种方式重复排列。如果将原子设想为经典的小钢球（模型），则图 23-14a 表示在一个平面内原子规则排列的一种方式，图 23-14b 表示另一种把上、下两个不同平面原子层叠起来形成的结构。图 23-15a 中，以米老鼠作为最小结构单元，并展示了最小单元在空间排列的平面图。如果在每一只米老鼠上的同一位置取 C 点，按米老鼠的排列方式将这些 C 点进行排列，如图 23-15b 所示，显然，该图中的点阵是米老鼠（晶体最小结构单元）空间位置排列的抽象。这种用点阵表示晶体最小结构单元空间位置排列的方法，适用于对所有晶体结构的描述，这是为什么呢？

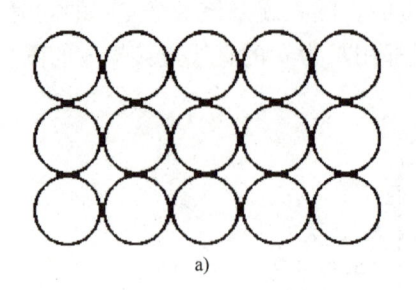

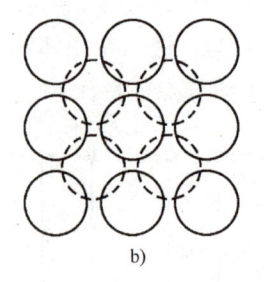

图 23-14

2. 点阵

以上将图 23-15b 所示的点阵称为空间点阵。点阵究竟是一个什么概念呢？或者说点阵有什么物理意义呢？

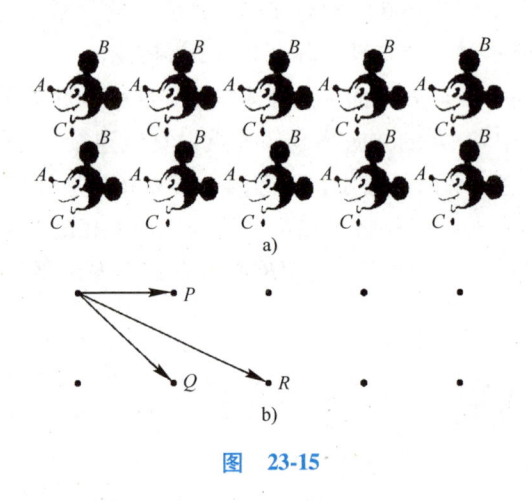

图 23-15

原来，从每一个米老鼠上抽出 C 点后再按米老鼠空间位置排列起来，摆脱米老鼠复杂结构，简明扼要地突出了晶体最小结构单元的空间排列规律。图 23-15b 中每一点称等同点（简称点阵点、阵点、格点），"等同"是指每个点都有相同的物理、化学和几何环境（如图 23-15a 中点 C 或点 A 或点 B）。阵点在空间做周期性的无限重复（忽略边界引起的差异）构成的图形称为空间点阵。点阵既是一种数学抽象，又是一种晶体学专用模型。如果在点阵的各阵点位置上（如图 23-15b），按同一种方式放置晶体的最小结构单元（如图 23-15a 中米老鼠），就得到一种晶体结构。晶体结构和晶体点阵的联系与区别就表示在图 23-16 中：晶体结构单元位于点阵上，反之亦然。用文字解读图 23-16：晶体结构=点阵+晶体结构单元。

3. 晶格

由于点阵中每个阵点周围环境完全相同，所以，点阵最基本的性质是可以将一阵点按一定间隔在空间三个方向平移后构成一个点阵（或者说点阵在经此操作后复原）。最简单的平移是将阵点在同一方向上按某一确定的间隔平行移动的操作。如在图 23-17 中，从每个圆球上抽象出一个等同点，这些点沿直线无限延伸成一直行并组成一个一维点阵。也可以理解为从一圆球上抽象出一个几何点，按一定间隔沿直线左右平移构成的。为此在图 23-17 中任意

相邻两个阵点间用一矢量 a 连接起来，矢量的长度 a 就是该一维点阵的间隔（周期），矢量的方向表示平移方向。进而在相邻阵点间都用长为 a 的直线连接构成的图形，称为一维晶格，便于从几何上研究点阵特征。

图 23-16

图 23-17

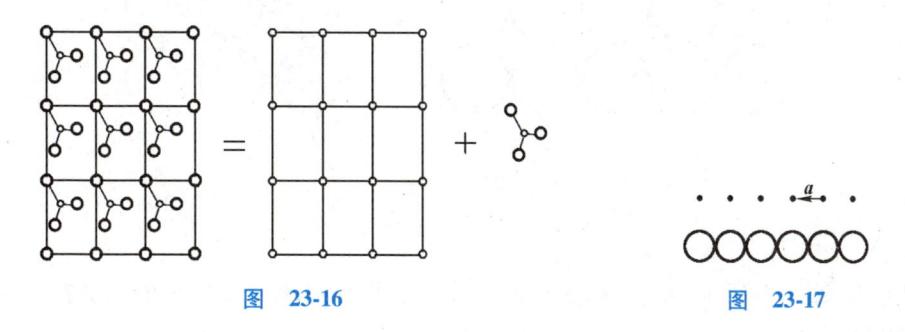

图 23-18a 表示无限多个完全相同的圆球在同一平面上的紧密排列，按以上方法，圆球的排列可抽象成图 23-18b 所示的一个二维点阵（以小圆圈表示点）。从图 23-18b 看，几何上三个阵点（两条直线）决定一个点阵平面，在晶体学中，这种平面称为晶面。若采用图 23-17 中的处理方法，分别沿图中 a、b 的方向将全部阵点以直线连接，可得如图 23-18c 所示的二维晶格（平面晶格）。在这一平面晶格中，平行四边形 $OACB$ 是最小的晶格单元，而且每一个相同的平行四边形全等。整个晶格也可以将平行四边形 $OACB$ 先沿 a、后沿 b 两个方向上不断平移构建。这种方法也可用图中的 $OA'C'B'$ 通过先 a' 后 b' 的平移构建晶格。

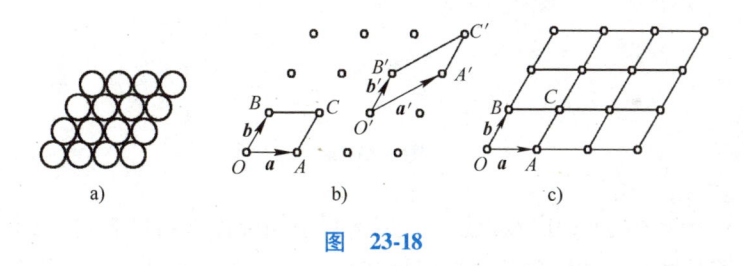

图 23-18

如何把以上平面晶格平移的处理方法推广到图 23-19b 所示的三维晶格呢？从图 23-18b 看，推广的关键是如何选择三维晶格单元。在图 23-19a 中已给出一个平行六面体作为三维晶格单元。如果将它分别沿 a、b、c 三个方向无限平移，便得到一种图 23-19b 所示的三维晶格。

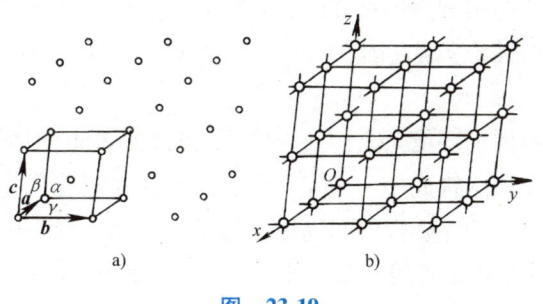

图 23-19

归纳以上所述各点，把空间点阵中的阵点按一定的法则用直线连接起来，或者选一最小的平行六面体作为三维晶格单元沿空间三个独立方向平移，所形成的空间网格称为三维晶格，又称空间格子。因此，无论是空间点阵还是空间格子，都是用来描述晶体周期性结构的一种模型。既然如此，已用点阵可以描述晶体周期性结构，还要引入空间格子是不是多此一举呢？

4. 晶胞

上面已介绍，只要选取一个图 23-19a 所示的平行六面体沿图中三个方向平移，就可以构建出一种晶格。一般将这种构建晶格体积最小的平行六面体称为晶胞（或元胞）。在图 23-19a 所示的晶胞中，它的三条棱边长 a、b、c（或图 23-20 中 a_1、a_2、a_3）加上三个棱之间的夹角 α、β、γ，这 6 个量统称为晶格参数（又称点阵参量）。其中，由三个边 a、b、c 组成空间坐标系的三个轴。已知空间晶格的这 6 个参数，阵点在空间的分布规律完全确定了（为什么？）。

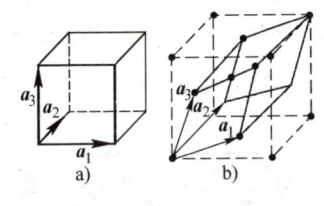

图 23-20

不过，用图 23-20b 所示的两个平行六面体（一个虚线的，一个实线的）按上述方法平移都可构造空间格子（晶格），两者的区别在于，一是平行六面体参数不同，即大小不同；二是平行六面体的组成不同，如原子的种类、数目和它们的相对位置可能不同。

按图 23-20b 示意，如果不对 a、b、c 及 α、β、γ 补充规定，对于同一空间格子，作为空间平移单元的平行六面体的选择就会有多种多样的分类方法。例如：

1）有一种分类法将平行六面体中只包含一个阵点（为什么只含一个阵点？）者称为单胞（素晶胞）。原来，虽然每一个单胞中有 8 个顶点，每一顶点上有 1 个阵点，但每个阵点应为 8 个相邻的晶胞所共有（为什么？）。因而每个单胞只占有该阵点的 1/8。所以说，1 个单胞只包含 1 个阵点。即将在下一节介绍的布拉维格子分类法中体积最小的单胞就是元胞，将元胞中 3 个不共面的边矢量 a、b、c（或 a_1、a_2、a_3）称为晶格的初基矢（见图 23-20b 中实线）。

2）在这种分类法中，将图 23-20b 中虚线所示的平行六面体中包含有多个（两个或两个以上）阵点者称为复晶胞，简称复胞。在计算复胞中的阵点数目时，除顶点上的阵点只计 1/8 外，处于面上的阵点只计 1/2，而如果胞内含有阵点则全部属于该复胞。

在图 23-20b 中，虚线描述的是复胞，实线描述的是单胞，读者能对两种情况下所包含的阵点进行计数了吗？既可采用虚线画的平行六面体（复胞）又可采用实线画的单胞，出现的这种不唯一性岂不是要影响对晶体结构的描述吗？

第二节 布拉维格子

以上简要介绍了晶格中平行六面体的选取（空间格子分类法）并不是唯一的。早在 1835 年，弗兰肯奈姆就曾想象过究竟组成三维晶格的平行六面体会有多少种呢？1850 年，法国晶体学家布拉维依照对称性采用群论方法提出了他的分类方法，用 14 种平行六面体在空

间三个方向平移可组成所有晶体点阵，这 14 种平行六面体称为布拉维格子（也叫布拉维胞），它已成为现今晶体学中一种通用的空间晶格分类方法（除此之外，还有尼格里胞、对称约化胞等）。

一、7 种晶系

在用平行六面体沿空间三个方向平移描述晶格周期性结构时，布拉维提出对平行六面体的 6 个参数 a、b、c、α、β、γ 加以一定的限制（方案列于表 23-1 中），表中给出只含一个阵点的 7 种不同的单胞，这些单胞中 6 个参数的 7 种组合统称为晶体学坐标系。7 种坐标系位于相应晶格之中，它的坐标轴表示单胞的平移方向，平移周期称为晶格常数。离开晶体，这种坐标系就没意义了。

表 23-1　7 种晶系的 6 个晶胞参数的关系式

晶系	晶胞参数	晶系	晶胞参数	晶系	晶胞参数
三斜	$a \neq b \neq c$ $c<a<b$（或 $a<b<c$） $\alpha \neq \beta \neq \gamma \neq 90°$	单斜	$a \neq b \neq c$, $c<a$ $\alpha = \gamma = 90°$	正交	$a \neq b \neq c$ $\alpha = \beta = \gamma = 90°$
三方	$a = b = c$ $\alpha = \beta = \gamma$	四方	$a = b \neq c$ $\alpha = \beta = \gamma = 90°$	六方	$a = b \neq c$ $\alpha = \beta = 90°$ $\gamma = 120°$
立方	$a = b = c$ $\alpha = \beta = \gamma = 90°$				

按表 23-1 中 6 个晶胞参数所描述的 7 种单胞的作用非同小可，由它们决定了现在所有的晶体分属哪种晶系（7 种，也只有 7 种）。什么是晶系呢？从表 23-1 看，晶系是由确定的 3 个基矢（含基矢间夹角）组成的晶体坐标系描述的晶体结构类别。需要强调的是，表 23-1 所列基矢及它们之间夹角的特征是重中之重，之所以有这些特征，这里暗含 3 条"布拉维"规定：

1）所选取的平行六面体必须能够反映点阵的宏观对称特性（不做深入讨论，这是布拉维分类的精髓）。

2）所选平行六面体的三个角中尽可能直角最多，以及三条边中相等边最多。

3）在满足以上条件的基础上，所选取的平行六面体的体积尽可能小。

以上三点中的 1）有点深奥，严格地讲，7 种晶系的划分本质上源于空间点阵的对称性，但详细介绍已超出本书范围，对于初学者，先从几何上了解平行六面体的 6 个参数如何分为 7 种情况确定不同晶系也算一种捷径。如果很想继续追问，**为什么只有 7 种晶系？** 如果把表 23-1 中 6 个参数的特征，如单斜晶系中 $\alpha = \gamma = 90°$，$\beta \neq 90°$ 改为 $\beta = 120°$ 或 $\beta = 90°$ 等行不行？这些问题的答案简单（也不简单）：对称性决定的。（需要的话可参考书后参考文献中所列的有关固体物理教材。）

二、14 种布拉维胞（空间格子）

按布拉维在 1850 年提出的所有晶体微观结构周期性的 7 种晶系中共包含 14 种点阵。

图 23-21 给出了 14 种布拉维点阵的惯用晶胞（在他的分类法中不区分复胞与单胞，统称单胞），其中有 7 种是表 23-1 给出的单胞，还有 7 种单胞中增加了阵点。为什么 14 种单胞就囊括了所有的晶体结构，原因还是源于晶体微观结构的对称性。在这 14 种单胞中如果按每一单胞中平均阵点数目和阵点的位置分布进行分类，则用符号 P 表示简单格子（三方晶系的单胞也用 R 表示），I 表示体心格子，C 表示底心格子，F 表示面心格子。布拉维胞中的 5 个类别的符号 P、I、F、R、C 在标注晶体类别时经常采用。表 23-2 中列出了 7 种晶系与 14 种布拉维胞的关系，14 种布拉维胞代表了空间点阵的全部类型，同时又是以格子方式做成的晶胞，故也称 14 种空间点阵为 14 种布拉维格子。

图 23-21

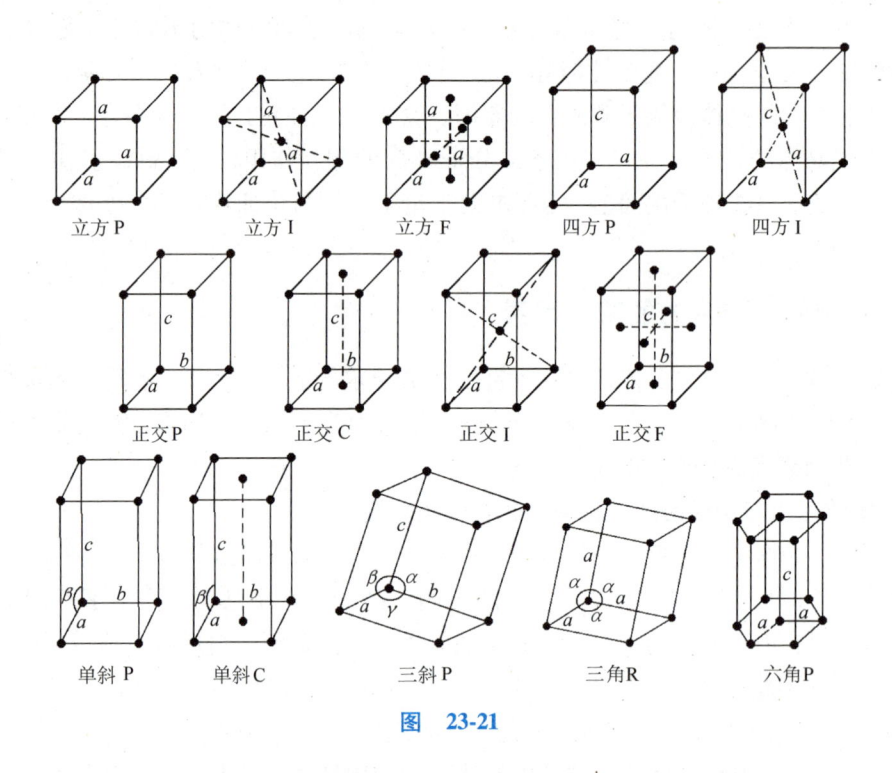

表 23-2 7 种晶系、14 种布拉维胞

晶系	布拉维胞类型	符号	晶系	布拉维胞类型	符号
三斜	简单三斜	P	立方	简单立方	P
正交	简单正交	P		体心立方	I
	底心正交	C		面心立方	F
	体心正交	I	单斜	简单单斜	P
	面心正交	F		底心单斜	C
四方	简单四方	P	三方	简单三方（角）	R
	体心四方	I	六方	简单六方（角）	P

第三节　晶体的结合力

在常温、常压下，晶体处于固态，不会因分子热运动而分崩离析。这是为什么呢？答案要从组成晶体的粒子（原子、离子或分子）间普遍存在着的相互作用中寻找。设想，在一定条件下，当数量极大的自由粒子（气体）凝聚成晶体时，"凝聚"给自由原子带来变化，原子的外层价电子首当其冲，或转移，或共有化，或公有化。与此同时，相邻粒子之间发生着复杂的相互作用。粒子间产生的相互作用力（晶体的结合力）统称为化学键。

化学键的不同对晶体的宏观性能有着不同的影响。不同晶体的不同力学性能、热学性能、电学性能、磁学性能、光学性能等，无一不与晶体的化学键有着千丝万缕的联系。有理由推断：要剖析不同晶体性能千差万别的原因，除成分、加工工艺、结构等观察点外，最终将追溯到组成晶体的粒子（原子、离子或分子）间的相互作用，追溯到粒子外层（价）电子的分布与行为，这在理论层面上，需要求助于量子力学与统计物理学来处理，本书不再做详细介绍。

一、影响晶体结合力的若干因素

在一定条件下，虽然粒子能通过化学键结合成稳定的晶体，不过，不同晶体宏观性质的差异表明，不同的晶体（上百万之众），其晶体结合力是不同的。那么，**影响晶体具有不同结合力的主要因素有哪些呢**？现浅析如下：

1. 晶体结合力与构成晶体结构单元的粒子类型有关

如前所述，晶体结构包括空间点阵与最小结构单元。组成晶体的最小结构单元可以是原子，可以是离子，也可以是分子以及它们的集团。高中化学中已初步介绍了不同类型的晶体，它们的代表有由正、负离子组成的氯化钠晶体，有由碳原子组成的金刚石晶体，以及与以上两种结构均不相同的金属晶体。其中，组成氯化钠晶体的结构单元是离子（不是氯化钠分子），组成金刚石晶体的结构单元是碳原子，而组成金属晶体的结构单元是离子实（或原子实）。氯化钠、金刚石、金属（这里指单晶）的宏观性能并不相同，甚至差别很大，原因之一就是组成晶体的粒子类型不同，结合力不同。这已成为"材料人"观察、使用及开发千差万别晶体材料的一个重要视角。表 23-3 列出氯化钠、金刚石与纯铁晶体若干物理性质的比较。不过金刚石还有不同类型，纯铁也有不同类型均未列入其中，表 23-3 中数据权且作为区分三种晶体不同性质之用。

表 23-3　几种晶体性能的比较

晶体	密度/ $kg \cdot m^{-3}$	质量定压热容/ $J \cdot kg^{-1} \cdot K^{-1}$ （298K 时）	线胀系数/ $10^{-6} K^{-1}$	熔点/K	介电常数/ （291K 时）	电阻率/ $\mu\Omega \cdot cm$ （293K 时）	磁化率	折射率 （$\lambda = 589$nm）
氯化钠	2.164	8 403	39.7	1 164			−0.5	
金刚石	3.520	503.7	1.1		16.5	10^{15}	−0.49	2.419 5
纯铁	7.920	450.2	12.3	1 808		9.8	铁磁体	2.36

2. 晶体结合力与晶体中粒子价电子的分布状况有关

不同的晶体材料呈现不同的力学性能，有的软，有的硬，有的韧性好，有的脆性大。晶体在外加应力作用下的不同表现，固然与构成晶体结构单元的粒子类型有关，而另一个观察点是粒子中外层（价）电子的分布与行为有何特点。

从经典物理的观点来看，粒子之所以结合成晶体，本质上都是由于外层（价）电子和离子实（或原子实）之间的静电相互作用。经典物理认为，这种静电作用的不同就是晶体材料的宏观性质千差万别的原因。不过，在量子物理看来，不同粒子的价电子数及其波函数不同，是造成晶体中粒子间结合力强弱不等的原因。看来，了解外层（价）电子的分布情况是了解晶体几何结构的不同特征，以及晶体物理、化学性质差异的关键。

例如，晶体的结合（键合）一般有<u>四种基本形式</u>：<u>离子结合、共价结合、金属结合与范德瓦尔斯结合</u>。这四种结合形式之所以不同，都可以从粒子的外层（价）电子分布的差别上找到答案。所以说，如果能详细地描绘晶体内粒子的外层（价）电子分布的图像，就能较为精确地决定晶体结合力的特征。不过，对于初学者，随后只介绍几个简单的、具有典型意义的外层（价）电子分布类型，为日后进一步研究晶体结合力的复杂性打好基础。

3. 晶体结合力与粒子的空间排列类型有关

晶体的宏观物理性质除了与构成晶体结构单元的粒子类型、粒子的外层（价）电子的分布与行为有关外，实验发现，还取决于这些结构单元以何种方式构建晶体结构，也可以说还取决于粒子的周围环境。

在晶体学中，即使由同一种化学元素原子组成的晶体，随外界温度和压力的不同，可以形成不同的晶体结构，要用不同的空间格子描述其微观结构的周期性，这种现象称为"同素异晶"或"同素异构"。表 23-4 列出了部分元素的同素异构（同素指元素，异构指晶格类型）。

表 23-4 元素的同素异构

元素符号	元素名称	晶格类型	晶格常数/Å a	b	c	原子间距/Å
C	碳	立方	3.568	—	—	1.544
α-C	碳	六方	2.461 4	—	6.701 4	1.42
β-C	碳	正交	2.461	—	10.064	—
Ca(<464℃)	钙	面心立方	5.582	—	—	3.94
Ca(>464℃)	钙	体心立方	4.47	—	—	—
ε-Co(<400℃)	钴	密集六方	2.507	—	4.069	2.506
α-Co(>400℃)	钴	面心立方	3.552	—	—	2.511
α-Fe(<910℃)	铁	体心立方	2.861 1	—	—	2.481
γ-Fe(<1 400℃)	铁	面心立方	3.656	—	—	2.585
δ-Fe(>1 400℃)	铁	体心立方	2.94	—	—	—

(续)

元素符号	元素名称	晶格类型	晶格常数/Å a	晶格常数/Å b	晶格常数/Å c	原子间距/Å
α-La	镧	密集六方	3.770	—	12.159	3.739
β-La	镧	面心立方	5.31	—	—	—
α-Mn	锰	复杂立方	8.912	—	—	2.24
β-Mn	锰	复杂立方	6.313	—	—	2.373
γ-Mn	锰	面心立方	3.862	—	—	2.731
δ-Mn	锰	体心立方	3.080	—	—	—
α-Sn(<13.2℃)	锡（灰锡）	立方（钻石型）	6.491	—	—	2.81
β-Sn(13.2~231.9℃)	锡（白锡）	体心四方	5.8311	—	3.1817	3.022
α-Sr	锶	面心立方	6.085	—	—	4.31
β-Sr	锶	密集立方	4.32	—	7.06	—
γ-Sr	锶	体心立方	4.85	—	—	—
α-Tl	铊	密集六方	3.4564	—	5.531	3.407
β-Tl	铊	体心立方	3.862	—	—	—
α-U	铀	正交	2.858	5.877	4.955	2.77
β-U	铀	四方	10.758	—	5.656	—
α-Zr	锆	密集六方	3.230	—	5.133	3.17
β-Zr	锆	体心立方	3.62	—	—	—

如何凸显表 23-4 中同种元素不同晶体结构对晶体结合力及性能的影响呢？下面举一例说明。

读者知道，金刚石和石墨虽然都是由碳原子组成的，但两者的性能却大相径庭。天然金刚石是碳在地球深处的高温高压环境下，或是由于地球内部炽热物质的爆炸转化而成的，然后由于地壳的变动被带到地球表面。目前，金刚石是世界上天然的物质中最硬的材料（已有报道实验上已经制备出了比金刚石更硬的材料）。天然金刚石储量少，价格昂贵（从 20 世纪 50 年代中期开始，人类已可用人工方法制造金刚石）。石墨也是由碳原子构成的一种层状非金属自然单质矿物，常呈鳞片状或致密块状。天然石墨是在高温还原的条件下，由原来岩层所含碳质沉积物或煤层受区域变质作用，或岩浆结晶侵入而形成的。经开采、选矿、处理后得石墨材料（也有人工合成石墨）。石墨质软、易污手，润滑性和可塑性好，高级铅笔芯就采用了石墨原料。

这样看来，虽然金刚石与石墨都是由碳原子组成的，但软、硬性能上的差异却如此之大，究其原因，看一看它们在晶体结构上的差异就一目了然。图 23-22a 表示典型的金刚石晶体结构中最小结构单元的晶胞。从图中看到，一个碳原子（黑点），与周围 4 个最近邻碳原

子结合。图 23-22b 是石墨的正六边形的层状结构，属图 23-21 中"六角 P"结构。由于层与层间距离相对较大，层间相互作用微弱，因而层与层之间易于滑移，这就是石墨能作为润滑剂和铅笔芯原料的原因。当然，同素异构与化学键也并不是彼此毫无关联的。

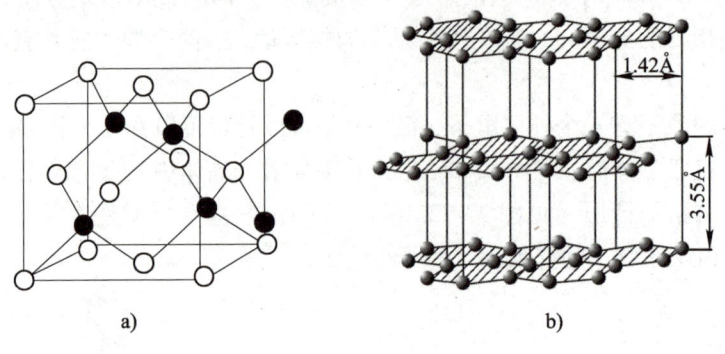

图 23-22

二、晶体中粒子的结合力

前面已初步分析了影响晶体结合力的三种因素，三种不同的影响因素具体表现在晶体 4 种不同的典型结合形式（模型）。实际晶体结合力是以这 4 种基本结合形式为基础的组合，构成了晶体粒子间丰富多彩、极其复杂的相互作用力。

1. 离子键

组成晶体结构单元的粒子是离子，它们之间的结合依靠正、负离子间的库仑作用，这种结合力叫离子键。依靠离子键结合的晶体称离子键晶体，以 NaCl 晶体为例：形成晶体时，钠原子失去一个价电子而成为钠离子 Na^+，氯原子获得一个电子而成为氯离子 Cl^-。在图 23-23 中，正、负离子相间排列，它们之间是库仑力作用。这时，不能将一个 Na^+ 和邻近的一个 Cl^- 看成一个 NaCl 分子。从图中看，每个离子的近邻有 6 个异号电荷的离子，次近邻离子是 12 个同号离子。总体来看，近邻异号电荷离子相互吸引远大于次近邻同号电荷离子间的相互排斥，因而静电作用的总效果表现为吸引，正是这种库仑吸引力维系着离子晶体不致"分崩离析"。

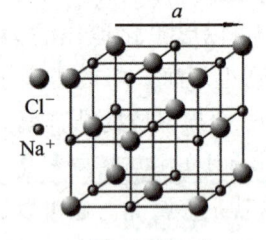

图 23-23

推而广之，元素周期表中 ⅠA 族的碱金属元素 Li、Na、K、Rb、Cs 和 ⅦA 族的卤族元素 F、Cl、Br、I 之间形成的化合物如 KCl、AgBr 等，都属于图 23-23 中由钠离子与氯离子两种面心立方晶胞套构形成的离子晶体（仍属面心立方结构），而 CsCl、LiBr 等则是另一类由两种简单立方晶胞套构形成的离子晶体（仍属简单立方结构）。还有半导体材料硫化锌、硫化铝等也是典型的离子晶体（其他晶格类型不做介绍）。一般来说，在无机化合物中以离子晶体分布最广。

2. 共价键

组成晶体结构单元的粒子是原子，相邻原子的价电子为两原子共用，这种结合力称为共价键。靠共价键结合的晶体称为共价晶体。元素周期表中第Ⅳ族元素 C（金刚石）、

Si（硅）、Ge（锗）、Sn（灰锡）等组成的晶体，都是典型的共价晶体。

共价键的形成是由于两个同类原子相互接近时，由一对自旋相反的电子配对形成有特定方向的化学键。共价晶体结构与共价键的方向性有很大的关系。以典型的共价键氢分子（H_2）为例。在图 23-24 中，想象当两个氢原子按箭头方向靠拢组成氢分子时，两个氢原子核外的两个自旋相反的电子同时围绕两个原子的核运动，为两个原子所共有，形成氢原子间共价结合。

碳、硅、锗的原子有 4 个外层电子，每个原子可以且仅可以和 4 个相邻的原子组成 4 对共价键。当它们组成晶体时，如图 23-25 表示了在金刚石晶体中，每个碳原子与邻近的 4 个碳原子构成空间网格的情形（见图 23-22a）。一般的化学键本质上是静电力，只有共价键很特别，它是自旋相反的电子间交换力（量子效应）。

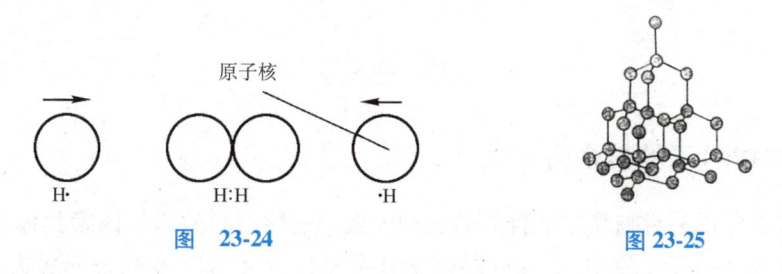

图 23-24

图 23-25

3. 金属键

在元素周期表中，金属元素大约占了 2/3。由于金属原子最外层的价电子极易被游离，当金属（以碱金属为例）原子凝聚成晶体时，每个原子无一例外都会失去最外层价电子。脱离了原子紧密约束的价电子成为能在晶体中运动的自由电子，这群自由电子整体（电子气模型）为晶体所公有。而失去价电子的原子成为正离子（离子实或原子实）按晶体点阵排列，构成空间"骨架"。从这个意义上讲，金属晶体结构可以形象化地比喻为被浸没在公有化价电子气（或电子海）中的正离子实阵列（见图 23-26）。所以，金属晶体的结合就是离子实和电子气之间的库仑吸引作用与带同号电荷粒子间排斥作用的平衡，这就是金属键。还可以这样比喻，公有化价电子形成的"电子气"好比"水泥"，使原本相互排斥的正离子实（好比钢筋）约束在晶体点阵上。

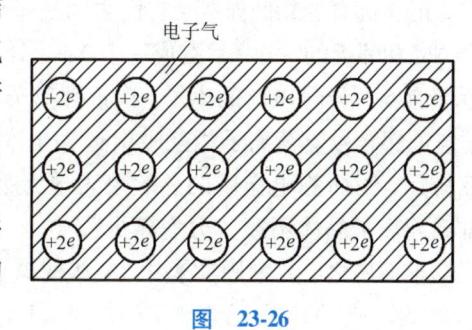

图 23-26

4. 范德瓦尔斯键

当组成晶体结构单元的粒子是分子时，它们之间的结合力称为范德瓦尔斯键，又称为分子键。19 世纪末荷兰物理学家范德瓦尔斯找到了这种作用力。那么，与以上几种结合力相比，分子间的结合力是如何形成的呢？

与前述几种化学键不同的是，对于外壳层电子已饱和的原子（如氦、氖、氩等），或价电子已用于形成共价键的分子（如 HCl、HBr、CO、O_2 等），在低温下凝聚成晶体时（还包括大部分有机物晶体），基本保持原有电子排布的原子或分子不会再给出电子或接收电子。那

么，**在晶体中这种原子或分子是靠什么力结合的呢？**图 23-27 给出两种简单模型。在图 23-27a 中，原子和分子本身是电中性的，但由于它们各自的等效正、负电荷中心不重合，而形成电偶极子，因而具有电极矩（详见第一卷第四章第二节）。<u>两个偶极子之间就会有相互作用力</u>。图 23-27b 中示出，若原来的原子或分子是非极性的（无电偶极矩），但由于外层电子的运动，在某瞬间，因原子或分子中电荷中心发生偏移而形成瞬时电偶极子。这种由瞬时电偶极子提供的瞬时偶极矩的电场，会使它周围的原子或分子因这一静电作用而产生新的偶极矩，这种新的偶极矩被称为感应偶极矩。"原有的"与"新的"两种偶极子之间要发生相互作用，这种相互作用可以是相互吸引也可以是相互排斥。由于在一定的距离内呈现吸引力的概率较大，平均来说，各种作用的综合效果表现为分子间有"剩余的"引力，这种引力就是维系分子晶体的范德瓦尔斯键。近代生物物理学研究发现，壁虎脚上数百万微绒毛与壁表面作用力，就是这种范德瓦尔斯键性质的力。

图 23-27

以上分析了组成晶体的粒子（原子、离子或分子）间化学键的 4 种基本类型。表 23-5 列出了由 4 种化学键结合的晶体的不同性质。

表 23-5 晶体的基本结合类型

键类型	特征	例子	结合能/(eV/分子)	晶体主要特性
离子键	键无方向性也无饱和性	氯化钠	7.94	熔点高、硬度高、膨胀系数小、不易升华、完整晶体不导电、高温导电（基于点缺陷输运过程）的离子导电
共价键	键有方向性饱和性	金刚石	7.37	硬度高、熔点高、强度大、升华热高、导电性低、多是绝缘体或半导体
金属键	键无方向性也无饱和性	钠	1.11	高熔点、导电、导热、延展性好
分子键	—	氖	0.020	低熔点、低沸点、硬度小、易压缩、绝缘体

虽然结合力可以分成 4 种基本类型，但对绝大多数晶体来说，不能认为其结合力就那么单纯与典型，很有可能是几种结合力的综合作用。以石墨晶体为例，它由碳原子组成，从图 23-22b 的晶体结构示意图中看，石墨晶体有三种键在作用。分别是：每一层中 1 个碳原子以其最外层的 3 个价电子与其最近邻的 3 个原子构成共价键；它的另一个价电子游离在每层之内活动，从而具有金属键的作用；层与层之间又依靠原子的瞬时偶极矩的相互作用而结合在一起，这又是范德瓦尔斯键在起作用。从能量观点看，不论何种结合力的作用结果，总是

要将原子、离子或分子"囚禁"在势能最小的晶格（点）上。这一视角引出了晶体结合能的概念。

三、应用拓展——光子晶体

1987 年，物理学家 Yablonovitch 与 John 在研究抑制自发辐射和光子局域时提出了光子晶体的概念。类比于电子在周期性晶体结构中具有电子带隙的现象，当电磁波在周期性的电介质结构材料中传播时，也可以形成光子能带结构，并且在能带之间产生了光子带隙。这种介质材料在空间中周期性排列的结构被称为光子晶体，是一种通过介质的折射率或者介质的介电常数周期性调制的结构。

光子晶体是一种新型的材料，是由多层晶体组成的（见图 23-28），每层晶体的厚度和折射率不同，可以控制光的传播方向和传输速度。此外，光子晶体还具有高度的光学稳定性，可以有效地抑制光的衰减和扩散。光子晶体光学器件具有尺寸较小、易于集成、结构设计灵活等诸多优点，在光通信以及光电领域都有着广泛的应用。

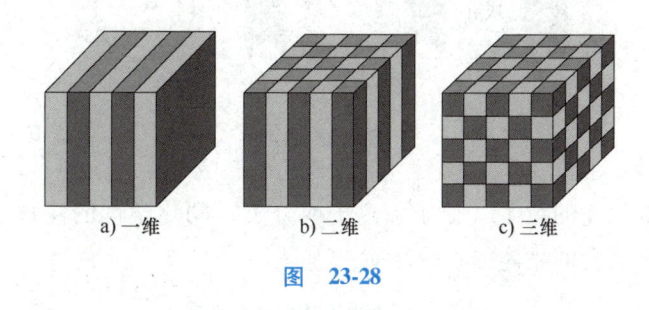

a) 一维　　b) 二维　　c) 三维

图 23-28

第四节　晶体的结合能

不同晶体结合力的强弱不同，可以通过晶体结合能来描述和测量。

一、定义

在热力学中，包括晶体在内的任何物体只要具有温度就具有热力学能（内能）。从微观结构看，物体的热力学能包括物体内部粒子做无规则热运动的动能，以及由粒子之间相对位置决定的相互作用能（内势能）。粒子平均动能的大小与晶体温度的高低有关，因而在分析晶体结合的强与弱时，不去考虑动能，起决定作用的是晶体的内势能，因为晶体的内势能取决于晶体内粒子间的相对位置，即它们之间的距离与排列。

上一节中介绍的几种化学键，表明晶体内粒子间的相互作用有着不同的起因。但是从能量角度看，不论相互作用多么复杂与多么不同，粒子间的相互作用总包含吸引与排斥两部分。当粒子间距离因外界条件变化而增大时，靠相互吸引以维持固态；当外界条件使粒子相互靠得很近时，靠相互排斥抗拒压缩；吸引与排斥在某一距离上达到平衡时，粒子处于平衡状态，系统（晶体）处于能量最低的基态，晶体形成了稳定的结构（类似于氢原子处在基态最稳定）。

现在这样设想，由大量分散的自由粒子（原子、离子、分子）系统在一定的温度与压强条件下凝聚成了晶体，系统在向能量更低状态的凝聚过程中必然要将多余的能量释放出来。固体物理把在热力学温度为0K（绝对零度）的理想条件下、组成1mol晶体的粒子处于自由状态时，系统的能量与凝聚成晶体后的系统能量之差，定义为<u>晶体的结合能</u>。或者从与"凝聚"相反的过程来说，<u>结合能等于在热力学温度0K下（粒子静止），把1mol晶体分解（或拆散）为彼此相距无限远的粒子系统时外界所需提供的能量</u>。也可以说，晶体的结合能等于热力学温度为0K时晶体的升华热。例如，固态二氧化碳的结合能，就是在热力学温度0K下将其分离成单个孤立二氧化碳分子所需的升华热。由于系统的热力学能等于构成系统粒子的动能和粒子间相互作用势能的总和，当温度 $T=0$K 时，忽略量子物理零点能，即完全不考虑系统粒子的动能，认为系统中只存在粒子间相互作用势能（内势能）。讨论势能需要明示如何取势能零点，如果设处于 $T=0$K 时，自由状态下粒子系统的内势能为零，则按上述定义，晶体结合能就等于 $T=0$K 时，晶体<u>内势能的负值</u>。由于粒子间的相互作用势能与粒子间的相互距离有关，所以，与理想气体不同，晶体的内势能 U 与摩尔晶体体积 V 大小有关。图 23-29 中 U-V 内势能曲线大致给出了 U 因 V 的不同而不同的函数关系。可以这样来解读图中曲线，设想组成晶体的粒子开始凝聚时相距很远，系统内势能趋于零，在凝聚过程中，随着粒子间距逐渐减小，系统体积（横坐标）随之缩小，以吸引作用为主的系统内势能也逐渐下降（负值）。当体积缩小到 V_0 时，从图中看，系统的内势能最小（势能谷）。如果粒子间距还能进一步缩小且内势能增加，这只能解释为粒子间的排斥作用上升为主要作用。排斥作用的存在，将阻止粒子进一步靠近，晶体之所以不能被无限地压缩的原因就在于此，这也是晶体保持稳定结构的一个条件。这种排斥作用来源于原子间同性电荷间的库仑斥力及原子外层电子云交叠引起的斥力（量子效应）。可以推想，仅从粒子间的吸引与排斥作用看，一种稳定的晶体结构取决于吸引与排斥两种作用的相互平衡。

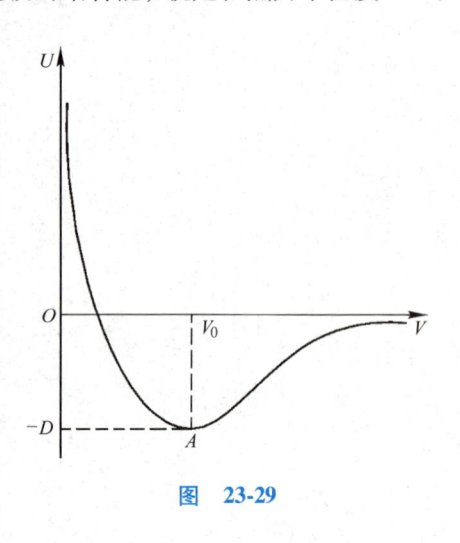

图 23-30a 示出一对粒子间吸引与排斥两种不同的相互作用，图中的 3 条曲线分别描述 3 种不同相互作用势能 $u(r)$ 与粒子间距 r 的关系（取某一粒子的位置为坐标原点），其中曲线 a 表示吸引能恒为负，曲线 b 表示排斥能恒为正，曲线 c 是考虑了两者同时作用的共同效果。图 23-30b 表示吸引与排斥作用合力 F 与粒子间距的关系，当 $r=r_0$ 时，斥力与引力平衡，合力 $F(r_0)=0$，它对应于图 23-30a 中势能取 $u(r_0)$ 时的极小值点。通常以 r_0 表示粒子的平衡位置，而 r_m 处是受力曲线的拐点，它对应于粒子所受到的吸引力最大（绝对值），即 r_m 满足

$$\left(\frac{\mathrm{d}F}{\mathrm{d}r}\right)_{r_m} = \left(-\frac{\mathrm{d}^2 u}{\mathrm{d}r^2}\right)_{r_m} = 0$$

图 23-29

图 23-30

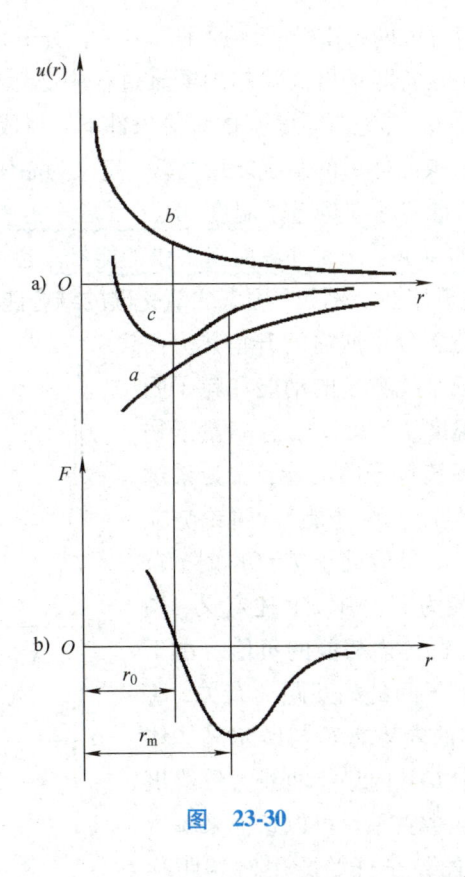

二、经验原子对势

图 23-30 所显示的是，不论晶体内粒子间相互作用的原因如何不同，这些相互作用力以及对应的相互作用势能都包含吸引与排斥两部分，也进一步诠释了图 23-29：晶体内势能与体积有关。如何计算系统的内势能呢？有一种最简单的近似方法，认为晶体内势能是每一对粒子内势能之和。作为初步近似，不考虑价电子分布与行为影响内势能的那一部分，所以先计算一对对粒子间的势能，再求和（金属键晶体除外）。具体步骤是：设晶体中任意一对相距 r_{ij} 的粒子 i 和 j 之间相互作用势能为 $u(r_{ij})$（简称原子对势），对于由 N 个相同粒子组成的晶体，总相互作用能 $U(r)$ 为晶体内势能，即

练习 56

$$U(r) = \frac{1}{2} \sum_{i=1}^{N} \sum_{j=1}^{N} u(r_{ij}) \quad (i,j = 1,2,\cdots,N, i \neq j) \tag{23-1}$$

式中，引入因子 $\frac{1}{2}$ 是为了消除因为 $u(r_{ij})$ 与 $u(r_{ji})$ 相同而在两次求和中重复了一次的影响。

在按式（23-1）进行计算时，需要先知道原子对势 $u(r_{ij})$ 的函数形式。原子对势的确定，原则上可以采用量子理论方法，但实际中常采用半经验近似方法，所得结果与实际情况接近的程度可通过与实验结果对比来决定取舍。下面介绍几种常用于不同晶体的经验原子对势公式，不同公式源于晶体结合能与原子间键合性质。

1. 离子晶体经验原子对势

$$u(r_{ij}) = -\frac{e^2}{4\pi\varepsilon_0 r_{ij}} + \frac{b}{r_{ij}^n} \tag{23-2}$$

式中，第一项表示一对离子间静电相互作用势能（吸引或排斥）；r_{ij} 为第 i 个离子和第 j 个离子之间的距离；第二项是描述离子与离子间量子效应的排斥势。知道下标 i、j 含意，也可以去掉式（23-2）中 r_{ij} 的下标，因而常将式（23-2）写成如下形式：

$$u(r_{ij}) = u(r) = -\frac{e^2}{4\pi\varepsilon_0 r} + \frac{b}{r^n} \tag{23-3}$$

式中，r 是离子间的距离。有时排斥项采用 $b\mathrm{e}^{-r/r_0}$ 形式，它能更精确地描述排斥力随 r 减小而迅速上升的特点。在进行较粗略的分析时，采用式（23-3）进行计算就可以。

2. 共价晶体经验原子对势

$$u(r) = -\frac{\alpha}{r^m} + b\mathrm{e}^{-cr} \tag{23-4}$$

式中，等号右侧第一项表示吸引势，例如，若取 $m=4$，表示吸引势随 r 的变化而急剧地变化；等号右侧第二项表示排斥势；m、α、b、c 是由实验测量的经验参数。

3. 金属晶体原子能量表达式

$$u(r) = -\frac{a}{r} + \frac{b_1}{r^2} + \frac{b_2}{r^3} + b_3 \tag{23-5}$$

式中，a、b_1、b_2、b_3 是由实验测定的经验参数。图 23-31 是用量子物理计算得到的金属 Na 晶体的能量曲线（在 U-r 坐标图上，画出 3 条原子能量曲线，它们的取值是相对图中部原点上移后的水平轴而言）。图中曲线 1 是 Na^+ 和自由电子的相互作用势能，曲线 2 是电子的动能，曲线 3 是总能。图 23-31 是如何利用量子物理进行计算的，暂不必深究其具体计算过程及与其他晶体经验原子对势的区别。

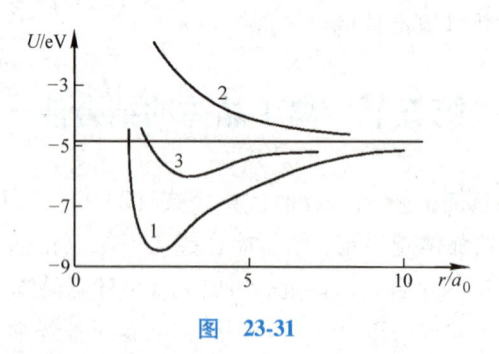

图 23-31

4. 分子晶体的经验原子对势

$$u(r) = -\frac{\alpha}{r^6} + \frac{\beta}{r^{12}} \tag{23-6}$$

式中，等号右侧第一项表示吸引势；等号右侧第二项表示排斥势；α、β 都是大于零的常数，其具体数值也是要由晶体的结构和性质决定。从公式中分母的幂次看，当 r 较小时，排斥项

起支配作用，它是一种包含量子效应的短程力；当 r 较大时，第一项占优势，表现为吸引作用。适用于分子晶体的式（23-6），又称伦纳德-琼斯势。

以上介绍了晶体结合能的概念及计算结合能的基本方法，表 23-6 与表 23-7 分别列出若干晶体的结合能实验值和理论值的比较。

表 23-6　一些离子晶体结合能实验值和理论值的比较

（单位：kcal[①]·mol^{-1}）

材料	LiF	NaCl	RbI	CaF$_2$	MgO	PbCl$_2$	Al$_2$O$_3$	ZnS	Cu$_2$O	AgI
实验值	242	183	145	625	950	521	3 618	852	788	214
理论值	244	185	149	617	923	534	3 708	818	644	190

① cal（卡）为非法定计量单位，1cal=4.186 8J。

表 23-7　一些金属晶体结合能实验值和理论值的比较　（单位：kcal·mol^{-1}）

材料	Li	Na	K	Cu	Be
实验值	39	26	23	81	75
理论值	36	24	16	33	36~53

从表 23-6 与表 23-7 看，理论值与实验值之间有差别，原因是式（23-1）及相应的原子对势，只是计算晶体内势能一种近似的估算方法。严格地说，粒子组成晶体时释放的结合能与粒子组成单个分子时释放的结合能并不相同。将由原子对势得到的结果通过简单求和来表示晶体的结合能是比较粗糙的估算，有误差也在情理之中。如果将组成晶体的原子与组成分子的原子进行比较，晶体中原子间距较之组成分子时原子间距增大可使能量降低。如在 Li$_2$ 分子中，原子间平衡间距约为 0.27nm；在 Li 晶体中，原子间距为 0.303nm。只有刚性的共价键有所不同，原子组成分子和组成晶体时原子间距变化不大。按式（23-1）计算近似程度较高。如何用经验原子对势计算晶体的结合能呢？

第五节　离子晶体的结合能

上一节介绍了晶体结合能的定义与近似计算公式（23-1）。可以这样理解，组成晶体的粒子结合得越紧密，形成的晶体越稳定，结合能也越大。像氯化钠、氟化锂这类物质，可能是存在于自然界中的最简单的化合物。因此，历史上最早计算晶体结合能的对象是离子晶体不无道理，而且所用的概念和方法至今还在处理许多问题时被经常采用。在晶体学中，离子键的强弱常直接用晶体结合能来表征。那么，具体如何计算离子晶体的结合能呢？

一、离子晶体的点阵结构

晶体结合力、晶体结合能都与晶体结构有关。离子晶体结构多种多样，有的还很复杂，如果只关注主要类型，大体可归结为简单立方（如 CsCl）和面心立方（如 NaCl）两种类型。但不论何种结构，离子结合基本特征是正、负离子相间排列。正离子及负离子的最外层电子

排布与惰性气体原子相同,即最外壳层为满壳层结构,同时电荷分布具有球对称性。一般正离子半径较小,负离子半径较大。正、负离子组成晶体时,它们之所以趋向于尽可能多地与异号离子接近,是为了使系统的能量尽可能低。不过,离子间距离也不可能太近,因为电子云的交叠会产生强烈的排斥作用(量子效应)。虽然可以假设离子间的相互作用主要是球形电荷分布之间的静电相互作用,但在计算时往往又把正、负离子都视为点电荷以简化运算,而暂不考虑电荷分布的细节。

二、离子晶体结合能的表示

将上节晶体结合能的定义用于离子晶体,设以 D 表示离子晶体结合能,则有

练习 57

$$D = U(\infty) - U \tag{23-7}$$

式中,$U(\infty)$ 表示自由离子系统的总能量;U 为晶体的热力学能。在计算能量差的式(23-7)中令

$$U(\infty) = 0 \tag{23-8}$$

现将离子视为经典粒子,则在 $T=0\text{K}$ 时,不需要考虑离子的零点振动,因此,式(23-7)中 U 只包含离子晶体的内势能,即

$$U = U(势) = U(r_0) \tag{23-9}$$

综合以上各式,得

$$D = -U(r_0) \tag{23-10}$$

式(23-10)的物理意义是,在给定的一个大气压及 $T=0\text{K}$ 温度条件下,离子晶体的结合能等于离子晶体内势能的绝对值,图 23-32 描述了结合能与内势能的这一关系。

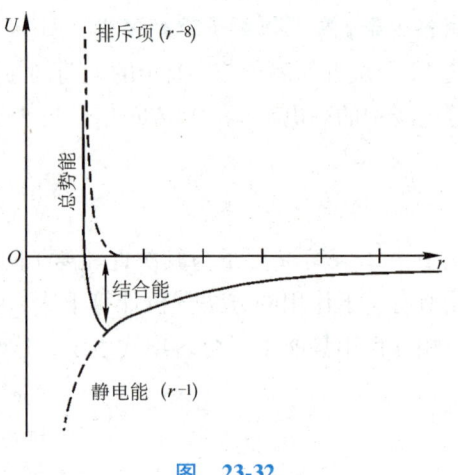

图 23-32

三、离子晶体内势能的计算

为计算离子晶体的结合能,现在来计算由 N 个离子组成晶体的内势能,方法是应用式(23-1)与式(23-3)。具体步骤如下。

1. 第 i 个离子(与其他离子间)静电势能的计算

在采用式(23-3)时,先在组成晶体的 N 个离子中任选一离子(不论正负)并取名为 i 离子,以 $U_i(r)$ 表示 i 离子与所有其他离子(以 j 为代表所有其他离子)间相互作用势能之和,括号中 r 表示 i 离子与它周围远近离子间的距离:

练习 58

$$U_i(r) = \sum_{j \neq i}^{N} u(r_{ij}) = \sum_{j \neq i}^{N} \left(-\frac{e^2}{4\pi\varepsilon_0 r_{ij}} + \frac{b}{r_{ij}^n} \right)$$

$$= \sum_{j \neq i}^{N} \left(-\frac{e^2}{4\pi\varepsilon_0 r_{ij}} \right) + \sum_{j \neq i}^{N} \frac{b}{r_{ij}^n} = U_i'(r) + U_i''(r) \tag{23-11}$$

由于式(23-11)中出现 $U_i'(r)$ 与 $U_i''(r)$ 两项,为简单起见,先分别计算后求和,其中

第一项 $U_i'(r)$ 是 i 离子和其他离子（j）间的静电相互作用势能。以 NaCl 为例，按本章第三节中图 23-23 的模型，任意一个 Na$^+$（或 Cl$^-$）的环境（周围的离子分布）都是一样的（忽略边界效应）。每一个离子（正或负）被 6 个最近邻异号离子所包围，此时，i 离子就处在这 6 个异号离子静电场中。由于晶体位于点阵上，所以 i 与最近邻 6 个离子间距离相同，i 离子与 6 个异号离子相互作用静电势能 $U_i'(r_{i6})$ 为

$$U_i'(r_{i6}) = -\frac{6e^2}{4\pi\varepsilon_0 r} \tag{23-12}$$

式（23-12）以 r_{i6} 示意 i 离子有 6 个最近邻。按照这种计算思路及 NaCl 晶体结构特点，i 离子不仅与 6 个最近邻异号离子有静电作用，还与次近邻离子有作用，如何计算 i 离子与次近邻同号离子间的静电势能呢？**从 NaCl 晶体点阵结构分析，i 离子有多少个次近邻呢？**对图 23-23 用作正方形对角线方法，i 离子的次近邻均处在以 i 为中心的正方形晶面对角线上。**对角线有多少条，次近邻离子就有多少**。图中，正方形有 12 条对角线，次近邻离子就有 12 个，由于这 12 个次近邻离子与 i 离子的电荷同号，因此，若以 $U_i'(r_{i12})$ 表示 i 离子在 12 个次近邻离子静电场中的静电势能，则 $U_i'(r_{i12})$ 可表示为

$$U_i'(r_{i12}) = +\frac{12e^2}{4\pi\varepsilon_0(\sqrt{2}r)} \tag{23-13}$$

式中，$\sqrt{2}r$ 表示 i 离子与其次近邻离子间的距离。如此按 i 离子在 NaCl 晶体点阵结构中依次受所有离子作用的方法分析计算下去，可得到一个离子（i）与晶体中所有其他离子间的静电相互作用势能由一个多项式表示，这个多项式的前几项可表示如下：

$$U_i'(r) = \frac{-e^2}{4\pi\varepsilon_0 r}\left(6 - \frac{12}{\sqrt{2}} + \frac{8}{\sqrt{3}} - \frac{6}{\sqrt{4}} + \frac{24}{\sqrt{5}} + \cdots\right)$$

$$= \frac{-e^2}{4\pi\varepsilon_0 r}\alpha \tag{23-14}$$

式中以 α 表示括号中多项式之和。1918 年，马德隆找到了一种数学方法计算了式（23-14）中的 α 值，故又称 α 为马德隆常数。不同的离子晶体因结构不同，括号中各项之值不同，α 值也不同。表 23-8 中列出了部分离子晶体马德隆常数 α 的值。显然，α 是决定离子晶体静电势能的一个与晶体结构有关的常数，由于 α 与晶体结构有关，其计算方法很复杂，后人还发展了多种巧妙的结构分析与计算方法（本书不做介绍）。

表 23-8 一些离子晶体的马德隆常数 α

晶体结构	氯化钠	氯化铯	闪锌矿	纤锌矿	萤石	金红石	刚玉	钙钛矿
	NaCl	CsCl	α-ZnS	β-ZnS	CaF$_2$	TiO$_2$	Al$_2$O$_3$	CaTiO$_3$
马德隆常数	1.748	1.763	1.638	1.641	5.039	4.816	25.031	12.377

2. 排斥项系数的确定

式（23-11）中的第二项 $U_i''(r)$ 表示因电子云的交叠而产生的强烈排斥作用，如何计算式中的系数 b 呢？再采用导出式（23-14）的方法吗？首先，受式中括号内分母不同的启示，先令 $r_{ij} = p_{ij}r$，r 是不同离子（i, j）间距共同的长度单元，间距不同由 p_{ij} 表示，则第二项可表

示为

练习 59

$$U_i''(r) = \sum_{j\neq i}^{N} \frac{b}{r_{ij}^n} = \sum_{j\neq i}^{N} \frac{b}{p_{ij}^n r^n} = \frac{1}{r^n}\sum_{j\neq i}^{N} \frac{b}{p_{ij}^n} = \frac{B}{r^n} \tag{23-15}$$

式中对 b 的计算变换为计算 B，$B = \sum_{j\neq i}^{N} \frac{b}{p_{ij}^n}$。

为计算 B，将式（23-14）与式（23-15）一同代入式（23-11），得 i 离子与晶体中所有其他离子（j）间的相互作用势能 $U_i(r)$：

$$U_i(r) = -\frac{\alpha e^2}{4\pi\varepsilon_0 r} + \frac{B}{r^n} \tag{23-16}$$

观察式（23-16）可发现，由于 i 离子是计算之初，在 N 个正离子（或负离子）中任选取的一个，因此，虽然 i 可以不同，但式（23-16）是离子晶体中每个正离子（或负离子）都满足的公式（忽略表面效应）。既然如此，式（23-16）就是组成晶体的 N 个正（或负）离子的平均内势能。再从图 23-32 看，势能值随着离子间距 r 的变化而变化。如果离子都处于平衡位置，则晶体内势能最低，因此，离子平均内势能也最小。数学上对 $r=r_0$ 取函数 $U_i(r)$ 的极值，由

练习 60

$$\left(\frac{dU_i(r)}{dr}\right)_{r_0} = 0$$

即

$$-\frac{nB}{r_0^{n+1}} + \frac{\alpha e^2}{4\pi\varepsilon_0 r_0^2} = 0$$

解得

$$B = \frac{\alpha e^2 r_0^{n-1}}{4\pi\varepsilon_0 n} \tag{23-17}$$

将式（23-17）代回式（23-16），得离子平均内势能

$$U_i(r_0) = -\frac{\alpha e^2}{4\pi\varepsilon_0 r_0}\left(1 - \frac{1}{n}\right) \tag{23-18}$$

式中，r_0 可由实验测定；n 是表示排斥力的参数（称玻恩指数，可由体弹性模量及晶格常数确定）。对 n 的有关计算过程本书从略（可从参考文献中查阅），不同的离子晶体 n 值不同，一般在 6~10 之间。

如何求 1mol 离子晶体的结合能 D 呢？按式（23-10）和式（23-1），计算出

$$D = N_A \frac{\alpha e^2}{4\pi\varepsilon_0 r_0}\left(1 - \frac{1}{n}\right) \tag{23-19}$$

式中，N_A 为阿伏伽德罗常量，1mol NaCl 晶体中有 $N=2N_A$ 个离子。

表 23-9 列出了几种典型离子晶体离子对结合能、晶格常数和排斥力参数供读者参考。在参考中注意：

1）与静电势能项中 r 的指数 -1 相比，表中列出的排斥项中 r 的幂 n 的数值很大。结合式（23-19）及图 23-32 可知，n 取值大反映了排斥力随距离的变化 r^{-n} 而很快变化的特征。

2) n 的计算值均不是整数,但在式(23-19)中,排斥项对 U 的贡献只占 $1/n$,通常为 10%左右,因此,为了方便,在对 U 的计算中,n 取整数是足够好的近似。

3) 从表中还可以看出,每对离子对结合能(u)的理论计算值与实验值符合得也很好,表明计算中所采用的模型是合理的,是符合实际的(详见表23-6)。

表 23-9 典型离子晶体离子对结合能、晶格常数与排斥力参数

离子晶体	$r_0/10^{-10}$ m	$u_{实验}/(10^{-18}$ J/每对离子$)$	$u_{理论}$	库仑能	n
NaCl	2.82	−1.27	−1.25	−1.43	7.77
NaBr	2.99	−1.21	−1.18	−1.35	8.09
KCl	3.15	−1.15	−1.13	−1.28	8.69
KBr	3.30	−1.10	−1.08	−1.22	8.85
RbCl	3.29	−1.11	−1.10	−1.23	9.13
RbBr	3.43	−1.06	−1.05	−1.18	9.00

【例 23-1】 设某双原子分子的两原子间相互作用能由 $u(r) = -\dfrac{A}{r^2} + \dfrac{B}{r^{10}}$ 表示,原子间的平衡距离 r_0 为 3Å,分子结合能 D 为 4eV,试计算经验常数 A 和 B。

【分析与解答】 利用分子中原子处于平衡位置时,原子间相互作用能最小,原子间的相互作用力为 0 来计算。

由结合能 $D = -u(r_0)$,得

$$-\frac{A}{r_0^2} + \frac{B}{r_0^{10}} = -D = -4\text{eV}$$

因为 $\left(\dfrac{\partial u}{\partial r}\right)_{r_0} = 0$,得

$$\frac{2A}{r_0^3} - \frac{10B}{r_0^{11}} = 0$$

联立上面两式,可得

$$A = 72 \times 10^{-39} \text{J} \cdot \text{m}^2, \quad B = 94 \times 10^{-115} \text{J} \cdot \text{m}^{10}$$

第六节 物理学思想与方法简述

一、价键理论的阶段性发展

晶体结构模型主要用来反映、描述晶体物质的周期性结构。其基本内容包括两个方面,一是在晶体内粒子(原子、离子、分子)在空间的分布;二是这些粒子之间的相互作用(化学键)。这两个方面是密切联系的,因为,粒子在空间的分布是由粒子间的吸引和排斥作

用决定的，而粒子间的作用力也要随它们在空间的距离而改变。

历史上，人们对晶体内粒子（原子、离子、分子）在空间分布一般规律的认识过程，本章已有简要回顾。本节补充从 19 世纪中叶开始出现的价键理论。人们对"价键"的认识过程大体上可分为三个阶段。

1. 原子价和价键模型的提出

从 1811 年阿伏伽德罗提出分子假说开始，人们经过大量实验资料概括和多方理论探索，到 19 世纪 50 年代，抽象出原子价和价键的科学概念，诞生了经典结构理论。原子价和价键作为科学概念，并不是对真实晶体结构的简单描写，而是对晶体中原子相互作用的一种科学抽象。

2. 价键的电子理论模型

原子价的实质是什么？价键结构式中的短线有什么实际意义？这些问题在经典结构理论中没有答案。1913 年，玻尔原子结构模型建立以后，柯塞尔、刘易斯与朗缪尔等人依据玻尔原子结构模型，对经验材料进行归纳、抽象，并发挥了直觉和想象的作用，大胆地舍弃一些较为次要的因素，采用原子和分子中价电子的分布行为来说明问题，先后提出了化学键的电子理论模型。从价电子层次上解释了化学键的概念、价键结构式中短线的意义以及原子价的本质，作为出现在本章内容中的一种简化模型一直沿用至今。

3. 现代理论模型

但是，共价键的电子理论的物理基础相当简陋，其电子对的物理本质并不清楚，它对实验事实的解释只是形式上的，终究未能说明共价键具有饱和性的原因。它对于共价键和原子价的解释，与其说是做出了回答，倒不如说是在回答中留下了悬念。

自从量子物理于 1924—1926 年问世以后，它的原理和方法很快被用于研究价键问题，于是产生了现代的化学键模型和理论。当然，量子物理的薛定谔方程，仅仅对简单的系统（如类氢离子和氢分子、氢离子）可精确求解，要将它用于多电子原子和多原子系统时，数学求解过于复杂，需要做出相应的简化假设才行，本书不做介绍。

二、对称性方法

从本章简要介绍的内容中还可以看出，在物理学的一些重大突破中，对称性这把钥匙确实打开了不少奥秘之门，正是客观世界的对称性，赋予了对称性的方法论功能。对称性不仅提供了指导思想，还提供了研究方法。抓住了对称性，往往可以抓住物理问题的要害，抓住物理现象的主要因素。因此，人们常常尽可能地利用对称性来建立物理模型，在现代固体物理学的发展中，对称性在晶体结构模型的建立中就起到了很大作用。

📝 练习与思考

一、填空

1-1 有一立方晶系晶体，晶胞顶点位置全为 A 原子占据，面心为 B 原子占据，体心为 C 原子占据，此晶体的化学式为_____。

1-2 如图 23-33 所示，这是由原子排列在正方格子上面构成的一假想的二维晶体，试标

出一个原胞。

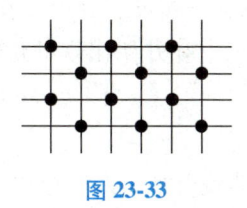

图 23-33

二、计算

2-1 已知在20℃时,铁为体心立方结构,密度为 7 860kg·m^{-3},原子量为 55.847,试求铁原子半径。

【答案】 1.24Å

2-2 一条直线上载有电荷为±q 且交错排列的 2N 个一价异类离子,排斥势为 A/r^n,库仑势为 $-\alpha q^2/r$,平衡间距为 r_0,求结合能 $U(r_0)$。已知:两种一价离子组成的一维晶格的马德隆常数 $\alpha = 2\ln 2$。

【答案】 $U(r_0) = -\dfrac{2Nq^2\ln 2}{r_0}\left(1 - \dfrac{1}{n}\right)$

三、思维拓展

1. 立方晶系为什么不存在底心立方晶胞?
2. 晶体的结合中是否有与库仑力无关的结合类型?
3. 锂和氢具有类似的电子结构,为什么锂是金属晶体而固态氢是分子晶体?

第二十四章 晶格振动

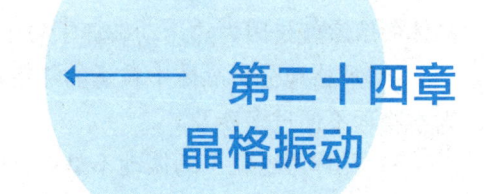

> **本章核心内容**
>
> 原子耦合振动方程的建立及格波解。

硅表面的原子排列

上一章介绍了晶体周期性结构的描述方法与组成晶体粒子（原子、离子或分子）间相互作用的一般特征，并计算了离子晶体的结合能。在描述晶体结构周期性的晶格（或点阵）模型中，晶体是静态的，格点是静止的。这一静态模型在解释晶体许多性质时取得了成功。但是，组成晶体的粒子并不是静止的，而总是处在热运动之中。由于粒子间存在着相互作用，在一定温度下，这种相互作用使得做热运动的粒子并非固定于格点位置，而是以格点为平衡位置做热振动，固体物理学将晶格上粒子的振动称为晶格振动。和这种振动相联系的一系列现象及它们的规律称为点阵动力学。点阵动力学是晶体热学性质、晶体电磁性质和晶体中光散射的基础。**如何分析晶格振动规律以及如何应用晶格振动规律？**这些都是值得关心的问题。只有深入了解了晶格振动的规律，更多的晶体性质才能得到理解，但详细讨论这些问题已超出大学物理的范围，同时，三维晶格振动相当复杂。

因此，本章只讨论理想的一维同种单原子晶格振动，它的振动既简单可解，又能较全面地表现出晶格振动的基本特点。本章的侧重点是：建立一维晶格振动方程，适度讨论方程的解，初步了解分析与描述晶格振动规律的方法与结论。

第一节 晶体的热学性质

如上所说，在绝对零度以上的任何温度下，组成晶体的粒子都围绕格点做热运动，又称晶格振动。这种微观物理过程必然影响着晶体的热容量、热传导及热膨胀等宏观性质。因此，研究晶格振动最早就是从晶体热学性质开始的。不过，初学者在观察晶体热学性质与晶格振动的关系中注意到以下几点很有必要：

1）和晶体热学性质一样，晶格振动的强弱依赖于温度。当温度很低时，振动幅度非常小；随着温度的升高，晶体中粒子的振动也随之变得剧烈起来的同时，振幅快速增大，最终

晶体的熔解就是因为热运动破坏了粒子之间的结合，而从固态转变成液态。

2）严格地分析晶体中粒子的热运动需要用到热力学、统计物理以及量子物理的知识，大学物理不便过多涉及。

3）晶体中各粒子的振动不是孤立的，而是通过晶体结合力相互关联、相互耦合在一起的。本章讨论的重点就是这种耦合振动。

一、晶体的摩尔热容

热容是晶体粒子热运动在宏观上的最直接表现，反映晶格振动的能量随温度变化的规律。通过计算与测量物体的热容来研究物体的结构与性质，是物理学常用方法之一。我们在第一卷第十二章第四节中讨论气体的摩尔热容时曾指出，在很多情况下，系统和外界之间的热传递会引起系统温度变化，这一温度的变化和热传递的关系，就是通过热容来描述的。表 24-1 列出了在室温和 1 个标准大气压条件下一些固体的摩尔热容与比热容。从表中看，除金刚石、硅、石墨等非金属元素外，各种金属的摩尔热容均约等于 $3R$，与温度无关。早在 1818 年，法国科学家杜隆（Dulong）和珀替（Petit）就在实验中注意到了这一现象，并采用归纳法从测量数据中总结出一个规律。若用 C_m 表示晶体的摩尔热容，实验规律是

$$C_m = \frac{\partial U_m}{\partial T} = 3R \approx 25 \text{J} \cdot \text{mol}^{-1} \cdot \text{K}^{-1} \tag{24-1}$$

式（24-1）称为杜隆-珀替定律。理论上，此定律可以用能量均分原理导出。

表 24-1 几种固体的摩尔热容和比热容（25℃）

固体	摩尔热容/ (J·mol⁻¹·K⁻¹)	比热容/ (J·kg⁻¹·K⁻¹)	固体	摩尔热容/ (J·mol⁻¹·K⁻¹)	比热容/ (J·kg⁻¹·K⁻¹)
金刚石（C）	6.23	519	铜（Cu）	24.5	385
石墨（C）	8.53	711	铁（Fe）	25.2	452
硼（B）	11.1	1 025	锌（Zn）	25.4	389
硅（Si）	20.6	711	金（Au）	25.6	130
碘（I）	54.2	427	银（Ag）	25.8	239
铝（Al）	24.3	900	镍（Ni）	26.1	444
铬（Cr）	23.9	460	铂（Pt）	26.1	134
钴（Co）	24.6	418	锡（Sn）	26.8	226
锗（Ge）	24.5	385	铅（Pb）	26.9	130
钨（W）	24.6	134			

在表 24-1 中，Cu、Fe、Zn、Au 等金属的数据与式（24-1）符合得很好，这给人们一个启示：如果物体摩尔热容的这种性质源于组成物体粒子的热运动，则对于摩尔热容相同的物质，1 mol 中所含的粒子数应当相同（因为 $R = N_A k$）。这一结论可经如下逻辑推理判断，虽然上一章已给出晶体结合力多种多样，粒子热运动情况也很复杂，但有理由猜想：晶体中每个粒子尽管按点阵排列，虽已没有平移运动，也可能没有转动，但还可以在三个方向上振动。按第一卷第十四章第三节介绍的能量按自由度均分原理，每一个振动自由度的平均动能

和平均势能都等于 $kT/2$。所以，每个粒子有 3 个自由度，其平均振动能量为 $3kT$。对于 1mol 物质来说，只有当粒子数为 N_A（阿伏伽德罗常量）时，总能量（即热力学能）为

$$U_m = N_A \cdot 3kT = 3RT$$

将此结果代入式（24-1），计算出晶体的摩尔热容 $C_m = 3R$。理查兹（F. Richarz）在 1893 年基于经典统计力学的能量均分原理，从理论上解释了杜隆-珀替定律。

关于固体的摩尔热容，还要补充以下几点：

1）由于晶体的体膨胀系数相比气体要小得多，因体积变化所做的功也很小，$C_{V,m}$ 与 $C_{p,m}$ 值相差很小。因此，研究固体热性质时，对摩尔定容热容还是摩尔定压热容不加区分地统称晶体摩尔热容，并以 C_m 表示。

2）第一卷第十四章第三节在介绍经典能量均分原理的缺陷时，曾以 H_2 气体的 $C_{V,m}$-T 实验曲线为例，指出气体热容有违反杜隆-珀替定律的"反常"现象。实验发现，晶体的热容也明显依赖于温度。图 24-1 画出了三种晶体摩尔热容随温度变化的实验曲线。从中可以看到，铜的 C_m 只在室温时接近于 $3R$，而金刚石的 C_m 则只在 1 000K 附近才接近 $3R$。这明显与杜隆-珀替定律不符。

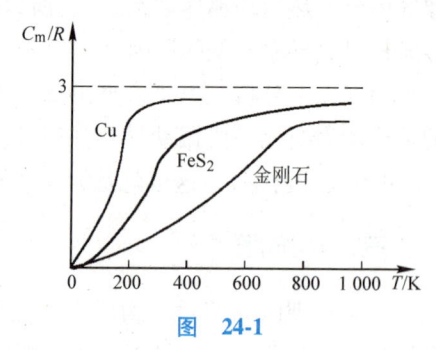

图 24-1

经典能量均分原理不能对图 24-1 中实验曲线现象的本质给出解释，这促使人们去探索和认识新的规律。在 20 世纪初量子理论建立后，为了解释图 24-1 中显示的晶体热容随温度变化（低温下）的实验规律，爱因斯坦发展了普朗克的量子假设，在 1907 年首次提出了量子热容理论，推动了固体原子振动的研究，对于人们从经典理论的思想束缚中解放出来起了巨大作用。随后，马德隆和萨瑟兰德两人发展了爱因斯坦的思想，直至 1912 年，德拜以及玻恩和冯·卡门又分别创立了固体热容理论（这些内容可在固体物理专著中查阅到），才较好地解释了图 24-1。我国科学家黄昆院士也在晶格振动理论上做出了非常重要的贡献，他与量子力学大师玻恩共同撰写的专著《晶格动力学理论》，目前成为国际固体物理领域的经典著作之一，黄昆院士在科学研究上实事求是的精神，创新的思维和严谨的学风，非常值得同学们学习。

3）从微观角度定性地分析，影响固体热容的因素来自两方面：一是晶格振动，称为晶格热容；二是电子的热运动，称为电子热容。在经典物理理论模型中，将金属晶体中参与导电的自由电子类比"单原子"理想气体，称自由电子气，这种电子气在固体热现象中具体起多大作用呢？从表 24-1 中可见，在室温下所有金属的电子热容与晶格热容相比微不足道。实际上统计物理计算这部分电子热容虽与 T 成正比，但小到比经典理论（$3R$）小两个量级，是可以略去不计的。只在极低温的情况下，电子热容方可与晶格热容相比拟，此时，电子热容才必须加以考虑，其根源是微观世界的量子效应（本书略）。

二、固体的热传导

当固体中温度分布不均匀时，将会有热量从高温处流向低温处，这种现象称为热传导。

用热力学专业术语描述，由温度差导致的热传导是一种非平衡状态下的能量输运过程。现在已经清楚，这种能量输运分为两种方式：一是通过自由电子气运动导热；二是通过晶格振动导热。两种导热方式的差异解释了金属和非金属固体导热性能的差别。作为金属固体，两种导热方式都存在。所以纯金属是热的良导体，而非金属固体内的自由电子气很稀薄，电子导热能力微弱，所以非金属固体是热的不良导体（含氮的金刚石除外）。

具体来说，晶格振动导热是源于处于格点上粒子的耦合振动（详见本章第二节）。如当晶体中温度分布不均匀时，由于粒子振动是相互耦合的，温度较高，振幅较大的粒子将能量传递给邻近温度较低、振幅较小的粒子，使其振幅发生变化。能量如此逐次传递下去，热量就会从温度较高的一个地方传输到温度较低的另一个地方。不过，晶体中的晶格振动毕竟不像气体分子热运动那样"活跃"，所以晶格热导率比气体低，将这一机理用于非金属也是非金属材料热导率较低的原因之一。

根据以上分析，由于金属的热导率远高于绝缘体，人们自然联想到金属中"电子气"的传热能力要比晶格振动导热强得多。也就是说，金属对热量的输运主要由自由电子承担（本书不展开讨论），这也就是为什么纯金属是热的良导体的根本原因。

三、热膨胀

中学物理已介绍过，物质发生热胀冷缩是一种普遍现象。例如，固体的线度（尺寸）及体积（在压强不变的情况下）均随温度升高而增加，这就是热膨胀现象。当温度变化不大时，热膨胀时固体单位长度的改变量 $\Delta l/l$ 近似和温度改变量 ΔT 成正比，即

$$\frac{\Delta l}{l}=\alpha_l \Delta T \tag{24-2}$$

式中，α_l 为线胀系数。由于单晶体的各向异性，在不同方向上晶体的线胀系数并不相同。只有各向同性的多晶材料其线胀系数在各个方向才有相同值。表 24-2 中列出了一些各向同性固体材料在室温下的 α_l 值。对大多数材料来说，从 0K 到熔点，长度总的变化在 2% 左右。经进一步的理论研究得到，线胀系数 α_l 与晶体热容成正比。也就是说，实际上 α_l 也与温度有关，它随温度的变化大体与 $C_m(T)$ 相似，对此本书不再做详细介绍。

表 24-2　室温附近某些固体的线胀系数 α_l　　　（单位：$10^{-6}\mathrm{K}^{-1}$）

物质	熔凝石英	殷钢	陶瓷	各种玻璃	钨钢
α_l	0.4	1.5	3	4~10	4.3
物质	铂	钢	铸铁	软铁	镍	水泥	金	铜
α_l	8.9	11	12	12.3	12.8	14	14.2	16.5
物质	青铜	黄铜	锡	铝	软焊锡	铅	锌
α_l	17.5	18.4	19.7	23.8	25	29.2	30.2
物质	铟	冰
α_l	33	51

不过，**如何从晶格振动定性地解释晶体的热膨胀现象呢？**原来，由于晶体中粒子都在各自平衡位置（格点）附近振动，宏观上晶体体积并不变化，这样显然与实际结果不符。为描述振动图像，图 24-2 表示了两相邻粒子间的相互作用势能曲线。图中坐标原点选在了两粒子中的其中一个上，虚线表示势能曲线的简谐近似，条件是在温度极低时，粒子振动振幅不大，振动遵守简谐振动规律。为什么粒子在做简谐振动时并不引起晶体体积变化呢？这是因为，从图中的虚线看，在平衡位置 r_0（对应 0K 温度）两侧，曲线上各点斜率的绝对值是左右对称的，因为势能曲线的斜率在物理上表示粒子之间的相互作用力 $-\dfrac{\mathrm{d}u(r)}{\mathrm{d}r}$，在简谐振动中，粒子或左或右先后离开平衡置，所受回复力的时间平均作用正好抵消，并不会引起粒子平衡位置的改变，也就不会改变粒子间的平衡距离。如果这一现象不受温度影响，则固体在任何温度下就不会发生热膨胀了。但是，事实并非如此。固体体积的变化是如何发生的呢？当温度升高时，这与由图 24-2 中的实线描述的原子振动或原子间相互作用的非简谐特性有关。**什么是振动的非简谐特性呢？**注意，图中实线在势能谷（r_0处）两边的斜率并不对称，如当粒子间距离大于 r_0 时，曲线变化比较平缓，而粒子间距比 r_0 小时，则变化比较陡峭，与虚线相比，这就是在发生热膨胀温度下晶格振动的非简谐特性。随着固体温度的持续升高，虽说粒子振幅也持续增大，但在图 24-2 中粒子向左运动时，粒子间快速增加的排斥力限制了粒子的向左运动；而粒子向右运动时，吸引力的减小平缓得多，这种左右受力的"不平等"的结果导致了粒子振动的"平衡位置"逐渐向右偏移，粒子间平均距离就此增大，引起的宏观效果就是晶体的热膨胀。简言之，热膨胀是一种晶格振动的非简谐效应。

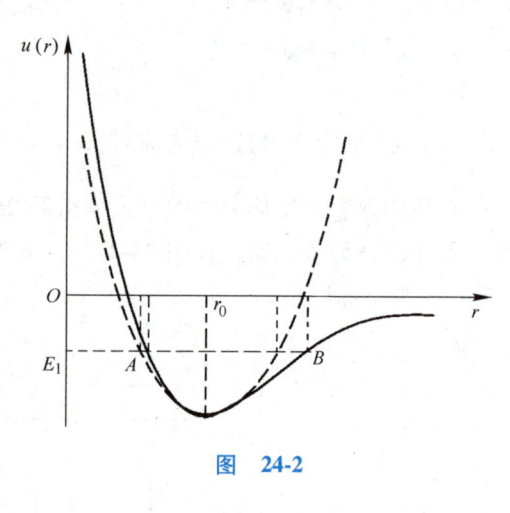

图 24-2

第二节 一维晶格振动

上一节定性讨论晶体的一些宏观热现象都会涉及微观晶格振动。本节进一步介绍这种晶格振动规律的描述。历史上几位物理学家如爱因斯坦、德拜、玻恩、冯·卡门等对晶格振动理论的建立都做出了非常出色的工作。其中，玻恩-冯·卡门理论的一些主要概念，就是通过一维晶格振动来表述的。之后，人们也是在玻恩-冯·卡门理论的基础上继续讨论晶格振动的方方面面。

作为晶格振动的基础，本节介绍一维原子链的振动。当原子离平衡位置（格点）的位移远小于原子间距时（称微振动），就可采用研究简谐近似的方法来研究晶格振动。但是，要强调的是，由于原子间特殊的相互作用，晶体中各原子的振动既相互独立，又相互耦合在一起。**如何处理耦合振动？**本节侧重凸显分析问题的模型、思路和方法。

一、一维无限长弹簧振子链模型

先分析图 24-3，这是一个由等间距 a（晶格常数）、质量为 m 的相同的 N 个（N 值很大）原子（实）沿一个方向排列的组合。原子间虚拟的弹簧示意原子间相互作用力服从胡克定律（假设）。忽略两端线原子的差异，这就是一维无限长弹簧振子链模型。如何用这个模型讨论晶格振动呢？由于图中每个原子的左邻右舍一模一样，先挑其中任意一个原子（实）为研究对象。确定了研究对象，如何具体分析它的运动呢？

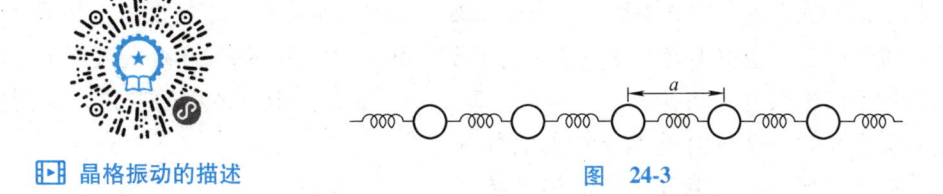

▶ 晶格振动的描述

图 24-3

二、原子振动的运动学描述

在我们熟悉的经典力学中，为分析图 24-3 中任意原子（实）运动的位置、速度、加速度，首先要选取坐标系。在图 24-4 中，按原子在模型中周期性排列的特点，可任选一原子（实）作为坐标原点。

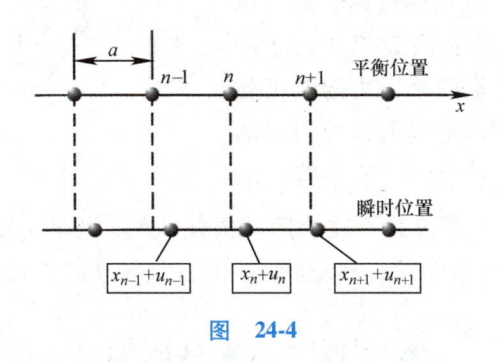

图 24-4

在该坐标系中以 x_n 表示第 n 个原子（实）（简称 n 原子）的平衡位置。令 u_n 表示在某时刻 t 时 n 原子离开平衡位置的位移。在晶格振动中，由于 n 原子的振动与"左邻右舍"既相互联系，又相互区别，所以将其左、右两边最近邻的原子分别编号为 $(n-1)$ 原子与 $(n+1)$ 原子，它们离各自平衡位置 x_{n-1} 与 x_{n+1} 的位移分别用 u_{n-1} 与 u_{n+1} 表示，则三个原子在某瞬时 t 时在 x 坐标系中的位置坐标分别为 $x_{n-1}+u_{n-1}$、x_n+u_n、$x_{n+1}+u_{n+1}$。如果以 $\delta_{左}$ 和 $\delta_{右}$ 表示 n 原子左、右最近邻原子与它的相对位移，因原子相对位移是从 n 原子看左、右原子相对它移动多少，所以 $\delta_{左}$ 和 $\delta_{右}$ 可计算如下：

练习 61

$$\delta_{左} = (x_n+u_n)-(x_{n-1}+u_{n-1})-a = u_n-u_{n-1} \tag{24-3}$$

$$\delta_{右} = (x_{n+1}+u_{n+1})-(x_n+u_n)-a = u_{n+1}-u_n \tag{24-4}$$

以上两式中均减去相邻原子平衡位置间距 a，是因为左、右原子与 n 原子本就相距为 a。某瞬时相对位移也可形象地表示为在图 24-5 中 n 原子左边的弹簧被拉长了 $u_n - u_{n-1}$，右边的弹簧被缩短了 $u_{n+1} - u_n$（其他瞬时不同）。

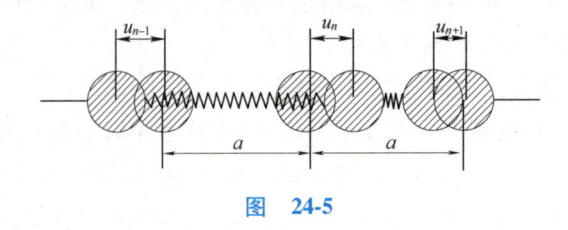

图 24-5

三、原子振动的动力学描述

由于"左邻右舍"与 n 原子的相对位移 $\delta_左$、$\delta_右$ 不同，在图 24-5 中，$(n-1)$ 原子与 $(n+1)$ 原子作用于 n 原子的弹性力也就不相等。用胡克定律计算其大小，有

$$F = \beta \delta \tag{24-5}$$

在晶格振动中，将式中 β 称为力常数。最简单情况是，左、右两侧力常数 β 相同。

现在，如何区分 n 原子所受 $F_左$ 与 $F_右$ 的方向呢？因为图中 n 原子所受来自左、右的力可以是推力，也可以是拉力。为此，先将"弹簧"的伸长或压缩表示为拉与推。例如，设 n 原子和左、右最近邻原子间的"弹簧"都伸长了，此时，作用在 n 原子上的两个力都是拉力，一个向左拉，一个向右拉，方向相反；如果 n 原子与左、右最近邻原子间的"弹簧"都被压缩，则作用在 n 原子上两个推力的方向也是相反的。其他情况可依此类推。不过，"弹簧"伸长与压缩是相对位移（大于、等于或小于零）的"形象大使"，其关系是"弹簧"伸长，相对位移 $\delta > 0$，反之"弹簧"压缩，$\delta < 0$。规定：与 x 坐标轴方向（向右为正）相同的作用力 $F > 0$，反之，$F < 0$。依照这些约定分析：n 原子受左侧拉力，$\delta_左 > 0$，$F_左 < 0$；受推力，$\delta_左 < 0$，$F_左 > 0$，所以，$F_左$ 方向由 $-\delta_左$ 表示，即 $F_左$ 与 $\delta_左$ 反号；同样分析用于右侧，得到 $F_右$ 与 $\delta_右$ 同号，$F_右$ 用 $+\delta_右$ 表示。

依照式 (24-5)，n 原子受到来自左侧最近邻原子的作用力 $F_左$ 可表示为

练习 62

$$F_左 = -\beta \delta_左 = -\beta(u_n - u_{n-1}) \tag{24-6}$$

而它受到来自右侧最近邻原子的作用力 $F_右$ 可表示为

$$F_右 = \beta \delta_右 = \beta(u_{n+1} - u_n) \tag{24-7}$$

将左、右受力用合力表示，n 原子受合力的大小 F 可表示为

$$F = \beta \delta_右 - \beta \delta_左 \tag{24-8}$$

将式 (24-8) 中 $\delta_左$ 与 $\delta_右$ 用式 (24-3) 与式 (24-4) 代入整理，得 n 原子所受合力为

$$F = \beta(u_{n+1} - u_n) - \beta(u_n - u_{n-1}) = \beta(u_{n+1} + u_{n-1} - 2u_n) \tag{24-9}$$

把以上合力表达式代入牛顿第二定律，得

$$m \frac{d^2 u_n}{dt^2} = \beta(u_{n+1} + u_{n-1} - 2u_n) \tag{24-10}$$

式中，$\dfrac{d^2 u_n}{dt^2}$ 是 n 原子的加速度。式（24-10）就是 n 原子运动方程。

由于 n 原子是在 N 个原子中随意选出的，则式（24-10）就是描述晶体内每一个原子振动的代表，一维原子链上的每个原子，忽略边界原子的区别，应有同样的方程，所以它是和原子数目相同的 N 个联立的线性齐次方程。

如何分析它的物理意义，大致包含以下几点：

1）从方程建立的过程来看，一维晶格中原子的振动（即晶格振动）既相互独立（u_n、u_{n-1}、u_{n+1}），又相互耦合（$\delta_左$、$\delta_右$）。这里的耦合源于原子间相互有弹性力作用，使原子的振动既相互独立，又相互影响、相互制约。因此，式（24-10）又称为原子的**耦合振动方程**，用它描述晶格振动图像。

2）虽然式（24-10）描述一维晶格中任意一个原子的振动，但每个原子与其左、右相邻原子的振动 u_n、u_{n-1}、u_{n+1} 并不同步，否则，式（24-10）将恒为零而没有意义了。用振动学的语言说，就是 n 原子与左、右相邻原子振动有相位差。现在要问，每个原子的振动清楚了，整体看 N 个以不同相位振动的原子的集合（即一维晶体），是一种什么样的运动状态呢？这是一个需要继续探讨的问题。

3）采用牛顿第二定律式（24-10）描述晶格振动，是一种经典力学的处理方法，为什么可以这样处理呢？原来在不太低的温度下，原子振动振幅（$\sim 10^{-2}$ nm）远超过原子的德布罗意波波长 $\left(\lambda = \dfrac{h}{mv}\right)$。只有在这种情况下，原子的波粒二象性几乎"销声匿迹"，近似认为原子的振动遵守经典力学规律，可以得到与实验相符的结果，否则，要用固体量子理论处理。

四、耦合振动方程的解

从式（24-10）得到了哪些有用的结果呢？这首先需要解出 u_n。本书不介绍其具体求解的数学过程，而是采用设计试探解的方法。顾名思义，这种方法是设想式（24-10）具有某种解析函数形式的解，然后将它代回式（24-10）进行判断。具体方法是：由于式（24-10）是描述一维晶格中每一个原子振动的微分方程（严格说是差分方程），它的解就是描述每一个原子的振动表达式。在波动学中，能描述介质中每个质点振动的函数不就是波函数吗？在一维晶格中每个原子做耦合振动，相互间有一定的相位差，这不就相当于在一维晶格中有一列波在传播吗？于是，根据这一类比与分析，设想式（24-10）的解具有平面简谐波形式

$$y = A e^{i(\omega t - kx)}$$

此式中 x 取一定值时（晶格中 x 非连续取值），y 描述位置坐标为 x 的质点的振动，且满足谐振动方程 $\dfrac{d^2 y}{dt^2} = -\omega^2 y$。按 u_n 与 y 类比的思路，先将描述 n 原子振动的式（24-10）改写为如下形式：

练习 63

$$\dfrac{d^2 u_n}{dt^2} = -\left[\dfrac{\beta}{m}\left(2 - \dfrac{u_{n+1} + u_{n-1}}{u_n}\right)\right] u_n \tag{24-11}$$

然后，令式（24-10）或式（24-11）的试探解 u_n 为

$$u_n = A\mathrm{e}^{\mathrm{i}(\omega t - q x_n)} \tag{24-12}$$

注意：式中 $q = \dfrac{2\pi}{\lambda}$ 表示晶格振动的波矢数（或波数，区别晶体中电子运动的波矢数 k）；u_n 是 n 原子在 t 时刻离开其平衡位置的位移。同理，$(n-1)$ 原子、$(n+1)$ 原子振动的位移可表示如下：

$$\begin{aligned} u_{n-1} &= A\mathrm{e}^{\mathrm{i}(\omega t - q x_{n-1})} \\ u_{n+1} &= A\mathrm{e}^{\mathrm{i}(\omega t - q x_{n+1})} \end{aligned} \tag{24-13}$$

式（24-12）与式（24-13）中的 ω、A 相同，表示所有原子都同时以相同的频率 ω 和相同振幅 A 在振动，指数上的括号表示相邻原子振动相位不同，相邻原子间的相差是 qa。

如何判断式（24-12）是否就是式（24-11）的解呢？

按前面所述，将式（24-12）及式（24-13）代入原方程（24-11），并利用变换

$$2 - \frac{u_{n+1} + u_{n-1}}{u_n} = 2 - (\mathrm{e}^{-\mathrm{i}qa} + \mathrm{e}^{\mathrm{i}qa}) = -(\mathrm{e}^{-\frac{\mathrm{i}qa}{2}} - \mathrm{e}^{\frac{\mathrm{i}qa}{2}})^2 = 4\sin^2\frac{qa}{2}$$

经整理，得

$$\frac{\mathrm{d}^2 u_n}{\mathrm{d}t^2} = -4\frac{\beta}{m}\sin^2\frac{qa}{2}u_n = -\omega^2 u_n \tag{24-14}$$

式中，

$$\omega^2 = 4\frac{\beta}{m}\sin^2\frac{qa}{2} \tag{24-15}$$

式中各量的物理意义都已有介绍。这个结果与 n 无关，说明 N 个方程都有同样结果。由于这个公式不仅在判断式（24-12）是否是式（24-11）的解，而且在研究晶格振动中也非常重要，故需对它稍做分析：

1）从式（24-15）的导出过程看：如果式（24-15）成立，即只要式（24-12）中的频率 ω 与波数 q 之间满足式（24-15），就验证了耦合振动方程（24-11）具有式（24-12）形式的解。

2）这么重要的式（24-15）称为晶格振动的色散关系。那么，什么是色散呢？常见有光的色散现象：当太阳光经过雨后天空或三棱镜后会分成彩色光带，这就是光的色散现象。以白光过三棱镜为例，因为白光中不同颜色的光波波长不同，经过三棱镜时，不同波长的光在三棱镜中的速度不同，因此，不同波长的光折射率 $\left(n = \dfrac{c}{v}\right)$ 不同，向不同方向折射而发生色散。物理学把介质对光波的"色散"概念推广，将波速与波长有关或折射率随波长变化的现象都叫作"色散"（不包括波速随频率变化的反常色散）。本质上，色散关系就是能量与动量的关系。

在波动理论中，波速（相位传播速度，简称相速）定义为

$$v = \frac{\lambda}{T}$$

将此式等号右侧上、下同乘 2π，该式变为

$$v = \frac{2\pi}{T}\frac{\lambda}{2\pi} = \frac{\omega}{q} \tag{24-16}$$

或

$$\omega = vq \tag{24-17}$$

如果式（24-17）中波速不变，则不发生色散，亦即 $\frac{\omega}{q}$ 是常数，或 ω 与 q 成正比时不发生色散，声波在同种介质中传播时，由于波速不变它是典型的无色散波。但式（24-15）描述的圆频率 ω 与波数 q 的关系却不是这样简单，将式（24-15）两边开方后看得更清楚：

$$\omega = \sqrt{\frac{4\beta}{m}}\left|\sin\frac{qa}{2}\right| = \omega_0\left|\sin\frac{qa}{2}\right| \tag{24-18}$$

这里要对正弦值取绝对值的原因是，物理上频率 ω 应为正数。式（24-18）与式（24-17）不同，ω 与 q 不成正比将出现色散，ω 与 q 的关系已由图 24-6 中函数曲线表示。图中，横坐标取 q，纵坐标取 $\frac{\omega}{\sqrt{4\beta/m}}$，所以，与式（24-15）一样，式（24-18）也称为色散关系。

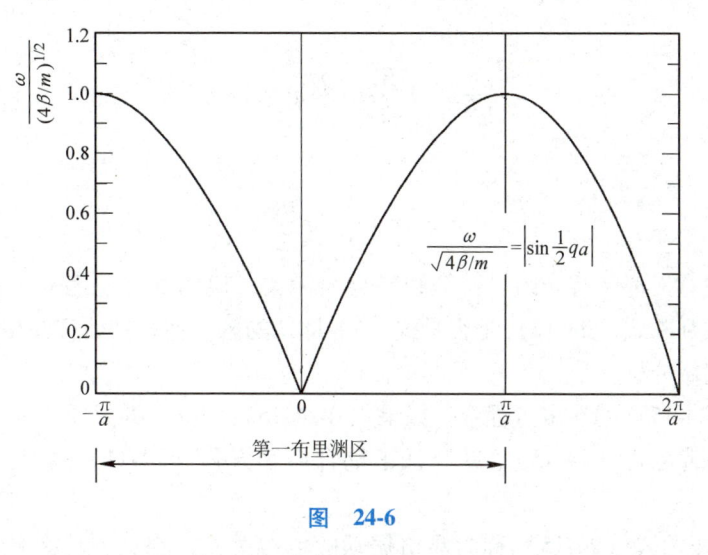

图 24-6

同时，图 24-6 显示出 ω 与 q 关系的周期性，或说 ω 是 q 的周期函数。式（24-18）就是周期函数的解析式，式中的 $\omega_0 = (4\beta/m)^{1/2}$ 是最大频率，和这个频率相对应的 q 值取为 $q_m = \pm\frac{\pi}{a}$。在 $\pm\frac{\pi}{a}$ 区间（即第一布里渊区，详见第二十六章第四节）以外的任何 q 值不会给出 ω 任何新结果，这就体现了式（24-18）的周期性。对于晶体，一般 $|q_m| = \frac{\pi}{a} \approx 10^{10}\,\text{m}^{-1}$。

3）当 q 远小于 q_m 或波长 λ 较长时，可近似取 $\sin\left(\frac{qa}{2}\right) = qa/2$，因而，式（24-18）也可近似表示为

$$\omega \approx (\beta/m)^{1/2}qa = (a^2\beta/m)^{1/2}q \tag{24-19}$$

式中，a、β、m 均为由晶体决定的常数。此时，式（24-19）中的 ω 与 q 成正比。与

式（24-17）类比，在式（24-19）中的常数 $(a^2\beta/m)^{1/2}$ 表示波速。**如何从物理上理解 $(a^2\beta/m)^{1/2}$ 表示波速呢？** 这是因为当 q 远小于 q_m 或当 $q\to 0$ 时，因 $q=\dfrac{2\pi}{\lambda}$，q 很小，则 λ 很长，相当于波长 $\lambda \gg a$ 的情形。若此时相邻原子间相对位移为 δ，其相对伸长就是 δ/a，描述相邻原子间的相互作用力的式（24-5）可以写成

$$\beta\delta = \beta a\left(\frac{\delta}{a}\right) \tag{24-20}$$

在一维无限长弹簧振子链模型中，式（24-20）与连续介质弹性形变所遵循的胡克定律 $\sigma = E\varepsilon$，在数学形式上十分相似（参看第一卷第三章第二节），其中 $\beta\delta$ 表示应力 σ；δ/a 表示应变 ε；βa 表示伸长模量 E。若形式上引入一维弹性链的质量线密度 m/a，则式（24-19）中的 $(a^2\beta/m)^{1/2}$ 可表示为

$$(a^2\beta/m)^{1/2} = \left(\beta a \bigg/ \frac{m}{a}\right)^{1/2} = (\text{伸长模量}/\text{密度})^{1/2} \tag{24-21}$$

将式（24-21）类比机械波纵波在同种介质中的波速 $u = \sqrt{\dfrac{E}{\rho}}$，得弹性波在原子链中传播的波速。这就是为什么当 $\lambda \gg a$ 时忽略一维原子链中原子排列离散性的原因。这并非巧合，因为当波长很长，即 $\lambda \gg a$ 时，可以把一维晶格看成连续介质。此时，式（24-19）~式（24-21）就是描述连续介质中声波传播的情形，也是式（24-12）就是式（24-11）的解的佐证。因此，常把 $q \to 0$，$\lambda \gg a$ 及 $\omega \to 0$ 时的色散关系称为声学支，每一组 (ω, q) 所对应的振动模式也相应地称为声学模（还有光学模，本书略）。既然式（24-12）描述平面简谐波动，那么它又是一种什么样的波呢？

第三节　格　　波

按上一节的讨论：当 ω 与 q 满足式（24-15）或式（24-18）时，试探解式（24-12）确实就是晶格振动方程（24-10）的解。人们将晶格中这个具有简谐波形式的解式（24-12）称为格波。**如何理解格波的物理意义呢？**

一、格波的物理意义

按上一节中的介绍，式（24-10）与式（24-12）都可描述一维晶格中任意原子的振动，从数学形式上判断，式（24-12）与一般连续介质中的简谐波的表示式完全类似。如果说两者有区别，那就是在连续介质中，x 表示空间任一点坐标，是一个连续变量。而在式（24-12）中，x_n 表示格点的位置坐标，是离散变量。如果强调 x_n 的离散性，则原子之间并不能出现宏观的弹性波，只是由于一维晶格中原子相距很近，原子数量又极大，当相邻原子振动相位差 qa 很小时（$q \to 0$），才能将"格波"类比连续介质中的弹性波，这是格波的第一个特点。

由式（24-10）的建立过程看，由于组成晶体的原子间有相互作用（已假定为线性弹性作用），因此，每一个原子的振动寓于晶格振动之中，这种既互相影响，又互相关联、互相

耦合形成振幅相同、频率相同，但相位不同的原子振动就是格波。讨论晶体中原子振动时始于一个离散质点（原子），但式（24-12）已不再局限于描述空间某一质点，而抽象为 u_n 在空间的分布随时间的变化规律。所以，一列格波就是晶体中所有原子都共同参与同一频率 ω 不同相位的振动，以波的形式在整个晶体中传播。或者说，一列格波是指晶体中每一个原子都参与的以波长为 $2\pi/|q|$ 的整体运动。在晶体中格波不发生干涉、衍射，离开晶体，格波不复存在，这是格波的第二个特点。

但从图 24-6 看，ω 的取值并不是唯一的，这又意味着什么呢？

二、q 的取值范围

前面在阐述色散关系式（24-18）时，曾以图 24-6 说明 $\omega=\omega(q)$ 函数具有正弦函数的周期性，并指出由 $q_m=\pm\pi/a$ 以外的 q 值并不能给出 $\omega(q)$ 有任何新的取值。这相当于说，周期函数 $\omega(q)$ 的取值，受对 q 的限制而限制，其中 q 限制在下面范围内：

$$-\pi < qa \leqslant \pi$$

或

$$-\frac{\pi}{a} < q \leqslant \frac{\pi}{a} \qquad (24\text{-}22)$$

式（24-22）也可以通过对式（24-12）做一个简单变换得到证明。例如，将式（24-12）中的 qx_n 增加 2π 的整数倍时的原子振动用 u_n' 表示，则有

$$\begin{aligned} u_n' &= A\mathrm{e}^{\mathrm{i}[\omega t-(qx_n+n2\pi)]} = A\mathrm{e}^{\mathrm{i}[\omega t-n(qa+2\pi)]} \\ &= A\mathrm{e}^{\mathrm{i}(\omega t-nqa)} \cdot \mathrm{e}^{-\mathrm{i}n2\pi} \\ &= A\mathrm{e}^{\mathrm{i}(\omega t-qx_n)} = u_n \end{aligned}$$

上式表明，当式（24-12）中 qx_n 改变一个 2π 的整数倍时（注意图 24-6 中有两种表示法），原子的振动状态不变。这一点与连续介质中无色散的弹性波不同［如式（24-17）］，也就是说，式（24-22）表示 q 值的这一取值范围限制在图 24-6 上的第一布里渊区内，从而避免了某一频率的格波有很多波长与之对应的问题，这是格波的第三个特点，格波的简约性。

三、玻恩-冯·卡门边界条件

▶ 玻恩-冯·卡门条件

如果一维原子链不是无限长会出现什么情况呢？显然，式（24-10）并不适用于一维晶格一头一尾的两个原子。只有对一维无限长晶格模型（无头无尾），式（24-10）或式（24-12）对每个原子才是适用的。一个有限长原子链两端的原子和内部的原子有所不同，左右最外端的两个原子只受到一个近邻的作用。因此，式（24-10）或式（24-12）并不适用于有限长一维弹簧振子链。对于有限长原子链虽说只有少数原子运动方程不同，但理论上对 N 个振动方程联立求解时，若有两个方程形式不同情况就会变得复杂得多。这里出现的问题在数学上是一个边界条件问题。为求解式（24-11），边界条件应如何确定呢？一种解决的办法是，认为对于一个由大量原子组成的宏观物体来说，端点效应是不重要的，是可以忽略的，进而假设一维原子链无头无尾。这样一来，式（24-10）对所有的原子就都适用了。也就是在上面的求解讨论中，不用考虑一维晶体的两端，也并未规定边界条件，但晶格无限长，对进一步的

分析运算不方便。第二种解决办法是通常采用的"周期性边界条件"。**什么是周期性边界条件呢?** 因为实际晶体总是有限的,为了模拟实际晶体的晶格振动,假设一维弹簧振子链的 N 个原子中,当其任意一个原子标号数(如 n)增加 N 时,振动表达式相同,相位复原保持格点平移周期不变,这就是著名的玻恩-冯·卡门边界条件。

以图 24-7 为例,图中是一个包含 N 个原子的有限环状链(把一个"无限"的问题变换为一个"有限"的问题)。由于 N 很大而使环半径很大,其有限的局部仍可看作一个线性链,原子沿环的运动仍旧可以看作直线运动,且原子间的相互作用只考虑最近邻,与一维无限长

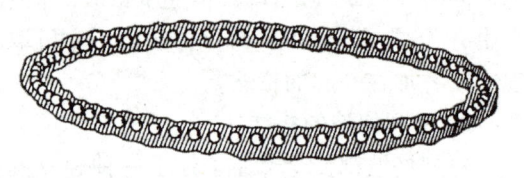

图 24-7

弹簧振子链模型的区别只在于必须考虑到链中原子排列的循环周期性,原子标号数 n 增加 N,振动情况必须复原,这要求:

$$u_n = u_{n+N} \tag{24-23}$$

将式(24-23)代入式(24-12),可得 $e^{-inqa} = e^{-i(n+N)qa}$,这等于要求

$$e^{-iNqa} = 1 \tag{24-24}$$

或 $Nqa = 2\pi h$,即

$$q = \frac{h}{N}\left(\frac{2\pi}{a}\right) \quad (h = \pm 1, \pm 2, \pm 3, \cdots) \tag{24-25}$$

式(24-25)意味深长,为什么?因为周期性边界条件式(24-23)限制了波数 q,它只能取 $2\pi/Na$ 整数倍的分立值。结合式(24-22)看,它已限制 q 值在 $-\pi/a$ 到 $+\pi/a$ 之间,如果将式(24-25)与式(24-22)联立起来,可得 h 的取值有 N 个的结论,即

$$-\frac{\pi}{a} < \frac{h 2\pi}{Na} \leqslant +\frac{\pi}{a}$$

$$-\frac{N}{2} < h \leqslant \frac{N}{2} \tag{24-26}$$

由式(24-26)看,式(24-25)中 q 也只能取 N 个不同的值。从这一结果回看式(24-18),如果每一组(ω, q)对应着一列格波,则共有 N 列不同的格波(u_n)。其中,$+q$ 与 $-q$ 分别对应向右与向左传播的波(ω 相同)。由于由式(24-26)得到的上述结论是由玻恩-冯·卡门周期性边界条件确定的,所以,关于周期性边界条件还补充说明几点:

1)虽然式(24-23)忽略限制了实际晶体两端点处原子的特殊性,但是,两端点处原子数远比体内少得多,晶体的性质、功能主要是由内部原子决定的,这样的限制不会对晶体材料的性质的判断带来明显的影响。

2)玻恩-冯·卡门的模型将原子局限在一个有限大小的大圆环中。采用这个模型时并未改变方程(24-11)的解,即式(24-12),只是对解提出了如式(24-23)所表示的限定条件。

3)如上所述,大圆环既有有限的尺寸,又消除了边界的影响,在数学上也易于操作,它不仅是固体物理学中极其重要的一种思路与方法,也被其他物理学领域借鉴。

四、格波与原子振动

1. N 列格波

前面采用简谐近似式（24-5），通过式（24-10）或式（24-11）描述了晶体中的原子振动，同时又以式（24-12）描述了格波。根据玻恩-冯·卡门周期性边界条件式（24-23），一个由 N 个原子组成的一维单原子链中 q 可取 N 个值，也就是说，在一维晶体中有 N 列相互独立又叠加在一起的格波。

2. N 列格波的叠加

每列格波都使全部原子处于一种独立的振动模式 (ω, q)。这样，原子的实际振动位移必定是 N 列格波引起位移的叠加，或者说，任一原子实际的振动位移是 N 个独立振动（模）的线性叠加。因此，在由式（24-10）或式（24-11）表示的原子的耦合振动时，可以用 N 个独立的振动模的叠加来代替，即

$$u_n = \sum_q u_{n_q} = \sum_q A_q \mathrm{e}^{\mathrm{i}(\omega t - nqa)} \tag{24-27}$$

从式（24-27）分析看，耦合振动与格波是对晶格振动的两种不同但又不可分割的描述。

格波在周期结构中的传播属晶格动力学问题。1912 年，玻恩与冯·卡门提出晶体中的原子振动应以格波形式存在的论点，奠定了晶体动力学理论的基础。晶格动力学有丰富的内容，它不仅讨论了在简谐近似下做微小振动的简谐晶体，还讨论了非简谐振动的影响；它不仅讨论格波，还讨论声子（格波能量量子化，本书略）；它不仅讨论一维晶体，还讨论三维晶体；它不仅讨论理想晶体，还讨论有缺陷的实际晶体。以上只介绍了晶格振动的基本特征。

【例 24-1】 一维原子链中每个原子的质量都是 m，但原子间力常数不相等，若已知 β_1 是第 $2n$ 个原子与第 $2n+1$ 个原子之间的力常数，β_2 是第 $2n$ 个原子与第 $2n-1$ 个原子之间的力常数，试求第 $2n$ 个原子与第 $2n+1$ 个原子的振动方程。

【分析与解答】 对第 $2n$、$2n+1$ 个原子进行受力分析，求出合力，写振动方程。原子间力常数不相等不影响建立原子振动方程。

选第 $2n$ 个原子为研究对象。只考虑最近邻原子间的相互作用，则第 $2n$ 个原子受到来自左、右两边最近邻原子作用力的分别为

$$F_{左} = -\beta_2 \delta_{左} = -\beta_2(u_{2n} - u_{2n-1})$$
$$F_{右} = \beta_1 \delta_{右} = \beta_1(u_{2n+1} - u_{2n})$$

则第 $2n$ 个原子所受合力的大小为

$$F_{合} = \beta_1 \delta_{右} - \beta_2 \delta_{左} = \beta_1(u_{2n+1} - u_{2n}) - \beta_2(u_{2n} - u_{2n-1})$$

可得第 $2n$ 个原子的振动方程为

$$m\frac{\mathrm{d}^2 u_{2n}}{\mathrm{d}t^2} = \beta_1(u_{2n+1} - u_{2n}) - \beta_2(u_{2n} - u_{2n-1})$$

同理，对第 $2n+1$ 个原子进行类似分析，可得其振动方程为

$$m\frac{\mathrm{d}^2 u_{2n+1}}{\mathrm{d}t^2} = \beta_2(u_{2n+2} - u_{2n+1}) - \beta_1(u_{2n+1} - u_{2n})$$

第四节　物理学思想与方法简述

一、数学方法

本节简要介绍如何采用数学方法讨论晶格振动。运用数学方法解决物理问题时，大体上要分三个步骤：

第一，建立数学模型，把所研究的物理问题转化为数学问题来处理。

第二，对数学模型求解。

第三，将用数学模型求得的数学解与所研究的问题相对照，对数学解进行解释、说明和评价，从而形成对所研究问题的判断和预见。下面只对本章中如何建立数学模型做简要讨论（参看第一卷第一章第四节）。

二、研究晶格振动的近似假设

什么是数学模型？数学模型就是运用数学语言（符号、公式、方程等）定量地揭示客观事物的本质特征和运动规律。物理问题的求解取决于选用的数学描述方法。简化的处理模型需要做较多的假设，因此，如何做出合理的假设和近似，就成为数学方法应用于物理问题的重要方面。本章用经典力学建立完整晶体中原子围绕平衡位置的振动方程时，采用了哪些假设和近似呢？

1. 每个元胞中只含一个原子（离子）

在一般情况下，全面了解晶格中格点的运动情况，需在经典力学体系中建立含多个原子的、复式晶格中原子的运动方程。作为简化，本章仅讨论了每个元胞中只含一个原子（离子）的情况，在此基础上可推广到含多个原子的复式晶格情况。

2. 一维无限长弹性振子链模型

即使只讨论每个元胞中只含一个原子（离子）的情况，由于晶体中原子数目极大，原子与原子间存在相互作用，所以严格求解三维晶格振动是一个极其困难的事。人们只好采取一些近似方法，一维振动是一种最简单的振动，我们只讨论了一维原子链的振动。

3. 回复力与位移呈线性关系

由于晶体中原子的平衡位置具有周期性，晶体中原子的振动受到原子间相互作用的制约，任一原子的位移至少与相邻原子、次近邻原子的位移有关，每个原子的运动不是独立的，"晶格振动"这个名词正好反映了这种运动的耦合特征。为了探讨晶格振动的基本特点，作为简化，认为原子之间的相互作用为已知，且原子所受回复力与位移呈线性关系，并可不问其为什么只用一个统一的力常数 β 来描述。从分析点阵上原子的振动着手，应用牛顿运动方程求解各种可能的振动模式。

4. 偏离平衡位置的微振动

原子在点阵上不停息地热振动。当温度极低时，热振动很弱，可以把它忽略（如求晶体结合能）。但随着温度的升高，热振动也在不断增强；当温度很高时，原子甚至可以脱离

它原来的平衡位置振动。在一般温度下（如室温），振动位移和原子间距相比是很小的（不到 1/10）。依据经典力学的观点，凡是力学体系自平衡位置发生微小偏移时，该力学体系的运动都是微振动。因此，可以把晶格振动看作以它们所占据的点阵点为平衡位置的微振动。

5. 最近邻作用

如前所述，晶体的原子在振动过程中，当离开其平衡位置时，会受到与位移成正比的力。当原子相隔较远时，它们之间存在吸引力，这个吸引力就是构成化学键的原因。但是，当相距很近时，又发生了排斥力，这个排斥力可以粗略地用泡利不相容原理来理解。为了简化，假设这些作用只发生在最近邻原子之间。

6. 绝热近似

考虑电子运动时，可以认为离子是静止不动的。而现在考虑离子运动时，可近似认为电子能很快地适应离子的位置变化，在离子运动的任何一个瞬时电子都处于基态。这种近似称为绝热近似。

练习与思考

一、填空

1-1 从微观角度定性地分析，影响固体热容的因素来自_____和_____。

1-2 晶格振动模型是在空间点阵的基础上考虑了_____因素建立的。

1-3 建立晶格振动模型采用的近似方法（简化假设）有_____。

二、计算

2-1 一维原子链，链上原子等距离分布，相距为 a，最近邻原子之间的力常数相间地等于 β 和 10β，设各原子质量相等，写出原子（$2n$）与原子（$2n+1$）的振动方程。

【答案】 $m\dfrac{\mathrm{d}^2 u_{2n}}{\mathrm{d}t^2}=10\beta u_{2n+1}-11\beta u_{2n}+\beta u_{2n-1}$，$m\dfrac{\mathrm{d}^2 u_{2n+1}}{\mathrm{d}t^2}=\beta u_{2n+2}-11\beta u_{2n+1}+10\beta u_{2n}$；或

$m\dfrac{\mathrm{d}^2 u_{2n}}{\mathrm{d}t^2}=\beta u_{2n+1}-11\beta u_{2n}+10\beta u_{2n-1}$，$m\dfrac{\mathrm{d}^2 u_{2n+1}}{\mathrm{d}t^2}=10\beta u_{2n+2}-11\beta u_{2n+1}+\beta u_{2n}$

2-2 设长为 l 的一维单原子链的原子质量为 m，其晶格常数为 a，原子间的相互作用势能为 $u(a+\delta)=A\cos\delta$，式中，δ 表示两个原子间距离的变化。试由简谐近似求出晶格振动频率（ω）与波矢（q）间的色散关系。

【答案】 $\omega=2\left(\dfrac{A}{m}\right)^{\frac{1}{2}}\left|\sin\left(\dfrac{qa}{2}\right)\right|$

三、思维拓展

3-1 在一维无限长弹簧振子链模型中，原子间的左右为何能够近似服从胡克定律？$F=\beta\delta_{右}-\beta\delta_{左}$，一定是 $\beta\delta_{右}$ 减去 $\beta\delta_{左}$ 吗？

3-2 晶体中粒子的振动与宏观物体的振动有什么区别？

第二十五章
物质的电磁性质

本章核心内容
1. 电介质在电场中的极化过程与描述。
2. 外磁场中磁介质磁化过程与宏观表征。
3. 铁磁质磁化的特殊磁滞回线。

磁畴

人们已经形成共识，世间万物的电磁性质都源于带电粒子的运动。因此，可以从两个层次、用不同的方法研究物质的电磁性质：一是物质与电磁场相互作用的宏观描述；二是在分子、原子的层面上的微观描述。通过两者的结合就可以了解物质宏观电磁性质与分子、原子电结构的相互关系。不过，深入研究需要涉及几个不同的学科。本章只在大学物理层面简要介绍物质宏观电磁性质与分子原子结构相互关联的经典描述。

第一节 电介质及其极化

历史上，法拉第最早给出了"介质"的定义，而电介质这一名词的最初引入是用来描述绝缘体的。现在看来，不能简单地认为电介质就等同于绝缘体（见本章第二节）。电介质是指由大量电中性分子组成的、没有自由电荷效应的包括气态、液态、固态等范围广泛的物质。具体说，没有自由电荷效应是指电介质包括除了金属与合金导体之外的一切材料。如电介质不同于金属导体之处是，其内部电荷总是束缚在分子（原子）之中，即使在宏观电场作用下，虽然分子或原子电结构（指等效电荷中心）会发生某种变化，在外电场不太强时，电荷不能挣脱微观束缚力的作用而自由运动。不过，电介质的宏观介电特性也都是介质（固体）中各种微观粒子在外电场作用下运动状态发生变化的统计平均结果。为分析在外加宏观电场作用下，电介质分子或原子内部电结构的变化所产生的物理效应，首先需要描述组成电介质分子（原子）的电结构。

一、分子（原子）的电结构

1. 等效电荷中心

近代物理学的发展使人们对组成物质分子的电结构有了深入的认识。分子（原子）是

243

由原子核和电子组成的电中性系统，从整体看，每个分子（原子）电荷的代数和为零，分子（原子）对外呈电中性；从分子（原子）内部看，正、负电荷的分布雷同，即正电荷约束在尺度约 10^{-15} m 的原子核内，而核外电子（电子云）分布范围较大，一般达到 10^{-10} m 左右。如图 25-1 所示是氢原子、氧分子、水分子的正、负电荷概率分布（电子云）示意图（相关尺度不成比例）。但从图 25-1 看，与氢原子不同，氧分子和水分子中的正、负电荷并不是都集中在一点上。设想从与分子的距离比分子本身的线度（10^{-10} m）大得多的地方来观察电荷产生的电场时，作为一种近似，可以将分子中全部正电荷在观察点的电场，用一个等效、等量正点电荷的电场来代替。同理，分子中全部负电荷在观察点的电场，也可以用一个等效、等量负点电荷的电场代替。以上两个等效点电荷的位置称为正、负电荷的<u>等效电荷中心</u>（简称电荷中心）。出现在图 25-2 中氢、氧原子之外的正、负号是水分子的正、负电荷中心位置示意图。(<u>正、负电荷中心不会因吸引靠拢为什么？</u>)

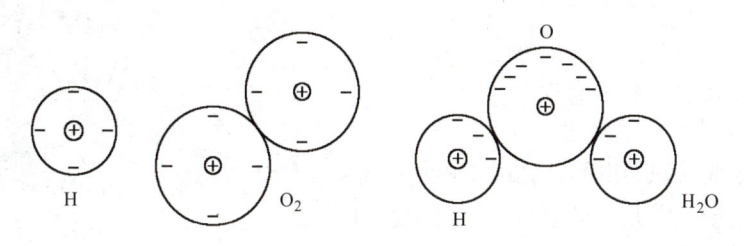

图 25-1

2. 电偶极矩

由图 25-2 中分离的正、负电荷中心可以构造一个电偶极子模型（见第一卷第四章第二节）。如在图 25-3a 中，电偶极子由相距为 l 的两个等量异号点电荷 $+q$ 和 $-q$ 组成。定义 $\boldsymbol{p}=q\boldsymbol{l}$ 为<u>电偶极矩</u>矢量（简称电矩）。为方便描述电偶极子在电场中的行为，规定电矩矢量 $\boldsymbol{p}$ 的方向由 $-q$ 指向 $+q$。图 25-3b 描述了

图 25-2

水分子的电偶极矩。虽然分子都呈现电中性，但由于不同分子中原子的排列不同，当无外电场作用时，按正、负电荷中心相对位置的不同，可将电介质分子分为两大类：一类是分子中<u>电子对称地分布在等效正电荷中心的周围，分子的正、负电荷中心重合（正、负电荷不会因此而中和，为什么？），这种没有固有的电偶极矩的分子</u>，称为<u>无极分子</u>，如 H_2、N_2、O_2 和 CH_4 等（见图 25-4）；另一类分子，<u>其正电荷中心与负电荷中心不重合，这种分子具有固定的电偶极矩</u>（见图 25-3b），称为<u>有极分子</u>（或极性分子）。有极分子的极性用电偶极矩 $\boldsymbol{p}_{m_0}$ 表示：

$$\boldsymbol{p}_{m_0} = q\boldsymbol{l} \tag{25-1}$$

以上分类虽然简单，却抓住了不同分子（原子）电结构的核心。电偶极矩的 SI 单位是 C·m（库仑米），习惯上也有用 D（德拜）为单位，以纪念 1912 年提出电偶极矩概念的荷兰物理学家德拜，$1D = 3.336 \times 10^{-20}$ C·m。表 25-1 给出了一些有极分子的电偶极矩（利用试样的相对介电常数和折射率可以计算电偶极矩，略）。

图 25-3

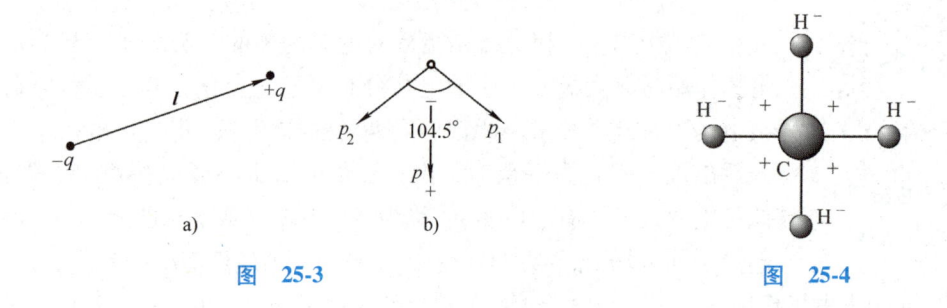

图 25-4

表 25-1　一些有极分子电偶极矩的大小

分子	$p_{m_0}/10^{-30}\text{C}\cdot\text{m}$	分子	$p_{m_0}/10^{-30}\text{C}\cdot\text{m}$
HCl	3.43	H_2S	5.3
HBr	2.60	SO_2	5.3
HI	1.26	NH_3	5.0
CO	0.40	C_2H_5OH	3.66
H_2O	6.2	—	—

二、电介质极化的微观机理

在没有外电场作用时，不论何种电介质，由于热运动，电介质内部所有分子（原子）激发的电场互相抵消，电介质在宏观上不表现出电性。但在外电场作用下，情况就不同了。此时，电介质表面出现了束缚电荷，产生宏观静电效应，这种现象称为电介质的极化。

1837 年，法拉第首先研究了充满平行板电容器两极板空间介质的极化。以图 25-5 为例，两只平行板电容器中，一只极板间为空气（真空）（见图 25-5a），另一只极板间充满电介质（见图 25-5b），两电容器极板面积 S 与板间距 d 均相同。实验发现，当维持两板上的电荷量 Q 不变时，充满了均匀各向同性电介质的电容器（见图 25-5b）的电容 C 是图 25-5a 中电容器电容 C_0 的 ε_r 倍（ε_r 为相对介电常数），而此时电介质内任意点的电场强度 E 只有图 25-5a 中对应点电场强度 E_0 的 $1/\varepsilon_r$ 倍，即

$$E=\frac{E_0}{\varepsilon_r} \tag{25-2}$$

图 25-5

式（25-2）虽然表明外电场中电介质内场强 E 很弱，但 E 的存在却是电介质区别于导体的重要标志之一。那么为什么在外电场中电介质内部电场强度不为零呢？究其原因，只能从在外电场作用下介质内部发生的微观物理过程中去寻找。

研究发现，电介质极化的微观物理过程（机理）大体分为六种类型，本书只简要讨论电子位移极化和取向极化（其他四类可自行查询学习）。

1. 无极分子的电子位移极化

前已指出，无极分子是指固有电矩为零的一类分子。当受恒定外电场作用时，无极分子中的电荷分布要发生变化，其正、负电荷中心被电场力拉开一个微小距离。当外场的作用与两正、负电荷中心被拉开后出现的库仑力平衡时，由正、负电荷中心形成一稳定电偶极子。此种电偶极子具有的电矩 p_{m_0} 称为感生电矩（或诱导电矩）。p_{m_0} 的方向趋向于外电场 E_0 的方向，图 25-6 表示一种理想情况中 p_{m_0} 的方向。计算表明，在较强电场作用下，正、负电荷中心的位移约为原子半径的 10^{-5} 倍，不比原子核的半径（约 10^{-15} m）大多少。当然，感生电矩的大小和外加电场的强弱有关。外电场越强，分子的正、负电荷中心之间的相对位移越大，分子的感生电矩也越大。一旦外电场撤去，导致正、负电荷中心分开的条件消失了，正、负电荷中心又重新重合。由于电子的质量比原子核的质量小得多，所以，外电场使正、负电荷分布发生变化的作用，可以等效为负电荷中心相对原子核产生了一微小位移。因此，无极分子的极化机理常常称为电子位移极化。

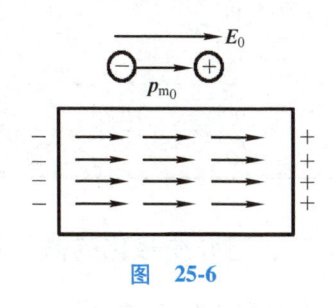

图 25-6

对于外电场中一整块电介质来说，因为每个分子都具有感生电矩，无论微观还是宏观层次的极化状态（电偶极矩效应）一并示意在图 25-6 上，在与外电场 E_0 方向垂直的电介质左、右表面上同时出现等量异号电荷（极化面电荷），与外电场方向平行的上、下表面不出现电荷（为什么？）。

2. 有极分子的取向极化

有极分子是指固有电矩不为零的一类分子（$p_{m_0} \approx 10^{-30}$ C·m，见表 25-1）。假定每个分子的电矩都是刚性的（非刚性电矩本书略），由于分子热运动，各个分子的 p_{m_0} 的取向杂乱无章（见图 25-7a），因而，在无外电场时，在宏观上并不显示电偶极矩效应。当受到恒定外电场作用后，各分子固有电矩 p_{m_0} 将趋向转到能量较低的方向排列，平衡后沿外场方向所有分子固有电矩做一定程度的有序排列（见图 25-7b）。外电场越强，分子固有电矩排列得越整齐，在图中电介质左、右相对的表面上出现极化面电荷，与外电场平行的上、下表面不出现电荷。总之，不论这两类电介质极化微观机理如何不同，在与外电场方向垂直的相对表面都会出现宏观表面电荷。

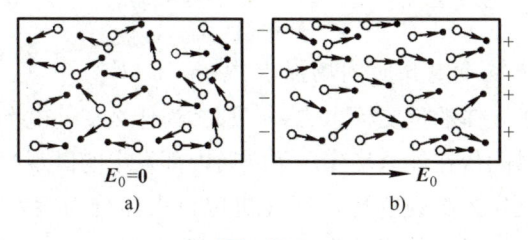

图 25-7

三、极化面电荷

1. 极化面电荷的产生

为了延伸以上讨论,假设一种简单的理想情况:在图 25-6 中,外电场恒定、均匀,在密度均匀的电介质内,任意一个宏观小的体积元内所含的异号电荷数量相等,分子电矩 p_{m_0} 相同。因此,在图 25-6 中位于同一直线上前后相邻两电偶极子的异号电荷位置彼此重叠,只有接近或正好穿过小体积元表面的电偶极子才会有正、负电荷出现在体积元的表面上(参看图 25-9)。宏观上,如图 25-6 所示,正、负电荷只在垂直于外电场方向介质的两个表面(或两种不同介质的界面)上出现,分布在块体电介质表面的电荷,叫作**极化面电荷**。无论正、负,这种极化面电荷都不能用诸如接地之类的导电方法使它们脱离电介质的束缚。因为极化面电荷是电介质中分子束缚电荷定向排列的宏观等效电荷(也称束缚面电荷)。

2. 极化面电荷的电场

在恒定外电场中,均匀电介质极化面电荷的出现是电介质极化的标志。虽不能自由移动,但有一点却是与自由电荷相同的,那就是它也会在空间激发电场,这一电场将与原来的恒定外电场在空间发生叠加。下面以充满了各向同性均匀电介质的平板电容器中的图 25-8 为例来进行讨论。

设图 25-8 中未插入电介质前电容器极板上已带自由电荷,面密度分别为 $+\sigma_0$ 和 $-\sigma_0$,两板间由 $\pm\sigma_0$ 产生的电场强度大小为[参看第一卷第四章式(4-32)]

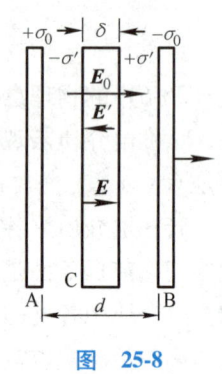

练习 64

$$E_0 = \frac{\sigma_0}{\varepsilon_0} \tag{25-3}$$

图 25-8

方向如图所示。当两极板间插入均匀各向同性电介质后,电介质在电场 E_0 中极化,极化后的电介质在它的左、右两个垂直于 E_0 的表面上分别出现面密度为 $-\sigma'$ 和 $+\sigma'$ 的极化面电荷。极化面电荷在空间产生的电场称为附加电场,图中用 E' 表示(E' 又称退极化场),其大小为

$$E' = \frac{\sigma'}{\varepsilon_0} \tag{25-4}$$

方向如图由右向左。因此,极板间的电介质中由 E_0 与 E' 叠加的合场强 E 的大小可以表示为

$$E = E_0 - E' = \frac{1}{\varepsilon_0}(\sigma_0 - \sigma') \tag{25-5}$$

方向如图所示,式(25-5)说明了为什么电介质中电场强度 E 比恒定外电场 E_0 弱的原因[见式(25-2)]。

四、电极化强度

上面从外电场中分子电结构发生变化出发,介绍了在电介质垂直于电场方向的两个相对表面上出现极化面电荷的极化现象。与此同时,如图 25-6 和图 25-7b 所示,在电介质内部微观层次上有沿电场方向排列的电矩。不难推测,外电场越强,电介质内分子电矩越强。朝外

场方向排列程度越高，宏观极化面电荷也越多。因此除极化面电荷±σ'外，为了从宏观上定量描述电介质内大量分子电矩整体的强弱与外电场强弱的关系，需引入电介质电极化强度这一物理量。

1. 电极化强度的定义

如何具体引入电极化强度？按物理学中的元分析法：在电介质中任取一宏观小（微观大）体积元 ΔV，当电介质未极化时，不论无极分子或有极分子，该体积元内所有分子的电矩 $\boldsymbol{p}_{m_0}$ 的矢量和为零，即 $\sum \boldsymbol{p}_{m_0} = \boldsymbol{0}$。在恒定外电场作用下电介质极化，此小体积元中分子电矩 $\boldsymbol{p}_{m_0}$ 的矢量和 $\sum \boldsymbol{p}_{m_0} \neq \boldsymbol{0}$。外电场越强，分子电矩的矢量和 $\sum \boldsymbol{p}_{m_0}$ 越大。同时，如果所取 ΔV 越大，矢量和 $\sum \boldsymbol{p}_{m_0}$ 也越大。为此，要定量描述电介质内各处分子电矩矢量和大小与外电场强弱的关系，就要设法排除 ΔV 大小的不确定所带来的影响，办法是取单位体积作为比较标准，由此引入<u>电极化强度</u> $\boldsymbol{P}$：

$$\boldsymbol{P} = \frac{\sum \boldsymbol{p}_{m_0}}{\Delta V} \tag{25-6}$$

式（25-6）的物理意义是：用电介质单位体积内分子电矩（微观量）的矢量和的统计平均值，量度电介质宏观上各处的极化状态（极化程度和极化方向），电极化强度矢量的国际单位是 $C \cdot m^{-2}$。

若在电介质中各点的电极化强度 $\boldsymbol{P}$ 的大小和方向都相同的理想状态下，则称电介质极化均匀。前提条件是：电介质均匀，外加电场也均匀。在一般情况下两者或两者之一不均匀，电介质中各处的极化是非均匀的。如何描述在电介质中各处的不同极化状态呢？这可以利用高等数学中求极限的方法，取式（25-6）在 $\Delta V \to 0$ 时的极限值，即

$$\boldsymbol{P} = \lim_{\Delta V \to 0} \frac{\sum \boldsymbol{p}_{m_0}}{\Delta V} \tag{25-7}$$

如何解释式（25-7）的物理意义呢？原来是当 $\Delta V \to 0$ 时，ΔV 的极化是均匀的，这就是为什么电介质内每一点都可以用一个确定的电极化强度来描述极化的原因。在非均匀极化的电介质内，不同点的电极化强度 $\boldsymbol{P}(x,y,z)$ 一般不相同，因此，按场的观点，电介质中各点的电极化强度 $\boldsymbol{P}(x,y,z)$ 描述一个矢量场，可以称这种由 $\boldsymbol{P}$ 描述的矢量场为电介质中的极化场，$\boldsymbol{P}$ 就是极化场强度。本书只讨论均匀极化的匀强极化场与介质中电场 $\boldsymbol{E}$ 的关系。

2. 电极化强度与极化面电荷的关系

前面已分别以 σ' 与 $\boldsymbol{P}$ 描述了电介质在外电场中的极化状态，既然如此，两者之间一定有特殊关系。为此，以图 25-9 为例，研究电介质处于极化状态时 $\boldsymbol{P}$ 与 σ' 的关系。按物理学惯用的元分析法，在图中沿极化场 $\boldsymbol{P}$ 方向任取一长为 Δl、底面积 ΔS 与 $\boldsymbol{P}$ 方向有一夹角的宏观小体积元 ΔV。由于 ΔV 的极化，在它两底面上出现极化面电荷 ±σ'，与此同时，小体积元 ΔV 的电极化强度为 $\boldsymbol{P}$。由于 $\boldsymbol{P}$ 与 σ' 都描述 ΔV 的极化，$\boldsymbol{P}$ 与 σ' 之间会存在什么关系呢？先定性地看，因为 ΔV 很小，将在 ΔV 中（见图 25-6）定向排列的分子电矩之和 $\sum \boldsymbol{p}_{m_0}$ 与分

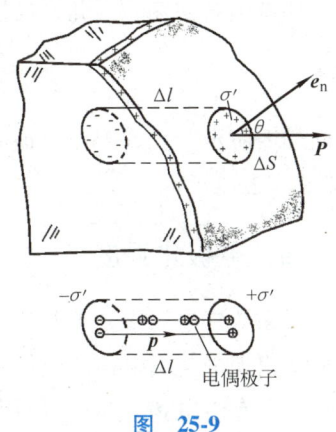

图 25-9

布在 ΔV 相对表面上的正、负电荷组成的电矩 p（见图 25-9 中的下图）放在一起做比较。为了进一步探究这一比较得出什么结论，先描述极化体积元 ΔV 面电荷的电矩。设底面 ΔS 的法向单位矢量 e_n 与 P 间的夹角为 θ（一般情况），两底面上的极化电荷面密度分别为 $+\sigma'$ 和 $-\sigma'$。将这一带电 $\pm\sigma'$ 的体积元看成一大电偶极子，则 ΔV 电矩的大小为 $(\sigma'\Delta S)\Delta l$。然后，从图 25-9 中的下图看，这一电矩应该等于小体积 ΔV 内所有分子电矩的矢量和。则 ΔV 内分子电矩矢量和的大小

练习 65

$$|\sum p_{m_0}| = \sigma'\Delta S\Delta l \tag{25-8}$$

根据式（25-6）与式（25-8），电极化强度 P 的大小为

$$P = \frac{|\sum p_{m_0}|}{\Delta V} = \frac{\sigma'\Delta S\Delta l}{\Delta S\Delta l\cos\theta} = \frac{\sigma'}{\cos\theta} \tag{25-9}$$

式中，$\Delta V = \Delta S\Delta l\cos\theta$。式（25-9）可以简化为标量积形式

$$\sigma' = P\cos\theta = P_n = \boldsymbol{P}\cdot\boldsymbol{e}_n \tag{25-10}$$

P_n 是电极化强度 P 沿电介质小斜柱体表面外法线方向的投影。式（25-10）的文字表述为：极化电荷面密度 σ' 等于电极化强度 P 在该面法线方向上的投影。结合图 25-9 看，式（25-10）包含三种情况：当 $0 \leqslant \theta < \frac{\pi}{2}$ 时，P_n 为正，该表面上呈现正极化面电荷；当 $\frac{\pi}{2} < \theta \leqslant \pi$ 时，P_n 为负，该表面上呈现负电荷；而在 $\theta = \frac{\pi}{2}$ 的那些介质表面（如柱体的侧面），则无极化面电荷出现。这里回答了为什么极化面电荷只出现在与电场强度垂直的两表面上的原因。

图 25-9 描述的是均匀电介质中一个小斜圆柱体在均匀电场中的极化情况，可以推广到整块均匀电介质。但对于非均匀电介质的极化就不适用了，因为在电介质内部还出现极化体电荷的情形，本书不做介绍。

3. 电介质的极化规律

1) 以上从微观层次和宏观层次介绍了什么是电介质的极化，那么**什么是电介质的极化规律呢？** σ'、P 及两者的关系是否是极化规律呢？为此仍按上述思路看，未极化前电介质中电荷间原本有较强的相互作用。外电场迫使这些电荷间处于一种新的相互作用状态，新状态一定会反作用于外电场。因此，电介质的极化是外电场和电介质分子相互作用的过程与结果，这是观察电介质极化的一个新视角。具体说，外电场（E_0）是造成电介质极化的原因，但电介质极化后出现的极化面电荷（σ'）也要激发电场（E'）叠加于外电场，结果如式（25-5）所示，叠加后的电场（E）继续影响电介质的极化。经过一个相互作用的复杂过程直到静电平衡，电介质便处于稳定的极化状态。从电介质极化的内在原因看，在外电场中电介质中每一个分子中的电荷既要受到宏观电场的极化作用，又要受分子本身及周围分子微观束缚力场的作用，这个作用倾向于使 P 趋于零。当这两种相反的作用平衡时，电介质内的合电场（E）就与微观束缚力场相平衡，电介质呈现稳定的极化状态，并出现稳定的电极化强度。因此，合电场强弱也反映极化程度，故将<u>电介质中电极化场强度 P 与合电场强度 E 的关系</u>称为电介质的<u>极化规律</u>。

不同的电介质，P 与 E 的关系是不同的。比如说，在同样电场 E_0 的作用下，不同电介

质极化的程度就不相同。测量在不同极化状态下电介质中的电场 E，可以表征电介质的极化程度，还能反映电极化强度与分子微观束缚力场的关系。因此，通过探究电介质极化规律，不仅可以厘清电极化强度 P 和合电场强度 E 的关系，还可以通过这一窗口定性地了解电介质微观束缚力场的强弱。

2) **电介质的极化规律具体是什么？** 也就是要寻找 P 和 E 的关系。由于电介质种类繁多，性质各异，P 与 E 的具体关系要由实验确定。从现有实验得到的 P 与 E 的关系来看，电介质大致可以分为 5 类：各向同性电介质、各向异性电介质、铁电体电介质、永电体和驻电体电介质等。大学物理层次只介绍常见的各向同性电介质。

仍以充满各向同性介质的平行板电容器为例，利用式（25-2）、式（25-4）、式（25-5）以及式（25-10），可以推导出电极化强度 P 与电介质中合电场强度 E 的关系。具体步骤是：先由式（25-4）写出 $\sigma'=\varepsilon_0 E'$，将式（25-5）中的 E' 代入，可得图 25-8 中电介质极化电荷面密度 σ' 的数值为

练习 66

$$\sigma'=\varepsilon_0(E_0-E) \tag{25-11}$$

再利用式（25-2）中 E_0 与 E 的关系，得极化面电荷 σ' 与合电场强度 E 的大小的关系为

$$\sigma'=\varepsilon_0(\varepsilon_r-1)E \tag{25-12}$$

最后，在图 25-6 的理想情况下（$P // e_n$），利用式（25-10），将 $\sigma'=|P|$ 代入式（25-12），最终得到电介质中电极化强度 P 与合电场强度 E 之间的大小的关系为

$$P=(\varepsilon_r-1)\varepsilon_0 E$$

对于图 25-8 所示各向同性均匀电介质，可写成矢量式

$$\boldsymbol{P}=(\varepsilon_r-1)\varepsilon_0 \boldsymbol{E} \tag{25-13}$$

式中，ε_r（相对介电常数）可由实验测得。表 25-2 给出了一些常见电介质的相对介电常数，其中介电强度是在外电场中电介质所能承受的最大电场强度（超过该值，电介质被击穿，从而成为导体）。为了研究方便，通常将式（25-13）中的物理参量（ε_r-1）用另外一个物理量 χ 表示。令

$$\chi=\varepsilon_r-1 \tag{25-14}$$

表 25-2 几种常见电介质的相对介电常数和介电强度

电介质	相对介电常数 ε_r	介电强度/$(kV \cdot mm^{-1})$（室温）	电介质	相对介电常数 ε_r	介电强度/$(kV \cdot mm^{-1})$（室温）
真空	1		空气（0℃）	1.000 59	3
蒸馏水	81	30	变压器油	2.2~2.5	12
纸	2.5	5~14	聚四氟乙烯	2.1	60
聚乙烯	2.26	50	氯丁橡胶	6.60	12
硼硅酸玻璃	5~10	14	云母	5.4	160
陶瓷	6	4~25	二氧化钛	100	6
钛酸锶	约 250	8	钛酸钡	约 10^4	3

这样，式（25-13）可简要表示为

$$P=\chi\varepsilon_0 E \tag{25-15}$$

式中，χ 称为电介质的电极化率（简称极化率，$\chi=\dfrac{P}{\varepsilon_0 E}$），它也是用来反映电介质响应外电场作用而极化的物理量。从表 25-2 看，不同电介质极化率不同。有趣的是，若 $\chi=-1$，按式（25-14），$\varepsilon_r=0$，而按式（25-15），$\varepsilon_0 E+P=0$，表示电介质极化形成的电极化强度 P 场与代表外界作用的 $\varepsilon_0 E$ 场叠加后，电介质内根本没有电场，电介质变成导体！对比超导体内没有磁场的现象，寻找 χ 趋近 −1 的电介质现象是个科研课题。关于式（25-15），补充说明以下几点：

① 虽然式（25-15）是从特例导出的，但实验证明，对于大多数常见的各向同性均匀电介质，当电场强度不太强时，χ 与电场强度无关，P 与 $\varepsilon_0 E$ 的方向相同，数值上近似成正比。用数学语言说，就是 P 与 E 的关系式是线性关系，具有这类特性的电介质叫作线性电介质。图 25-10 表示线性电介质的 P-E 关系是一条过原点的直线。从图上看，可用直线的斜率（极化率）来表征电介质的极化难易与极化程度，斜率 χ 越大，则固体介质越容易极化，即在相同合电场强度 E 下电极化强度 P 越强。

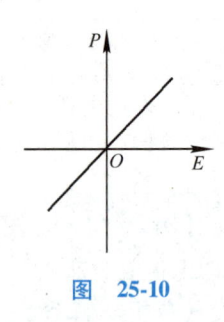

图 25-10

② 如果电场强度 E 很强，由于会发生饱和极化和击穿现象，介质极化率 χ 是一个不仅与电介质性质有关，还与电场强度 E 有关的二阶张量。此时，P 与 E 之间的关系不能再用图 25-10 描述，将呈现非线性关系（如下节的图 25-17）。

③ 上面介绍的只是电介质在静电场（匀强或非匀强恒定外电场）中极化的情形。在交变电场中，电介质的极化情况就有所不同了。例如，光（交变电磁场）在电介质中传播时的折射率，本质上取决于电介质在高频电场作用下的极化，其相对介电常数 ε_r 是频率的函数。表 25-3 列出了在一定工作频率下，一些电介质的相对介电常数。将表 25-2 与表 25-3 中相同物质的 ε_r 的数据做比较，**能看出一些什么规律吗？**（表中提到晶体的主轴是指晶体结构中一种特殊的方向。）

表 25-3 一些有代表性的物质的相对介电常数

物质	温度/℃	频率/Hz	相对介电常数 ε_r
干燥空气，自由 CO_2	20	—	1.000 54
氧化镁	25	10^2	9.65
三氧化二铝	25	10^2	10.55① 8.6②
二氧化钛	25	10^5	170① 86②
钛酸钡	25	10^5	180① 2 000②
聚乙烯和石蜡	25	10^2	2.25

(续)

物质	温度/℃	频率/Hz	相对介电常数 ε_r
硫化橡胶	25	10^2	2.94
熔凝石英	25	10^2	3.78
云母	25	10^4	7.3③ 6.9④
水	25	10^5	78.2
冰	-12	10^5	4.8

① 电场与晶体的主轴平行。
② 电场与晶体的主轴垂直。
③ 电场平行于材料片。
④ 电场垂直于材料片。

【例 25-1】 如图 25-11 所示，已知一均匀带电介质球的电极化强度为 P，求球表面束缚电荷的分布。

【分析与解答】 如图 25-11 所示，取球心为坐标原点，Oz 轴与 P 方向平行，点 A 的外法向矢量 n 与 P 间的夹角为 θ，则球面上任意一点 A 的束缚电荷面密度为

$$\sigma' = P\cos\theta = P_n$$

结果表明，右半球面上 σ' 为正，左半球面上为负；在左右半球分界面上 $\sigma' = 0$。

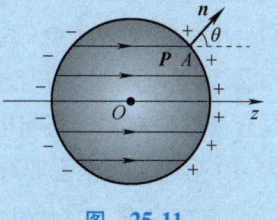

图 25-11

*第二节 电介质的特殊效应

电介质除了具有电绝缘以及作为电容器介质的功能外，还可以具有一系列其他的性能和物理效应，如铁电性、铁弹性、压电效应、电致伸缩效应、热电效应、电热效应、非线性光学效应等。对电介质的这些性质和效应的研究、应用和开发，已形成固体物理学的另一个分支，称为电介质物理学。可以毫不夸张地说，现代电介质已成为当今高新技术的重要支撑材料。下面只简要介绍电介质的一些特殊效应。

一、压电效应

所谓压电效应，顾名思义，就是由力产生电的效应。例如，当一些离子键晶体在一定方向上受到压力或拉力而产生形变时，会同时发生极化现象，从而在与拉力或压力方向相垂直的晶体相对的两个表面上出现异号极化电荷。极化电荷产生电场，并在出现极化电荷的两表面之间产生电压，这种现象就称为压电效应。能出现压电效应的晶体称为压电晶体。特别是当压电晶体上施加振动的机械作用时，就会产生以同样频率振动的电场与电压，把机械振动转变为电振动。压电效应还有逆效应，即在压电晶体上加上交变电场时，晶体在电场作用下

由于极化而产生形变（伸长与压缩），这种逆效应称为电致伸缩效应。利用电致伸缩效应，可以把电振动转变为机械振动，用于制作产生超声波的换能器、耳机和扬声器，也可用于制作晶体振荡器、石英钟等，可见这种效应与我们的日常生活息息相关。

压电效应是 1880 年法国科学家 J·居里和 P·居里兄弟在研究热电现象和晶体对称性时，在 α 石英晶体（即 α-SiO_2）上发现的。目前已知的压电晶体超过千种。在工业上获得广泛应用的主要是 α 石英晶体、铌酸锂（$LiNbO_3$）晶体、钽酸锂（$LiTaO_3$）晶体和四硼酸锂（$Li_2B_4O_7$）晶体等，表 25-4 中给出了压电材料的应用实例。1940 年以后，逐渐发现生物组织，如木材、骨骼、肌腱、血管和薄膜组织都具有压电性。实际上，生物体本身也是一个复杂的压电系统。如听觉和触觉就是压电效应的一种生理反应，当骨头弯曲时有压电极化产生。研究生物压电性对控制生物生长、弄清生物功能以致保健、治病等都具有重要的意义。

表 25-4　压电材料应用实例

应用领域		举例
电源	压电变压器	雷达、电视显像管、阴极射线管、盖革计数管、激光管和电子复印机等高压电源和压电点火装置
信号源	标准信号源	振荡器、压电音叉、压电音片等用作精密仪器中的时间和频率标准信号源
信号转换	电声换能器	拾声器、送话器、受话器、扬声器、蜂鸣器等声频范围的电声器件
	超声换能器	超声切割、焊接、清洗、搅拌、乳化及超声显示等频率高于 20kHz 的超声器件
信号处理	滤波器	通信广播中所用各种分立滤波器和复合滤波器，如彩电中频滤波器，雷达、自控和计算系统所用带通滤波器、脉冲滤波器等
信号处理	放大器	声表面波信号放大器以及振荡器、混频器、衰减器、隔离器等
	表面波导	声表面波传输线
传感与测量	加速度计 压力计	工业和航空技术上测定振体或飞行器工作状态的加速度计、自动控制开关、污染检测用振动计，以及流速计、流量计和液面计等
	角速度计	测量物体角速度及控制飞行器航向的压电陀螺
	红外探测器	监视领空、检测大气污染浓度、非接触式测温，以及热成像、热电探测、跟踪器等
	位移发生器	激光稳频补偿元件、显微加工设备及光角度、光程长的控制器
存储显示	调制	用于电光和声光调制的光阀、光闸、光变频器和光偏转器、声开关等
	存储	光信息存储器、光记忆器
	显示	铁电显示器、声光显示器、组页器等
其他	非线性元件	压电继电器等

1969 年，科学家们又发现某些有机薄膜，如聚偏氟乙烯（PVF_2）等，也具有良好的压电性。它易于加工成大面积的复杂薄膜，特别适于立体声耳机和高频扬声器。此外，这类高聚物与生物组织有较好的相容性。在医学上，可用于心音、胎音、血压测量等传感器。

那么，为什么上述这些材料会产生压电效应呢？

晶体的压电效应可以用图 25-12 形象地加以定性解释。图 25-12a 表示不受外力作用时，

在组成石英晶体的晶胞中，Si^{4+}（黑点）和 O^{2-}（圆圈）在 z 平面上的投影。图 25-12b 表示将这些硅、氧离子等效为正六边形排列，图中"⊕"代表 Si^{4+}，"⊖"代表 2O^{2-}。注意图 25-12 有一个特征：这些正、负离子的排列是非中心对称的（具有中心对称的晶体无压电效应）。另外，图中正、负电荷中心重合，分子固有电矩为零，属无极分子。在无外加应力时，晶体极化强度矢量为零，晶体表面不带电，不具有压电效应。

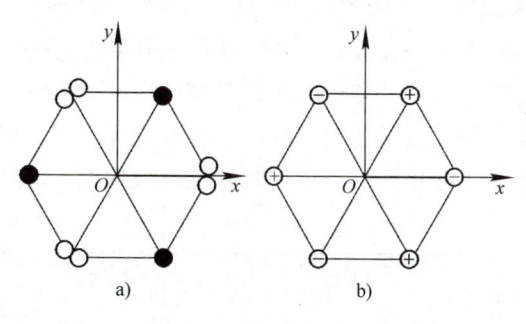

图 25-12

图 25-13a 表示晶体在水平（x）方向受到压缩时晶体发生形变。晶胞的正、负电荷中心分离，此时，产生分子电偶极矩。极化强度矢量不再等于零，与 x 方向相垂直的两相对表面上出现束缚电荷，晶体对外显示宏观电偶极矩效应。图中，中心处的箭头表示极化方向。若在晶体施力面镀上金属电极，就可以检测到电势差的变化。只是在金属电极上，由静电感应产生的电荷与晶体表面出现的束缚电荷符号相反。图 25-13b 所示为晶体受到拉力的情况。这时，极化强度矢量方向以及晶体表面出现极化电荷符号，均与图 25-13a 中所示的情况恰好相反。

图 25-13

图 25-14 所示为另一种简单类型的压电陶瓷 BaTiO$_3$（钛酸钡）的晶胞。图中，正的钛离子被负的氧离子包围，而氧离子构成一个近乎规则的八面体。不过，钛离子并不处在氧离子构成的八面体的几何中心，而是沿着 z 轴方向稍有位移。在无外加应力时，这种结构已具有电偶极矩或自发极化强度（属有极分子）。当晶体在 x、y 平面内受到机械压缩（如图中箭头所示），或者沿着 z 轴方向伸长时，钛离子将更多地偏离几何中心。产生与这种形变有关的附加极化强度，从而出现宏观的电偶极矩效应。图中，虽然箭头表示当晶体处于极化状态时离子位移的方向，不过，与压电石英单晶体不同的是，由于陶瓷是晶粒随机取向的多晶聚集体，因此，其中各个晶粒的自发极化强度矢量也是混乱取向的。如果利用足够强的电场，预先迫使各晶粒自发极化强度的方向转到 x 轴、y 轴或 z 轴，即为了使陶瓷（如 BaTiO$_3$）能

表现出宏观的压电特性，一般在压电陶瓷烧制成功并于端面被覆电极之后，将其置于强直流电场下进行极化处理，以使原来混乱取向的各自发极化强度矢量沿电场方向择优取向。在电场撤去后，会保留一定的宏观剩余极化强度，从而使陶瓷具有了相应的压电性质。下面对压电陶瓷这一性质做进一步介绍。

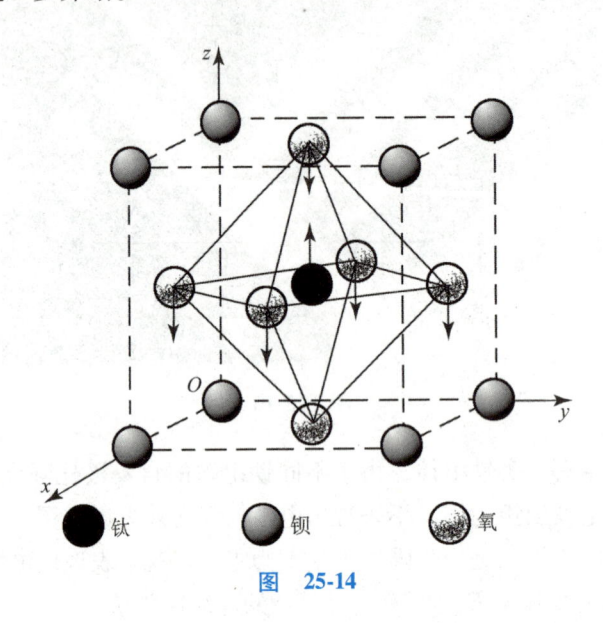

图 25-14

二、铁电体

上述的钛酸钡晶体在电介质中属特殊一族。不仅在没有外电场时晶胞内正、负电荷中心不重合，而且，在这些晶体中存在许多具有电偶极矩做规则排列、均匀自发极化的小区域。如图 25-15 所示，图中带箭头线段表示小区域总极化强度矢量。这些小区域称为铁电畴（简称电畴），畴线度为微米量级。晶体所显示的自发极化性质称为铁电性，具有铁电性的电介质称为铁电体。

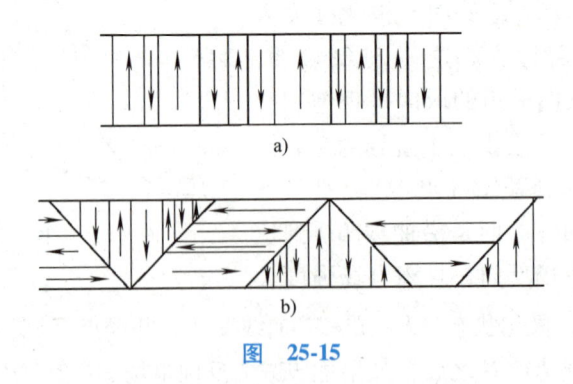

图 25-15

按照铁电畴结构的不同，铁电体分为两类：第一类（LiNbO$_3$）如图 25-15a 所示，晶体中含有平行和反平行极化的畴；第二类（BaTiO$_3$）如图 25-15b 所示，这类晶体中存在比较复杂的畴结构。利用现代技术，铁电畴可以用化学腐蚀法、偏光显微镜法、电子显微镜法、

扫描电镜法、X 射线形貌法和扫描超声显微镜法等多种方法进行观察。图 25-16 是用偏光显微镜看到的 $BaTiO_3$ 的铁电畴照片。按以上介绍，图中那些白色区域表示什么呢？

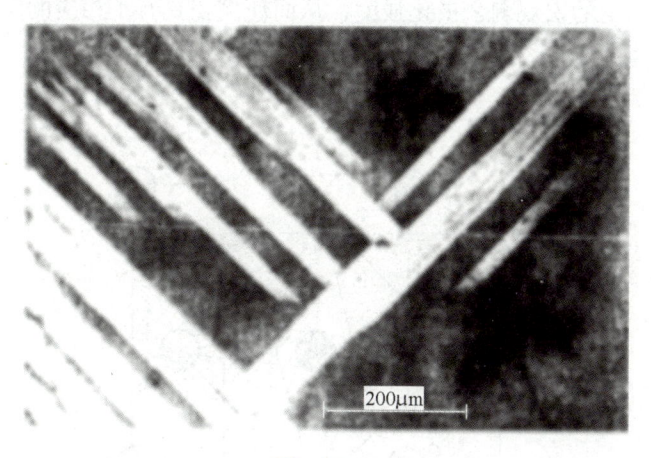

图 25-16

原来人们发现不论哪一类铁电体，由于不同铁电畴的自发极化强度矢量方向各不相同，因而宏观上晶体的总电偶极矩为零，不表现出电性。但在外电场作用下，各铁电畴的极化方向会趋向于外电场方向，结果是极化强度矢量不为零，宏观上表现出电性。不仅如此，铁电体的电极化强度 P 与电场强度 E 之间有一种复杂的非线性关系。

图 25-17 表示铁电体的 P-E 关系。将它与图 25-10 比较，便会初步看到它的复杂性。下面对图 25-17 做一简要分析。

通常把铁电体未极化时的状态称为基态。现在，在基态铁电体上加电场 E，并使电场 E 从零开始向正向增大，则其极化状态（P）沿 OB 曲线变化。显然与图 25-10 不同，OB 是曲线而不是直线，表明铁电体不是线性介质。此外，当电场强度大小 E 大于某一数值 E_B 时，极化强度大小 P 不再随 E 增大而增大。这一现象表明，图 25-15 中各电畴的电偶极矩的取向呈现饱和状态。从饱和点 B 开始，E 逐步减小直到为零，铁电体并不沿原路 OB 回到基态（点 O）。即 P 不沿 OB 曲线减小并返回零，而是沿曲线 BD 到达点 D。以后，如果使电场反向，且当电场强度大

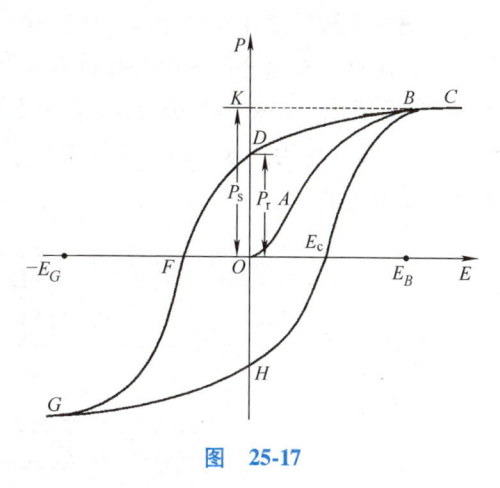

图 25-17

小 E 反向增到点 F 时，极化状态（P）沿 DF 曲线变化，并经点 F 到达点 G，即铁电体又进入反向饱和状态。在到达点 G 之后，如果逐步减弱反向电场，P 沿 GH 曲线反向减少直至点 H。当从点 H 使电场转向正向并继续使之增强时，极化状态（P）将自点 H 沿 HB 曲线返回到点 B。如此循环一圈，构成 $BDFGHB$ 闭合曲线。如果电场在 E_B 与 $-E_G$ 之间往复变化，则在理想情况下，极化状态（P）将沿图中闭合曲线变化。这条有向闭合曲线，称为铁电体的电

滞回线。图中 P_s 为饱和极化强度矢量大小，它代表一个铁电畴的自发极化强度值。对于大多数铁电体，P_s 值在 $10^{-3}\sim 10\mathrm{C\cdot m^{-2}}$ 之间。一般非铁电体类型的电介质中要达到这样大的极化强度，外加电场强度需达 $10^5\sim 10^8\mathrm{V\cdot m^{-1}}$，这已达到一般电介质被击穿的电场强度（见表 25-2）。图中 P_r 表示撤去外电场后其极化强度仍可不为零，能够长期保持剩余极化状态的电介质又称为电驻极体或永电体。

铁电性是 1921 年由 J·Valasek 首先在酒石酸钾钠（$\mathrm{NaKC_4H_4O_6\cdot 4H_2O}$）晶体的介电测量中观察到的。至今已知的铁电体已多达千种以上。铁电体是重要的功能材料，充分利用其电、磁、光、声、力和热等多方面的效应，可制成多种功能器件，如陶瓷电容器、压电器件、传感器、过热和过电流保护器件、延时启动器件、引燃、引爆器件、红外探测器、辐射传感器等。

第三节　磁介质及其磁化

从物质是否具有磁性考察，可以说一切由分子、原子组成的各种物质在相应磁场作用下，都将观测到程度不同且具有一定特征的磁性，这一现象或其出现的过程叫作磁化。在研究物质的磁化规律时，泛指所研究的物质为磁介质。本章第一节曾介绍，处于静电场中的电介质会被电场极化，同时，极化了的电介质所激发的电场在与外电场叠加中产生影响。将磁化与极化类比，磁化了的磁介质也会激发起附加磁场，附加磁场也会通过与原磁场叠加而产生影响。因此，本节讨论磁介质的方法、相关物理量的引入和规律的介绍，都和研究电介质极化类似。不过，早年类比电荷的"磁荷"概念及据此建立的磁介质磁化理论，与电介质极化理论并无任何联系。磁单极子（孤立的"南极""北极"）也正在寻找之中，且磁化现象比极化现象要复杂，磁介质对磁场的影响也远超电介质对电场的影响。

一、物质磁性的起源

1. 分子、原子中的电子磁矩

为什么一切由分子、原子构成的物质放在相应磁场中都能被磁化呢？在物质磁化现象中，外加磁场无疑只是外部条件，与此同时，从物质的内在属性看，任何一种构成物质的分子、原子都具有某种属性，即可以在外磁场中显示出某种磁性，其表现形式和程度因物质不同而有所不同。

这种差异如何从分子、原子电结构的不同来解释呢？原来，任何物质的分子、原子中每一个电子会同时参与两种运动。一种是每个电子都在环绕原子核运动；另一种是微观客体特有的自旋运动。因为电子都带负电荷，电荷运动形成磁矩（即磁性的起源），一方面磁矩在周围空间里产生磁场，另一方面磁矩也要受外磁场作用，这两类表现统称分子和原子的磁性。以电子绕核运动（又称轨道运动，以区分自旋运动）为例，采用如图 25-18a 所示模型来估算原子内电子轨道运动磁矩的大小。在经典图像中，电子以速率 v 在半径为 r 的圆周上绕核运动，其产生的磁效应犹如原子中存在一个闭合的圆电流（见图 25-18b），电流值为

$I=e/T=ev/2\pi r$（T 是圆运动周期）。因为电子带负电荷，故电流的方向与电子轨道运动的方向相反。若以 $\boldsymbol{p}_{mi}$ 表示电子轨道磁矩，则 $\boldsymbol{p}_{mi}$ 的大小为 ［参看第一卷第五章式（5-24）］

练习 67

$$p_{mi}=IS=\frac{ev}{2\pi r}\cdot\pi r^2=\frac{1}{2}evr=\frac{e}{2m}(mvr)=\frac{e}{2m}L \tag{25-16}$$

式中，L 表示电子轨道角动量的大小。如果将式（25-16）用矢量形式写出，则

$$\boldsymbol{p}_{mi}=-\frac{e}{2m}\boldsymbol{L} \tag{25-17}$$

式中负号示意因电流 I 与电子速度 $\boldsymbol{v}$ 的方向相反，所以 $\boldsymbol{p}_{mi}$ 与 $\boldsymbol{L}$ 的方向相反。式（25-17）虽是用经典圆形轨道模型的特例得出的，但所得结论却具有普遍性，因为恰好由量子物理也能得出同样的结果，两者区别之一在 L 是否量子化。推广到一般分子或原子，如果一个电荷系统具有角动量 $\boldsymbol{L}$，就一定具有相应磁矩 $\boldsymbol{p}_m$。对于电子的自旋运动，也可以用相应的自旋角动量和自旋磁矩描述。分子（或原子）中所有电子的轨道磁矩与自旋磁矩的矢量和称为分子的固有磁矩（简称分子磁矩），用符号 $\boldsymbol{p}_m$ 表示。按磁矩与电流的关系 $\boldsymbol{p}_m=IS\boldsymbol{e}_n$，每一个分子磁矩对应一圆电流，这个等效的圆电流称为<u>分子电流</u>，记为 i_m。图 25-19 给出了分子电流 i_m 的磁感应线，也可以看成是磁矩产生的磁感应线（将磁矩 $\boldsymbol{p}_m$ 类比成小磁针）。

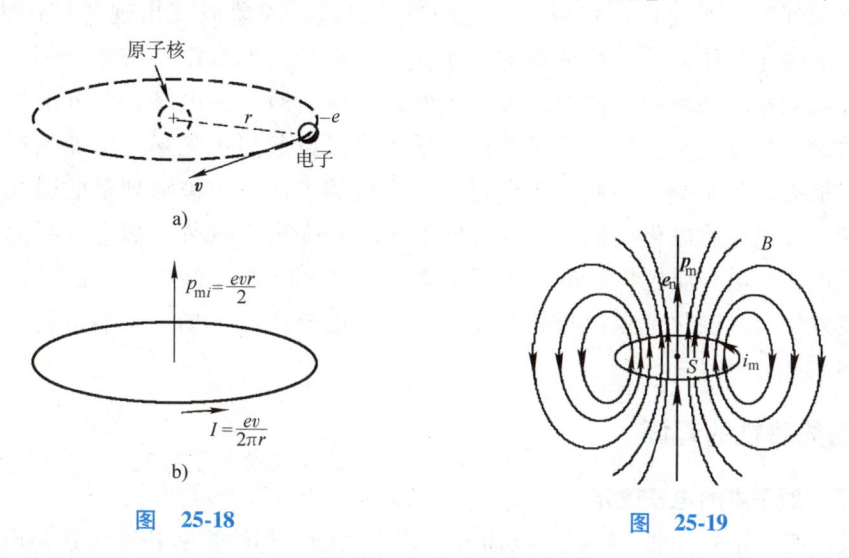

图 25-18

图 25-19

2. 多电子原子或分子的磁性

一般来说，原子或分子的磁性取决于核外电子排布与运动状态，其中描述电子排布的壳层结构可以分为满壳层与非满壳层，满壳层的电子结构（如惰性气体）又称为饱和结构。有理由猜想，具有满壳层结构的分子、原子或离子的角动量和磁矩都等于零。这是因为，虽然不同电子的轨道磁矩与自旋磁矩不为零，但因为对称性，满壳层中不同电子对原子磁矩的贡献将相互抵消。因此，在讨论原子或分子的磁性时，仍把原子核和内部满壳层电子一并看成离子实（或原子实），这个"实"对原子或分子的磁性没有贡献而不用考虑，需要注意的是，那些处在非满壳层中的电子对原子磁矩会有何"作为"。不过，与孤立原子、分子不同，当它们处在自由状态时都具有一定磁矩，而当它们结合成固体处在这个"大家庭"中时，往往又会失去"自由"（磁矩）。对于多电子原子或分子的磁性，在有关原子的物理教

材中有具体介绍。本书只简要摘录几点实验结果：

1）满壳层的原子或离子没有固有磁矩，如 He、Ne、Na^+、Cl^- 等。

2）由共价键结合成的化合物，所有外层价电子均已配对成键，没有固有磁矩，如 CH_4、NH_3、Co、CO_2 等。

3）在有偶数个电子的原子中，各电子的合磁矩为零，如汞、铅、锌等。

4）对于最外层只有一个电子的原子，它们具有和 H 原子相同的顺磁性（什么是顺磁性，详见本节下面顺磁质的磁化内容，如 Li、Na 等）。

5）大多数内壳层未满的原子或离子都有非零的固有磁矩。在元素周期表中有两族元素具有非满的内壳层，其中 3d 壳层未满的过渡族元素（如 Fe、Co、Ni 等），以及 4f 壳层未满的稀土族元素（稀土元素从 La 到 Lu，其中 4f 未满的从 Ce 到 Tm，参看下一章的表 26-1），都有固有磁矩。

表 25-5 中列出了几种原子（离子）的固有磁矩。

表 25-5　几种原子（离子）的固有磁矩　　　　　　　　　　（单位：$J \cdot T^{-1}$）

原子（离子）	固有磁矩	原子（离子）	固有磁矩
H	9.27×10^{-24}	He	0
Li	9.27×10^{-24}	O	13.9×10^{-24}
Ne	0	Na	9.27×10^{-24}
Fe	20.4×10^{-24}	Ce^{3+}	19.8×10^{-24}
Yb^{3+}	37.1×10^{-24}	—	—

3. 物质磁性的分类

从以上简要介绍来看，各类磁介质宏观磁性的差异源于微观上分子电结构及其在外磁场中的不同表现，据此可将磁介质的磁性分为三类：

（1）**抗磁性**　有这样一类物质，当没有外磁场作用时，虽然组成该物质的分子（原子）中每一个电子的轨道磁矩与自旋磁矩都不等于零，但每个分子（原子）的固有磁矩等于零；或者说该类物质没有固有磁矩。例如，具有惰性气体满壳层电结构的离子晶体以及靠电子配对而成的共价键晶体，都没有固有磁矩。当在外磁场作用下，这类物质的分子却奇怪地产生了一种与外磁场方向相反的磁矩，宏观上表现为对抗外磁场的抗磁性（详见介质的磁化）。因此，把这类磁介质称为<u>抗磁质</u>，如铋（Bi）、铜（Cu）、银（Ag）等。

（2）**顺磁性**　有抗磁质就有顺磁质，与抗磁质不同，从组成顺磁质的原子、离子或分子的"源头"上看，它们都具有固有（分子）磁矩 $\boldsymbol{p}_m$。但是，众所周知，分子要参与热运动，在热运动中所有分子磁矩的取向是完全无规则的，宏观表现为全体分子磁矩的对外磁效应为零。以图 25-20a 为例，图中小圆圈代表分子电流，圈中小箭头代表分子磁矩。例如，锰（Mn）、铬（Cr）、铂（Pt）等均属于这类物质。在外磁场作用下，这些分子磁矩都有朝外磁场方向排列的趋势而使系统能量降低（见图 25-20b），分子磁矩排列的这一变化在宏观上显示出磁性，这种磁性称顺磁性，这类磁介质称<u>顺磁质</u>。

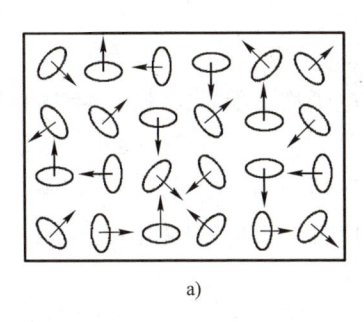

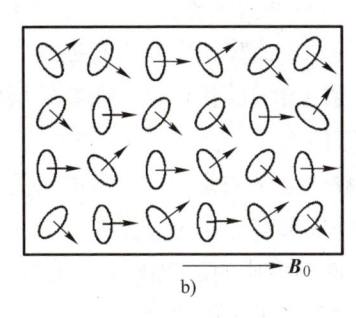

图 25-20

（3）**铁磁性** 与上述两类材料的磁性形成巨大反差的是以钢铁材料为代表的一类铁磁质，这类材料的分子磁矩不为零，但相邻分子磁矩之间存在一种鲜为人知的特殊相互作用，这种作用使相邻分子的磁矩自发地平行排列，构成许多大大小小无规排列的"磁畴"。在外磁场作用下，磁畴体积扩大及转向，构成一道特殊的磁化"风景线"，人们称之为铁磁性，具有铁磁性的物质称为铁磁质（它的类型复杂多样，参看表25-7，详见本章第四节）。

二、磁介质磁化的微观机理

按先易后难的顺序，先解释抗磁质与顺磁质的磁化机理，关于铁磁质的磁化问题留到本章第四节讨论。

1. 抗磁质的磁化

前已简要介绍，具有抗磁性的磁介质，在没受外磁场作用前分子磁矩等于零。但是，分子磁矩为零的物质，**为什么也能受磁场的影响而被磁化呢？** 而且，为什么会产生与外磁场方向相反的磁矩呢？本书采用一种电磁感应模型来分析。以图 25-21a 为例，按经典物理，设一电子以半径 r、线速度为 v_0 沿虚线绕核做顺时针轨道运动，图中 L 表示电子轨道角动量。在图 25-21b 中，取 z 轴为参照，图 25-21a 中的轨道平面位于水平面（xy 平面）上，以与 z 轴平行的 p_{mi} 表示电子轨道磁矩。现在做一理想实验，沿 z 轴负方向以 dB/dt 的速率施加一向下的均匀磁场 B_0（见图 25-21c），**电子的运动将会发生什么变化呢？**

从图 25-21c 中看，从 $B=0$ 的初始状态开始，以 dB/dt 的速率向下施加磁场直至 B_0 过程中，依据电磁感应规律（参看第一卷第六章第四节），空间变化的磁场将产生一涡旋电场（感生电场），其大小为

$$E = \frac{r}{2}\frac{dB}{dt} \tag{25-18}$$

在图 25-21 所示情况下，涡旋电场 E 的方向为图 25-21c 中虚线圆圈所示的逆时针方向。此时，沿虚线轨道运动的电子将受到这突如其来的涡旋电场沿轨道切线方向的电场力，但运动电子在外加磁场中受洛伦兹力远小于电场力，所以近似认为电子轨道半径 r 保持不变。电子轨道运动加速，依据牛顿第二定律，有

$$m\frac{dv}{dt} = eE = \frac{er}{2}\frac{dB}{dt} \tag{25-19}$$

图 25-21

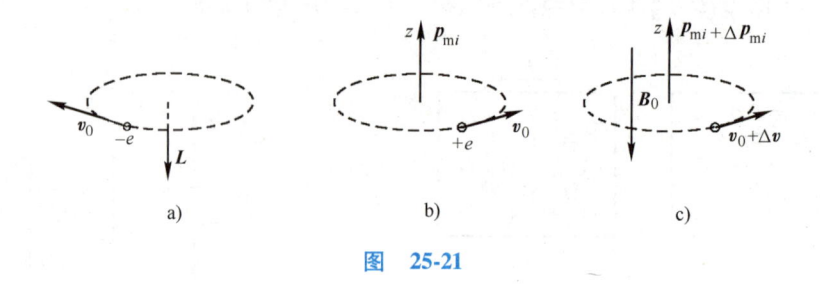

可将式（25-19）中 dt 消去，得到电子绕核运动速率的元增量 dv 与外加磁场元增量 dB 的关系

$$dv = \frac{er}{2m}dB \tag{25-20}$$

当实验中，外加磁场从最初 $B=0$ 增加到最终值 B_0 时电子速率如何变化，可通过对式（25-20）两边求定积分来确定：

$$\Delta v = \int_{v_0}^{v_0+\Delta v} dv = \frac{er}{2m}\int_0^{B_0} dB = \frac{erB_0}{2m} \tag{25-21}$$

式中，Δv 就是电子绕核速率的变化量（增量）。既然电子绕核速率由初始的 v_0 变化到 $v_0+\Delta v$，根据 $I=ev/2\pi r$，电流也要由 I 变化到 $I+\Delta I$，它们的关系是

$$I+\Delta I = \frac{e(v_0+\Delta v)}{2\pi r}$$

由上式得电流的增量

$$\Delta I = \frac{e\Delta v}{2\pi r} \tag{25-22}$$

根据式（25-16）中磁矩与电流间的数值关系 $p_{mi}=IS$，随着电流由 I 变化到 $I+\Delta I$，分子磁矩 p_{mi} 的大小也将变化 Δp_{mi}，由

$$p_{mi}+\Delta p_{mi} = (I+\Delta I)S$$

得到

$$\Delta p_{mi} = \Delta IS = \frac{e\Delta v}{2\pi r} \cdot \pi r^2 = \frac{er\Delta v}{2} = \frac{e^2 r^2 B_0}{4m} \tag{25-23}$$

式中，Δp_{mi} 表示外加磁场 $\boldsymbol{B}_0$ 引起电子磁矩的变化，从而使本来不存在固有磁矩的分子出现了附加磁矩 Δp_{mi}。从图 25-21c 看，附加磁矩的方向总与外磁场 $\boldsymbol{B}_0$ 的方向相反也就不奇怪了。这既是抗磁质磁化的微观机理，也是物质都具有抗磁性的原因。图 25-22 给出了抗磁质全体分子磁化前后的示意图。在图 25-22a 中，以圆圈表示抗磁质磁化前每一个分子的分子磁矩为零，图 25-22b 表示在外磁场作用下，每一个分子中所有电子产生了与外磁场方向相反的附加磁矩 $\Delta \boldsymbol{p}_{mi}$，因而宏观上显示出与 $\boldsymbol{B}_0$ 相反的抗磁性磁化效应。

对于式（25-23），还有以下几点补充：

1) 不论原子中电子轨道运动速度方向是顺时针还是逆时针，也不论外加磁场方向是沿 z 轴向下还是向上，由式（25-23）计算的原子附加磁矩 $\Delta \boldsymbol{p}_{mi}$ 的方向总会与外磁场方向相反。

用分析图 25-21 的方法分析图 25-23，可以验证上述结论是否正确。

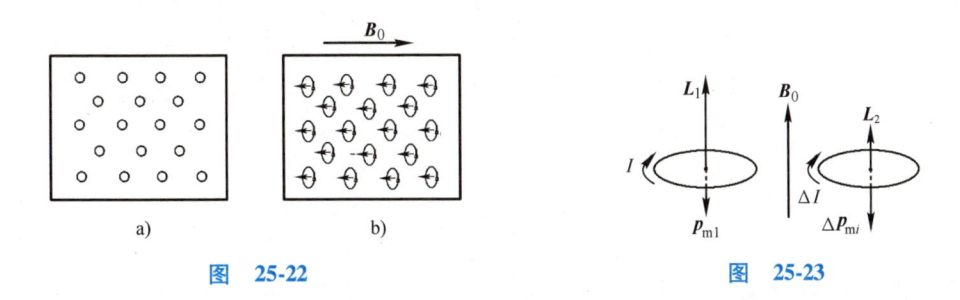

图 25-22

图 25-23

2）由于一切原子、分子中的电子都要参与轨道运动，因此，在外加磁场时，任何原子或分子都会产生抗磁性。也就是说抗磁性是一切磁介质在外磁场中所共有的性质。不过，附加磁矩 $\Delta \boldsymbol{p}_{mi}$ 引起的抗磁效应十分微弱，下面利用式（25-21）做一个简单的近似计算，取 $e = 1.6 \times 10^{-19}$ C，$r = 0.5 \times 10^{-10}$ m，$m = 9.1 \times 10^{-31}$ kg，$B_0 = 1.8$ T（相当于大型电磁铁的磁场，见第一卷第五章表 5-1），得

$$\Delta v = \frac{erB_0}{2m} = \frac{1.6 \times 10^{-19} \times 0.5 \times 10^{-10} \times 1.8}{2 \times 9.1 \times 10^{-31}} \text{m} \cdot \text{s}^{-1} = 7.9 \text{m} \cdot \text{s}^{-1}$$

而原子中电子的速度接近于 10^6 m·s^{-1} 或者更高一点。相比之下，从原子中电子运动的角度来看，即使在相当强的磁场作用下，电子轨道运动速度也只产生了微小的变化，因而由电子附加磁矩所提供的磁场也是非常微弱的，也可直接由式（25-23）与式（25-16）的比较中验证这一结论。

3）在上述讨论中，只假设电子轨道磁矩与 z 轴平行，即电子运动平面（xy 平面）与外磁场方向（z）接近垂直，**由此所得到的结论能适用于其他取向的轨道平面吗？** 进一步的探究需要把复杂的电子轨道运动分解为（xy）、（xz）和（yz）三个分别垂直于 z 轴、y 轴与 x 轴的平面运动。从统计观点来看，电子在三个基本平面上的轨道运动的概率各占 1/3。这样，上述讨论对占 1/3 的电子运动是没有问题的。那么相对于外磁场在（xz）平面或（yz）平面上绕核运动的电子来说，**它们是否也会产生附加磁矩呢？若也产生附加磁矩，附加磁矩的方向与外磁场的方向是否相反呢？问题的答案当然是肯定的。** 不过，在轨道平面（xz）与（yz）中所产生的效应不能再用上述方法来分析，而是要分析电磁感应对电子轨道平面的平均力矩引起的效果，对此本书不再详细介绍。有兴趣的读者可参看书末列出的有关参考文献。

2. 顺磁质的磁化

▶ 顺磁质的磁化机理

虽然顺磁质与抗磁质不同，每个分子或原子都有固有磁矩，但是，无外磁场时，由于分子热运动，物质中各分子磁矩混乱取向，分子的磁矩相互抵消，即 $\sum_i \boldsymbol{p}_{mi} = 0$，因此，顺磁质对外界不显示磁效应。

当顺磁质受磁场作用时，组成顺磁质的分子或原子发生两种变化：一方面，由于因电磁感应引起分子或原子产生与外磁场方向相反的附加磁矩 $\Delta \boldsymbol{p}_{mi}$（抗磁性）；另一方面，分子或原子的固有磁矩将受到外磁场磁力矩的取向作用，分子或原子固有磁矩的方向都试图转到外磁场方向上去，以使分子或原子固有磁矩处于

能量最低的状态（可把分子磁矩与小磁针类比），如图 25-20b 所示。可是，由于分子热运动的干扰及外磁场的强弱不同，分子或原子固有磁矩并不能完全都转到外磁场方向上。当两种作用达到平衡时，因为分子或原子的能量要遵守玻尔兹曼分布律，因而，所有分子或原子固有磁矩的空间取向也受制于玻尔兹曼分布律。在按玻尔兹曼分布中，处在低能态的分子或原子数目比高能态的要多得多。亦即分子或原子固有磁矩 p_{mi} 趋向外磁场方向的分子数最多。温度越低，外磁场越强，这种效应也越明显，结果是宏观上呈现出一个与外磁场同方向的附加磁场，这就是顺磁质的磁化。这种由分子磁矩趋向规则取向而形成的磁化，称为取向磁化。1905 年，法国物理学家朗之万根据玻尔兹曼分布律研究了顺磁质的磁化，得到了与实验相符的结果，对其定量讨论过程本书不做介绍。

因为任何磁介质都具有抗磁性，顺磁质也不例外，在外磁场作用下产生的反向附加磁矩 Δp_{mi} 与分子固有磁矩相比可以忽略不计（$\Delta v \ll v$），所以不必考虑抗磁性的影响。换句话说，在外磁场中，顺磁质的抗磁性完全湮没在顺磁效应之中。

三、磁化面电流

以上通过在外磁场作用下，分子附加磁矩的产生及分子磁矩的取向排列介绍了抗磁质和顺磁质磁化的微观机理，因为式（25-16）已给出 $p_{mi} = IS$，故磁化微观过程也可以用分子电流 I 描写。运动电荷是磁场的源，所以，分子电流也要产生磁场。下面先了解如何由全部分子电流形成磁化电流。

为简单起见，本节以图 25-24 为例，只讨论各向同性均匀磁介质在匀强磁场中被均匀磁化的情形。假定在外磁场中每个分子磁矩都转到了外磁场方向，这种模型依据的是玻尔兹曼分布，即从统计平均的角度看分子磁矩的排列。此时，由于图中所有分子电流平面都与外磁场方向垂直，介质内部任意一点处总有两个方向相反的分子电流成对出现。因此，它们对外的磁效应相互抵消，但在介质的边缘处，不再出现这种现象。宏观看去，磁介质边缘未被抵消的分子电流首尾相连（不计微观层次的不连续），宛如一薄层电流沿介质截面的边缘流动，这层沿边缘流动的电流称为磁化面电流（简称磁化电流）。类比电介质极化后极化面电荷要产生静电效

图 25-24

应，磁化面电流能显示宏观磁效应，即产生磁场和受外磁场作用。但它和传导电流不同，因为每个电子是被束缚在分子范围内运动。因此，磁化面电流不能从磁介质上转移到其他物体上去，不受阻力，也不产生热效应，触摸时不会"触电"，所以又叫作束缚电流（对应电介质极化的束缚电荷）。

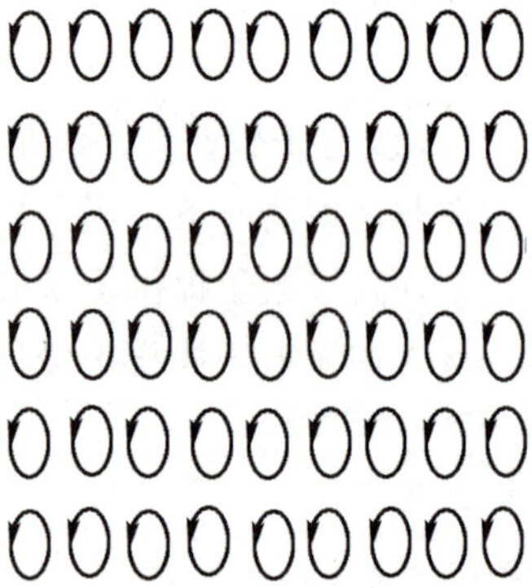

四、磁化强度矢量

讨论介质磁化常常需要先分出微观与宏观两个层次，再来分析两者的联系，这与本章第一节讨论电介质的思路是一脉相承的。

在微观层次上，虽然抗磁质的磁化与顺磁质的磁化不同，但无论哪种磁化，采用分子电流或者分子磁矩模型只是描述磁化微观机理的两个不同侧面。而分子电流集体的宏观表现是介质的磁化面电流，那么，**分子磁矩集体的宏观表现应如何表征呢？**

1. 磁化强度矢量的引入

如前所述，介质磁化的一种微观模型涉及分子磁矩 $\boldsymbol{p}_{mi}$。在描述物质宏观磁化状态时，能不能直接用单个分子的磁矩 $\boldsymbol{p}_{mi}$ 呢？显然不妥。这是因为，一方面，$\boldsymbol{p}_{mi}$ 作为描述单个分子磁化的微观量无法观测；另一方面，由大量分子组成的磁介质，磁化的宏观效应是涉及大量分子磁矩平均效果的"大事"，岂能由一个分子的磁矩所"左右"？因此，需要引入一个与全部分子磁矩平均效果相对应的物理量来描述介质宏观磁化状态。**如何引入这样一个新的物理量呢？** 与电介质类比，按引入电介质极化强度矢量方法引入这个物理量。想象在被磁化后的磁介质内，任取一宏观小（微观大）的体积元 ΔV，设该体积元中所有分子固有磁矩矢量和为 $\sum_i \boldsymbol{p}_{mi}$，则将单位体积分子磁矩矢量和定义为磁化强度矢量 $\boldsymbol{M}$（简称磁化强度），数学表示式为

$$\boldsymbol{M} = \frac{\sum_i \boldsymbol{p}_{mi}}{\Delta V} \tag{25-24}$$

式中，$\boldsymbol{p}_{mi}$ 表示标号为 i 的分子磁矩，求和遍及体积元 ΔV 中的所有分子。如果在如图 25-24 所示的体积元 ΔV 内，每个分子磁矩都转到外磁场方向，且每个分子的磁矩 $\boldsymbol{p}_{mi}$ 都相同，则该磁介质的磁化强度为

$$\boldsymbol{M} = n\boldsymbol{p}_{mi} \tag{25-25}$$

式中，n 为分子数密度。满足式（25-25）的条件是很苛刻的（理想化模型）。

在非理想情况下，当介质磁化不均匀时，需要逐点表述介质中各处的磁化强度，怎么办？幸好高等数学提供了求极限的方法。具体说，把这种方法用来求介质中一点的磁化强度时，认为在无限小体积中磁化是均匀的，磁化强度是确定的，表示为

$$\boldsymbol{M} = \lim_{\Delta V \to 0} \frac{\sum_i \boldsymbol{p}_{mi}}{\Delta V} \tag{25-26}$$

当无外磁场作用时，分子磁矩的排列杂乱无章，分子磁矩矢量和 $\sum_i \boldsymbol{p}_{mi} = 0$（抗磁质 $\boldsymbol{p}_{mi} = 0$），因此 $\boldsymbol{M} = 0$；在外磁场作用下，按式（25-24），顺磁质宏观磁化强度 $\boldsymbol{M}$ 与外磁场方向一致，而抗磁质的 $\boldsymbol{M}$ 与外磁场方向相反（为什么？）。

2. 磁化面电流与磁化强度的关系

按以上介绍，磁介质磁化的宏观效果有两种，一是在磁介质表面（或某些部位的界面上）出现磁化电流；另一是介质整体出现磁化强度矢量（场）。显然，同是描述介质磁化的宏观效果，它们之间必有一定的关系，人们也很想了解它们之间是什么关系。下面选一个特例（模型）来讨论两者之间的关系。

如图 25-25 所示，图中有一无限长直螺线管（见图 25-25a），管内充满各向同性的均匀顺磁质，也可以描述为有一绕在各向同性顺磁介质棒上的无限长螺线管。当螺线管通上恒定

电流后，在管内激发匀强磁场 $\boldsymbol{B}_0$。在磁场 $\boldsymbol{B}_0$ 作用下，管内磁介质被均匀磁化，设磁化强度为 $\boldsymbol{M}$（见图 25-25b）。在图 25-25c 中，以小圆代表分子电流，取每个分子电流平面法线与磁场方向平行的理想情况。分子电流磁矩的大小由 $p_{\text{mi}} = IS$［式（25-16）］表示，方向与各点的磁化强度 $\boldsymbol{M}$ 的方向平行。如同图 25-24 一样，在图 25-25c 中，任一点相邻分子电流方向相反，它们的磁效应相互抵消，只有在大圆边缘上分子电流的磁效应才无法抵消。因此，宏观上图 25-25c 中圆形横截面内所有分子磁矩的总磁效应就等于沿大圆边缘的磁化面电流的磁效应。在图 25-25d 中，以 I_0 表示螺线管中电流，以 I' 表示磁介质棒磁化面电流。推而广之，沿介质棒无穷多个横截面中任一横截面的边缘均会出现相同强度的磁化面电流。因而沿磁介质棒表面出现了一圈圈彼此平行的磁化面电流。此情此景让人联想仿佛整个磁化棒沿表面层流动着电流，这也不是想象。事实上磁化棒中出现磁化面电流 I' 与载流螺线管中电流 I_0 如影相随（见图 25-25b）。I_0 越大时，外磁场越强，分子电流排列得越整齐，磁化面电流也就越强。对于抗磁质，则图 25-25d 中 I' 与 I_0 方向相反（未画出）。

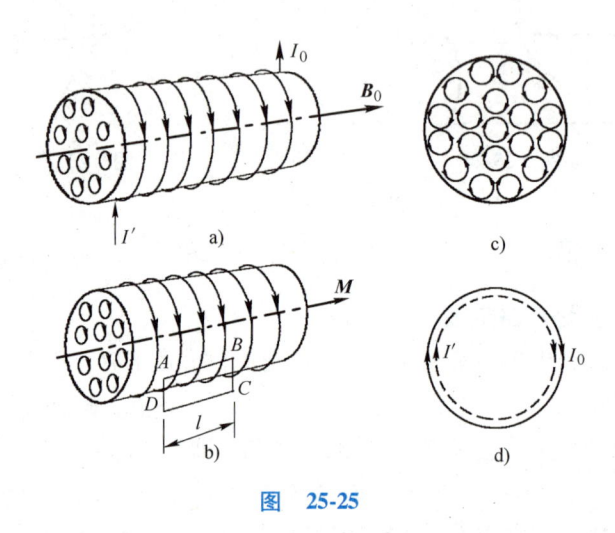

图 25-25

为进行定量讨论，规定几个参量：设图 25-25b 中沿轴线方向单位长度磁化棒上磁化面电流为 i'（i' 即磁化面电流线密度），图中横截面积为 S、长为 l 的一小段圆柱体上的磁化面电流为 $\sum I'$，则 $\sum I'$ 与 i' 的关系是

练习 69
$$\sum I' = l i'$$

这小段介质棒磁化面电流的磁矩大小为 $\sum p_{\text{mi}}$，根据磁矩与圆电流的关系，有

$$|\sum \boldsymbol{p}_{\text{mi}}| = I'S = Sli'$$

由于式中 $\sum p_{\text{mi}}$ 也同时表示体积为 $\Delta V = lS$ 的圆柱体中分子磁矩的矢量和，由式（25-24）所定义的磁介质磁化强度矢量的大小为

$$M = |\boldsymbol{M}| = \frac{|\sum \boldsymbol{p}_{\text{mi}}|}{\Delta V} = \frac{Sli'}{Sl} = i' \tag{25-27}$$

式（25-27）的文字表述是：图 25-25b 中磁介质棒磁化强度矢量 $\boldsymbol{M}$ 的大小等于介质表面磁化面电流线密度 i'，这和电介质中极化强度与极化面电荷的关系极其相似。

式（25-27）是从特例导出的，此例中 M 与介质棒侧表面平行（见图 25-26）。一般情况是，由图 25-27 所示的 M 不一定与磁介质表面平行，但只要 M 沿表面有切向分量，则磁化电流线密度 i' 将不为零。如图 25-27 所示，磁化电流线密度 i' 将等于磁化强度矢量 M 沿表面的切向分量值。图中 e_n 表示磁介质表面某处的外法线方向的单位矢量，且该处磁化强度矢量 M 与 e_n 的夹角为 θ，则该处磁化电流线密度的大小为

$$i' = M\sin\theta$$

i' 的方向如图 25-26 所示：用右手握着磁化棒，当拇指指向 M 时，四指弯曲的方向即磁化面电流的方向。使用这一方法可以判断图 25-27 中在点 A 处 i' 的方向。i'、e_n、M 三者之间的关系可用矢量式表示如下：

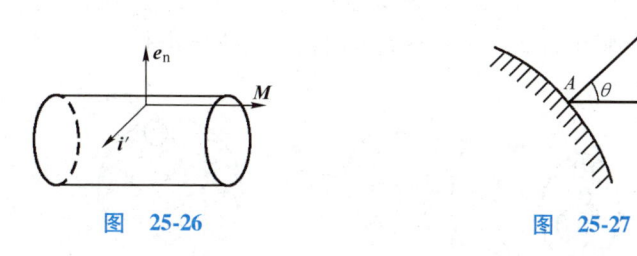

$$i' = M \times e_n \tag{25-28}$$

图 25-26

图 25-27

五、磁场强度矢量

1. 有磁介质时的安培环路定理

由于磁介质受外磁场作用要发生磁化，已磁化的磁介质的磁化面电流 I' 在空间产生磁场（附加磁场）B'。因此，在空间（磁介质的内部和外部）各点，磁感应强度 B 等于传导电流产生的磁场 B_0 与磁化面电流产生的磁场 B' 的矢量和，即

$$B = B_0 + B' \tag{25-29}$$

描述电流磁场性质的真空中安培环路定理（第一卷第五章第七节）

$$\oint_L B_0 \cdot dl = \mu_0 \sum I_i \tag{25-30}$$

当不存在位移电流时式（25-30）中的 $I_i = I_0$。如图 25-25 所示，由于磁介质的磁化，磁化面电流 I' 也要产生磁场。在有磁介质的情况下，磁场 B 由式（25-29）所示，产生磁场的电流有 I_0、I'，则在图 25-28 中可将安培环路定理推广为

$$\oint_L B \cdot dl = \mu_0 \sum I_0 + \mu_0 \sum I' \tag{25-31}$$

式中，$\sum I_0$ 表示积分回路 L 包围的螺线管中的传导电流；$\sum I'$ 表示积分回路 L 包围的介质棒的磁化面电流。为有利于积分计算，图中选长方形回路 $ABCDA$ 作为式（25-31）的积分回路（安培环路定理不限定积分回路形状）。为什么说图中积分回路有利于计算呢？由回路中 AB 段及 CD 段与圆柱体轴线平行，AB 段在磁介质内部，CD 段在磁介质外部，而 BC 和 AD 两段与轴线垂直，可知，在对这一积分回路应用式（25-31）时，等式右侧第二项

$$\sum I' = li'$$

i' 是沿轴向的磁化面电流线密度。根据式 (25-27)，有 $i' = |M|$，则

$$\sum I' = |M|l$$

按式 (25-26)，磁化强度 M 也表征一种矢量场，如果仿照安培环路定理，也对 M 沿 $ABCDA$ 回路进行积分计算会得到什么结果呢？

$$\oint_L M \cdot dl = \int_A^B M \cdot dl + \int_B^C M \cdot dl + \int_C^D M \cdot dl + \int_D^A M \cdot dl$$

在以上 4 项积分中，对应图 25-28 第二、第四项的 M 与 dl 垂直，故都等于零；第三项 CD 段在磁介质棒外 $M = 0$（忽略空气磁化），所以也等于零；只剩下第一项。第一项积分等于什么呢？再从图 25-28 看，在介质中 AB 段上 M 与 dl 平行，且 M 为常矢量（均匀磁化），所以得

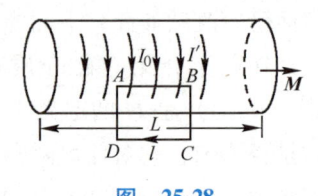

图 25-28

$$\int_A^B M \cdot dl = |M|l = i'l = \sum I'$$

以上关系来自于特例。可以证明，它揭示出一个规律，即磁介质被磁化后，磁化强度 M 沿任意闭合回路 L 的线积分 $\oint_L M \cdot dl$，等于穿过以此积分回路围成的任意曲面的磁化面电流的代数和 $\sum I'$。数学上表示为

$$\oint_L M \cdot dl = \sum I' \tag{25-32}$$

2. 磁场强度 H

经以上分析和计算得到的式 (25-32) 有什么作用吗？将它代入式 (25-31)，得出

练习 70

$$\oint_L B \cdot dl = \mu_0 \sum I_0 + \mu_0 \oint_L M \cdot dl$$

随后可以把上式中的两项积分式放到一起（将右边第二项移到等号左方）之后，将两边同除以 μ_0，整理后等式右边仅为传导电流之和 $\sum I_0$：

$$\oint_L \left(\frac{B}{\mu_0} - M \right) \cdot dl = \sum I_0 \tag{25-33}$$

为什么要在等式右侧突出传导电流 $\sum I_0$ 呢？这是因为式 (25-31) 中等号右侧的磁化面电流 $\sum I'$ 已经消失，表明式 (25-33) 中等号左侧积分只与传导电流 $\sum I_0$ 有关，定义物理量磁场强度 H，即式 (25-33) 的被积函数

$$H = \frac{B}{\mu_0} - M \tag{25-34}$$

要想了解 H 的性质还可以看以下表述：

$$\oint_L H \cdot dl = \sum I_0 \tag{25-35}$$

在国际单位制中，H 的单位是 $A \cdot m^{-1}$（安培每米）。从式 (25-35) 能看出什么"眉目"呢？原来，当式 (25-35) 中的传导电流 I_0 给定后，不论磁场中是否有磁介质、放入什么磁介质，或者同一块磁介质放在不同的地方，空间同一点的磁场强度 H 可能有所不同，但 H 矢量沿任一形状、大小的闭合回路 L 的线积分只与穿过回路所包围面积的传导电流有关。这样一来，就可以比较方便地处理有磁介质时的磁场问题。因为对于磁介质来说，磁化面电流

I' 不便直接测量，也几乎难以直接控制介质的磁化强度 M。但是，电路中的电流 I_0 不仅易于测量，也易于控制，所以引入物理量 H 的作用之一就在于此。

H 之所以称为磁场强度，完全是由于历史上沿用至今的缘故。但是，无论你在实验室谈论磁场，还是听到科学家提到地球的磁场、银河系中的磁场等，绝不是指 H（场），而是指磁感应强度 B。这是为什么呢？因为具有直接测量意义的、能够确定磁场中运动电荷或电流受力的是磁感应强度 B。只不过人们不说仪器中的磁感应强度如何，地球的磁感应强度如何而已。既然如此，下面要对 H 矢量的意义进行一些拓展性讨论。

在以上介绍有磁介质存在时的磁场问题时，已经引进了 B、H 和 M 三个物理量。式（25-34）是 H 的定义式，也是对 B、H、M 这三个矢量之间关系的一种描述。不论磁介质是否均匀，它对任何磁介质都是普遍成立的。因为三个量都是空间点的函数，在这三个物理量中，磁感应强度 B 是描述磁场状态的基本物理量；M 是描述磁场中的磁介质磁化状态的物理量；那么，H 的物理意义又该如何理解呢？

试将式（25-29）代入式（25-34），得

$$H = \frac{B_0 + B'}{\mu_0} - M = \frac{B_0}{\mu_0} + \left(\frac{B'}{\mu_0} - M\right) \tag{25-36}$$

式中，等号右侧第一项中 B_0 描述传导电流磁场，如式（25-30）所示，是涡旋场；第二项中 B' 表示磁化面电流的磁场，M 表示磁介质磁化强度矢量场。如果对式（25-36）等号两边沿回路 L 积分，根据式（25-30）及式（25-35），得等号右边第二项的环流为零，即

$$\oint_L \left(\frac{B'}{\mu_0} - M\right) \cdot d\boldsymbol{l} = 0 \tag{25-37}$$

环流为零表示 $\left(\dfrac{B'}{\mu_0} - M\right)$ 是无旋场。所以，从式（25-36）看，前面命名 H 为磁场强度有"名不符实"之嫌，也许把 H 称为<u>磁化场强度</u>较为合适一些。这是为什么呢？下面还将讨论。

六、磁介质的磁化规律

现在从式（25-29）出发来讨论三类不同的磁介质各自的表现，其中：对于<u>顺磁质</u>，B' 与 B_0 同方向，不过由于 B' 的大小远小于 B_0 的大小，可取 $B \approx B_0$（如锰等）；对于<u>抗磁质</u>，B' 与 B_0 反向，而且 B' 的大小也远小于 B_0 的大小，可取 $B \approx B_0$（如铜等）；<u>铁磁质</u>（见下节），B' 与 B_0 同方向，不过 B' 的大小远大于 B_0 的大小，即 $B \gg B_0$。但从式（25-34）中的数学关系看，B、H、M 三个矢量中的任何一个都可以用其他两个来表示。对于一种磁介质来说，M 与 H 的相互关系可以通过实验来测定（见图 25-29）。所以，各类介质的磁化规律都习惯于先用 M 与 H 或 B 与 H 的关系，而很少先用 M 与 B 的关系来表示。先确定 M 和 B 的关系可能很复杂，物理学将 M 与 H（或 B 与 H）的关系称为磁介质的磁化规律。

1. M-H 关系的实验测量

一种测量磁介质 M-H 关系的实验装置如图 25-29 所示。在待测磁介质圆柱棒上均匀地密绕上导线，称为螺绕环，图中其他元器件无须一一介绍。由电流表 A 测得导线中的电流 I_0 后，根据环内磁场均匀分布的特点，应用环路定理式（25-35），便可确定线圈中（或圆柱

棒中）的磁场强度 H，其大小 $H=nI_0$，n 为螺绕环上单位长度的线圈匝数。在图 25-29 中，螺绕环上套有一个次级线圈 N_0，N_0 接冲击电流计。当改变电流 I_0 的方向时，由冲击电流计测出通过的电荷量 Δq（见第一卷第六章第一节）后，可以从这一实验间接测量介质中的 B，继而由式（25-34）即可确定磁介质中的磁化强度 M。

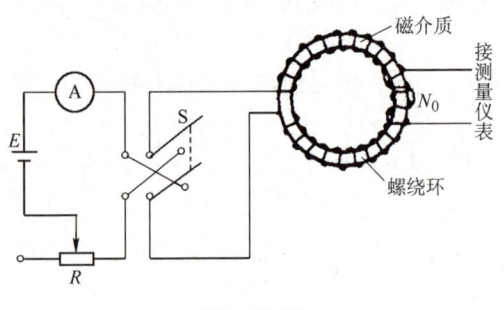

图 25-29

2. 线性磁介质的磁化规律

（1）**M-H 关系** 磁介质可以按 M 与 H 的关系是否为线性，将其划分为线性磁介质和非线性磁介质两大类。大多数顺磁质和抗磁质都近似归属于线性磁介质这一类。特别是对于各向同性的线性磁介质，由实验测得磁介质中任一点处的 M 与 H 有简单的正比关系：

$$M = \chi_m H \tag{25-38}$$

式中，比例系数 χ_m 是描述线性磁介质磁化强度 M 随磁场强度 H 变化特征的物理参量，称为磁介质的**磁化率**，表 25-6 列出了在一定温度下不同介质的 χ_m 值（M 和 H 的单位相同）。从表中可以看到，一般磁化率仅为 10^{-5} 的量级。但 χ_m 可正可负，其中顺磁质 $\chi_m > 0$，抗磁质 $\chi_m < 0$（对于各向同性磁介质，χ_m 才是标量）。

表 25-6　顺磁性、抗磁性材料的磁化率

顺磁质			抗磁质		
材料	温度/K	$\chi_m/10^{-5}$	材料	温度/K	$\chi_m/10^{-5}$
明矾（含铁）	4	4830	铋	293	-1.70
明矾（含铁）	90	213	水银	293	-0.29
氧（液态）	90	152	银	293	-0.25
明矾（含铁）	293	66	碳（含钼）	293	-0.21
铬	293	4.5	铅	293	-0.18
锰	293	1.24	岩盐	293	-0.14
铝	293	0.82	铜	293	-0.108
钠	293	0.72	—	—	—
空气（1atm）	293	30.36			

（2）**B-H 关系** 在宏观电磁学中，B 是比 M 更常用的物理量，也是易于直接测量的物理量。所以介质的磁化规律一般不用 M-H 关系，而是常用 B 与 H 的关系来表示。

将式（25-38）代入 H 的定义式（25-34），消去 M 后得到

$$H = \frac{B}{\mu_0} - M = \frac{B}{\mu_0} - \chi_m H$$

练习71

将上式移项，整理后得

$$B = \mu_0(1+\chi_m)H \qquad (25\text{-}39)$$

由于式中 χ_m 是一个由磁介质性质决定的纯数，为更简洁地展示 **B-H** 关系，令

$$\mu_r = 1 + \chi_m \qquad (25\text{-}40)$$

μ_r 和 χ_m 一样，也是由磁介质性质决定的参量，称为磁介质的**相对磁导率**。对于顺磁质，由于 $\chi_m>0$，则 $\mu_r>1$；对于抗磁质，$\chi_m<0$，所以 $\mu_r<1$。表 25-6 中列出的 $|\chi_m|$ 都很小，故可认为 $\mu_r \approx 1$，但不改变 $\mu_r>1$ 或 $\mu_r<1$ 的差别，于是式（25-39）简化为

$$B = \mu_0\mu_r H = \mu H \qquad (25\text{-}41)$$

这里又引入了一个参量 μ，它表征磁介质在磁场中产生磁通阻力或导通磁感应线的能力：

$$\mu = \mu_0\mu_r \qquad (25\text{-}42)$$

μ 定义为磁介质的**磁导率**（注意区分 μ_0、μ_r、μ 及相互关系）。

以上引入的磁介质的磁化率 χ_m、相对磁导率 μ_r 和磁导率 μ 这三个量都是用来描述线性介质的磁性、导磁性强弱及磁化难易程度的物理参量，要了解它们的物理意义，只能从它们出现在哪个公式去找。由于这三个量有式（25-40）和式（25-42）所表达的关系，所以在这三个量中只要知道其中一个则能求出另外两个。也就是说，只要知道三个量中的一个，介质的磁化特性就清楚了。通常利用图 25-29 所示的实验确定 **H** 与 **B** 后，通过式（25-41）可间接测量线性磁介质的磁导率 μ。

综合以上讨论，可以回答矢量 **H** 为什么称为磁化场强度比较合适的问题了。仍以图 25-29 所示实验为例，当螺绕环中无磁介质时，线圈中 $H=nI_0$。根据式（25-41），线圈中 $B_0=\mu_0 H$。当线圈中（或圆柱中）充满磁导率为 μ 的磁介质后，仍有 $H=nI_0$，但 $B=\mu H$ 已不等于真空中的 B_0。此时 **B** 描述磁介质中的合磁场，它是线圈中的电流在无介质时产生的磁场 B_0 与介质磁化后由介质产生的附加磁场 **B'** 的矢量和。综合式（25-29）、式（25-39）、式（25-41）及式（25-38）知

$$\boldsymbol{B} = \boldsymbol{B}_0 + \boldsymbol{B'} = \boldsymbol{B}_0 + \mu_0\chi_m\boldsymbol{H} = \boldsymbol{B}_0 + \mu_0\boldsymbol{M}$$

上式表明，介质磁化后产生的附加磁场 **B'** 取决于 **M**，而按式（25-38），介质的磁化强度 **M** 与 **H** 成正比，**H** 越强，**M** 越强，附加磁场 **B'** 越强；反之亦然。所以对于各向同性线性磁介质，矢量 **H** 是描述使介质磁化强或弱的一种作用，因此，有时把 **H** 称为磁化场强度就是这个原因。

有了 **H**，计算合磁场 **B** 的问题就能顺利解决了。

【例 25-2】 如图 25-30 所示，一个横截面为正方形的环形铁心（图中只画出一半），其磁导率为 μ。若在此环形铁心上绕有 N 匝线圈，线圈中电流为 I_0。设环的平均半径为 r，求此铁心的磁化强度矢量的值。

【分析与解答】 本题先用磁场安培环路定理求磁场强度 H，再利用磁场强度与磁化强度的关系求 M。

选取图中半径为 r 的圆周作为闭合回路 L，对回路 L 采用磁场强度 H 安培环路定理 $\oint_L \boldsymbol{H} \cdot \mathrm{d}\boldsymbol{l} = \sum I_0$，可得磁场强度大小为

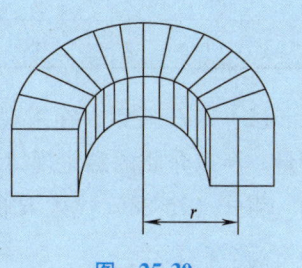

图 25-30

$$H = \frac{NI_0}{2\pi r}$$

结合磁场强度的定义式 $H = \frac{B}{\mu_0} - M$，并利用介质的磁化规律 $B = \mu_0\mu_r H = \mu H$，则磁化强度矢量的值为

$$M = (\mu_r - 1)\frac{NI_0}{2\pi r}$$

第四节 磁性材料

在上一节介绍的各种磁介质中，无论是顺磁质（锰）还是抗磁质（铜），它们磁化后对外的磁效应 B' 或 M 都是很微弱的。磁化效应最明显的磁介质，当属以钢铁材料为代表的一类非线性磁介质。这类磁介质具有许多特殊的性质，在工农业生产、科学研究、通信、广播电视、计算机技术、空间技术和军事技术中都有广泛的应用。狭义地说，具有铁磁性能的材料称为磁性材料，广义的磁性材料还包括应用中的弱磁性材料和反铁磁性材料。虽说铁磁性材料（简称铁磁质）是磁学研究的主要对象，但其磁化规律比较复杂，本节侧重于介绍磁滞回线和磁畴的概念。

一、磁性材料的分类

应用广泛的磁性材料还可从应用、磁性、化学组成、结构、形态与线度等不同观察点分类，以便突出特征和选择应用。表 25-7 给出一分类表仅供参考。

表 25-7　磁性材料分类

分类方式	类别	特性或应用
应用	普通磁性材料	永磁材料、软磁材料
	特种磁性材料	旋磁材料、磁光材料
	弱磁性材料	顺磁微波激射材料
磁性	永磁材料	矫顽力高
	软磁材料	容易磁化、容易退磁
	矩磁材料	磁滞回线近似矩形，用于磁存储
	旋磁材料	旋磁效应高，微波损耗低
	磁光材料	磁光效应与旋电效应高
	压磁材料	磁致伸缩效应
	磁记录材料	用于磁录音、磁录像等
	磁泡（畴）材料	利用磁膜材料制作数字存储单元
	磁传感材料	利用温度、湿度、压力等对磁性的影响
	磁致冷材料	利用绝对退磁效应产生温差来获得低温
	磁性液体	用于磁密封、磁阻尼及磁流体发电

(续)

分类方式	类别	特性或应用
化学组成	金属磁性材料	饱和磁化强度高,电阻率低
	非金属磁性材料	饱和磁化强度低,电阻率高(铁氧体及橡塑材料)
结构	多晶磁性材料	绝大多数实际应用材料
	单晶磁性材料	用于微波旋磁滤波器等
	非晶磁性材料	新型磁性材料,性能均匀,工艺简单
	准晶磁性材料	尚处于探索阶段
形态与线度	块体磁性材料	常规使用的三维材料
	磁性薄膜材料	用于磁泡、磁记录的二维材料
	丝状磁性材料	特殊应用的一维材料
	颗粒磁性材料	磁粉、单磁畴颗粒等
	纳米磁性材料	1~100nm 的超细磁粉
	磁性液体	—

▶ 铁磁性材料的磁化过程

二、铁磁性材料的磁化规律

铁磁质的磁化规律通常也用图 25-29 所示的实验方法测定。实验时,不断改变 I_0(即 H 值),通过冲击电流计(或其他方法)测出不同 H 值所对应的 B 值和 M 值,然后作图,画出铁磁性材料的 B-H 或 M-H 曲线。由于铁磁质的 M 值比 H 值大得多($10^2 \sim 10^5$ 倍),所以,由式(25-34)有 $B=\mu_0(H+M)\approx\mu_0 M$,即它们的 B-H 曲线与 M-H 曲线形状几乎一样。本书以 B-H 曲线描述铁磁质的磁化规律。

1. 起始磁化曲线

在图 25-29 中,置于螺绕环中的待测介质为铁磁质圆柱棒。假设该圆柱棒在实验起始时刻($H=0$)不显磁性(未曾磁化,$M=0$,$B=0$),在 B-H 图 25-31 上(纵坐标为 B,横坐标为 H),以坐标原点 O 表示这一状态。实验从逐渐增大图 25-29 中螺绕环中的电流 I_0 开始,在环中 H 值随之增大的同时由测量仪表测出 B 值。实验数据显示,开始实验电流不大时,B 值随 H 值成正比地增加,而且 B 值的增加较慢(图中 Oa 段)。过了点 a 之后,随着 I_0 再继续增加(H 值仍成正比地增加)时,B 值突然沿 ab 段急剧地增加。但过了点 b 后,B 值随 I_0(或 H)值急剧增加的势头逐渐缓慢下来(bc 段)。当铁磁质的磁化达到一定程度后(如点 c),再增加 I_0(或 H)的值时,B 值就几乎不按式(25-41)随 I_0(或 H)值的增加而增加了。这一现象表明铁磁质的磁化已到达了一种饱和状态,在饱和状态下的磁感应强度叫作**饱和磁感应强度**(B_s),对应的磁化强度 M 也叫作饱和磁化强度(M_s)。从图 25-31 看,由未磁化到饱和磁化的曲线 Oc,叫作铁磁质的**起始磁化曲线**。起始磁化曲线的显著特点是一眼就能看出 B 与 H 的非线性关系。为了定量描述铁磁性材料的这种非线性特征,人们借鉴描述线性磁介质的方法,仍采用定义式(25-41)中的磁导率 $\mu=\dfrac{B}{H}$ 来描述铁磁性材料。不

过，表示起始磁化曲线每点斜率的 μ 值不同，将 μ 随 H 值变化情况作成图 25-32 所示曲线，当 $H=0$ 时 $\mu_i \neq 0$（类比百米跑的起跑速度不等于零），而且 μ 随 H 值增大而趋近于一个常数。

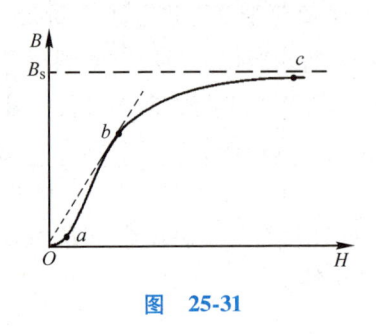

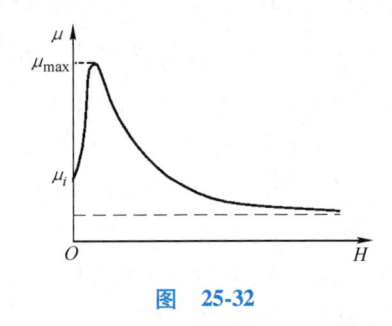

图 25-31

图 25-32

2. 磁滞回线

上面所介绍的起始磁化曲线只描述了未磁化的铁磁性材料在磁场强度 H 由零增强时的磁化特性。但在实际应用的交流电路中，铁磁性材料多处在交变磁场中，这时 H 的方向和大小处在周期性变化之中。实验发现，在交变磁化场 H 的作用下，各种铁磁性材料的起始磁化曲线都是"不可逆"的，即在撤去磁化场的瞬时（$H=0$），铁磁性材料不仅仍能保留部分磁性，且不沿图 25-31 中的曲线"往回走"，而另辟蹊径。那么，在交变磁化场中，铁磁性材料的磁化还有哪些值得关注的规律呢？

（1）磁滞现象　在图 25-33 中，Oc 是图 25-31 描述过的起始磁化曲线。当铁磁性材料的磁化达到饱和（点 c）之后，以磁场强度 H 值逐渐减小的方式撤出磁化场 H，磁感应强度 B 值也会随之减小，但并不沿起始磁化曲线 cO "往回走"，而是沿图中曲线 cd 比较缓慢地减小。当 H 值等于 0 时，B 值并不等于 0，而保留一定大小（B_r）的磁性。这种 B 值"跟不上" H 值减小为 0 的现象，叫作磁滞现象（一种另类的弛豫过程）。B_r 称为剩余磁感应强度（简称剩磁）。如果一钢铁材料显示出磁性，这就表明它已被磁化过。常见的永久磁铁就是利用

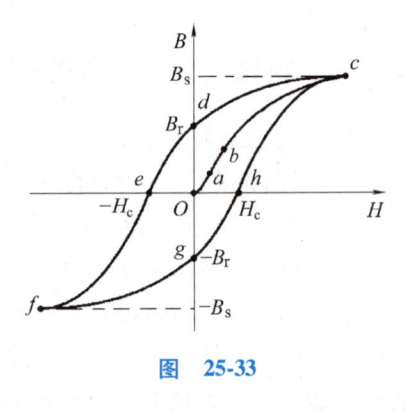

图 25-33

这一特点制备的。相比之下，车间内用于吊车上的电磁铁对剩磁 B_r 的要求就与永久磁铁大相径庭了。(为什么？)

（2）B-H 闭合回线　消除剩磁的方法有多种。在图 25-29 所示实验条件下，采用改变图中螺绕环电流方向的方法来实现。从图 25-33 看，就是给已磁化的铁磁质加上反方向的磁化场 H，不过，只有当反向磁场强度增大到一定值（H_c）时（图中点 e），材料的剩磁才会完全消失，即 $B=0$。这时的磁场强度 H_c 值称为矫顽力，它的大小反映一种铁磁性材料保存剩磁状态、抵抗消磁的能力，如磁存储材料为了保证存储的信息不消失，要求 H_c 很大，电磁铁却希望 H_c 很小。

对于消磁后的铁磁质，若从点 e 起将螺绕环中反向电流继续增加，以增大横轴反方向的

H 值，则已无剩磁的材料将按纵轴 B 值反方向磁化。随着反向 H 值的继续增大，到出现与图中点 c 呈点对称的点 f 时，材料达到反向饱和磁化状态，且 B 值为 $-B_s$。此后，若减小图 25-29 中的反向电流值，反向磁场强度 H 同时减弱，则 B-H 曲线将沿 fg 曲线变化直到点 g。点 g（$H=0$）所对应的状态是反向剩磁状态。在 H 值等于 0 之后，改变图 25-29 螺绕环中的电流方向使 H 为正并再逐渐增大，B 值将沿着 gc 曲线变化，最后，回到正方向的饱和状态，中途出现的 H_c 也是矫顽力。这样，随着磁场强度 H 大小与方向的反复变化，理论上介质磁化状态（B）沿图 25-33 中所示的闭合曲线变化。这种铁磁性材料在方向与大小交替变化的磁化场中磁化过程的不可逆现象统称磁滞现象。因为磁滞的意思是材料磁化状态（B）的变化落后于外加磁化场（H）的变化，故铁磁性材料的这种闭合 B-H 曲线称为磁滞回线。在面对图 25-33 中的磁滞回线时，抓住它的几个特征：

1) B 与 H 的关系是非线性的。

2) B 与 H 不是单值关系，B 值不能由励磁电流 I_0 或 H 值单值地确定，除与 H 有关外，还和磁化材料经过怎样的磁化"历史"到达这个状态有关。因此，用 $\mu=\dfrac{B}{H}$ 来定义铁磁性材料的 μ 值时，只适用于起始磁化曲线。

3) 磁滞回线是奇对称曲线（对 O 点呈点对称），说明 H 对 O 点在正反两个方向上绝对值相等时，B 在正反两个方向上对 O 点显示对称的磁化特征。

4) 磁滞回线也是不能按原路返回的、不可逆的单向曲线，这与铁磁性材料中磁化微观机理有关。

三、铁磁性材料的磁化机理

1. 铁磁性材料的磁畴结构

以上归纳的铁磁性材料特殊的磁化特性只是磁化微观机理的宏观表象，其微观机理出自"磁畴"的"大手笔"。那么，什么是磁畴呢？

本章第一节已指出，顺磁质分子具有固有磁矩，由于热运动，分子磁矩混乱取向，致使任何宏观体积内分子磁矩的矢量和为零。只有在外磁场的作用下，分子磁矩在一定程度上沿外磁场取向，顺磁质才表现出宏观磁性。但一般顺磁材料在室温下，即使受到 1~10T 强度磁场（参看第一卷第五章表 5-1）的作用，所增加的沿外磁场方向排列的分子数目，也仅占分子总数的 1/100，所以物质的顺磁性是很弱的。

按照现代认识，与顺磁质不同，在铁磁材料这种环境中，相邻原子的电子自旋之间存在着非常强的"交换耦合作用"（不同于共价结合中的自旋配对作用）。由于这种量子效应，促使相邻原子电子的自旋磁矩在一个个微小区域中自发地按相同方向排列起来，形成一个个自发磁化到达饱和状态的微小区域，这种自发磁化的微小区域称为磁畴。磁畴的大小不一，大致说来，磁畴的体积为 $10^{-10}\sim10^{-8}\text{m}^3$，其中包含有 $10^{17}\sim10^{21}$ 个分子。图 25-34a、b 分别是单晶体、多晶体铁磁性材料磁畴的结构示意图。单个磁畴中带箭头的线段表示磁畴的自发磁化方向。今天，利用现代技术（如磁力显微镜）已不难在实验室里观察到磁畴。只有在足够高的温度下，热运动才能破坏、扰乱电子磁矩自发排列形成的磁畴。

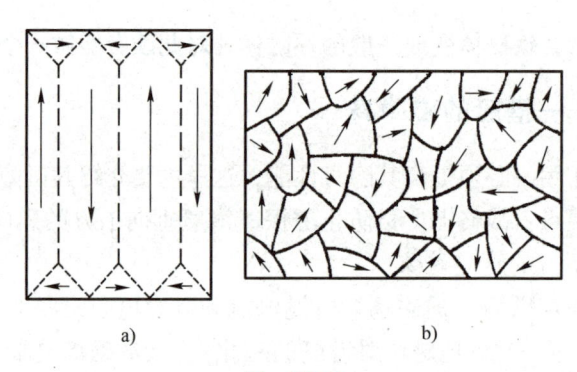

图 25-34

问题是，既然铁磁性材料内相邻原子的电子自旋磁矩都是平行排列的，但<u>用一个具有磁畴结构而未被磁化的铁钉去靠近铁屑时，为什么观察不到铁钉吸引铁屑呢？</u>

这是因为，尽管每个磁畴内 M 值很大，但由于热运动，在未磁化的铁磁性材料内，各磁畴的自发磁化方向并不相同，若在铁磁质内任意取一物理无限小的体积 ΔV，则 ΔV 内的平均磁矩为零，所以整个材料（如未磁化的铁钉）在宏观上不显出磁性。

2. 磁化过程中磁畴的变化

当铁磁性材料受到外磁场作用时，磁畴将在外磁场作用下发生变化，磁畴的变化大体上分为两种：①当外磁场较弱时，那些自发磁化方向与外磁场方向接近的磁畴的体积将增大，而自发磁化方向与外磁场方向相反或接近相反的那些磁畴的体积将减小，这种现象叫畴壁移动（简称<u>壁移</u>）；②随着外磁场的增强，壁移基本结束后，每个磁畴将作为一个整体转到外磁场方向，这种现象简称<u>畴转</u>。壁移与畴转有先有后，但不是绝对的。图 25-35 是某单晶磁化过程的示意图。随着外磁场强弱的不同，出现的壁移与畴转两种磁化过程，与外磁场的关系定性地示意于图 25-36 中，图中曲线也是起始磁化曲线。（对比图 25-31，但退磁非常干净的样品不易制备。）

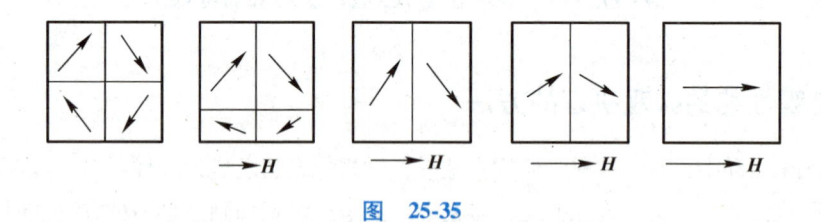

图 25-35

如果磁化达到饱和后再将外磁场撤除（如图 25-33 中 d 点表示的 B-H 关系），铁磁体将重新分裂为很多磁畴。但由于受到体内杂质和材料内应力的阻碍，每个磁畴的状况和磁化强度 M 的取向并不能逆着原来的磁化规律（如起始磁化曲线）恢复到磁化前的状态而保留剩磁 B_r，这就是铁磁性物质宏观磁化过程表现出的不可逆性。

根据铁磁性材料中存在磁畴的观点，可以解释强烈的振动和高温（如铁：$T=1043K$）加热的消磁作用。因

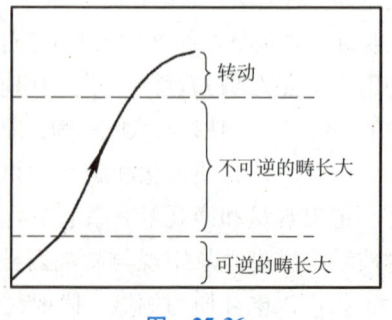

图 25-36

为经振动或高温加热后，铁磁体变成一般的顺磁体。**对此读者能做一个定性解释吗？**

四、应用拓展——潜艇的磁隐身

为了发挥潜艇的作用，必须提高其隐身性能，这里主要介绍其磁隐身性能。通常在磁隐身方面必须做到以下两点：战略上严格防止磁探（潜艇垂向上方的感应磁场）；战术上严格防止磁性水雷（垂向下方的感应磁场）。

潜艇磁场主要由固定磁场（地磁场、电缆电流和电力电子设备对艇体的持续磁化积累的磁场）、感应磁场（某一时刻地磁场对潜艇的磁化）、杂散磁场（艇体凸出体的磁场，占比极小）和交变磁场（周期运动的铁磁体产生，占比极小）组成。但潜艇在消磁站消磁后，感应磁场远大于剩余固定磁场，成为影响潜艇磁隐身的主要因素。

艇体磁场约占潜艇磁场的 80% 以上，用低磁材料铁磁场材料可大幅削弱潜艇磁场。消磁系统的设备由消磁电源、消磁绕组、传感器、接线盒、罗经补偿装置组成。消磁电源按照控制设备的要求提供消磁电流给消磁绕组，并产生与潜艇感应磁场相反的补偿磁场，从而削弱潜艇磁场。传感器负责将消磁电流的实际大小反馈到电源装置。接线盒将消磁绕组连接成便于整体控制，且能调整绕组的安匝量。罗经补偿装置用于补偿消磁系统对磁罗经的影响。消磁控制有两种方式，第一种是安装三分量磁探仪，根据探测结果调节电流，其优点是不受地域限制；第二种方式是根据全球磁场模式、潜艇的经纬度和航态等参数，利用软件计算出各组消磁绕组的消磁电流大小，它的精度关系到消磁效果，其优点是精度不受时间推移发生累积误差，但与地球磁场模式有密切关系。目前，潜艇安装消磁系统有一些难点，如能源功率、重量重心、总体布置等方面，通过技术创新突破和灵活使用，进一步提升消磁效果。

消磁技术在潜艇上的应用是隐身技术发展的必然趋势，也是作战的需要。随着关键性技术的突破，消磁系统在潜艇的成熟应用指日可待，潜艇的隐身性能也将会取得长足的提升。

第五节　物理学思想与方法简述

探索宏观性能的微观机理的方法

在科学认识活动中，有一些科学研究方法或科学思想方法已成为一种习惯，以至于我们在研究中不知不觉地就陷入了某种传统思维习惯之中，甚至还没意识到这是一种方法，原子论方法就是这样一种方法。无论我们分析何种自然现象时，总要把原因归为次一层次所起的作用。比如，宏观性能总是归为由微观机理所左右。这就是千百年来在科学活动中所形成的固有思想方法，这种思想方法又通过教科书一代一代地传下去。而当我们冷静地反思自己的认识过程及考查这种方法的根源时，又往往会大吃一惊：原来整个人类的思想，都进入了一种固定的思维模式之中了。

本章介绍介质极化和磁化的机理，就是在了解宏观性能与微观结构及组成之间的联系后，把宏观量和微观量联系起来后，以揭示相应物理现象的本质，并在此基础上，结合具体物质结构类型，从宏观与微观两种角度分析与讨论介质极化和磁化各自所遵循的规律。对此，我们以电介质为例做一简要讨论。

研究电介质的极化过程，探求极化与物质结构间的关系，广泛涉及静电学定律和有关物质结构的知识。如在电介质极化过程中，有效场或内（电）场问题始终是个繁难的理论问题，并曾引起过许多学者的研究和讨论，但一直没有得到圆满的解决。问题是这样提出来的：在外电场的作用下电介质发生电极化，整个介质出现宏观电场。但作用在每个分子或原子上使之极化的有效场（内场），显然不包括该分子或原子自身极化所产生的电场，因而，有效场不等于整个介质出现的宏观电场。通常在考虑有效场时，必须把所讨论的分子或原子的贡献排除在外。对于所讨论的分子或原子来说，近邻的粒子与远离的粒子所发生的作用并不相同：远离的只有长程作用，近邻的还有短程作用。

电介质的极化是以正、负电荷中心不重合的电极化方式传递、存储或记录电的作用和影响的，但其中起主要作用的是束缚电荷。电偶极矩中的矩在数学上是表示空间分布的量（如矩阵），电偶极矩所描述的就是电荷在空间的分布状态。因为电极化过程与物质结构密切相关，涉及物质结构中束缚电荷的分布、带电粒子间的相互作用，以及这些粒子在外电场作用下的运动和弛豫等，这些都是物质结构中带有根本性的核心课题。探讨这些模型，能把微观参量与宏观的、实验可测的量联系起来。在探索凝聚态材料性能的过程中，沿着这种途径已取得了重大进展。所以，由电介质物理学研究中所产生的新概念、新理论往往为其他学科所利用，也促进了其他一些学科的发展。不过，我们不能进一步讨论这些内容，只能提供一些早期模型的简略轮廓。

练习与思考

一、填空

1-1 一个单位长度上密绕有 n 匝线圈的长直螺线管，每匝线圈中通以电流，管内充满相对磁导率为 μ_r 的磁介质，则管内中部附近磁场强度 $H=$ _____，磁感应强度 $B=$ _____

1-2 图 25-37 所示为三种不同的磁介质的 B-H 关系曲线，即曲线表示 $B=\mu H$ 的关系。那么 a、b、c 分别代表哪一类磁介质的 B-H 关系曲线：a 代表 _____ 的 B-H 关系曲线；b 代表 _____ 的 B-H 关系曲线；c 代表 _____ 的 B-H 关系曲线。

1-3 硬磁材料的特点是 _____，适合制造 _____。

1-4 软磁材料的特点是 _____，它们适合制造 _____。

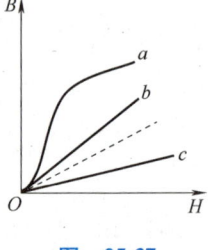

图 25-37

二、计算

2-1 一片二氧化钛晶片（$\varepsilon_r = 173$）紧贴在平板电容器中，极板面积 1×10^{-4} m²，极板带有电荷 $Q = 1.84 \times 10^{-8}$ C，求晶片极化电荷面密度。

【答案】 1.83×10^{-4} C·m⁻²

2-2 图 25-38 所示一平板电容器，充电后极板上电荷面密度为 $\sigma_0 = 4.5 \times 10^{-5}$ C·m⁻²。现将两极板与电源断开，然后再把相对电容率为 $\varepsilon_r = 2.0$ 的电介质插入两极板之间。此时，电介质中的电极化强度矢量 P 为多少？

【答案】 $P = 2.25 \times 10^{-5}$ C·m⁻²；方向由正极板指向负极板，即图

习题 2-2

中垂直向下

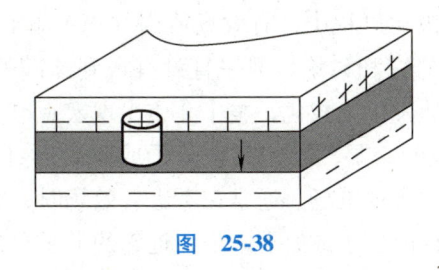

图 25-38

2-3 铁制的螺绕环，其平均圆周长 30cm，横截面积为 1cm²，在环上均匀绕以 300 匝导线，当绕组内的电流为 0.032A 时，环内磁通量为 2×10⁻⁶Wb，试计算磁芯内的磁化强度。

【答案】 $1.59×10^4 A·m^{-1}$

三、思维拓展

3-1 四个外观相同的物体：永久磁体、抗磁体、顺磁体与未磁化的铁磁体。如何通过实验（不能用任何外加电磁场）区别这四种物体。

3-2 如图 25-39 所示，将磁介质样品装入试管中，用弹簧吊起来挂到一竖直螺线管的上端开口处，当螺线管通电流后，则可发现随样品不同，样品受到该处不均匀磁场的磁力的方向也不同，这是一种区分样品是顺磁质还是抗磁质的精细的实验。若弹簧收缩，则样品是顺磁质还是抗磁质？

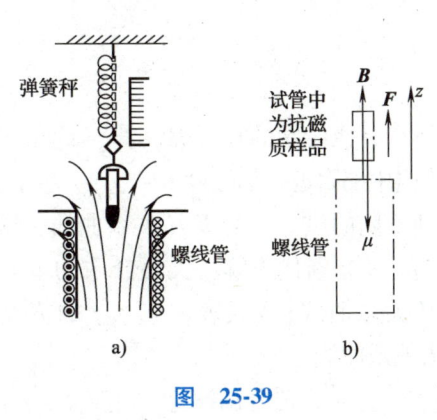

图 25-39

3-3 电介质的极化除了应用在电容器方面外，还有哪些应用？

第二十六章
能带论基础

> **本章核心内容**
> 1. 固体中电子能量所遵守的规律。
> 2. 固体电子能带中的价带、禁带与导带。

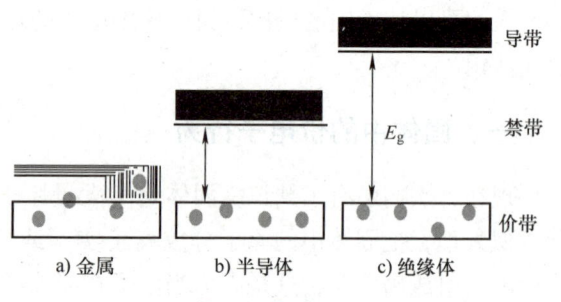

固体按能带结构分类
a) 金属　　b) 半导体　　c) 绝缘体

固体的电导现象早在 19 世纪已为人们所注意。最早的金属导电理论的建立，是 1900 年特鲁德在 1897 年汤姆孙发现电子的基础上，大胆地将当时已很成功的气体分子动理论移植到研究金属中价电子的运动。他假设，金属中原子的价电子基本上可看成自由电子，它们可以在整个金属体内形成"电子气"，用以解释金属的电导和热导性质。但是，作为金属导电、导热的第一个理论模型，它很难从理论上解释如果自由电子气参与导热，为何通常金属的热导率（电子传输）是如此之高的同时，而自由电子对热容的贡献却微不足道（参看二十四章第一节）。因为，根据分子动理论，金属中自由电子气对热容的贡献应与晶格振动对热容的贡献不相上下，而在实验中却没有观察到这种效应。另外一个问题是，根据实验上得到的金属电阻率数值（$10^{-8} \sim 10^{-6} \Omega \cdot m$），可以估算金属中电子在两次碰撞之间自由运动的平均距离（自由程）约等于几百个原子间距（$10^{-8}m$），而按经典分子动理论计算，电子在晶体中平均自由程仅为 $10^{-10}m$ 量级，不能解释由实验得到的电子平均自由程（$10^{-8}m$）和由分子动理论得到的 $10^{-10}m$ 之间的差别。随着量子物理的诞生与发展，人们开始在新的理论平台上系统研究电子在晶体周期性结构（场）中的运动。1927—1928 年，泡利与索末菲发展了金属量子自由电子气模型，克服了特鲁德模型的缺陷，但是新模型还是没有从根本上解决固体电导中的所有问题。比如说，为什么有些化学元素的晶体是电的良导体，而其他一些元素的晶体则是绝缘体？还有一些元素的晶体是半导体，其导电性质随温度而显著地变化？特别是纯金属的电阻率与优良绝缘体的电阻率相差几乎达 10^{30}！如此巨大的差别，也许是物质所有共同物理性质中最为广阔的变化范围。看来，只有把自由电子模型引申到考虑电子与固体周期性点阵的相互作用时，对绝缘体和导体之间的差异的实质才可能有所了解。1928 年，布洛赫在一篇题为"论晶格中电子的量子力学"的重要论文中，处理了周期场中德布罗意波的传播，为固体的能带论奠定了基础

(布洛赫的工作在本章第二节简要介绍)。

固体能带论是目前研究固体中自由电子行为的一个具有代表性的基础理论。这个理论可以说明固体为什么会有导体与非导体的区别；晶体中电子的平均自由程为什么会远大于原子的间距等。同时，它也是了解某些化学过程和生物过程的基础。

虽然号称固体能带论，但通常多用于具有周期性规则结构的晶体物质。因此，本书有时交替使用固体或晶体电子能带概念。能带论在计算固体的电、磁、光与热学性质时都有重要应用。

第一节　固体能带的形成

人们可以从不同的层次探讨固体中电子的运动。本节先定性地介绍固体能带形成的一种粗浅认识。

一、固体中的价电子行为

现在，人们已有了共识，固体是由大量原子（或离子、分子）组成的复杂体系。做一种近似处理，把固体中的原子分成离子实（或原子实）和价电子两部分。其中，原子核和内层电子组成离子实，这是因为当原子在凝聚成固体的过程中，虽然离子实的变化不大，但它们构成了晶体中的周期性势场（见本章第二节）。价电子是原子外壳层受核作用最弱的电子，因此，在原子凝聚成固体过程中，价电子受各种因素的影响最明显，运动状态的变化也最大。

固体中原子的运动状态区别于孤立的原子。当大量的孤立原子（或离子、分子）相互靠近形成晶体时，晶体结构中的每一个原子（或离子、分子）都以一定的距离与最近邻原子（或离子、分子）发生相互作用。由于原子间相互作用的增强，电子云将发生一定程度的交叠，从而使得外层电子实现共有化运动，而内层电子也会通过隧穿效应实现部分共有化。晶体中离子实呈周期性排列，虽然每个离子实都形成约束价电子的势垒（静电作用），但内层电子会通过隧穿效应穿过势垒（见第二十章第五节）。当然，晶体中电子的这种共有化运动的自由程度也是有限制的，首先，电子只能被限制在晶体内运动，要想摆脱晶体的束缚，电子还需要获得足够的能量；其次，即使在晶体内部，电子的运动也受到一定的限制，在晶格格点位置，周期性排列着带正电的离子实，也是共有化电子所不能到达的位置。

二、电子能带的形成

我们在第二十一章中已经指出，孤立原子中电子的能量用分立的能级描述。**在固体中，原子中电子的能量是否仍可以用分立的能级描述？或者说，电子的能量是不是可以取任意的值呢？** 按固体电子能带论，固体原子中电子的运动状态仍然只能分布在某些分立的、限定的能量范围内，或者说，电子可能具有的能量仍由一系列分立的能级来描述。但由于电子数目极大，可以想象，由相同量子数 n、l、m_l 确定的电子能级密密麻麻地排列。把以不同的 n 为

标志，这些十分密集的分立的能级组成的集合称为能带。其中，由电子可能出现的能级构成的能带称为容许带（简称允带）；电子不可能占据的能带称为禁带（也是两允带间的能隙）。图 26-1 简单地描述了孤立原子的能级和右端密排水平线表示的固体的允带，图中竖直方向 E 由下而上表示能量（带）的高低。两个允带之间的禁区（空白区）称为禁带，允带与禁带的整体也称为能带（结构）。

现在的问题是：这些允带与禁带究竟是如何形成的呢？如第二十三章所述，一种晶体的结构特征，取决于其组成原子（或离子、分子）间键的类型。而原子间化学键的主角是外层价电子。因此，作为晶体能带结构的基本理论，必须能够解释那些将原子维系在晶体这个"大家庭"中的价电子的能量特征。然而，

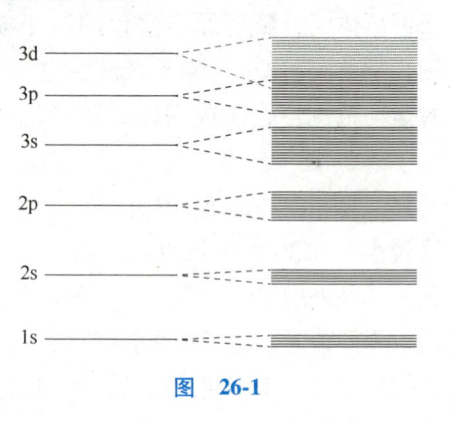

图 26-1

描述固体中价电子运动的理论是量子物理而非经典物理。所以从本质上说，固体能带论中允带与禁带的形成要借助量子理论（详见本章第四节）。在大学物理层面把握能带论的基本概念，只好限定在通过定性分析方式来了解有关能带形成的原因。

仍以图 26-1 为例。当组成固体的原子彼此相距很远，远到以致原子间可以视为没有相互作用而彼此孤立时（类似理想气体），系统中电子的能级就是孤立原子的能级。因而，由于原子相互孤立，具有同一能量的价电子的能级可用同一水平横线表示。当一群分开的、孤立的基态原子慢慢地互相靠近时，随着原子间距离的减小，在一个原子上的电子不仅受到本身原子的作用，还要受到相邻原子的作用。首先外壳层价电子开始发生相互作用，随着表征概率分布的电子云交叉重叠的过程，原子能级结构也将随之发生变化。由于不同原子同一壳层的电子不再具有相同的能量，所以描述电子能量的原子能级分裂为许多非常接近的子能级。具体来说，当由 N 个原子凝聚成晶体时，原先原子的每一个能级都要分裂成 N 个间隔很近（约 10^{-22} eV）的能级，这样一组密集的能级看上去像一条带子，故称为能带。可见，能带是能级分裂的结果，即一个能级分裂成一个能带，如图 26-1 所示，能带的符号仍沿用能级的符号，如 1s，2s，2p，…。

理论和实验证明，电子具有自旋，电子在能级上的分布遵守一条支配物质世界结构的泡利不相容原理（即在原子的同一能级上，不能有由 n、l、m_l、m_s 表征的同一量子态的两个电子，或者说同一能级上不能具有两个包括自旋 m_s 在内的完全相同的 4 个量子数的电子）。在第二十一章中曾指出，当 n 取一定值时，角量子数 l 可以取 $0,1,2,\cdots,n-1$。因此，在由 n 值决定的壳层中，又可以分成由 l 值决定的 n 个支壳层，如 1s，2s，2p，…表示的支壳层。由于对给定的 l，表示角动量空间量子化的磁量子数 m_l 还可以取 $0,\pm 1,\pm 2,\cdots,\pm l$，共 $2l+1$ 个值。由量子数 n 和 l 所确定的原子能级，又因 m 不同可分为 $2l+1$ 个支能级，每个支能级可容纳一对自旋相反的电子，一共可容纳 $2(2l+1)$ 个电子。因此对于由 N 个原子组成的晶体，由于能级分裂，对于轨道角量子数为 l 的能带有 $2l+1$ 条支能带，每条支能带由 N 条能级组成，最多可容纳的电子数为 $2(2l+1)N$ 个。例如，由 N 个原子组成的固体 s 能带最多

可容纳 2N 个电子；p 能带最多可容纳 6N 个电子。

综上所述，能带的形成来源于固体中原子间的相互作用。图 26-2 表示 N 个钠原子结合成钠晶体时，随着原子间距的减小能级的分裂示意图。Na 的 3s 电子是原子最外层电子，比较自由，相对运动范围广，形成固体时相应的电子云交叠程度大，故 3s 能带较宽；2p 电子是内层电子，受原子束缚强，只能在局部范围内运动，相应的电子云交叠程度较小，故 2p 能带较窄，同理 2s、1s 能带更窄。因此，越是外层电子，能级分裂的能带越宽；当原子间距取不同值时，电子云交叠程度也会不同，导致能带的宽度也会发生变化。另外，不同的能带可能发生重叠，见本章第三节 Mg 的能带。

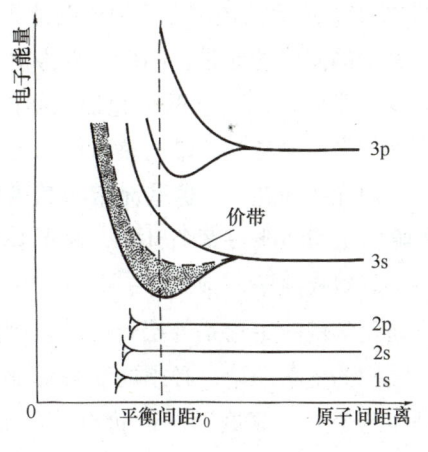

图 26-2

*第二节　固体中电子的波函数

如前所述，固体是包含大量原子核和电子的多粒子系统，原子核运动，电子也运动，情况十分复杂。同时，固体中大量电子的运动也是相互关联的。但是，在大多数情况下，人们最关心的是价电子的状态与行为。一般来说，不管晶体结构属何种类型，原子中的价电子都被不同程度地公有化了。根据量子物理，要了解晶体中价电子的运动，需求解定态薛定谔方程。薛定谔方程的优势在处理氢原子（问题）及解释隧道效应中已充分显示出来。但是，面对求解由大量粒子（原子核、电子）组成的系统中电子（多体问题）的薛定谔方程，确定这些价电子的运动，时至今日还无法精确求解。为此，按物理学处理方法，必须将问题简化。针对需要解决的特定问题以及物理过程的本质，提出简化的模型。能带论本质上就是这样一个近似理论。

一、近似处理方法

1. 绝热近似

作为第一步近似，上一节曾把固体中的原子分成离子实和价电子两部分。这种分开处理的方法称为绝热近似。**为什么称为绝热近似呢？** 具体来说，晶体中公有化的电子（价电子）不仅受原子核的束缚，而且还受晶体周期性势场的作用。处于点阵上的离子实在各自的平衡位置（点阵点）附近做微振动，但是，电子质量与离子实的质量相差 3 个量级。不仅如此，从运动速度看，晶体中电子典型的速度约为 $10^6 \mathrm{m \cdot s^{-1}}$（数量级），离子实的速度量级为 $10^3 \mathrm{m \cdot s^{-1}}$；再从振动频率看，晶格振动最大频率为 $10^{13} \mathrm{s^{-1}}$ 的量级，而等离子体（由正离子和电子组成的气体）中电子振动频率可达 $10^{16} \mathrm{s^{-1}}$ 的量级。通过以上对比，所谓绝热近似是指：在讨论离子实运动时，不论晶格振动频率多大，可以假定，价电子在每个瞬时都能紧紧跟上离子实的运动；而在讨论价电子运动时，可以假定，价电子在任何时候都处在由某种瞬间离子实组态之中。两种假定的物理意义是，当只讨论价电子体系的

运动时，可以认为离子实都固定在其瞬时位置上。这就是绝热近似的中心思想，绝热近似又称为玻恩-奥本海默近似。

2. 单电子近似

能带论的出发点是固体中价电子已不再束缚于离子实，而是在整个固体内运动。在上述绝热近似中，只考虑当离子实固定在平衡位置情形下去处理 Nz 个价电子体系的问题。这里 N 表示晶体中的原子总数，z 表示原子的价电子数。作为最简单情况，可令 $z=1$，但即使这样，仍然要面对一个 $10^{22}\sim10^{23}$ 之多的、处于相互作用（关联）之中的电子体系。只要涉及大量粒子的问题，就不可能求解薛定谔方程。为此，能带论被迫采取单电子近似。

什么是单电子近似（方法）呢？ 以图 26-3 为例，在离子实呈周期排列的晶态固体中，除离子实-离子实和电子-离子实之间的相互作用外，还有电子-电子的相互作用（图 26-3 只示出两个原子的情形）。所谓单电子近似，就是把任意一个价电子从复杂纷繁的相互作用中孤立出来，而把其他电子对该电子的作用取一势场平均值，将实际的多电子问题简化为讨论单电子问题。也就是只求解电子气中一个电子的波函数。单电子近似又称哈特利-福克近似。这是因为，1928 年由哈特利提出单电子近似，1930 年福克又对其进行了推广的缘故。

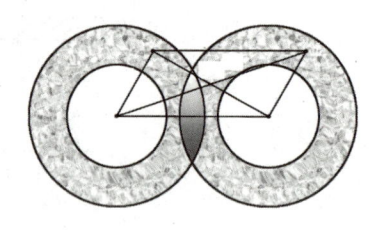

图 26-3

3. 周期场近似

按上述单电子近似，决定晶体中一个价电子运动所处的势场，包括呈周期排列离子实的周期势场以及其他 $(N-1)z$ 个电子的平均势场。因此，将理想晶体中两部分势场之和称为等效势场，等效势场 $V(r)$ 也具有晶格周期性。这样，视晶体中的单电子在一个具有晶格周期性的等效势场中运动，等效势场的周期性可用下式表示：

$$V(\boldsymbol{r})=V(\boldsymbol{r}+\boldsymbol{R}_n) \tag{26-1}$$

式中，$\boldsymbol{R}_n$ 为代表晶格周期性的晶格矢量。为了了解等效势场周期性的特点，以下分析图 26-4 所描述的几种情况。

图 26-4a 表示在只有一个价电子的孤立原子中电子的势能曲线。这样的原子可看成由一个电子和一个正离子组成，电子在正离子电场中运动，与氢原子势场极其相似。当两个这种原子靠近时，每个价电子将同时受到两个离子势场的作用（见图 26-4），也就是相当于双原子分子。图 26-4b 中虚线表示孤立原子的势场，实线表示了双原子中价电子的势能曲线（势场）；推而广之，当大量原子如图 26-4c 所示有规则地一字排开而形成一维晶体时，就出现如图 26-4c 所示的周期性势能曲线（等效势场其势垒宽度为 0.1nm 左右），这就是式（26-1）所描述的情形。

二、晶体中电子的波函数——布洛赫函数

如前所述，能带论中的一种近似方法是只考虑单电子在晶格周期性等效势场中的运动。为简单起见，以下只讨论一维情形，则单个价电子满足的定态薛定谔方程为

$$-\frac{\hbar^2}{2m}\frac{\mathrm{d}^2\psi(x)}{\mathrm{d}x^2}+V(x)\psi(x)=E\psi(x) \tag{26-2}$$

图 26-4

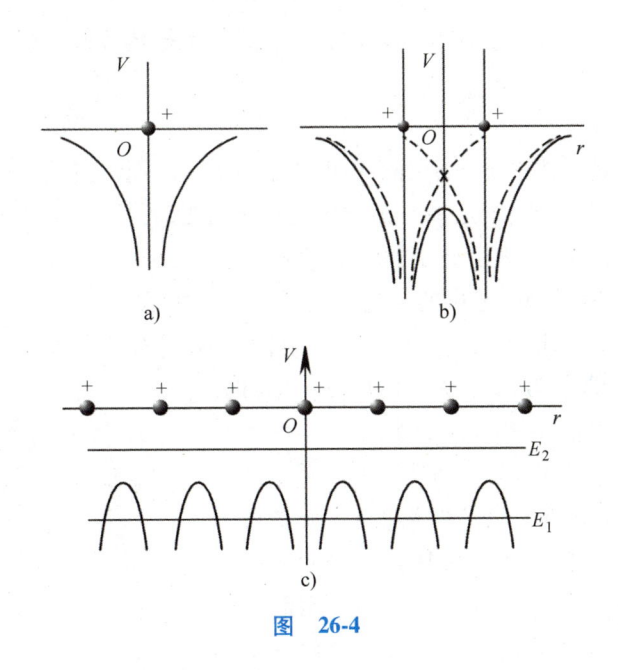

$$V(x) = V(x+a) \tag{26-3}$$

式中，$V(x)$ 表示一维周期性等效势场；a 为晶格周期 [即式（26-1）中 $\boldsymbol{R}_n$ 值]。要具体求解式（26-2），必须给出势能函数 $V(x)$ 的具体形式。1928 年，年仅 23 岁的布洛赫在利用固体晶格周期性势能探讨金属电子的导电率时，发表了如下论述：在周期性势能函数 $V(x) = V(x+a)$ 体系中，电子的概率幅有以下形式：

$$\psi(x) = e^{ikx} u(x) \tag{26-4}$$

且

$$u(x) = u(x+a) \tag{26-5}$$

后人将具有式（26-4）特征的概率幅称为<u>布洛赫函数</u>。式中，k 是电子的波矢量在 x 轴上的投影。用布洛赫函数描述的或者满足周期势单电子薛定谔方程（26-2）的电子称为布洛赫电子。

从历史的角度来看，布洛赫的工作为固体能带论的发展奠定了基础。因此，有必要进一步了解布洛赫所做工作的物理意义。

1）式（26-4）是一列平面波 e^{ikx} 与一个具有点阵周期性的函数 $u(x)$ 的乘积，图 26-5 为晶体中布洛赫电子波函数的示意图。图 26-5a 表示 $u(x)$ 是一个与晶格同周期的周期性函数；图 26-5b 表示平面波 e^{ikx}；图 26-5c 表示布洛赫函数。从图中看，布洛赫函数代表的是行波，它反映了晶体中原子的价电子不只是出现在某一单个原子的势阱或势垒中，而且，还是属于整个晶体的公有化电子。具有波粒二象性的电

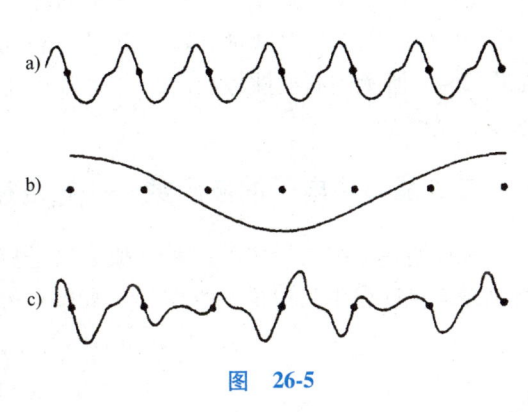

图 26-5

子可以在整个晶体中运动，电子的公有化又称为电子的非局域性。

在晶体中，布洛赫电子的非局域性还可以这样理解：由于晶体中原子间的相互作用，原子的价电子不再束缚于单个原子的周围。但当电子在相邻原子之间势场变化起伏不大的区域运动时，布洛赫函数类似于平面波，反映在式（26-4）中就是平面波因子 e^{ikx}（见图 26-5b）。但是，如果电子运动到离子实附近，无疑将受到离子实的较强作用，其行为接近于原子中的电子，属于定域化运动。式（26-4）中 $u(x)$ 描述的是这一情景，或者说 $u(x)$ 描述的是晶体中电子还有绕原子核的运动。晶体中的离子实呈周期性排列，因此，$\psi(x)$ 又称为调幅平面波。就是说，式（26-4）中的平面波 e^{ikx} 受到周期性函数 $u(x)$ 的调制，这就是图 26-5c 所表示的情形。总之，布洛赫函数中既包含"自由电子"的特征，又包含有晶格周期性势场对电子运动的影响，因而，布洛赫函数描述了晶体中电子运动既有定域化又有非定域化的特点。作为对比，对于自由电子情形，由于 $u(x)$ 恒定，则式（26-4）就变为下述形式：

$$\psi(x) = 常数 \cdot e^{ikx} \tag{26-6}$$

2) 将 $x+a$ 取代式（26-4）中的 x，并利用式（26-5），得

$$\begin{aligned}\psi(x+a) &= e^{ik(x+a)} u(x+a) \\ &= e^{ikx} \cdot e^{ika} u(x) \\ &= e^{ika} \cdot \psi(x)\end{aligned} \tag{26-7}$$

此式表明，将 $x+a$ 取代 x 的操作意味着将坐标 x 平移一个晶格常数 a。此时，概率幅 $\psi(x+a)$ 相对于概率幅 $\psi(x)$ 只增加了一个相位因子 e^{ika}。从这一点看，式（26-4）与式（26-7）是等价的。或者说，式（26-7）就是式（26-4），为什么？这是因为，由式（26-4）表述的布洛赫波具有周期性调幅平面波的形式，所以在 x 与 $x+a$ 处，概率幅只相差一个相位因子 e^{ika}。

式（26-4）与式（26-7）又称为布洛赫定理。尽管如此，两式对布洛赫定理的表述却有所不同。从式（26-4）看，由于晶体中原子做周期性排列，电子在周期性等效势场中运动。在周期性等效势场中，单电子概率幅 $\psi(x)$ 满足定态薛定谔方程（26-2），则薛定谔方程的解，或者说，运动电子的概率幅可以写成式（26-4）的形式。

由式（26-7）看，它所表述的布洛赫定理是：当势场具有晶格周期性，即满足式（26-3）时，不论势能函数 $V(x)$ 的函数形式如何，薛定谔方程式（26-2）的解具有由式（26-7）所表示的性质。根据式（26-7）可以把概率幅写成式（26-4）的形式，或者说，在周期势场中，只要 $\psi(x)$ 是满足式（26-2）的解，则满足式（26-7）的 $\psi(x+a)$ 也一定是满足方程式（26-2）的解。但式（26-7）表明，电子概率幅 $\psi(x)$ 并不是周期函数（见图 26-5c）。

如果对式（26-7）的等式两边取模的平方，则得

$$|\psi(x)|^2 = |\psi(x+a)|^2 \tag{26-8}$$

式（26-8）表明，在一维空间周期为 a 的等效势场中，虽然电子的布洛赫函数不具有空间周期性，但电子的概率密度在空间的分布却具有与晶格相同的周期性。也就是说，晶体中每隔一个周期（a），粒子出现的概率相同。这也表明，晶体中的电子不再属于某一单个原子的势垒（势阱），而是公有化了（见图 26-6）。

布洛赫定理是能带论的基石之一，但定理的证明已超出本书的范围。

图 26-6

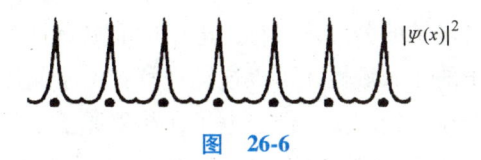

第三节 固体的能带结构

如前所述，固体能带论是描述固体中价电子运动（能量）的一种量子理论。理论基础是将第二节中的式（26-4）所表征的布洛赫函数代入薛定谔方程（26-2）求解，并利用一定的模型（如第四节克朗尼格-朋奈模型）求得电子的能带结构，计算是非常复杂的（详见本章第四节）。本节只对晶体能带结构的若干基础概念做一简要介绍。

一、满带、导带和空带

当原子结合成固体时，能级分裂成一个个能带。根据能量最小原理和泡利不相容原理，固体电子在填充这些能带时，电子应该由低到高依次占据能带的各个能级，每个能级可以填充自旋相反的两个电子。如果一个能带的每个能级都被电子填满，那么这个能带称为满带。如果一个能带的所有能级都没有电子，那么这个能带称为空带。如果电子刚好填充完毕的那个能带是由价电子占据，则称为价带。由价带上方激发态能级分裂而成的允带常称为空带。图 26-7 是固体能带结构一种最简单的示意图。满带中的电子对晶体导电没有贡献。这是因为，满带中所有能级已被电子填满，当晶体外加电场时，在外电场作用下，就算是如图 26-8 所示电子在满带中的不同能级间交换位置的话，交换结果并没有改变电子在能带中的整体分布。两个电子的能量一增一减地变化的宏观效应相互抵消，电路中不会有任何反应，故满带中的电子不参与导电。一般原子的内壳层是被填满的，原子能级分裂所组成的能带都是满带，但由价电子能级分裂形成的价带却有满与不满之分（为什么?）。如在图 26-7 中，晶体价带中的能级没有全部被电子填满，在外电场的作用下，价电子获得能量，就会跃迁到价带中未被填充的高能级（见图 26-9）。在电路中表现为这些电子在外电场作用下获得动能，在导线中定向漂移形成电流，这种未填满的价带又称为导带，导带中的电子是导电的。（注意：价带不一定就是导带）。

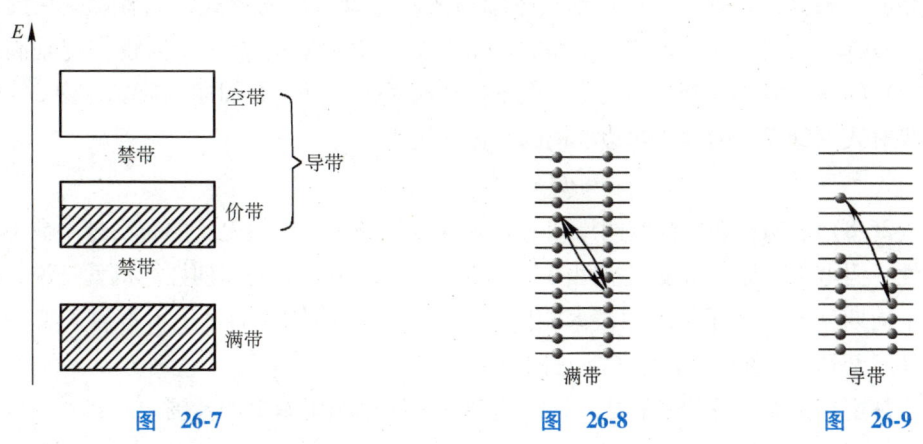

图 26-7　　　　图 26-8　　　　图 26-9

图 26-7 中的空带中所有能级都没有电子进入，如果由于外界提供能量而使电子被激发进入空带，则在外电场作用下，这种电子可以在该空带内向高的能级跃迁，类似于出现在上述价带中发生的过程，也可以形成宏观电流，因此空带也是导带（但空带不是价带）。总之，能带论解释固体导电的关键点是：<u>满带中的电子不参与导电，未填或未填满能带的电子才对导电有贡献</u>。

在图 26-7 中，禁带的存在及宽度对晶体的导电性起着重要的作用。以下定性介绍三种晶体的能带结构。

1. 钠晶体的能带结构

原子核外电子的排布规律称电子组态，钠原子的电子组态表示为 $1s^22s^22p^63s^1$。在电子组态中 $2p^6$ 中的 2 表示 $n=2$ 的壳层（L 壳层），p 表示 $l=1$ 的支壳层。6 表示对应 p 支壳层（$m_l=-1, 0, +1$）可容纳 $2(2l+1)=6$ 个电子。对于由 N 个原子组成的钠晶体来说（能带参看图 26-10），1s、2s、2p 能带都是满带，可容纳电子数分别为 $2N$、$2N$、$6N$；价带 3s 上共有 $2N$ 个量子态（由 n, l, m_l, m_s 决定），可填充 $2N$ 个电子。但由 N 个原子组成的钠晶体仅有 N 个价电子，价带未填满。根据前述分析，钠晶体是良导体，这与实际情况是相符的。

2. 镁晶体的能带结构

镁的电子组态是 $1s^22s^22p^63s^2$。根据前述分析，镁晶体由价电子所处 3s 能级形成的能带是价带，而由 N 个镁原子组成的晶体价带填充了 $2N$ 个电子，3s 能带是满带。如果按满带电子不参与导电的分析，镁晶体应当是电的不良导体，但实际上金属镁却是电的良导体。<u>这里出现的矛盾是怎么回事呢？</u>这是由于原子靠近后相互作用的结果，金属原子的价带与相邻空带之间将会相互交叠。交叠后合并成一个新的允带，不仅消除了禁带，而且合并后的能带不是满带，可容纳电子数大增。对于镁晶体来讲，它的 3s 能带和 3p 能带发生重叠，$2N$ 个价电子在尚未填满 3s 能带前就开始填充交叠的 3p 能带，结果使 3s 和 3p 两个能带都只是部分填满的，因此镁是导体。图 26-10 中右图以最简明的图像描述了镁能带结构的这种特征。一般来讲，最外层价电子数为 1、2 或 3 的原子所组成的晶体大都可以导电就是这种情形。

3. 金刚石的能带结构

金刚石是由碳原子组成的晶体。孤立的碳原子的电子组态是 $1s^22s^22p^2$。初看起来，似乎金刚石晶体的 2p 能带并未填满应是导体，实际却不是，<u>这又是为什么呢</u>？原来，碳原子的最外层电子组态是一对 s($2s^2$) 和一对 p($2p^2$) 电子。如图 26-11 所示，当原子间距较大时，右端水平线表示孤立原子的 2p、2s 能级。但当碳原子凝聚成晶体过程而间距减小到 r_1 时，由于 2s 电子态波函数和 2p 电子态波函数之间有着较强的交叠，使对应两电子态的允带也开始交叠。在原子间距进一步减小的过程中，交叠的允带又一分为二。允带的这种时而交叠与时而分裂的原因，是由构造共价键的电子波函数性质决定的。在间距等于 r_0，即原子的平衡位置时，形成由禁带 $\Delta E_g = 5.33\text{eV}$ 隔开的两个允带。设晶体由 N 个原子组成，若以包括自旋在内的 4 个量子数（n, l, m_l, m_s）表示一个量子态，则由 2s 与 2p 交叠的允带一共可容纳 $8N$ 个电子，被 ΔE_g 隔开的两个允带各具有 $4N$ 个量子态，即每个能带中可容纳 $4N$ 个电子。于是，下方的一个允带正好被 $4N$ 个价电子填满（能量最低原理），价带（或满带）上

方的那个允带恰好空着。所以金刚石是绝缘体。推而广之，绝缘体中不存在导带，只有被很宽的禁带分开的满带和空带，而价带是满带，这就是"绝缘"的关键。

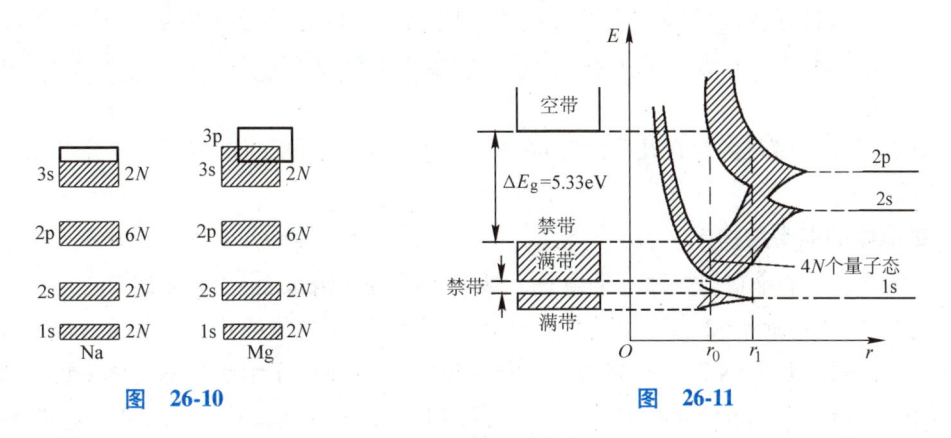

图 26-10

图 26-11

二、导体、绝缘体及半导体的能带

在物理学中利用实验观测的电阻率可以将固体区分为导体（$10^{-10} \sim 10^{-5} \Omega \cdot m$）、绝缘体（$10^{8} \sim 10^{20} \Omega \cdot m$）和半导体（$10^{-4} \sim 10^{7} \Omega \cdot m$）。固体能带论的一大贡献是成功地解释了"固体都包含大量的电子，但又为什么会具有极不相同的电阻率（导电本领）"。在以上三个特例中，已从晶体的不同能带结构进行了定性分析。如果仅从价电子在允带中的填充情况来看只有两种情形：即满带和部分填充带。下面从特例延伸到一般情况，看能带论如何（定性地）解释固体不同导电性能的物理机制。

▶ 导体、半导体、绝缘体能带

图 26-12 是导体、绝缘体和半导体的不同能带结构最简单的示意图。尽管实际晶体的能带结构相当复杂（见图 26-2、图 26-11），但从 4 种示意图来看，价带的填充情况以及价带是否与上方相邻空带重叠，是决定晶体导电性能的关键。其中，导体价带的特征表现为：有接近填充一半的价带或价带同上一个相邻空带重叠。在这种有重叠的价带中，外界哪怕提供一份很小的能量，就能激发一个价电子上升到较高的能级，价带中发生的现象"切换"到电路中，就是这些电子从电场中获得能量参与导电。从图 26-12 中左侧图看，如果晶体中价电子填充的允带（即价带）是满带，那么，虽然这种晶体也有大量的价电子但不是导体。视禁带的宽窄可分为绝缘体或半导体。例如，在 $T = 0K$ 的理想情况下，作为半导体的价带已填满而导带是空着的，此时的半导体就是一种绝缘体。随着温度升高（如从液氮温度到室温以上，视情况而定），由于半导体中禁带（或能隙）宽度为 $0.1 \sim 2eV$（平均 $1eV$），通过热运动，满带中的某些电子可以从填满了电子的价带跃迁到上面的空能带中去。不难想象，这种情况的发生，将导致价带与其上方的空带都变成了部分填充的允带，在外电场作用下，都对导电有贡献。显然，禁带宽度 ΔE_g 越小，被激发的电子越多，导电能力就越强（半导体科学技术是当前最重要的技术之一，有关半导体的导电机制，详见第二十七章）。

这样看来，绝缘体与半导体之分，关键在于满带与导带之间的禁带（或能隙）ΔE_g 的宽窄与温度高低。对绝缘体来说，禁带（能隙）宽度一般为 3~6eV（见表 26-1），如金刚石的

图 26-12

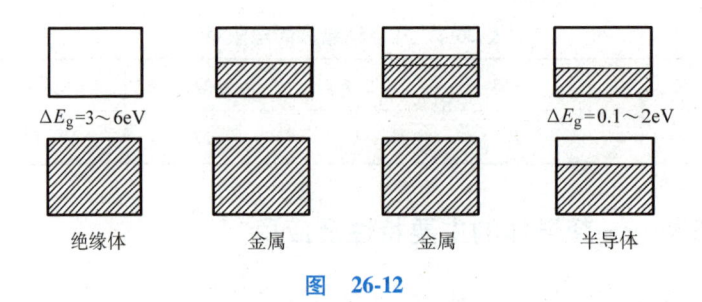

能隙为 5.33eV。问题是，**为什么在常温下 3~6eV 的能隙就决定了晶体是绝缘体呢？** 在前面讨论能带结构时，曾给出一个关于允带中相邻能级差为 10^{-22} eV 的量级。那么，**在什么样的外加电场情况下，满带中的电子会吸收外电场的能量越过禁带而进入上面的空能带呢？** 下面做一个简要分析：设想，电子在晶格中运动时，将与离子实发生碰撞。如果把电子在两次碰撞间运动的平均行程称为平均自由程，前已指出，价电子在晶体中运动的平均自由程约为 10^{-8} m 量级。因此，当价电子在平均自由程内被外加匀强电场 E 加速时，要使电子获得几个电子伏的能量（$1\text{eV}=1.6\times10^{-19}$ J），根据电场强度 $E=\dfrac{U}{d}$（d 为电子的平均自由程，U 取伏特量级），则要求电场强度达到 10^8 V·m^{-1} 的量级。**这种量级的电场强度是一个什么概念呢？** 第一卷第四章表 4-2 曾给出一些典型的电场强度值。对比表 4-2，电场强度为 10^8 V·m^{-1} 的值，相当于空气被击穿时电场强度（3×10^6 V·m^{-1}）的 33 倍，或相当于雷电天气时，闪电内电场强度的 10^4 倍。显然，通常外电场根本达不到这么高的强度。所以在通常温度下，对于绝缘体来讲，电子不会因为电场的作用，而由满带激发到上面的空能带中去。表 26-2 列出了几种绝缘体的电阻率。

表 26-1　若干材料的禁带宽度（室温）

材料		禁带宽度 ΔE_g/eV
绝缘体	金刚石（C）	5.33
	氧化锌（ZnO）	3.2
	氯化银（AgCl）	3.2
半导体	硅（Si）	*1.17(0K)
	锗（Ge）	*0.743 7(0K)
	碲（Te）	0.33
	灰锡（Sn）	1.08
	硫化镉（CdS）	2.42
	氧化亚铜（Cu$_2$O）	2.17
	砷化镓（GaAs）	1.43
	硫化铅（PbS）	0.34~0.37
	锑化铟（InSb）	0.18（室温）

*硅、锗禁带宽度随温度变化 $E_g(T)=E_g(0)-\dfrac{\alpha T^2}{T+\beta}$，硅：$\alpha=4.73\times10^{-4}$ eV·K^{-1}，$\beta=636$K；锗：$\alpha=4.774\times10^{-4}$ eV·K^{-1}；$\beta=235$K。

表 26-2　几种绝缘体的电阻率

物质	硫黄	白磷	石英	碳酸钙	陶瓷	干燥木材
$\rho/10^{11}\Omega\cdot m$	14~15	15	>15	12	12~13	8~12

三、应用拓展——超导体的主要特性及应用

1911 年，荷兰物理学家昂内斯（H·K·Onnes）发现汞在温度降至 4.2K 附近时突然进入一种新状态，其电阻小到实际上测不出来，这种新状态被称为超导态。之后又发现许多其他金属也具有超导电性。低于某一温度出现超导电性的物质称为**超导体**。超导体具有以下特征：

（1）零电阻　当超导体的温度 $T<T_c$（超导体的临界温度）时，电阻完全消失。

（2）临界磁场　当外磁场超过临界磁场强度 H_c 时，材料的超导态将被破坏而转入正常态，在 $T<T_c$ 同时 $H<H_c$ 的区域内，材料才具有超导电性。由于临界磁场的存在，限制了超导体中能够通过的电流，即存在临界电流。

（3）迈斯纳效应　在使样品转变为超导态的过程中，无论先降温后加磁场，还是先加磁场后降温，超导体内部的磁感应强度总是为零，所以超导体具有完全抗磁性。

（4）同位素效应　同位素的质量越大，转变温度越高。

由于超导体独特的性质，使得其应用范围十分广泛。如利用超导体的抗磁性可制造磁悬浮列车，在车厢下面安装超导线圈，当列车达到一定速率时轨道中产生感应电流，利用迈斯纳效应使列车悬浮起来。目前，磁悬浮列车在日本和德国已经试运行，车速可达 350~500km·h^{-1}，悬浮高度为 10mm。德国 Transrapid 公司于 2001 年在中国上海浦东国际机场至地铁龙阳路站兴建磁悬浮列车系统，并于 2002 年正式启用。该线全长 30km，列车最高时速达 430km·h^{-1}，由起点至终点站只需 8min，图 26-13 为上海浦东运行的磁悬浮列车示意图。

现在超导新材料的研究尚处于发展阶段，还有许多应用技术需要加以解决，但其前景喜人。

图 26-13

*第四节　固体能带论基础

如前所述，组成晶体的离子实（或原子实）按一定的周期排列在晶体中（见图 26-4），而单电子就在这些离子实的周期势场和其他电子的平均场中运动。以一维无限长离子实点阵为例，要求得电子的能带结构，必须解形如式（26-2）的定态薛定谔方程，求晶体中电子的能量 E 对晶格动量的函数曲线。

一、克朗尼格-朋奈模型

1928 年，在年仅 23 岁的布洛赫证明了后人称为布洛赫定理的式（26-4）之后，仅过 3 年（1931 年），克朗尼格和朋奈又提出了如图 26-14 所示的一个由方形势阱及势垒周期排

列而成的一维晶体势场模型，图中，电子在离子实电场中的势能设为 $V(x)$，由于晶格离子排列具有周期性，应有 $V(x+a)=V(x)$，a 是它的空间周期。图 26-14a 是这种 $V(x)$ 的一种示意图，克朗尼格和朋奈把图 26-14a 示出的周期势能，代之以等面积的周期矩形势能（见图 26-14b）来求电子的能带结构（后人把图 26-14b 称为克朗尼格-朋奈模型）。通过他们的计算，获得了漂亮的能带结构图。

为了计算上的方便，将图 26-14b 画成如图 26-15 所示的形式。图中标出的势阱宽度 c 与势垒宽度 b 之和就是晶格常数 a。

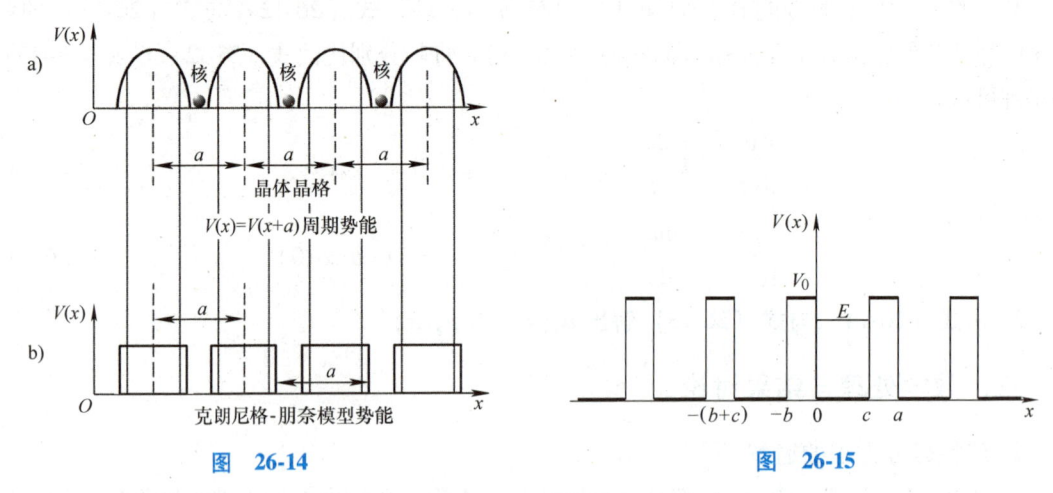

图 26-14

图 26-15

二、求解周期场中定态薛定谔方程的基本思路

克朗尼格-朋奈模型是一个高度理想化了的一维晶体势场模型。采用这一模型可以描述实际晶体中电子运动的基本特征。为此，将一维势场中定态薛定谔方程应用于此模型：

$$-\frac{\hbar^2}{2m}\frac{d^2\psi(x)}{dx^2}+V(x)\psi(x)=E\psi(x) \tag{26-9}$$

其中，在区域 $-b<x<c$，有

$$V(x)=\begin{cases}0 & 0<x<c \\ V_0 & -b<x<0\end{cases} \tag{26-10}$$

在其他区域

$$V(x+na)=V(x) \quad (n=\pm1,\pm2,\cdots) \tag{26-11}$$

对于这样一个势阱势垒结构，可以仿照第二十章第五节中介绍过的处理方法，应用初等函数处理。不过，对于一个周期性的势阱势垒，计算过程要稍微复杂一些。求解式（26-9）的基本思路如下：

1. 分区域写薛定谔方程

设电子总能 $E<V_0$。在区域 $0<x<c$ 中，$V(x)=0$，令 $\alpha^2=\dfrac{2mE}{\hbar^2}$，则可将式（26-9）改写为

$$\frac{d^2\psi(x)}{dx^2}+\alpha^2\psi(x)=0 \tag{26-12}$$

在区域 $-b<x<0$ 中，$V(x)=V_0$，因 $E<V_0$ 令

$$\beta^2 = \frac{2m}{\hbar^2}(V_0-E)$$

则可将式（26-9）写成下式：

$$\frac{d^2\psi(x)}{dx^2} - \beta^2\psi(x) = 0 \qquad (26-13)$$

2. 利用布洛赫定理

由于图 26-15 中的势能具有周期性，按布洛赫定理，式（26-12）与式（26-13）的解 $\psi(x)$ 都具有布洛赫函数的形式，即 $\psi(x)=e^{ikx}u(x)$。将其分别代回式（26-12）与式（26-13），经整理可得

$$\frac{d^2u_1}{dx^2} + 2ik\frac{du_1}{dx} + (\alpha^2-k^2)u_1(x) = 0 \quad (0<x<c) \qquad (26-14)$$

$$\frac{d^2u_2}{dx^2} + 2ik\frac{du_2}{dx} - (\beta^2+k^2)u_2(x) = 0 \quad (-b<x<0) \qquad (26-15)$$

3. 由式（26-14）与式（26-15）解出 $u_1(x)$ 与 $u_2(x)$

三、数学处理与结果讨论

1. 线性微分方程的通解

式（26-14）与式（26-15）都是二阶线性微分方程。数学中有详细求解过程的介绍，简单地说，通常在求解这类微分方程时，按式（26-5）设 $u(x)=e^{ikx}$ 后可得通解

$$u_1(x) = Ae^{i(\alpha-k)x} + Be^{-i(\alpha+k)x} \qquad (26-16)$$

$$u_2(x) = Ce^{(\beta-ik)x} + De^{-(\beta+ik)x} \qquad (26-17)$$

虽然本书没有详细介绍求解上述通解的过程，但面对上述 $u(x)$ 的通解形式，回顾在一维无限深势阱中求解定态薛定谔方程的过程，不难设想，下一步就是考虑如何确定 4 个待定系数 A、B、C、D。

2. $u_{1,2}(x)$ 的边界条件

由于 $u(x)$ 是组成布洛赫波函数 $\psi(x)$ 的一个周期性函数，$\psi(x)$ 模的平方作为表示电子出现在克朗尼格-朋奈周期势场任一点附近的概率（密度），因此，在周期势场中，$\psi(x)$ 必须单值、连续、有限。不仅如此，由于薛定谔方程是二阶微分方程，在一般情况下，可以认为 $\psi(x)$ 对 x 的一阶微商也是 x 的连续函数。概率幅的这些基本性质或者说应当满足的这些基本条件，在克朗尼格-朋奈模型中体现在 $u_{1,2}(x)$ [为 $u_1(x)$、$u_2(x)$ 的简化表示]的边界条件上。这里指的边界是模型中势阱与势垒的交界，具体指 $x=0$ 和 $x=c$ 处。因此 $u_{1,2}(x)$ 的边界条件就是

$$u_1(0) = u_2(0) \qquad (26-18)$$

$$\left(\frac{du_1}{dx}\right)_0 = \left(\frac{du_2}{dx}\right)_0 \qquad (26-19)$$

将式（26-18）与式（26-19）代入式（26-16）与式（26-17）后，得

$$A+B=C+D \tag{26-20}$$
$$PA+QB=RC+SD \tag{26-21}$$

作为简化表示，式（26-21）中已令

$$P=\mathrm{i}(\alpha-k), Q=-\mathrm{i}(\alpha+k) \tag{26-22}$$
$$R=\beta-\mathrm{i}k, S=-(\beta+\mathrm{i}k) \tag{26-23}$$

式（26-20）与式（26-21）是利用 $u(x)$ 的边界条件得到 A、B、C、D 的两组关系式，但由这两组关系式还不足以确定 4 个量 A、B、C、D，还必须有下面的另外两个条件。

3. $u_{1,2}(x)$ 的周期性条件

由式（26-5）表示的周期性条件可知，$u(x)$ 在图 26-15 中 $x=c$ 处的值必等于在 $x=-b$ 处的值，即

$$u_1(c)=u_2(-b) \tag{26-24}$$

而且

$$\left(\frac{\mathrm{d}u_1}{\mathrm{d}x}\right)_c=\left(\frac{\mathrm{d}u_2}{\mathrm{d}x}\right)_{-b} \tag{26-25}$$

将以上两式分别代入式（26-16）与式（26-17）可得

$$\mathrm{e}^{Pc}A+\mathrm{e}^{Qc}B=\mathrm{e}^{-Rb}C+\mathrm{e}^{-Sb}D \tag{26-26}$$
$$P\mathrm{e}^{Pc}A+Q\mathrm{e}^{Qc}B=R\mathrm{e}^{-Rb}C+S\mathrm{e}^{-Sb}D \tag{26-27}$$

这样，利用 $u(x)$ 所应满足的周期性条件式（26-5），又得到联系 A、B、C、D 的另外两个独立的关系式。至此，确定 A、B、C、D 所必需的 4 个线性齐次方程 [式（26-20）、式（26-21）、式（26-26）和式（26-27）] "备齐"了。下一步理应是通过求解 4 个线性齐次方程以确定 A、B、C、D 这四个系数了。但是，本节的任务不是具体解出 A、B、C、D，而是转而去了解由克朗尼格-朋奈模型获得电子的能带结构。那么，**电子的能带结构是怎么得到的呢？**

4. 齐次方程组的系数行列式

根据线性代数，上述确定 A、B、C、D 的联立齐次方程组是

$$\begin{cases} A+B-C-D=0 \\ PA+QB-RC-SD=0 \\ \mathrm{e}^{Pc}A+\mathrm{e}^{Qc}B-\mathrm{e}^{-Rb}C-\mathrm{e}^{-Sb}D=0 \\ P\mathrm{e}^{Pc}A+Q\mathrm{e}^{Qc}B-R\mathrm{e}^{-Rb}C-S\mathrm{e}^{-Sb}D=0 \end{cases} \tag{26-28}$$

其系数行列式是

$$\begin{vmatrix} 1 & 1 & -1 & -1 \\ P & Q & -R & -S \\ \mathrm{e}^{Pc} & \mathrm{e}^{Qc} & -\mathrm{e}^{-Rb} & -\mathrm{e}^{-Sb} \\ P\mathrm{e}^{Pc} & Q\mathrm{e}^{Qc} & -R\mathrm{e}^{-Rb} & -S\mathrm{e}^{-Sb} \end{vmatrix} \tag{26-29}$$

在线性代数中，如果要得到式（26-28）的一个不等于零的解，则其系数行列式（26-29）必须等于零。按此条件可得

$$\frac{\beta^2-\alpha^2}{2\alpha\beta}\sinh\beta b\sin\alpha c+\cosh\beta b\cos\alpha c=\cos k(b+c) \tag{26-30}$$

从式（26-30）与式（26-29）的关系看，可以说，只要式（26-30）成立，式（26-28）才有一个非零解。

5. 允带与禁带的形成

由于式（26-30）是按量子物理获得的结果，那么，**这一结果（公式）与晶体电子能带结构中的允带、禁带的形成有什么关系呢？** 下面通过一步一步地剖析这个公式的物理内涵就能得到这一问题的答案。

（1）α、β 与能量 E 的关系　按假设，式（26-30）中出现的 α、β 分别由下述两式表述与能量 E 的关系：

$$\begin{cases} \alpha^2 = \dfrac{2mE}{\hbar^2} \\ \beta^2 = \dfrac{2m}{\hbar^2}(V_0-E) \end{cases} \tag{26-31}$$

两式都表示 α 和 β 是能量 E 的函数，或者说，能量 E 含在式（26-30）的 α 和 β 之中。这一关系意味着，式（26-30）应当是固体中公有化电子的能量所必须满足的方程。从数学上看，它是一个包含 $\sinh\beta b$ 与 $\cosh\beta b$ 的超越函数方程。虽然由它可以确定电子的能量，但直接求解式（26-30）得到 E 值几乎是不可能的。

（2）为此需对方程式（26-30）进行简化处理　为了对式（26-30）求解方便，采取对图 26-14 中的模型进一步简化的方法。方法是，先从数学上将式（26-30）中的双曲函数表示为

$$\begin{cases} \sinh\beta b = \dfrac{e^{\beta b}-e^{-\beta b}}{2} \\ \cosh\beta b = \dfrac{e^{\beta b}+e^{-\beta b}}{2} \end{cases} \tag{26-32}$$

如果能在某种近似条件下使

$$\begin{cases} \sinh\beta b \to \beta b \\ \cosh\beta b \to 1 \end{cases} \tag{26-33}$$

则式（26-30）将变为三角函数式。对三角函数式的处理就比较简单了。**在什么条件下，可以出现式（26-33）所描述的近似呢？**

从数学上看，要出现式（26-33）的近似，条件是式（26-32）中的 βb 必须满足下述条件，即

$$\beta b \to 0 \tag{26-34}$$

这时，利用指数函数 e^x 的展开式

$$e^x = 1 + \frac{x}{1!} + \frac{x^2}{2!} + \cdots + \frac{x^n}{n!} + \cdots \tag{26-35}$$

当 $x\to 0$ 时，可忽略高阶无穷小，由式（26-35）直接得

$$e^x = 1+x \tag{26-36}$$

现在设 $x=\beta b\to 0$，则由式（26-32）和式（26-36）可得式（26-33）。

为了得到 $\beta b\to 0$，克朗尼格-朋奈提出了一个新的假设：他们令 $b\to 0$，$V_0\to\infty$，而

$$\lim_{\substack{V_0\to\infty \\ b\to 0}} V_0 b = 常量 \tag{26-37}$$

先看这一假设与式（26-34）的关系。由式（26-31）可知，V_0 和 β^2 有关，当 $V_0\to\infty$ 时，与 V_0 相比 E 可忽略，则有

$$\beta\approx\sqrt{\frac{2m}{\hbar^2}}\sqrt{V_0} \tag{26-38}$$

此式表明，β 与 $\sqrt{V_0}$ 之间满足线性关系。根据式（26-37）可知

$$\lim_{\substack{V_0\to\infty \\ b\to 0}}\sqrt{V_0}\,b\to 0 \tag{26-39}$$

这是因为 $\sqrt{V_0}\to\infty$ 的速度小于 $V_0\to\infty$ 的速度，因此 $\sqrt{V_0}\to\infty$ 的速度小于 $b\to 0$ 的速度。与式（26-37）比较，式（26-39）成立。又因式（26-38）中的 β 与 $\sqrt{V_0}$ 是线性关系，所以，在 $b\to 0$，$V_0\to\infty$ 且式（26-37）成立的前提下，式（26-39）就相当于式（26-34）。那么，**从物理上如何理解克朗尼格-朋奈的上述假设呢？** 前已约定，b 表示势垒宽度，V_0 是势垒高度，对于 V_0 与 b 的乘积，从 b 的含意看，它反映势能存在的范围；从 V_0 的角度看，它反映势能的高低。所以，也将 $V_0 b$ 称为势垒强度。设 $b\to 0$ 时，$V_0\to\infty$，且 $V_0 b$ 保持为有限值的这一假设可借用经典观点来理解。即电子不能到达核所在处（$b\to 0$），因为那里势能极大（$V_0\to\infty$）。虽然这一范围非常窄，但 $V_0 b$ 对于电子的运动来说，仍然相当于一个势垒的作用。

做了上述近似处理，如何对式（26-30）进行简化呢？根据式（26-31）、式（26-33）及式（26-38），可将式（26-30）中等式左侧第一项简化为

$$\frac{\beta^2-\alpha^2}{2\alpha\beta}\sinh\beta b\sin\alpha c = \frac{mV_0}{\hbar^2\alpha\beta}\beta b\sin\alpha a$$

$$= \frac{maV_0 b}{\hbar^2}\frac{\sin\alpha a}{\alpha a} = P\frac{\sin\alpha a}{\alpha a} \tag{26-40}$$

式中，a 为晶格常数，而

$$P = \frac{mabV_0}{\hbar^2} \tag{26-41}$$

同理，式（26-30）中等式左侧第二项也可写为

$$\cosh\beta b\cos\alpha c = \cos\alpha a \tag{26-42}$$

将以上两式代回式（26-30），得

$$P\frac{\sin\alpha a}{\alpha a}+\cos\alpha a=\cos ka \tag{26-43}$$

式（26-43）就是联系电子能量 E（通过 α）和电子波矢值 k 之间一个重要的关系式。显然，通过 P 它要受到势垒强度 $V_0 b$ 的影响。为了加深对式（26-43）的印象，强调两点：首先，从它的来历来看，它是式（26-30）经过对图 26-15 取近似演变而来的，因此，此超越方程对 $\alpha=\sqrt{\dfrac{2mE}{\hbar^2}}$ 来说必有一解，以便保证形如式（26-4）那样的布洛赫函数存在；其次，由于

k 是实数，对于实数 $k(-1 \leq \cos ka \leq 1)$，式（26-43）等式左端必然只在这个区间内才有解，这就限制了 α（及 E）的取值范围。由式（26-31）可知，也就是因为限制了能量 E 的取值范围，预示着有可能由式（26-43）确定粒子的能量。

（3）作图法求解　方程（26-43）的一般求解方法是用图解法。为此，令方程左侧

$$F(\alpha a) = P\frac{\sin\alpha a}{\alpha a} + \cos\alpha a \tag{26-44}$$

我们以 αa 为横坐标，以 $F(\alpha a)$ 为纵坐标，作 $F(\alpha a)$-αa 曲线。由式（26-41）可知，P 与 a、b、V_0 有关，即与固体的性质有关，其值应由固体的性质决定。由式（26-41）知，P 是无量纲的量，在式（26-43）中 αa 的单位是弧度，图 26-16 为分别取 $P = \dfrac{\pi}{2}$、$\dfrac{3\pi}{2}$ 时的 $F(\alpha a)$-αa 曲线。由于式（26-43）中 $F(\alpha a) = \cos ka$，即 $F(\alpha a)$ 只能取介于 ± 1 间的值，故 αa 的取值也受此限制。因为 αa 的取值必须使 $-1 \leq F(\alpha a) \leq 1$ 得到满足，因而从图中可以看到，αa 的值有容许域和禁戒域。为了醒目，将图 26-16b 重新作出（见图 26-17）。在图 26-17 中，αa 的容许范围已用实线示出。由于 $\alpha = \sqrt{\dfrac{2mE}{\hbar^2}}$，$a$ 等于晶格常数，所以图中 αa 的取值范围（即容许域）就对应着能量的容许范围。或者说，允带与禁带对应着 αa 的容许域与禁戒域。

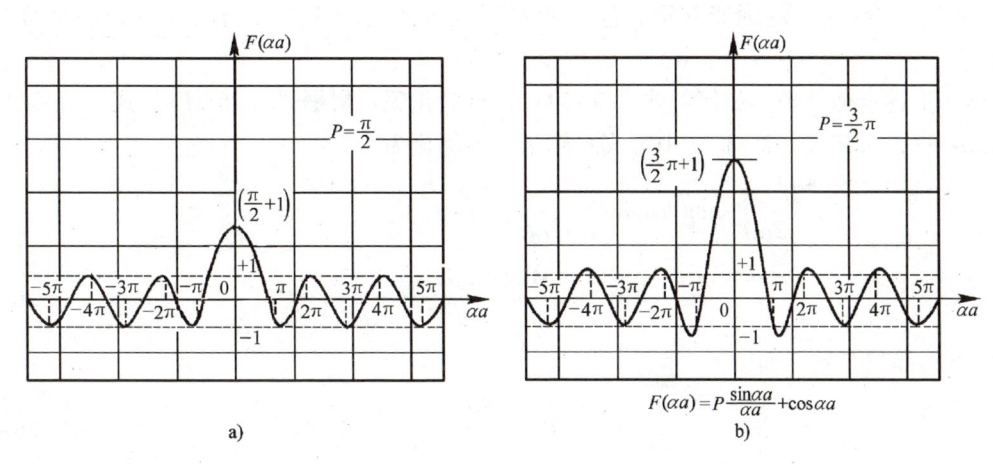

图 26-16

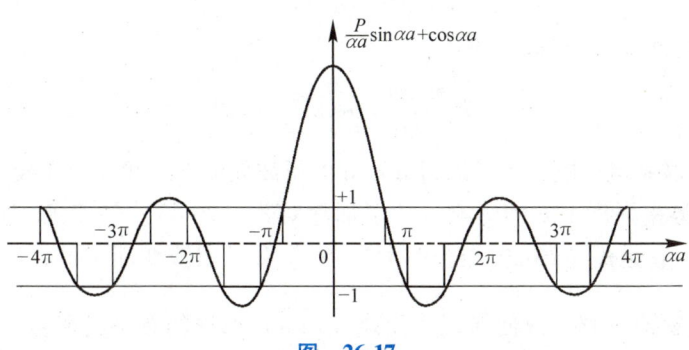

图 26-17

为了进一步形象地了解允带、禁带图像，也可以把图 26-17 旋转 90°，即将纵坐标取作 αa，横坐标取作 $F(\alpha a)$。由于图 26-17 中 $F(\alpha a)$-αa 曲线相对纵轴对称，将其旋转 90°后，只需取横轴以上部分即可说明问题。以 αa 为纵轴，$F(\alpha a)$ 为横轴的 $F(\alpha a)$-αa 曲线如图 26-18 所示。注意，此图中纵坐标表示 E，横坐标表示 $F(E)$。

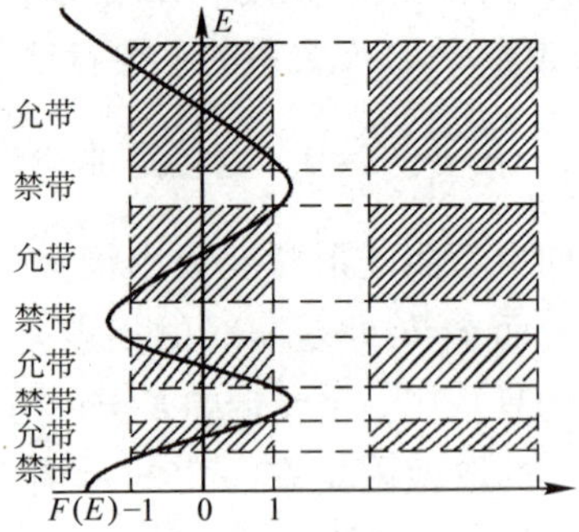

(4) $F(\alpha a)$-αa 曲线分析 从以上的讨论和图 26-17、图 26-18 描述的情况综合看，可以得到以下结论：

1) 固体中电子的能量分为允带与禁带，这是周期势场作用下电子运动的特征。

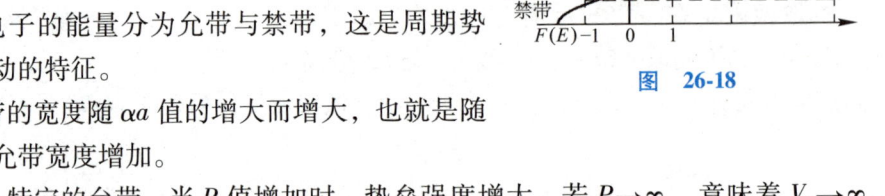

2) 容许能带的宽度随 αa 值的增大而增大，也就是随着能量的升高，允带宽度增加。

3) 对于某一特定的允带，当 P 值增加时，势垒强度增大。若 $P\to\infty$，意味着 $V_0\to\infty$，则束缚电子的作用增强，势垒宽度 b 变窄。在极限情况下，电子将被关在无限深势阱内

$$\lim_{\substack{P\to\infty \\ \sin\alpha a\to 0}} P\frac{\sin\alpha a}{\alpha a}=有限值 \tag{26-45}$$

此时，式中有 $\alpha a=\pm n\pi$，$n=1,2,3,\cdots$。

由式（26-31）可得

$$E_n=\frac{n^2\pi^2\hbar^2}{2ma^2}$$

这就是第二十章第四节中的式（20-40）。

4) 当 $P\to 0$ 时，由式（26-41）$V_0\to 0$，这就是自由电子的情形。式（26-43）中等号左侧第一项等于零，可得

$$\cos\alpha a=\cos ka$$
$$\alpha a=2n\pi\pm ka \quad (n=0,1,2,\cdots) \tag{26-46}$$

若取 $n=0$，得

$$\alpha=k$$

由式（26-31）知

$$E=\frac{k^2\hbar^2}{2m} \tag{26-47}$$

这就是自由电子的能量-动量关系（非相对论）$E=\dfrac{p^2}{2m}=\dfrac{\hbar^2}{2m}k^2$。

(5) $E(k)$-k 函数曲线，按式（26-47）所描述的 $E(k)$-k 关系画曲线，这是一条开口向上的、连续的抛物线，但这是自由电子的情形。那么，被周期性等效势场束缚的布洛赫电子，其 $E(k)$-k 曲线会是什么样的呢？这需要采用能带论的方法进行计算，而这已超出本课程的教学要求，有兴趣的读者可参看本书末参考文献中列出的固体物理教科书。不过，可采用定性分析方法了解函数曲线形式，了解周期势场中电子的能级结构。

原来，在固体内运动的电子由于受到周期性等效势场的作用，它不同于自由电子，其概

率幅要用布洛赫函数表示，电子的能量 $E(k)$ 也必然要偏离由式（26-47）所表示的抛物线规律。图 26-19 描述了在周期性等效势场作用下，运动电子 $E(k)$-k 关系的主要特征。在曲线的顶部和底部，有 $\dfrac{\mathrm{d}E(k)}{\mathrm{d}k}=0$。也就是曲线形状是由从极小值附近向上弯曲的形状变成由极大值附近向下弯曲的形状。而 $k=k^0$ 处是曲线的拐点。但是，图 26-19 所表示的只是在一个允带中 $E(k)$ 与 k 的关系。而且，此时 k 的取值限定在一定的范围内。如果考虑不同的允带以及 k 的不同取值范围，则 $E(k)$ 与 k 的关系可用图 26-20 描述，图中以 $E(k)/V_0$ 为纵坐标，读者应如何解读图 26-20 呢？

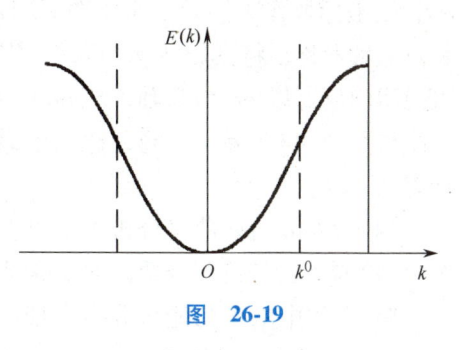

图 26-19

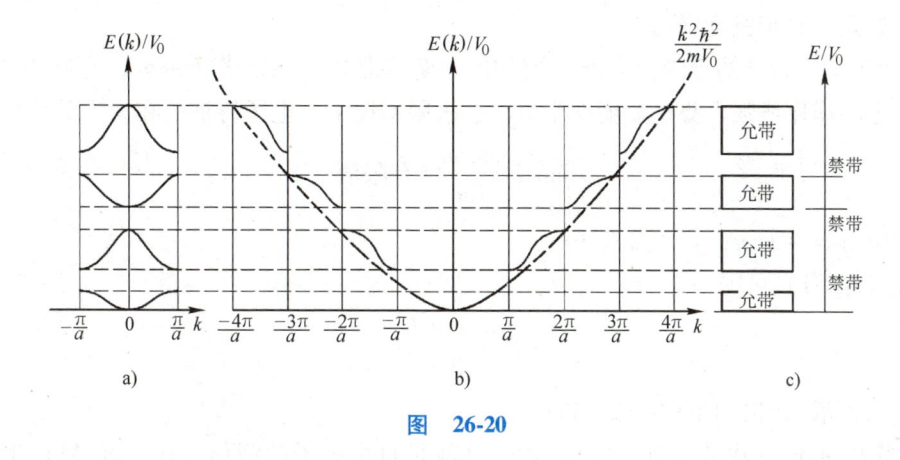

图 26-20

首先，图中虚线表示自由电子的能量特征，即由式（26-47）描述的关系，这里纵坐标取 $E(k)/V_0$。

其次，注意图 26-16 或图 26-17 与图 26-20 的关系。可以结合式（26-44）来看，如果取 $P=3\pi/2$，当 αa 从 0 开始增加到 $\pi/2$ 时，$\cos(\pi/2)=0$，$F(\alpha a)=P\dfrac{\sin(\pi/2)}{\pi/2}=3$，无论是通过式（26-44）还是图 26-17 都看不出 αa 与 ka 有什么简单关系。当 $\alpha a=\pi$ 时，情况就不同了。从图 26-17 上看，这是 αa 容许域的边界。从式（26-44）看，得 $\cos\alpha a=\cos ka$。从这里便得到 αa 和 ka 的简单关系，依此类推，在 αa 容许范围的诸边界上，即 $n\pi(n=\pm 1,\pm 2,\cdots)$ 处有下述关系式：

$$\alpha a = ka = n\pi$$

$$k=\dfrac{n\pi}{a} \quad (n=\pm 1,\pm 2,\cdots) \tag{26-48}$$

式（26-48）的物理意义是什么？如前所述，αa 的容许域表示固体中电子的允带，而 αa 的禁戒域表示电子能量的禁带。因此，当 $k=\dfrac{n\pi}{a}$ 时，能量出现不连续，这成为允带和禁带的边界。利用式（26-48）就可将 $F(\alpha a)$-αa 曲线（见图 26-16～图 26-18）转换成图 26-20。虽然

并未推导周期场 $E(k)$ 的解析表达式，但图 26-20 已经清楚地描述了固体中电子运动的基本特征，描述了允带-禁带结构。

再次，由式（26-48）看，由于布洛赫函数式（26-4）中的波矢 k 的取值不同，允带出现在 k 值的不同区域。因此，$E(k)$ 是 k 的周期函数，图 26-21 展示出 $E(k)$ 的这一特点。正因为如此，一般只需将 k 值限制在 $-\pi/a \sim \pi/a$ 之间，在固体物理学中，称为第一布里渊区。

6. 布里渊区

布里渊区的概念在固体物理学中十分重要。布洛赫定理和布里渊区是固体能带论的基石。这是因为任何类型的波（如电磁波、格波、德布罗意波）在通过周期性晶体传播时，都可以用波矢 k（表动量）来描述它的状态。如前所述，电子在周期性等效势场中的运动状态可以用布洛赫波描写，这些状态在能量上组成一系列能带。如图 26-18 所示，电子能量 $E(k)$ 在一个布里渊区内是准连续的（包括 N 个能级），相应于一个允带。如果在布里渊区边界处 $\left(\alpha a = n\pi, k = \dfrac{n\pi}{a}\right)$ 能量发生不连续，则形成禁带（能隙）。方便的做法是限制布洛赫函数的波矢 k 值只在一个布里渊区内变化，称简约布里渊区图式（见图 26-20a）。图 26-20b 把每一个能带分区地画在不同的布里渊区内 $\left(如 0 \sim \dfrac{\pi}{a}, \dfrac{\pi}{a} \sim \dfrac{2\pi}{a}, \cdots\right)$ 的方式，称为扩展的布里渊区图式。而图 26-21 在每一个布里渊区内都画上所有的 $E(k)$ 曲线（能带），称为重复的或周期性的布里渊区图。由于假设 $b \to 0$，因 $b+c=a$，所以 $c \approx a$（晶格常数）。由于不同能级 $E(k)$ 对应不同晶格动量 k，所以，晶格动量是标记能级的量子数。

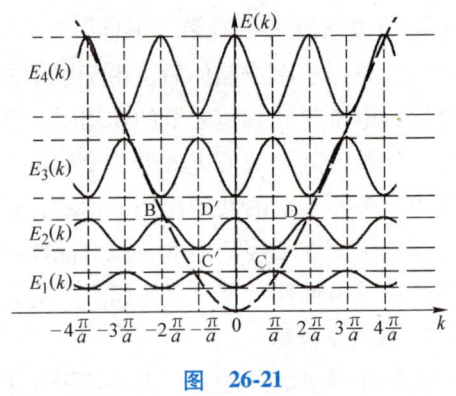

图 26-21

第五节 物理学思想与方法简述

能带论的建立与研究方法

在科学探索过程中，人们不可能一下子甚至永远不可能把握所认识客体的全部性质。起初，人们只是从整体上思考客体的外部图像，然后把它看作能分解成各种组成部分的系统，进而分析它的结构，研究这些组成部分间的相互作用、性质或功能，最终确定系统的整体性质，能带论的建立也经历了这样的一个过程。

1. 索末菲模型

量子物理对于固体中电子运动的最初应用，是索末菲对于金属电导机理的处理。人们曾经假设，金属中原子的外层电子并不是束缚在个别原子上，而是在整个固体中自由运动（机械运动）。这些电子被称为价电子，因为它们也是成键电子。索末菲模型虽能解释金属

的许多特性，但由于理论本身存在较大缺陷，而不能解释不同金属导电性的差异，以及导体、绝缘体和半导体的区别等。

2. 隧道效应（参看第二十章第五节）

当大量原子组成晶体后，由于原子之间的距离与原子自身的线度数量级相同（10^{-10} m），当外层价电子受到其他原子的作用时，使束缚价电子的势垒高度降低，势阱宽度变窄，价电子有可能通过隧道效应进入另一个原子。这时，外层价电子就不再属于某一个原子，而是在晶体中众多原子实的共同作用下运动，这种现象被称为电子的共有化。在晶体中，原子实和共有化电子都在不停地运动，但对晶体的导电起主要作用的则是共有化电子。因而，如果仅关注晶体导电性能，那么只需研究共有化电子的运动。

3. 单电子近似

人们在量子物理的基础上去认识粒子微观运动的规律时并不存在原则困难。严格说来，我们应该对每一个价电子写出其势能函数，求解相应的薛定谔方程。在氢原子的情形下，描述电子运动的方程只涉及一个粒子的坐标，但在固体中，由于每个价电子都要受到所有晶格原子实和其他公有化电子的作用，所涉及的坐标可达 10^{23} 个，需要列出一个数目极大的方程组，这就是一个相当复杂的多体问题，至今无法求解。困难还在于这些粒子的运动是相互联系的，从严格的意义上说，不可能将涉及多粒子坐标的量子物理方程分离为只包含单个粒子坐标的方程。因此，我们完全不可能用严格的量子物理来处理这样的系统，只能采用一些近似方法。最常用的是单电子近似法。

4. 能带论模型

为了克服自由电子模型的局限性，本章第二节考虑晶体中原子的周期性排列及公有化电子的平均势场称为等效势场模型。从这种模型（和其他的模型）可以得出一个区别于自由电子模型的共同结论：电子的全部能级分裂为若干个能带（允带），因而研究晶体中电子状态的理论称为能带论。能带论模型适用于导体、半导体和非导体的整个固态领域，它是关于固体中电子状态的重要理论模型。

5. 布洛赫波

尽管有许多困难，人们还是可以通过不同的途径来认识固体中的电子状态。布洛赫用量子物理讨论了电子在等效势场中的运动，并且得到一个基本的结果（布洛赫波），从而完全改变了人们对晶体中电子运动问题的整体认识。这个结果不依赖于等效势场的具体形式。在布洛赫模型中，电子被认为是在"自由的"那样一段路程上，而对于完整晶体，这段路程是无限的［见式（26-5）］。布洛赫的结果极具普遍性，这就意味着它适用于任何电子在完整周期场中的运动，而不仅仅是适用于价电子。

练习与思考

一、填空

1-1 能带论的三基本假定（近似）为：_____、_____、_____。

1-2 N 个原子组成的晶体，2p 能带可以填充_____个电子。

1-3 在固体能带论中，价带指_____，导带指_____。

1-4 从能带的角度讲钠晶体是导体的原因为_____，镁晶体是导体的原因为_____。

二、计算

2-1 硅与金刚石的能带结构相似，只是禁带宽度不同，根据它们的禁带宽度，试求它们能吸收的辐射的最大波长各是多少？（已知金刚石的禁带宽度为 5.33eV，硅的禁带宽度为 1.14eV。）

【答案】 金刚石 2.33×10^{-7}m；硅 1.09×10^{-6}m

2-2 固体的能带。估算：（1）使金刚石变成导体需要加热到多高温度？（2）金刚石的电击穿强度多大？金刚石的禁带宽度 ΔE_g 按 6eV 计，其中电子运动的平均自由程按 0.2μm 计。

【答案】 （1） 7×10^4K；（2） 30kV·mm^{-1}

习题 2-2

三、思维拓展

3-1 周期场是能带形成的必要条件吗？晶体大小的差别是否影响能带的基本情况？

3-2 你所知道的能带的计算方法有哪些？

第二十七章
半 导 体

本章核心内容

1. 本征半导体的导电机理。
2. N 型半导体与 P 型半导体的导电机理。
3. 用类氢原子模型计算杂质电子的能量（级）。
4. PN 结的形成、特性与功能。

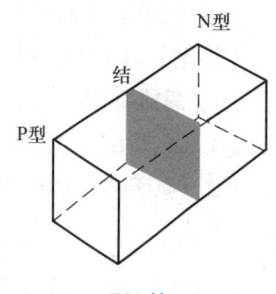

PN 结

上一章中用固体能带论定性地解释了固体可以分为导体、绝缘体和半导体的原因。从能带结构看，半导体与绝缘体相似。不过从表 26-1 可以看到半导体价带（满带）与空带（导带）之间的禁带较窄。例如，常温下 Si 的禁带为 1.09eV。这些材料在极低温度下（$T \to 0K$）像绝缘体一样，电阻率很大。随着温度的升高，由于热激发等原因，因为禁带很窄，价带顶层中的少数价电子可以从原子的热振动中获得能量从价带跃迁到上面的空带。由于每一个从价带激发到空带的电子在价带中留下一个空位（穴），因此，这一过程表现为，在纯净的半导体材料中出现了可以参与导电的、数目相同的电子和空穴。图 27-1 表示一个价电子跃迁到空带及价带中留下空穴的现象。虽然禁带宽度不大，但也会比常温下 kT 大几十倍，因此热激发到带中的电子的比例是很少的。在常温下，由热激发到导带的价电子数平均约每 5×10^{12} 个硅原子中有一个，所以纯硅的载流子数密度是比较小的。

图 27-1

导带电子与价带空穴数密度的比例关系，对半导体的导电特性具有重要影响。在半导体中掺入微量杂质，就会大大改变导电电子或空穴的数量，从这个方面，把半导体分为纯净（本征）半导体和掺杂半导体。

如今，用固体半导体材料制成的各类器件，特别是晶体管、集成电路和大规模集成电路，已成为现代电子和信息产业乃至整个科技和工业的基础。可以说，半导体已渗透到人类文明的方方面面。

第一节　本征半导体

本征半导体是一种完全不含杂质和缺陷、导电性仅由晶体本身能带结构所决定的半导体。习惯上把实验室中纯度为 12 个 "9"、工业生产中纯度为 7~11 个 "9" 的半导体称为本征半导体，实际上不可能做到绝对纯（如 12 个 "9"），所以，本征半导体仍具有相对的含意。

本征半导体材料有很多种，按化学成分分类可分为元素半导体和化合物半导体两大类。

一、元素半导体

在元素周期表中间几列中的一些元素，如硅（Si）、锗（Ge）、硒（Se）、碲（Te）是半导体，又称元素半导体。虽然历史上第一个晶体管使用的是锗，但是，因为锗属于稀散金属（锗矿稀少而分散，开采成本高），当前集成电路中常用的材料是硅，因为在地球组成成分中，硅储量最多、制备技术掌握程度也最高。下面就以硅为代表简要介绍元素半导体的特征。

1. 硅的晶体结构

硅原子（原子序数为 14）的电子组态是 $1s^2 2s^2 2p^6 3s^2 3p^2$，化合价为 4。当数目巨大的硅原子凝聚成固体时，每个原子周围有 4 个最近邻，硅原子的 4 个价电子都参与组成共价键。所以，硅单晶是一种共价键晶体。每个原子周围均有位于 4 个共价键上的 8 个价电子，如同一封闭壳层而形成稳定的结构。第二十三章图 23-2 曾描述用原子力显微镜观察到的硅表面的原子排列，图 27-2 是硅晶体简化了的共价结合平面示意图。

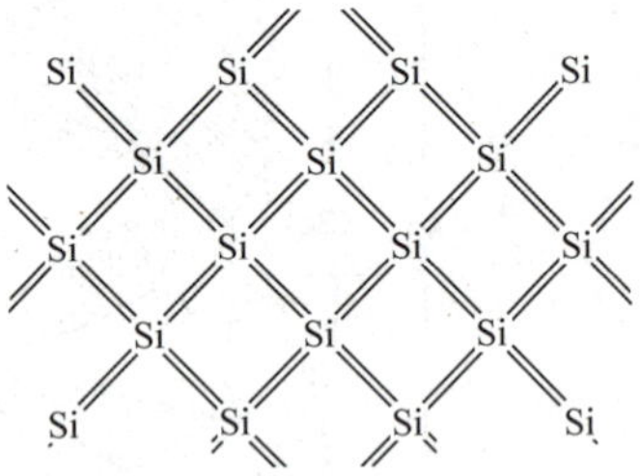

图 27-2

2. 硅的能带结构

如上一章所述，半导体硅在极低温度下（$T \rightarrow 0K$），价带是填满了电子的满带。但在孤立硅原子的电子组态中：**硅的 3p 能带并未填满，似乎应该是导体，为什么却是半导体呢？** 这要追溯到硅晶体能带形成的过程。图 27-3 给出了硅能带结构形成过程与原子间距的关系。与金刚石能带结构（见图 26-11）类比，当硅原子凝聚成硅晶体时，其 3s 和 3p 两能带随原子间距的变化发生重叠与分裂。从右往左看，形式上原子间距在能带形成过程中有重要影响，当相邻硅原子间距很远时（如超过 8Å），原子间没有相互作用，图中水平线表示每一个孤立原子的 3s 和 3p 能级。当原子间距 r 由右向左逐渐减小到 8Å 时，原子间开始出现的相互作用使原子能量变化，表现为原子的 3s 和 3p 能级分别劈裂成能带。当原子间距小于 7Å 时，3s 能带首先分为两个允带，再进一步减小到接近 4Å 时，轨道杂化的结果使得 3s 和 3p 能带部分发生重叠。硅原子的 3s 和 3p 态的 sp 轨道杂化，使每个原子与 4 个最近邻原子形成共价键，图中空白区域示意电子不具有这些能量。这里的轨道仍旧指描述电子空间运动的波函数（为的是与电子自旋区别开），而不是经典意义中的轨道。轨道杂化是指原子中能级相同或相近的几个原子的波函数可以相互重叠，从而产生新

303

的原子波函数。历史上，这一概念是 1931 年由鲍林（Pauling）和斯莱特（Slater）首先提出来的，后来不断由理论化学家完善，现今已发展成了化学键理论中的基础概念。本书对轨道杂化理论不做进一步介绍。

在图 27-3 中，当原子间距 r 减小到 $r_0 = 2.34$Å 时，在新分裂的允带中，已不必区分哪支包含 3s 态、哪支是由 3p 态构成，要区分的是哪里是由 3s 和 3p 态混合杂化形成的价带和导带。图中能量高的是导带，能量低的是价带。如前所述，原子的 s 态可容纳 2 个电子，p 态可容纳 6 个电子。以 N 表示组成晶体的原子数，根据先填充最低能量的原则，$2N$ 个 3s 电子和 $2N$ 个 3p 电子正好先填满能量较低的价带（硅为 4 价），而较高能量的导带全部空着（即空带）。这样，在极低温下（$T \to 0$K），硅晶体只有满带和空带，但满带和空带之间的禁带比较窄，如图 27-3 所示，只有 1.17eV（图中每个原子的量子态是指由包含自旋在内的 4 个量子数描述的状态）。

由于硅和锗是重要的半导体材料，对其能带结构从理论到实验都进行过很仔细的研究[即 $E(k)$-k 曲线]。图 27-4 是随后要介绍的一种化合物半导体的能带结构局部示意图。注意，与图 27-3 不同，此图横坐标是 k（晶格动量而不是 r），纵坐标是 $E(k)$（对比图 26-21）。

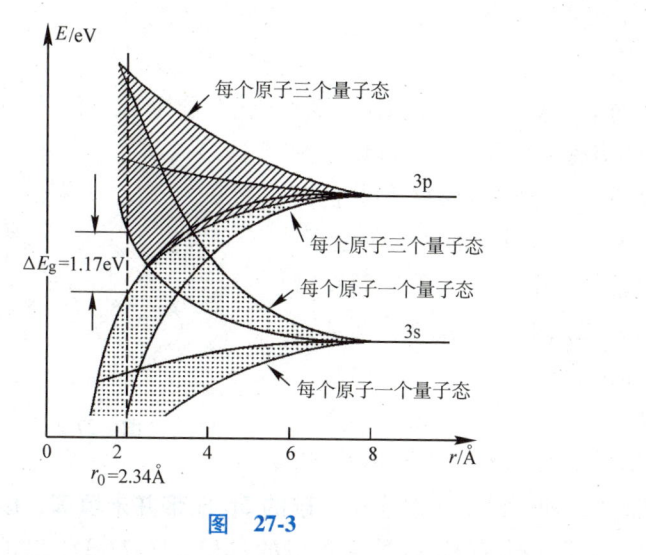

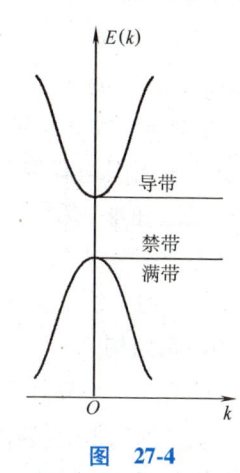

图 27-3

图 27-4

3. 元素半导体的导电

按以上介绍，由于硅的价带与导带之间的禁带（能隙）较窄，在一定温度下（从液氮温度到室温），将有少量电子受热激发从价带顶激发到导带底部（从键中解脱）。于是，在空带中有了能导电的电子，而在价带顶留下空穴，跃迁的电子与留下的空穴两者数目相等（称为电子-空穴对）。图 27-5 是描述硅晶体中自由电子-空穴对的二维平面示意图。当有外电场作用时，导带中的电子和价带中的空穴都可参与导电。图 27-6 给出电子和空穴在外电场中运动的示意图（并非在导带中沿水平方向运动）。图中 $\boldsymbol{J}_e$、$\boldsymbol{J}_h$ 分别表示电子和空穴的电流密度，$\boldsymbol{v}_d^e$、$\boldsymbol{v}_d^h$ 分别表示电子和空穴的漂移速度，空穴（角标 h）是一个假想带正电的粒子。在分析半导体导电机理时，电子（角标 e）与空穴均称为载流子。在外加电场中，空穴在价带中的跃迁可以这样类比：当水池中气泡从底部上升时，气泡上升的同时，有相同体积

的水随气泡的上升而下降。在描述这一现象时，人们只说气泡在上升，而不提同体积的水在下降。把气泡比作空穴，下降的水比作电子，在出现空穴的价带中，能量较低的电子经激发可以填充空穴，而用于填充了空穴的电子又留下了一个空穴。因此，空穴在电场中的运动，实质上也是价带中电子在电场中运动的另一种描述。不过，透过图 27-5 看价带中电子向空穴的跃迁与导带中电子的向高能跃迁的环境不同，所以人们发现，描述气泡的上升比描述因气泡上升而水下降更为方便。所以，在半导体的价带中，人们的注意力集中于空穴运动而不是电子运动。

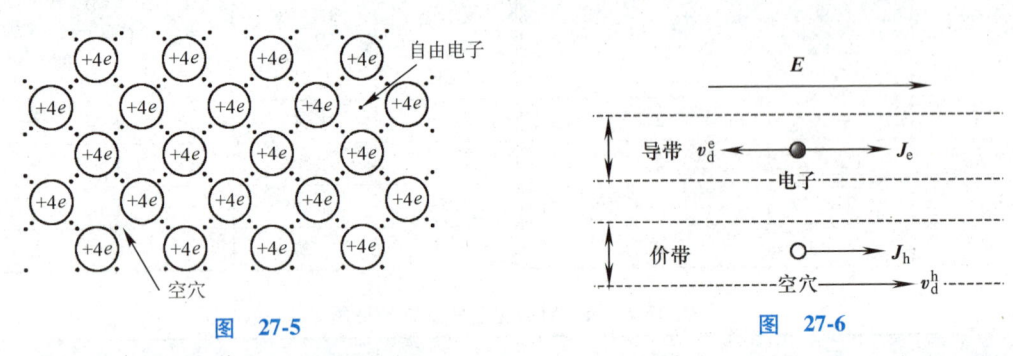

图 27-5

图 27-6

如前所述，这种半导体导带中的电子与价带中的空穴是由于<u>电子从价带中经过热激发进入导带</u>而产生的，电子的这种激发过程称为<u>本征激发</u>，由本征激发产生的载流子（电子-空穴对）称为<u>本征载流子</u>。既然源于热激发，对于元素半导体，本征载流子浓度将随温度升高而剧烈变化，因而，导电率也随温度升高而迅速增加，这与金属导电的过程极为不同（为什么？）。图 27-7 就表示了本征载流子浓度随温度变化的情况（两种横坐标标度）。从图中看，对于不同的元素半导体，在同一温度下，禁带宽度（参见表 27-1）越大的其本征载流子浓度就越小。因此，有时也可以用实验测量的半导体载流子浓度来定性表征本征半导体材料的特征（如禁带宽度）。在室温附近，许多元素半导体的本征载流子为数极少，所以本征半导体电阻仍然很高。

需要注意的是，价电子从价带获得足够的能量跃迁到空带的数目，与温度和能隙（禁带）的宽窄有关，而能隙的宽窄不仅取决于半导体的成分与结构，也与温度有一定关系（本书略）。

在单晶元素半导体中，硅单晶是当前半导体制备中纯度最高（本征电阻率大于 $2\times10^2 \Omega \cdot m$）、晶体完整性（无缺陷）最好、可制成体积最大的半导体材料。随着大规模集成电路的发展，硅单晶正朝着大直径、高纯度、高均匀性和极少缺陷的方向发展。

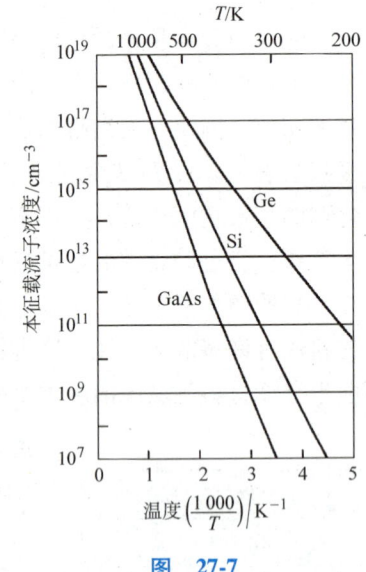

图 27-7

二、化合物半导体

<u>由两种或两种以上的元素化合而成，并且具有半导体性质的化合物</u>称为<u>化合物半导体</u>。

305

化合物半导体种类繁多，大致可分为：无机化合物半导体、固溶体半导体、非晶半导体和有机化合物半导体四大类。人们通常所说的化合物半导体大都是指Ⅲ~Ⅴ族化合物如砷化镓、Ⅱ~Ⅵ族化合物如硫化锌等无机化合物半导体。表 27-1 与表 27-2 分别列出了两类化合物的若干物理性质。其中，以 GaAs 为代表的Ⅲ~Ⅴ族化合物是当前继 Ge、Si 后发展起来的一族重要半导体材料。第一个半导体激光器就是用 GaAs 制成的。

表 27-1　Ⅲ~Ⅴ族化合物的物理性质

化合物	熔点/℃	禁带宽度/eV (300K)	化合物	熔点/℃	禁带宽度/eV (300K)
GaN	1 700	3.44	AlP	2 550	2.45
GaP	1 470	2.27	InP	1 062	1.34
AlAs	1 740	2.15	GaAs	1 240	1.42
InAs	942	0.35	AlSb	1 065	1.63
GaSb	712	0.70	InSb	527	0.18

表 27-2　Ⅱ~Ⅵ族化合物的物理性质

化合物	熔点/℃	禁带宽度/eV (300K)	化合物	熔点/℃	禁带宽度/eV (300K)
ZnS	1 830	3.56	ZnSe	1 520	2.68
ZnTe	1 295	2.26	CdS	1 477	2.50
CdSe	1 241	1.75	CdTe	1 092	1.43

与元素半导体相比，化合物半导体已不是由单质原子组成的，它的能带结构比较复杂多样是意料之中，随之出现奇特的电学性质，且其禁带宽度、光学和电学性质均会随着组成的变化而变化。因而，人们根据这些特性，按需制作出具有特定光、电、磁等性能的半导体器件极具吸引力。表 27-3 中列出了砷化镓与锗、硅的部分性能的比较。聚焦表中两点：一是砷化镓的禁带宽度比锗、硅都宽，表明它能在更高的温度和更大功率（强电场）的反向电压下工作；二是砷化镓的电子迁移率（在电场下的漂移速率）高，约为硅的 6 倍，因而它可在更高的频率下工作，是制造高速集成电路和高速电子器件的理想材料。当然，这种半导体材料还有许多缺点。涉及这类材料的提纯与制备难，对掺杂的了解有限，其开发和应用等当前半导体材料领域中诸多重要研究课题，等待年青学子"接招"。

表 27-3　砷化镓与锗、硅性能的比较

性能材料	锗	硅	砷化镓
熔点/℃	936	1 420	1 238
工作温度/℃	−200~100	−50~300	−200~475
空穴迁移率/($cm^2 \cdot V^{-1} \cdot s^{-1}$)	1 900	500	450
显微硬度/MPa	8 624~7 546	13 720~10 780	7 350±392
热膨胀系数/℃$^{-1}$	5.75×10^{-6}	2.33×10^{-6}	6×10^{-6}

（续）

性能材料	锗	硅	砷化镓
禁带宽度/eV	0.7	1.10	1.40
电子迁移率/($cm^2 \cdot V^{-1} \cdot s^{-1}$)	3 900	1 500	11 000
介电常数	16	12	13.18
热导率/($W \cdot cm^{-1} \cdot ℃^{-1}$)	0.6	1.57	0.54

第二节　掺杂半导体

掺杂是指在纯净的半导体中人为掺入少量其他元素的原子（即人为地"污染"一种物质），对纯净半导体基体而言这些原子称为杂质。这种半导体称为掺杂半导体，或杂质半导体。有意掺杂似乎有"违背自然规律"之嫌，其实不然，掺有杂质的半导体的导电机理发了根本性变化。通常所说的 N 型半导体、P 型半导体就是掺杂半导体。一般而论，半导体的导电能力实际上是通过掺杂来控制的。例如，在锗中掺有百万分之一的砷，就会使锗的电导率增加数百倍。可以说，如果没有这一发现及其技术，现代信息社会将是不可想象的。本书讨论的掺杂具体指：一种将本征半导体晶体的部分原子，用不同价电子数但"个头"近似相同的原子取代（又称替位）的操作（大学物理不涉及掺杂工艺）。

其实，在本征半导体的制备中免不了或多或少混入各种各样的杂质，它们都能影响半导体的性质，不过它们还在本征半导体的容忍之列（如 12 个"9"）。一般将半导体中人为掺入的杂质分为：替位杂质、间隙杂质、准间隙杂质及杂质对或杂质复合体。一般形成替位杂质时，要求替位杂质原子的大小与被取代的晶格原子的大小比较相近，还要求它们的价电子壳层结构比较相近。如硅、锗是 IV 族元素，与 III、V 族元素的情况比较相近，所以 III、V 族元素在硅、锗晶体中都是替位式杂质。本书只简要介绍替位杂质对半导体性能的影响。

一、施主型杂质与 N 型半导体

前已介绍，硅原子有 4 个价电子：$3s^2 3p^2$，在硅单晶中，这 4 个价电子分别与 4 个近邻硅原子的价电子组成共价键。这种价键结构也可以用图 27-8 示意。图中连接两个 Si 原子的符号 ———，表示由两个价电子形成的共价单键。当以替位方式向纯硅晶体中掺入（如用扩散法）少量其他 5 价替位杂质元素（As、P、Sb 等）后，会出现什么情况呢？

图 27-8

1. 施主型杂质

以掺入砷为例，砷（As）原子有 5 个价电子。在 X 射线衍射实验中发现，当砷（As）掺入硅单晶基体后，一个砷原子取代一个硅原子位置，迫使硅原子向晶体表面扩散，5 价砷与相邻的 4 个硅原子形成共价结合。与此同时，多出的一个价电子所受砷原子束缚减弱，减

弱到可以将砷原子看成带正电的离子。这一过程部分示意在图 27-9 中，而且这种以砷原子替换硅原子的方式可用符号形式表示为

$$_{33}\text{As} + \text{Si} \rightarrow {_{33}\text{As}^+} + \text{Si} + e^- \tag{27-1}$$

式中多出的电子 e^-，一方面仍然受 $_{33}\text{As}^+$ 离子微弱的束缚，但另一方面它又似乎摆脱了束缚，是"游弋"在硅基体中运动的"游子"。从能带论的观点看，因为它所受的束缚较弱，易于受到热激发而进入硅晶体的导带（详见图 27-10），于是，在外电场作用下参与导电。因此，半导体物理学中把+5 价杂质称为<u>施主型杂质</u>。

▶ N 型半导体

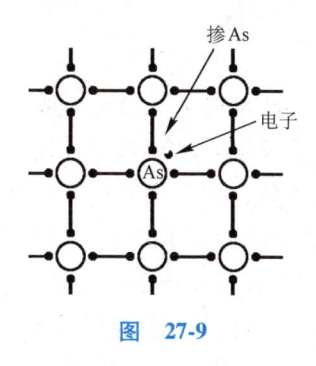

图 27-9

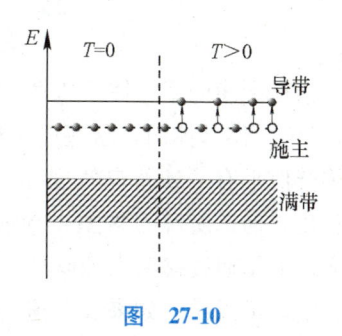

图 27-10

2. N 型半导体

前已指出，人为掺杂对半导体的导电性能起着决定性的作用。用+5 价施主杂质掺杂的半导体称为 N 型半导体。<u>这种半导体的电导有什么奇特之处呢？</u>

按上节的介绍，在本征半导体中，导带中电子浓度与价带中空穴浓度相等，本征载流子浓度与是否掺杂无关。由本征载流子参与的导电又称本征导电。

当本征半导体 Si 中掺入+5 价 As 以后，如图 27-9 所示，由于 As 原子被电离了，"游弋"的电子为半导体导电提供了新的载流子。一般情况下，纯硅呈本征导电时，电子浓度约为 10^{10}cm^{-3}，而 N 型硅半导体中依掺杂的程度，由 As 提供的载流子浓度可高达 $5 \times 10^{17}\text{cm}^{-3}$，比本征载流子浓度大得多。因而，相比较之后，将前者称为<u>少子</u>，后者称为<u>多子</u>，以简化它们对导电的不同贡献。此时，由杂质提供的电子所参与的导电明显超过由其本征载流子导电，又由于在电路中<u>电流的携带者是带负电的电子，故将掺+5 价杂质的半导体</u>称为<u>N 型半导体</u>。

3. 施主能级示意图

由于掺入施主杂质，在硅基体的能带结构中应出现新的施主杂质能级。理论计算（见下一节）表明，N 型半导体中这个多子的能级（施主能级）处在硅晶体禁带中非常靠近导带底处（见图 27-10，间距不成比例）。图中，在导带底下同一水平面线上用许多不连续的线段来表示施主能级。用竖直虚线作为一种分界线，其左侧表示在 0K 下"多子"没有脱离杂质原子的束缚，也可以说，杂质原子没有被电离。因此，"多子"都处在杂质能级上，此时，"多子"并不参与导电。但由于束缚能很小，且杂质能级非常接近于导带底（能量差 10meV 量级），在常温下，部分"多子"就容易被激发到导带，向导带提供自由电子，使单纯依靠本征载流子导电的半导体的导电性能大增。

一般来说，原子能级都以一段水平线表示，但在图 27-10 中为什么采用不连续的线段表示呢？

原来，在通常情况下，人为掺杂（As）原子的浓度较小，一般不超过半导体基体原子数的万分之一。因此，在硅基体中砷原子算是极少数，它们被硅晶体点阵分隔开，砷原子之间的距离也较远，可以认为是互相独立地存在着。因此，在能带图上的杂质能级就用断开的短线表示，也可以理解为每根短线示意一个杂质原子的能级。

【例 27-1】 室温下纯硅中传导电子（由价带进入导带的电子）的数密度 n_0 约为 $10^{16}\mathrm{m}^{-3}$，问多少个硅原子贡献一个传导电子？如果向其中掺入微量磷杂质，平均每 5×10^6 个硅原子有一个被磷原子取代，则传导电子数密度增加多少倍？设每个磷原子都有一个"多余的"电子进入导带。已知硅的密度和摩尔质量分别为 $2\,330\mathrm{kg\cdot m^{-3}}$ 和 $28.1\mathrm{g\cdot mol^{-1}}$。

【分析与解答】 根据已知数据可求得纯硅的原子数密度

$$n_{\mathrm{Si}}=\frac{\rho N_{\mathrm{A}}}{M_{\mathrm{Si}}}=\frac{2\,330\mathrm{kg\cdot m^{-3}}\times 6.02\times 10^{23}\mathrm{mol^{-1}}}{0.028\,1\mathrm{kg\cdot mol^{-1}}}=5\times 10^{28}\mathrm{m}^{-3}$$

则 $\dfrac{n_{\mathrm{Si}}}{n_0}=\dfrac{5\times 10^{28}\mathrm{m}^{-3}}{10^{16}\mathrm{m}^{-3}}=5\times 10^{12}$ 个硅原子贡献一个传导电子。与金属中每个原子至少贡献一个传导电子相比，可知半导体的导电能力要比金属弱得多。

利用已知数据可得磷杂质原子的数密度 $n_{\mathrm{P}}=n_{\mathrm{Si}}/5\times 10^6=10^{22}\mathrm{m}^{-3}$，由每个磷原子贡献一个传导电子可知，这也是由于掺入磷杂质而增加的传导电子数密度。所以传导电子数密度增加的倍数为

$$\frac{n_{\mathrm{P}}}{n_0}=10^6$$

如此微量的杂质使传导电子增加了 100 万倍！可见，杂质半导体的导电能力比本征半导体增强非常显著。但即便如此，也比金属的导电能力弱很多。

二、受主型杂质与 P 型半导体

1. 受主型杂质

在图 27-11 中，与掺砷不同，在纯硅（或锗）晶体的基体中，以替位的方式掺入少量的 3 价元素镓（或硼、铝）。当一个镓原子进入硅晶体替代（置换）了一个硅原子后，它要与周围 4 个硅原子形成共价结合，但只有 3 价电子的镓原子尚缺少一个成键电子与近邻的 4 个硅原子形成共价结合，出现了一个空键。缺少的这个成键电子从哪里补充呢？这个空键相当于存在一种能量状态——正的空穴。它通过"挖墙脚"的方式吸引近邻硅原子中的一个电子过来，形成镓-硅的第四个共价键。所以，在半导体物理学中称镓（3 价元素）为受主

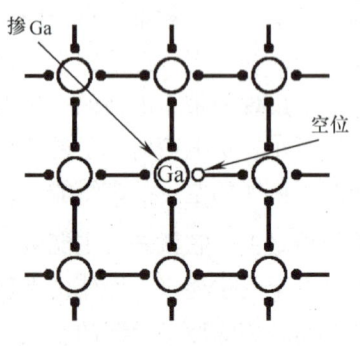

图 27-11

杂质。定性地看，邻近硅原子共价键上的电子，只要通过获得热激发的少量能量，就可以脱离"旧主"的约束，转移到镓原子周围填充空位。而在失去电子的硅原子周围又留下一个空位。虽然晶体是电中性的，但获得电子后的镓带负电荷，变成-1价的离子，相当于一个负电中心。这一过程可用符号关系形式上表示为

$$_{31}\text{Ga} + \text{Si} \rightarrow {}_{31}\text{Ga}^- + \text{Si} + e^+（空穴） \tag{27-2}$$

失去电子后出现的带正电硅离子中的空位，被作为负电中心的杂质镓离子通过库仑吸引力所束缚。由于镓这种杂质原子接受硅的价电子成为负离子杂质，既然硅中掺入砷后砷原子变为砷正离子，称砷被电离了，那么，掺入硅中的镓原子变为镓负离子，能不能说镓原子也被电离了呢？

2. P 型半导体

如式（27-2）所表明，在室温下，当在纯硅中掺镓后，相邻硅原子上的价电子可以转移到镓原子空位中，这一过程并未就此结束，而是在失去了一个价电子的硅原子中留下的这个空位，又可以吸收另一个硅原子的电子来填补，另一个失去电子的硅原子又出现一个空位。如此重复，所得到的图像是空位在晶体中自由移动。在这一过程中，正的空位移动与另一负的电子移动方向相反，但导电效果是一致的。这种以正的空位迁移而形成导电的半导体，称为 P 型半导体。P 型半导体中空位多于硅基体的本征载流子（电子），其导电主要靠空穴。

3. 受主能级示意图

图 27-12 所示为在硅晶体能带的禁带中的受主杂质能级。它在十分靠近硅价带顶处，但离价带顶不远（间距不成比例），对于受主杂质能级，补充说明以下几点：

1）如前所述，当镓原子替代硅原子形成共价结合时将缺少一个价电子，邻近硅原子共价键上的电子只要吸收少许能量就可以转移来填充空位。在能带图上表示这一过程是，镓原子提供了处在禁带中紧靠硅晶体价带的空穴能级，当硅原子满（价）带，一个电子跃迁到空穴能级后，在硅的满带中出现一个空穴。所以，这个能接受电子的能级称为受主能级，而硅原子共价键上留下的空位，对应于硅原子价带中的空穴。

2）如前所述，镓原子获得电子后变成-1价的离子，或者变成了一个带负电荷的中心，而硅原子因失去一个电子，所留下的空位可以被杂质的负电荷所束缚。为什么这样一个被束缚空位的能量，可以用图中出现的受主能级描述呢？这是因为，带负电的杂质镓离子与硅原子上出现的带正电荷的空位形成的束缚状态，类似于氢原子正、负电荷对调了的情形。从能带的角度看，被镓离子束缚的空位的束缚能（电离能、结合能）级位于

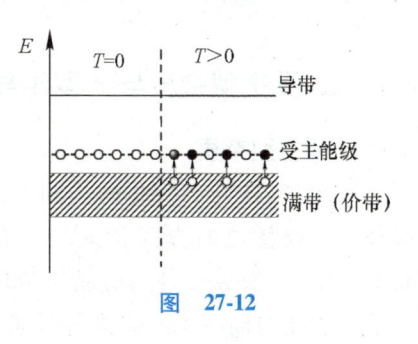

图 27-12

价带顶之上，它就是受主能级。由于它离硅晶体价带顶非常近，因而，处于价带顶的电子容易激发至受主能级，而使价带顶留下一个空穴。类比氢原子，这一过程称空穴电离。被电子填充而脱离镓原子束缚的空穴，在价带中成为自由空穴，对应于半导体中产生的空穴而获得导电能力。为此，可以通过与氢原子类比，建立模型来求解相应的薛定谔方程，研究这一束缚空穴的能级，具体该怎么做呢？

第三节 杂质能级的计算

微量杂质对半导体材料的导电性能之所以产生决定性影响，是因为它们的存在破坏了按周期性排列的硅原子所产生的周期性势场，在硅晶体价带与导带间的禁带中出现了允许电子跃迁的杂质能级。

一、类氢模型

如前所述，在讨论施主（或受主）能级时，均涉及施主（或受主）原子进入硅基体后发生电离，变成正离子实与自由电子（或负离子实与自由空穴）系统，并由离子束缚住电子（或空穴）的物理图像。而这又与氢原子的电结构极其相似，只是在受主杂质情况下，正、负电荷对调了，从这样的类比中建立起类氢模型。

类氢模型有什么用呢？说白了为的是计算施主（受主）能级。具体地说，是要利用氢原子能量量子化公式计算施主或受主杂质能级。需要补充说明的是，杂质为什么能够在硅晶体的能带中形成施主（或受主）能级，以及它们如何束缚电子（或空穴），本来是十分复杂的问题。采用的类氢模型实际选择了一种最简单的特殊情况。在半导体物理中，类氢杂质能级（施主）距导带底或（受主）距价带顶非常近，这些杂质又称为浅能级杂质，但类氢模型所讨论的是实际中最重要的一种情况。

二、类氢施主杂质能级的计算

从第二十一章第二节中已经知道，氢原子中的电子遵守如下的三维定态薛定谔方程［可将这一形式与式（20-25）类比］：

$$\left(-\frac{\hbar^2}{2m}\nabla^2-\frac{e^2}{4\pi\varepsilon_0 r}\right)\psi(r)=E\psi(r) \tag{27-3}$$

并已解得电子的能量为

$$E_n=-\frac{me^4}{8\varepsilon_0^2 h^2 n^2}\quad (n=1,2,3,\cdots) \tag{27-4}$$

式中，$n=1$ 时 $E_1=-13.6\text{eV}$，为氢原子的基态。

根据类氢模型，施主杂质原子进入硅晶体经电离后的电结构与氢原子结构十分相似。但是，从5价原子游离出来的电子却是在硅晶体这一环境中运动，这与氢原子中电子仅受核作用不同，也就是说，在讨论这一游离电子能级时，必须考虑晶体等效势场对游离电子的作用。作为类氢模型的关键是将游离电子的质量 m_e 以有效质量 m^* 代替，并采用下式计算电子的能量：

$$\begin{aligned}E_n &= -\frac{m^* e^4}{8(\varepsilon_r\varepsilon_0)^2 h^2 n^2}\\ &= -\left(\frac{m_e e^4}{8\varepsilon_0^2 h^2}\right)\left(\frac{m^*}{m_e \varepsilon_r^2}\right)\frac{1}{n^2}\\ &= -13.6\frac{m^*}{m_e}\frac{1}{\varepsilon_r^2 n^2}\text{eV}\quad (n=1,2,3,\cdots)\end{aligned} \tag{27-5}$$

式中，ε_r 为半导体材料的相对电容率（相对介电常数）；m_e 表示氢原子中电子的质量；m^* 是硅晶体中游离电子的有效质量。表 27-4 中列出了一些数据。式（27-5）中的计算已取硅晶体导带底作为杂质能级的零点，所以，游离电子的能量也是负的。但人们更感兴趣的是进入硅晶体杂质原子基态的电离能，电离能只取正值，它比禁带宽度 ΔE_g 小得多。这个由杂质提供的电子基态能级在基体禁带中的位置就是施主能级，游离电子一旦进入导带就与导带中的电子不可分辨了。

表 27-4 类氢模型

半导体	Ge	Si	GaAs
ε_r	16	12	13.18
m^*/m_e	0.12	0.25	—

*三、晶体中电子有效质量的物理意义

式（27-5）是从与式（27-4）直接类比得到的大学物理层面的结论，并不做严格证明。但出现在式（27-5）中的电子的有效质量 m^* 的概念在半导体物理中会频繁出现，有必要补充一些介绍。

1. 电子运动的半经典模型

上一章所介绍的固体电子能带结构是电子在固体周期性等效势场中运动的必然结果。而在杂质半导体中（以 N 型半导体为例），由于在硅晶体中掺入 5 价元素砷（As），砷被电离而多出一个游离电子。在硅基体中，这个电子处在多种外力作用下运动，如它既要受到硅晶体周期性等效势场的作用，也要受到杂质离子实电场的作用，这些作用都会影响游离电子的能带结构，能带结构是固体能带论的重要课题之一。通常的一种研究方法是求解电子满足的定态薛定谔方程

$$\left[-\frac{\hbar^2}{2m}\nabla^2+V(r)+U\right]\psi=E\psi \quad (27\text{-}6)$$

式中，$V(r)$ 为晶体周期势场；U 为杂质离子的作用。另一种方法是半经典方法，这种方法的要点是：将晶体周期性等效势场对电子的作用，采用能带论中的量子物理处理方式［见式（27-9）］，而杂质离子对电子的作用则采用经典物理处理［见式（27-11）］。这种方法中既包含量子物理处理方式，又包含经典力学处理方式，所以称为晶体中电子运动的半经典半量子模型。

2. 有效质量概念的引入

上述晶体中电子运动的半经典半量子模型，说到底是电子在外场中的运动遵守牛顿第二定律，可以同时具有确定的位置和动量。

根据经典力学，不难写出原子中质量为 m_e 的价电子受库仑力作用时，加速度与库仑力之间的关系式。但是，在硅晶体中由 5 价杂质产生的游离电子却与孤立原子的电子所处的环境不同，因为，在晶体中，游离电子还要受到晶体周期性等效势场的作用。在这种情况下，**如何写出晶体中运动电子的加速度与作用力之间的关系式呢？** 电子有效质量（m^*）的概念

就是在解决这一问题时应运而生的。引进有效质量的概念后，就方便把硅晶体中因 5 价杂质电离而产生的游离电子的加速度与所受外力直接联系起来。所以，有效质量概念是半导体物理学中的一个重要概念。回顾光学中，为了计算相位差，曾引进过光程概念：光波在某介质中行进的几何路程乘以该介质的折射率，等效于光在真空中走过的路程。这样，可将光在介质中的传播问题统一到光在真空中行进的问题来处理（见第一卷第九章第二节）。虽然有效质量与光程无可比性，但处理方法上却有相似性。

进一步说，在本节计算能级的问题中，由于晶体周期性等效势场对电子的作用难以预知和处理，想这个办法为的是将周期性等效势场对电子运动的影响改用电子有效质量进行修正。因为，从电子运动状态变化看，外力和惯性是一对矛盾。这样一来，采用有效质量 m^* 摆脱周期性等效势场的计算，把硅晶体中因掺杂而出现的游离电子放在真空中来讨论，此时，具有有效质量 m^* 的才是遵守牛顿力学的自由电子。

3. 有效质量的定义

经典物理学中，自由粒子的质量出现在能量-动量关系 $E=\dfrac{p^2}{2m}$ 中，将 E 对 p 求二阶导数，得

$$\frac{\mathrm{d}E}{\mathrm{d}p}=\frac{p}{m},\ \frac{\mathrm{d}^2 E}{\mathrm{d}p^2}=\frac{1}{m} \tag{27-7}$$

式（27-7）表明，在经典物理中，质量是能量对动量的二阶导数的倒数。

现在设法将由式（27-7）定义的质量推广到晶体中运动的电子。前已分析，对于处在硅晶体中的游离电子，在对它应用牛顿第二定律时，已采用电子有效质量 m^* 替代晶体周期性等效势场对它的作用，于是推广式（27-7）到晶体中运动电子的有效质量 m^*（m^* 总小于电子实际质量 m_e）

$$\frac{1}{m^*}=\frac{\mathrm{d}^2 E(k)}{\mathrm{d}p^2} \tag{27-8}$$

与自由粒子不同，式中，$E(k)$ 是硅晶体中游离电子的能量；p 是它的动量。在量子物理中，在硅晶体中运动的游离电子的能量 $E(k)$ 和动量 p 可分别表示为

$$\left.\begin{array}{r}E(k)=\hbar\omega \\ p(k)=\hbar k\end{array}\right\} \tag{27-9}$$

这样，将式（27-9）代入式（27-7），求 E 对 p 的一阶导数，得

$$\frac{\mathrm{d}E}{\mathrm{d}p}=\frac{p}{m}=\frac{\hbar k}{m}=\frac{1}{\hbar}\frac{\mathrm{d}}{\mathrm{d}k}\left(\frac{\hbar^2 k^2}{2m}\right)=\frac{1}{\hbar}\frac{\mathrm{d}}{\mathrm{d}k}\left(\frac{p^2}{2m}\right)=\frac{1}{\hbar}\frac{\mathrm{d}E}{\mathrm{d}k}=\frac{\mathrm{d}\omega}{\mathrm{d}k}=v_\mathrm{g} \tag{27-10}$$

式中，v_g 是电子的速度，又称为群速度（与能量输运有关）。它不同于电子波的波速 $u=\dfrac{\lambda}{T}=\dfrac{\omega}{k}$（相速度）。

现在考虑牛顿第二定律 $F=\dfrac{\mathrm{d}p}{\mathrm{d}t}=m\dfrac{\mathrm{d}v_\mathrm{g}}{\mathrm{d}t}$（非相对论），利用式（27-10）中 $v_\mathrm{g}=\dfrac{1}{\hbar}\dfrac{\mathrm{d}E}{\mathrm{d}k}$，有

$$\frac{\mathrm{d}v_\mathrm{g}}{\mathrm{d}t}=\frac{1}{\hbar}\frac{\mathrm{d}}{\mathrm{d}t}\left(\frac{\mathrm{d}E}{\mathrm{d}k}\right)=\frac{1}{\hbar}\left(\frac{\mathrm{d}^2E}{\mathrm{d}k^2}\right)\frac{\mathrm{d}k}{\mathrm{d}t}$$

$$=\frac{1}{\hbar^2}\frac{\mathrm{d}p}{\mathrm{d}t}\left(\frac{\mathrm{d}^2E}{\mathrm{d}k^2}\right)=\frac{1}{\hbar^2}\frac{\mathrm{d}^2E}{\mathrm{d}k^2}F$$

则从上式解得 F 与有效质量 m^* 的关系

$$F=\frac{1}{\frac{1}{\hbar^2}\frac{\mathrm{d}^2E}{\mathrm{d}k^2}}\frac{\mathrm{d}v_\mathrm{g}}{\mathrm{d}t}=m^*\frac{\mathrm{d}v_\mathrm{g}}{\mathrm{d}t} \tag{27-11}$$

由式（27-11）知，电子有效质量 m^* 为

$$m^*=\frac{\hbar^2}{\frac{\mathrm{d}^2E}{\mathrm{d}k^2}} \tag{27-12}$$

式（27-12）与式（27-8）表明，在外力作用下，硅晶体中的游离电子可按一个质量为 m^* 的经典质点处理。

第四节　PN 结

将一高纯度半导体单晶的一侧掺入 3 价受主杂质，制成 P 型区，另一侧掺入 5 价施主杂质（工艺方法略），制成 N 型区；两者交界层构成 PN 结（突变结）。或者把一块 P 型半导体与一块 N 型半导体无缝对接在一起，两者的界面区域也构成 PN 结。PN 结作为半导体特有的物理现象，一直受到人们的重视。因为，PN 结几乎是所有半导体器件的核心。

一、PN 结的空间电荷区

PN 结有什么特性会受到人们如此青睐呢？图 27-13 是 PN 结的示意图，其中图 27-13a 表示在 PN 结形成前两侧不同的多子，如左侧 P 型区中，用圆圈表示可运动的多子是空穴，且设空穴均匀分布在 P 型区内；而右侧 N 型区中用圆点表示多子是电子，也均匀分布在 N 型区内，同时还假设 P 型区空穴浓度与 N 型区电子浓度相同（模型）。左、右两侧成结后，图中界面左侧电中性的 P 型区中的空穴浓度（多子）要比右侧电中性的 N 型区中的空穴浓度（少子）高得多；反之，N 型区中电子浓度又比 P 型区中的少子浓度高得多。这种浓度差会引发什么现象呢？那就是在 PN 结形成的初始阶段，浓度差将会引发扩散，其中空穴会自 P 型区向 N 型区扩散，N 型区中的电子要向 P 型区扩散。但是，随着这种交叉扩散的进行，这种现象会不会无休止地持续下去呢？不会。因为，当电子从右（N 区）向左（P 区）扩散穿过界面（PN 结）以后，在交界面处左侧与 P 型区空穴复合而被束缚住，加之空穴由左向右扩散，P 区裸露的受主离子产生负电荷积累。而电子经扩散离去的 N 型区（PN 结右侧）将留下一个带正电的施主离子区域。这样，由于载流子的交叉扩散与复合，导致半导体 PN 结两侧相应区域内不再保持电中性。

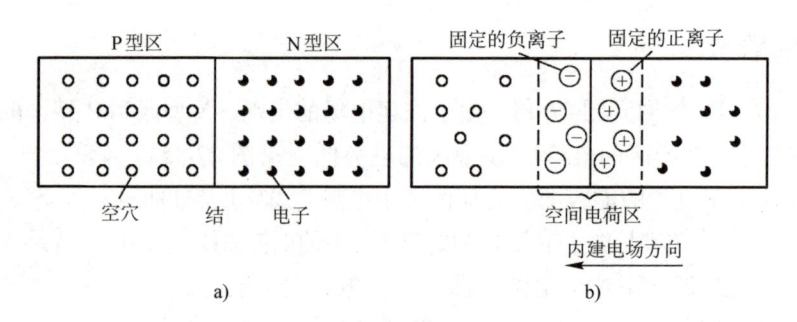

图 27-13

如图 27-13b 所示，<u>在 PN 分界面两侧分别出现固定的电离杂质形成负、正电荷的空间电荷区</u>（结区）。空间电荷区厚度为 $10^{-7} \sim 10^{-5}$ m，结区宽度与掺杂浓度有关。依据上述物理图像推测一下：究竟是两侧掺杂浓度高时空间电荷区宽呢，还是掺杂浓度低时空间电荷区宽呢？如果界面两侧掺杂浓度的高低不同，那么界面左、右两侧结区宽度会有什么不同呢？

以上分析了空间电荷区的形成，已经暗中回答了"<u>为什么载流子的交叉扩散不能没完没了地持续下去</u>"的问题，为什么这么肯定呢？

二、内建电场（自建电场）

如图 27-13b 所示，在空间电荷区出现了一个自右向左（<u>由 N 型区指向 P 型区</u>）的静电场，特称它为<u>内建电场</u>（或自建电场）。在 PN 结中，这个内建电场的作用非同小可。一方面，它不容许结区中有残留的多子（空穴或电子），可以说它把空间电荷区中可以运动（扩散）的电子和空穴都扫光了（为什么？），所以，从这个意义上讲，PN 结区又称为多子的耗尽层；另一方面，它却可以促使 P 区与 N 区中的少子（本征载流子、电子和空穴）穿过结区的漂移运动。这些少子漂移运动的方向正好和由浓度差引起的多子扩散运动方向相反。比如说，N 型区电子（多子）浓度高，由浓度梯度驱使电子（多子）扩散运动的方向由图中右侧指向左侧。但内建电场是阻止 N 区中电子（多子）由右向左的扩散运动，却可驱使N 型区中的本征载流子中空穴（少子）由右向左漂移运动。这一分析同样适用于 P 型区。也就是说，多数载流子过界面的扩散运动是由浓度差引起的运动，而少数载流子过界面的漂移运动则是由内建电场引起的运动，由两种不同起因引起的多子与少子运动，在图 27-14 的能带中已有描述，PN 结中载流子的两种不同运动图像可不可以从能量的观点来解释呢？

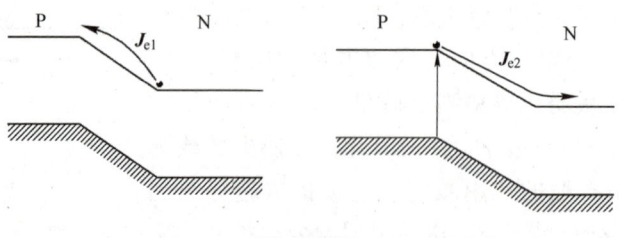

图 27-14

三、接触势垒

要读懂图 27-14，先回到图 27-13，由于内建电场的出现，N 型区和 P 型区的电势也不再相等。依据静电学，P 型区的电势比 N 型区的电势低（见图 27-15a）。图 27-15b 为 PN 结中电子的能级图。为何两图中电势曲线与电势能曲线的走向会全然不同呢？关键是电子带负电。图 27-15a 中的电势曲线上，电势越低的地方，在图 27-15b 中的电势能曲线上，电子电势能越高。由于 P 型区电子的电势能提高了 eV_0，电子能带随之向上抬高这一数量。因此，在 N 型区半导体和 P 型区半导体的界面中，电子能带发生弯曲。此时从图 27-14 中看，电子从 N 型区到 P 型区，或者空穴从 P 型区到 N 型区都要克服这个势垒的阻挡。所以，空间电荷区也称接触势垒（参看图 20-4）。势垒的高度跟半导体材料的性质、N 型区和 P 型区的掺杂浓度及温度有关（函数关系略）。举一组数据为例，若 P 型区掺杂浓度为 10^{18}cm^{-3}，N 型区掺杂浓度为 10^{16}cm^{-3}，则在室温下，$eV_0 \approx 0.83\text{eV}$。但是，N 区的空穴（少子）到 P 区，或 P 区的电子（少子）到 N 区时会不会遭此势垒的阻拦呢？为什么？

由同种半导体材料（如硅、锗、砷化镓）但掺入不同的杂质生成 P 型和 N 型半导体构成的 PN 结称同质结。由两种不同半导体基体经掺杂后构成的 PN 结称异质结。异质结的接触势垒更复杂，本书不再详述。

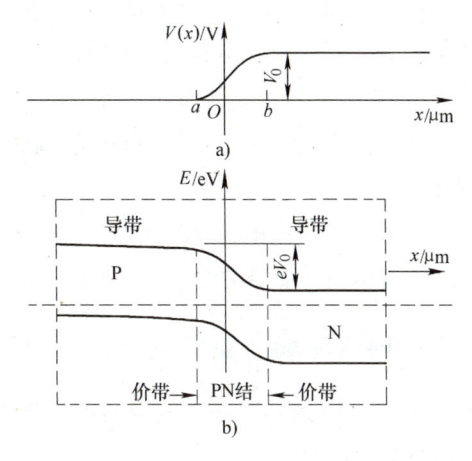

图 27-15

四、PN 结的整流效应

PN 结最简单的性质与应用是它的单向导电性。什么是单向导电性呢？

1. 正偏压（正向偏置）

如果在 PN 结上外接如图 27-16 所示的直流电压（P 型区接正，N 型区接负），则称外接正偏压（正向偏置）。对照图 27-17a 表示未加外电压时 PN 区中，由扩散电流与漂移电流相加的净电流为零的平衡状态，图 27-17b 表示当 PN 结外接正偏压时，外电场方向与内建电场方向相反，外界作用使内建电场减弱，势垒高度降低，能带弯曲量减小（近似用直线斜率的变化表示）。因此，促使少数载流子漂移与阻碍多子扩散的作用减弱，多子扩散趋势与少子漂移趋势的平衡被打破，漂移电流退居次要，扩散电流占优。结果在 PN 结中形成由电

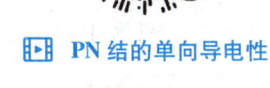

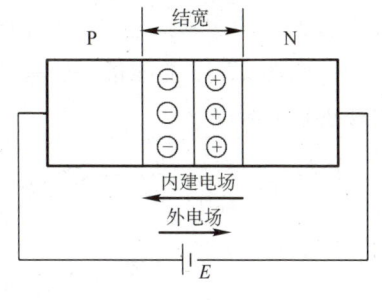

图 27-16

子、空穴相向扩散运动的正向电流，电流的方向由 P 型区指向 N 型区（见图 27-18）。如果正向电压增加，则势垒高度进一步降低，正向电流如图 27-20 所示，它随电压很快增加，这一现象也称 PN 结在正偏压下具有低阻导通特性。

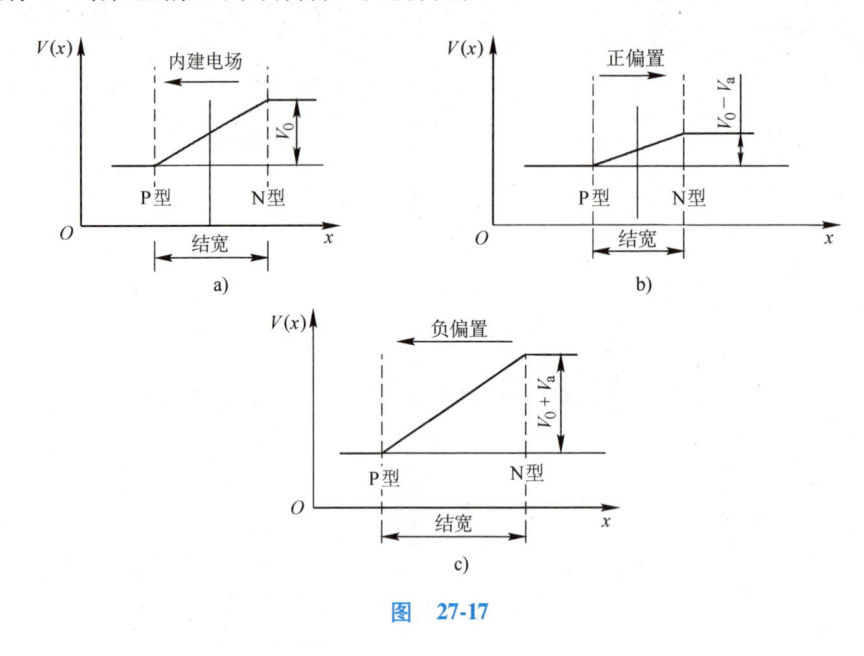

图 27-17

2. 负偏压（反向偏置）

当图 27-16 中 P 型区改为接负、N 型区接正时（称外加负偏压），会出现什么现象呢？现在利用图 27-19 进行分析。为此先回到图 27-17c，由于外加电场的方向和内建电场方向相同，外界作用强化了内建电场的势头。势垒高度增加的结果是出现了新的不平衡状态：多子扩散电流减小，少子漂移电流上升为主流，不过漂移电流只是少数载流子运动的宏观表现，微观上是 P 型区一方的少子（电子）被电场拉过边界进入 N 型区，而 N 型区一方的少子（空穴）则被拉往 P 型区，构成由 N 型区进入 P 型区的反向电流。由于 P 型区的电子和 N 型区的空穴浓度很低（10^{10}cm^{-3}），所以反向电流很小。而且，当电压增加到一定程度时，因本征载流子数有限，漂移电流将趋于饱和，这也是 PN 结具有的反向不导电性的原因。

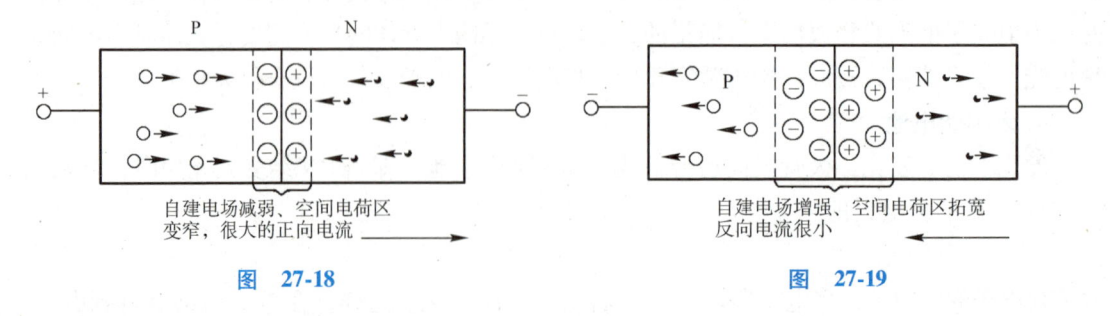

图 27-18

图 27-19

利用 PN 结的这一反向不导电特性，制成多类型的半导体二极管整流器件，把交变电流变为直流电流（其他措施略）。由于反向电流很小，电阻很高，因此，从这个意义上称 PN 结为阻挡层。当反向偏压增大到某一数值时，反向电流突然开始迅速增大，称为 PN 结

击穿。发生击穿时的反向偏压称为 PN 结的击穿电压。对 PN 结施加一定反向偏压被击穿的过程即"量变引起质变"过程，大家在平时生活、学习中也应注意坚持"量变适度"的原则。图 27-20 是 PN 结的电流-电压特性曲线，注意各轴上用不同标度诠释了上述单向导电与反向不导电的内涵。

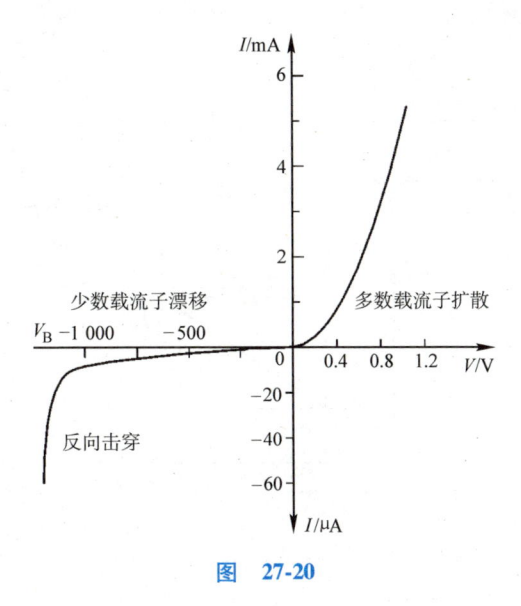

图 27-20

五、应用拓展——半导体器件

以 PN 结为基础，可以做成整流、检波、控制、开关、放大等多种半导体器件，这些半导体器件在现代高新技术中起着不可替代的重要作用。

1. 发光二极管（LED）

发光二极管（见图 27-21）的核心部分是一块由 P 型半导体和 N 型半导体组成的晶片，当 PN 结处于正向电压偏置时，P 区的空穴和 N 区的电子进入 PN 结区域而产生复合，从能带论来理解，就是导带下部的电子越过禁带与价带中的空穴中和。在这一过程中由于电子的能量要减少，因此会有能量释放出来。对于某些半导体，如砷化镓、磷化镓等，这部分能量是以辐射光子的形式释放出来，能量的大小取决于不同半导体的禁带宽度，从而发出不同频率的光。发光二极管被广泛用于数字显示，如电子钟、电子设备、汽车仪表板等。

2. 太阳能电池

原则上讲，发光二极管反向运行，就成了一个光电池。即当 PN 结受到光照时，会在结处产生电子-空穴对，即

$$\gamma \rightarrow -e + e$$

在内建电场的作用下，将电子驱向 N 区，将空穴驱向 P 区。这样，在 N 区便会有过剩电子，而在 P 区则会有过剩空穴。如此，就会在 PN 结附近形成与原来的内建电场方向相反的光生电场。光生电场除了能抵消内建电场的作用以外，还能使 P 区带正电，使 N 区带负电，于是，在 N 区和 P 区之间产生了电动势，此时若将外电路接通，便会有电能输出，如图 27-22 所示。

图 27-21

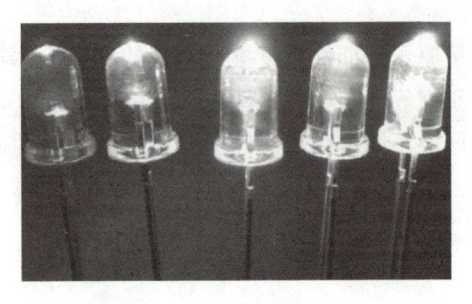

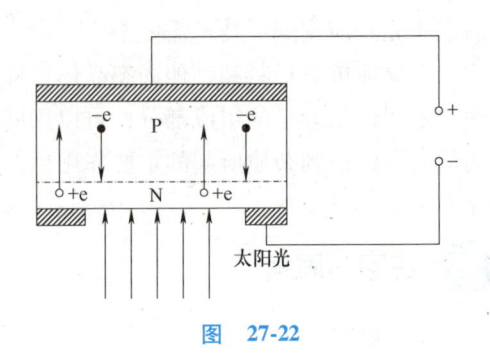

图 27-22

这种由光的照射，使 PN 结产生电动势的现象，称为光生伏特效应。利用太阳能照射 PN 结产生电能的装置成为太阳能光电池，第一块锗材料半导体太阳能电池的光电转换效率为 1%，多晶硅太阳能光电池的转换效率为 15% 左右，单晶硅为 20%，砷化镓（GaAs）晶体的太阳能光电池的光电转换效率目前已达 25% 以上。它保证了人造卫星、空间站、航天器等所需的电力供应，也是野外作业等缺乏能源情况下的一种方便而可靠的能源。太阳能电池光电转换效率的逐步提高，体现了我国的科技创新能力，在不久的将来，随着科学技术的发展，光电转换效率更高的光电池也会得以实现，需要 21 世纪的大学生关注科技前沿、投身专业学习来报效祖国。

第五节　物理学思想与方法简述

半导体结构、性能与应用研究

对半导体的研究，在当代物理学和高新技术的发展中都占有突出的地位。这是因为半导体不仅具有极其丰富的物理内涵，而且，其性能可置于不断发展的精密工艺控制之下。

从化学组成的观点来看，在绝大多数情况下，半导体物质并没有丝毫新奇可言，然而，这类物质却具有许多重要而有趣的热、电、磁、光等物理学性质。物理学家在几十年前就对这类物质的性质进行了全面的研究，并且很快揭示了许多新的性质。当时，物理学家就曾指出过半导体在技术应用上的远景。很多例子说明，当时半导体材料没有应用在技术上，并不是因为物理学家对半导体的一些重要性质没有了解。例如，远在一百多年前，人们就对金属和非金属的热电性质进行了研究。目前，科学家和工程师对半导体特别感兴趣，并不意味着过去对半导体性质的无知。而且，当时金属的热电性质也确实早已应用在测量技术上了（如温差电偶）。但是，把半导体显著的温差电性质应用在测量技术和热能-电能转换上，却是不久以前的事。也许说来是很可笑的，现代温差电发电机中所采用的材料，远在 19 世纪前就研究过了。在发明半导体整流器和光电池的历史中，也同样表明了半导体这些效应的发现和实际应用都相隔了漫长的半个世纪。所有这些事实可以从两个方面解释：一方面，我们现在所生活的时代与一百多年前不可比拟，现在是科学和技术飞跃前进的近代；另一方面，现代科学技术不断提出的新要求与时俱进、目不暇接，而这些要求只有半导体才能"担当"。必须指出，时至今日，半导体的很多有趣的电学性质被发现的时间都并不长，而且它

319

练习与思考

一、填空

1-1 纯净锗吸收辐射的最大波长为 $\lambda = 1.9\,\mu\mathrm{m}$，锗的禁带宽度为_____。

1-2 若在四价元素半导体中掺入五价元素原子，则可构成_____型半导体，参与导电的多数载流子是_____。

1-3 本征半导体的禁带是较_____的，在常温下有少量电子由满带激发到空带中，从而形成由_____参与导电的本征导电性。

1-4 P 型半导体由于掺杂而形成局部能级（受主能级），这些能级在能带结构中应处于_____。

二、计算

2-1 纯净锗吸收辐射的最大波长为 $\lambda = 1.9\,\mu\mathrm{m}$，若在纯净锗中掺磷杂质，则掺杂后的杂质半导体锗吸收辐射的最大波长是多少？已知 $E_\mathrm{D} = 0.012\,0\,\mathrm{eV}$。

【答案】 $1.04 \times 10^5\,\mathrm{nm}$

2-2 GaAs 中掺杂 5 价元素后，其相对介电常数为 $\varepsilon_\mathrm{r} = 10.4$，若取 $m^* = 0.07 m_\mathrm{e}$，m_e 为电子的静止质量，试确定 GaAs 中施主的电离能。

【答案】 $8.8 \times 10^{-3}\,\mathrm{eV}$

三、思维拓展

3-1 什么是有效质量？有效质量与电子的实际质量有什么区别？有效质量可以取负值，还可以是无穷大，其物理机制是什么？

3-2 本征半导体、单一的杂质半导体都和 PN 结一样具有单向导电性吗？

3-3 根据霍尔效应测磁场时，用杂质半导体片比用金属片更为灵敏，为什么？

第九部分
原子核物理

  人们对原子核的认识可追溯到1896年贝可勒尔发现铀盐的放射性和1911年卢瑟福通过α粒子散射实验提出原子的核式模型。随着人们对原子核认识的不断深入，1919年和1932年相继发现了质子和中子，确立了原子核的质子-中子构成。1939年核裂变的发现，1942年第一座裂变反应堆的建成，1945年第一颗原子弹的爆炸成功以及1952年第一颗氢弹的爆炸成功，使人类跨入了原子能（核能）时代。核能的发现与应用是人类历史上具有划时代的重大成就。随着核能、放射性同位素的广泛应用，核物理学的发展和整个科技发展密切相关。原子核物理无论从人类对物质世界的认识方面还是从能源的利用方面来说都具有极其重要的意义。今天，核物理学已进入了一个向更纵深发展完善和更广泛领域应用拓展提高的崭新阶段。

第二十八章 原子核

本章核心内容

1. 原子核的静态特征。
2. 自由核子结合成核时的质量、能量变化。
3. 不稳定原子核衰变的形式、衰变能。
4. 三种不同衰变的共同规律。
5. 如何描述核反应。
6. 如何利用核反应获取原子能。

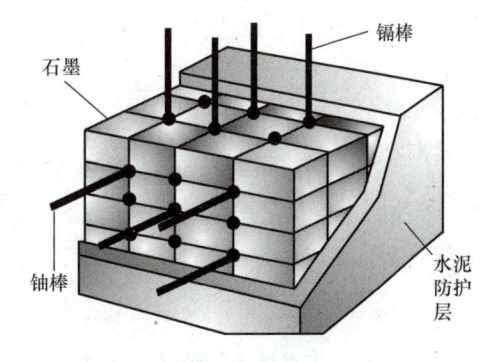

原子反应堆

在原子世界中，原子由原子核和核外电子组成，原子核湮没在电子云中，其线度比原子小 4~5 个数量级。与原子结构相比，"核"的内部世界是物质结构一个更深的层次。研究原子核内部结构、性质和运动变化规律的原子核物理是一门在理论及实际应用方面都十分重要且内容异常丰富的学科。核理论和核技术的蓬勃发展将人类社会推进到原子能时代，作为物理学的前沿学科之一：原子核物理学是物理世界的已知领域和未知领域的交叉地带，其力的强度与空间尺度处在原子层次与基本粒子（如电子、质子、中子等）之间。作为已知所有 4 种自然力可以同时存在的唯一系统，原子核物理涉及物理世界图像的核心部分，如核能利用、天体能量来源和元素起源探索、地质年代探测与文物考古、机件探伤和病体检查治疗、食物保鲜及作物品种改良等，核物理与核技术都是当今国际竞争激烈的前沿领域。本章在中学物理基础上对原子核物理的理论与应用进行拓展，介绍原子核物理学的一些基础知识。

第一节 原子核的基本特征及其组成

本节先介绍原子核作为整体时的静态特征，暂不涉及原子核运动、衰变与核反应等动态特性。

一、原子核的电荷和电荷数

整个原子呈电中性，核外电子带负电而原子核带正电；原子核带正电是核的重要特征。原子中原子核所带正电荷电量是一个电子电量的整数（Z）倍。Z 既等于核电荷数也等于核外电子数，并以它表示原子的原子序数。

原子核由质子和中子组成并统称为核子，其中质子带正电，中子不带电。然而原子核的组成仍然有许多未解之谜，涉及核的静态稳定性及动态变化特征，是核物理研究的前沿和热点。随着粒子物理的发展、可加速粒子种类的增加、加速能量的提高，以及其他实验技术的进步，人类彻底搞清核结构并建立起一种像原子物理学那样但本质完全不同的原子核物理学的理想定能实现。

原子核中质子带正电，决定了核内的静电能，影响着核的稳定性。同时当其他带电粒子与核发生作用时，核电荷数 Z 的大小与产生的各种效应有着密切联系。接下来，首先关注作为原子核的重要特征之一的核电荷数 Z。

二、原子核的质量和质量数

原子核具有质量，是核的另一重要特征。这是因为原子核的稳定性及核转变时能释放出多少能量，都与原子核的质量和质量的变化有密切关系。为此，先了解与表征原子核质量有关的几个概念。

1. 核素

一种原子核，如果它包含 Z 个质子、N 个中子，显然这个核就是由 $A=Z+N$ 个核子组成，A 表示核子数，核物理把具有相同核电荷数 Z 和核子数 A 这两个参数约束的、且具有同一能态（核的能态类比原子的能级）的一类原子（或原子核）称为一种核素（区别同质异能素），并记作

$$_Z^A X$$

式中，X 是元素的化学符号。例如，核素氢记为 $_1^1H$，核素氘记为 $_1^2H$（或 $_1^2D$）。当前，已发现的核素有 2 700 多种（这个数还在不断增加之中），其中稳定不自发转变的核素约为 280 种。

2. 同位素

在元素周期表中占有同一位置（Z 相同、A 不相同）、化学性质相同（核性质可能不同）的元素称为同位素。从核物理看，同位素是质子数 Z 相同的、核子数 A 不同的核素（元素）的互称，例如，$_1^1H$、$_1^2H$、$_1^3H$ 是氢的三种同位素，$_8^{16}O$、$_8^{17}O$、$_8^{18}O$ 是氧的三种同位素。表 28-1 中列出了一些同位素及其质量（核素质量可用质谱仪测量），表中含 * 表示放射性同位素。

表 28-1　一些元素的部分同位素

同位素	原子质量/u	同位素	原子质量/u
$^{1}_{1}H$	1.007 825	$^{26}_{13}Al^*$	25.986 892
$^{2}_{1}H$	2.014 102	$^{27}_{13}Al$	26.981 539
$^{3}_{1}H^*$	3.016 050	$^{31}_{15}P$	30.973 765
$^{3}_{2}He$	3.016 030	$^{59}_{27}Co$	58.933 189
$^{4}_{2}He$	4.002 603	$^{60}_{27}Co^*$	59.933 964
$^{6}_{3}Li$	6.015 126	$^{202}_{82}Pb^*$	201.927 997
$^{7}_{3}Li$	7.016 005	$^{204}_{82}Pb^*$	203.973 044
$^{9}_{4}Be$	9.012 186	$^{205}_{82}Pb^*$	204.974 480
$^{10}_{4}Be^*$	10.013 534	$^{206}_{82}Pb$	205.974 468
$^{10}_{5}B$	10.012 939	$^{207}_{82}Pb$	206.975 903
$^{11}_{5}B$	11.009 305	$^{208}_{82}Pb$	207.976 650
$^{12}_{6}C$	12.000 000	$^{219}_{86}Rn^*$	219.009 481
$^{13}_{6}C$	13.003 354	$^{220}_{86}Rn^*$	220.011 401
$^{14}_{6}C^*$	14.003 242	$^{222}_{86}Rn^*$	222.017 531
$^{14}_{7}N$	14.003 074	$^{223}_{88}Ra^*$	223.018 501
$^{15}_{7}N$	15.000 108	$^{224}_{88}Ra^*$	224.020 218
$^{16}_{8}O$	15.994 915	$^{228}_{88}Ra^*$	228.031 139
$^{17}_{8}O$	16.999 133	$^{232}_{92}U^*$	232.031 168
$^{18}_{8}O$	17.999 160	$^{233}_{92}U^*$	233.039 522
$^{19}_{9}F$	18.998 405	$^{234}_{92}U^*$	234.040 904
$^{20}_{10}Ne$	19.992 440	$^{235}_{92}U^*$	235.043 915
$^{21}_{10}Ne$	20.993 849	$^{236}_{92}U^*$	236.045 637
$^{22}_{10}Ne$	21.991 385	$^{238}_{92}U^*$	238.048 608

自然界存在的元素往往由几种同位素组成（单核素元素除外），并且各种同位素的含量

有一定的比例，这种比例称为同位素的天然丰度。如氧的三种同位素的天然丰度分别为 $^{16}_{8}O$（99.759%）、$^{17}_{8}O$（0.037%）和 $^{18}_{8}O$（0.204%）。由于元素周期表不能表达 Z 相同但 A 不同的核素的不同性质，人们在周期表的基础上"创作"出核素图（或核素表），图 28-1 就是将"大图"经过压缩后的核素图。图中以中子数 N 为纵坐标，以原子序数 Z 为横坐标，每个核素在图上用一个方格取代点，其中，黑方格对应于稳定核素，它们分布在一条狭长的区域内，而白方格对应于不稳定核素（或放射性核素）。对于每一种稳定核素，已在表 28-2 中以天然丰度百分数的形式表示。

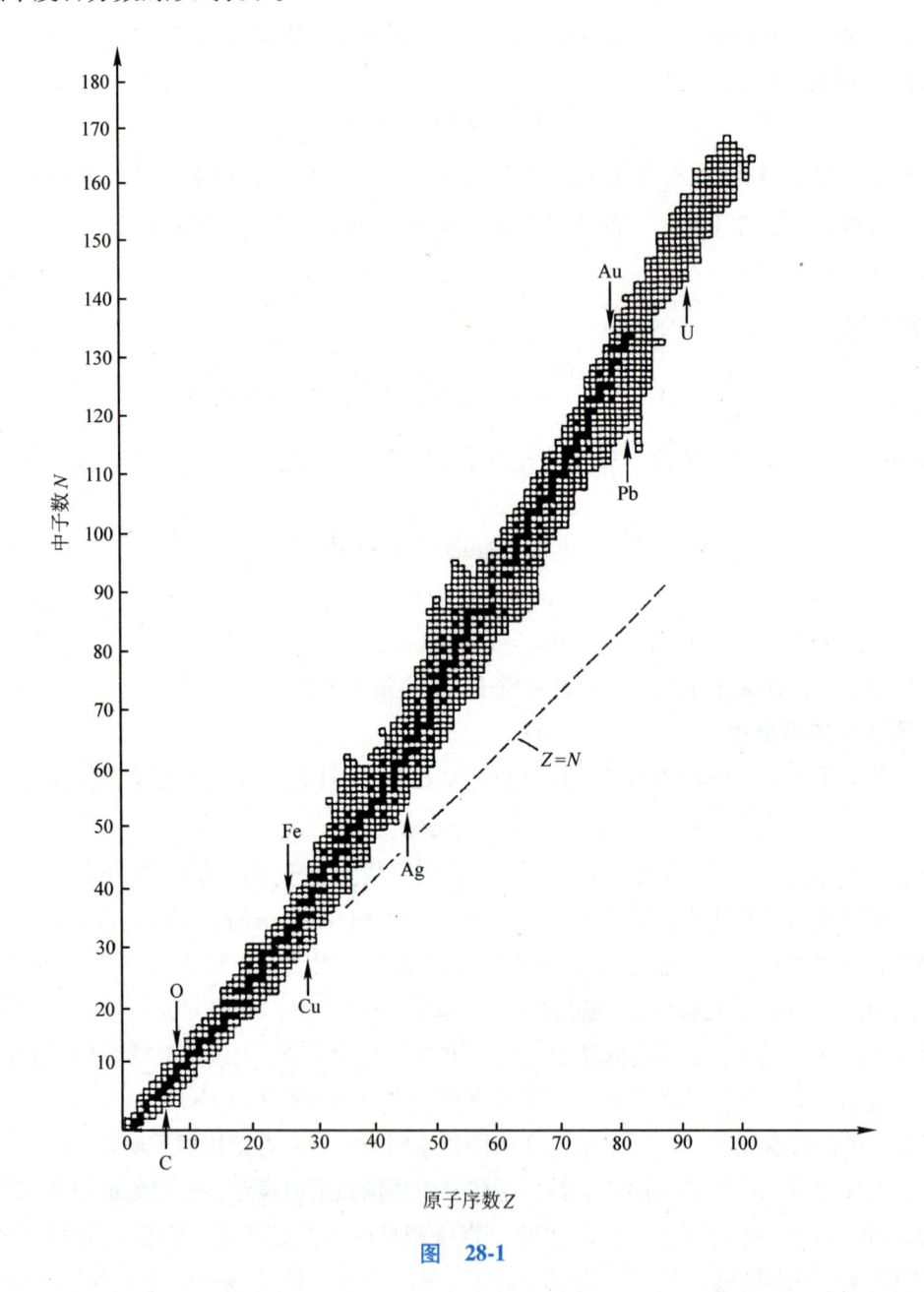

图 28-1

3. 原子质量单位

在表 28-1 中出现了一个计量原子质量的单位 u。那么，**u 是一个什么样的单位呢？为什么要用 u 来表示原子或核素的质量呢？**

众所周知，电子、质子、中子、原子等粒子的质量都是很小的，天然铀原子 $^{238}_{92}$U 的质量也只有 $3.95×10^{-25}$ kg。如此微小的质量，怎么来"称"呢？用天平显然是不行的。通常的质量单位 kg、g 等"宏观质量单位"不适宜用来量度原子质量，核物理学家采用"以原子称原子"的方法。什么是"以原子称原子"的方法呢？在 1960 年和 1961 年的两次国际会议上决定，以碳最丰富的核素 $^{12}_{6}$C 的质量作为基准，并规定其质量 $m(^{12}_{6}C)$ 为一个质量单位 u 的整数倍（见表 28-1）：

$$m(^{12}_{6}C) = 12.000\ 000 \text{u} \tag{28-1}$$

式中，符号 u 是 $^{12}_{6}$C 核素质量的 1/12，它就是原子质量单位，也称碳单位。这个单位与 kg 相比是多大呢？如已知 1mol $^{12}_{6}$C 的质量为 $12×10^{-3}$ kg，它包含有 $^{12}_{6}$C 的核素数等于阿伏伽德罗常量 N_A，所以

练习 72

$$1\text{u} = \frac{1}{12}m(^{12}_{6}C) = \frac{1}{12}\frac{12}{N_A}×10^{-3}\text{kg} = \frac{10^{-3}}{N_A}\text{kg} = 1.660\ 566×10^{-27}\text{kg}$$

采用上述原子质量碳单位 u 来量度电子、质子和中子的质量时，数值就显得不那么小了，如

$$m_e = 0.000\ 549\text{u} = 5.49×10^{-4}\text{u}$$
$$m_p = 1.007\ 277\text{u}$$
$$m_n = 1.008\ 665\text{u}$$

m 的下标中，通常用 e 表示电子，p 表示质子，n 表示中子。

4. 原子核的质量数

原子的质量 m_a 近似等于原子核的质量 m_A 加上核外电子的质量，则原子核的质量 m_A 为

$$m_A = m_a - Zm_e \tag{28-2}$$

由于质子质量约为电子质量的 1 836.1 倍，中子质量约为电子质量的 1 838.1 倍，因此可以说原子的质量绝大部分集中在原子核上。例如，氢原子核外电子的质量只约占氢原子总质量的 0.05%，原子核的质量与整个原子的质量相差无几。因此，在**精度要求不高**的计算中，往往直接用原子质量来表示原子核的质量。而从表 28-1 中看，当以 u 为单位表示原子质量时，如（$^1_1$H、$^4_2$He、$^{16}_8$O）表中数据非常接近于整数（1、4、16），该整数称为同位素的**质量数**并用 A 表示，即 A 的取值可以标志元素及其同位素。如在表 28-1 中，氢的质量数为 1，其质量数为 2 的同位素叫作氘，质量数为 3 的同位素叫作氚。在直接用原子质量近似代表核的质量时，上述整数也称原子核的质量数。**为何要以质量数近似表示并非整数的原子核的质量（以 u 为单位）呢？** 这是因为一方面实验中直接测量的不是核质量，而是各种离子的质量（用质谱仪测离子质量可参见第一卷第五章）；另一方面，原子核是由质子和中子组成的，

质子和中子的质量也都非常接近于 1u，因此，在以 u 为单位时，将原子核的质量近似以原子核的核子数 A 来表示。所以，由于同位素的质量数与原子核的质量数都等于 A，从这个意义上讲，用来表示核素的符号 $^A_Z X$ 除了可以表示同位素外，还能表示原子核。区别是，在用符号 $^A_Z X$ 表示同位素时，Z 是原子序数，A 是同位素的质量数（主要用于化学中讨论成分、结构、性能、变化等）；当用符号 $^A_Z X$ 表示原子核时，Z 是质子数，A 是核子数（主要用于讨论核的动态特征）。但质量数 A 既不同于核的实际质量也不同于元素的原子量，它是一个无量纲的整数，Au 只近似表示核素的质量。

三、原子核的形状、大小与密度

原子核中的 Z 个质子和 N 个中子在空间是如何分布的？原子核整体上有什么几何学特征？ 回答这些问题需要先从实验中选择高能粒子束（如 α 粒子、电子等）轰击原子核，通过测量和分析这些粒子束被原子核散射（碰撞）的结果，建立理论模型，推断与计算原子核的几何特征及原子核内核子的空间分布。详细介绍散射实验及如何分析实验数据可参考原子核物理学教材，本书只简要介绍通过实验得到的部分结论。

1. 原子核的形状

实验发现：大多数原子核呈球形，部分呈椭球形且其长轴与短轴之比不大于 5/4 时才稳定。这些实验结果展示原子核内电荷和质量分布近似于球对称，其中少数原子核形状的非球对称会影响原子核的能级结构（详见 α 衰变），表现在原子核光谱出现细微的分裂。通过对原子核光谱这些细微分裂的实验测量，可以判断原子核形状偏离球对称的程度。

2. 原子核的大小

由于大多数原子核近似为球状，人们就用核半径（或直径）来表示原子核的大小。但是，人们对于核半径的大小有不同的认识，一种观点是核半径用来表示核电荷的分布区间，另一种观点是核半径表示核力的作用范围。支持第一种观点的实验发现是质子电荷空间分布区间的大小与核质量数 A 有一个比例关系。如果认为从核中心向外电荷密度（质子分布）下降，以降至离核中心电荷密度一半处作为核半径 R 的话，则 R 与质量数 A 的比例有以下近似关系：

$$R \approx R_0 A^{\frac{1}{3}} (\text{fm}) \tag{28-3}$$

式中，单位为 fm（飞米），$1\text{fm} = 10^{-15}\text{m}$；比例系数 R_0 对于不同的核不同，其取值为 1.2~1.32fm。如果按从轻核到重核的顺序，则随着质量数 A 的增加，比例系数 R_0 逐步减小，作为近似计算，也简单取 $R_0 = 1.2\text{fm}$。作为实例，图 28-2 介绍了几个核素的电荷密度分布与核半径的关系，注意从图中判断各核素半径有多大。

提出第二种观点的核物理学家利用高能粒子碰撞核的散射实验确定核力作用半径，根据实验数据提出核力的作用半径 R 与质量数 A 之间也可以近似表示为

$$R \approx R_0 A^{\frac{1}{3}} (\text{fm}) \tag{28-4}$$

式中，R_0 与式（28-3）不同且要大一些，取值为 1.4~1.5fm。由于核力是只在极小距离才出

图 28-2

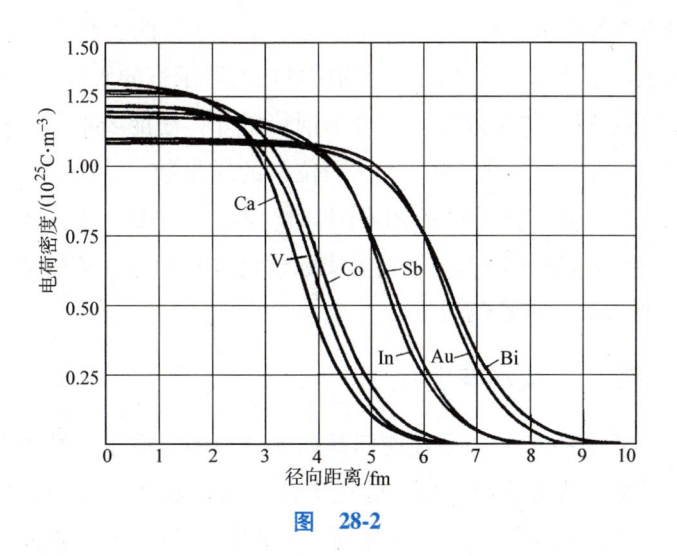

现的短程力，所以也可用式（28-4）来表示核半径。式（28-3）与式（28-4）不约而同地提出核的平均半径 R 正比于 $A^{\frac{1}{3}}$ 并不是巧合，因为两式都说明原子核很小。例如，对重核 $^{238}_{92}$U 用式（28-3）做估算，有

$$R \approx 1.2 \times 238^{\frac{1}{3}} = 7.4 \times 10^{-15} \text{ m}$$

这比原子的半径 10^{-10} m 要小 4 个量级左右（如原子的玻尔半径 $a_0 = 5.3 \times 10^{-11}$ m），若按式（28-4）粗略估算，不同原子核半径范围从 1.5×10^{-15} m（氢）到 10×10^{-15} m（铀）不等。

3. 原子核的密度

如果采用原子核近似为球形的模型，则由式（28-3）或式（28-4）可算得原子核的体积大约为

$$V \approx \frac{4\pi}{3} R^3 \approx \frac{4\pi}{3} \left(R_0 A^{\frac{1}{3}} \right)^3 = \frac{4}{3} \pi R_0^3 A \tag{28-5}$$

此式表明原子核的体积与核子数（质量数）成正比。这就意味着各种核素的原子核不论核的大小和质量如何，它们的平均密度差不多都相同。当以 u 为质量单位并取核的质量 $m_A \approx A$，并换算成以 kg 为单位，则 $m_A \approx A \times 1.66 \times 10^{-27}$ kg。由式（28-5）及式（28-3）的经验数据 $R_0 = 1.2 \times 10^{-15}$ m，估算核物质的平均密度 ρ 大约为

$$\rho = \frac{m_A}{V} \approx \frac{A}{\frac{4}{3} \pi R_0^3 A} \times 1.66 \times 10^{-27} \approx 10^{17} \text{ kg} \cdot \text{m}^{-3}$$

原子核的密度相当于岩石密度的 10^{14} 倍。现代天文观测发现在宇宙中存在有如此高密度的天体，如中子星的密度高达 10^{17} kg·m^{-3}。图 28-3 给出了碳（C）、锗（Ge）和铋（Bi）的 ρ-R 曲线，并分别标出了它们的半径（又称半

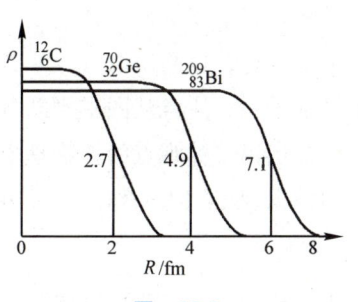

图 28-3

密度半径)。

四、核力的基本性质

随着近代科学研究的进展,从 1967 年开始人们认为当前自然界中的相互作用可以概括为 4 种基本力:引力、电磁力、强相互作用(强力)与弱相互作用(弱力)。前已指出,原子核是 4 种基本力可以同时存在于一体的唯一系统,其中,核力又分为强力和弱力,习惯上提到的核力仅指强力,为什么要强调强力呢?

这是因为质子带正电,在原子核中它们之间要互相排斥。为什么质子在这么小的区间内不在排斥中互相散开却能结合成非常牢固的原子核呢?或者说核子结合成牢固的原子核是依靠了什么样的力呢?虽然核子之间还存在万有引力,但通过简单计算就可知道,核子之间的万有引力即使与电磁力相比也是可以忽略的;于是人们猜想,原子核的稳定性暗示着有一种可以将核子束缚在一个很小空间区域的力,且这种只在核中存在、维系核稳定的短程力应该是在质子与质子、质子与中子、中子与中子间作用着的一种很强的吸引力,强大的吸引克服了质子间的静电排斥,将核子牢牢地约束在原子核中。核子之间的这种比静电排斥更强大的引力称为强相互作用,即**核力**。

核力的性质是核物理研究的中心课题之一,因为原子核的各种特性必定与核力的性质密切相关。长期以来,人们虽然从理论与实验上对核力的性质进行了多方面的探索与研究,但是对核力的了解还远没有像对电磁力和万有引力那样有一个基本的理论和简洁的公式进行严格而又全面的描述。不过,从实验中已经获得的有关核力的资料以及理论分析来看,核物理学中还是有一个能大致勾画出核力特征的轮廓,本书只扼要介绍以下四点。

1. 核力是只在核中出现的短程力

实验表明,只有当核子之间的距离等于或小于 10^{-15} m 数量级时,核力才表现出来。超出这个范围,核子间的核力就消失了。当核子间距离在 10^{-15} m 范围内减小时,核力比库仑力增加得更迅速。因此,如式(28-4)所示,核力的作用半径是在原子核的线度范围内,故称为短程力。不仅如此,短程还意味着只作用于相邻的核子上。在核力作用范围内,核力是非常强的力,其作用强度约为电磁作用的 100 倍,比核子间万有引力大 10^{39} 倍。

2. 核力与电荷无关

实验发现,无论核子是否带电,质子与质子、质子与中子或中子与中子之间的核力都是相同的。只要核子的状态不发生变化,核力就是完全确定的。

3. 核力具有饱和性

如上所述,核力是短程力,只发生于相邻核子之间,因此,核内每一个核子只和它周围的少数几个核子发生相互作用。即使它附近还有其他核子,它们之间也不会有核力作用,这称为核力的饱和性,是"模型→计算→实验"的结果,这和共价键类似但本质不同(参看第二十三章第三节)。正是由于核力具有饱和性,随着原子核质量数增大,质子之间的斥力作用比核力作用上升得更快,这也正是原子核随着质量数增大而表现出不稳定性的原因之一。

4. 核力在极短距离内存在排斥性

由入射质子被靶质子散射以及入射质子被靶中子散射的实验研究显示，当两核子的间距大于 10^{-14}m 时，核子间全无核力作用；当两核子的间距在 0.6~2fm 之间时，核子间强烈吸引；但当两核子的间距小于 0.6fm 时，情况突变，核子间出现强烈的排斥。图 28-4 通过核力相互作用势描述了核力作用的上述特点。虽然核子势函数具体形式还不十分确定，但图 28-4 已定性地描述了核力的这一特征。图中 $a<0.6$fm 时表现出排斥力，可以阻止核子间的进一步接近，这是所有原子核具有相同密度的原因，同时也是原子核保持一定的体积而不致"坍缩"的原因。

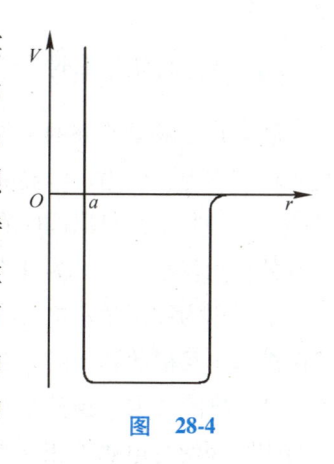

图 28-4

第二节 原子核的结合能

我们在第二十三章第四节中曾介绍过晶体结合能的概念。晶体结合能是指当分散的粒子（原子、离子或分子）凝聚成晶体时所释放的能量。作为类比，当<u>自由的质子和中子结合成原子核时也会放出能量</u>，这种能量就称为<u>原子核的结合能</u>。在介绍如何计算原子核结合能之前，先了解由多个自由核子结合成核时出现的质量亏损现象。

▶ 原子核的结合能

一、质量亏损

前已指出，原子核是由质子与中子组成的。所以，一个原子核的质量应该是组成核的所有自由核子质量之和。这种算法表面看来很有道理，现在分别以 m_A、m_p、m_n 表示核素 $^A_Z X$、质子（p）和中子（n）的质量，按上述算法，一个核的质量应按以下公式计算：

$$m_A = Zm_p + (A-Z)m_n$$

这种计算对不对呢？以一个质子和一个中子结合成氘核为例，在按上述公式计算时，用氢原子质量 m_H 近似表示一个质子的质量 m_p（为什么？），则氘核的质量也按氘原子质量 m_a 计算：

练习73

$$m_a = Zm_H + (A-Z)m_n = 1.007\ 825u + 1.008\ 665u = 2.016\ 490u$$

但经查表 28-1 可发现，近似表示氘核质量的氘原子质量实验值为 $m'_a = 2.014\ 102$u，实验值比按上述公式计算结果要小 0.002 388u。实验值比理论计算小表示自由核子结合成核素时，质量要减小。设这种减小以 Δm 表示，则

$$\Delta m = m_a - m'_a = Zm_H + (A-Z)m_n - m'_a \tag{28-6}$$

式（28-6）中由于实验测量的不是核质量而是原子的质量，所以在上面的计算中，用氢原子质量 m_H 代替质子的质量 m_p，用氘原子质量 m_a 代替氘核的质量 m_A。这种代替中多出的电子质量怎么办？从式（28-6）看，m_a 与 m'_a 中都多出电子一并在计算 Δm 时已消去了。因此式（28-6）

中的 Δm 就可以表示质子与中子结合为氘核前后的质量差，这个质量差 Δm 称为原子核的质量亏损，通常也用 B 表示 Δm。这里似乎出现了一个奇怪的不等式，即所谓 "1+1≠2"。实验已证明，原子核的静质量 m_A 并不等于组成它的质子质量 Zm_p 和中子质量 $(A-Z)m_n$ 之和，而且毫无例外总是减少。那么，上例中减少的那部分质量 $\Delta m = B = 0.002\,388u$ 跑到哪里去了呢？是不是质量不守恒了呢？为解答这一问题，看图 28-5 介绍的一个实验。图中权且以圆圈表示中子，以黑点表示质子。实验中从中子源将中子引入含氢物质（如石蜡），当氢核按一定概率俘获一个中子而形成氘核时，有 γ 光子放出。经实验测定，这种光子的能量为 $h\nu = 2.225\text{MeV}$。实验中有光子放出的同时质量为何变化，根据狭义相对论的质能关系（第十六章第五节），只要有能量 E 变化，必有质量 m 变化，反之亦然，其定量关系是 $\Delta E = \Delta mc^2$。这样，在上述实验中，释放的 γ 光子的动质量不是凭空产生的，它来自于质子和中子结合成氘核时的质量亏损。利用 $\Delta E = \Delta mc^2$ 可简单计算出

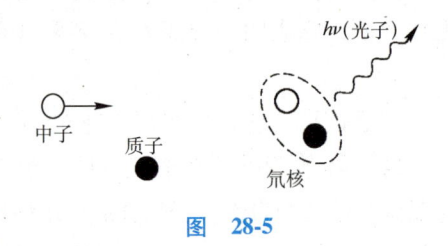

$$\Delta m = \frac{\Delta E}{c^2} = \frac{2.225\text{MeV}}{c^2} = 0.002\,388u$$

图 28-5

这一结果不偏不倚，正好是按式（28-6）计算质子和中子结合成氘核时亏损的质量。至此，如果把 γ 光子的质量包括进来，上述的不等式 "1+1≠2" 还成立吗？看来为形象地引出原子核的结合能概念，所谓原子核的质量亏损，是没有考虑核子结合成核过程中释放 γ 光子的一种"错觉"；如果把 γ 光子的质量考虑进来，这一过程同样遵守质量守恒定律。图 28-6 给出单位核子质量亏损曲线，横坐标是原子序数，纵坐标是单位核子的质量亏损 B/A（质量单位用碳单位 amu 表示）。注意，图中曲线的走向有一个明显的特点：中间低、两头高；低者，虽然 Z 与 A 不大也不小，但在 Zm_p 个质子与 $(A-Z)m_n$ 个中子结合成原子核时，平均每个核子质量亏损较多；高者与之相反，要不 Z 与 A 很小，要不 Z 与 A 很大，它们都是在质子与中子结合成原子核时，平均每个核子质量亏损较少。

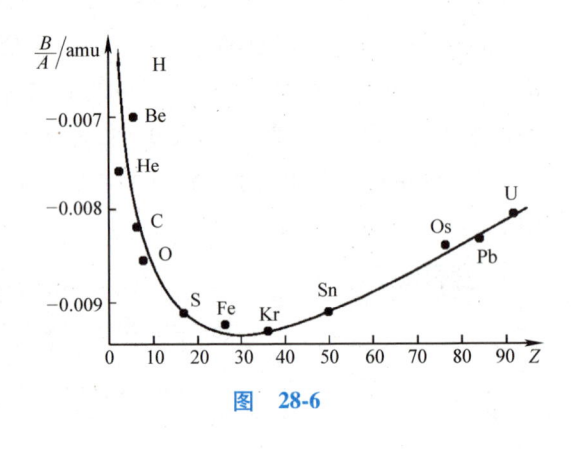

图 28-6

二、核结合能

依上述核结合能的定义、质量亏损概念以及相对论质能关系，现在可以得到计算核结合能的公式了。

利用式（28-6）计算核子组成原子核前后发生的质量亏损 Δm，按相对论质能关系 $\Delta E = \Delta mc^2$。ΔE 就是原子核的结合能，在核物理中，结合能改用 E_B 表示，按核结合能定义，有

练习 74
$$E_B = \Delta E = \Delta mc^2 = [Zm_p + (A-Z)m_n - m'_A]c^2 \qquad (28\text{-}7)$$
或者改写为用原子质量计算方法
$$E_B = \Delta mc^2 = [Zm_H + (A-Z)m_n - m(Z,A)]c^2 \qquad (28\text{-}8)$$
式中，$m(Z,A)$ 表示原子质量（见表 28-1），计算中以上两式是等价的，但用式（28-8）会更加方便，它表明结合能 E_B 是 Z 和 A 的函数，即
$$E_B = E_B(Z,A)$$

关于核结合能，还有几点补充：

1）在固体物理中曾介绍过结合能的概念，所以结合能并不是原子核所特有的属性。一般情况是，由几个自由粒子组合成一个稳定的束缚系统时就有结合能放出。例如，自由电子与原子核结合成原子时，也要放出结合能。因此，前面曾提到过，原子的质量只是近似等于电子质量与原子核质量之和，就是因为未计及质量亏损之故（如由氢原子结合能可计算其质量亏损）。

2）经实验测量的原子质量（见表 28-1）可用于式（28-8）计算核结合能。虽然在式（28-8）中，第一项 Zm_H 中有 Z 个电子的质量恰好和第三项里原子质量 $m(Z,A)$ 中的 Z 个电子的质量抵消，从这个角度看，式（28-7）与式（28-8）是等价的。但从结合能的角度进一步分析，Zm_H 中 Z 个氢原子中的 Z 个电子与 Z 个氢核结合能之和与原子质量 $m(Z,A)$ 中 Z 个电子与一个核 ^A_ZX 组成原子时的结合能并不相等。因为，任意体系的质量都要比组成它之前的各个体质量的总和小。或者说，组合成 Z 个氢原子的电子质量之和要比组成 ^A_ZX 的 Z 个电子的质量之和大。所以，严格地说式（28-8）与式（28-7）只是近似等价，不过由于差别很小，使用式（28-8）又很方便，作为一种近似计算，仍可以放心使用。

3）按相对论质能关系，相应 1 个原子质量单位（u）的能量为 uc^2，所以，计算时直接用下面的常数较为方便：

练习 75
$$1uc^2 = 1.660\ 57 \times 10^{-27} \times (2.997\ 92 \times 10^8)^2 \text{J}$$
$$= 1.492\ 44 \times 10^{-10} \text{J} = \frac{1.492\ 44 \times 10^{-10}}{1.602\ 19 \times 10^{-19}} \text{eV}$$
$$= 931.5 \text{MeV}$$

式中，$1\text{MeV} = 10^6 \text{eV}$，用式（28-8）计算，结合能可简化为
$$E_B = 931.5 \Delta m \text{ MeV} \qquad (28\text{-}9)$$

4）核结合能是由自由核子结合成原子核时所释放的能量；换言之，要把原子核拆散成自由的核子时，原子核需要吸收的能量等于原子核的结合能。这是因为，原子核中的核子是依靠核力的作用紧紧地结合在一起的，若要把它们分散开，外界必须克服核力而做功。如图 28-7 所示，图中 E_B 表示核结

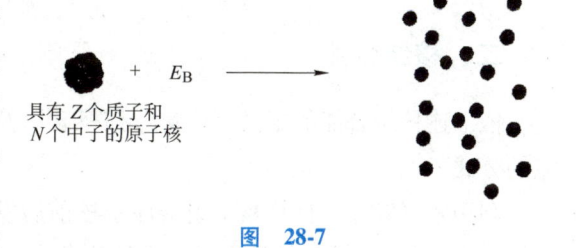

具有 Z 个质子和 N 个中子的原子核

图 28-7

合能；好比要将处于基态的氢原子电离，外界要提供 13.6eV 的能量，13.6eV 就是氢原子的结合能。所以，一般所说的结合能是指系统处于基态时的结合能。

三、比结合能

氢原子的结合能为 13.6eV，而氘核的结合能为 2.224MeV，这表明核力作用要比库仑力强得多，原子核的结合要比原子的结合紧密得多；同时，按核结合能的定义，原子核的稳定性与它的结合能大小密切相关。是不是核子数越多的原子核的结合能越大，核子之间的结合就越牢固，原子核就越稳定呢？例如，$^4_2$He（氦）的结合能为 28.3MeV，$^9_4$Be（铍）核的结合能为 58.0MeV，相比之下，是否 $^9_4$Be 核结合能大，$^9_4$Be 核结合就越紧密呢？不能简单地以结合能大小来比较不同核的稳定性，有必要找到一个使人信服的、能够直接判断不同原子核结合紧密程度的标准。为此，先引入核子平均结合能的概念。顾名思义，核子平均结合能是指

$$\varepsilon = \frac{E_B}{A} \tag{28-10}$$

ε 又称比结合能，即原子核的总结合能与其核子数之比。例如，按式（28-10）可计算得 $^2_1$H（氘）核的比结合能为 1.11MeV，$^4_2$He（氦）核的比结合能为 7.07MeV，$^9_4$Be 核的比结合能为 6.45MeV。这几个数据中没有了核子数 A 的"踪影"，却意味着比结合能越大，拆散原子核需要的能量越大，原子核就越稳定。所以，选择比结合能的大小作为核稳定性的量度，应当是没问题的。对于不同原子核的比结合能已做了测量，按照测量数据画出了图 28-8——比结合能 ε 随质量数 A 变化的情况（不是函数曲线），此图称为核的比结合能图。从图上能看出什么来呢？分析如下：

1）对于由直线分开的 $A<30$ 的轻核，曲线虽不光滑且有明显的起伏，但随 A 增大 ε 呈上升趋势，其中 $^4_2$He、$^9_4$Be、$^{12}_6$C、$^{16}_8$O、$^{20}_{10}$Ne 和 $^{24}_{12}$Mg 等处 ε 出现极大值，说明这些核比较稳定；而 $^6_3$Li 等核的比结合能 ε 为极小值，这种核极不稳定。

2）在 $30<A<150$ 的中等核中，ε 值都较大，且曲线相对比较平稳，没有明显起伏，可以认为中等核比结合能大致相等，平均约为 8MeV。

图 28-8

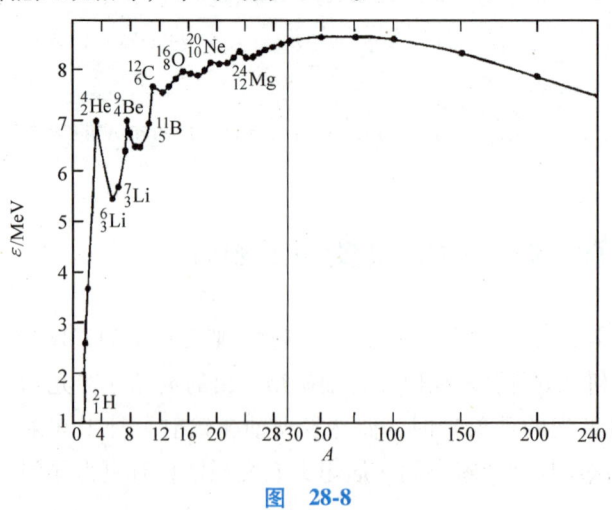

3) 在 $A > 150$ 的重核区间，ε 随 A 的增大又逐渐降下来，但下降较平缓，到 $^{238}_{92}\text{U}$ 时，$\varepsilon \approx 7.5\text{MeV}$。

作为图 28-8 的数据来源，表 28-2 中列出了部分原子核的结合能及比结合能的数值，从表中可以看出选择比结合能高低作为判断核稳定性的理由。

表 28-2 部分原子核的结合能和比结合能

核	结合能 E_B/MeV	核子的比结合能 ε/MeV	核	结合能 E_B/MeV	核子的比结合能 ε/MeV
$^{2}_{1}\text{H}$	2.23	1.11	$^{14}_{7}\text{N}$	104.63	7.47
$^{3}_{1}\text{H}$	8.47	2.83	$^{15}_{7}\text{N}$	115.47	7.70
$^{3}_{2}\text{He}$	7.72	2.57	$^{16}_{8}\text{O}$	127.5	7.97
$^{4}_{2}\text{He}$	28.3	7.07	$^{19}_{9}\text{F}$	147.75	7.78
$^{6}_{3}\text{Li}$	31.98	5.33	$^{20}_{10}\text{Ne}$	160.60	8.03
$^{7}_{3}\text{Li}$	39.23	5.60	$^{23}_{11}\text{Na}$	186.49	8.11
$^{9}_{4}\text{Be}$	58.0	6.45	$^{24}_{12}\text{Mg}$	198.21	8.26
$^{10}_{5}\text{B}$	64.73	6.47	$^{56}_{26}\text{Fe}$	492.20	8.79
$^{11}_{5}\text{B}$	76.19	6.93	$^{63}_{29}\text{Cu}$	552	8.75
$^{12}_{6}\text{C}$	92.2	7.68	$^{120}_{50}\text{Sn}$	1 020	8.50
$^{13}_{6}\text{C}$	93.09	7.47	$^{235}_{92}\text{U}$	1783.87	7.59

【例 28-1】 $^{232}_{90}\text{Th}$ 的原子质量为 $m_{\text{Th}} = 232.038\,21\text{u}$，计算其核子的平均结合能（比结合能）。已知 $^{1}_{1}\text{H}$ 的质量 $m_H = 1.007\,825\text{u}$，$m_n = 1.008\,665\text{u}$。

【分析与解答】 先计算 $^{232}_{90}\text{Th}$ 原子核的总结合能 E_B，再根据式 (28-10) 计算平均结合能。根据结合能定义式

$$E_B = \Delta m c^2$$

其中 $\Delta m = 90 m_H + (232 - 90) m_n - m_{\text{Th}}$。利用比结合能定义式

$$\varepsilon = \frac{E_B}{A}$$

式中，A 为质量数，代入数据计算可得 $^{232}_{90}\text{Th}$ 原子核的平均结合能 $\varepsilon = 7.61\text{MeV}$。

第三节 原子核的衰变与放射性

人类对原子核结构的认识是从研究天然放射性现象开始的。1896年，法国物理学家亨利·贝可勒尔在研究含铀矿物发出的荧光（荧光物质吸收能量后发出可见光的现象）时，偶然发现铀能辐射一种未知射线，使感光板曝光。法国物理学家玛丽·居里夫妇发现镭具有更为强烈

原子核的衰变与放射性

地放出类似射线的特性。这就是在高中物理中介绍过的原子核自发地放射各种射线的放射性。

从发现铀和镭的放射性以来，科学家陆续发现了更多的放射性物质。现今，已进一步将放射性分为天然放射性和人工放射性两类。在目前已发现的 2 700 多种核素中，天然存在的、稳定的无放射性核素有 280 多种，不稳定的有 60 多种（不稳定核都有放射性），由人工制成的核素有 2 300 多种。理论预言，可能存在的核素至少应有 5 000 种。核素（无论天然的还是人工的）的不稳定表现为，它们自发地放出各种射线后而转变成另一种核素，称这种转变为原子核衰变或放射性衰变。放射性是原子核在不受外界影响、自发衰变过程中的一种表现，是核内部动荡、变化的结果。研究放射性，一方面它是认识原子核内部结构的一个重要窗口，好比研究原子、分子光谱是研究原子、分子内部结构的手段；另一方面这些射线本身也具有越来越多的应用价值。

到目前为止，人们已经发现的放射性衰变有多种类型，本书主要只讨论三种，即 α 衰变、β 衰变与 γ 衰变。图 28-9 是显示三种衰变中放出三种不同性质射线的示意图，图中以两块金属板为正、负极的空间里产生一个静电场，三种射线通过该电场时发生或不发生偏转的情况。

图 28-9

一、α 衰变

天然 α 衰变是只有 $Z>82$ 的重核自发放射出 α 粒子而转变成另一种原子核的现象（参看第二十章第五节）。实验发现，α 粒子就是氦原子核 ^4_2He（包含 2 个质子和 2 个中子）。因此，它在图 28-9 的电场中会向右偏转，由于 ^4_2He 重，它的贯穿本领很小，但带两个正电荷使它的电离作用很强。

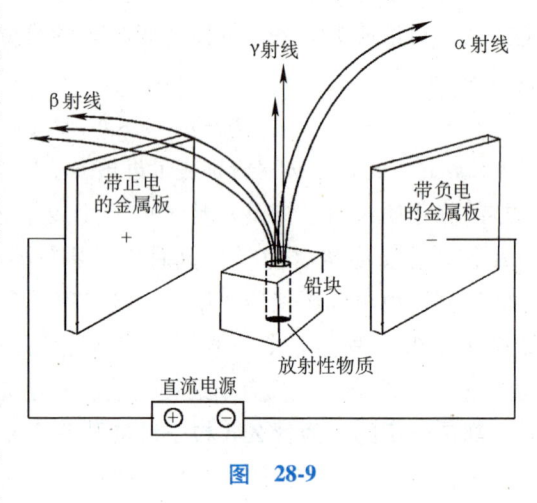

1. 衰变表示式

通常把发生衰变前的核称为母核，经衰变后母核转变为另一种原子核，称为子核。这样在 α 衰变现象中，母核（^A_ZX）放出一个 α 粒子后自身不存在了，却"诞生"了一个电荷数比母核少 2、质量数比母核少 4 的子核（$^{A-4}_{Z-2}\text{Y}$）。所以，α 衰变过程可用符号形式表示为

$$^A_Z\text{X} \longrightarrow {^{A-4}_{Z-2}}\text{Y} + \alpha \tag{28-11}$$

例如，$^{226}_{88}\text{Ra}$（镭）核经 α 衰变转变为 $^{222}_{86}\text{Rn}$（氡）核的过程是

$$^{226}_{88}\text{Ra} \longrightarrow {^{222}_{86}}\text{Rn} + \alpha \tag{28-12}$$

$^{222}_{86}\text{Rn}$ 核也有 α 放射性，如经 α 衰变过程是

$$^{222}_{86}\text{Rn} \longrightarrow {^{218}_{84}}\text{Po} + \alpha \tag{28-13}$$

式中，$^{218}_{84}\text{Po}$ 为钋核。

2. α 衰变的衰变能

孤立系统的总能量守恒。人们通过各种实验发现，α 衰变是系统（核）内部发生的变化，和外界因素（温度、压强等）毫无关系，不能指望能以何种外界条件影响它的发生。

因此，α 衰变前后系统的总能量应当守恒且 α 衰变必定是一个释放能量的过程，否则它就不会自发地进行。原子核衰变时所释放的能量称为衰变能，以符号 E_d 表示，它常以衰变产物的动能形式出现并可用实验测量。假设被实验观测的母核在衰变前相对参考系静止，则母核只有静能，α 衰变的产物是子核与 α 粒子，因此，按能量守恒定律，衰变前母核的静能等于衰变后子核与 α 粒子系统的总能，衰变释放出来的能量以子核和 α 粒子的动能形式出现（子核、α 粒子的静能不在释放之列），因此在分析衰变能时，按相对论质能关系，这样，α 衰变能 E_d 就等于

练习 76

$$E_d = E_k(Y) + E_k(\alpha) \tag{28-14}$$

式中，$E_k(Y)$、$E_k(\alpha)$ 分别表示子核和 α 粒子的动能（一般子核动能很小）。根据能量守恒定律及相对论质能关系，母核衰变释放的衰变能 E_d，也可以用母核衰变前后系统静能之差表示为

$$E_d = m_X c^2 - (m_Y + m_\alpha) c^2 = [m_X - (m_Y + m_\alpha)] c^2 \tag{28-15}$$

式中，$m_X c^2$、$m_Y c^2$ 与 $m_\alpha c^2$ 分别表示母核、子核与 α 粒子的静能。从式（28-15）看，由于 $E_d > 0$，母核的静止质量与子核及 α 粒子的静止质量之和并不相等，且母核的静止质量必大于子核与 α 粒子静止质量之和（计算时仍采用核素的原子质量）。α 粒子的动能可用式（28-15）近似计算，也可以用仪器测量。实测发现一个有趣的现象，α 衰变中放出的 α 粒子能量并不如式（28-15）所示是单一值。表 28-3 列出 $^{212}_{83}$Bi（铋）衰变为 $^{208}_{81}$Tl（铊）时，放出的 6 组不同能量的 α 粒子，其对应 6 组衰变能。问题是：**衰变前母核及衰变后子核与 α 粒子的静止质量都是一定的，为什么 α 粒子动能及衰变能会有好几种不同的数值呢？** 原来，与原子的能量量子化一样，原子核的能量也需要用一系列离散的能级描述。能量最低的是基态，能量较高的是激发态。当发生 α 衰变时，从能量转换方式看，母核从某一能级通过衰变跃迁到子核的某一能级，它可能衰变到子核的基态，也可能衰变到子核的某一激发态。从核能级跃迁释放的衰变能，应等于母核某能级与子核某能级之间的能量差，表现为子核和 α 粒子的动能，因此，射出的 α 粒子也就携带不同的能量。因释放不同能量 α 粒子的概率不同，从放射性样品放出不同能量的 α 粒子数目也不相同，这种关系叫作 α 能谱。表 28-4 中前 3 列列出了 α 粒子的分立能谱，它证实了原子核能级结构的不连续性。反复测量母核放射出来 α 粒子的能量，可为研究原子核结构提供依据。

表 28-3　$^{212}_{83}$Bi 的 α 能谱

分组	α 粒子动能/MeV	相对强度（%）	α 衰变能 E_d/MeV	与 α_0 组衰变能的差额/MeV
α_0	6.084	27.2	6.201	0.000
α_1	6.044	69.9	6.161	0.040
α_2	5.763	1.7	5.874	0.327
α_3	5.621	0.15	5.730	0.471
α_4	5.601	1.1	5.709	0.492
α_5	5.480	0.016	5.585	0.616

图 28-10 为 $^{212}_{83}\text{Bi}$ 的 α 衰变图。如何看衰变图呢？从图上看，最高能级为母核 $^{212}_{83}\text{Bi}$ 的能级，规定：画 α 衰变图时将原子序数大的母核标在水平线的右边，子核能级图画在图中左下侧，箭头向左下方表示 α 衰变（区分 γ 衰变箭头垂直），图中作为特例，$α_0$ 是母核通过衰变由基态跃迁到子核基态时产生的衰变能 E_d（见表 28-3 中第 4 列第 2 行），故能量最大；其他 5 组分别是由母核基态衰变到子核几个激发态时产生的 E_d，其能量依次减小。结合表 28-3 看，各组（见表 28-3 中第 4 列 3~7 行）α 衰变能与 $α_0$ 组衰变能（6.201MeV）之差就是 $^{208}_{81}\text{Tl}$ 的不同激发态的能量（相对基态）。

图 28-10

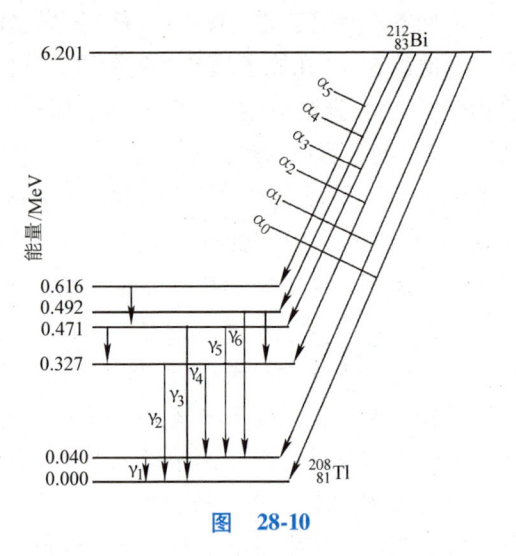

二、β 衰变

β 衰变的特点是原子核的核子数 A 不变、仅仅发生核电荷 Z 改变的核衰变。高中物理介绍早期研究的 β 衰变只涉及从核中放出电子（β⁻）的衰变（见图 28-9）。因电子近乎质点，β⁻衰变的电子流贯穿本领较大，但电离作用较弱。现代核物理中的 β 衰变与早期研究不能同日而语，已囊括了所有涉及电子和正电子的核转变过程，主要分为 β⁻衰变、β⁺衰变和电子俘获（后两类衰变是只有人工放射性核素才具有的性质）。

1. β⁻衰变

β⁻衰变是指原子核放出高速电子的过程。在讨论 β⁻衰变之前，先要介绍一种本书尚未提到过的基本粒子，这种粒子叫中微子（用符号 ν 表示）。为什么了解 β⁻衰变之前必须知道中微子呢？这是因为在研究 β⁻衰变的实验中不止一次发现，衰变所放出电子的能量本应等于却不等于衰变前后原子核的能量差，而且不可思议的是 β⁻粒子的能量竟然可以连续变化。作为一个实例，图 28-11 是 $^{210}_{83}\text{Bi}$ 经 β⁻衰变放出 β⁻粒子的能谱图。图中以 β⁻粒子能量 $E_k(β)$ 为横坐标，纵坐标以相对强度示意与 $E_k(β)$ 对应的电子数，横坐标上标出一个最大值 E_{km}，由它标注 β⁻衰变的衰变能 E_d。对 $^{210}_{83}\text{Bi}$ 来说，衰变能 $E_d = 1.17\text{MeV}$。可是连续的能谱图暗藏什么玄机呢？表面上它说 $^{210}_{83}\text{Bi}$ 发生 β⁻衰变时，放出具有从零到 E_d 之间任意能量值的 β⁻粒子。固然图 28-11 只是一个特例，但是，β⁻衰变能谱的各种实验并未发现有什么例外。因此，在研究 β⁻衰变的早期，对如何解释图 28-11 所示 β⁻衰变能谱的连续性，物理学界曾遇到很大困难，困难在哪里呢？对照 α 衰变，α 粒子的能谱表明，原子核的能级是分立的（见图 28-10）。既然 β⁻粒子也是由具有分立能级的核经衰变而发出的，衰变时能级跃迁应有确定的衰变能，那为什么 β⁻粒子的能量不是分立的而是连续变化的呢？本特例

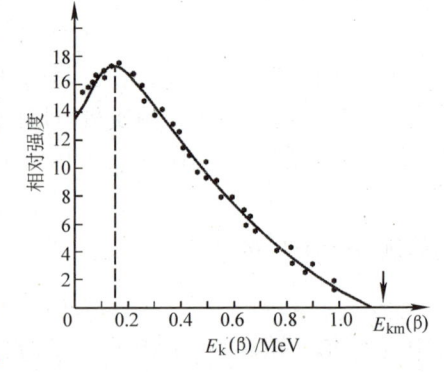

图 28-11

中，为什么 β^- 粒子的能量会比衰变能 E_d（1.17MeV）要小呢？

在回答这些问题的过程中，1930 年尼尔斯·玻尔竟提出在原子核内部能量可能不守恒的观点。他认为："在原子理论的现阶段，我们可以说，无论是从经验上还是从理论上都没有理由坚持在 β^- 衰变中能量一定守恒。原子的稳定性迫使我们放弃的也许正是能量平衡的概念。"玻尔的一番话却遭到他的学生、当年仅 30 岁的泡利（即提出不相容原理的那位科学家）的质疑。质疑为的是解决问题，很快他在同年 12 月提出一种全新的中微子假说。他指出："只有假定在 β^- 衰变过程中伴随每一个电子有一个中性微小粒子（称之为中微子）一起被发射出来，使中微子和电子能量之和为常数，才能解释连续 β^- 谱。"当初认为中微子不带电，静质量为零（实际不为零），因此，它的存在直到 1956 年才由实验证实（现代实验更多，我国已进入世界先进行列）。不过，早在 1934 年，基于泡利中微子假说和 β^- 衰变的实验数据，费米正式提出 β^- 衰变理论：核内的中子转变为质子（留在核内），同时放出一个电子和一个中微子（电子和中微子事先都并不存在于原子核内）。这样，在 β^- 衰变过程中，不论衰变能 E_d 如何，在子核、电子与中微子三者之间分配，都要同时满足动量守恒定律和能量守恒定律。特别是电子与中微子的静止质量都远小于子核的质量，在衰变能 E_d 取决于衰变前后系统静质量之差的机制中，释放的衰变能主要由 β^- 粒子和中微子共同承载。若中微子带走的能量少（从零到最大），则 β^- 粒子的能量就多（从最大到零），反之亦然。因此，虽然肯定 β^- 衰变能是不能连续变化的（图 28-11 只是这种变化走向的示意），但 β^- 粒子的能量可以在零到 E_d（最大值）之间出现是不争的事实。

有了中微子假设后，经进一步分析，确认与电子同时出现的是中微子的反粒子（正、反粒子是指电荷、自旋等性质相反），即反中微子 $\tilde{\nu}_e$。这样原子核的 β^- 衰变源于在核中发生了由如下符号形式描述的过程（^1_0n 表示中子，^1_1p 表示质子）：

$$^1_0n \longrightarrow ^1_1p + ^0_{-1}e + \tilde{\nu}_e \tag{28-16}$$

如果采用核素符号表示，则 β^- 衰变的另一种等价表示式为（中微子的产生与检测都是通过核力中的弱力作用）

$$^A_ZX \longrightarrow ^A_{Z+1}Y + ^0_{-1}e + \tilde{\nu}_e \tag{28-17}$$

式中，^A_ZX 表示母核；$^A_{Z+1}Y$ 表示子核。按式（28-17），由 ^A_ZX 与 $^A_{Z+1}Y$ 两者静能之差可近似计算 β^- 衰变的衰变能：

$$E_d(\beta^-) = [m(Z,A) - m(Z+1,A)]c^2 \tag{28-18}$$

为什么说式（28-18）是近似计算呢？首先，在计算静能之差时忽略了电子与中微子，其次，在计算母核与子核静质量时用的是原子质量。从式（28-17）看，β^- 衰变释放的能量 $E_d(\beta^-)$ 一定大于零，则式（28-18）中

$$m(Z,A) > m(Z+1,A) \tag{28-19}$$

例如氚核（^3_1H）的 β^- 衰变可表示为

$$^3_1H \longrightarrow ^3_2He + ^0_{-1}e + \tilde{\nu}_e$$

其中由表 28-1 知氚原子的静止质量为 3.016 050u，^3_2He 原子的静止质量为 3.016 030u，满足式（28-19）的条件。β^- 衰变过程中母核与子核的关系常用图 28-12 表示。与图 28-10 不同，

母核（Z 小）水平线画在左边，子核水平线（Z 增大 1）画在右边（类似于元素周期表），画一往右下方的箭头表示 β⁻ 衰变。100% 表示这一衰变的份额，图中还标出了衰变能（0.018 6MeV），数字 12.33a（年）表示 $_1^3$H 的半衰期（见下一节）。

2. β⁺ 衰变

实验发现，β 衰变不仅是图 28-9 中所示放出电子这一种，人工制成的原子核还有其他 β 衰变形式。例如，自然界中氮（$_7^{14}$N）核是稳定的，但氮的另一种人工制成的同位素 $_7^{13}$N 核却是不稳定的，因为它的核内质子比中子多出一个。多出的这个质子在核内会在弱相互作用下发生如下的转变：

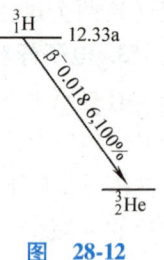

$$_1^1p \longrightarrow _0^1n + _{+1}^0e + \nu_e \tag{28-20}$$

式（28-20）的文字表述是：<u>核内发生了一个质子转化为中子的过程</u>。式中，$_{+1}^0$e 表示一个带正电的正电子，它的质量与电子（$_{-1}^0$e）相等，$_{+1}^0$e 与 $_{-1}^0$e 是一对正、反粒子的很好实例，同样，ν_e 与 $\tilde{\nu}_e$ 也是一对正、反粒子。正电子是 1928 年由英国物理学家狄拉克从理论上预言的，1932 年安德森在仔细分析了 1 300 张宇宙射线经过云室的照片后，从 15 张中发现了显示正电子的径迹，就此证明了正电子的存在。历史上，β⁺ 衰变的发现是在发现正电子之后。现在观察式（28-20），将它与式（28-16）做比较。两式中 $_{+1}^0$e 和 $_{-1}^0$e 互为正、反电子，ν_e 与 $\tilde{\nu}_e$ 也互为正、反粒子。在此基础上，可以推测：一切粒子都有对应的反粒子，例如反质子、反中子等。正、反粒子是指它们的某一性质正好相反，如电荷的正、负或磁矩方向相反等，但 γ 光子和它的反粒子却是同一个粒子。

类比式（28-17）的表述方式，用核素符号表示的 β⁺ 衰变为

$$_Z^A X \longrightarrow _{Z-1}^A Y + _{+1}^0 e + \nu_e \tag{28-21}$$

β⁺ 衰变的衰变能 $E_d(\beta^+)$ 等于母核与子核及电子静能之差，即

$$E_d(\beta^+) = (m_X - m_Y - m_e)c^2 \tag{28-22}$$

式中，m_X、m_Y、m_e 分别表示母核、子核与电子的静质量。为什么在式（28-18）中不计入电子静能，而在式（28-22）中却要计入电子静能呢？先看将式（28-22）中的核质量近似用原子质量表示的结果

$$m_X = m(Z,A) - Zm_e$$
$$m_Y = m(Z-1,A) - (Z-1)m_e$$

将以上 m_X、m_Y 代入式（28-22），得

$$E_d(\beta^+) = [m(Z,A) - m(Z-1,A) - 2m_e]c^2 \tag{28-23}$$

导出的式（28-23）表示，若释放的衰变能 $E_d(\beta^+) > 0$，则要求母核与子核的质量差必须大于两个电子的质量（0.001 098u）时才能发生 β⁺ 衰变（虽然电子质量很小）。

例如，放射性 $_7^{13}$N 可以通过 β⁺ 衰变转变为 $_6^{13}$C。按式（28-21），其反应式是

$$_7^{13}N \longrightarrow _6^{13}C + _{+1}^0 e + \nu_e$$

β⁺ 衰变与 β⁻ 衰变的图示方式（见图 28-12）有所不同，β⁺ 衰变用图 28-13 表示，母核（Z 大）画在右边，子核（Z 小 1）画在左边，从母核能级先垂直画一直线段表示先减去 2 个电

图 28-12

子的能量 $2m_ec^2 = 1.022\text{MeV}$，然后向左下方的箭头表示子核电荷数比母核电荷数少 1 的 β^+ 衰变（这两个过程是不分先后的）。

3. 电子俘获（E_e）

有些原子核可以从核外某一"壳层"（通常为 K 层）上抓回一个电子到核内，同时放出一个中微子使母核变成子核。这个核外电子被核俘获后不能在核内单独存在而是结合一个质子变成中子，即母核的 Z 减少 1（原子序数也跟着变）。这个质子和电子组成中子的过程等价于从核内放出一个正电子的效果，和 β^+ 衰变类似，这种轨道电子俘获的核衰变过程，对照式（28-21）可表示为

$$^A_Z\text{X} + ^{\ 0}_{-1}\text{e} \longrightarrow ^{\ A}_{Z-1}\text{Y} + \nu_e \tag{28-24}$$

具体的例子有

$$^{55}_{26}\text{Fe} + ^{\ 0}_{-1}\text{e} \longrightarrow ^{55}_{25}\text{Mn} + \nu_e$$

什么条件下可以发生轨道电子俘获呢？母核 ^A_ZX 质量大于子核 $^{\ A}_{Z-1}\text{Y}$ 质量，即

$$m(Z,A) > m(Z-1,A)$$

衰变能为

$$E_d = [m(Z,A) - m(Z-1,A)]c^2 \tag{28-25}$$

将式（28-25）与式（28-23）对比，能够发生 β^+ 衰变的核一定能够发生电子俘获过程；反过来看式（28-25），能产生电子俘获的过程却不一定能发生 β^+ 衰变（质量差是否大于两个电子质量）。图 28-14 为 $^{55}_{26}\text{Fe}$ 核发生轨道俘获的衰变图。

图 28-13

图 28-14

三、γ 衰变

当原子核发生 α 衰变或 β 衰变时，若母核如图 28-10 所示情况衰变到子核的激发态，那么处于激发态的子核是不稳定的，可以通过发射 γ 射线跃迁到低激发态或基态（质量数和电荷数不改变），这种现象称为 γ 衰变（或 γ 跃迁）。γ 射线就是光子流，在三种放射线中，由于它不带电，因此它的贯穿本领最大，电离作用却最小。由于 γ 衰变的能量由激发态能量高低决定，因而，通过测量 γ 射线的能量可以获得原子核能级结构的信息。

图 28-15 是医学上治疗肿瘤最常用的放射性源 $^{60}_{27}\text{Co}$（钴）的 γ 衰变图。$^{60}_{27}\text{Co}$ 以 β^- 衰变到 $^{60}_{28}\text{Ni}$（镍）的能量为 2.50MeV 的激发态，衰变能为 0.309MeV。$^{60}_{28}\text{Ni}$ 的激发态寿命极短，它立即跃迁到基态，将以较大的概率分别放出 1.17MeV 和 1.33MeV 这两种 γ 射线。

核能级跃迁所发出的光子与原子能级跃迁所发出的光子没有本质的区别，只不过能量、频率（或波长）不同。在不考虑辐射光子动量对核反冲影响

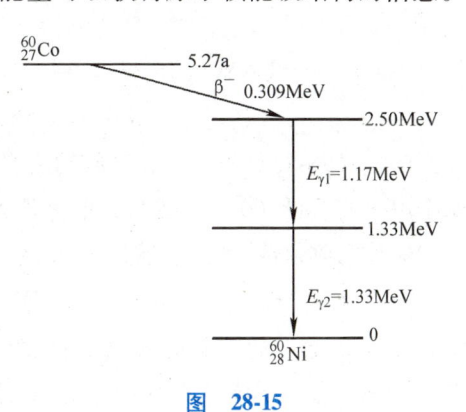

图 28-15

的近似条件下，光子能量 E_γ 可以表示为下面的形式：
$$E_\gamma = h\nu = E_s - E_x \tag{28-26}$$
式中，E_s 和 E_x 分别是上、下核能级的能量。由于发射 γ 光子的能量较高，因此，这也是它贯穿能力强的原因之一。

如上所述，γ 跃迁取决于原子核能级结构，因此，γ 衰变的发生并不一定只出现在 α 衰变或 β 衰变中。如当中子（或其他粒子）被氢核俘获（非弹性碰撞）形成氘核时（见图 28-5），也可以使原子核发生能级跃迁而放出 γ 光子。

第四节　放射性衰变的一般规律

如上所述，原子核衰变是发生放射性现象的重要原因之一，作为原子核自发产生的变化，不论 α 衰变、β 衰变或 γ 衰变，都是核子系统不同能级间的一种广义自发跃迁，虽然跃迁中放出的物质种类及释放的能量强弱有所不同，但自发跃迁中能量的转换有共同规律可循。因此本节以"放射性衰变"代替某一特定的衰变方式进行讨论。

一、指数衰变规律

1. 实验现象

母核在衰变过程中不断转变为子核，随着发生衰变母核数量的不断减少，放出射线的强度（粒子数）也必定渐趋变弱。例如，若把镭衰变后产生的氡气［见式（28-12）］单独收集于密闭的容器中，由于作为母核的氡不断进行衰变［见式（28-13）］而逐渐减少，经实验观测发现，无论是氡核数目还是 α 射线强度，都遵循图 28-16 所示出的随时间减少的规律。对氡核数目来说，经过 3.825d（天）衰变后剩下一半，再经 3.825d 衰变后又只剩下现存母核数的 1/2，也就是母核经衰变后数目减少（或剩下）1/2 的时间相同，这一时间（3.825d）称为氡核的半衰期。不同的核素，其半衰期差别很大，表 28-4 只列出几种放射性核素的半衰期。

表 28-4　几种放射性核素的衰变过程和半衰期

同位素	元素名称	衰变过程	半衰期（大约）
$^{14}_{6}C$	碳	β	6 000a（年）
$^{90}_{38}Sr$	锶	β	30a
$^{121}_{53}I$	碘	β	8d
$^{214}_{84}Po$	钋	α	0.001 6s
$^{222}_{86}Rn$	氡	α	3.825d
$^{235}_{92}U$	铀	α	0.7×10^9a
$^{238}_{92}U$	铀	α	4.5×10^9a
$^{239}_{94}Pu$	钚	α	24 000a

不过，虽然不同放射性核素各有各的半衰期，但按半衰期定义，示意衰变中母核数与时间关系的衰变曲线走向却都可用图 28-16 表示，只是对不同的放射性核素横轴标度要更换。

既然各种放射性核素样品在单独存在时，无论以哪种方式发生衰变，母核数（含不同能态）都共同遵循图 28-16 中曲线所表示的规律，数学上这条曲线可用如下解析式表示：

$$N = N_0 e^{-\lambda t} \tag{28-27}$$

式中，N_0 为起始观测时刻 $t=0$ 时放射性源的母核数；N 为观测时刻 t 现存未衰变母核数，在式（28-27）中，系数 λ 是区分不同核素的"代表参数"。**那么如何理解由式（28-27）与图 28-16 所描述的实验规律呢？**

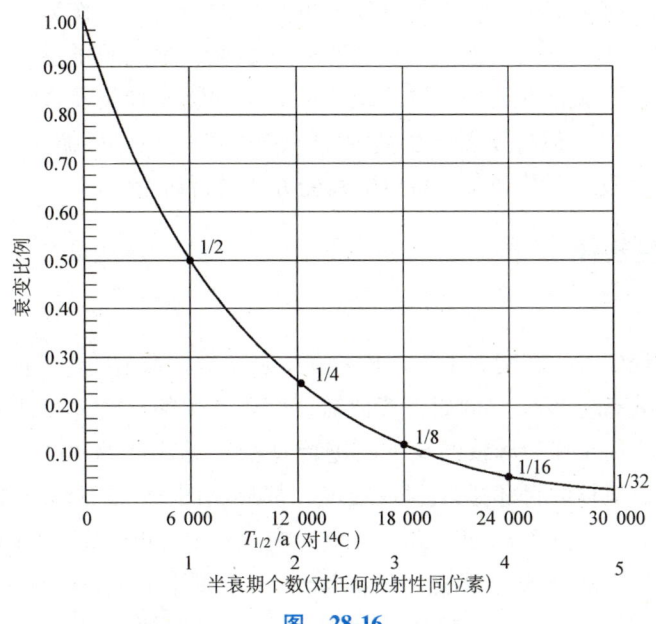

图 28-16

2. 公式分析

前已指出，原子核衰变是原子核自发产生的变化。在量子物理中，原子核作为一个量子体系，每个核发生一次放射性核衰变是一个随机事件；虽然放射源样品中每个放射性核迟早都要发生衰变，而每一个核何时会发生衰变却无法预测，但是对于放射性样品的整体而言，理论上可以得到由图 28-16 及式（28-27）所描述的实验规律。类比第二十二章第四节所采用过的方法，现在以统计观点导出式（28-27）。

如上所述，对一个核来说发生衰变是偶然事件，既然无法区分哪些核发生衰变哪些核未发生衰变，那就不做这种区分。假设在某一微小时间间隔 $t \rightarrow t+\mathrm{d}t$ 内有 $\mathrm{d}N$ 个核发生衰变，显然 $\mathrm{d}N$ 与某一时刻 t 未衰变的原子核数 $N(t)$ 的多少有关，如果 $N(t)$ 越大则 $\mathrm{d}N$ 也越大，反之亦然。同时，还有一个因素影响 $\mathrm{d}N$ 的大小，那就是观测 $\mathrm{d}N$ 的时间间隔 $\mathrm{d}t$ 的长短，综合两种因素的作用并写成比例式，有

$$-\mathrm{d}N \propto N(t)\mathrm{d}t$$

式中，负号表示原子核数目在 dt 时间段内的减少。引入比例系数 λ，将上式写成如下等式：

练习 77

$$-dN = \lambda N dt \qquad (28\text{-}28)$$

将式（28-28）中两变量 N 与 t 的微分分列在等式两侧，有

$$\frac{dN}{N} = -\lambda dt \qquad (28\text{-}29)$$

对式（28-29）等号两侧取不定积分得

$$\ln N = -\lambda t + C$$

为确定积分常数 C，设 $t = 0$ 时的母核数为 N_0 并代入上式可得 $C = \ln N_0$。于是有

$$\ln \frac{N}{N_0} = -\lambda t$$

将对数进行指数化，可得

$$N = N_0 e^{-\lambda t}$$

这就是式（28-27）表示的指数衰减规律，也是放射性衰变最基本的规律。

二、放射性衰变中的几个重要物理量

1. 衰变常量 λ

λ 出现在式（28-27）中，它的物理意义是什么？由微分形式的式（28-28）可以得到 λ 的如下表示：

$$\lambda = \frac{|dN|}{N dt} \qquad (28\text{-}30)$$

类似的数学表示式在式（22-12）中出现过，所以式（28-30）可文字表述为：λ 表示<u>单位时间内每一个放射性核发生衰变的概率</u>，或单位时间内放射性样品中有百分之多少个核会发生衰变，衰变概率的大小表征衰变快慢，并将 λ 命名为<u>衰变常量</u>。例如，如果 $\lambda = 0.01\text{s}^{-1}$ 时，表示某放射性核素在 1s 内每个原子核就有 1% 发生衰变的可能性。由于放射性衰变的发生仅由核本身的性质决定，因此，λ 不受外界物理和化学条件（诸如温度、压强、浓度等）的影响，对大多数常见的放射性核素而言，λ 的范围大致在 1.6×10^{-18} ~ $3 \times 10^{6} \text{s}^{-1}$ 之间。表 28-5 中第 4 列给出了某些核素发生 α 衰变的衰变常量 λ，表明不同的放射性核素有不同的 λ 值，因而，通过测定 λ 与标样比较，可以简单地鉴定放射性样品是什么核素。

表 28-5 某些 α 衰变的参数（表中 K_α 表示 α 粒子动能）

同位素	K_α/MeV	$T_{1/2}$	λ/s^{-1}
$^{232}_{90}\text{Th}$	4.01	1.4×10^{10}a	1.6×10^{-18}
$^{238}_{92}\text{U}$	4.19	4.5×10^{9}a	4.9×10^{-18}
$^{230}_{80}\text{Th}$	4.69	8.9×10^{4}a	2.8×10^{-13}
$^{238}_{94}\text{Pu}$	5.50	88a	2.5×10^{-10}

(续)

同位素	K_α/MeV	$T_{1/2}$	λ/s^{-1}
$^{230}_{90}\text{U}$	5.89	20.8d	3.9×10^{-7}
$^{220}_{86}\text{Rn}$	6.29	56s	1.2×10^{-2}
$^{222}_{89}\text{Ac}$	7.01	5s	0.14
$^{216}_{86}\text{Rn}$	8.05	45μs	1.5×10^{4}
$^{212}_{86}\text{Po}$	8.78	0.30μs	2.3×10^{6}

2. 放射性活度

如前所述，式（28-27）与图 28-16 描述了核衰变过程中放射性母核数量随时间减少的规律，与此同时，由于发生衰变母核数量的减少，放射线强度（粒子数）也必定相应减弱。要实际测量某时刻放射性母核的存量 $N(t)$ 是很困难的，实验中感兴趣而又便于测量的是在单位时间内有多少个核发生了衰变（与 λ 有关，但不是 λ），因为放射线强度直接与它有关。这个在单位时间内发生衰变的原子核数（绝对值），称为放射源的放射性活度，通常用符号 A 表示。与 λ 是常量不同，它却是时间的函数，则

$$A(t)=-\frac{\mathrm{d}N(t)}{\mathrm{d}t}=\lambda N(t)=\lambda N_0 \mathrm{e}^{-\lambda t} \tag{28-31}$$

式中负号源于式（28-28）。前已指出 N_0 是观测时刻 $t=0$ 时的母核数，所以 λN_0 是观测时刻 $t=0$ 时的放射性活度，则

$$A=A_0\mathrm{e}^{-\lambda t} \tag{28-32}$$

式中，$A_0=\lambda N_0$。从以上两式来看，以单位时间计量衰变母核数，A 也称为衰变率，它随时间按指数规律减小。由式（28-31）看，测出 $A(t)$ 和 λ，就可以间接地测出某时刻该放射源的原子核数及其质量。

在国际单位制中，放射性活度 $A(t)$ 的单位是 Bq（贝可勒尔），其规定如下：

$$1\text{Bq}=1\text{s}^{-1}$$

即在 1s 内有 1 个核衰变。历史上曾使用过的放射性活度单位还有 Ci（居里），Ci 与 Bq 的关系是

$$1\text{Ci}=3.7\times10^{10}\text{s}^{-1}=3.7\times10^{10}\text{Bq}$$

关于放射性活度概念，补充说明以下三点：

1) 单位时间内衰变的原子核数（A）与放出的粒子数成正比，但不一定相等。比如，每一个 $^{60}_{27}\text{Co}$ 原子核衰变时，除了放出一个 β^- 粒子外，还同时放出两个 γ 光子。单位时间内放出的粒子数称为放射性强度。因此，放射性活度与放射性强度既相互联系又有区别。表 28-6 列举了一些辐射源的强度与粒子类型。

表 28-6　一些辐射源的放射性强度

辐射源	辐射形式	放射性强度/Ci
20 万吨级原子弹的裂变产物	α, β	6×10^{11}
核反应堆	α, β	约 10^{10}

(续)

辐射源	辐射形式	放射性强度/Ci
工业用的 $^{60}_{27}Co$	β	约 10^6
医疗用的 $^{60}_{27}Co$	β	约 10^3
医用的 $^{131}_{53}I$	β	约 10^{-1}
一只夜光表上涂的荧光物	β	约 10^{-6}
人体内的天然 $^{40}_{19}K$	β	约 10^{-7}

2) 当放线和物质作用时，会产生物理学、化学或生物学效应。放射性强度与放射性对物质所产生的效应既有联系，又有区别；放射线对各种物质的效应不仅与射线的强弱有关，还和射线的性质和吸收体的性质有关。出现在报刊上描述这种效应大小的单位有好几种：

1R（伦琴）：使1kg空气中产生 $2.58×10^{-4}C$ 的电荷量的辐射量。

1Gy（戈瑞）：1kg受照物质吸收1J的辐射能量。

1rem（雷姆）：1kg物质内产生 $10^{-2}J$（被吸收）的电离能。

1rad（拉德）：1kg受照物质吸收 $10^{-2}J$ 的辐射能量。

遇到出现在报刊上的这些单位时，注意它们与Ci及Bq的区别。

3) 人类的自然环境摆脱不了放射性的威胁，例如各种放射线来自土壤、岩石（特别是某些花岗石、某些陶瓷砖及陶瓷制品）及宇宙射线等。人们从自然界的辐射中接受的吸收剂量大约是每年0.15rad，从事放射性工作的人员每年容许的吸收剂量为5rad，一次X射线透视的吸收剂量大约是0.05~0.2rad。微小的辐射剂量不会对人体造成伤害，但大剂量或长时间的累积照射，就会引起严重后果。例如，1922年许多考古学家在发掘古埃及图坦卡蒙法老的陵墓之后离奇死去，后来加拿大和埃及学者经研究发现，考古学家之死是由具高放射性的花岗石石块和泥土产生的高氡所致。表28-7列出了美国学者1990年对大部分美国人平均一年中受到的辐射来源及剂量的统计。

表 28-7 美国每人每年从各种来源所接受的放射性辐射平均值

来源	人均年剂量/mrem
天然	
地面的氡气	200
宇宙线	27
岩石和土壤	28
体内消耗	40
小计	295
人工	
医学和牙科X射线	39

(续)

来源	人均年剂量/mrem
核医学	14
消费品	10
所有其他（职业、核武器、核动力）	1
小计	64
总计	359

图 28-17 表示每种辐射源平均剂量占总辐射剂量的百分比，其中天然辐射占 82%，非天然辐射只占 18%。人体接受的大部分辐射剂量（55%）来自氡气，它是地下的 Ra（镭）经由式（28-12）所示的 α 衰变产生的；由于氡是气体，因此它在地下生成后不久就会逸散到大气中。氡气是惰性气体，本身并没有什么危险；其半衰期是 3.825d（天），人体吸入后可以在它未衰变前呼出。但是，氡按式（28-13）发生放射性衰变的衰变产物是既有放射性又有活泼化学性质的钋核，钋核附着于悬浮在空气中的尘埃（如雾霾）之上，容易被人吸进肺里，久而久之能够导致肺癌。在密闭房间中氡的浓度大约是户外空气中的5倍。读者读到这里，想想**人类如何才能抵御放射性氡的危害呢？**

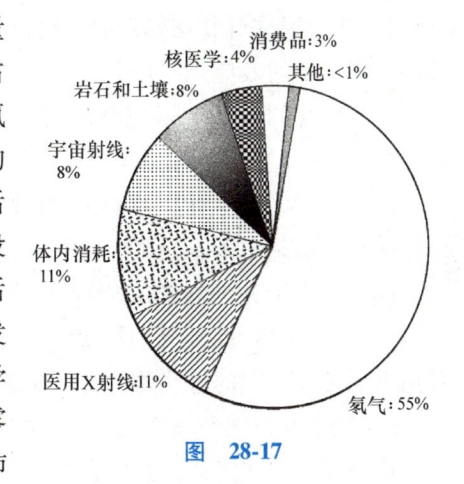

图 28-17

3. 半衰期 $T_{1/2}$

图 28-16 中已出现了半衰期概念。在图中如同 λ 一样，它也是一个表征放射衰变快慢的物理量，记作 $T_{1/2}$。从图 28-16 看，当观测时刻从 $t=0$ 到 $t=T_{1/2}$，母核数减少到 $N=\dfrac{N_0}{2}$ 或母核数衰变率也减小到 $A=\dfrac{A_0}{2}$。于是，按 N 与 N_0（或 A 与 A_0）这一特定关系，由式（28-27）或式（28-32）可以找到 $T_{1/2}$ 与 λ 的关系，如

练习 79
$$\frac{1}{2}N_0 = N_0 e^{-\lambda T_{1/2}}$$

消去式中的 N_0，可得
$$e^{\lambda T_{1/2}} = 2 \times 1$$

对上式取自然对数，解得
$$T_{1/2} = \frac{1}{\lambda}\ln 2 = \frac{0.693}{\lambda} \qquad (28\text{-}33)$$

式（28-33）表明，$T_{1/2}$ 与 λ 成反比，比例系数是 ln2。根据式（28-30），λ 越大表示放射性核在单位时间内发生衰变的概率越大，相应的时间 $T_{1/2}$ 越小，即单位时间放射源衰变量

越大，原子核的数量减少一半的时间（$T_{1/2}$）自然就越短。同时，式（28-33）还表示任何一种放射性核素的半衰期（$T_{1/2}$）和原子核数量 $N(t)$ 的多少以及开始计时的时刻没有关系，从任何时候开始算起（$t=0$，$N=N_0$），这种原子核的数量减少一半的时间都是一样的。

4. 平均寿命 τ

如前所述，由于放射源中哪一个核发生衰变是一种随机事件，$N(t)$ 个核在 t 时刻的衰变不会同步进行，虽然一种放射源及每一个核都有一定的半衰期，但哪些核早衰变，哪些核晚衰变，这些问题都是随机的。那些早衰变核的寿命短（甚至可以短到趋近于零），那些晚衰变核的寿命长（可以长到无限大）。放射性核存活寿命与它固有的半衰期是不是有矛盾呢？这里有一个看个体（核）和看整体（源）的角度问题。对一定的放射源来说，$T_{1/2}$ 指的是 $N=N_0/2$ 变化的整体，而对个体而言，寿命则表示发生衰变的随机性，但它们的平均寿命 τ 却是确定的；所谓**平均寿命** τ 是指每一种放射源的所有原子核生存时间的平均值，这样一个统计平均寿命也可以用来表征核衰变的快慢［参看第二十二章式（22-11）］。既然平均寿命如此重要，如何计算平均寿命呢？按上述分析，平均寿命 τ 必然和同样表征衰变快慢的物理量 λ 及 $T_{1/2}$ 有内在联系。下面按平均寿命的定义，并联系式（28-27）与式（28-28）来找 τ 与 λ、$T_{1/2}$ 的关系。

根据式（28-27），设初始观测时刻（$t=0$）母核数为 N_0，经过 t 时间的衰变，尚存的母核数还有 $N(t)$；根据式（28-28），在 $t \to t+dt$ 之间的一个极短的时间段 dt 内，发生衰变的母核数为 $-dN = \lambda N dt$，即 dN 是 $t=0$ 到 $t=t$ 的时间内还未发生衰变的母核数，时间 t（而不是 dt）就是 dN 中每个核的寿命，则 dN 个核寿命之和为 $dNt = \lambda Nt dt$。对于 $t=0$ 时刻的所有母核 N_0 来说，从统计观点看不同核的寿命可以从零一直延长到无限大，则 N_0 个核寿命之和 Σ 可按下式计算：

练习 80

$$\Sigma = \int_0^\infty \lambda N t dt = \int_0^\infty \lambda t N_0 e^{-\lambda t} dt$$

$$= \lambda N_0 \int_0^\infty t e^{-\lambda t} dt = \lambda N_0 \left\{ \left[t \left(-\frac{1}{\lambda} \right) e^{-\lambda t} \right]_0^\infty + \frac{1}{\lambda} \int_0^\infty e^{-\lambda t} dt \right\}$$

$$= N_0 \left[\left(-\frac{1}{\lambda} \right) e^{-\lambda t} \right]_0^\infty = \frac{N_0}{\lambda}$$

计算了 N_0 个核寿命之和，就可以用求平均方法计算核的平均寿命 τ。对照式（22-11），得

$$\tau = \frac{\Sigma}{N_0} = \frac{1}{\lambda} = \frac{T_{1/2}}{\ln 2} = 1.44 T_{1/2} \tag{28-34}$$

根据式（28-34），平均寿命是单位时间衰变概率 λ 的倒数，也是半衰期 $T_{1/2}$ 的 1.44 倍。例如一种放射性核素的平均寿命为 10s，那么它在 1s 内发生衰变的可能性就是 0.1，将 $t=\tau$ 代入式（28-27）得

$$N = N_0 e^{-\lambda t} = N_0 e^{-1} = 37\% N_0$$

这个百分数表示经过以平均寿命 $\tau = 10s$ 为标志的时间后，剩下的母核数目 N 仅为原先的

37%。尽管不同放射性核素的平均寿命 τ 不同，但经过 τ 时间后剩下的母核数均是 37%。每一种核素都有它特有的 λ、$T_{1/2}$ 和 τ，这三个量都是放射性核素的特征量。例如，$^{232}_{90}$Th 的 $T_{1/2}$ 为 1.4×10^{10}a（年）；τ 为 2.0×10^{10}a；λ 为 1.6×10^{-18}s^{-1}，虽然这三个量中无论哪一个都能说明 $^{232}_{90}$Th 衰变快慢或平均存在的时间，不同场合使用不同的量，但为了便于记忆通常使用半衰期 $T_{1/2}$。

【例 28-2】 已知放射性钾（$^{40}_{19}$K）的数目约为正常钾（$^{39}_{19}$K）的 1.18%。对于 1.00g KCl 测得放射性活度（衰变率）$A(t)$ 是 1 600Bq，求 $^{40}_{19}$K 的半衰期。

【分析与解答】 先计算 $^{40}_{19}$K 的衰变常数 λ。KCl 摩尔质量 $M = 74.9$g·mol^{-1}，质量 $m = 1.00$g 所含钾的数目

$$N_K = \frac{m}{M} \cdot N_A = 8.04 \times 10^{21}$$

根据题意 $^{40}_{19}$K 的数目约为 $N = N_K \cdot 1.18 \times 10^{-2} = 9.94 \times 10^{19}$。据衰变常量 λ 与放射性活度 $A(t)$ 的关系

$$A(t) = -\frac{dN(t)}{dt} = \lambda N(t)$$

代入数据 $A(t) = 1\ 600$Bq，$N(t) = 9.94 \times 10^{19}$ 可解得 λ，则半衰期为

$$T_{1/2} = \frac{\ln 2}{\lambda} \frac{1}{3.15 \times 10^7} = 1.30 \times 10^9 \text{a}$$

第五节　原子核反应

前两节介绍的放射性衰变现象是原子核自发变化的过程，它总是朝着出现稳定原子核的方向发展。多少年后，因为核的自发衰变过程使不稳定核转变成稳定核，那么是不是就不再有天然放射性元素了呢？除了天然的原子核变化，还有一种由人工条件引起的核变化过程，它可以使稳定的原子核转变为不稳定的原子核，这种转变称为原子核反应。

一、实验

1919 年，卢瑟福利用 $^{214}_{84}$Po（钋）放出的 α 粒子去轰击氮核，结果产生了一个氧同位素和一个质子：

$$^{4}_{2}\text{He} + ^{14}_{7}\text{N} \longrightarrow ^{17}_{8}\text{O} + ^{1}_{1}\text{H} - 1.19\text{MeV} \tag{28-35}$$

这就是核物理学史上首例人工核反应，右端负号表示完成此类核反应需实验室提供能量。

德国物理学家玻特等人从 1928 年开始，在做用 α 粒子去轰击铍核的实验时，发现有穿透本领很强的中性射线射出，当初以为它是 γ 射线，因为 γ 射线不带电。大约在同一时间，约里奥-居里夫妇进行了类似的实验，利用铍辐射的中性射线轰击石蜡板（C_nH_{2n+2} 烷烃混合），发现它从石蜡板中把氢核（质子）给撞击出来了。但遗憾的是，他俩也和玻特一样，

把铍辐射的中性射线也看成了 γ 射线。

约里奥-居里夫妇的实验对英国物理学家查德威克产生了极大的启发，他在导师卢瑟福中子假说的指引下重做实验，并通过对实验数据的计算分析证实了实验中辐射出来的中性射线不是 γ 光子而是由他的导师卢瑟福预言的中子。该反应过程可以表示为

$$^{4}_{2}He + ^{9}_{4}Be \longrightarrow ^{12}_{6}C + ^{1}_{0}n + 5.7 MeV \tag{28-36}$$

中子的发现具有深远的意义和影响，它不仅为核结构模型中存在中子提供了直接依据，同时用不带电的中子作为炮弹轰击原子核，比 α 粒子有大得多的威力，并促使人类找到利用核能实际可行的途径。历史上同一时期，做同一实验的约里奥-居里夫妇与查德威克得出了完全不同的结论，一个结论失败一个结论成功，从中我们会得到什么启迪呢？

二、原子核反应的一般表示式

狭义地说，原子核反应是指当有相互作用的原子核彼此靠近到距离约 10^{-14} m 时发生的特殊作用（势垒隧穿）的过程与结果。广义地说，核反应是指原子核在其他粒子（中子、质子、α 粒子、γ 光子以及原子核等）作用下的转变过程与结果。最普遍且研究得最细致的一类核反应，是终态产物只有两个粒子的反应，这种核反应的一般表示式为（参见图28-18）

$$a + X \longrightarrow Y + b \tag{28-37}$$

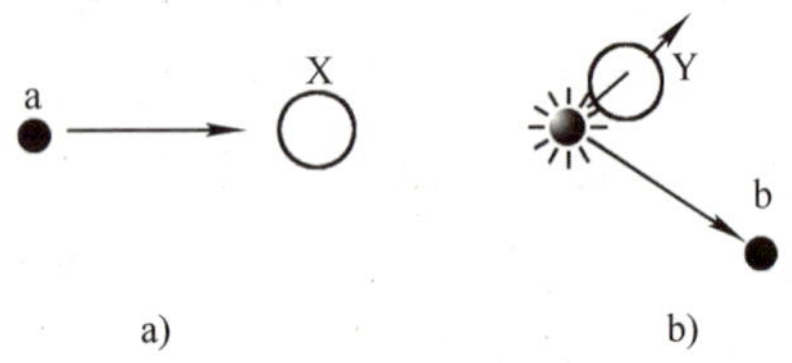

图 28-18

式中，a 和 X 是初态粒子（反应物），其中 a 是入射粒子，其能量可以依实验要求从不足 1eV 到几百吉电子伏这样一个很广的范围内变化，X 为靶核，Y 和 b 是终态产物，其中 Y 为生成核（余核），b 为出射粒子。可以用式（28-37）与图 28-18 描述核反应，也可以用专门符号 X(a,b)Y 表示，其中 X 为反应核，Y 为产出核，括号内为入射粒子和出射粒子。例如，由式（28-35）描述的反应可记为 $^{14}_{7}N(\alpha,p)^{17}_{8}O$。不过，在采用图 28-18 示意时，由于微观粒子具有波粒二象性，严格地说是不可能用任何图像恰如其分地表示出来的。

三、原子核反应的类型

自从 1919 年卢瑟福实现了第一个人工核反应［式（28-35）］以来，人们完成的各式各样核反应已有数千种。从不同的研究目标和角度出发，有必要对如此众多的核反应进行分类。然而做分类并非易事，本节不做全面讨论，只围绕式（28-37）所描述的二体核反应（三体、四体核反应较少）中 a 与 b 的不同，介绍两大类核反应。

1. 按入射粒子 a 的性质分类

（1）中子核反应　入射粒子 a 为中子。例如，有一种可能的铀核反应是

$$^{1}_{0}n + ^{238}_{92}U \longrightarrow ^{239}_{92}U + \gamma \tag{28-38}$$

（2）带电粒子核反应　入射粒子为质子或 α 粒子一类的核反应。例如入射粒子为质子

$$^{1}_{1}H + ^{7}_{3}Li \longrightarrow ^{4}_{2}He + ^{4}_{2}He \tag{28-39}$$

式（28-35）与（28-36）都是这类核反应。

（3）**重离子核反应** 入射粒子是比 α 粒子还重的离子（原子核）所引起的核反应，可能的反应有

$$^{96}_{40}Zr + ^{244}_{94}Pu \longrightarrow ^{300}_{114}X(未知核) + ^{40}_{20}Ca \tag{28-40}$$

（4）**光致核反应** 入射粒子为 γ 光子参与的核反应。如

$$\gamma + ^{2}_{1}H \longrightarrow ^{1}_{1}H + ^{1}_{0}n \tag{28-41}$$

图 28-19 简要描述了上述氘核分解为质子和中子的核反应（图 28-5 的逆过程）。

2. 按发射粒子 b 的性质分类

以下只以动能为几兆电子伏的氘核撞击 $^{12}_{6}C$ 核后发生的几种不同核反应为例。

（1）一种反应是发射粒子是氘核

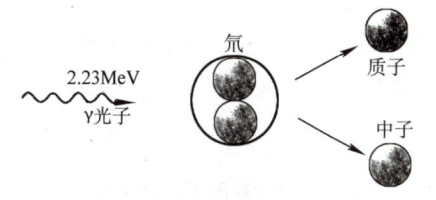

$$^{2}_{1}H + ^{12}_{6}C \longrightarrow ^{12}_{6}C + ^{2}_{1}H \tag{28-42}$$

图 28-19

由于这一过程终态产物与初态相同，故这一过程称为散射。散射已在本书中多次介绍了，它可分为弹性散射与非弹性散射，两者的区别以入射粒子（如 $^{2}_{1}H$）的动能是否使参与散射的靶粒子（如 $^{12}_{6}C$）发生至激发态的跃迁为准。在式（28-42）所描述的散射有两种可能性，如果终态 $^{12}_{6}C$ 经跃迁处于激发态（非弹性碰撞），随后它还将发射 γ 光子，释放出其激发能量；否则，式（28-42）描述弹性碰撞。

（2）发射粒子是质子的核反应

$$^{2}_{1}H + ^{12}_{6}C \longrightarrow ^{13}_{6}C + ^{1}_{1}H \tag{28-43}$$

（3）发射粒子是中子的核反应

$$^{2}_{1}H + ^{12}_{6}C \longrightarrow ^{13}_{7}N + ^{1}_{0}n \tag{28-44}$$

（4）发射粒子是 α 粒子的核反应

$$^{2}_{1}H + ^{12}_{6}C \longrightarrow ^{10}_{5}B + ^{4}_{2}He \tag{28-45}$$

四、原子核反应遵守的守恒定律

大量实验反复表明，原子核反应遵守一系列的守恒定律。作为判据，违反其中任何一个守恒定律的反应都是不可能发生的。下面通过介绍几个熟悉的守恒定律及其应用来了解这一论述。

1. 电荷守恒定律

在以上所列各种核反应表示式中，可以看到反应前后的总电荷数（Z）都保持不变。如在式（28-35）所描述的 $^{14}_{7}N(\alpha, p)^{17}_{8}O$ 反应中，反应前后的总电荷数都是 9，这就是核反应遵守电荷守恒定律的结果。

2. 质量数守恒定律

反应前后的总质量数（A）不变。如在式（28-45）所描述的核反应中，反应前后质量数都是 14，但反应前后静质量之和不相等。

3. 能量守恒定律

如上所述反应前后，粒子的相对论性质量的总和（静质量+动质量）不变，因此反应前

后与质量相伴随的总能量（包括静能）也不变。如在由式（28-37）所描述的核反应中，反应前后（a+X）与（Y+b）质量和能量不变，但反应前靶核 X 可以视静止不动（凸显粒子性），a 和 b 及余核 Y 的动能都需要考虑。这样反应前后系统相对论性能量守恒表示为

练习 81

$$[m(a)+m(X)]c^2+E_k(a)=[m(b)+m(Y)]c^2+E_k(b)+E_k(Y) \tag{28-46}$$

式中，m 表示参与反应的粒子和原子核的静止质量；E_k 是 a、b、Y 各自的动能。在核物理中，定义核反应后"生成物"Y、b 与核反应前"反应物"a 的动能之差为反应能，用 Q 表示为

$$Q=E_k(b)+E_k(Y)-E_k(a) \tag{28-47}$$

如果 $Q<0$ 表明反应后动能减少，称为吸能反应，由式（28-35）描述的核反应就是吸能反应（$Q=-1.19\text{MeV}$）。当发生吸能反应时，入射粒子 a 的动能 $E_k(a)$ 必须要超过 $|Q|$ 值，因"生成物"动能不能为负。如果 $Q>0$，则表明反应后系统动能增加，称为放能反应，由式（28-36）描述的反应就是放能反应（$Q=5.7\text{MeV}$）。

利用式（28-46）可以计算反应能，因为将该式中静能项与动能项重组，可以得到反应前后动能的变化等于反应前后系统静能之差，即

$$Q=E_k(b)+E_k(Y)-E_k(a)=\{[m(a)+m(X)]-[m(b)+m(Y)]\}c^2 \tag{28-48}$$

利用式（28-48）可计算反应能 Q 以及反应物的静能与生成物的静能。

4. 动量守恒定律

核反应前后，无外部作用时系统的总动量保持不变。因为需用矢量 p 表示动量，所以可将图 28-18 改画成图 28-20 的形式。仍设靶核静止不动，则核反应前后系统动量守恒表示为

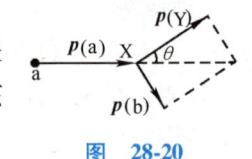

$$p(a)=p(Y)+p(b) \tag{28-49}$$

图 28-20

如果取系统质心来看，因为 a 与 X 是一个孤立系统且核反应是系统内部的变化，所以当无外力作用时内力不改变系统的总动量。而质心的动量等于系统的总动量，因此，核反应前后质心动量保持不变，继续保持静止或做匀速直线运动。

5. 角动量守恒定律

核反应前后系统的总角动量也将保持不变，这一过程以及其他的守恒定律，本书不做详细介绍。

第六节　重核的裂变及应用

能源、材料和信息并称为现代人类文明的三大支柱。当今能够为人们所利用的能源分为可再生能源和不可再生能源：水能、风能、潮汐能及太阳能等为可再生能源，煤、石油、天然气等为不可再生能源。20 世纪 50 年代以前，人类主要利用煤、石油、天然气等作为能源。早些年的一些数据表明，全世界已探明的石油储量约为 3 000 亿 t（吨），按现在每年开采 40 亿 t 的速度计算，石油的储量仅再够人类使用 70 年；煤的情况又如何呢？已知煤的可开采储量约 6 800 亿 t，以目前每年消耗煤炭 35 亿 t 计，可供全世界使用 200 年左右。节约

能源、开发可再生能源、寻找新的能源是当前人类的共同使命，原子能就是这样一种新的、相对理想的能源。从表 28-8 中的数据就可以清楚地看出这一点。

表 28-8 燃烧值

煤的燃烧	$2.9×10^7 J·kg^{-1}$	铀裂变	$8.6×10^{13} J·kg^{-1}$
TNT	$4.6×10^6 J·kg^{-1}$	氢弹	$10^6 t$ TNT

一、获取原子能的物理基础

1. 核反应中的质能关系

获取原子能依据的最基本的物理原理是相对论的质能关系：$\Delta E = \Delta m c^2$，即当物体的质量发生变化时一定伴随相应的能量变化。在上一节讨论核反应的能量守恒定律时，曾用式（28-48）由反应前后系统的静质量之差计算反应能。实际上，按相对论质能关系，式（28-48）中的反应能 Q 满足下式：

$$Q = \Delta E = \Delta m c^2 \qquad (28\text{-}50)$$

1932 年，科克洛夫和沃尔顿发明了高压倍加器，他们把质子加速到 500keV 后轰击 $_3^7$Li（锂）原子，第一次实现了用人工加速粒子的方法进行的核反应。这一实验结果产生了两个能量相同的 α 粒子。反应方程为

练习 82
$$_1^1H + _3^7Li \longrightarrow _2^4He + _2^4He + Q$$

应用式（28-50）可以计算这一核反应放出的反应能 Q。

首先，在应用式（28-50）时关键是计算反应前后静质量差 Δm，在忽略原子结合能的近似范围内可用原子质量 m_a 代替核质量 m_A。查表 28-1 可知，上述反应前后静质量差为

$$\Delta m = (7.016\ 005 + 1.007\ 825 - 2×4.002\ 603)u$$
$$= 0.018\ 624u$$

将 Δm 乘以 c^2 得反应能 Q（α 粒子的动能）为

$$Q = (0.018\ 624 × 931.5)\text{MeV} = 17.3\text{MeV}$$

每个 α 粒子各分配一份约为 8.6MeV 的动能。从实验上测得 α 粒子的能量，可验证由此理论得到的计算结果，上述实验是对爱因斯坦质能关系最早的支持。

实际上，当原子结合成分子、电子和原子核结合成原子以及核子结合成原子核时，系统的静止质量都要减少，即产生质量亏损。随着系统静止质量的减少，与减少的静质量相应的静能便以动能（结合能）的形式释放出来，这些过程都遵守式（28-50）。只不过"结合"时释放的能量称为结合能，而核反应中释放的能量称为反应能 Q，不同的名称描述不同的过程。

2. 利用不同核素比结合能之差

如上所述，当自由核子结合成原子核时，一定有结合能会释放出来，既然一定有结合能释放出来，人类是否可以设法利用它呢？要让自由核子结合，首先就要得到自由核子，而这谈何容易。所以，现行利用原子能的方法，可不是采用自由核子结合成核素释放能量的方法，而是利用不同的原子核具有不同的结合能来实现的（见表 28-2）。不同原子核中核子的

多少与排列组合不同，因而原子核结合的紧密程度就有差别，这种差别表现在不同核素的比结合能不同（见图28-8与表28-2）。在核反应中，如果反应前系统的比结合能较小，反应后系统的比结合能较大，则反应过程就会释放出能量（从比结合能与系统基态能量的对应关系来理解）。所谓原子能，并不是释放原子核比结合能本身，而是获取<u>核反应前后不同原子核比结合能的差</u>。实际上在日常生活中，像煤、石油、天然气等能源物质产生的能量，也不是来自原子、分子的结合能本身，而是取自化学反应过程前后不同原子、分子结合能的变化，因为燃烧的物质并不是一群自由的分子与原子。

3. 利用原子能的两种途径

既然获得原子能的物理原理是利用核反应前后不同原子核比结合能之差，当前获取原子能有两种途径：<u>重核裂变反应与轻核聚变反应</u>。

回顾图28-6，它表示当自由核子结合成原子核时单位核子质量亏损的差异。曲线两头高、中间低，说明轻核与重核形成时质量亏损少，而中等核形成时质量亏损多。如果结合图28-8看，核子比结合能 ε 随 A 两头低中间高。中间高说明 A 为 50～120 的中等核结合较紧（$\varepsilon \approx 8.5 \text{MeV}$），结合紧说明核基态能量低。以 $A=60$ 的核为例，比结合能 ε 为 8.8MeV（为图28-8中最高值）。将图28-7与图28-8两图对照起来看，很明显图28-7中质量亏损多者，在图28-8中比结合能就高；而质量亏损少者，比结合能低。可以举例，如果发生了某种出现 $A=60$ 左右的中等核的核反应，一种可能是重核裂变成中等质量的核；另一种可能是轻核聚变成较重的核。由于两种核反应都是由比结合能低向比结合能高的变化，一定都释放能量。

为什么重核裂变或轻核聚变一定会释放原子能呢？采用在计算离子晶体结合能时用过的方法（见第二十三章第五节）。设由 A 个核子组成的系统，彼此相距无限远且静止时取系统作为计算能量的零点，以 E_B 表示这 A 个核子结合成原子核 $_Z^A X$ 的比结合能且该核素每个核子的平均基态能量为 E_0，则类似于式（23-10），有

$$E_B = -E_0 \tag{28-51}$$

从式（28-51）看，比结合能越大的中等核（如 $50<A<120$），核子平均基态能量就越低，这种核结合紧密、稳定；而比结合能很低的核，结合相对比较松散，核子平均基态能量高。所以，物理学家看到了：一个重核分裂成两个较轻的核，核素由核子平均基态能量高向基态能量低转变，此时释放出能量符合系统趋向能量越低越稳定的自然法则；同理，两个较轻的核结合成一个较重的核（比铁轻），也是一个释放能量的过程。

4. 原子能的其他释放模式

1）原子核的衰变：如 $_{94}^{238}\text{Pu}$（钚）$\longrightarrow _{92}^{234}\text{U}+\alpha+5.6\text{MeV}$。

2）质子致原子核碎裂：如 $_1^1\text{H}(1\text{GeV})+_{92}^{238}\text{U} \longrightarrow$ 碎裂成其他核$+45_0^1\text{n}+200\text{MeV}$。

二、原子核裂变

1. 裂变现象

顾名思义，原子核裂变是一个重原子核分裂成两个（或两个以上）质量不同原子核的核反应现象的统称。按裂变产生的原因不同分为两类：

（1）自发裂变 1939年，苏联物理学家彼德沙克和弗辽洛夫发现了 $_{92}^{238}\text{U}$ 的自发分裂现

象。由于是自发发生的，也可以说是一种特殊的衰变现象（不同于 α、β、γ 衰变），但发生概率很小。如果也用半衰期描述，则一般自发裂变的半衰期很长，最长的达 10^{17}a（年），只有一些人工合成的新核素自发裂变的半衰期很短。不过，很重的核（$Z>82$）大多具有 α 放射性。所以形象地说，重核的 α 衰变与自发裂变似乎是两种互为竞争、此长彼消的过程。如 $^{235}_{92}$U 发生 α 衰变的半衰期为 7.8×10^8a，而发生自发裂变的半衰期为 3.5×10^{17}a。从式（28-33）看，半衰期 $T_{1/2}$ 长，则衰变概率 λ 小，所以对 $^{235}_{92}$U 来说，自发裂变较之 α 衰变可以忽略；而对于 $^{254}_{98}$Cf（锎），自发裂变的半衰期为 60.5d（天），自发衰变半衰期为 64d，因此，自发裂变是它主要的衰变方式。

（2）诱发裂变　与自发裂变不同，当重核受到外来粒子（主要是中子）轰击时，使重核发生裂变的现象称为诱发裂变。在 1932 年发现中子以后，由于中子不带电，人们想到，由能量很低的中子轰击铀核引发核反应，有可能获得"超铀元素"，这种原创性设想激发了许多科学家很大的探索热情。1934 年，意大利物理学家费米用慢中子轰击天然铀，产生了许多半衰期不同的核素，大多具有 β⁻ 放射性。当时的学者们曾误认为这些放射性核素是超铀元素。1938—1939 年间，一个新的发现震惊了物理学界。德国化学家哈恩、斯特拉斯曼、梅特纳和弗里希等人对慢中子与铀的反应进行了详细研究，特别是对其反应产物做了仔细的化学分析后，梅特纳和弗里希发现，$^{235}_{92}$U 吸收中子后并没有形成超铀元素，而是使 $^{235}_{92}$U 分裂成两个质量相近、具有放射性的元素钡和镧，他们把这一现象称为裂变。裂变后的产物也称为裂变碎片，这是裂变现象首次被发现。

2. 裂变现象的主要特点

（1）裂变要释放巨大的能量　图 28-8 所示的原子核的比结合能曲线已有预兆，当一个 $^{235}_{92}$U 核的比结合能为 7.59MeV 时，则可计算出 $^{235}_{92}$U 核的结合能为

$$(7.59\times235)\text{MeV}=1\,784\text{MeV}$$

按核结合能定义，要将 $^{235}_{92}$U 分散成 92 个质子和 143 个中子，外界需要提供 1 784MeV 的能量。而图中中等核的比结合能约为 8.5MeV，设想组成 $^{235}_{92}$U 核的 235 个自由核子不是组成 $^{235}_{92}$U 核，而是组成几个中等核时，所释放的总结合能为

$$8.5\text{MeV}\times235=1\,997\text{MeV}$$

从以上重核与中等核比结合能的差异推算，一个 $^{235}_{92}$U 分裂成两个中等核时，两种不同结合能之差为

$$1\,997\text{MeV}-1\,784\text{MeV}=213\text{MeV}$$

根据式（28-51），这一差值（约 200MeV）就是铀 235 裂变所释放的能量。核子结合能变化的量级为 MeV，其数值为原子结合成分子时释放能量 eV 量级的 10^6 倍。这一巨大差距意味着，如果 1g 铀全部裂变，它释放的能量约相当于 2.5t 煤完全燃烧所放出的能量（参见表 28-8）。

（2）重核裂变的不同产物（质量数分布）　利用热中子的小小能量（室温下做热运动，用 kT 估算动能约 0.025eV）诱发 $^{235}_{92}$U、$^{233}_{92}$U、$^{239}_{94}$Pu 的裂变，是迄今为止人类已掌握的可控大量释放原子能的主要形式。典型的反应过程有以下几种：

$$^{1}_{0}\text{n}+^{235}_{92}\text{U}(铀)\longrightarrow X+Y+(2\sim3)^{1}_{0}\text{n}+200\text{MeV} \tag{28-52}$$

$$_0^1\text{n} + _{94}^{239}\text{Pu}(钚) \longrightarrow X + Y + (2\sim3)_0^1\text{n} + 200\text{MeV} \qquad (28\text{-}53)$$

$$_0^1\text{n} + _{92}^{233}\text{U}(铀) \longrightarrow X + Y + (2\sim3)_0^1\text{n} + 200\text{MeV} \qquad (28\text{-}54)$$

以上三式中，X 和 Y 是裂变产物（称裂变碎片）。两碎片质量数 A 并不相等，质量数分布在 $72<A(Z)<158$ 这样一个较宽的范围内，因此，质量数不同的两个碎片核的组合方式多达 60 多种，其中涉及 34 种元素（Z）和 200 多种原子核（A）。如在式（28-52）中，X、Y 可以是 $_{56}^{144}\text{Ba}$（钡）和 $_{36}^{92}\text{Kr}$（氪），可以是 $_{54}^{140}\text{Xe}$（氙）和 $_{38}^{94}\text{Sr}$（锶），也可以是 $_{52}^{137}\text{Te}$（碲）和 $_{40}^{97}\text{Zr}$（锆）等，研究者们绘制了由图 28-21 示出的 $_{92}^{235}\text{U}$ 核裂变产物的相对百分数（随质量数 A 的分布）。无疑图中双峰给出产物概率最大的两块碎片，其质量数大致在 95 和 135 附近（两者之和+中子数=236），而质量数近乎相等的碎片对（117, 118）发生的概率却小到了"局部谷底"。

图 28-21

裂变后形成的中等核大多具有过多的中子且极不稳定（参考图 28-1），是一些具有放射性的核素，它们会通过一系列自发的 β^- 衰变和 γ 衰变最终变成稳定的核。β^- 衰变次数少则 1~2 次，多则 5~6 次，平均衰变次数为 3 次。以下述裂变为例：

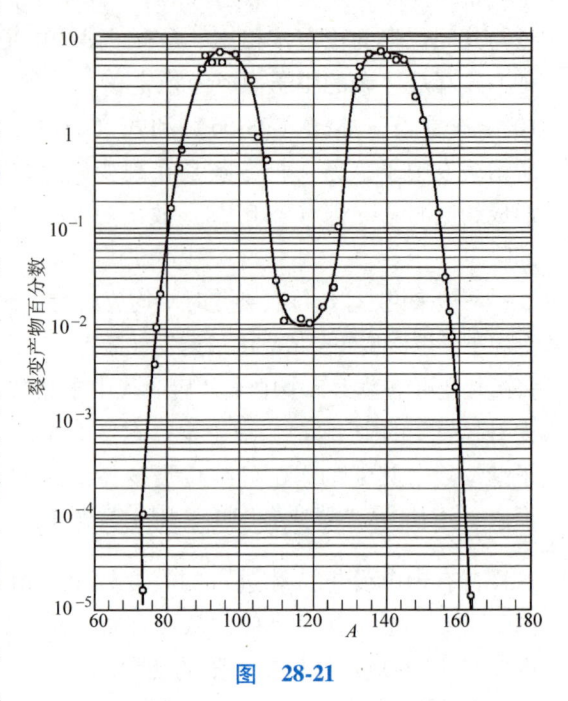

$$_0^1\text{n} + _{92}^{235}\text{U} \longrightarrow _{54}^{140}\text{Xe} + _{38}^{94}\text{Sr} + 2_0^1\text{n} + 200\text{MeV} \qquad (28\text{-}55)$$

其中，$_{54}^{140}\text{Xe}$ 经以下 5 次 β^- 衰变成稳定的 $_{58}^{140}\text{Ce}$：

$$_{54}^{140}\text{Xe} \xrightarrow{\beta^-} _{55}^{140}\text{Cs}(铯) \xrightarrow{\beta^-} _{56}^{140}\text{Ba}(钡) \xrightarrow{\beta^-} _{57}^{140}\text{La}(镧) \xrightarrow{\beta^-} _{58}^{140}\text{Ce}(铈) \qquad (28\text{-}56)$$

而 $_{38}^{94}\text{Sr}$ 经两次 β^- 衰变成稳定的 $_{40}^{94}\text{Zr}$：

$$_{38}^{94}\text{Sr} \xrightarrow{\beta^-} _{39}^{94}\text{Y}(钇) \xrightarrow{\beta^-} _{40}^{94}\text{Zr}(锆) \qquad (28\text{-}57)$$

在由式（28-52）~式（28-54）表示的每一个核裂变中放出约 200MeV 的能量，它是各种裂变产物能量之和。以一个 $_{92}^{235}\text{U}$ 裂变为例，它所释放的 201MeV 能量分配在以下 6 种产物上[式（28-55）中未全部列出]：

裂变碎片(X,Y) 的动能	168.8MeV
裂变瞬发（$<10^{-11}$s）γ 射线的能量	7.2MeV
裂变中子的动能	5MeV
β^- 粒子的能量	5MeV
碎片 γ 衰变能量（不同于裂变瞬发）	5MeV
反中微子能量（源于 β^- 衰变）	10MeV
合计	201MeV

最后，这些能量通过传热介质（如反应堆中的水等）绝大部分转变为热能。

（3）裂变中子　式（28-52）~式（28-54）中还有一个共同点，那就是核裂变在释放大量能量的同时，还要释放出（2~3）个中子，由核裂变释放的中子称为裂变中子。裂变碎片核与其同位素的稳定核相比，含有过多的中子。因此，裂变碎片是不稳定的，它们将通过两种方式释放多余的中子而成为稳定核。一种方式是通过β延迟中子发射，其半衰期一般是 10^{-2}s 或更长，如式（28-56）和式（28-57）所示缓发中子；另一种方式是在裂变碎片核形成的同时，立即（$<10^{-11}$s）放出一些过多的瞬发中子。

一般来说，$^{235}_{92}$U 每次裂变时平均放出为 2.5 个中子，重核裂变要依靠中子诱发（轰击），而每次裂变可增殖 1.5 个中子（后一代中子数减去引起裂变的中子数）。理论上，这 2.5 个中子继续轰击其他的 $^{235}_{92}$U 可维持裂变持续进行下去，正所谓"裂变靠中子，中子裂变生"。这样，有理由设想持续进行的裂变将出现由图 28-22 描述的链式反应，从而在极短时间内按式（28-55）释放出大量的能量。

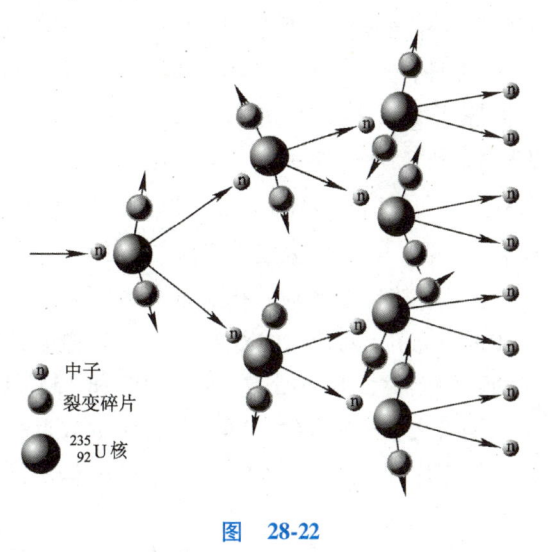

图 28-22

三、链式反应和反应堆

1. 中子增殖系数

在图 28-22 中，$^{235}_{92}$U 核裂变的链式反应被描述成由一个中子诱发大量的铀核在极短的时间内将以每秒 10^3 代次的速度裂变，从而放出巨大的能量。初看起来，似乎将这种"一触即发"的链式反应用于核电站发电没有什么问题。但是，物理上理想情况的可能性并不等于工程实际上的可操作性，链式反应落实到工程中需解决的问题非常复杂。链式反应最基本的要求是：$^{235}_{92}$U 核裂变平均所放出的 2.5 个中子中，至少有一个能够打中另一铀核并使之裂变。

2. 铀块中的中子

工程中实现上述要求会有什么问题呢？ 问题还是出在铀块中裂变中子的行为，实验发现，其行为有三：

（1）经慢化减速的热中子只与铀原子核（$^{235}_{92}$U）作用　天然铀有两种同位素 $^{238}_{92}$U（丰度 99.3%）和 $^{235}_{92}$U（丰度 0.7%）。与 $^{235}_{92}$U 不同，$^{238}_{92}$U 不会发生裂变链式反应，只有能量为 0.025eV 左右的中子（热中子），才有较大的概率为 $^{235}_{92}$U 所吸收（丰度为 3% 的低浓缩铀 $^{235}_{92}$U 用于核电站），使其裂变并使中子增殖。

（2）铀块中的杂质吸收中子　有的杂质如 $^{10}_{5}$B，即使含量只有 10^{-5}，它对热中子（0.025eV）的强烈吸收也会严重影响参与轰击 $^{235}_{92}$U 的中子数。

（3）中子泄漏　因为铀块体积大小有限，在铀块的表面上裂变所放出的中子的一部分

有可能飞出铀块外而丢失（泄漏）。因泄漏而损失中子与整块铀因裂变产生中子的比例取决于铀块表面积与体积之比，因此设计大小合适的铀块是减小这一比例的重要举措。

3. 反应堆中链式反应的控制

按以上所述中子在铀块中的行为，人为控制链式反应的关键技术聚焦到如何调控反应堆中子的增殖系数（$K\approx 1$）。通过反复研究与实践，目前可控链式反应的核反应堆主要采用减速剂与控制棒相结合的措施。

裂变产生的中子能量大约在 1MeV（称为快中子），利用减速剂把裂变瞬发的快中子减速为热中子（0.025eV），再由热中子诱发 $^{235}_{92}U$ 裂变。采用这种方法的反应堆称为热中子堆（简称热堆）。按慢化剂的不同成分，热中子堆又可分为轻水堆（普通水）、重水堆（氘与氧原子化合，可使 $^{238}_{92}U$ 转化为钚）和石墨堆等。

链式裂变反应进行得极快，中子一秒可以增殖一千代，因此必须控制中子增殖的速率。控制棒是反应堆的关键部件之一，其一般由能强烈吸收中子的镉或硼等元素制成。通过调节控制棒插入反应堆的深度可以控制反应堆的功率。在现代核电站设计中还要求在发生不可抗力因素时控制棒能做到安全停堆，冷却系统能将放射性物质的衰变热及时排出，避免核泄漏事故的发生。

一定条件下（例如核燃料、减速剂与控制棒已按一定方式布置），既能减少中子泄漏，又能使链式反应持续进行所需铀块的最小体积称为临界体积，相应铀块的质量称为临界质量，它取决于平均裂变中子数、裂变燃料纯度、裂变装置类型与结构等。核燃料在运输和储存的过程中，必须使其小于临界体积，此时，虽然裂变仍在继续进行并产生中子，但不能引起持续的链式反应。

除热中子堆外，核反应堆另一个受到关注的研究方向是快中子堆（简称快堆）。快中子被 $^{238}_{92}U$ 吸收，之后 $^{239}_{92}U$ 按式（28-58）经两次 β^- 衰变成为 $^{239}_{94}Pu$，而 $^{239}_{94}Pu$ 可作为反应堆的核燃料：

$$\begin{array}{l}^{1}_{0}n+^{238}_{92}U \longrightarrow ^{239}_{92}U+\gamma \\ \hookrightarrow ^{239}_{93}Np+e^-+\tilde{\nu}_e \\ \hookrightarrow ^{239}_{94}Pu+e^-+\tilde{\nu}_e \end{array} \quad (28\text{-}58)$$

热堆只能利用丰度约 0.7% 的 $^{235}_{92}U$（作为核燃料时将 $^{235}_{92}U$ 提纯到丰度约 3%），而快堆主要利用丰度约 99.3% 的 $^{238}_{92}U$，铀矿的利用率提高了几十倍。

4. 反应堆的用途

反应堆的种类很多，用途也多种多样。

（1）动力型反应堆　专用于核能发电。

（2）实验型反应堆　利用从反应堆中产生不同能量的强中子流，或进行中微子实验，或用以制造各种放射性同位素。

（3）增殖反应堆　又称快中子堆，专门用来生产核燃料，可将 $^{238}_{92}U$ 转化为核燃料 $^{239}_{94}Pu$。按照现有的储量估算 $^{235}_{92}U$ 只能够使用几十年到上百年，因此增殖反应堆的重要性将越来越高。相对于铀矿，钍矿要丰富得多，然而 $^{232}_{90}Th$（钍）不能发生裂变反应，但可以利用快中子堆将 $^{232}_{90}Th$（钍）转化为核燃料 $^{233}_{94}U$，如下式：

$$^1_0n + ^{232}_{90}Th \longrightarrow ^{233}_{90}Th + \gamma$$
$$\hookrightarrow ^{233}_{91}Pa(镤) + e^- + \tilde{\nu}_e$$
$$\hookrightarrow ^{233}_{92}U + e^- + \tilde{\nu}_e \qquad (28\text{-}59)$$

第七节 轻核聚变

按图28-8所示，原子核的比结合能越大，则核子间结合得越紧密，核就越难拆散，所以，比结合能的大小可以作为一种核稳定性的量度。从表28-2中也可以看到，在轻核中，^4_2He 的比结合能特别大，这意味着它特别稳定。因此，如果让两个氘核聚合成一个氦核，将释放出巨大的能量。目前，人们认为宇宙中能量的来源主要来自原子核的聚变；太阳和其他恒星向外界辐射的能量就是轻核聚变的结果，一旦这种核燃料被耗尽，恒星也就死亡。氘是氢的稳定同位素，自然界中每6 700个氢原子中就有一个是氘原子，每1kg海水中也含有氘0.033g。按现有的能量消耗计算，地球上的氘可足够用 10^{11}a（年），而地球从诞生到现在的年龄才 10^9a。氘资源可谓是"取之不尽，用之不竭"，虽然目前在聚变能的利用上还存在着巨大的技术困难，但对受控热核反应的研究一直受到人们的关注。

一、基本的聚变反应过程

轻核聚变反应类型很多，但从地球资源来说，目前在实验里最易实现的聚变反应主要有以下几种：

$$^2_1H + ^2_1H \longrightarrow ^3_1H + ^1_1H + 4.04\text{MeV} \qquad (28\text{-}60)$$

式中，^3_1H 与 ^1_1H 携带的动能分别为1.01MeV、3.03MeV。

$$^2_1H + ^3_1H \longrightarrow ^4_2He + ^1_0n + 17.58\text{MeV} \qquad (28\text{-}61)$$

式中，^4_2He 与 ^1_0n 携带的动能分别为3.52MeV、14.06MeV。

$$^2_1H + ^2_1H \longrightarrow ^3_2He + ^1_0n + 3.27\text{MeV} \qquad (28\text{-}62)$$

式中，^3_2He 和 ^1_0n 携带的动能分别为0.82MeV、2.45MeV。

$$^2_1H + ^3_2He \longrightarrow ^4_2He + ^1_1H + 18.34\text{MeV} \qquad (28\text{-}63)$$

式中，^4_2He 与 ^1_1H 携带的动能分别为3.67MeV、14.67MeV。

分析上述4种反应，可以将它们分成两组，即式（28-60）与式（28-61）为第一组，式（28-62）与式（28-63）为第二组。两组反应表示式各自有如下特点：

1）每组反应释放的能量之和相等，都是21.6MeV左右。

2）每组第一个反应的产物（如第一组的 ^3_1H 和第二组的 ^3_2He）是每组第二个反应的原料。因此可以说，在这4个反应中，原料都是氘。式（28-60）和式（28-62）中都是氘-氘反应，它们发生两种反应的概率几乎相等。因此，这4个反应共用了6个 ^2_1H，可释放出43.2MeV的能量。因此，4个聚变反应提供核能的总效果为

$$6^2_1H \longrightarrow 2^4_2He + 2^1_1H + 2^1_0n + 43.2\text{MeV} \qquad (28\text{-}64)$$

式（28-64）表明，每个核子贡献的能量为3.6MeV，比 $^{235}_{92}U$ 裂变时每个核子贡献的能量（0.85MeV）多出4倍。

3）与裂变相比，聚变产物中$^4_2$He 和$^1_1$H 没有放射性，只有中子有放射性，见式（28-16）。与裂变产物都有放射性相比，聚变产物不污染环境，也免去了处理放射性"废料"的巨大麻烦。

二、受控热核反应

1. 获得高温等离子体

要使氘核发生聚变，必须使氘核相互接近至"接触"的距离。氘核是带正电的，在氘核接近过程中，正电荷间的斥力会按距离的二次方成反比增大，为克服库仑斥力，外界必须提供足够的能量。**外界提供的这个能量至少是多大呢？** 根据经典电磁场理论，$^2_1$H 和 $^2_1$H 系统的电势能为

$$E_p = \frac{(Z_1 e)(Z_2 e)}{4\pi\varepsilon_0(R_1+R_2)}$$

式中，R_1+R_2 等于两核半径之和，约为 10^{-14}m，于是我们得到

$$E_p \approx 2.4\times 10^{-14} Z_1 Z_2 \text{ J} = 0.15 \text{MeV} \quad (Z_1=Z_2=1)$$

这就是两个氘核在接近过程中必须克服的势垒高度。随着核电荷的增加，E_p 也在增大。若考虑势隧穿透效应，为克服 E_p 势垒所需能量对应的温度为 $10^8 \sim 10^9$ K，相当于热运动动能 kT 为 $10 \sim 100$ keV（作为比较，氢原子的电离能为 13.6eV）。因此，要使大量的氘核发生聚变反应，向氘核提供能量的有效办法就是加热，即把反应物质（如氘核）加热到 10^9 K 的极高温度。在这种温度下，氘核具有极大的热运动动能，通过碰撞而发生聚变。这种通过加热引起在高温下进行的轻核聚变反应称为**热核反应**。可能的加热方式有很多种，如激光聚爆、强流轻离子加速器聚爆、重离子加速器聚爆等。

在 $10^8 \sim 10^9$ K 的高温下，所有原子将被完全电离，这种由带正电的核和带负电的电子组成的气体，称为等离子体。等离子体也可以通过气体放电产生，因为等离子体是由带电粒子组成的，所以它有许多现象在普通气体中是遇不到的。宇宙中的星体、银河系中的物质大部分处于等离子状态。

2. 约束高温等离子体

在高温等离子体中，核和电子都以很快的速度运动着，核间碰撞有可能发生聚变而释放能量，这是实现核聚变的一个基本条件。但要使聚变反应能够可持续地进行下去，还要求：

1）要有"装"高温等离子体的"容器"。目前还没有由哪一种材料制作的容器能够承受 1 亿℃的高温，而且因为等离子体与器壁碰撞会由于传导而损失大量的能量，所以容器上加了引号。在核聚变中，容器一词应理解为对高温等离子体的一种约束。目前，在实验室中约束的方法有惯性约束（采用强激光照射）和磁约束（采用托卡马克、仿星器等装置）。

2）能量产生率大于能量损失率。作为一个能源装置，要求它所产生的聚变能在扣除各种能量损耗外，还要超过加热所需的能量，实现能量的增益。这要求等离子体的密度（ρ）必须足够大，高温和高密度都必须维持足够长的时间（τ），而且 τ 与 ρ 的乘积至少超过某一

数值 A。

1950 年，英国科学家劳逊最早提出了 $\rho\tau$ 的乘积必须满足的条件。

对于 $_1^2\text{H} \rightarrow _1^3\text{H}$ 反应

$$\rho\tau \geq 10^{19}\text{s} \cdot \text{m}^{-3}$$
$$T \approx 10^8 \text{K} (kT = 10\text{keV}) \tag{28-65}$$

对于 $_1^2\text{H} \rightarrow _2^3\text{He}$ 反应

$$\rho\tau \geq 10^{22}\text{s} \cdot \text{m}^{-3}$$
$$T \approx 10^9 \text{K} (kT = 100\text{keV}) \tag{28-66}$$

以上两式称为劳逊判据。T 是等离子体温度，kT 表示热运动动能，这是成功的热核反应堆必须满足的条件。

三、应用拓展——和平利用核能

1939 年，裂变反应释放的巨大能量使其作为武器的军事价值吸引了部分科学家的注意。通过曼哈顿工程美国最先制成了原子弹，原子弹属于不可控地利用裂变反应释放的能量。作为曼哈顿工程的一部分，1942 年底费米领导的团队在芝加哥大学建成了第一座人工反应堆。1954 年苏联建成了世界首座核电站——奥布宁斯克核电站，1957 年美国首座商用核电站——希平港核电站并网发电，开启人类和平利用核能的时代。

我国自行设计建造的第一座核电站——秦山核电站，已于 1991 年 12 月发电，标志着我国已成为世界上为数不多的掌握核电技术的国家之一。经过 30 余年的发展，核电已称为我国电力行业的一支重要力量。截至 2024 年 3 月我国运行的核电机组共 56 台，约占同期全国发电量的 4.65%。2018 年 6 月，世界单机容量最大的核电机组——台山核电 1 号机组并网发电。我国具有完全自主知识产权的全球首座第四代核电站——华能石岛湾高温气冷堆核电站示范工程于 2023 年 12 月投入商业运行。

目前对核能利用比较共识的路线是：热堆-快堆-聚变堆分步走的战略。正如上节所讲，快中子反应堆可以将铀矿的利用率提高几十倍，利用储藏相对丰富的钍也是快堆的一个可能方向。我国首个快中子反应堆——中国实验快堆已于 2011 年 7 月并网发电；600MW 快堆示范项目也在推进中。

如果未来能实现可控核聚变，将彻底解决人类的能源问题。太阳本身是靠引力约束的核聚变星体，在地球上不可能建类似的装置。从满足劳逊判据以及工程技术角度看，作为一个能源装置，还有三个主要问题必须解决：一是找到合适的将等离子体加热到 $10^8 \sim 10^9 \text{K}$ 的方法；二是找到约束及隔离等离子体一定时间的办法；三是设计制作聚变反应器，将聚变能直接而经济地转换为电能。利用磁约束产生可控核聚变是最早的一种研究设想，也是目前认为相对有希望的一种方式。目前世界上规模最大、性能最先进的国际热核聚变实验堆正在建设，该项目的设计目标是聚变功率达到 500MW 且聚变功率增益超过 10，可为将来的商用聚变电站提供示范原型。实现可控核聚变的愿景是美好的，在理论上也是可行的，但目前还有大量的工程难题需要解决。

第八节　物理学思想与方法简述

原子核的可分与不可分

以今天的眼光来看，卢瑟福的有核模型是人类迈向现代物理学途中一座最重要的里程碑。正是这个发现，才使人们有可能了解元素的结构，掌握放射性衰变，破解基本的自然力，并将其进一步用于研究以及技术运用。卢瑟福本人后来也预感到其思想的重要性。1932年，他在致汉斯·盖革的信中写道："那是在曼彻斯特的美好时光，我们做出来的成绩比我们意识到的还要大。"本章介绍了原子核转变的两种方式：放射性衰变和核反应。与此同时，研究两种核转变的方法，不论是作为描述性质还是作为显示过程，在解决更深层次问题时都很重要。

尽管原子核可以通过不同的方式转变，但都标志着原子核具有可分与不可分的两个侧面。"可分"，意味着原子核结构中各个核子及核子之间的联系可以转化、分割、中断、再组（如不稳定核）；"不可分"，则意味着这种内部联系不能转化、分割、中断、再组（如稳定核）。核内部结构所具有的这种可分性是客观存在的（如放射性衰变），从这个角度说，可分是无条件的；而稳定的不可分核的存在是有条件的（无外来粒子轰击）。核的可分性与不可分性在性质上截然不同。但是，可分性与不可分性之间没有不可逾越的鸿沟。更重要的是，在一定的条件下二者之间可以相互转化。我们知道，自然界中的任何一个事物既有可分性，又有不可分性。但是，在这个事物发展的不同过程或不同阶段，它总有某一方面的特征突出地表现出来，使人们看到它是可分的或是不可分的。如果在某一阶段这一事物是可分的（如自发衰变），那么在另一阶段这一事物又可能是不可分的（母核衰变成稳定的子核）。这种情形在一定意义上，就表现为在一定条件下，可分性与不可分性的相互转化。当然，条件是重要的，没有条件是不会有转化的。就是说，从绝对的意义上来说，事物只有可分性，而在一定的条件下，才出现不可分性。所以，不可分性的存在是相对的，它不仅在一定的条件下从可分性中转化而来，还会在一定条件下向可分性转化而去，周而复始，使自然界的结构、性能呈现出丰富多彩的内容。

练习与思考

一、填空

完成下列核反应方程式。

(a) $^{14}_{7}N + ^{4}_{2}He \rightarrow ^{17}_{8}O + (\quad)$； (b) $^{30}_{15}P \rightarrow ^{30}_{14}Si + (\quad)$； (c) $^{3}_{1}H \rightarrow ^{3}_{2}He + (\quad)$

二、计算

1. 已知 $^{3}_{2}He$ 核对应原子质量为 3.016 029u，$^{3}_{1}H$ 核对应原子质量为 3.016 049u，$^{1}_{1}H$ 的质量为 1.007 825u，$^{1}_{0}n$ 的质量为 1.008 665u。试计算 $^{3}_{2}He$ 和 $^{3}_{1}H$ 的结合能之差。

【答案】　0.764MeV

2. ^{238}U 的原子量为 238.050 79，$m_p = 1.007\ 276u$，$m_n = 1.008\ 665u$，$m_e = 5.485\ 9×10^{-4}u$，试求 $^{238}_{92}$U 核中每个核子的结合能。

【答案】 7.57MeV

3. 试就下列两种情况判断其过程的能量得失（以 MeV 为单位）：

（1）在铍核内一个核子所占有的结合能等于 6.45MeV，而在氦核内等于 7.06MeV，把 $^9_4$Be 核分裂成两个 α 粒子。

（2）氘核内每个核子的结合能为 1.09MeV，把两个氘核组成一个氦核。

【答案】 （1）吸收能量 1.57MeV；（2）放出能量 23.88MeV

4. $^{14}_6$C 半衰期是 5 730a，1g 的 $^{14}_6$C 衰变到剩下 1mg，需多长时间？并求其在 $t=0$ 时的放射性活度和衰变常数。

【答案】 $5.71×10^4$a；$1.65×10^{11}$Bq；$3.83×10^{-12}$s^{-1}

5. ^{233}U 每个核子的结合能约为 7.67MeV，而质量约等于 ^{233}U 一半的核素其核子的结合能约为 8.55MeV。若 ^{233}U 核裂变成两个质量近乎相等的核，在这一过程中会释放多少能量？

【答案】 205MeV

6. $^{235}_{92}$U 发生以下裂变反应：$^1_0n + ^{235}_{92}U \rightarrow ^{138}_{56}Ba + ^{93}_{41}Nb + 5^1_0n + 5^0_{-1}e$，式中 $m_U = 235.043\ 9u$，$m_{Ba} = 137.905\ 0u$，$m_{Nb} = 92.906\ 0u$，$m_n = 1.008\ 7u$，$m_e = 0.000\ 55u$，试求这一反应所释放出的能量。

【答案】 182MeV

三、思维拓展

1. 同位素的化学性质几乎相同，几乎无法使用化学方法进行分离，结合我们已学的物理知识，想想可以用什么物理方法对同位素进行分离。

2. 太阳目前的聚变反应以质子-质子循环聚变为主，在循环过程中 6 个质子聚变为一个 α 粒子、两个质子、两个正电子和两个中微子，写出等效的核反应方程并计算释放的能量。

参考文献

- [1] 张三慧. 大学物理学：力学 [M]. 2版. 北京：清华大学出版社，1999.
- [2] 王楚，李椿，等. 力学 [M]. 北京：北京大学出版社，1999.
- [3] 漆安慎，杜婵英. 力学 [M]. 北京：高等教育出版社，2000.
- [4] 赵凯华，罗蔚茵. 力学 [M]. 北京：高等教育出版社，1995.
- [5] 胡望雨，李衡芝. 普通物理学：光学和近代物理 [M]. 北京：北京大学出版社，1990.
- [6] 程守株，江之永，胡盘新，等. 普通物理学 [M]. 5版. 北京：高等教育出版社，1998.
- [7] 俞允强. 广义相对论引论 [M]. 2版. 北京：北京大学出版社，1997.
- [8] 张永德. 量子力学 [M]. 北京：科学出版社，2002.
- [9] 尹鸿钧. 量子力学 [M]. 合肥：中国科学技术大学出版社，1999.
- [10] 曾谨言. 量子力学：卷1 [M]. 3版. 北京：科学出版社，2000.
- [11] 关洪. 量子力学基础 [M]. 北京：高等教育出版社，1999.
- [12] 王正行. 近代物理学 [M]. 北京：北京大学出版社，1995.
- [13] 吴强，郭光灿. 光学 [M]. 合肥：中国科学技术大学出版社，2001.
- [14] 陆果. 基础物理学教程：下卷 [M]. 北京：高等教育出版社，1999.
- [15] 刘克哲. 物理学：下卷 [M]. 2版. 北京：高等教育出版社，1999.
- [16] 郑乐民. 原子物理 [M]. 北京：北京大学出版社，2001.
- [17] 陈宏芳. 原子物理学 [M]. 合肥：中国科学技术大学出版社，2001.
- [18] 易明. 光学 [M]. 北京：高等教育出版社，2000.
- [19] 吴锡珑. 大学物理教程：第3册 [M]. 2版. 北京：高等教育出版社，1999.
- [20] FREDERICK J K，等. 经典与近代物理学 [M]. 高物，译. 北京：高等教育出版社，1997.
- [21] 倪光炯，李洪芳. 近代物理 [M]. 上海：上海科学技术出版社，1979.
- [22] PURCELL E M. 伯克利物理学教程（SI版）：第2卷：电磁学（原书第3版）[M]. 宋峰，等译. 北京：机械工业出版社，2018.
- [23] 师昌绪，等. 材料科学技术百科全书 [M]. 北京：中国大百科全书出版社，1995.
- [24] KITTEL C. 固体物理引论 [M]. 万纾民，等译. 北京：科学出版社，1979.
- [25] 黄昆. 固体物理学 [M]. 北京：高等教育出版社，2000.
- [26] 阎守胜. 固体物理基础 [M]. 北京：北京大学出版社，2000.
- [27] 蒋平，徐至中. 固体物理简明教程 [M]. 上海：复旦大学出版社，2000.
- [28] 陈泽民. 近代物理与高新技术物理基础 [M]. 北京：清华大学出版社，2001.
- [29] VAINSHTEIN B K. 现代晶体学：第2卷 [M]. 吴自勤，译. 合肥：中国科学技术大学出版社，1992.
- [30] 林清凉，戴念祖. 物理学基础教程 [M]. 北京：高等教育出版社，2001.

[31] HOBSON A. 物理学：基本概念及其与方方面面的联系［M］. 秦克诚，等译. 上海：上海科学技术出版社，2001.

[32] PARKER S P. 物理百科全书［M］. 物理百科全书编译组，译. 北京：科学出版社，1996.

[33] 冯端. 固体物理学大辞典［M］. 北京：高等教育出版社，1995.

[34] 陈信义. 大学物理教程［M］. 3版. 北京：清华大学出版社，2021.

[35] 胡海云，缪劲松，冯艳全，等. 大学物理：第四卷：近代物理［M］. 北京：高等教育出版社，2017.

[36] 郭欣，李寿春. 近代物理学简明教程［M］. 北京：科学出版社，2019.